표준 재료역학

이재학 · 장태익 지음

MECHANICS OF MATERIALS

공학도를 위한 알기 쉬운 재료역학 이론서

www.cyber.co.kr

■ 도서 A/S 안내

성안당에서 발행하는 모든 도서는 저자와 출판사, 그리고 독자가 함께 만들어 나갑니다.

좋은 책을 펴내기 위해 많은 노력을 기울이고 있습니다. 혹시라도 내용상의 오류나 오탈자 등이 발견되면 "좋은 책은 나라의 보배"로서 우리 모두가 함께 만들어 간다는 마음으로 연락주시기 바랍니다. 수정 보완하여 더 나은 책이 되도록 최선을 다하겠습니다.

성안당은 늘 독자 여러분들의 소중한 의견을 기다리고 있습니다. 좋은 의견을 보내주시는 분께는 성안당 쇼핑몰의 포인트(3,000포인트)를 적립해 드립니다.

잘못 만들어진 책이나 부록 등이 파손된 경우에는 교환해 드립니다.

저자 문의 e-mail : janghan0553@kpu.ac.kr(장태익)

본서 기획자 e-mail : coh@cyber.co.kr(최옥현)

홈페이지 : http://www.cyber.co.kr 전화 : 031) 950-6300

머리말

재료역학은 응용역학의 한 분야로서 각 대학의 기계계열학과와 건축 및 토목의 구조역학분야, 신소재와 고분자재료의 탄성학과 광탄성학분야 그리고 조선공학, 항공역학 등 공과대학에서 가장 광범위하게 다루고 있는 기본 교과목이다. 따라서 대학에서 비중도가 매우 높은 교과목이라 할 수 있다.

재료역학에 관한 책은 이미 많은 종류가 출판되어 있다. 그러나 그 양에 비하여 재료역학의 이론을 쉽게 이해하고 응용할 수 있도록 맞춤형으로 서술된 책은 그다지 많지 않다. 이와 같이 과목의 중요성에 비례하여 기초사항을 전반적으로 이해하고 시간과 노력을 줄일 수 있도록 저술할 필요성을 느껴 오랜 기간 심혈을 기울여 노력한 끝에 본 교재를 출간하게 되었다.

본 책은 재료역학 입문 전에 기초적인 정역학의 개념을 살펴 재료현상의 본질을 쉽게 이해하도록 편성하였으며, 가장 현대적인 표현방법으로 결과 식을 유도하였을 뿐만 아니라 그 결과 식이 어떻게 응용되는지 설명하였다. 또 다양한 예제를 상세하고도 깊이 있게 다루어 각종 시험에 대비하도록 하였다. 특히 수학적인 지식이 부족하여도 중간 과정을 많이 보여줌으로써 학생들로 하여금 이 교과목에 쉽게 접근하여 좀더 흥미를 갖도록 고려하였다. 또한 기사 및 산업기사, 각종 국가고시 그리고 대학원 진학을 위한 수험 준비서로도 부족하지 않도록 그 수준을 높게 하고 다양화하였다.

이 책의 구성을 살펴보면 다음과 같다.

1. 책의 맨 앞쪽인 제0장에 재료역학의 개념을 쉽게 이해할 수 있도록 「정역학」을 요약하여 기술하였다.
2. 제1장에서는 재료의 인장, 압축 및 전단에 대하여 기술하였다.
3. 제2장은 제1장의 기본 지식을 구조물과 축에 적용하여 재료 내에 발생하는 성질인 응력과 변형에 대한 내용에 대하여 서술하였다.
4. 제3장에서는 평면도형의 성질을 다루었다.

5. 제4장은 비틀림을 받는 부재를 취급하여 기계설계 또는 기계요소설계와 연계하여 공부하도록 하였다.
6. 제5장은 재료 내부에 발생되는 응력상태를 모어(Mohr's)원을 통하여 그 크기를 결정하는 방법에 대하여 기술하였다.
7. 제6~11장까지는 구조역학의 기본인 다양한 보(beam)의 성질과 기본 지식에 대하여 서술하였다.

이상과 같이 보다 쉽고 다양하게 내용을 구성하였으므로 반복 학습을 통하여 재료역학을 이해하는 데 이 책이 도움이 되기를 바란다.

끝으로 이 책의 출판에 도움을 주신 성안당 이종춘 회장님과 편집부 여러분께 깊은 감사를 드리는 바이다.

저자 **이재학 · 장태익**

차례

제 0 장 정역학 개론

제 1 장 인장, 압축 및 전단

제 2 장 축하중을 받는 부재의 인장, 압축, 전단

CONTENTS

제 3 장 평면도형의 성질

제 4 장 비틀림

제 5 장 조합응력과 모어의 응력원

제 6 장 보의 전단력과 굽힘 모멘트

제 7 장 보의 응력

제 8 장 보의 처짐

제 9 장 부정정보

제 10 장 균일강도의 보

제 11 장 기둥

Appendix 부록

Mechanics of Materials

제 0 장

정역학 개론

0.1 역학의 기본 개념

고전역학은 전통적으로 정지해 있는 물체를 다루는 정역학(statics)과 운동하는 물체를 다루는 동역학(dynamics)으로 나눌 수 있다.

1 정역학

정역학은 지렛대와 축 등에 작용하는 힘을 연구하던 중에 시작되었다고 전해지는데, 기원전 3세기경에 그리스의 수학자인 아르키메데스에 의해 지렛대의 평형 공식이 발견되었다. 정역학은 정적 평형 상태에 있는 계(system)를 다루는 학문으로, 물체가 외부로부터 힘(external force) 혹은 하중(load)을 받는 상태에서도 정지 상태에 있게 된다고 한다. 정역학은 크레인 등과 같은 기계는 물론이고 건물이나 교량 등을 설계할 때도 유용하다. 기계 혹은 구조물을 설계하기 위해서는 조립된 부품에 대해서도 작용 받는 힘을 구해야 할 경우가 있기 때문이다.

정적 평형 상태

정역학에서는 다루고 있는 물체는 두 가지가 있다. 하나는 질점(particle)으로서 공간상에서의 한 점을 차지하고 있는 매우 작은 크기(양)의 물질을 의미한다. 다른 하나는 강체(rigid body)로서 형태가 고정되어 변하지 않는 물체를 의미한다. 모든 물체는 외력을 가함에 따라 변형될 수 있지만 변형되는 정도가 무시할 수 있을 만큼 작다면 강체로 가정할 수 있다. 따라서 정역학에서는 물체를 강체로 간주하고 물체를 임의의 단면에서 절단하여 힘의 평형을 해석할 수가 있다. 동역학에서도 보통 물체를 강체로 가정한다.

질점(particle)

강체(rigid body)

2 재료역학

재료역학은 정역학을 기반으로 하여 물체의 거동을 연구하는 학문이다. 물체에 작용하는 힘(혹은 하중)은 내부에 응력(stress)을 일으키고, 이로 인하여 물체의 인장(tension), 압축(compression), 전단(shear), 비틀림(torsion), 굽힘(bending)과 같은 변형을 일으킨다. 따라서 힘(혹은 하중), 변형과 관계된 식을 유도하고 이들을 구하는 문제가 중요하다고 할 수 있다.

내부에 응력(stress)

이 장은 정역학의 복습 과정으로서 재료역학으로 진입하기 전에 필수적으로 알아야 할 역학의 기본 개념에서부터 출발하여 국제단위계, 벡터, 자유물체도, 평형 방정식 등을 복습한다.

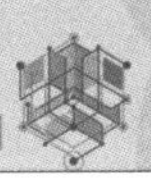

0.2 국제단위계

국제단위계(SI Unit)는 MKS 단위계(Meter－Kilogram－Second)라고도 하며, 1960년 10월 국제 도량형 총회에서 결정되었다. 이 당시 기본 단위, 유도 단위, 추가 단위 및 접두어에 대해 체계를 확립하였다. 국제단위계는 미터법을 기준으로 전 세계적으로 과학기술 분야에서 널리 사용된다.

국제 도량형 총회

1 SI 단위의 구성

(1) 7개의 기본 단위

기본 단위

미터(m), 킬로그램(kg), 초(s), 암페어(A), 켈빈(K), 몰(mol), 칸델라(cd)

(2) 2개의 보조 단위

보조 단위

라디안(rad), 스테라디안(sr)

(3) 유도 단위

유도 단위

m^2, m^3, m/s, m/s^2, kg/m^3, mol/m^3, cd/m^2

(4) 추가 단위(유도 단위)

헤르츠(Hz), 뉴턴(N), 파스칼(Pa), 줄(J), 와트(W), 섭씨온도(℃) 등

[표 0-1] 재료역학에서 사용되는 주요 단위

정의	단위 명칭	단위 표시
길이(length)	meter	m
질량(mass)	kilogram	kg
시간(time)	sec	s
각도(angle)	radian	rad
면적(area)	－	m^2
부피(volume)	－	m^3
밀도(density)	－	kg/m^3
속도(velocity)	－	m/s
가속도(acceleration)	－	m/s^2
각속도(angular velocity)	－	rad/s

정의	단위 명칭	단위 표시
각가속도(angular acceleration)	–	rad/s^2
힘(force)	newton	N
모멘트(moment)	–	N·m
일(work)	joule	J
에너지(energy)	joule	J
동력(power)	watt	W(J/s)
응력(stress)	pascal	$Pa(N/m^2)$
압력(pressure)	pascal	$Pa(N/m^2)$

접두사(prefix multipliers)

[표 0-2] 재료역학에서 사용되는 주요 SI 단위계 접두사(prefix multipliers)

접두사	배수	표시 기호
테라(tera)	10^{12}	T
기가(giga)	10^{9}	G
메가(mega)	10^{6}	M
킬로(kilo)	10^{3}	k
센티(centi)	10^{-2}	c
밀리(milli)	10^{-3}	m
마이크로(micro)	10^{-6}	μ
나노(nano)	10^{-9}	n
피코(pico)	10^{-12}	p

예제 0.1

1°를 rad 단위로 표시하면?

풀이 $360° = 2\pi[\text{rad}]$이므로

$$1° = \frac{2\pi}{360}\text{rad} = \frac{\pi}{180}\text{rad}$$

예제 0.2

1MPa을 N/mm^2 단위로 표시하면?

풀이 $$1\,\text{MPa} = 1\times10^6\,\text{Pa} = 10^6\,\text{N/m}^2 = 10^6\,\text{N}/(10^3\,\text{mm})^2$$
$$= 10^6\text{N}/10^6\,\text{mm}^2 = 1\,\text{N/mm}^2$$

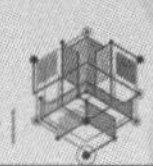

예제 0.3

1,000N/mm²를 파스칼(Pa) 단위로 표시하면?

풀이 $1,000\,\mathrm{N/mm^2} = 1,000\mathrm{N}/(10^{-3}\mathrm{m})^2 = 10^3\,\mathrm{N}/10^{-6}\mathrm{m}^2$
$= 10^9\,\mathrm{N/m^2} = 10^9\,\mathrm{Pa} = 1\mathrm{GPa}$

예제 0.4

100N의 하중에서 20mm 늘어나는 스프링의 상수 f는 얼마인가?

풀이 $f = \dfrac{100\mathrm{N}}{20\mathrm{mm}} = \dfrac{100\mathrm{N}}{0.02\mathrm{m}} = 5,000\dfrac{\mathrm{N}}{\mathrm{m}} = 5\dfrac{\mathrm{kN}}{\mathrm{m}} = 5\mathrm{kN/m}$

0.3 벡터

스칼라(scalar)는 길이, 시간, 질량, 부피, 속력 등과 같이 크기(magnitude)만 갖고 있으며, 벡터(vector)는 속도, 가속도, 힘 등과 같이 크기(magnitude)와 방향(direction)을 모두 갖고 있다.

스칼라(scalar)
벡터(vector)

1 벡터의 표시

단위 벡터(unit vector)는 크기가 1이고 방향이 각각 x축과 y축의 양의 방향으로 향하는 벡터로서 보통 i, j로 표시한다. 힘 P의 x축과 y축의 성분을 각각 P_x와 P_y라고 하면, 다음과 같이 표기할 수 있다.

단위 벡터(unit vector)

$$P = \overrightarrow{P} = P_x i + P_y j = (P_x,\ P_y)$$

여기서, $P_x = P\cos\theta$, $P_y = P\sin\theta$

2 벡터의 합(덧셈)

벡터의 합

(1) 평행사변형법

두 벡터의 시점을 일치시키고 두 벡터를 두 변으로 하는 평행사변형을 만든다.

(2) 삼각형법

한 벡터의 종점에 다른 벡터의 시점을 일치시켜 삼각형을 만든다.

벡터의 차

3 벡터의 차(뺄셈)

(1) 평행사변형법

양(+)의 벡터와 음(−)의 벡터의 시점을 일치시키고 두 벡터를 두 변으로 하는 평행사변형을 만든다.

(2) 삼각형법

양(+)의 벡터의 종점에 음(−)의 벡터의 시점을 일치시켜 삼각형을 만든다.

벡터의 계산법칙

4 벡터의 계산법칙

(1) 교환법칙

$$P + Q = Q + P$$

(2) 분배법칙

$$(m+n)P = mP + nP$$
$$m(P+Q) = mP + mQ$$

(3) 결합법칙

$$m(nP) = (mn)P = n(mP)$$

벡터의 내적

5 벡터의 내적(inner product or scalar product)

두 개의 벡터 $P(P_x, P_y)$, $Q(Q_x, Q_y)$가 이루는 각을 θ라고 할 때, 두 벡터의 내적은 $P \cdot Q$로 표시하며 스칼라이다.

$$P \cdot Q = PQ\cos\theta = P_x Q_x + P_y Q_y$$

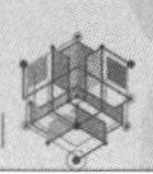

6 벡터의 외적(outer product or vector product)

벡터의 외적

$$P \times Q = (PQ\sin\theta)n$$

여기서 n은 P와 Q가 이루는 평면에 수직인 단위벡터이며, 방향은 P에서 Q로 돌리는 오른나사의 진행 방향과 같다.

7 힘과 일

힘(force)

힘(force)은 일반적으로 작용점, 크기, 방향으로 표시되며 벡터의 일종으로서 기본 단위는 뉴톤(N)이다.

$$1\text{kN} = 1,000\text{N} = 10^3\text{N}$$

하중(load)

하중(load)은 힘의 일종이므로 단위는 힘의 단위인 뉴톤과 같으며, 질량 m인 물체의 자중(dead weight)은 중력가속도 g를 곱한 값과 같다. 따라서 자중의 방향은 항상 지구 중심으로 향하게 된다.

$$\text{하중}(W) = \text{질량}(m) \times \text{중력가속도}(g)$$
$$1\text{kgf} = 1\text{kg} \times 9.8\text{m/sec}^2 = 9.8\text{kg} \cdot \text{m/sec}^2 = 9.8\text{N}$$

일(work)

일(work)은 물체에 힘을 주어 힘이 작용하는 방향으로 이동했을 때의 크기를 나타내며 단위는 줄(Joule)이다. 1J은 1N의 힘을 주어 힘의 방향으로 물체가 1m 이동했을 때 한 일의 양이다.

$$1\text{J} = 1\text{N} \times 1\text{m} = 1\text{N} \cdot \text{m}$$

일을 하게 되면 에너지가 필요하게 되며, 이때 계(system)의 에너지가 변한다. 질량(m)을 갖는 물체가 중력(g)을 받으면서 거리(h) 만큼 떨어질 때 한 일의 양은 mgh가 되며, 이때 중력에 의한 위치에너지가 운동에너지로 변하게 된다. 마찬가지로 우리 신체는 음식물을 섭취함으로써 활동(일)을 하게 되는데, 이때 계의 에너지가 신체에서 외부환경으로 변한다. 참고로 음식물의 영양을 측정할 때 널리 사용되는 에너지의 단위인 1칼로리(caloli)는 4.1855J이다. 힘 혹은 하중에 의한 재료의 변형 시에도 우리는 에너지 개념을 도입하게 된다. 변형에너지는 2장 6절에서 논의된다.

예제 0.5

200N의 힘이 다음 그림과 같이 작용한다. 이 힘을 단위벡터를 사용하여 나타내어라. 즉 이 벡터의 수평성분과 수직성분을 구하라.

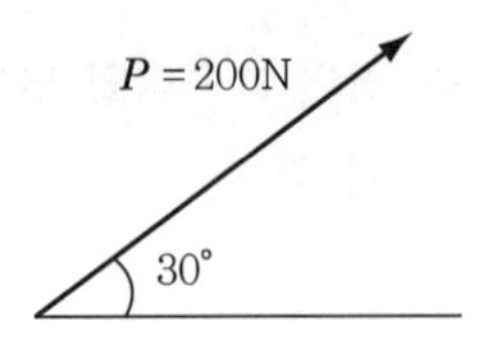

풀이 수평성분 $= 200\cos 30^\circ = 100\times\dfrac{\sqrt{3}}{2} = 50\sqrt{3}$

수직성분 $= 200\times\sin 30^\circ = 100\times\dfrac{1}{2} = 50$

$$\therefore\ 50\sqrt{3}\,i + 50j$$

예제 0.6

다음 두 벡터가 이루는 각을 구하라.

$$P = (-7,\ -1),\ Q = (-3,\ -4)$$

풀이 두 벡터의 내적과 관련된 식을 이용한다.

$$P \cdot Q = PQ\cos\theta = P_xQ_x + P_yQ_y$$

$$\cos\theta = \frac{P_xQ_x + P_yQ_y}{PQ} = \frac{21+4}{\sqrt{49+1}\times\sqrt{9+16}} = \frac{1}{\sqrt{2}}$$

$$\therefore\ \theta = 45^\circ$$

예제 0.7

다음 두 벡터의 외적 $P\times Q$를 계산하고, 두 벡터가 이루는 각을 구하라.

$$P = (-7,\ -1),\ Q = (-3,\ -4)$$

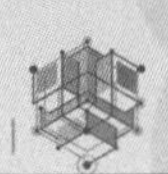

풀이 두 벡터의 외적과 관련된 식을 이용한다.

$$P \times Q = (PQ\sin\theta)n = (\sqrt{49+1} \times \sqrt{9+16}\sin\theta)k = 25k$$

$$\sin\theta = \frac{25}{(\sqrt{49+1}) \times \sqrt{9+16}} = \frac{1}{\sqrt{2}}$$

$$\therefore\ \theta = 45^\circ$$

여기서 k는 P와 Q가 이루는 평면에 수직인 단위벡터이며 z축 방향이다.

0.4 자유물체도(free body diagram)

자유물체도

자유물체에 작용하는 모든 힘을 표시한 그림을 자유물체도라 하며, 평형방정식을 구하기 전에 그 물체에 작용하는 모든 힘이 표시된 그림을 그려야 한다. 대상이 되는 물체의 거동을 효과적으로 해석하기 위해서 필요하다. 지구상의 모든 물체는 항상 주위의 다른 물체와 접촉하고 있다. 예를 들어 우리 신체는 지구 중심 아래 방향으로 중력을 받고 있으며, 또한 지구 표면으로부터 수직항력이라 불리는 반력을 받고 있다.

자유물체도란 해석 대상이 되는 물체를 외부로부터 분리시키는 대신에 외부로부터 받는 영향들을 경계에 포함시켜 표현한 그림이다. 경계는 분리시킨 물체 혹은 조립체(시스템) 전체의 외곽을 의미한다. 분리시키고자 하는 물체는 해석하고자 하는 물체에 따라 결정된다. 따라서 하나의 부품이 될 수도 있고 여러 개 부품으로 구성된 조립체가 될 수도 있다. 자유물체도를 이용할 때 유의해야 할 점은 외부로부터 받는 힘을 모두 반영해야 한다는 점이다. 경우에 따라서는 접촉하고 있는 외부 물체의 일부(부분 자유물체도) 혹은 전부(전체 시스템 자유물체도)를 포함시켜야 한다.

자유물체도를 그릴 경우의 고려사항은 다음과 같다.

(1) 자중(dead weight)

자중(dead weight)

지구의 중력에 의한 무게로서 무게중심(center of gravity)에서 지구 중심으로 작용한다.

(2) 마찰(friction)

마찰(friction)

진행 혹은 운동하는 방향의 반대 방향으로 작용한다.

(3) 작용력(applied force) 혹은 외력(external force)

작용력

작용력은 물체에 가해지는 힘과 모멘트로서, 이 힘을 자유물체도에 나타날 때는 각 힘의 작용점, 크기 및 방향을 표시한다. 케이블, 밧줄, 기둥과 같이 직선으로 나타내어지는 물체에 작용하는 하중의 방향은 그 선과 일치하게 작용한다. 케이블 혹은 밧줄은 인장력만 받을 수 있음에 유의해야 하며, 케이블의 인장 방향은 케이블에 발생하는 힘의 방향과 일치하게 된다.

- 트러스 구조물의 예 : 특정 지점에 가해지는 힘 혹은 모멘트([그림 0-1]에서 P와 Q)

(4) 반력(reaction)

반력

반력이란 지점과 연결된 다른 부위로 인한 구속력으로서, 작용력과 마찬가지로 자유물체도에 나타낼 때는 각 반력의 작용점, 크기 및 방향을 표시한다. 강체와 강체 사이에 작용하는 반력은 접촉점에서 서로 수직인 방향으로 작용한다.

(트러스 구조물의 예) : 트러스의 자중 혹은 특정 지점에 가해지는 하중 등으로 인하여 지지점인 핀 혹은 롤러에 가해지는 힘([그림 0-1]에서 A_x, A_y와 B_y)

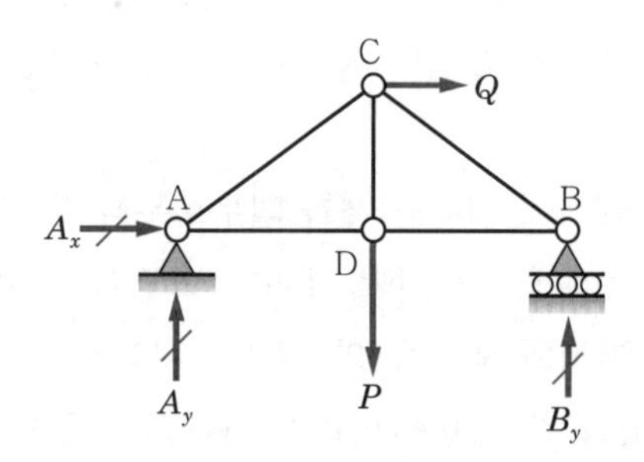

[그림 0-1] 트러스 구조물

롤러(roller) 지지에서의 반력

롤러(roller) 지지에서의 반력은 다음 [그림 0-2]의 (a)와 같이 그 지점에서 롤러가 움직이는 방향을 기준으로 수직 방향으로 작용한다.

핀(pin) 지지에서의 반력

핀(pin) 지지에서의 반력은 다음 [그림 0-2]의 (b)와 같이 그 지점에서 x 및 y축 방향으로 작용한다. 여기서는 반력의 크기와 방향이 미지수로 남게 된다(예 : 가위 혹은 스테이플러의 핀 지지).

고정(fixed) 지지에서의 반력

고정(fixed) 지지에서의 반력은 다음 [그림 0-2]의 (c)와 같이 그 지점에서 x 및 y축 방향과 함께 반응모멘트 M으로 작용한다.

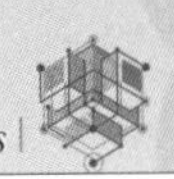

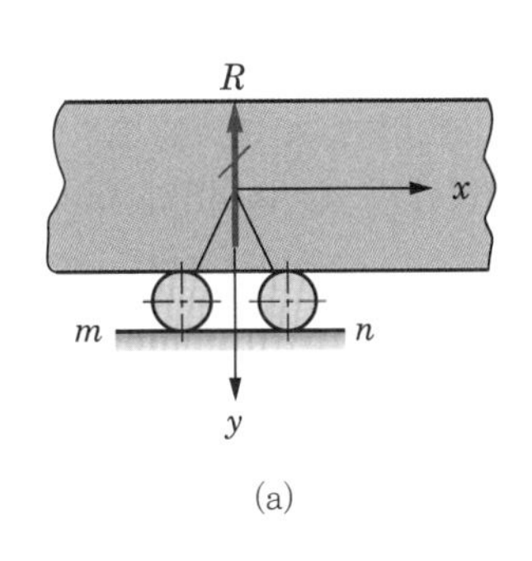

(a)

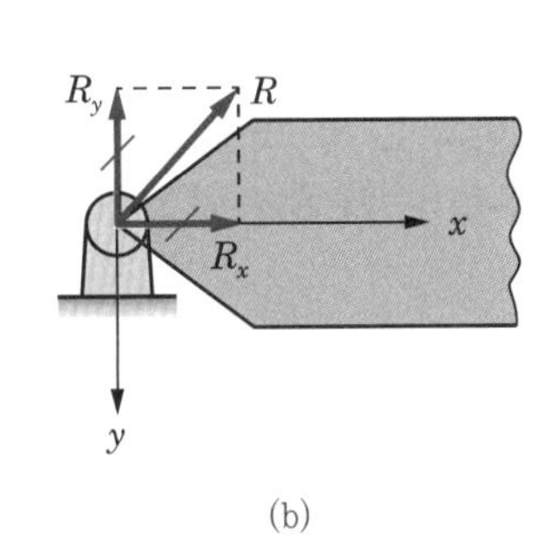

(b)

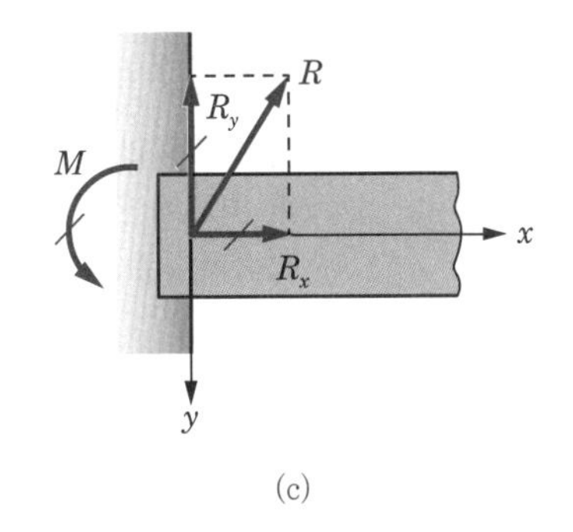

(c)

[그림 0-2] 지지점의 종류

자유물체도를 그리는 순서

자유물체도를 그리는 순서는 다음과 같다.

① 좌표계를 설정한다.

② 자유물체도를 그리고자 하는 물체를 정하고 그 물체에 작용하는 자중, 작용력과 반력의 종류를 고려한다. 대상 물체는 하나의 부품이 될 수도 있고 여러 개 부품으로 구성된 조립체가 될 수도 있다.

③ 자중과 함께 작용하는 모든 외력(작용력, 반력)을 표시한다.

예제 0.8

질량 m인 물체가 30° 기울어지고 마찰이 있는 경사면 위에 정지한 상태로 놓여 있다. 질량 m인 물체의 자유물체도를 그리시오.

풀이 자유물체도를 그리면 다음 그림과 같다.

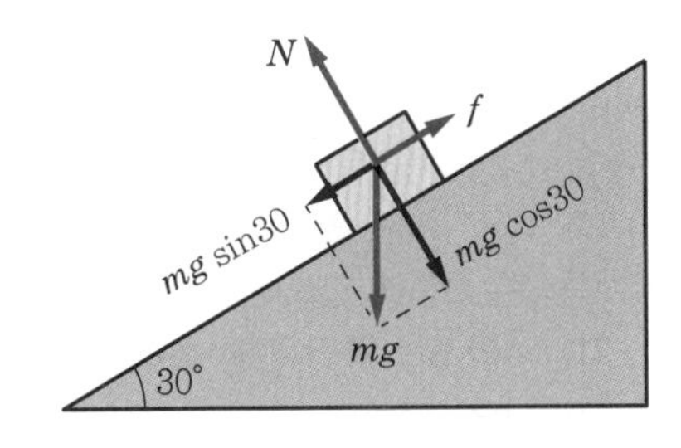

정지한 상태이므로 합력은 0이 되며, 여기서 마찰력은 정지마찰력이다.

$$\sum F_x = 0 \ : \ f - mg\sin 30° = 0$$

$$f(\text{정지마찰력}) = mg\sin 30°$$

$$\sum F_y = 0 \ : \ N - mg\cos 30° = 0$$

$$N(\text{정지마찰력}) = mg\cos 30°$$

예제 0.9

다음 그림과 같이 질량이 m인 봉 AB가 A점에서 핀 지지되어 있으며 케이블 BC로 벽체에 연결되어 있다. B점에 중량 W인 물체가 매달려 있을 때, 봉 AB의 자유물체도를 그려라.

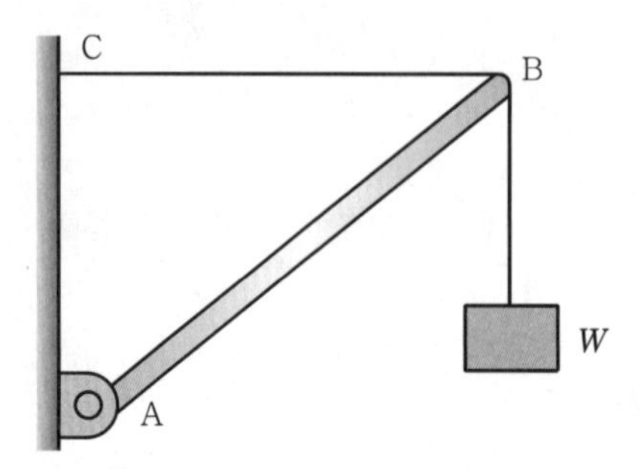

풀이 자유물체도를 그리면 다음 그림과 같다.

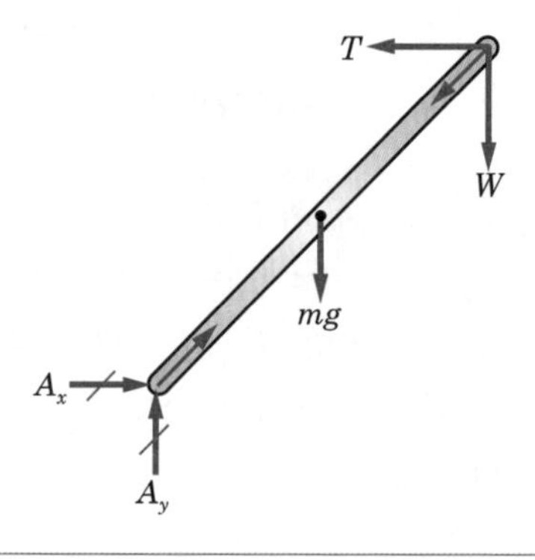

예제 0.10

질량 m인 트러스의 무게중심은 G점에 있으며, 다음 그림과 같이 C점에 중량 W인 물체를 매달고 있다. 지점 A와 B는 각각 핀과 롤러로 벽체에 연결되어 있을 때 트러스의 자유물체도를 그리시오.

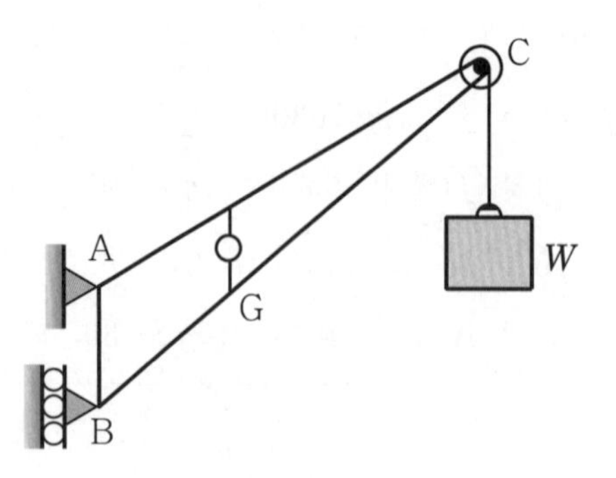

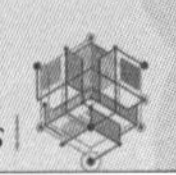

풀이 자유물체도를 그리면 다음 그림과 같다.

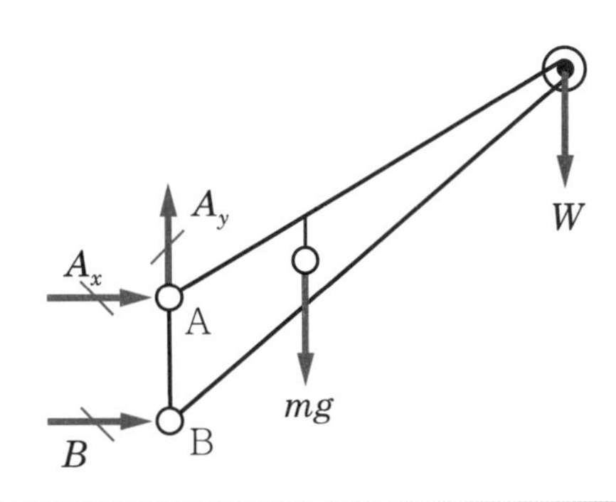

예제 0.11

다음 그림과 같이 중량 W인 보가 왼쪽 벽체에 고정지지 되어 있으며, 한 지점에 하중 P가 작용하고 있다. 이 보의 자유물체도를 그리시오.

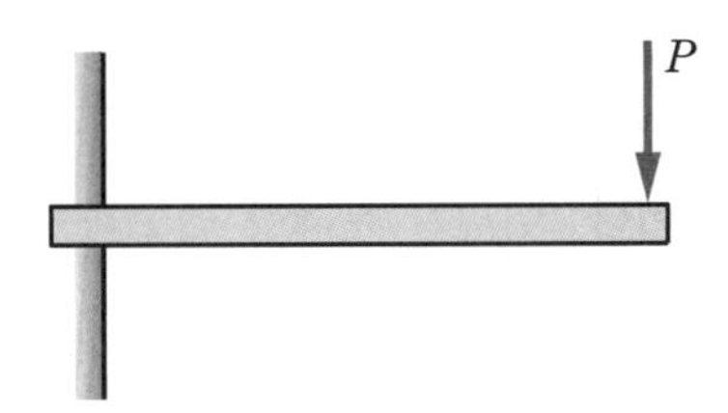

풀이 자유물체도를 그리면 다음 그림과 같다.

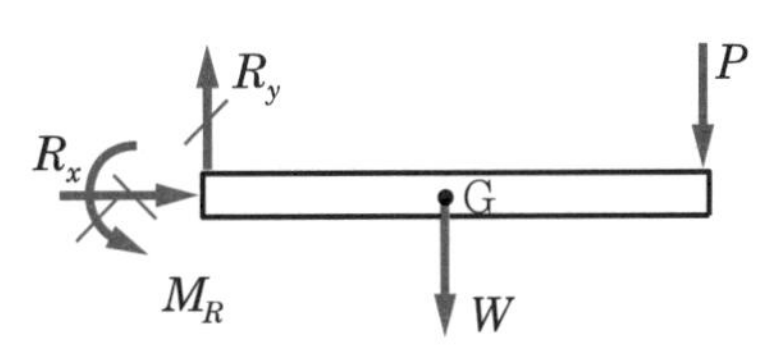

0.5 평형 방정식(equation of equilibrium)

물체가 외부로부터 힘(external force) 혹은 하중(load)을 받는 상태에서도 힘의 균형이 유지되고 있다면 물체는 운동하지 않는다. 정역학에서는 정지해 있는 물체에 작용하는 모든 힘의 합과 어떤 축을 중심으로 물체를 회전시키려는 작용(즉, 모멘트)이 없다. 이들을 수학적으로 표현하면 다음과 같다.

정역학

$$\sum F = 0$$
$$\sum M = 0$$

한편 물체가 외부로부터 힘 혹은 하중을 받는 상태에서 힘의 균형이 유지되지 않는다면 물체는 운동하게 된다. 운동하는 물체를 다루는 동역학에서는 물체에 작용하는 모든 힘의 합은 질량과 가속도의 곱이 되며, 어떤 축을 중심으로 물체를 회전시키려는 작용(즉, 모멘트)이 있다. 이들을 수학적으로 표현하면 다음과 같다.

동역학

$$\sum F = m\vec{a} \ \ (m = \text{질량},\ \vec{a} = \text{가속도})$$
$$\sum M = I\alpha \ \ (I = \text{질량 관성모멘트},\ \alpha = \text{각가속도})$$

(1) 정정(statically determinate)과 부정정(statically indeterminate)

정정

정정은 정역학적 평형 방정식만으로도 해결이 가능한 경우를 말한다. 예를 들면, 풀어야 할 하중(혹은 반력 등)의 수와 독립적인 평형 방정식의 수가 같을 경우이다. 한편 부정정은 풀어야 할 하중(혹은 반력 등)의 수가 독립적인 평형 방정식의 수보다 많을 경우이다. 이러한 문제를 풀고자 할 경우는 구조물의 변형 등과 관련된 식이 추가로 필요하다. 부정정 구조물과 관련하여서는 2장 4절에서 다시 논의한다. 아래 예제는 정정과 부정정의 예를 각각 보여주고 있다.

부정정

예제 0.12

다음 그림과 같이 직렬로 조합된 봉에 하중 P가 작용하고 있다. 하부 바닥 면의 반력 R을 구하라.

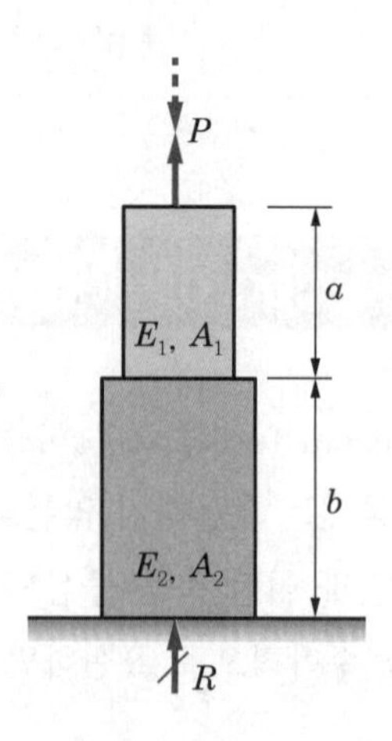

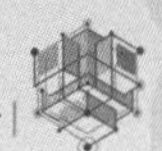

풀이 풀어야 할 반력의 수와 평형 방정식의 수가 각각 1개이므로 정정이다.

$$\sum F_y = 0 \ : \ P + R = 0$$

$$\therefore \ R = -P$$

예제 0.13

다음 그림과 같이 기둥의 A점, C점에 각각 하중 $2P$, P가 작용하고 있다. 하부 바닥면 B점의 반력 R을 구하라.

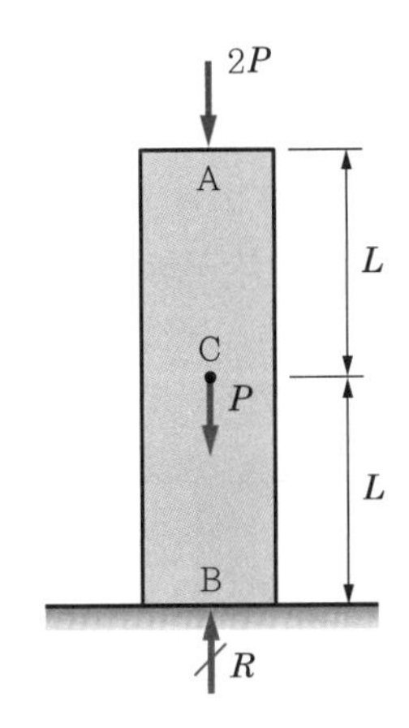

풀이 풀어야 할 반력의 수와 평형 방정식의 수가 각각 1개이므로 정정이다.

$$\sum F_y = 0 \ : \ -2P - P + R = 0$$

$$\therefore \ R = 3P$$

예제 0.14

다음 그림과 같은 보에서 집중하중 P = 20kN의 크기로 C점에 작용할 때 반력 R_A와 R_B를 구하라.

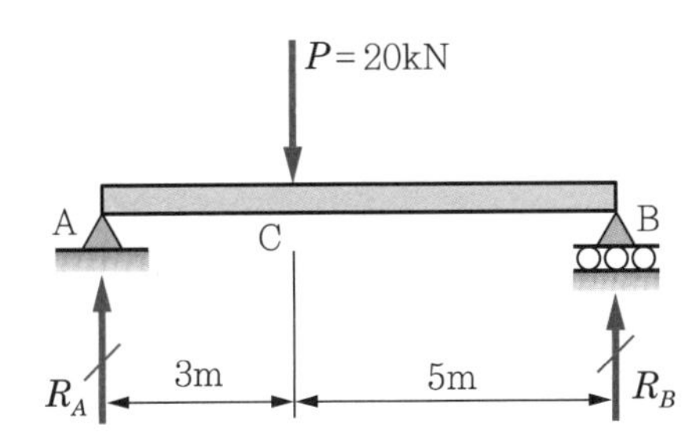

풀이 풀어야 할 반력의 수와 평형 방정식의 수가 각각 2개이므로 정정이다.

$$\Sigma M \text{ at } \mathrm{B} = 0 : \circlearrowright +, \quad -R_A \times 800 + 20{,}000 \times 500 = 0$$

$$\rightarrow R_A = \frac{20{,}000 \times 500}{800} = 12{,}500\mathrm{N}$$

$$\Sigma F_y = 0 : \uparrow +, \quad R_A + R_B - 20{,}000 = 0$$

$$\rightarrow R_B = 20{,}000 - 12{,}500\mathrm{N} = 7{,}500\mathrm{N}$$

예제 0.15

다음 그림과 같이 기둥의 C점에 하중 P가 작용하고 있다. 상부 천장 A점과 하부 바닥면 B점의 반력 R_A와 R_B를 각각 구하라.

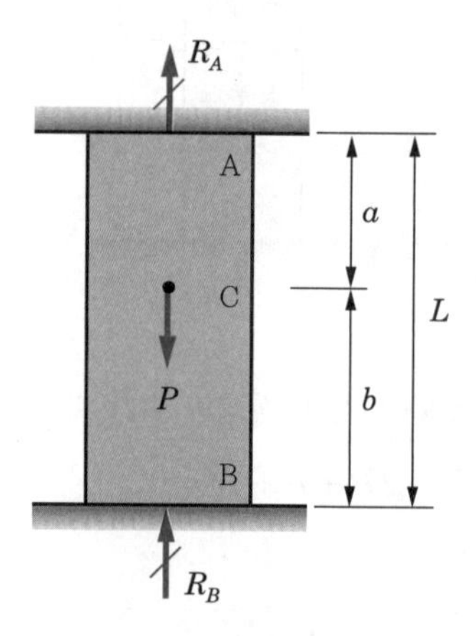

풀이 풀어야 할 반력의 수는 2개인데 비하여 평형 방정식의 수가 1개이므로 부정정이다.

$$\Sigma F_y = 0 : \; -P + R_A + R_B = 0$$

이 식으로는 R_A와 R_B를 구할 수 없다. 따라서 구조물의 변형 등과 관련된 식이 추가로 필요하다. 이 기둥은 상부 천장과 하부 바닥면으로 고정되어 있으므로 하중이 작용하더라도 길이의 변화가 없다. 1장과 2장에서 공부할 변형과 관련된 식으로부터 또 하나의 방정식을 유도해야만 한다. 하중 P가 임계하중(critical load) 값을 초과하면 이 기둥은 좌굴(buckling)되기 시작한다. 기둥의 좌굴은 11장에서 다시 논의할 것이다.

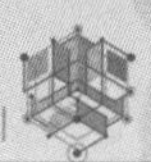

예제 0.16

다음 그림에 나타난 바와 같이 재질이 다른 2 개의 원형단면으로 구성된 봉이 2 개의 집중하중 P_1과 P_2를 받고 있다. 왼쪽 및 오른쪽 벽면에 작용하는 반력을 각각 구하라.

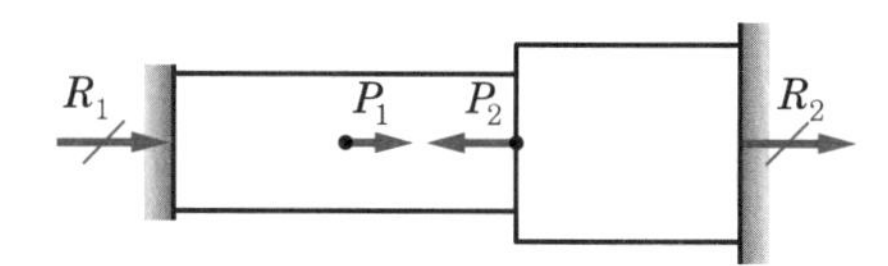

풀이 풀어야 할 반력의 수는 2개인데 비하여 평형 방정식의 수가 1개이므로 이 예제도 부정정이다.

$$\sum F_x = 0 \ : \ P_1 - P_2 + R_1 + R_2 = 0$$

이 식으로는 R_1과 R_2를 구할 수 없다. 따라서 구조물의 변형 등과 관련된 식이 추가로 필요하다(전체 봉의 길이는 항상 일정하다).

예제 0.17

구리 원형관 C 속에 강철 기둥 S를 끼워 만든 복합기둥을 강체판 사이에 넣어 힘 P로 압축하였다. 구리 원형관과 강철 기둥에 발생하는 압축력 P_C와 P_S를 각각 구하라.

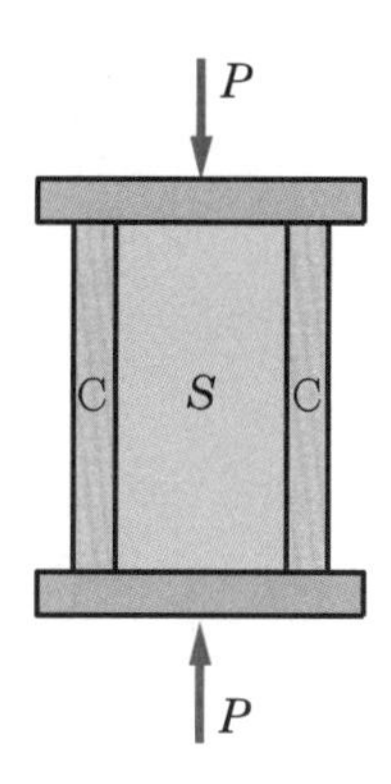

풀이 풀어야 할 반력의 수는 2개인데 비하여 평형 방정식의 수가 1개이므로 이 예제도 부정정이다.

$$\sum F_y = 0 \ : \ -P_s - P_c + P = 0$$

이 식으로는 P_s와 P_c를 구할 수 없다. 따라서 구조물의 변형 등과 관련된 식이 추가로 필요하다(강철 기둥과 구리관의 압축되는 길이가 모두 같다).

예제 0.18

다음 그림과 같이 서로 다른 3개의 케이블에 의하여 매달린 강체가 하중 P를 받고 있다. 이 강체가 수평으로 유지될 경우, 각 케이블에 걸리는 장력을 구하라.

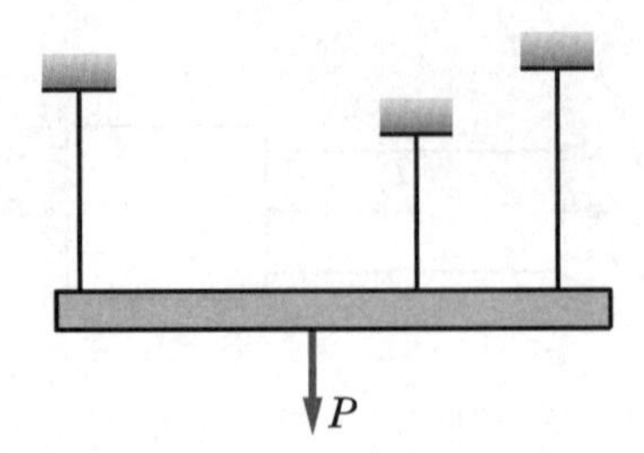

풀이 풀어야 할 반력의 수는 3개인데 비하여 평형 방정식의 수가 2개이므로 이 예제도 부정정이다.

$$\sum F_y = 0$$

$$\sum M = 0$$

따라서 구조물의 변형 등과 관련된 식이 추가로 필요하다(3개의 케이블이 인장되는 길이가 모두 같다).

기초연습문제

01 $P = 300i + 400j$로 표시되는 벡터의 크기와 방향을 구하라.

02 100N의 힘이 수평면과 60°의 각도를 이루고 있다. 이 힘의 x성분과 y성분을 각각 구한 후 단위 벡터를 사용하여 표현하라.

03 각각 4,000N의 힘이 120°의 각도로 한 점에 작용할 때,

(1) 두 힘의 합력을 평행사변형 법칙을 이용하여 도식적으로 구하라.

(2) 두 힘의 합력을 삼각형 법칙을 이용하여 도식적으로 구하라.

(3) 두 힘의 합력을 단위 벡터를 사용하여 표현하라.

(4) 두 힘의 합력의 크기와 방향을 구하라.

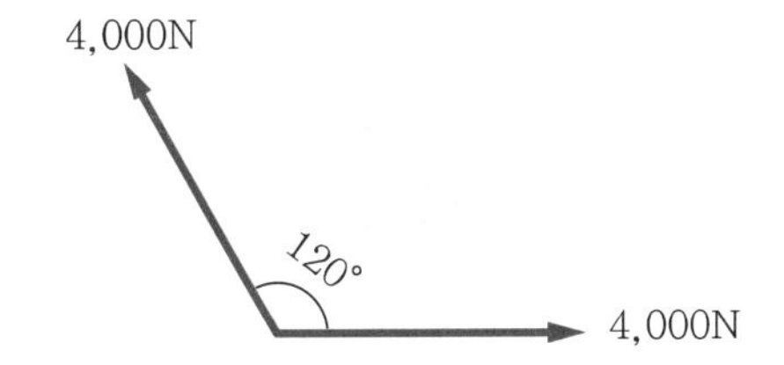

04 두 벡터 $P = (1,\ \sqrt{3})$, $Q = (3,\ \sqrt{3})$일 때,

(1) P와 Q의 크기를 각각 구하라.

(2) 내적 $P \cdot Q$를 계산하고 두 벡터가 이루는 각을 구하라.

(3) 외적 $P \times Q$를 계산하고, 두 벡터가 이루는 각을 구하라.

(4) (2)와 (3)에서 구한 각이 일치하는지 확인하여라.

05 다음 그림과 같이 세 개의 힘이 평형을 이루었을 때, 힘 F의 크기는?

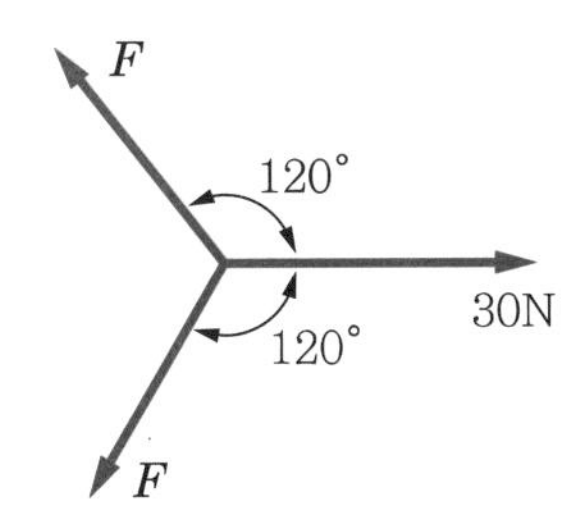

06 다음 그림과 같이 길이 2m의 외팔보에 500N의 하중이 A점에 작용할 때, 이 힘의 점 B에 관한 모멘트를 구하라.

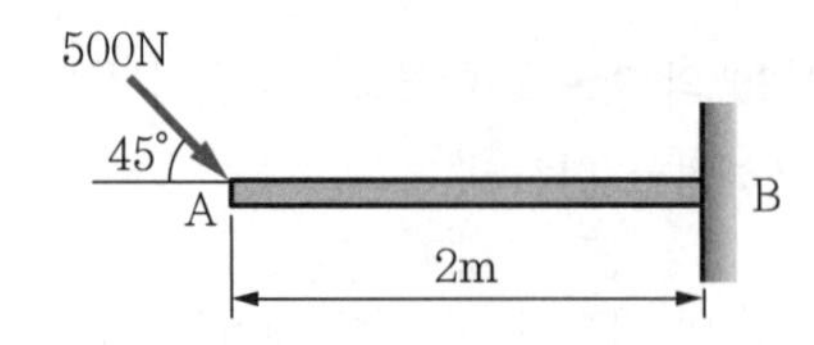

07 다음 그림과 같이 정지하여 있는 질량 5kg의 물체에 50N의 힘이 가해질 때,

(1) 이 물체는 움직이는가?

(2) 움직인다면, 이 물체의 가속도는 얼마인가? 단, 정지마찰계수와 운동마찰계수는 각각 0.5와 0.3이다.

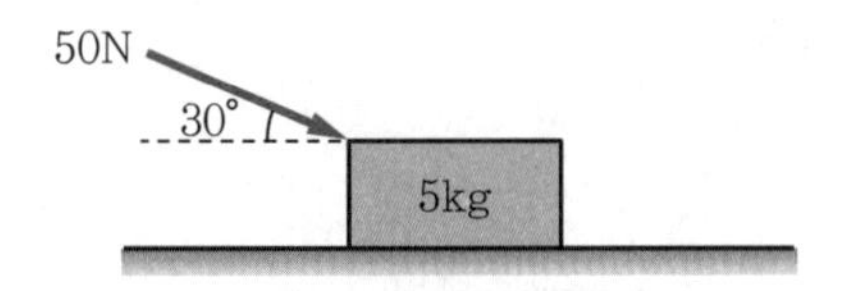

08 질량 m인 물체가 30° 기울어지고 마찰이 있는 경사면 아래로 미끄러지고 있다. 자유물체도를 그려라. 그리고 [예제 0.8]에서 구한 자유물체도와 비교하라.

09 다음 그림과 같은 다이빙 판 ABC의 C점에 무게 W인 사람이 서 있을 때, 다이빙 판의 자유물체도를 그리시오. A점은 핀 지지이다.

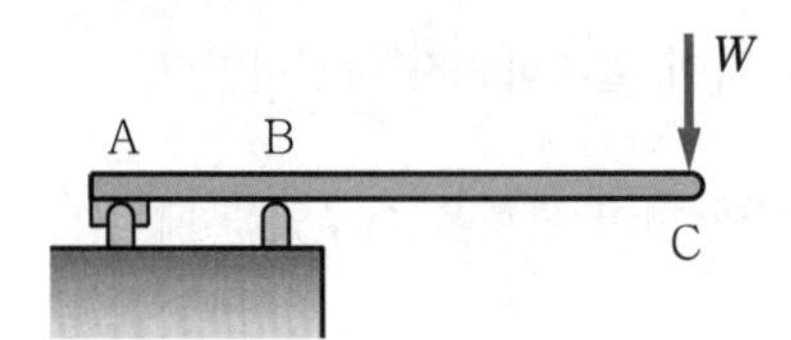

10 다음 그림과 같이 플라이어의 손잡이에 힘 P를 작용시킬 경우, 물체를 물리는 힘을 구하기 위한 자유물체도를 그리시오.

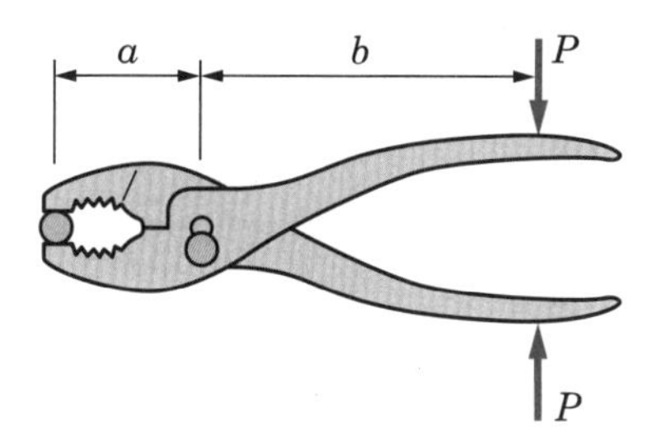

11 다음 그림과 같은 구조물 ABC의 C점에 하중 P가 작용할 때 부재 ABC의 자유물체도를 그리시오. A점은 핀 지지이다.

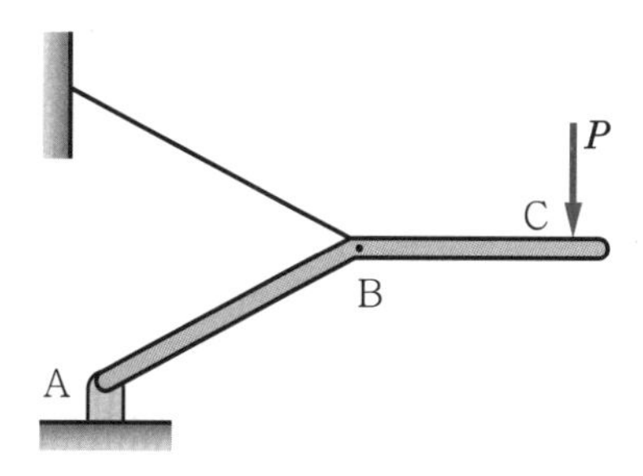

12 다음 그림과 같이 1,000N의 힘이 T자형 브라켓의 B점에 작용할 때 브라켓의 자유물체도를 그리시오. A, C점은 핀 지지이다.

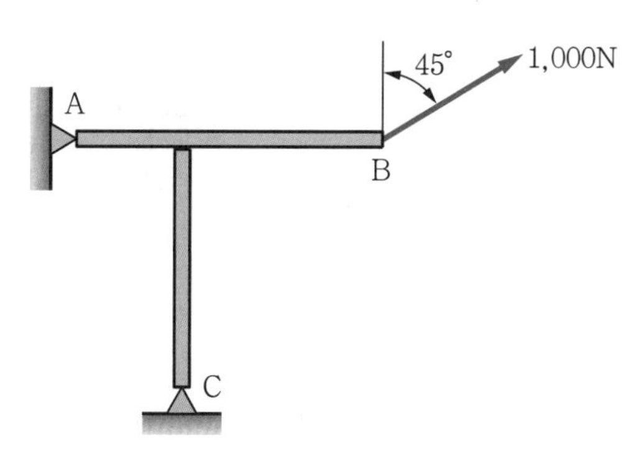

13 다음 그림과 같이 A점에서 핀 지지되어 있는 레버에 중량 W인 물체가 놓여 있다. 레버의 자유물체도를 그리시오.

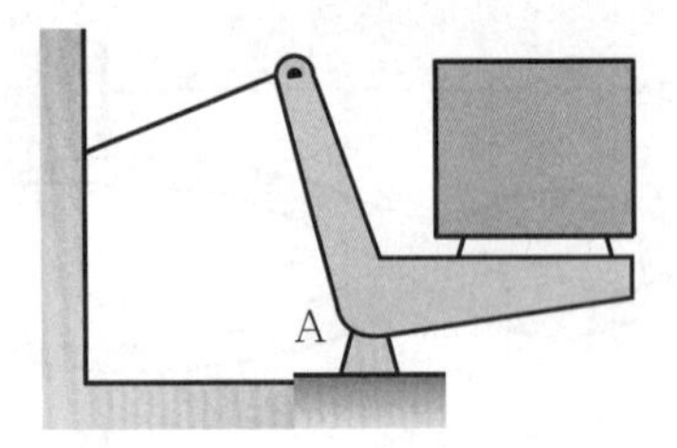

14 다음 그림과 같은 경사면에 무게 W인 실린더가 턱에 걸쳐 있을 때 실린더의 자유물체도를 그리시오.

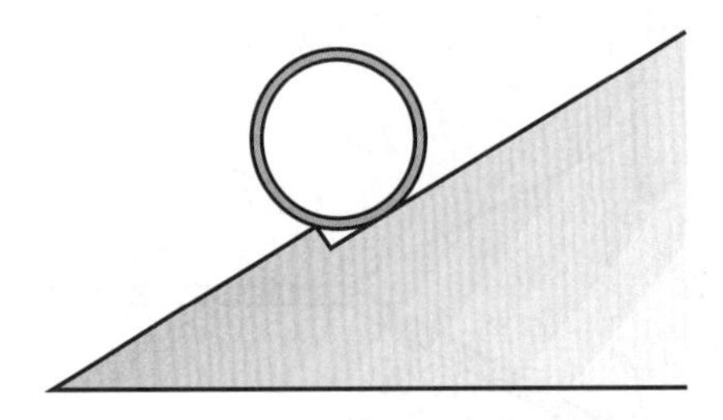

15 다음 그림과 같이 왼쪽은 롤러 지지, 오른쪽은 고정지지되어 있는 보의 자유물체도를 그리시오.

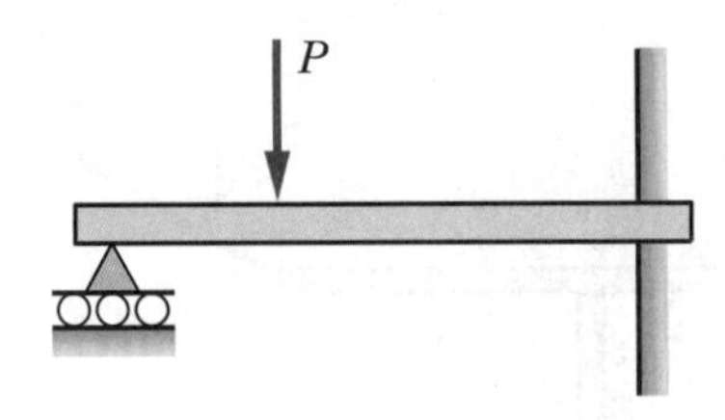

16 다음 그림과 같이 보 ABC가 B에서 기둥 BD, C에서 기둥 CE로 연결되어 있다. A, B, C, E는 각각 핀지지, 점 D는 고정지지로 구성되어 있다. 보 ABC, 기둥 BD와 CE의 자유물체도를 모두 그리시오.

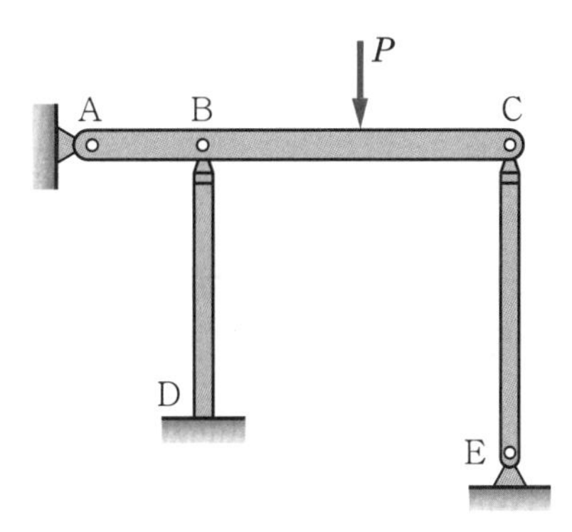

17 다음 그림과 같은 연강재 균일단면봉 A와 B가 있다. C점에서 인장하중 $P = 50,000\text{N}$ 이 작용할 때 A부재와 B부재의 자유물체도를 각각 그리시오.

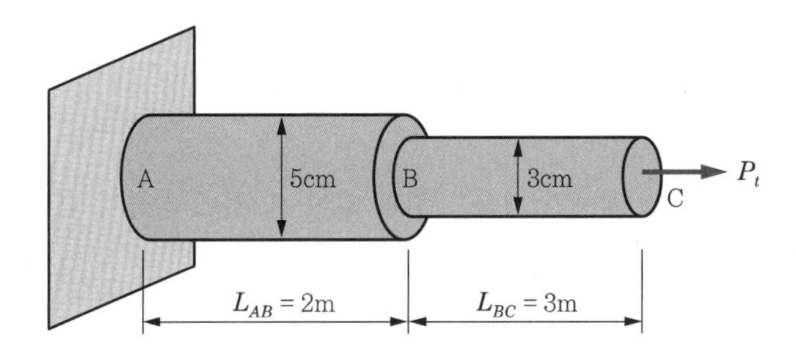

18 다음 그림과 같이 단면적이 A_1, A_2인 봉에 하중 P_1, P_2가 각각 작용할 경우 각 구간(단면적이 A_1, A_2)별 자유물체도를 각각 그리시오.

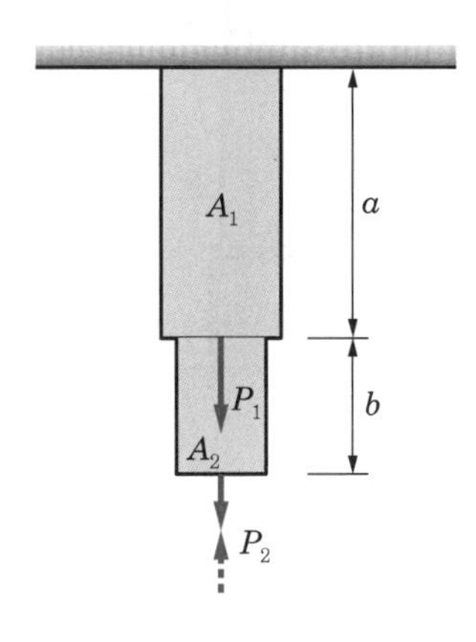

19 다음 그림과 같이 단면적이 균일한 봉에 하중 P와 Q가 작용할 경우 각 부재 A, B, C의 자유물체도를 각각 그리시오.

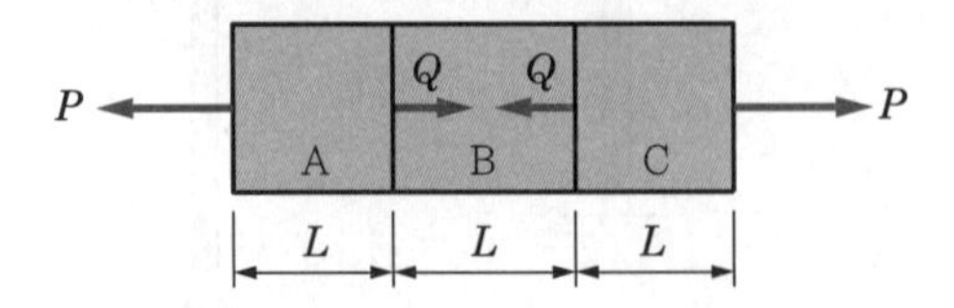

20 다음 그림에서처럼 하중이 작용할 경우 각 구간별 자유물체도를 각각 그리시오.

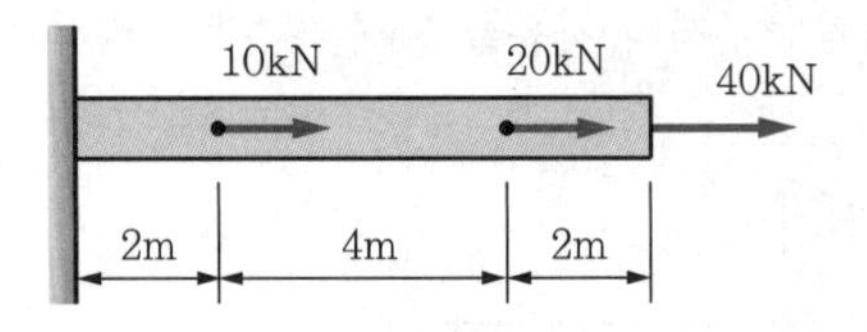

21 봉 A, B, C로 구성된 물체가 다음 그림과 같이 세 곳에 하중이 작용할 경우,

(1) 바닥면에 작용하는 반력을 구하라.

(2) 각 구간(A, B, C)별 자유물체도를 각각 그리시오.

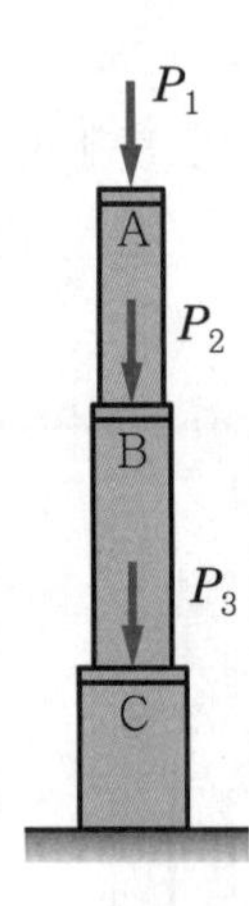

22 다음 그림과 같은 봉이 3개의 집중하중을 받고 있을 때

(1) 왼쪽 벽면 A점에 작용하는 반력을 구하라.

(2) 각 구간(AB, BC, CD)별 자유물체도를 각각 그리시오.

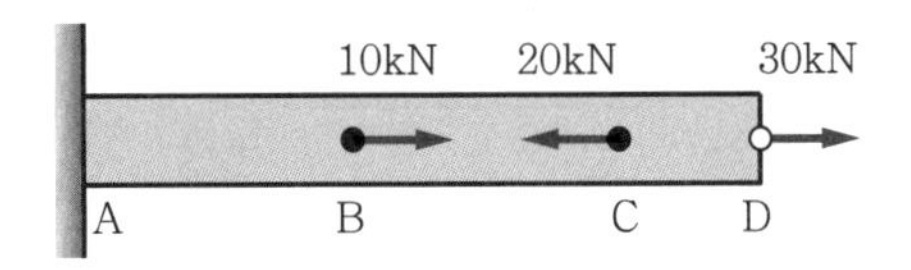

23 다음 그림과 같은 봉이 매달려 여러 힘을 받고 있고 봉의 자중은 무시할 때

(1) 천장면에 작용하는 반력을 구하라.

(2) 각 구간(AB, BC, CD)별 자유물체도를 각각 그리시오.

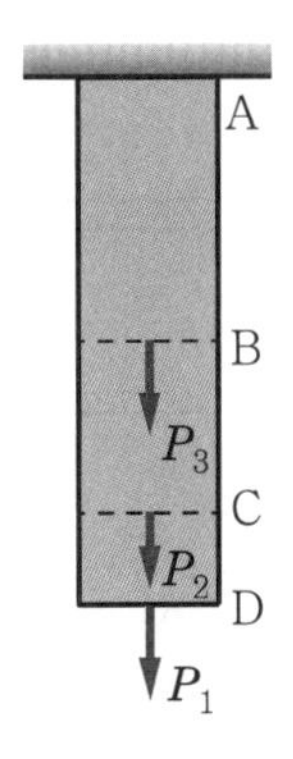

24 다음 그림과 같이 천장에 연결된 두 끈으로 중량 100N인 물체를 매달고 있을 때

(1) 100N인 물체의 자유물체도를 그리시오.

(2) AC 및 BC 끈에 작용되는 장력의 크기는 얼마인가?

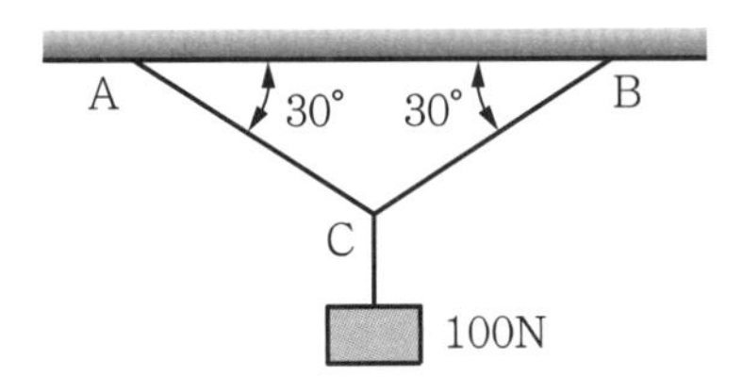

25 다음 그림과 같은 단순보에 50N의 하중이 보의 C점에 작용할 때 지점 A와 B에서의 반력을 구하라.

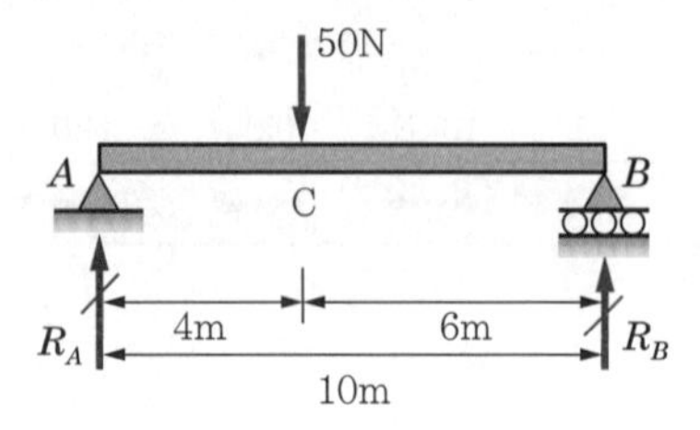

26 다음 그림과 같은 보가 집중하중 P를 지지한다. 왼쪽은 핀 지지, 오른쪽은 롤러 지지된다. 지지점에서의 반력을 모두 구하라.

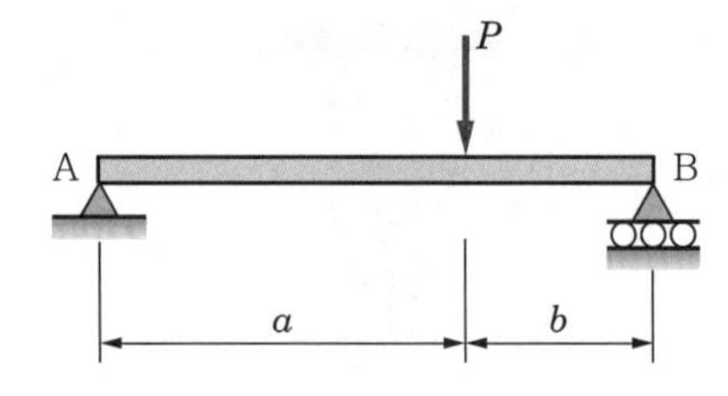

27 다음 그림과 같이 왼쪽 벽에 고정 지지된 보 AB의 자유단 B에 집중하중 P가 작용한다. 고정 지지점 A에서의 반력 R_A와 우력 모멘트 M_A를 모두 구하라.

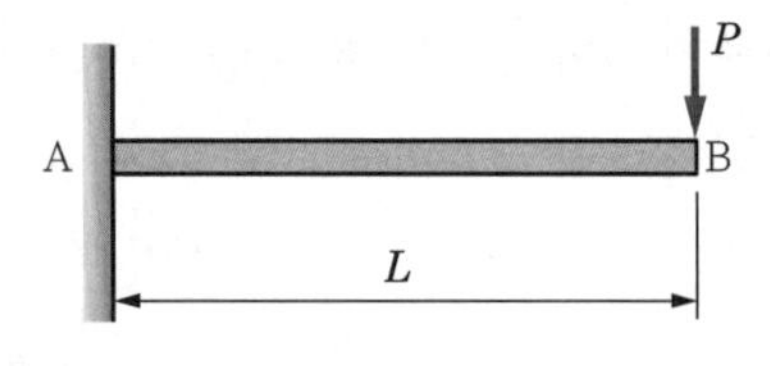

28 다음 그림과 같은 보 AB의 C점에 집중하중 $P = 680\text{kN}$이 작용할 때 왼쪽 고정 지지점에서의 반력과 우력 모멘트를 모두 구하라.

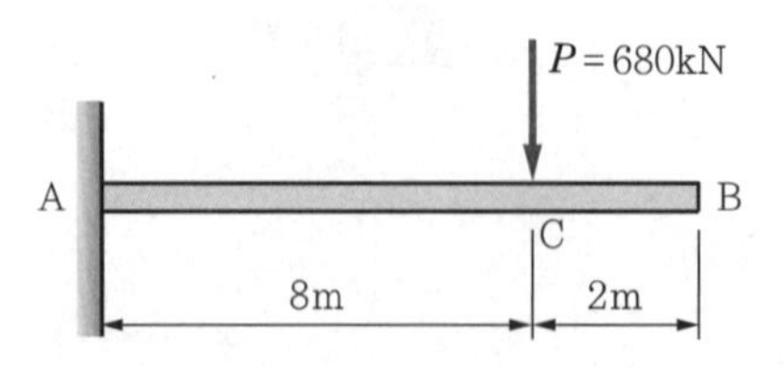

29 질량 100kg의 롤러가 마찰이 없는 30°의 경사면에 있을 때,

(1) 롤러의 자유물체도를 그리시오.

(2) 케이블 장력 OB와 점 A에서 경사면이 롤러를 지지하는 힘(반력)의 크기를 구하라.

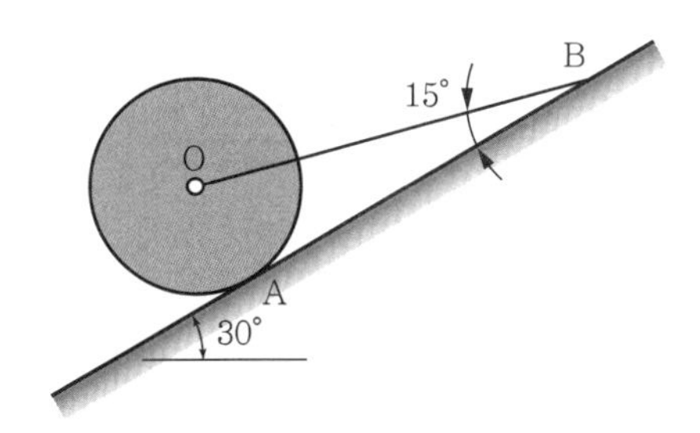

30 다음 그림과 같이 3개의 도르래가 1,000N의 물체를 지탱하고 있을 때

(1) 각 도르래의 자유물체도를 그리시오.

(2) 평형을 유지하기 위한 힘 T의 크기를 구하라.

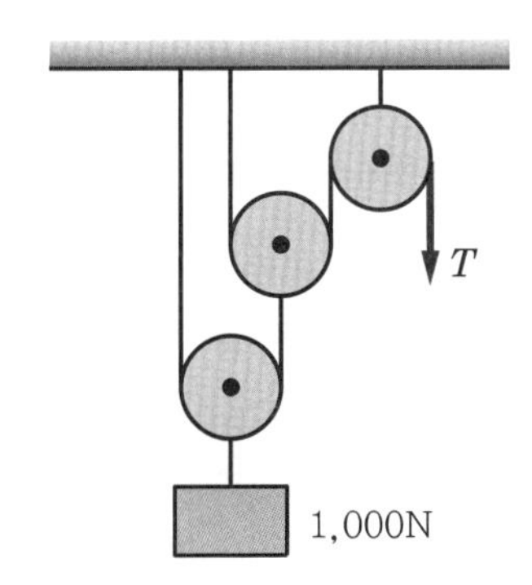

31 질량 100kg, 길이 5m인 막대가 다음 그림과 같이 하부 바닥과 벽체에 걸쳐 있고 접촉면은 모두 매끄러울 때(마찰이 없다)

(1) 막대의 자유물체도를 그리시오.

(2) 케이블에 작용하는 장력을 구하라.

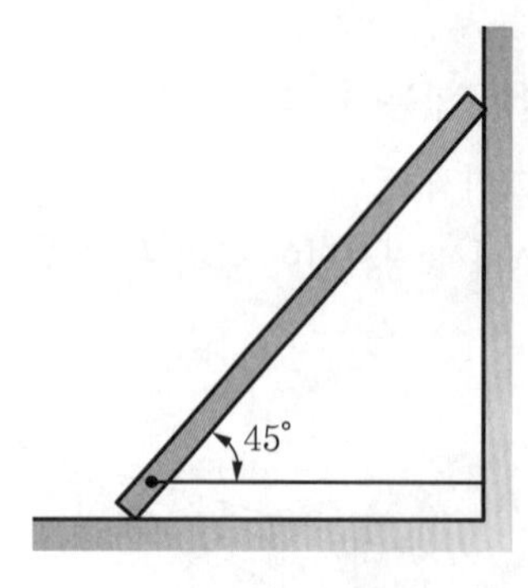

32 길이 L인 보 ABC가 그림과 같이 A점에서 핀 지지, B점에서 롤러 지지, C점에서 하중 P를 받고 있고 보의 자중은 무시할 때

(1) 보 ABC의 자유물체도를 그리시오.

(2) A 지점과 B 지점의 반력을 각각 구하라.

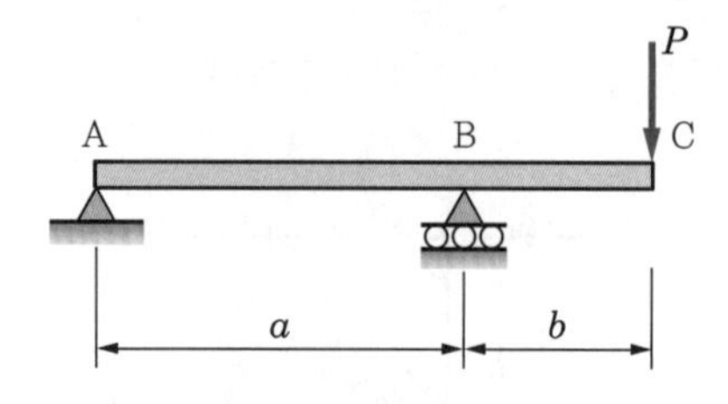

33 다음 그림과 같은 구조물의 D점에서 하중 P가 작용할 때

(1) 각 구간(AB, CBD)별 자유물체도를 각각 그리시오.

(2) B점에 작용하는 지지력을 구하라.

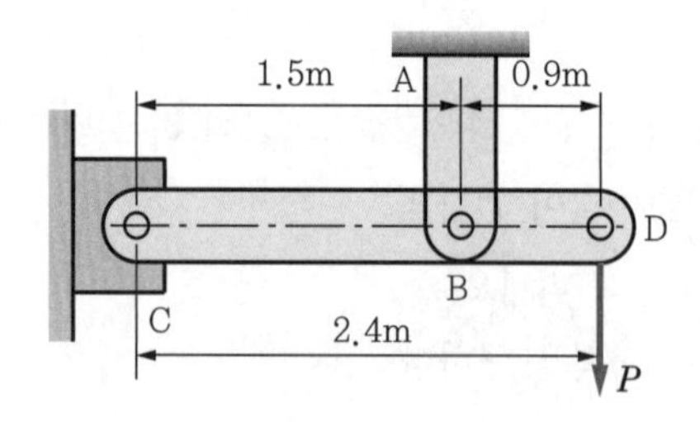

34 그림과 같이 D점에서 고정, B점에서 핀으로 지지된 기둥 BD가 P = 200kN의 하중을 받는 수평보 ABC와 연결되어 있을 때

(1) 수평보 ABC와 기둥 BD의 자유물체도를 각각 그리시오.

(2) 핀 B에 작용하는 반력을 구하라.

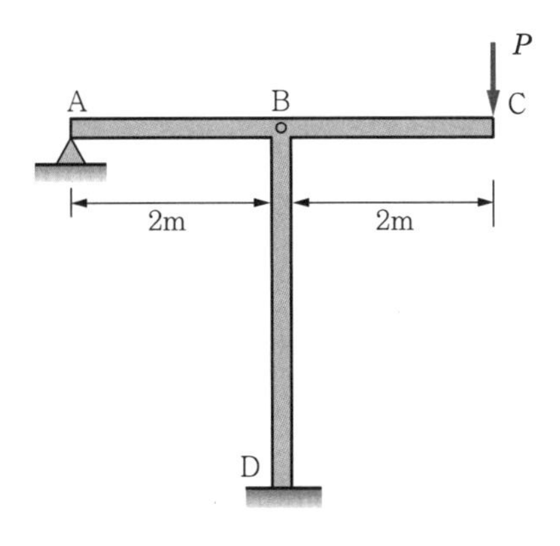

35 질량 100kg, 길이 5m인 기둥 AB를 밧줄로 잡아당겨 들어 올리려고 할 때

(1) 기둥 AB의 자유물체도를 그리시오.

(2) A점에서의 반력을 구하라.

(3) 밧줄의 인장력을 구하라.

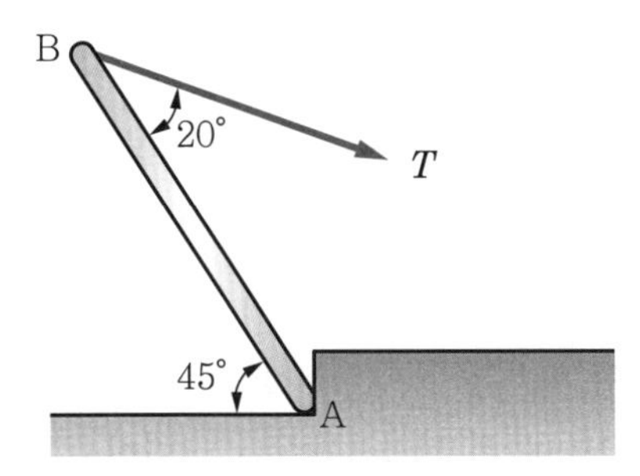

응용연습문제

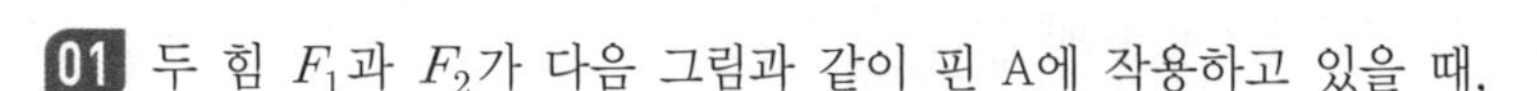

01 두 힘 F_1과 F_2가 다음 그림과 같이 핀 A에 작용하고 있을 때,

(1) 두 힘의 합력을 평행사변형 법칙을 이용하여 도식적으로 구하라.

(2) 두 힘의 합력을 삼각형 법칙을 이용하여 도식적으로 구하라.

(3) 두 힘의 합력을 단위 벡터를 사용하여 표현하라.

(4) 두 힘 합력의 크기와 방향을 구하라.

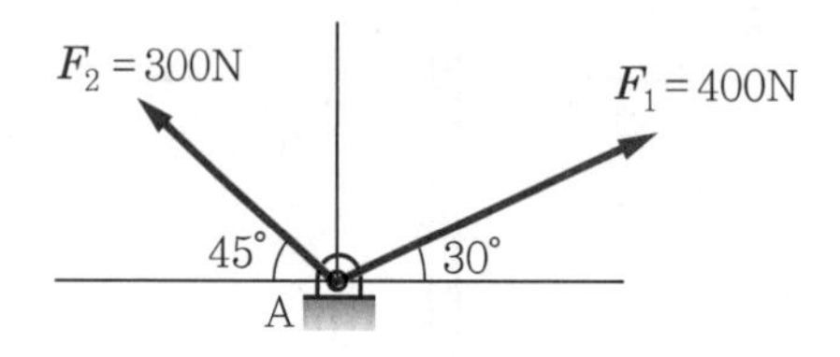

02 다음 그림과 같은 구조물에 500N의 힘이 작용할 때, 이 힘의 점 B에 대한 모멘트는?

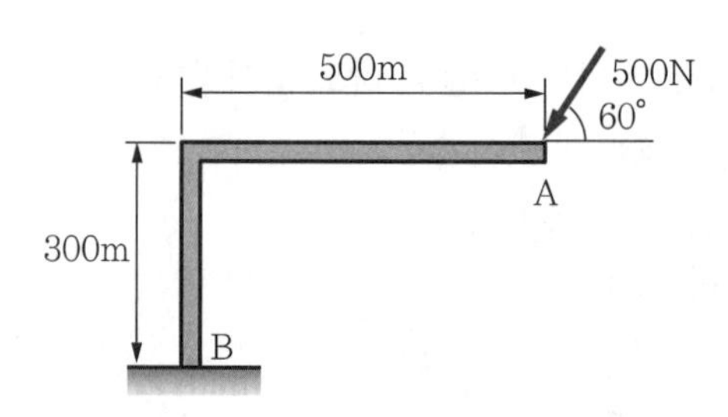

03 질량 m인 물체가 30° 기울어지고 마찰이 있는 경사면 위로 밀려 올라갈 때의 자유물체도를 그려라. 그리고 [예제 0.8]과 [기초연습문제 08]에서 구한 자유물체도와 비교하라.

04 다음 그림과 같이 질량이 m인 붐이 O점에서 핀 지지되어 있으며, 끝단 A지점에 중량 W인 물체가 매달려 있다. 붐의 자유물체도를 그리시오.

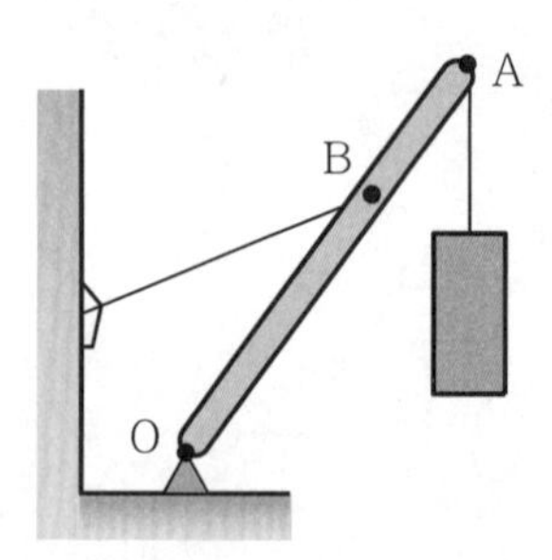

05 중량 W인 나무상자가 다음 그림과 같이 거친 하부 바닥과 매끄러운 벽체에 걸쳐 있을 때 나무상자의 자유물체도를 그리시오.

06 다음 그림과 같이 C점에서 핀 지지되어 있는 구조물에 중량 W인 드럼이 끼워져 있고 마찰은 무시할 때

(1) 드럼의 자유물체도를 그리시오.

(2) 부재 BC의 자유물체도를 그리시오.

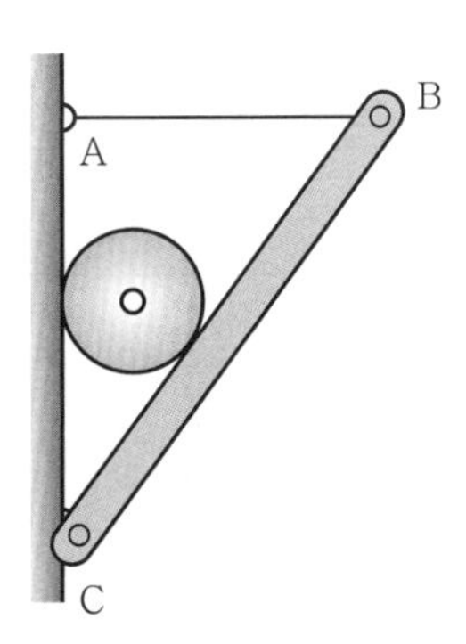

07 다음 그림과 같은 물체는 세 부위로 구성되어 있고, 축하중이 단면 A, B, C, D의 네 점에 작용하고 있다. 각 구간(AB, BC, CD)별 자유물체도를 각각 그리시오.

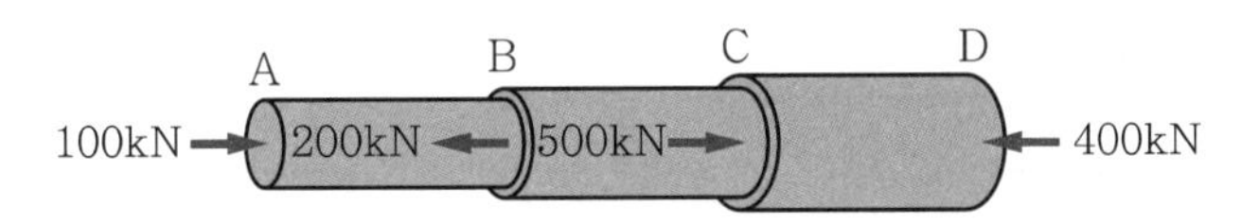

08 다음 그림과 같이 보 AB가 A에서 기둥 AE, C에서 기둥 CD로 연결되어 있다. 기둥 AE와 CD는 모두 핀-핀으로 지지된 기둥이다. 보 AB, 기둥 AE와 CD의 자유물체도를 모두 그리시오.

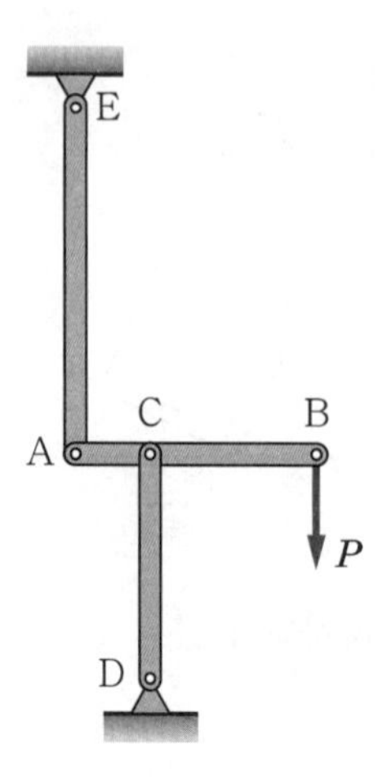

09 다음 그림과 같이 보 ABCD에 하중 P_1, P_2가 작용하고 있다. 기둥 BE와 CF는 B, C, E지점에서 각각 핀 지지, F지점에서 고정지지 되어있다. 보 ABCD, 기둥 BE, 기둥 CF의 자유물체도를 모두 그리시오.

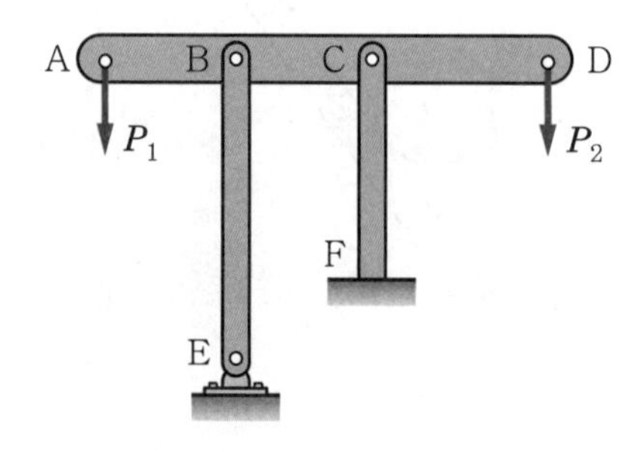

10 단면적이 균일한 봉에 다음 그림과 같이 축하중이 작용할 경우 각 부재 A, B, C의 자유물체도를 각각 그리시오.

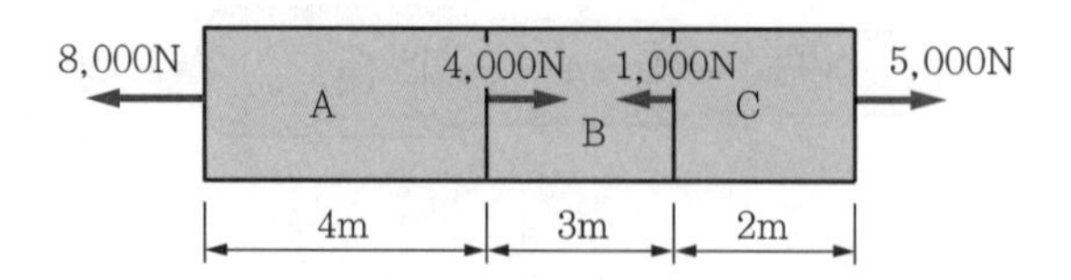

11 다음 그림과 같이 단면적이 균일한 봉에 하중 P_1, P_2와 P_3가 작용할 경우 각 구간(AB, BC, CD)별 자유물체도를 각각 그리시오.

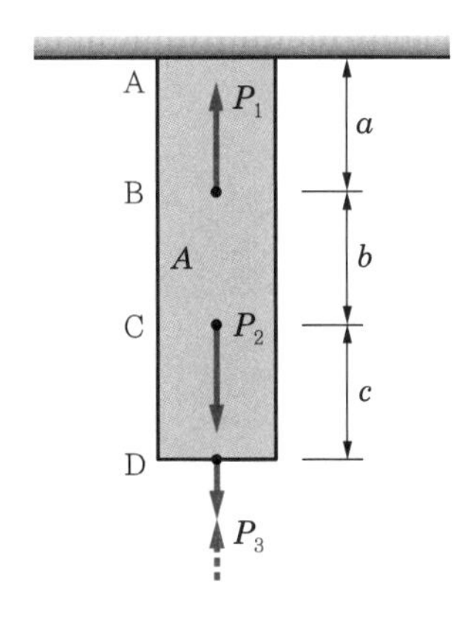

12 길이 L인 봉 ABCD가 다음 그림과 같이 B, C, D지점에 각각 $2P$, $4P$, P의 하중을 받고 있다. 구간(AB, BC, CD)별 자유물체도를 각각 그리시오.

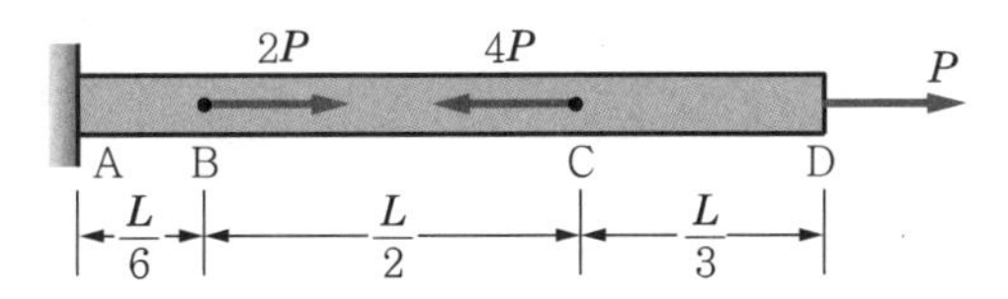

13 다음 그림과 같이 양 끝을 고정한 봉이 있다. 축하중 P와 Q를 같은 방향으로 작용시킬 때, 이 봉의 양 끝에 발생하는 반력은 각각 R_1과 R_2이다. 각 구간(AB, BC, CD)별 자유물체도를 각각 그리시오.

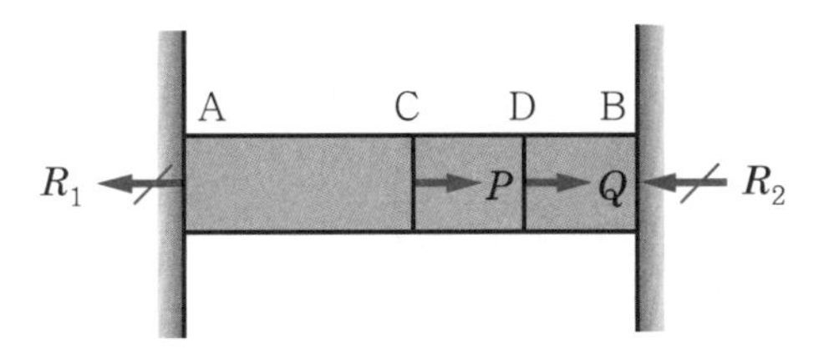

14 다음 그림에 나타난 바와 같이, 재질이 다른 3개의 원형단면으로 구성된 봉이 3 개의 집중하중(P_1 = 10kN, P_2 = −20kN, P_3 = 30kN)을 받고 있을 때

(1) 왼쪽 벽면 A점에 작용하는 반력을 구하라.

(2) 각 구간(AB, BC, CD)별 자유물체도를 각각 그리시오.

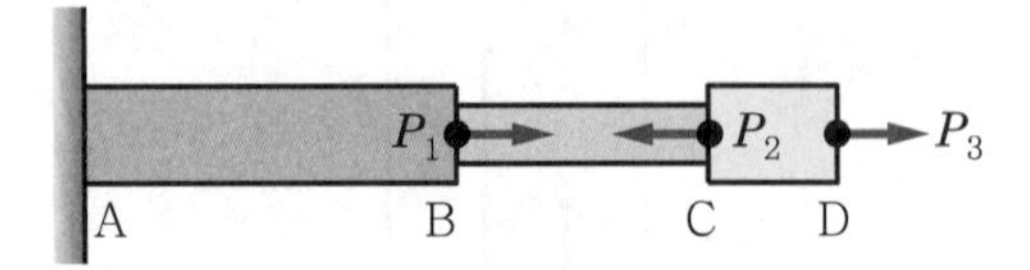

15 다음 그림과 같이 길이 L인 보에 A점으로부터 a, b의 위치에 각각 P_1, P_2의 집중하중이 작용할 때 반력 R_A 및 R_B를 각각 구하라.

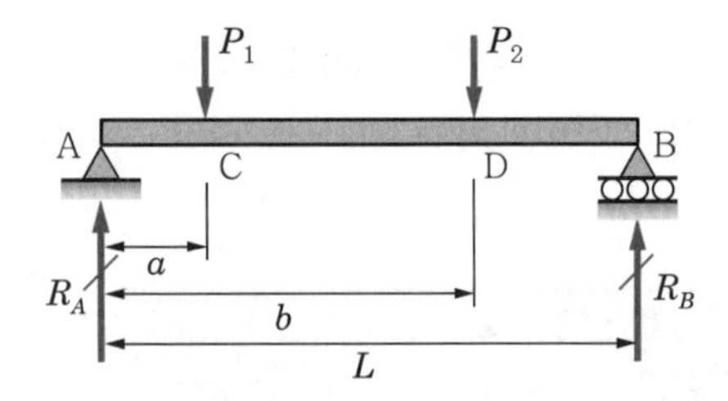

16 다음 그림과 같이 반지름 100mm, 중량 1,000N인 롤러가 중심점에 연결된 줄로 당겨서 높이 50mm인 계단 턱을 막 올라가려는 시점에 있을 때,

(1) 롤러의 자유물체도를 그리시오.

(2) 줄로 당겨야 할 장력의 크기 T는 얼마인가?

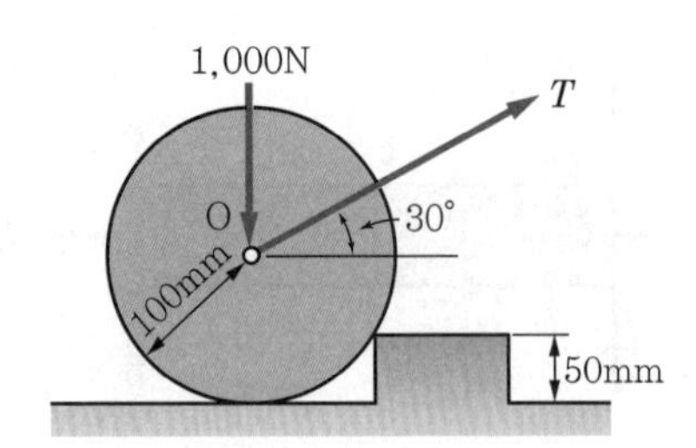

17 다음 그림에서 보는 바와 같이 A, B, C점에서 핀 지지되어 있는 구조물의 D점에 1,000N인 물체가 매달려 있을 때

(1) 보 ACD와 부재 BC의 자유물체도를 각각 그리시오.

(2) A점과 B점에서의 반력을 각각 구하시오.

(3) 부재 BC에 작용하는 힘을 구하라.

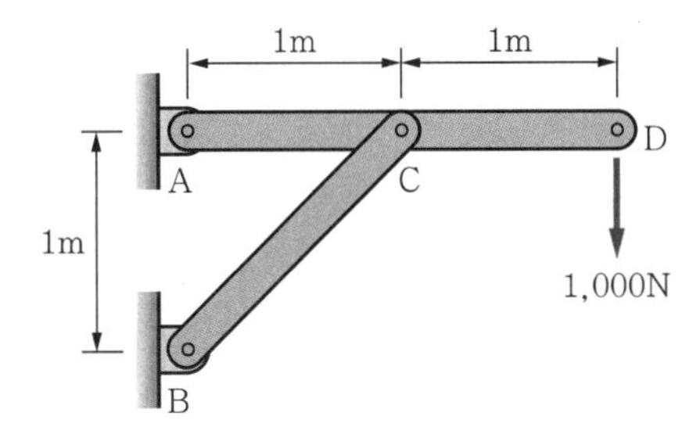

18 A와 B에서 핀으로 지지된 그림과 같은 구조물의 C점에 20kN의 하중을 가할 때,

(1) AC와 BC 부재의 자유물체도를 각각 그리시오.

(2) A와 B에서의 반력을 각각 구하라.

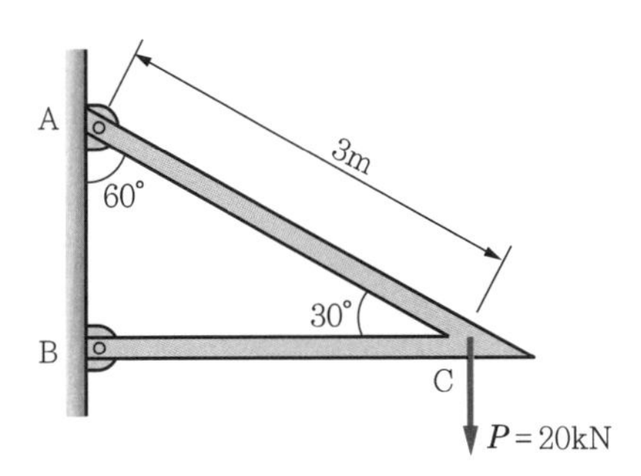

Mechanics of Materials

제 1 장

인장, 압축 및 전단

1.1 하중과 응력, 변형률

구조물(structure)에 외력인 하중이 작용하면 작용된 부분에 운동이 일어나려 하고, 이들과 인접된 부재(member)는 상호 간에 압축(compression) 및 인장(tension)을 받게 된다. 따라서 [그림 1-1(a)]와 같은 부재에 하중 P를 작용시킬 때 부재 양측 부분은 인장력(tensile force)을 받으며, 이때 [그림 1-1(b)]에서와 같이 임의의 가상면 $m-n$에는 상호 간에 작용하는 대칭적인 힘이 발생하게 된다. 이러한 힘을 내력(internal force)이라 하고, 재료역학에서는 응력(stress)이라 한다.

인장력(tensile force)

내력(internal force)

응력(stress)

이와 같이 이 장에서는 힘에 의해 발생하는 재료의 성질에 대하여 알아보고자 한다.

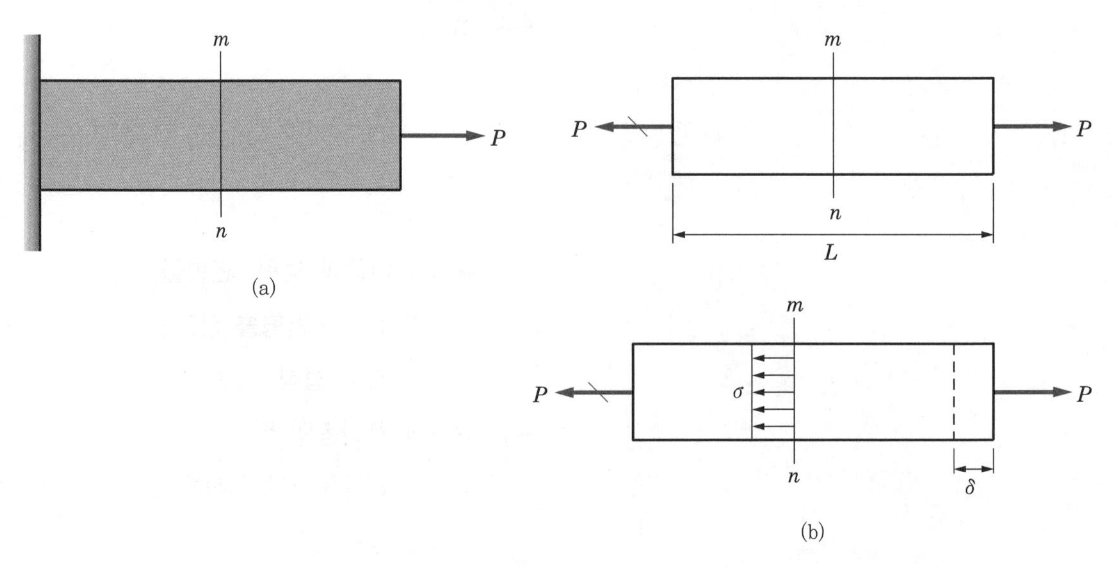

[그림 1-1] 인장을 받는 균일 단면부재

1 하중의 종류

(1) 분포방식에 따른 분류

집중하중

분포하중

① 집중하중 : 작은 범위에 집중적으로 작용하는 하중

② 분포하중 : 일정 범위에 걸쳐 균일 또는 불균일적으로 분포되어 작용하는 하중

(2) 작용속도에 따른 분류

① 정하중(static load)

정하중(static load)

- 사하중(dead load) : 자중과 같이 그 크기와 방향이 일정한 하중
- 점가하중(gradual increase load) : 매우 천천히 일정한 하중에 도달되어 작용하는 하중

② 동하중(dynamic load)

동하중(dynamic load)

- 활하중(live load)
  - 반복하중 : 한 지점에 하중의 크기와 방향이 일정하게 반복하여 작용하는 하중
  - 교번하중 : 한 지점에 하중의 크기와 방향이 일정하지 않게 반복하여 작용하는 하중

반복하중

교번하중

- 충격하중(impulsive load) : 극히 짧은 시간 동안 급속히 작용하는 하중
- 이동하중 (moving load) : 일정 거리에 걸쳐 이동하면서 작용하는 하중

(3) 작용상태에 따른 분류

① 축하중
- 인장하중(tensile load) : 재료를 잡아당겨 길이를 늘이는 하중
- 압축하중(compressive load) : 재료를 압축하여 길이를 줄어들게 하는 하중

축하중

② 전단하중(shearing load) : 재료를 자를 때와 같이 전단면에 평행하게 작용하는 하중

전단하중(shearing load)

③ 비틀림하중(twisting load) : 재료에 비틀림 모멘트를 발생시키는 하중

비틀림하중(twisting load)

④ 굽힘하중(bending load) : 재료가 휘어지도록 작용하는 하중

굽힘하중(bending load)

2 응력

(1) 응력(stress)

응력(stress)

응력과 변형에 대한 기본 개념은 [그림 1-1]에서와 같이 균일 단면부재의 양단에 하중 P가 작용될 때를 고찰하여 설명할 수 있다. 여기서 균일 단면부재란 전 길이에 걸쳐 일정한 단면을 갖는 곧은 구조부재(structural member)를 말한다.

[그림 1-1(a)]에서 축하중 P는 부재에 균일한 신장을 발생시키고, 부재는 인장을 받는다고 말한다. 봉의 내부응력들을 알아보기 위하여 [그림 1-1(b)]에서 $m-n$의 가상단면을 절단하였다. 이때 길이방향에 대하여 직각인 면을 단면(cross section)이라 부르고, 자유물체도(F.B.D)를 그려 분리할 수 있다. 인장하중 P는 전단면(total cross section)에 걸쳐 연속적으로 분포되는 것과 같고 그

자유물체도

힘의 세기를 응력이라 부른다. 이는 내부에서 재료가 저항하려는 성질(properties)이라 할 수 있으며, 이 응력을 σ로 표시한다. 균일단면 A에 걸쳐 P에 의해 발생된 응력은 $\sigma = P/A$로 쓰고, 평균 수직응력(average normal stress)이라 한다.

(2) 응력의 종류

[그림 1-2(a)]에서 내력 P가 가상면상에 대하여 경사진 방향으로 분포되어 있다면, 이것은 가상면상에 수직분력 P_n과 접선분력 P_t로 나누어 생각할 수 있다. 이들 힘이 가상면상에 일정하게 분포되어 있을 때 그림 [1-2(b)]와 같이 단위면적당 응력은 수직 힘에 의한 수직응력(normal stress) σ와 면에 평행한 힘에 의한 전단응력(shear stress) τ로 나누어 생각할 수 있다.

수직응력(normal stress)
전단응력(shear stress)

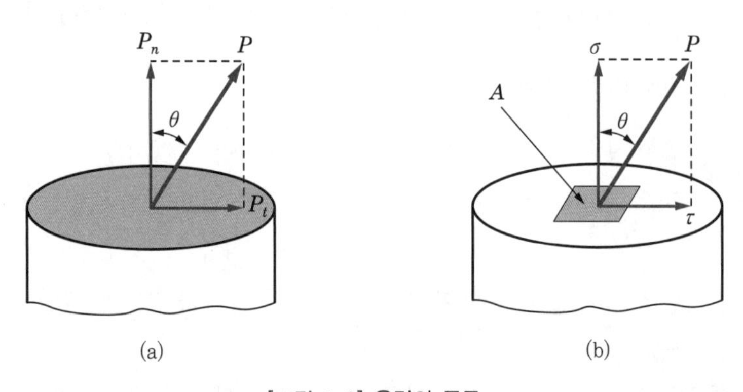

[그림 1-2] 응력의 종류

이때 단면적이 A일 경우

$$\sigma = \frac{P_n}{A}, \qquad \tau = \frac{P_t}{A} \tag{1.1}$$

이다. 결국 $P_n = P\cos\theta$, $P_t = P\sin\theta$가 되므로 단면적 A에 발생한 수직응력과 전단응력은 식 (1.2)와 같이 된다.

$$\sigma = \frac{P\cos\theta}{A}, \qquad \tau = \frac{P\sin\theta}{A} \tag{1.2}$$

[그림 1-2]와 같은 수직응력과 전단응력을 [그림 1-3]에 적용하여 나타낼 경우 부호 규약은 다음과 같다.

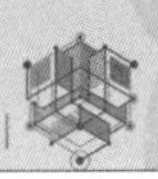

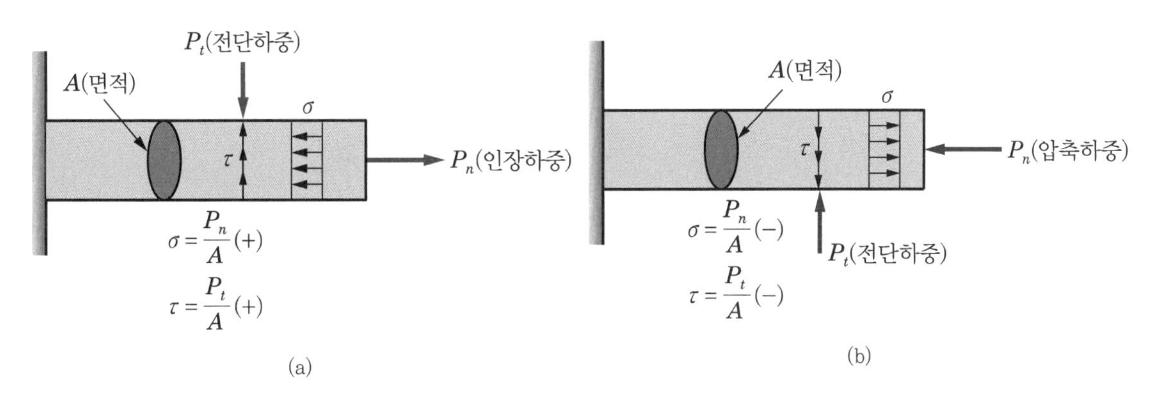

[그림 1-3] 균일 단면부재의 수직응력과 전단응력 상태

3 변형률

(1) 종변형률(longitudinal strain)과 횡변형률(lateral strain) : ε

종변형률(longitudinal strain)

횡변형률(lateral strain)

축하중을 받는 부재의 길이는 인장을 받으면 길어지고, 압축을 받으면 줄어든다. 이때 길이의 전신장량은 δ로 표기하며, 이 신장량 δ는 [그림 1-4]의 (a)와 같이 인장을 받을 때 재료가 부재의 전길이에 걸쳐 늘어나 누적된 결과로서 $\delta = L' - L(+)$이 된다. 또 [그림 1-4(b)]의 경우는 압축에 의한 줄음량으로서 $\delta = L' - L(-)$이다. 따라서 인장에 의한 변형률 ε_t와 압축에 의한 변형률 ε_c는 다음과 같다.

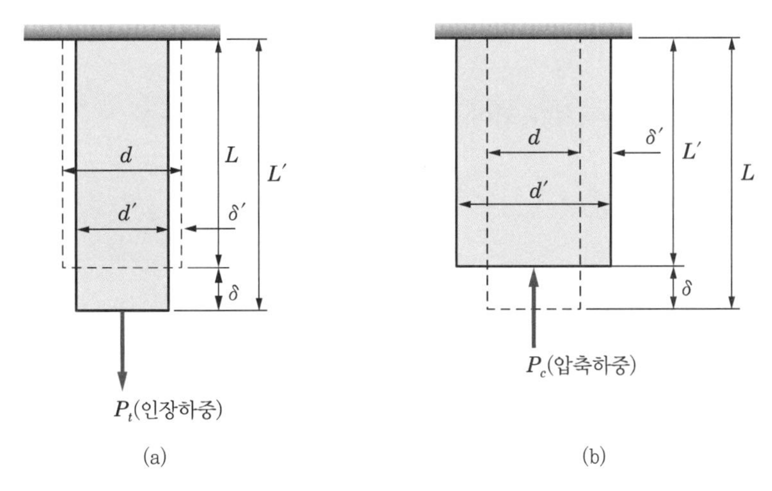

[그림 1-4] 인장과 압축 시의 변형

$$\varepsilon_t = \frac{L' - L}{L} = \frac{(L + \delta) - L}{L} = (+)\frac{\delta}{L} \text{ (인장)}$$

$$\varepsilon_c = \frac{L' - L}{L} = \frac{(L - \delta) - L}{L} = (-)\frac{\delta}{L} \text{ (압축)} \quad (1.3)$$

세로변형률

이와 같이 인장과 압축에 의한 변형을 종변형률 또는 세로변형률이라 하고, 이에 대하여 직각방향으로 재료의 굵기가 인장에 의해 줄어들고 압축에 의해 늘어나는 변형률을 가로변형률 또는 횡변형률 ε'이라 부른다. 이때 ε'은 다음과 같은 식이 된다.

가로변형률

$$\varepsilon_t{}' = \frac{d' - d}{d} = \frac{(d - \delta') - d}{d} = (-)\frac{\delta'}{d} \text{ (인장)}$$

$$\varepsilon_c{}' = \frac{d' - d}{d} = \frac{(d + \delta') - d}{d} = (+)\frac{\delta'}{d} \text{ (압축)} \quad (1.4)$$

전단변형률(shear strain)

(2) 전단변형률(shear strain) : γ

[그림 1-5(a)]와 같은 단면에 평행인 전단하중 P_s에 의해 전단면에 전단응력 τ가 발생되고 동시에 [그림 1-5(b)]와 같은 변형이 생긴다. 따라서 [그림 1-5(b)]와 같이 최초 직각이었던 ∠ABC가 γ[rad]만큼 변화하여 ∠ABC′으로 되었을 때 전단변형률 γ는 다음과 같다.

$$\tan\gamma = \frac{\delta_s}{L}$$

$\gamma \simeq 0$이면 $\tan\gamma \fallingdotseq \gamma$가 되어 다음과 같다.

$$\gamma = \frac{\delta_s}{L}[\text{rad}] \quad (1.5)$$

여기서, P_s : 전단하중

δ_s : 전단변형량

L : 평판의 두께

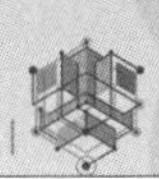

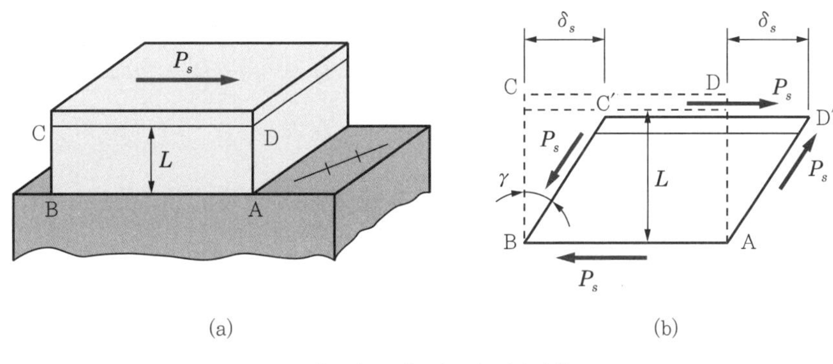

[그림 1-5] 재료의 전단변형

(3) 체적변형률(volumetric strain) : ε_v

체적변형률
(volumetric strain)

하중 P가 3축 방향으로 인장 또는 압축을 받는 경우에는 봉의 치수가 바뀌게 되므로 봉의 체적 또한 바뀐다. 체적변화는 축방향 및 가로방향 변형률로 계산할 수 있다. [그림 1-6]과 같이 등방성 인장봉에서 잘라낸 재료(material)의 작은 요소를 살펴 계산하면 ε_v는 다음과 같다.

$$\varepsilon_v = \frac{V' - V}{V} = \frac{\Delta V}{V} \tag{1.6}$$

여기서, V : 최초 육방체의 체적

V' : 하중 P가 작용한 후의 체적

ΔV : 변화된 체적

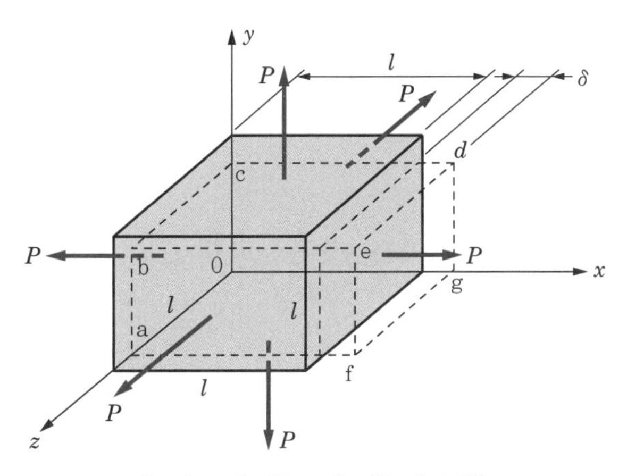

[그림 1-6] 하중 P에 의한 체적변형

[그림 1-6]에서 미소요소 1변의 x, y, z축 방향의 길이는 l이고 x축 방향에 대해서만 abcdefg0으로 주어진다. 그리고 y 및 z축 방향은 같은 형태로 생각하여 해석할 경우 다음과 같이 된다.

$$V' = (l \pm \delta)^3 \qquad (-\delta : \text{압축의 경우}) \qquad \text{(a)}$$

식 (a)를 식 (1.6)에 대입하면 다음과 같다.

$$\varepsilon_v = \frac{(l \pm \delta)^3 - l^3}{l^3} \qquad \text{(b)}$$

단, $V = l^3$이다.

따라서 식 (b)는 다음 식과 같이 나타낼 수 있다.

$$\varepsilon_v = \frac{l^3 \pm 3l^2\delta + 3l\delta^2 \pm \delta^3}{l^3} = \pm 3\frac{\delta}{l} + 3\left(\frac{\delta}{l}\right)^2 \pm \left(\frac{\delta}{l}\right)^3$$

위 식에서 $\frac{\delta}{l}$값이 아주 작다고 보면 고차항은 무시할 수 있다.

$$\therefore \ \varepsilon_v = \pm 3\frac{\delta}{l} = \pm 3\varepsilon \qquad (1.7)$$

그러므로 체적변형률은 수직변형률(세로변형률, 가로변형률)의 3배임을 알 수 있다.

1.2 응력-변형률 선도

1 인장시험편과 인장시험기

인장시험편

공학에서 사용되는 재료의 역학적 성질은 재료의 시험편을 실험하여 결정한다. 가장 공통적인 재료 실험은 원기둥 모양의 시험편에 인장하중을 가하는 인장시험이다. 인장시험은 먼저 시험편의 양쪽 끝을 그립(grip)에 고정시키는데, 이때 양쪽 끝은 그립되어 응력분포가 양단에서 복잡한 양상으로 나타나므로 응력을 쉽게 계산할 수 있는 중앙부분에서 파단이 일어나도록 [그림 1-7]과 같이 시험편을 제작한다. ASTM(미국 시험 및 재료협회)의 표준 인장시험은 지름이 0.5인치, 표점거리 L이 2인치이다.

ASTM

[그림 1-7]과 같은 시험편을 인장측정기에 고정시키고, 인장하중 P_t를 증가시키면 시험편이 늘어나는 대로 다이얼에서 하중을 읽어서 측정 · 기록한다. 이때 늘어난 길이를 측정하는 데는 기계적 게이지를 사용하기도 하고, 전기저항식 스트레인 게이지(strain gauge)를 시험편에 부착하여 저항의 변화 및 전압의 변화를 읽어서 측정하기도 한다.

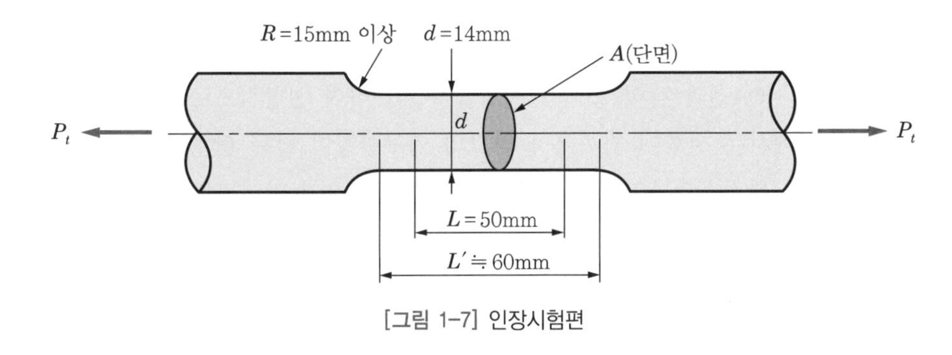

[그림 1-7] 인장시험편

2 응력-변형률 선도

응력-변형률 선도

시험편의 축방향 하중 P를 단면적 A로 나누어 축방향 응력 σ를 구해보자. 시험편의 최초 단면적을 계산에 사용할 때의 응력을 공칭응력(nominal stress) 또는 공학응력(engineering stress)이라 부르고, 축응력의 더욱 정확한 값을 진응력(true stress)이라 하는데, 이는 축이 늘어나면 단면적이 감소하고 이때 감소된 단면적으로 나누어 구한 응력을 말한다.

공칭응력(nominal stress)

진응력(true stress)

또 시험편의 평균변형률은 게이지 표지 사이의 늘어난 길이 δ를 게이지 길이 L로

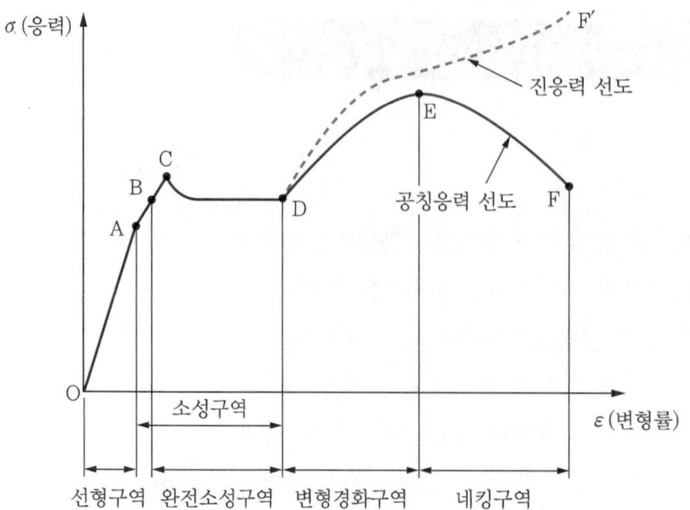

[그림 1-8] 인장을 받는 구조용 강의 응력-변형률 선도

나눈 값이다. 이때도 최초의 게이지 길이를 사용하면 공칭변형률(nominal strain)이 얻어지고, 이 게이지 표지 사이의 거리는 인장하중이 가해지면 늘어난다. 변형률 계산 시 실제길이를 사용할 경우에는 진변형률(true strain) 또는 고유변형률(natural strain)을 얻을 수 있다.

연강 또는 저탄소강으로 알려진 구조용 강의 응력과 변형률을 살펴보면 [그림 1-8]과 같다. 이 경우 수평축은 변형률, 수직축은 응력이다.

선형구역은 OA선과 같이 응력과 변형률이 비례하여 선형적으로 거동이 일어나며, AB선에서는 선형에 가까우나 약간의 영구변형이 남는 탄성구역이 된다. 또 BD구역은 완전소성구역으로 인장력은 거의 증가하지 않더라도 상당한 신장이 일어나므로 재료는 완전소성상태가 된다. DE선은 변형경화구역으로 재료는 원자 및 결정구조의 변화를 일으켜 더 큰 변형에 대하여 재료의 저항력을 증가시킨다. 따라서 응력과 변형이 (+)의 경사를 가지게 된다. EF구역은 시험편의 단면적 감소가 눈에 띄게 커지며 네킹(necking)이 일어난다. 여기서 곡선이 감소기울기를 갖는 것은 단면적의 감소에 의한 것으로서 전응력, 즉 전하중의 감소를 의미하지는 않는다.

영구변형

완전소성상태

변형경화구역

네킹(necking)

응력을 계산할 때 네크(neck)의 좁은 부분에서의 실제 단면적을 사용하면 진응력-변형선도 D-F′이 된다. 실제로 재료는 파괴점 F′에 이르기까지 응력증가(하중증가)에 견딘다. 그러나 대개 실제 목적에 대하여 시험편의 원래 단면적에 근거를 둔 OABCDEF선인 공칭응력-변형률 선도의 계산 시 용이하게 설계에 사용하고 있다.

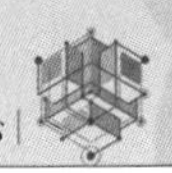

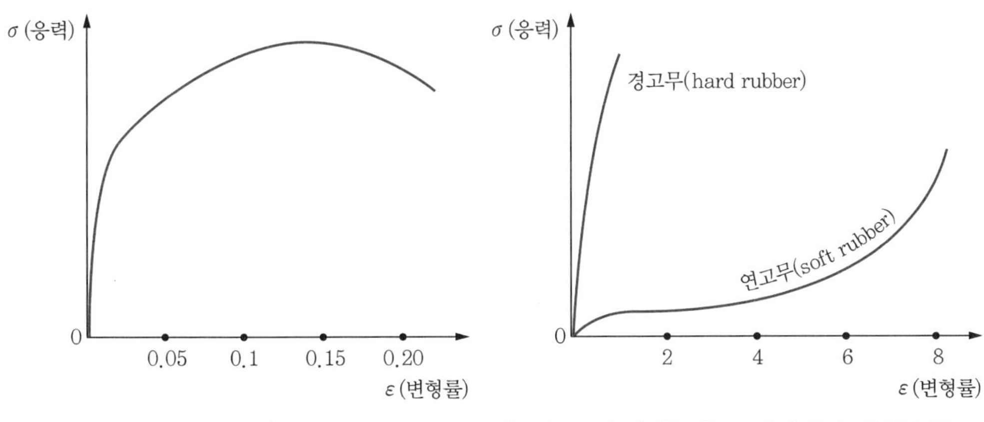

[그림 1-9] 알루미늄 합금의 응력-변형률 선도　　[그림 1-10] 인장을 받는 고무의 응력-변형률 선도

알루미늄과 같은 파단이 되기까지 큰 변형률에 견디는 연성(ductile) 재료의 경우에는 [그림 1-9]와 같이 확실한 항복점을 가지지 않으며 선형영역에서 비선형영역으로 점진적인 변이가 발생됨을 알 수 있다. 고무의 경우에는 [그림 1-10]에서 보는 바와 같이 변형률이 0.1이나 0.2 부근에서 매우 큰 변형률에 이르기까지 응력과 변형률의 관계가 선형을 유지한다.

- **신장률**

신장률

$$\text{신장률} = \frac{L_f - L_0}{L_0} \times 100[\%] \tag{1.8}$$

여기서, L_0 : 원래의 시험편 표점거리
L_f : 파단 시 표점거리

- **단면감소율**

단면감소율

$$\text{단면감소율} = \frac{A_0 - A_f}{A_0} \times 100[\%] \tag{1.9}$$

여기서, A_0 : 원래의 단면적
A_f : 파단 시의 단면적

연성재료의 경우 단면감소율이 약 50% 정도가 된다.

1.3 훅의 법칙(Hooke's law)

탄성과 소성
(elasticity & plasticity)

1 탄성과 소성(elasticity & plasticity)

앞 절에서는 재료가 정적하중을 받을 때 응력-변형률 선도로부터 거동에 대하여 알아보았다. 여기에서는 하중을 제거하면 어떤 일이 발생하는가를 [그림 1-11]을 보면서 살펴보기로 한다.

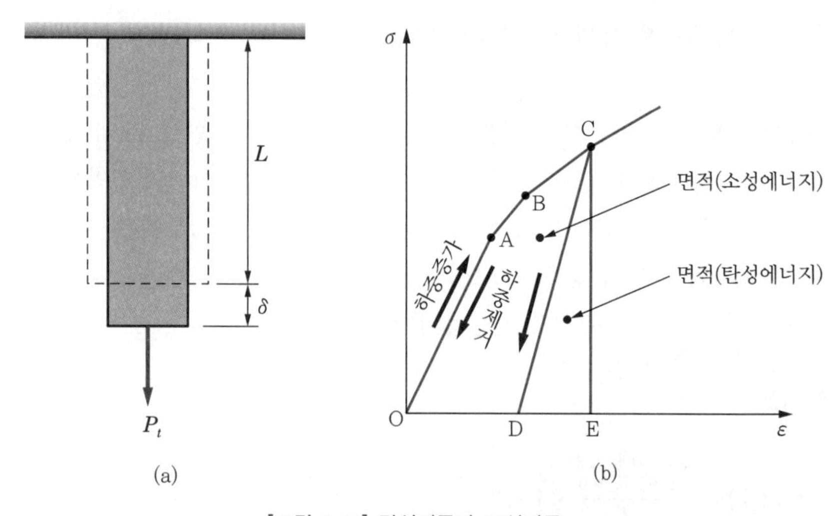

[그림 1-11] 탄성거동과 조성거동

[그림 1-11(a)]와 같이 하중 P_t를 가하여 (b)와 같이 O점에서 선을 따라 A점까지 변화했다고 가정하자. 이때 B점은 탄성한도이며 A점은 그 이내에 있는 구역이다. 다시 하중을 제거하여 재료가 같은 곡선을 따라 O점에 복귀한다고 할 때 원래의 치수로 돌아오는 재료의 성질을 탄성(elasticity)이라 한다. 이 O점에서 A점 사이의 선은 반드시 선형(linear)일 필요는 없다.

이번에는 하중이 선을 따라 증가하여 C점에 도달한 후 하중을 제거했을 때 CD선을 따라 D점에 도달했다면 OD만큼의 영구변형이 남게 되고, 또 DE만큼의 탄성변형이 있었다면 C점의 재료상태는 부분탄성구역이 됨을 알 수 있다. 이와 같이 영구변형이 남는 상태를 소성(plastity)이라 한다.

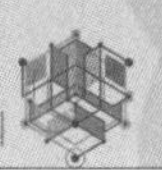

2 훅의 법칙

훅의 법칙

대부분의 구조용 재료는 응력-변형률 선도상에 재료가 탄성적으로 거동하는 초기영역을 갖는다. [그림 1-11]에서 OB의 탄성한도까지의 영역이 하나의 예이다. 이러한 선형탄성은 금속, 목재, 콘크리트, 플라스틱 및 세라믹을 포함한 많은 고체재료의 성질이다. 따라서 이러한 재료의 선형적 관계는 다음 식으로 쓸 수 있다. 즉 $\sigma \propto \varepsilon$이 되고, 비례계수 E를 도입하여 양변을 같게 놓으면 다음과 같다.

$$\sigma = E\varepsilon \tag{1.10}$$

여기서, E는 탄성계수(modulus of elasticity)이고 ε는 무차원이므로 E의 단위는 응력의 단위와 같다. 이 식 (1.10)은 영국 과학자 Robert Hooke(1635~1703)의 이름을 따서 훅의 법칙(Hooke's law)이라 하고, 탄성계수 E는 영국의 과학자 Thomas Young(1773~1829)의 이름을 따서 영계수(Young's modulus)라고 한다.

탄성계수
(modulus of elasticity)

영계수(Young's modulus)

또 식 (1.10)으로부터 다음과 같은 관계식을 얻을 수 있다. 즉 축하중에 의한 전 신장량 δ는

$$\frac{P}{A} = E\frac{\delta}{L}$$

$$\therefore \ \delta = \lambda = \frac{PL}{AE} \tag{1.11}$$

이 된다.

(1) 탄성계수의 종류

① 축하중 상태의 경우 훅의 법칙에 의해 다음 식과 같이 된다.

$$\sigma = E\varepsilon$$

$$\therefore \ E = \frac{\sigma}{\varepsilon} \text{(세로탄성계수, 종탄성계수)} \tag{1.12}$$

세로탄성계수

- 강재의 경우 : $E \fallingdotseq 200\text{GPa}$
- 알루미늄의 경우 : $E \fallingdotseq 70\text{GPa}$
- 목재의 경우 : $E \fallingdotseq 11\text{GPa}$

② 접선하중 상태의 경우 훅의 법칙에 의해 다음 식과 같이 된다.

가로탄성계수

$$\tau = G\gamma$$

$$\therefore \; G = \frac{\tau}{\gamma} \text{(가로탄성계수, 횡탄성계수)} \tag{1.13}$$

- 연강의 경우 : $G \fallingdotseq 80\text{GPa} \fallingdotseq 0.84 \times 10^6 \text{kg/cm}^2$
- 알루미늄의 경우 : $G \fallingdotseq 30\text{GPa} \fallingdotseq 0.31 \times 10^6 \text{kg/cm}^2$

③ 체적변화의 경우 훅의 법칙에 의해 다음 식과 같이 된다.

체적탄성계수

$$\sigma = K\varepsilon_v$$

$$\therefore \; K = \frac{\sigma}{\varepsilon_v} \text{(체적탄성계수)} \tag{1.14}$$

그리고 식 (1.14)는 다음과 같이 변형시킬 수 있다.

$$K = \frac{PV}{A\Delta V} \tag{1.15}$$

다음 [표 1-1]은 공업용 재료의 기계적 성질을 나타낸 것이다.

[표 1-1] 공업용 재료의 기계적 성질

재료의 종류	종탄성계수 E[GPa]	횡탄성계수 G[GPa]	항복점 Y[GPa]	인장강도 σ[GPa]
연강 (C 0.1 ~ 0.2%)	200	80	0.23 ~ 0.28	0.34 ~ 0.45
경강	200	80	0.34 ~ 0.6	0.55 ~ 0.80
스프링강	200	81 ~ 84	–	1.44
주강	200	80	0.2	0.34 ~ 0.67
주철	77 ~ 144	28 ~ 38	–	0.10 ~ 029
동	120	45	0.2 ~ 0.34	0.2 ~ 0.38
황동	91	38	0.11 ~ 0.34	0.38 ~ 0.53
알루미늄	69	26	0.03 ~ 0.14	0.086 ~ 0.16

예제 1.1

폭×높이($b \times h$)의 직사각형 단면을 가지고 있는 길이 $L=3$m인 균일 단면부재가 축방향 하중 5,000N을 받고 있다. 봉의 신장이 $\delta=1.5$mm였다면 부재의 인장응력 σ_t와 변형률 ε을 구하라. 단, $b \times h=$10mm×30mm이다.

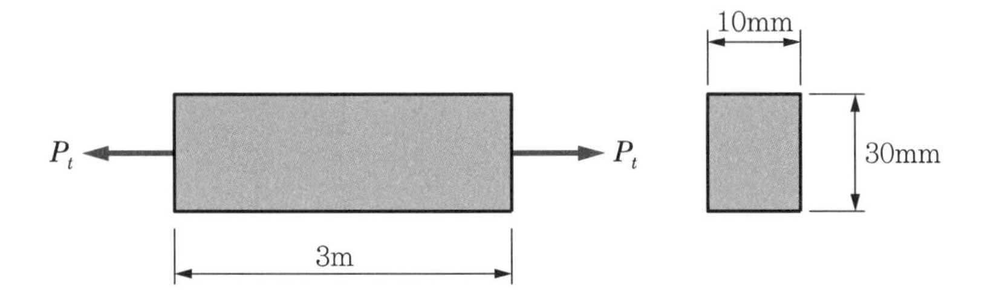

풀이 축하중 P_t는 도심을 통과하므로

$$응력\ \sigma = \frac{P_t}{A} = \frac{5,000}{10 \times 30} = 16.7\text{N/mm}^2$$

$$변형률\ \varepsilon = \frac{\delta}{L} = \frac{1.5\text{mm}}{3,000\text{mm}} = 5 \times 10^{-4}$$

예제 1.2

표점거리 $L_0=$120mm, 시험편 직경 $d_0=$15.01mm인 KS 규격 2호 시험편을 인장기에 걸어 시험하였더니 최대하중은 87,000N, 파단하중은 57,500N, 항복점하중은 53,250N, 파단 후 시험편 직경 $d=$10.1mm, 파단 후 시험편 길이 $L'=$157.6mm였다. 이 시험편 재료의 항복점, 인장강도, 실제 파괴강도, 신장률, 단면감소율을 구하라.

풀이 항복응력(항복점) $\sigma_Y = \dfrac{P_Y}{A_0} = \dfrac{53,250}{\frac{\pi}{4} \times 15.01^2} = 301.0\text{N/mm}^2$

인장강도(극한강도) $\sigma_U = \dfrac{P_{ma}}{A_0} = \dfrac{87,000}{\frac{\pi}{4} \times 15.01^2} = 491.9\text{N/mm}^2$

실제 파괴강도 $\sigma_T = \dfrac{P_T}{A} = \dfrac{57,500}{\frac{\pi}{4} \times 10.1^2} = 718.0\text{N/mm}^2$

신장률 $\varepsilon = \dfrac{L' - L_0}{L_0} = \dfrac{157.6 - 120}{120} = 0.313$

단면감소율 $\phi = \dfrac{A_0 - A}{A_0} = \dfrac{15.01^2 - 10.1^2}{15.01^2} = 0.546 \fallingdotseq 54.6\%$

예제 1.3

다음 그림과 같은 외경 13cm의 중공축에 축 방향 압축하중을 35,000N 작용시켰다. 이때 중공축에 발생한 응력이 3,750N/cm^{2}이라면 내경 d_1과 수축량 δ를 계산하여라. 단, 원통의 길이 $L=120$cm, $E=200$GPa이다.

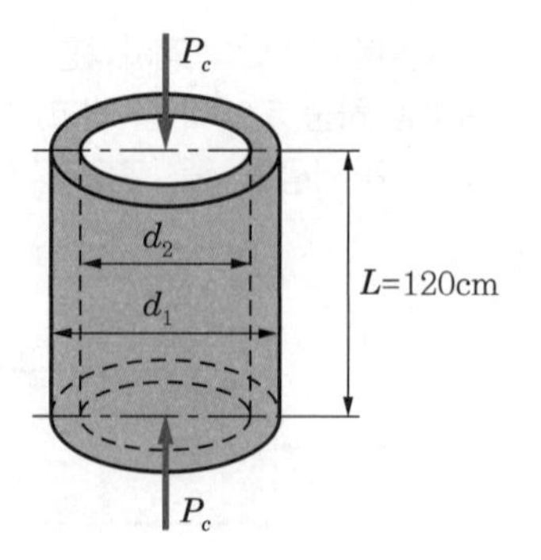

풀이 $d_1 = 13\text{cm},\ \sigma_c = 3{,}750\text{N/cm}^2,\ P_c = 35{,}000\text{N},\ L = 120\text{cm}$ 이므로

$$\sigma_c = \frac{P_c}{A} = \frac{P_c}{\dfrac{\pi}{4}(d_2^2 - d_1^2)} \Rightarrow d_1^2 = d_2^2 - \frac{4P_c}{\pi\sigma_c}$$

따라서 내경 $d_1 = \sqrt{(13)^2 - \dfrac{4\times35{,}000}{\pi\times3{,}750}} = 12.53\text{cm}$

수축량 $\delta = \dfrac{P_c L}{AE} = \dfrac{\sigma_c L}{E} = \dfrac{3{,}750\times120}{2.0\times10^7} \fallingdotseq 0.025\text{cm}$

예제 1.4

다음 그림과 같은 구조물의 D점에서 하중 P가 작용할 때 AB 부재의 수직응력 $\sigma_{AB}=400$N/cm^{2}이었다면 하중 P는 몇 N인가? 단, $A_{AB}=550\times10^{-6}$m^2, $L_{CD}=$ 2.4m, $L_{CB}=1.5$m, $L_{BD}=0.9$m이다.

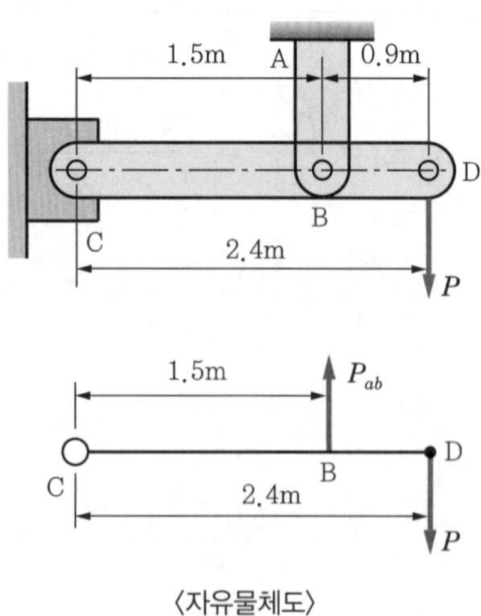

〈자유물체도〉

풀이 자유물체도에서

$$L_{BC}P_{ab} = L_{CD}P \Rightarrow P_{ab} = \frac{2.4}{1.5}P = 1.6P \quad \cdots\cdots ①$$

따라서 $\sigma_{AB} = \dfrac{P_{ab}}{A_{AB}} = \dfrac{1.6P}{A_{AB}}$ $\cdots\cdots ②$

따라서 식 ②로부터 하중을 구하면 다음과 같다.

$$\therefore\ P = \frac{\sigma_{AB}A_{AB}}{1.6} = \frac{400 \times 10^4 \times 550 \times 10^{-6}}{1.6} = 1{,}375\text{N}$$

예제 1.5

다음 그림과 같이 원뿔기둥의 잘린 환봉이 벽에 고정되어 있다. 이때 봉의 끝단에서 인장하중 P를 받을 경우 전길이 L에 대한 신장량 δ를 구하라. 단, E는 재료의 세로탄성계수이다.

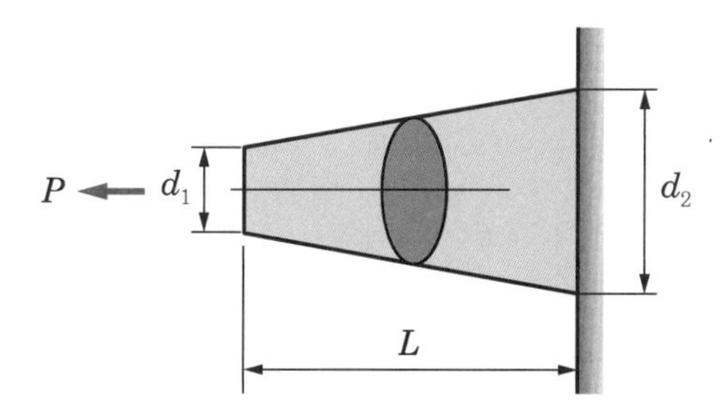

풀이 자유물체도를 그리면 다음 그림과 같다.

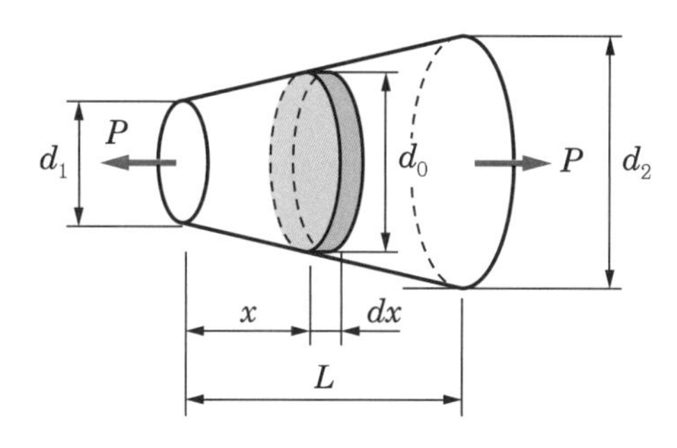

P에 의한 dx 부분의 신장량

$$d\delta = \frac{P\,dx}{A_x E} \quad \cdots\cdots ①$$

여기서, $A_x = \frac{\pi}{4} {d_0}^2$

단, $L : (d_2 - d_1) = x : (d_0 - d_1) \rightarrow d_0 = \left(\frac{d_2 - d_1}{L} \right) x + d_1$

따라서

$$A_x = \frac{\pi}{4} \left[\left(\frac{d_2 - d_1}{L} \right) x + d_1 \right]^2 \quad \cdots\cdots ②$$

식 ②를 식 ①에 대입하여 적분하면

$$\delta = \int d\delta = \int_0^L \frac{P dx}{\frac{\pi}{4} \left[\left(\frac{d_2 - d_1}{L} \right) x + d_1 \right]^2 E} \quad \cdots\cdots ③$$

식 ③의 분모항을 치환하면, 즉

$$t = \left(\frac{d_2 - d_1}{L} \right) x + d_1 \quad \cdots\cdots (a)$$

미분하면 $dt = \left(\frac{d_2 - d_1}{L} \right) dx \rightarrow dx = \left(\frac{L}{d_2 - d_1} \right) dt \quad \cdots\cdots (b)$

적분 구간은 $\begin{Bmatrix} x = 0 \text{ 일 때 } t = d_1 \\ x = L \text{ 일 때 } t = d_2 \end{Bmatrix} \quad \cdots\cdots (c)$

식 (a), (b), (c)를 식 ③에 대입하면

$$\therefore \ \delta = \int_{d_1}^{d_2} \frac{P \left(\frac{L}{d_2 - d_1} \right)}{\frac{\pi}{4} t^2 E} dt = \frac{PL}{\frac{\pi}{4} E (d_2 - d_1)} \left[-\frac{1}{t} \right]_{d_1}^{d_2}$$

$$= \frac{PL}{\frac{\pi}{4} E (d_2 - d_1)} \left(-\frac{1}{d_2} + \frac{1}{d_1} \right)$$

$$= \frac{PL}{\frac{\pi}{4} d_1 d_2 E}$$

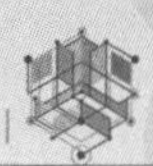

예제 1.6

다음 그림과 같은 연강재 균일 단면봉 A와 B가 있다. C점에서 인장하중 $P_t =$ 50,000N이 작용할 때 A재와 B재의 신장량이 각각 2mm와 3mm였다면 각 부재의 응력과 변형률을 구하여라.

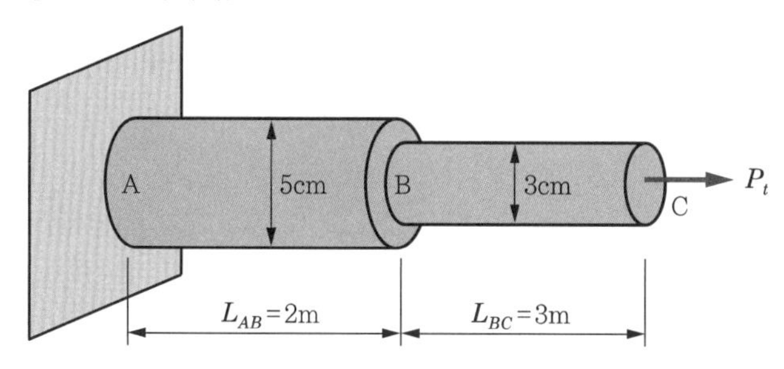

풀이

$$\sigma_A = \frac{P_t}{A_A} = \frac{50,000}{\frac{\pi}{4}(5)^2} = 2,547.8\text{N/cm}^2$$

$$\therefore \ \varepsilon_A = \frac{\delta_{AB}}{L_{AB}} = \frac{2}{2,000} = 0.001$$

$$\sigma_B = \frac{P_t}{A_B} = \frac{50,000}{\frac{\pi}{4}(3)^2} = 7,077.1\text{N/cm}^2$$

$$\therefore \ \varepsilon_B = \frac{\delta_{BC}}{L_{BC}} = \frac{3}{3,000} = 0.001$$

1.4 푸아송의 비(Poisson's ratio)

[그림 1-12]와 같이 균일 단면부재가 인장을 받으면 축방향 신장과 동시에 가로수축(lateral contraction)이 일어난다. 이때 금속의 경우에는 가로방향 길이의 변화가 너무 적어 눈에 잘 보이지 않는다. 이와 같이 재료가 균질(homogeneous)이고 등방성(isotropic)이면 가로변형률은 선형탄성영역에서 축변형률에 비례한다. 이것을 푸아송비라고 하며, ν 또는 $\frac{1}{m}$로 표기한다. 즉

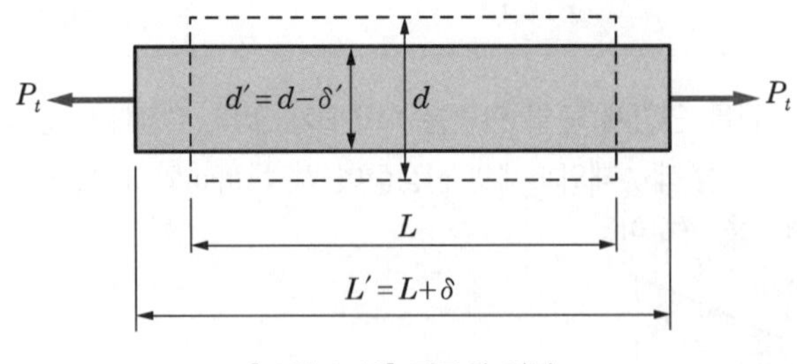

[그림 1-12] 재료의 인장

$$\nu = (-)\frac{\text{가로방향 변형률}}{\text{축방향 변형률}} = \frac{\varepsilon'}{\varepsilon}$$
$$= \frac{1}{m} \tag{1.16}$$

또

$$\nu = \frac{\varepsilon'}{\varepsilon} = (-)\frac{\frac{\delta'}{d}}{\frac{\sigma}{L}}$$
$$= \frac{L\delta'}{d\delta} \tag{1.17}$$

푸아송수
(Poisson's number)

이다. 단, ν는 1보다 작은 수이며, m은 푸아송수(Poisson's number)로 1보다 큰 값을 갖는다. 또 재료가 압축을 받을 때 식 (1.17)은 양(+)의 값을 갖는다.

푸아송비는 프랑스의 수학자 S. D. Poisson(1781~1840)의 이름을 따서 지어진

[표 1-2] 재료의 푸아송수와 푸아송비

재료	푸아송수(m)	푸아송비 $\left(\nu = \frac{1}{m}\right)$	재료	푸아송수(m)	푸아송비 $\left(\nu = \frac{1}{m}\right)$
연강	3.3	0.28 ~ 0.30	알루미늄	3.0	0.34
경강	3.3	0.28 ~ 0.30	유리	4.1	0.24
스프링강	3.3	0.28 ~ 0.30	황동	3.0	0.33
주강	3.3	0.28 ~ 0.30	셀룰로오스	2.5	0.4
주철	3.7	0.2 ~ 0.29	납	2.32	0.43
동	3.0	0.34	고무	2.0	0.50

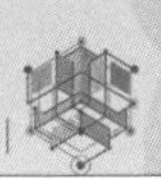

것으로서, 등방성 재료의 경우 $\nu=1/4$이나 최근 원자구조의 모델에 의해 $\nu=1/3$로 알려져 있다. 보통은 0.25~0.35의 범위에 존재하고 콘크리트의 ν는 0.1이나 0.2 정도이다. 코르크의 경우는 ν의 실제값이 0이며, 체적변화에서 ν의 상한값은 0.5이고 고무(rubber)는 이 값에 거의 접근한다. 즉 고무는 완전탄성체이다. [표 1-2]는 각종 재료의 푸아송수와 푸아송비를 나타낸 것이다.

1 체적변형률과 푸아송비의 관계

x축 방향을 하중이 작용하는 축방향으로 잡았을 때 축하중에 의해 발생된 응력을 σ, 축변형률을 ε이라 하면, $a_1\varepsilon$의 신장과 y와 z방향은 $\nu=\frac{\varepsilon'}{\varepsilon}$에 의해 $-\nu\varepsilon$만큼 감소한다. 즉 y방향에 $b_1\nu\varepsilon$, z방향에 $c_1\nu\varepsilon$만큼 감소한다.

따라서 미소요소의 최종 체적 V_f는 다음 식과 같다.

$$V_f = a_1 b_1 c_1 (1+\varepsilon)(1-\nu\varepsilon)(1-\nu\varepsilon) \qquad \text{(a)}$$

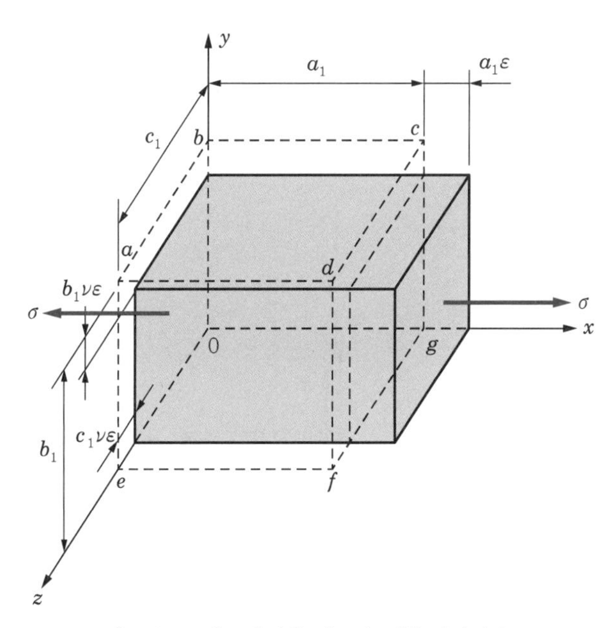

[그림 1-13] 1 축방향 하중에 의한 체적변화

식 (a)를 전개하면 ε의 제곱, 세제곱은 1에 비해 작으므로 이를 무시할 때 최종 체적은 식 (b)가 되고, 최적의 변화량 ΔV는 식 (c)가 된다.

$$V_f = a_1 b_1 c_1 (1 + \varepsilon - 2\nu\varepsilon) \tag{b}$$

$$\Delta V = V_f - V_0 = a_1 b_1 c_1 \varepsilon (1 - 2\nu) \tag{c}$$

단, V_0는 원래의 체적 $a_1 b_1 c_1$이므로, 결국 다음 식과 같다.

$$\varepsilon_v = \frac{\Delta V}{V_0} = \varepsilon(1 - 2\nu)$$

$$= \frac{\sigma}{E}(1 - 2\nu) \tag{1.18}$$

체적변형률

식 (1.18)은 1축 방향의 하중에 의한 체적변형률이 되고, 이 식에서 $\varepsilon_v \geq 0$이므로 $1 - 2\nu \geq 0$이 되어야 한다. 그러므로 이항정리한 ν값은 $\nu \leq \frac{1}{2}$이 된다. 따라서 극한값은 $\nu = \frac{1}{2}$이므로 탄성체인 고무의 경우가 이에 해당된다.

2 탄성계수 사이의 관계식

앞의 식 (1.18)은 1축 방향에 대한 체적변형률이 되고, 3축 방향의 축하중에 대한 체적변형률 ε_v는 다음과 같이 된다.

$$\nu(\text{푸아송비}) = (-)\frac{\varepsilon'}{\varepsilon}$$

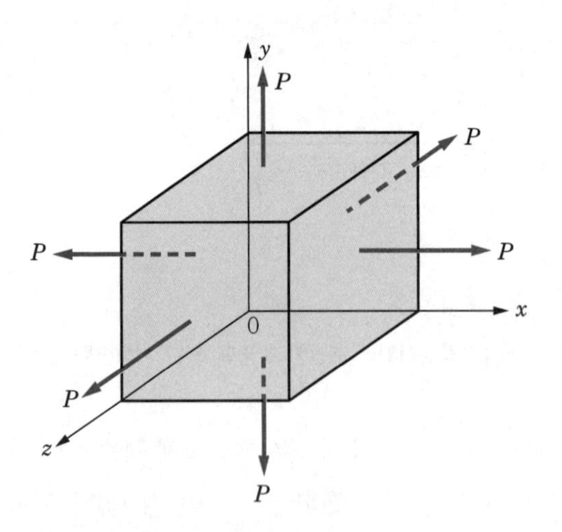

[그림 1-14] 3축 하중의 경우 체적변화

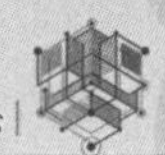

따라서

$$\varepsilon' = -\nu\varepsilon = -\nu\frac{\sigma}{E} \quad \text{(a)}$$

이다. 단, $\sigma = \sigma(x,\ y,\ z)$가 된다. 그리고 3축 하중에 의한 x축 방향의 변형률 ε_x는 훅의 법칙과 식 (a)를 결합하면

$$\varepsilon_x = \frac{\sigma_x}{E} - \frac{\nu}{E}(\sigma_y + \sigma_z) = \frac{\sigma_x}{E} - \frac{1}{mE}(\sigma_z + \sigma_y) \quad \text{(b)}$$

가 된다. 이때 $\varepsilon_x = \frac{\sigma_x}{E} - \frac{\nu}{E}(\sigma_y + \sigma_z)$에서 y축과 z축은 수축을 의미한다. 같은 방법으로 y축과 z축 방향의 변형률은 각각 다음 식으로 나타낼 수 있다.

$$\varepsilon_y = \frac{\sigma_y}{E} - \frac{1}{mE}(\sigma_x + \sigma_z) \quad \text{(c)}$$

$$\varepsilon_z = \frac{\sigma_z}{E} - \frac{1}{mE}(\sigma_x + \sigma_y) \quad \text{(d)}$$

그러므로 x, y, z방향 축하중에 의한 체적변형률 ε_v는 식 (b), (c), (d)를 합하면 된다. 즉

$$\varepsilon_v = \varepsilon_x + \varepsilon_y + \varepsilon_z = \frac{1}{E}(\sigma_x + \sigma_y + \sigma_z) - \frac{2}{mE}(\sigma_x + \sigma_y + \sigma_z) \quad \text{(e)}$$

가 된다. 만약 재료가 등방질이라면 $\sigma_x = \sigma_y = \sigma_z = \sigma$가 되어 식 (e)는 결국 식 (1.19)와 같다.

등방질

$$\varepsilon_v = \frac{3\sigma}{E} - \frac{6\sigma}{mE} = \frac{3m\sigma - 6\sigma}{mE} = 3\sigma\left(\frac{m-2}{mE}\right) \quad (1.19)$$

또 체적탄성계수 $K = \frac{\sigma}{\varepsilon_v}$이므로 식 (1.19)를 대입하여 정리하면,

체적탄성계수

$$K = \frac{mE}{3(m-2)} = \frac{E}{3(1-2\nu)} \quad (1.20)$$

가 된다. 그리고

$$E = 3K\left(\frac{m-2}{m}\right) = 2G\left(\frac{m+1}{m}\right) = \frac{9KG}{G+3K} \tag{1.21}$$
$$= 3K(1-2\nu) = 2G(1+\nu)$$

$$G = \frac{mE}{2(m+1)} = \frac{3KE}{9K-E} = \frac{E}{2(1+\nu)} \tag{1.22}$$

가 된다.

1.5 허용응력과 안전율

강도(strength)

공학설계에 있어 고려해야 할 중요한 하중의 하나가 하중을 지지하거나 이송시키도록 설계된 물체의 부하능력이다. 이러한 구조물의 부하능력을 강도(strength)라 한다. 구조물의 파단을 막으려면 구조물이 실제로 지지할 수 있는 하중이 사용 중에 견디는 데 필요한 하중보다 커야 한다. 즉 실제의 강도는 요구되는 강도보다 커야 한다.

안전율(safety factor)

항복응력

사용응력

이러한 실제강도와 요구강도의 비를 안전율(safety factor) S라 한다. 따라서 안전계수 S는 많은 구조물에 대하여 하중 제거 시 영구변형이 일어나지 않도록 재료가 선형탄성영역에 있게 하는 것이 중요하며, 보통 S는 항복응력에 적용하여 사용응력을 얻을 수 있다. 즉

$$S = \frac{\text{항복응력(실제강도)}}{\text{허용응력(요구강도)}} = \frac{\sigma_y}{\sigma_a} \tag{a}$$

여기서, $\sigma_a = \sigma_{\text{allow}}$ (허용응력)

$\sigma_y = \sigma_{\text{yield}}$ (항복응력)

이다. 그러나 일반적으로 실제강도값을 극한강도(인장강도)로 해서 안전율을 적용하여 허용응력을 구하는 경우가 많다. 그러므로 식 (a)는 다음 식으로 표현할 수 있다.

$$S = \frac{\sigma_u}{\sigma_a} \tag{1.23}$$

허용응력

따라서 허용응력은 다음 식과 같다.

$$\sigma_a = \frac{\sigma_u}{S} \qquad \text{(b)}$$

여기서, σ_u : 극한강도(인장강도)

극한강도

이때 식 (a)를 사용하여 하중값으로 하면 다음과 같다.

$$S = \frac{\text{극한하중}}{\text{실하중(허용하중)}} = \frac{P_u}{P_a} \qquad \text{(c)}$$

여기서 실하중은 실제 구조물이 지지해야 하는 안전상 하중이 된다. 구조물은 이러한 극한하중(또는 사용하중)에 견디어야 하는데, 이렇게 설계된 방법을 강도설계라 한다. 따라서 식 (c)는 설계상 필요한 안전율의 식이 되고 이 안전율을 하중계수라 한다. 항공기 설계 시에는 하중계수에 1을 뺀 값을 사용하여 극한하중값을 계산한다.

사용응력(working stress)

(1) 사용응력(working stress) : σ_w

영구변형 없이 구조물을 안전하게 사용할 수 있는 실제응력을 말하며, 허용응력보다 작은 범위에 있다.

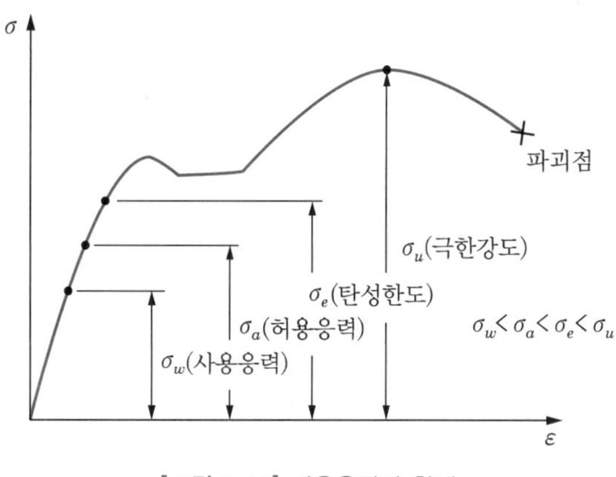

[그림 1-15] 사용응력의 한계

1.6 응력집중(concentration stress)

노치(notch)

핀구멍, 키, 모서리와 같이 단면적이 급격히 변화되는 재료의 부분을 노치(notch)라 하며, 이러한 노치부에서 매우 큰 응력이 국부적으로 집중하여 나타나게 된다. 따라서 이러한 응력집중 현상에 의해 노치부에서 균열(crack) 또는 파괴가 발생하는데, [그림 1-16]이 대표적인 예이다. 그림에서 보듯이 노치부의 모습에 따라 최대응력 분포 양상이 다르며, 이때 평균응력 σ_{av}와 최대응력 $\sigma_{\max}$의 비를 형상계수 α_k로 표현하면

응력집중

형상계수

$$\alpha_k = \frac{\sigma_{\max}}{\sigma_{av}} \tag{1.24}$$

가 된다. 그림의 경우에 각각의 평균응력의 값은 그림의 (a)~(d)와 같다. 여기서 D는 평판의 최대폭, t는 평판의 두께이다. 따라서 식 (1.24)로부터 최대응력 $\sigma_{\max}$를 구하면 다음과 같이 된다.

$$\sigma_{\max} = \alpha_k \sigma_{av} \tag{1.25}$$

위 식에서 α_k의 값은 탄성률 계산 또는 응력측정 실험으로부터 구할 수 있다.

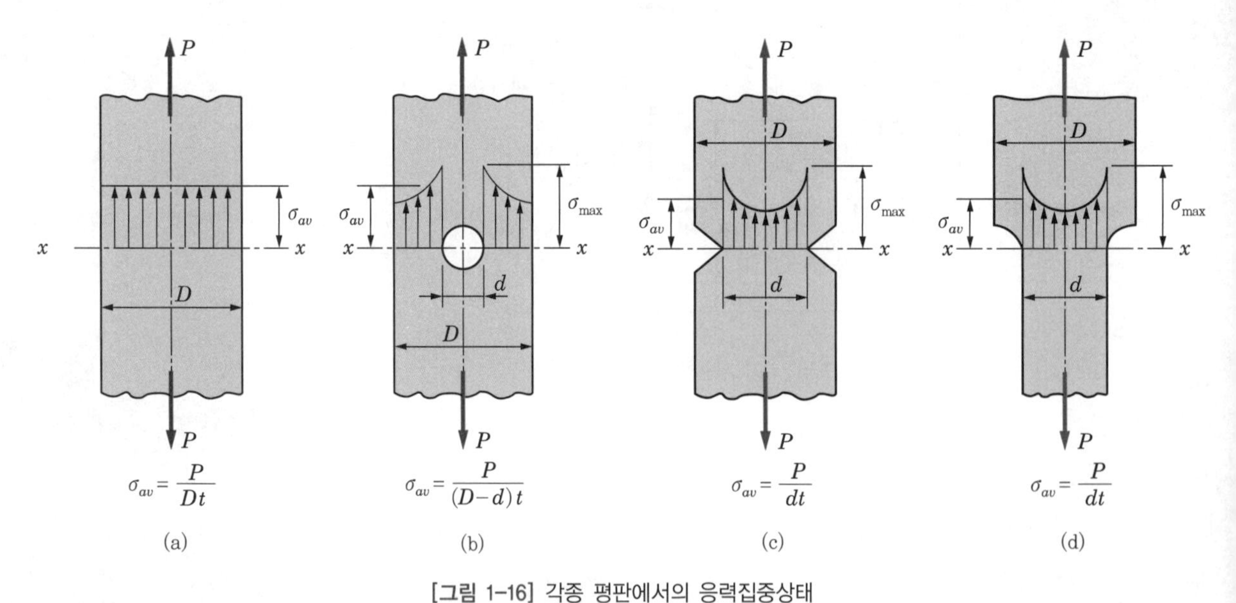

[그림 1-16] 각종 평판에서의 응력집중상태

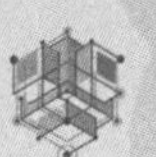

예제 1.7

한 변의 길이가 6cm인 정사각형 단면의 부재에 압축하중 P=15,000N이 작용할 때 체적의 변화량 ΔV는 몇 cm^3인가? 단, 부재의 길이 L=30cm, 푸아송비 $\nu = \frac{1}{m}$=0.3, 탄성계수 E=200×10^3MPa이다.

풀이 $\frac{\Delta V}{V} = \varepsilon(1-2\nu)$이므로 $\Delta V = V\varepsilon(1-2\nu) = AL\frac{\sigma}{E}(1-2\nu)$이다.

따라서 주어진 값을 대입하면 다음과 같다. 즉

$$\Delta V = (6\times6)\times30\times\frac{15{,}000/(6\times6)}{2.0\times10^7}\times(1-2\times0.3)$$
$$= 9.0\times10^{-3}\text{cm}^3$$

예제 1.8

다음과 같이 재료가 수평방향 인장력과 수직방향 압축력이 같은 크기로 작용할 때 가로탄성계수 G와 세로탄성계수 E, 그리고 체적탄성계수 K의 관계식을 구하라. 단, 푸아송비 $\nu = \frac{1}{m}$이다.

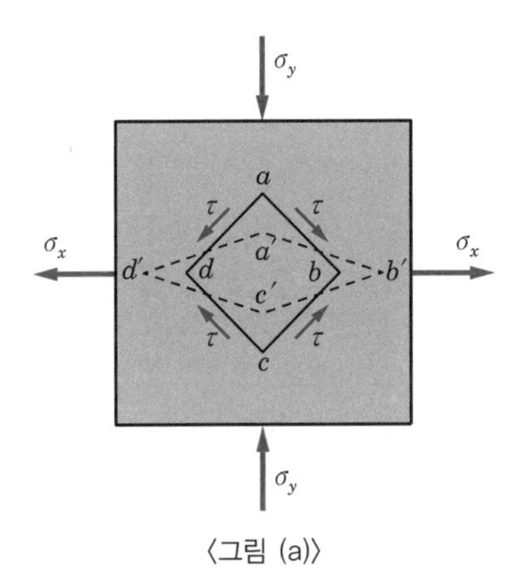

〈그림 (a)〉

풀이 $\sigma_x = -\sigma_y = \tau$일 때 db는 인자응력 σ_x로 인하여 $d'b'$으로, ac는 압축응력 σ_y로 인하여 $a'c'$로 압축된다. 따라서 그림 (b)로부터

$$bb' = bc\tan\gamma = bc\gamma, \quad \overline{b'e} \fallingdotseq bb'\sin45° = \frac{bc\gamma}{\sqrt{2}}$$

• db면의 인장변형률 : $\varepsilon_t = \dfrac{b'e}{db} = \dfrac{\dfrac{1}{\sqrt{2}}bc\gamma}{\sqrt{2}\,bc} = \dfrac{\gamma}{2}$

∴ 인장변형률은 전단변형률의 1/2이 됨을 알 수 있다.

• x방향의 변형률 : $\varepsilon_x = \dfrac{\gamma}{2}$, y방향의 변형률 : $\varepsilon_y = -\dfrac{\gamma}{2}$

단, 탄성한도 내에서 $G = \dfrac{\tau}{\gamma}$이므로 $\gamma = \dfrac{\tau}{G}$

따라서 위 식은 $\varepsilon_x = -\varepsilon_y = \dfrac{\tau}{2G}$

여기서, $\sigma_x = -\sigma_y = \tau$이므로 $\varepsilon_x = -\varepsilon_y = \dfrac{\sigma_x}{2G}$ ·· ①

• 직교하는 두 방향 x, y방향으로 인장을 받으면

x방향의 신장률 $\varepsilon_x = \dfrac{\sigma_x}{E} - \dfrac{1}{m} = \dfrac{\sigma_x}{E}\left(1 + \dfrac{1}{m}\right)$ ································ ②

식 ①, ②에서(①=②)

$$\frac{\sigma_x}{2G} = \frac{\sigma_x}{E}\left(1 + \frac{1}{m}\right)$$

$$\rightarrow G = \frac{mE}{2(m+1)} = \frac{E}{2\left(1 + \dfrac{1}{m}\right)} = \frac{E}{2(1+\nu)}$$

$$\therefore\ E = 2G\left(1 + \frac{1}{m}\right),\quad m = \frac{2G}{E - 2G},\quad K = \frac{mE}{3(m-2)}$$

가 된다.

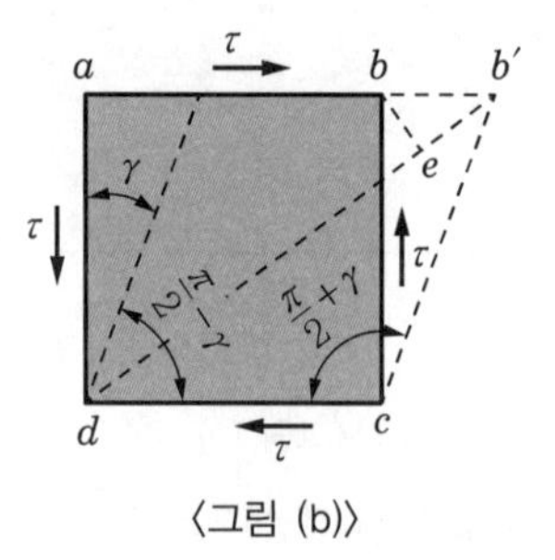

〈그림 (b)〉

예제 1.9

S 꼬임의 로프가 있다. 이때 이 로프는 40가닥의 와이어로 꼬여져 있고 1개 와이어의 직경은 3mm이다. 안전율이 10이고 로프 재료의 인장강도가 47,500N/cm^{2}일 때 안전하게 사용할 수 있는 하중은 몇 N인가?

풀이 와이어 로프의 전단면적 $A = \frac{\pi}{4}d^2 \times 40 = \frac{\pi}{4} \times 0.3^2 \times 40 = 3.1\text{cm}^2$

와이어 로프의 허용응력 $\sigma_a = \frac{\sigma_u}{S} = \frac{47,500}{10} = 4,750\text{N/cm}^2$

따라서 안전하게 사용할 수 있는 하중은

$$P = \sigma_a A = 4,750 \times 3.1 \fallingdotseq 14,766\text{N}$$

예제 1.10

직경 d=3cm, 길이 L=2m인 원형봉에 인장하중 P=150kPa을 작용시켰더니 길이가 1.0mm 늘어났고, 직경은 0.0003mm 감소하였다. 이때 재료의 가로탄성계수 G는 몇 GPa인가?

풀이 가로탄성계수와 푸아송수와의 관계식으로부터 $G = \frac{mE}{2(m+1)}$에 대입하여 구한다.

$\varepsilon = \frac{\delta}{L} = \frac{1.0}{2,000} = 0.0005$, $\varepsilon' = \frac{\delta'}{d} = \frac{0.0003}{30} = 0.00001$ 이므로

푸아송비 $\nu = \frac{1}{m} = \frac{\varepsilon'}{\varepsilon} = \frac{0.00001}{0.0005} = 0.02$

$$\Rightarrow m = \frac{1}{\nu} = \frac{1}{0.02} = 50$$

훅의 법칙에서 $\sigma = E\varepsilon$

$$\Rightarrow E = \frac{\sigma}{\varepsilon} = \frac{150,000/\frac{\pi}{4} \times 3^2}{0.0005} = 42.5 \times 10^6\text{N/cm}^2$$

이상을 대입하면

$$\therefore\ G = \frac{mE}{2(m+1)} = \frac{50 \times 42.5 \times 10^6}{2 \times (50+1)}$$
$$= 20.8 \times 10^{10}\text{Pa} = 208\text{GPa}$$

예제 1.11

다음 그림과 같이 단이 달린 환축이 비틀림을 받고 있다. 환의 $D=70$mm, $d=45$mm로 하고 $\rho=7$mm로 하였을 때 최대 집중전단응력은 몇 kPa인가? 단, 비틀림 모멘트는 4,000N/cm^{2}이다.

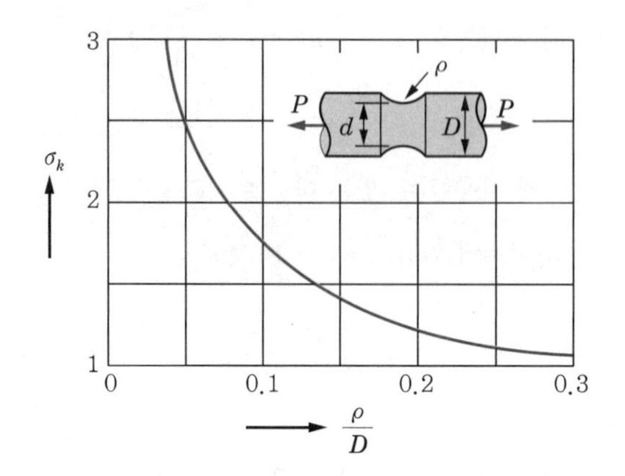

풀이 먼저 그림을 통하여 형상계수를 찾기 위해 다음을 계산한다. 즉

$$\frac{\rho}{D}=\frac{7}{70}=0.1$$

따라서 그림에서 $\alpha_k=1.7$이다.

$$T=Z_p\tau$$

$$\Rightarrow \tau=\frac{T}{Z_p}=\frac{T}{\frac{\pi d^3}{16}}=\frac{16\times 4,000}{\pi\times 4.5^3}$$

$$=223.6\text{N/cm}^2=2,236\text{Pa}$$

최대 전단응력 $\tau_{\max}=\alpha_k\tau=1.7\times 2,236=3,801.2\text{Pa}\fallingdotseq 3.8\text{kPa}$

예제 1.12

다음 그림과 같은 축에서 $D = 24$mm, $d = 22$mm로 하고 인장하중 15,000N을 가했을 때 최대응력을 구하고, 이 재료의 인장강도가 370N/mm^{2}이라면 안전계수는 얼마인가? 단, $\rho = 2$mm로 한다.

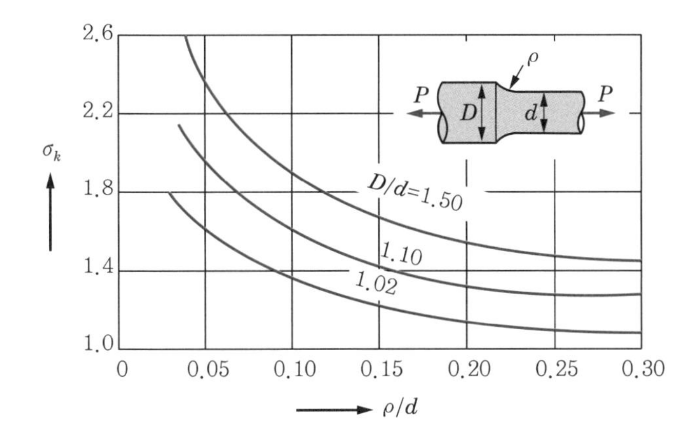

풀이 평균응력 $\sigma_{av} = \dfrac{P}{\dfrac{\pi}{4}d^2} = \dfrac{4 \times 15{,}000}{\pi \times 22^2} = 39.4\text{N/mm}^2$

또 $\dfrac{D}{d} = \dfrac{24}{22} = 1.09 \fallingdotseq 1.1$, $\dfrac{\rho}{d} = \dfrac{2}{22} = 0.09 \fallingdotseq 0.1$

따라서 그림에서 형상계수를 찾으면 $\alpha_k = 1.6$이다.

$$\therefore \ \sigma_{\max} = \sigma_{av}\,\alpha_k = 39.4 \times 1.6 = 63.04\text{N/mm}^2$$

$$S = \frac{\sigma_u}{\sigma_{\max}} = \frac{370\text{N/mm}^2}{63.04\text{N/mm}^2} \fallingdotseq 6$$

기초연습문제

Mechanics of Materials

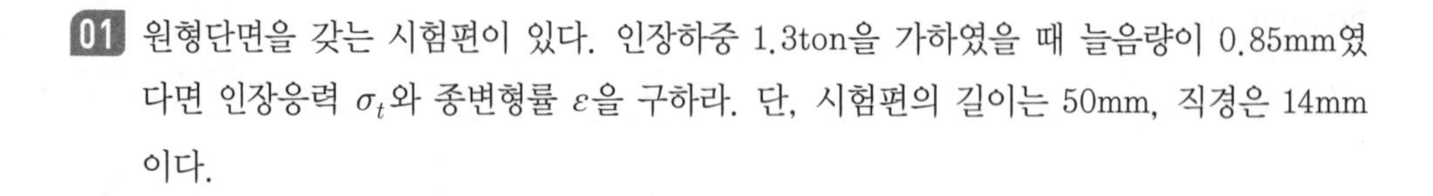

01 원형단면을 갖는 시험편이 있다. 인장하중 1.3ton을 가하였을 때 늘음량이 0.85mm였다면 인장응력 σ_t와 종변형률 ε을 구하라. 단, 시험편의 길이는 50mm, 직경은 14mm이다.

02 인장강도 $\sigma_u = 30\text{N/mm}^2$인 연강축이 있다. 직경이 $d = 2\text{cm}$라 할 때 최대로 견딜 수 있는 인장하중 P_t는?

03 단면이 $b \times h = 5\text{cm} \times 9\text{cm}$인 구형단면에 압축하중 50kN이 작용할 때 이 재료에 발생되는 압축응력 σ_c는 얼마인가?

04 최초의 길이가 50cm인 구형단면($b \times h$)을 갖는 연강부재가 있다. 여기에 압축하중이 작용하여 49.966cm로 줄어들었다면 이 각주의 압축변형률 ε_c는 얼마인가?

05 직경이 $d = 6.0\text{cm}$인 원형봉이 압축하중을 받아 $d' = 6.0006\text{cm}$로 증가하였다. 이 경우 가로변형률(횡변형률) ε'은 얼마인가?

06 직경이 2.5cm이고 길이가 1m인 원형단면 부재가 인장하중 20kN을 받아 발생한 변형률이 0.017이었다. 이때 늘어난 양 δ와 인장응력 σ_t는?

07 인장하중 P_t를 받는 원형단면봉이 있다. 이때 작용된 하중은 56kN이고, 발생된 응력 $\sigma_t = 8{,}250\text{N/cm}^2$라면 봉의 직경 d는?

08 단면적 $A = 15\text{cm}^2$인 사각단면축이 인장하중을 받아 단면적이 감소하였다. 푸아송비 $\nu = 0.3$이고, $\varepsilon = 0.0042$일 때 단면적 감소량은?

09 강의 인장강도가 $\sigma_u = 52\text{kN/cm}^2$일 때 안전율이 7이라면 이 강의 허용응력 σ_a는 몇 N/cm^2인가?

10 다음 그림과 같은 체결용 볼트가 있다. 축하중 W가 작용할 때 볼트의 머리부 전단응력 τ가 인장응력 σ의 0.7배까지 허용할 경우 볼트의 머리부 높이 h는 직경 d_0의 몇 배로 하면 되는가?

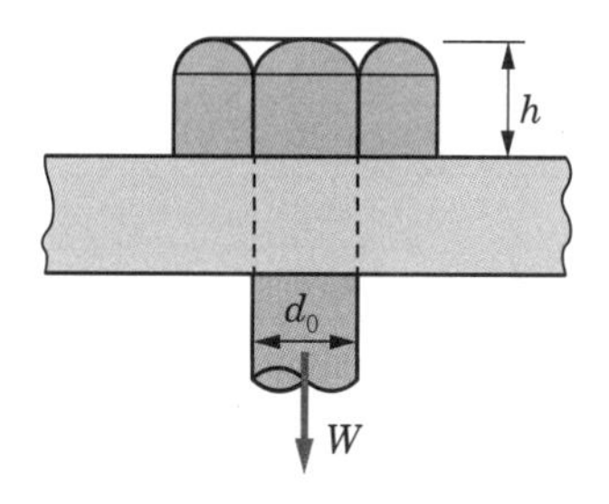

11 연강봉의 극한강도가 420N/mm²인 봉이 있다. 인장하중 P=7,000N일 때 안전하게 사용하기 위한 봉의 직경은 최소 얼마로 하면 되는가? 단, S=5이다.

12 길이가 200cm인 연강부재가 인장을 받아 0.125cm 늘어났다. 부재의 인장강도가 450N/mm²라 할 때 안전율 S는? 단, E=200GPa이다.

13 다음 그림과 같은 사각단면형 강판이 중앙에 직경 60mm의 구멍이 뚫려져 있을 때 판을 40kN의 인장력으로 잡아당길 경우 S=10 이상으로 한다면 판의 두께 t는? 단, 판의 폭 B=150mm, 인장강도 σ_u=320N/mm²이다.

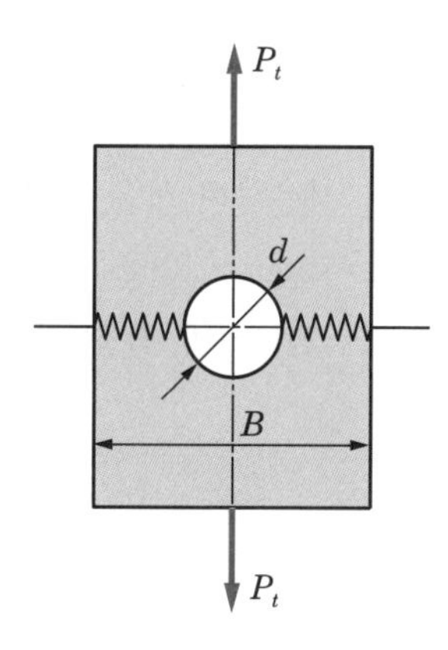

14 다음 그림과 같은 강판을 겹치기 리벳이음하였다. 두께를 13mm, 폭을 60mm, 리벳의 직경을 18mm로 할 때 가할 수 있는 인장하중은 몇 N인가? 단, 강판의 인장응력은 4,200N/cm^{2}이고, 리벳의 전단응력은 판의 인장응력의 0.7배로 한다.

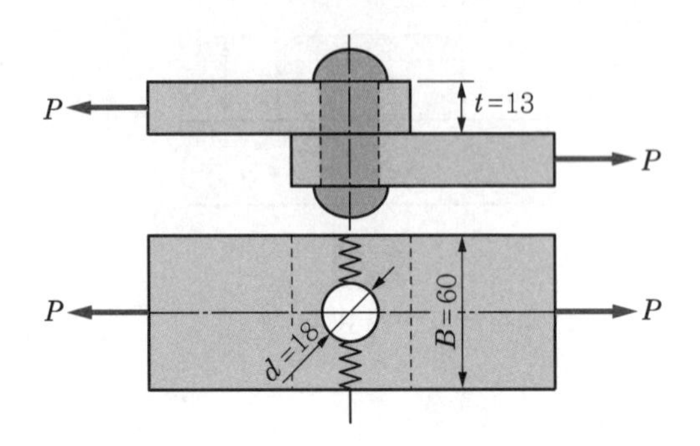

15 다음 그림과 같이 4cm×4cm의 정사각형 단면을 갖는 3개의 나무토막을 아교로 접착하였다. 여기에 그림과 같이 하중 P를 가할 때 접착부에 발생되는 전단응력은? 단, $P=3$kN이다.

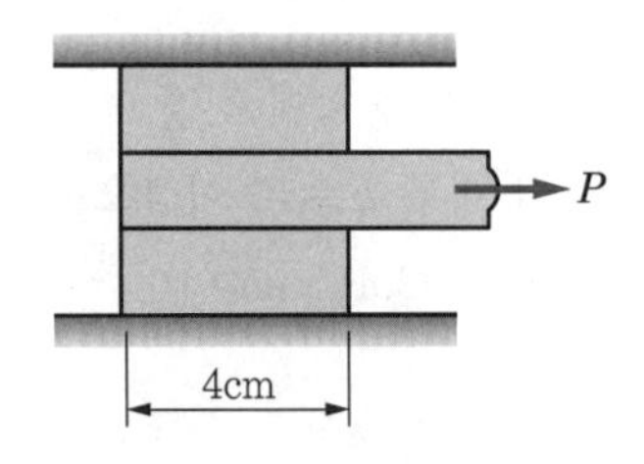

16 다음 그림과 같이 축에 묻힘 키를 사용하여 힘을 전달하려고 한다. 이때 축의 지름이 10cm이고 키의 치수는 $b \times h \times l = 15\text{mm} \times 10\text{mm} \times 40\text{mm}$일 때 길이 1m의 레버에 가할 수 있는 하중 P는 몇 kN인가? 단, 키의 허용 전단응력 $\tau_a = 6\text{kN/cm}^2$이다.

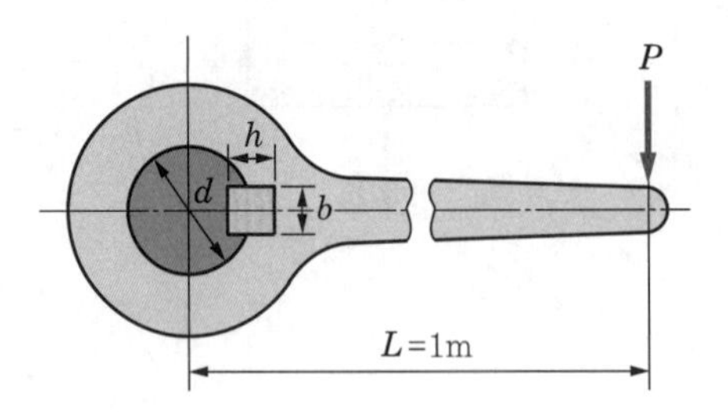

17 다음 그림에서 C점에 1ton을 매달았을 때 AC의 줄에 작용하는 장력은 몇 kN인가?

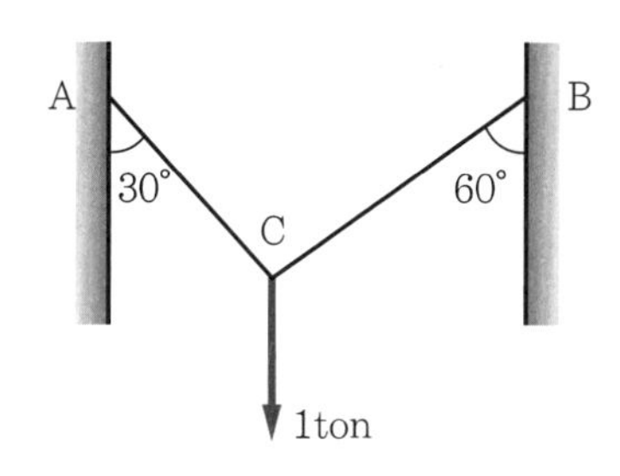

18 각각 2,000N의 힘이 120°의 각도로 한 점에 작용할 때 합력의 크기를 구하라.

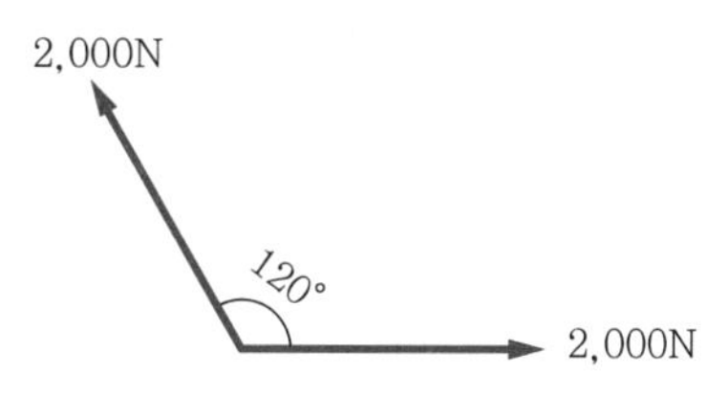

응용연습문제

Mechanics of Materials

01 직경 24mm인 연강봉이 있다. 이 봉에 인장하중 $P=9\text{kN}$이 작용할 경우 재료에 발생하는 인장응력 σ_t는 얼마인가?

02 다음 그림과 같은 연강봉이 있다. 압축하중 $P_c=20\text{ton}$이 작용할 경우 이 재료에 발생하는 압축응력 σ_c는 얼마인가?

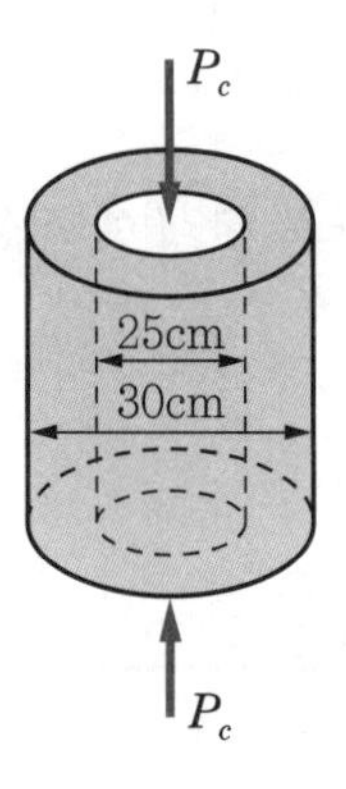

03 다음 그림과 같은 원형단면봉을 압축하였더니 12cm가 되었다. 수축률 $\varepsilon=0.0066$일 때 최초의 길이 L은?

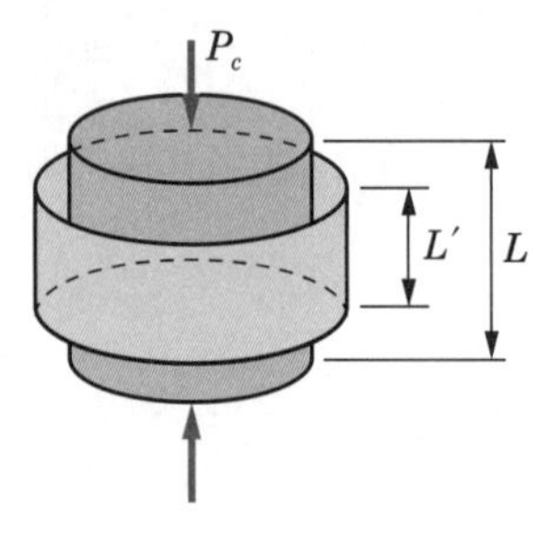

04 다음과 같은 원형봉에 인장하중 P_t가 작용할 경우 그 직경의 비가 $d_1 : d_2 = 1 : 3$이라면 재료에 발생된 d_1의 응력 σ_1과 d_2의 응력 σ_2의 비는?

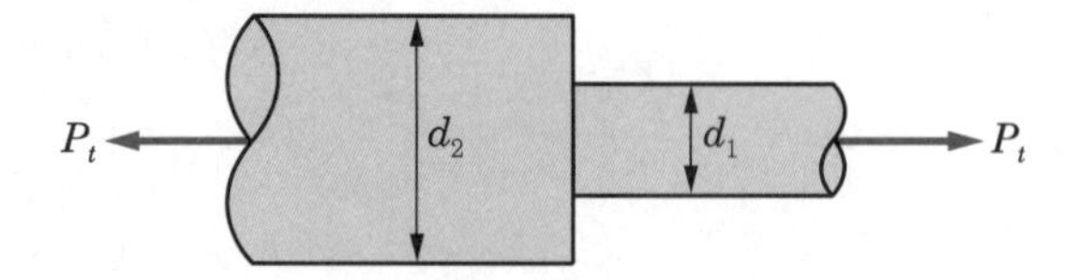

05 단면의 한 변이 a인 정사각단면의 기둥이 있다. 여기에 25kN의 압축하중이 작용할 경우 허용 압축응력이 $\sigma_c=$ 650N/cm^{2}이면 한 변의 길이 a와 최대 압축응력은 몇 kPa인가? 단, $S=10$이다.

06 직경이 3cm인 연강봉에 250kN의 인장력을 가했더니 직경이 0.0006cm 줄어들었다. 이때 푸아송비 ν와 푸아송수 m을 구하라. 단, $E=200$GPa이다.

07 [기초연습문제 13]과 같은 강판에서 폭 $B=16$cm, 두께 $t=1.5$cm, $d=7$cm로 할 때 이 판에 축방향 인장하중을 30kN 가하여 응력집중에 의해 최대응력이 구멍부에 4,200N/cm^2 발생하였다면 형상계수(응력집중계수) α_k는?

08 다음 그림과 같은 인장봉이 있다. 핀은 전단을 받고 축은 인장을 받을 때 축하중 P를 결정하라. 단, 봉의 사용응력 $\sigma_w=5,000$N/cm^{2}이고, $a=10$cm의 정사각형 단면봉이며, 또 핀의 $\tau_w=4,200$N/cm^{2}이고, 직경 $d=5$cm이다.

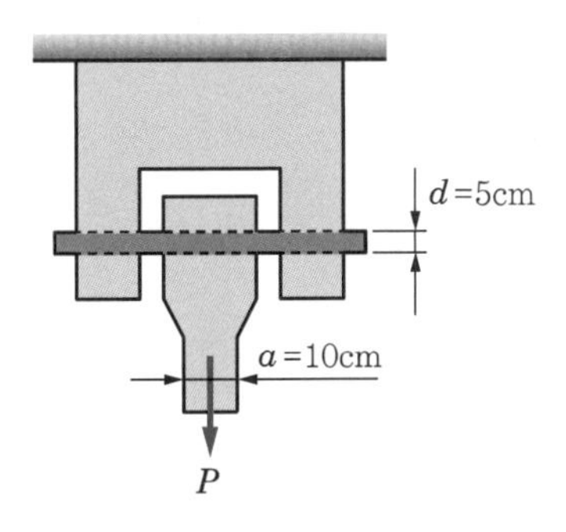

09 다음 그림과 같이 천장에 두 끈으로 200N의 물체를 매달고 있다. 두 끈에 작용되는 장력 T_1[N]을 구하면 몇 N인가?

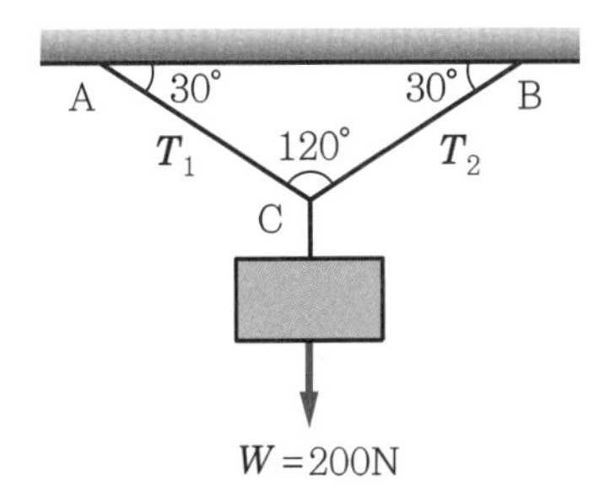

Mechanics of Materials

제 2 장

축하중을 받는 부재의 인장, 압축, 전단

2.1 개요

이 장에서는 축방향 하중을 받는 부재의 거동에 대해 살펴보기로 한다. 이들 부재는 곧은 길이방향의 축을 가지고 있고 축방향 힘, 즉 인장 · 압축 · 전단을 받는 구조물의 요소이다. 이들 단면은 강체이거나 중공관(中空管), 두께가 얇은 관, 혹은 한쪽이 열려 있는 단면일 경우도 있다.

구조물의 부재 설계에 있어서 기본 구조물의 해석에 부재 내의 최대응력뿐만 아니라 처짐 같은 것이 필요할 때가 있다. 이를테면 처짐을 분명히 해 두어야 할 어떤 한계를 유지하지 않으면 안 된다. 이 외에도 이 장에서는 온도효과와 경사 단면의 응력, 변형에너지, 동하중과 비선형 거동 등에 대해서 살펴본다.

이렇게 이 장에서 축하중을 받는 문제를 다루어 봄으로써 이후에 여러 가지 구조물을 취급하게 될 때 쉽게 이해할 수 있을 것이다.

2.2 축하중을 받는 부재의 응력과 변형률

1 중간 축하중을 받는 경우

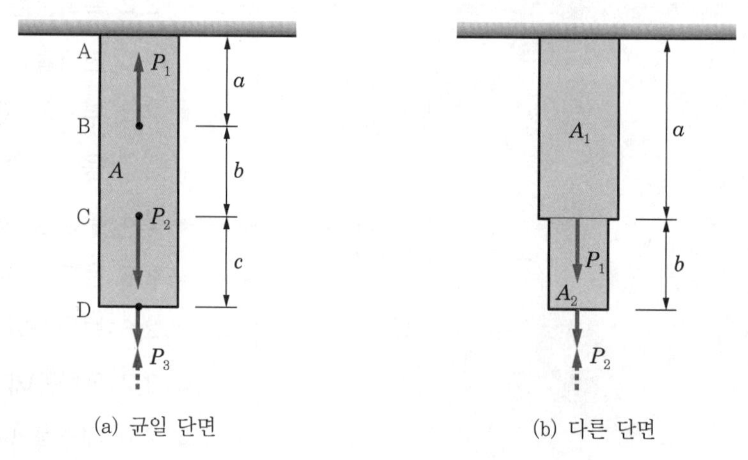

[그림 2-1] 균일봉에 중간 축하중을 받는 경우

균일 단면부재의 양 끝에 하중이 주어졌을 때 전 신장량은 식 (1.11)을 사용함으로써 쉽게 구할 수 있다. 그러나 이 식을 보다 보편적인 경우에 응용할 수 있어야 한다. 예컨대 한 개 이상의 축하중이 [그림 2-1]과 같이 작용되었다고 생각해 보자. 그러면 부재의 각 부분마다 축하중을 결정할 수 있고 각 부분의 늘어남과 줄어듦을 각각 계산할 수 있다. 즉, 단면적이 다른 부분과 중간 지점에 축방향 하중이 다르게 주어져 있는 부재의 전 신장량은 다음 식으로 구할 수 있다.

부재의 전신장량

$$\delta = \sum_{i=1}^{n} \frac{P_i L_i}{E_i A_i} \qquad (2.1)$$

식 (2.1)에서 첨자 i는 부재의 각 부분을 나타내는 지수이며, n은 전 부분의 수이다.

축하중과 단면이 부재의 축에 따라 연속적으로 변화하는 경우 [그림 2-2]에 있어서 전 신장량 δ는 식 (2.1)을 사용하여 구할 수 없다. 따라서 이런 경우에는 부재의 미분요소를 고려함으로써 그 신장량을 구할 수 있다. 즉, 미분요소에 신장량 $d\delta$를 전 길이에 걸쳐 적분하면 된다.

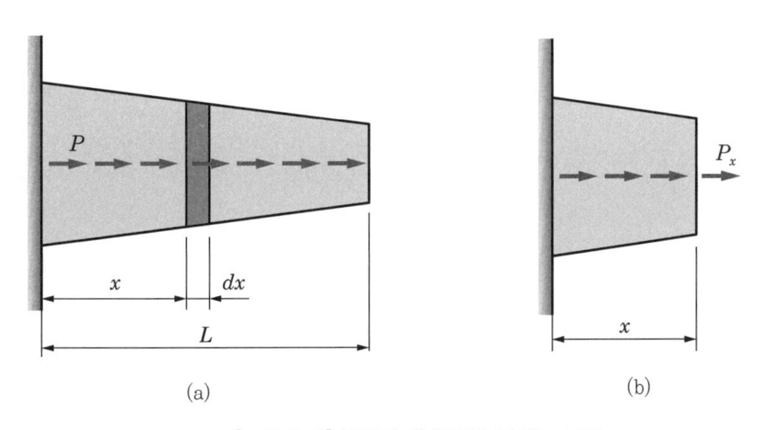

[그림 2-2] 단면과 축하중이 변하는 부재

[그림 2-2]와 같이 부재로부터 잘라낸 요소 dx는 봉의 좌단으로부터 x의 거리에 있는 요소이며, 그 요소에 작용하는 축력 P_x와 그 요소의 단면적 A_x를 x의 함수로 표현하여야 한다. 이때 이 요소의 신장량을 나타내는 식은 다음과 같다.

요소의 신장량

$$d\delta = \frac{P_x d_x}{EA_x} \qquad (a)$$

따라서 부재의 전 신장량은 식 (a)를 적분하여 얻게 되므로 그 크기는 다음 식과 같다.

$$\delta = \int_0^L d\delta = \int_0^L \frac{P_x d_x}{EA_x} \tag{2.2}$$

조합된 부재

2 조합된 부재에 1개의 축하중이 작용할 경우

[그림 2-3]의 경우와 같이 직렬로 조합된 부재에 하중 P로 인장 또는 압축을 받을 때 전 신장량을 구하면 다음과 같다. 이때 각 부재의 단면적과 탄성계수의 값은 다르다.

$$\sigma_1 = \frac{P}{A_1}, \qquad \sigma_2 = \frac{P}{A_2} \tag{a}$$

따라서

$$P = \sigma_1 A_1 = \sigma_2 A_2 \tag{b}$$

이고, 신장량은 다음 식과 같이 나타낼 수 있다.

$$\delta_1 = \frac{Pa}{A_1 E_1}, \qquad \delta_2 = \frac{Pb}{A_2 E_2} \tag{c}$$

그러므로 전 신장량은 다음 식과 같이 나타낼 수 있다.

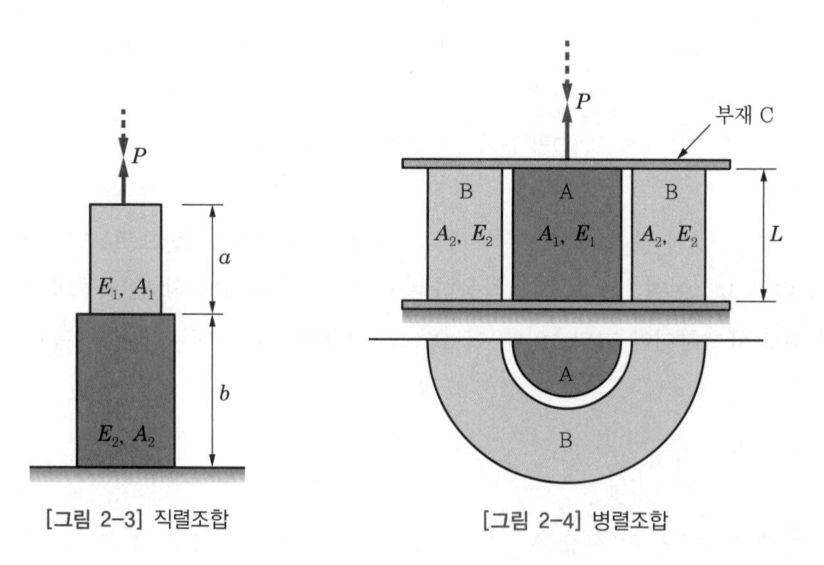

[그림 2-3] 직렬조합

[그림 2-4] 병렬조합

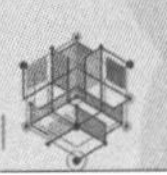

$$\delta = \delta_1 + \delta_2 = \frac{Pa}{A_1E_1} + \frac{Pb}{A_2E_2}$$
$$= P\left(\frac{a}{A_1E_1} + \frac{b}{A_2E_2}\right) \qquad (2.3)$$

병렬로 조합된 부재

[그림 2-4]와 같이 병렬로 조합된 부재에 하중 P의 크기로 인장 또는 압축이 가해질 경우 각 부재에 발생된 응력과 변형량을 계산하면 다음 식과 같다. 이때 각 부재의 단면적과 탄성계수는 다르다. 그리고 부재 C는 변형되지 않는 강판으로 지지되어 있다.

$$P = P_1 + P_2 = A_1\sigma_1 + A_2\sigma_2 \qquad (a)$$

그리고 변형률은 같다. 즉,

$$\varepsilon_A = \varepsilon_B = \varepsilon = \frac{\sigma_1}{E_1} = \frac{\sigma_2}{E_2} \qquad (b)$$

가 된다. 따라서 다음 식과 같이 나타낼 수 있다.

$$\sigma_1 = \frac{E_1}{E_2}\sigma_2, \qquad \sigma_2 = \frac{E_2}{E_1}\sigma_1 \qquad (c)$$

식 (c)의 σ_1과 σ_2를 식 (a)에 대입하면 다음과 같이 된다.

$$P = A_1\frac{E_1}{E_2}\sigma_2 + A_2\sigma_2 = \sigma_2\left(A_1\frac{E_1}{E_2} + A_2\right)$$
$$\therefore\ \sigma_1 = \frac{PE_1}{A_1E_1 + A_2E_2}, \qquad \sigma_2 = \frac{PE_2}{A_1E_1 + A_2E_2} \qquad (2.4)$$

따라서 신장량 δ는 다음과 같다.

$$\delta = \frac{\sigma_1}{E_1}L = \frac{\sigma_2}{E_2}L \qquad (2.5)$$

예제 2.1

그림과 같이 단면적이 균일한 단면부재가 있다. 각 점에서 하중 P와 Q가 작용될 때 이 봉의 전체 신장량은?

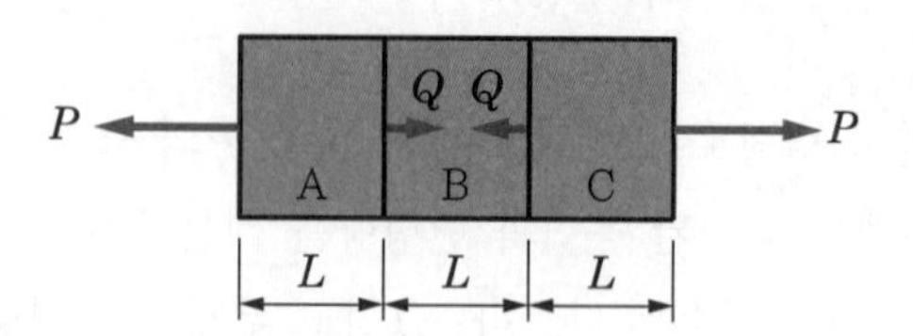

풀이 A, B, C 부재의 자유물체도는 다음 그림과 같다.

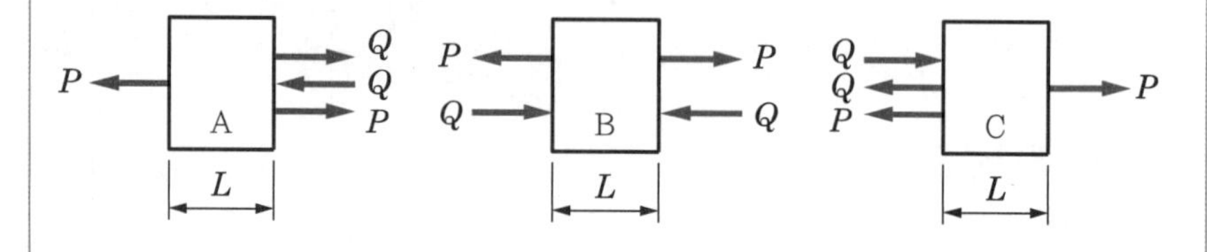

A 부재의 신장량 $\delta_A = \dfrac{PL}{AE}$

B 부재의 신장량 $\delta_B = \dfrac{(P-Q)L}{AE}$

C 부재의 신장량 $\delta_C = \dfrac{PL}{AE}$

∴ 전 신장량 $\delta = \delta_A + \delta_B + \delta_C$

$$= \frac{PL}{AE} + \frac{(P-Q)L}{AE} + \frac{PL}{AE} = \frac{(3P-Q)L}{AE}$$

예제 2.2

그림과 같이 강(steel)과 콘크리트로 조합된 부재에서 $E_sA_s = E_cE_c = EA = C$ (일정)이면 줄음량 δ는?

풀이 $\sigma_s = \dfrac{P}{A_s + \dfrac{E_c}{E_s}A_c}$ .... ①

$\sigma_c = \dfrac{PE_c}{E_cA_c + E_sA_s} = \dfrac{PE_c}{2AE}$ .... ②

(단, $E_sA_s = E_cA_c = EA$)

또 훅의 법칙에서

$$E = \frac{\sigma}{\varepsilon} \rightarrow \varepsilon = \frac{\sigma_c}{E_c} = \frac{\delta}{L}$$

여기에 식 ②를 대입하면

$$\frac{\delta}{L} = \frac{P}{2EA}$$

$$\therefore\ \delta = \frac{PL}{2EA}$$

예제 2.3

다음과 같이 단면적 A가 균일한 기둥의 각 점에 하중이 작용할 때 수축량 δ를 구하는 식은?

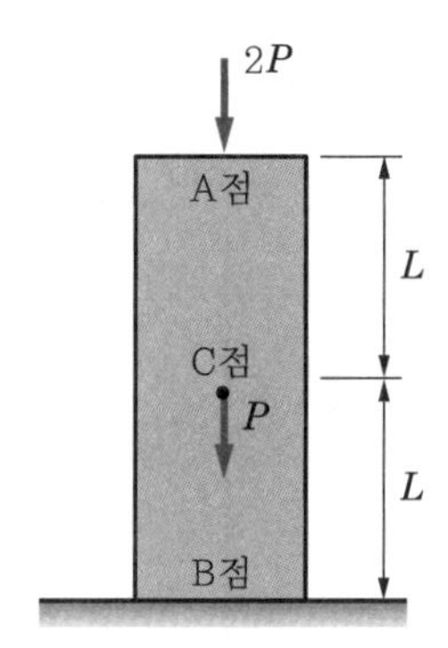

풀이 자유물체도에 훅의 법칙을 적용한다.

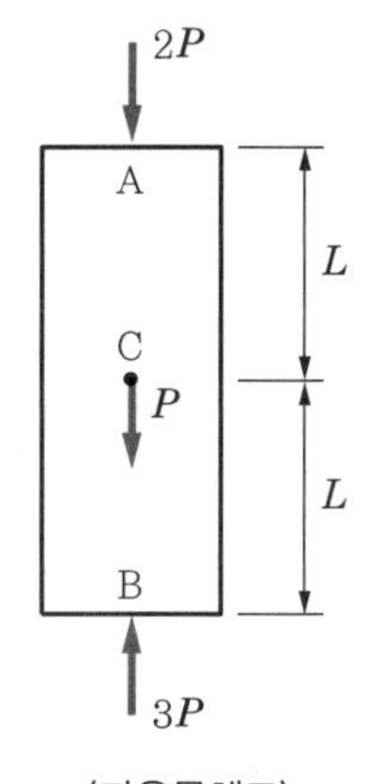

〈자유물체도〉

$\delta = \frac{PL}{AE}$ 이므로 각 구간별로 나누어 적용하면,

AC 구간 $\delta = \dfrac{2PL}{AE}$

BC 구간 $\delta = \dfrac{3PL}{AE}$

$\therefore\ \delta = \dfrac{2PL}{AE} + \dfrac{3PL}{AE} = \dfrac{5PL}{AE}$

예제 2.4

다음 그림과 같은 균일 단면부재가 A와 B단에서 고정되어 있다. 만약 C점에 하중 P를 가할 경우 각 점의 반력 R_A와 R_B를 구하라.

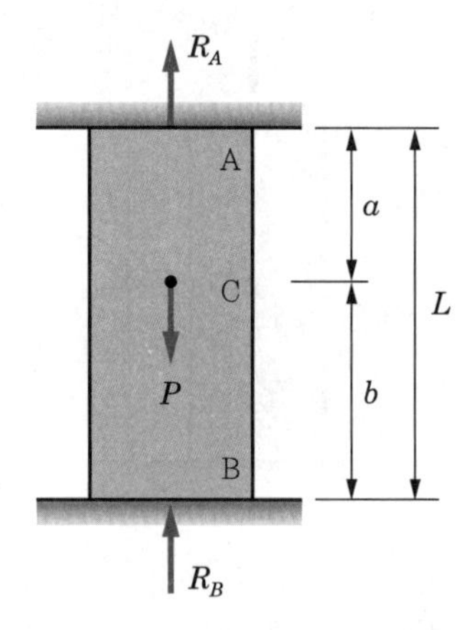

풀이 AC 구간과 BC 구간의 변형량은 같다.
따라서 그 합은 0이므로

AB 부재의 변형 $\delta_{AB} = \dfrac{P_A a}{AE}$ ······ ①

BC 부재의 변형 $\delta_{BC} = \dfrac{R_B b}{AE}$ ······ ②

①=②이므로 $\dfrac{R_A a}{AE} = \dfrac{R_B b}{AE} \rightarrow R_A a = R_B b$ ······ ③

또 힘의 평형으로부터 $P = R_A + R_B \rightarrow R_B = P - R_A$ ······ ④

식 ④에 식 ③을 대입$\left(R_A = \dfrac{b}{a} R_B\right)$

$\rightarrow R_B = P - \dfrac{b}{a} R_B \rightarrow R_B\left(1 + \dfrac{b}{a}\right) = P$

$\therefore\ R_B = \dfrac{Pa}{a+b} = \dfrac{Pa}{L},\quad R_A = \dfrac{b}{a} R_B = \dfrac{Pb}{L}$

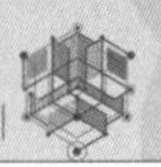

예제 2.5

다음 그림과 같이 내부에 내경이 90mm이고 두께가 10mm인 강의 원통이 끼워져 있고, 외부에 내경이 130mm이고 두께가 10mm인 동관이 끼워져 있을 때, 양단에서 고정평판을 놓고 $P=150$kN의 압축하중을 가할 경우 각 관에 부담되는 하중은 몇 kN인가? 또 줄음량 δ는 몇 cm인가? 단, $L=40$cm이고, 강의 $E_S=200$GPa, 동의 $E_B=70$GPa이다.

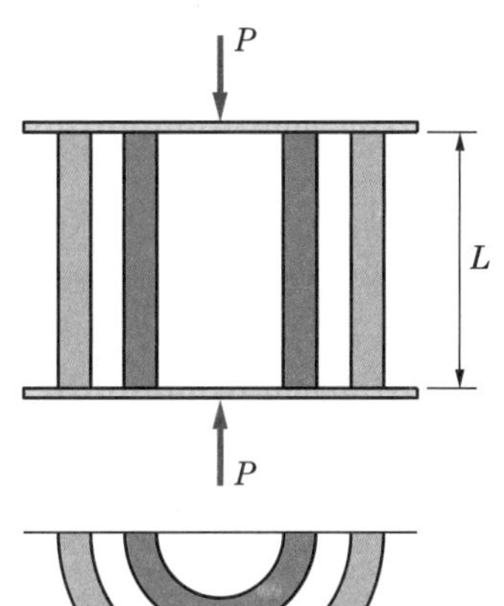

풀이 강의 응력 $\sigma_S = \dfrac{PE_s}{A_SE_S + A_BE_B}$

동의 응력 $\sigma_B = \dfrac{E_B}{E_S}\sigma_S$

이때 $A_S = \dfrac{\pi}{4}\times(11^2 - 9^2) = 31.4\text{cm}^2$

$= 31.4\times10^{-4}\text{m}^2$

$A_B = \dfrac{\pi}{4}\times(15^2 - 13^2) = 43.96\text{cm}^2$

$= 43.96\times10^{-4}\text{m}^2$

따라서

$$\sigma_S = \frac{150\times10^3\text{N}\times200\times10^9\text{Pa}}{(31.4\times10^{-4}\text{m}^2\times200\times10^9\text{Pa})+(43.96\times10^{-4}\text{m}^2\times70\times10^9\text{Pa})}$$
$$= 3,206.087\times10^4\text{N/m}^2$$

$$\sigma_B = \frac{E_B}{E_S}\sigma_S = \frac{70\times10^9}{200\times10^9}\times3,206.087\times10^4$$
$$= 1,122.13\times10^4\text{N/m}^2$$

각 부재에 작용된 하중의 크기는

$$P_S = \sigma_S A_S = 3,206.087\times10^4\text{N/m}^2\times31.4\times10^{-4}\text{m}^2$$
$$= 100.671\times10^3\text{N} \fallingdotseq 100.67\text{kN}$$
$$P_B = \sigma_B A_B = 1,122.13\times10^4\text{N/m}^2\times43.96\times10^{-4}\text{m}^2$$
$$= 49.33\times10^3\text{N} = 49.33\text{kN}$$

이다. 줄음량 δ는 강과 동이 같다. 따라서 그 크기는 다음과 같다.

$$\therefore\ \delta = \frac{\sigma_S}{E_S}L = \frac{3,206.087\times10^4}{200\times10^9}\times40\times10^{-2}\text{m}$$
$$= 6.41\times10^{-5}\text{m} = 6.41\times10^{-3}\text{cm}$$

2.3 부재의 자중을 고려할 경우의 응력과 변형률

균일 단면부재

1 균일 단면부재의 경우(bar of uniform area)

부재가 인장 또는 압축하중 외에 일정 이상의 크기와 무게를 지니고 있을 때에는 자체의 무게를 고려하여야 한다. 따라서 단면적이 일정하고 균질일 경우, 자체의 무게를 고려한 응력과 변형량을 생각하면 다음과 같다. [그림 2-5]에서 봉의 단위체적당 중량을 γ(비중량), 외력인 하중을 P라 하면, 하단으로부터 x의 거리에 있는 단면 $m-n$의 아랫부분의 자중은 $A\gamma x$가 된다. 따라서 x부분의 재료에 발생된 응력 σ는 다음 식과 같다.

자체의 무게를 고려한 응력과 변형량

$$\sigma_x = \frac{P + A\gamma x}{A} \tag{2.6}$$

외력과 자중에 의한 응력

이때 외력과 자중에 의한 응력의 최대값은 $x = L$이 되어 식 (2.6)은 결국 다음과 같이 된다.

$$\sigma_{\max} = \sigma_{x=L} = \frac{P + A\gamma L}{A} = \frac{P}{A} + \gamma L \tag{2.7}$$

자중에 의한 응력

위 식 (2.7)에서 γL의 값은 자중에 의한 응력이 되고, 결국 부재에 발생하는 전응력은 자중과 외력의 응력값을 합하면 된다. 또 안전하게 사용할 수 있는 단면적을 산출하기 위하여 $\sigma_{\max}$ 대신 사용응력인 σ_w를 대입하여 A를 구하면 다음과 같이 된다.

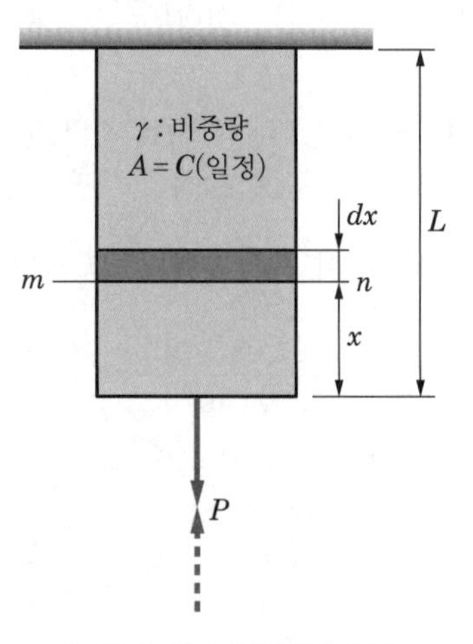

[그림 2-5] 균일단면의 부재

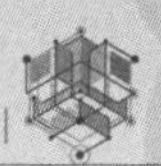

$$\sigma_w = \frac{P}{A} + \gamma L$$

따라서

$$\frac{P}{A} = \sigma_w - \gamma L$$

$$\therefore \; A = \frac{P}{\sigma_w - \gamma L} \tag{2.8}$$

가 된다. 그리고 균일 단면부재의 전 신장량은 미분요소의 신장량이 다음 식과 같을 때 전 신장량 δ를 적분하여 얻을 수 있다.

$$d\delta = \frac{(P + \gamma Ax)dx}{AE}$$

따라서 전 신장량 δ를 구하면,

$$\delta = \int_0^L d\delta = \int_0^L \frac{(P + \gamma Ax)dx}{AE}$$

$$\therefore \; \delta = \frac{PL}{AE} + \frac{\gamma AL^2}{2AE} = \frac{PL}{AE} + \frac{\gamma L^2}{2E} \tag{2.9}$$

이 된다. 위 식 (2.8)에서 우측항의 값은 자중에 의한 신장량이 되므로, 결국 전 신장량은 외력에 의한 신장과 자중에 의한 신장을 합한 결과가 된다. 따라서 자중에 의한 신장량을 δ_1이라 하면 다음 식과 같다.

자중에 의한 신장량

$$\delta_1 = \frac{\gamma L^2}{2E} \tag{2.10}$$

예제 2.6

앞의 [예제 2.1]에서 재료의 끝단에 하중 P를 가할 때 전 신장량 σ를 구하는 식은?

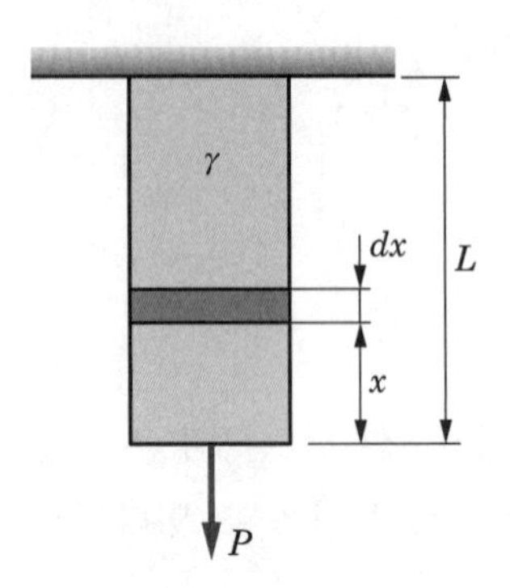

풀이 균일단면을 갖는다면 임의의 지점 x에 발생하는 응력은

$$\sigma_x = \frac{P + W_x}{A} = \frac{P + A\gamma x}{A} = \sigma + \gamma x \quad \cdots\cdots ①$$

이다. 따라서 미소부분 d_x에서의 신장은

$$d\delta = \frac{\sigma_x}{E} dx \quad \cdots\cdots ②$$

식 ①을 식 ②에 대입하여 전 길이에 대한 신장량을 구하면 다음과 같다.

$$\delta = \int d\delta = \int_0^L \frac{\sigma + \gamma x}{E} dx = \frac{1}{E}\left[\sigma x + \frac{\gamma x^2}{2}\right]_0^L$$

$$= \frac{1}{E}\left(\sigma L + \frac{\gamma L^2}{2}\right)$$

$$= \frac{\sigma L}{E} + \frac{\gamma L^2}{2E} \text{(= } P\text{에 의한 신장 + 자중에 의한 신장)}$$

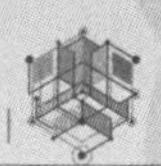

예제 2.7

그림과 같은 원추형 봉이 천장에 매달려 있다. 재료의 비중량이 γ인 재료에 있어서 전길이 L에 걸쳐 자중에 의한 신장량 δ를 구하여라.

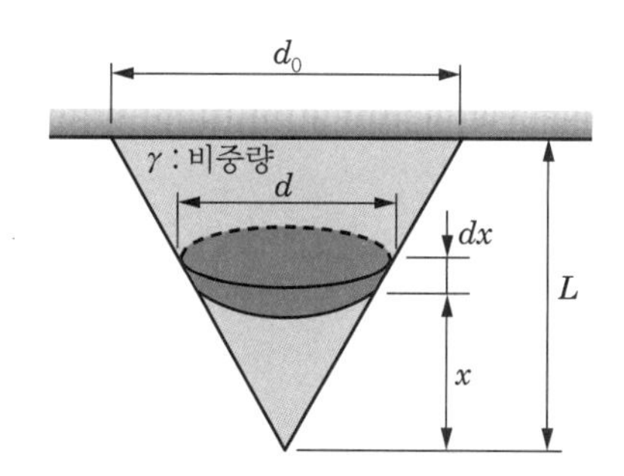

풀이 끝단으로부터 L까지의 자중은

$$P_x = W_x = \gamma \frac{1}{3} A_x x \quad \cdots\cdots ①$$

(원뿔의 체적은 원기둥 체적의 $\frac{1}{3}$ 값이다)

로 표시된다. 따라서 x 부분의 자중에 의한 미소길이 d_x에 있어 늘음은

$$d\delta = \frac{W_x dx}{A_x E}$$

이다. 따라서 전 신장량 δ는 다음과 같다.

$$\delta = \int_0^L d\delta = \int_0^L \frac{W_x dx}{A_x E} = \int_0^L \frac{\gamma \frac{1}{3} A_x x}{A_x E} dx$$

$$= \frac{\gamma}{3E} \left[\frac{x^2}{2} \right]_0^L = \frac{\gamma L^2}{6E}$$

예제 2.8

그림과 같이 벽돌을 쌓아 담을 만들 때 하단에서의 벽돌을 안전계수 15가 되도록 쌓으려 한다. 벽돌의 비중량이 $\gamma=14,000\text{N/m}^3$이고, 압축파괴응력 $\sigma_c=1,200\text{N/cm}^2$로 할 때 담을 얼마까지 쌓을 수 있는지 안전한 높이 H를 구하라.

풀이 자중에 의한 하단부 벽돌의 응력 σ_a는

$$\sigma_a = \frac{W}{A} = \frac{\gamma A H}{A} = \gamma H \quad \cdots\cdots ①$$

안전율 $S = \dfrac{\sigma_c}{\sigma_a}$

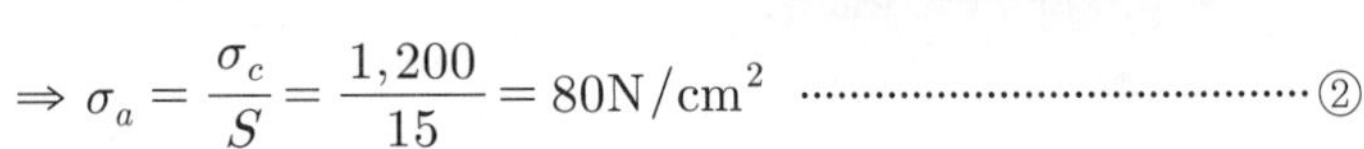

$$\Rightarrow \sigma_a = \frac{\sigma_c}{S} = \frac{1,200}{15} = 80\text{N/cm}^2 \quad \cdots\cdots ②$$

따라서 ① = ②에서 $\gamma H = 80$

$$\therefore \; H = \frac{80\text{N/cm}^2}{\gamma} = \frac{80\text{N/cm}^2}{14,000\times10^{-6}\text{N/cm}^3}$$

$$= 5,714.28\text{cm} \fallingdotseq 57.14\text{m}$$

균일강도의 부재

2 균일강도의 부재(bar of uniform strength)

[그림 2-6]과 같이 어느 점에서나 강도가 같은 균일강도 부재의 경우, 외력과 자중을 고려하여 임의의 점에서 부재의 면적을 구하면 다음과 같이 된다. 즉 자유단에서 응력 σ_0, 임의의 x지점의 응력 σ_x, 그리고 $x=L$ 지점의 응력을 σ_L이라 하면, 균일강도의 부재이므로 $\sigma_0=\sigma_x=\sigma_L=\sigma$로 쓸 수 있고, 자유단으로부터 x만큼 떨어져 있는 곳의 미소요소 dx 부분의 자중은 $\gamma A_x dx$가 된다. 즉 $dP_x=\gamma A_x dx$으로서 하단으로부터 x거리의 단면 mn까지의 자중은 식 (a)와 같다. 즉,

$$P_x = \int_0^x dP_x = \int_0^x \gamma A_x dx = \gamma\int_0^x A_x dx \tag{a}$$

가 된다. 따라서 x부분 요소의 전 하중은 외력인 P와 자중 P_x의 합이 되고, 그 값은

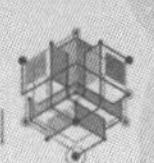

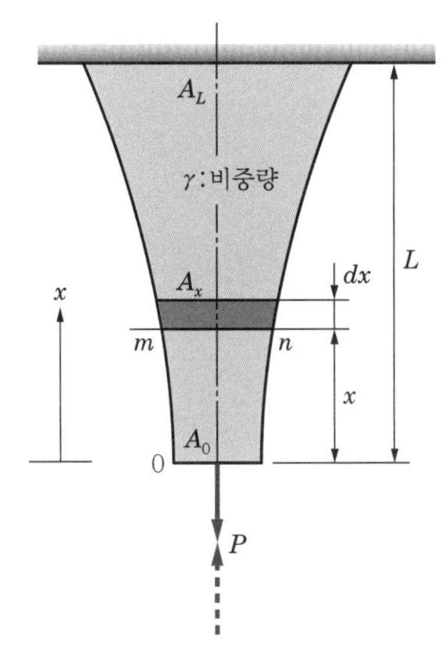

[그림 2-6] 균일강도의 부재

$$P_{tol} = P + P_x = P + \gamma \int_0^x A_x dx \quad \text{(b)}$$

가 된다. 결국 응력은 어느 점에서나 같은 부재이므로 σ를 구하면

$$\sigma = \sigma_0 = \sigma_x = \sigma_L = \frac{P_T}{A_x} = \frac{P + \gamma \int_0^x A_x dx}{A_x}$$

가 되고,

$$\sigma A_x = P + \gamma \int_0^x A_x dx \quad \text{(c)}$$

이다. 식 (c)를 양변 미분하여 변수 분리하면 다음 식과 같다.

$$d\sigma A_x + \sigma dA_x = dP + d\left(\gamma \int_0^x A_x dx\right)$$

따라서 정리하면

$$\frac{dA_x}{A_x} = \frac{\gamma}{\sigma} dx \quad \text{(d)}$$

가 된다. 식 (d)를 양변 적분하면

$$\int \frac{dA_x}{A_x} = \int \frac{\gamma}{\sigma} dx$$

이다. 따라서

$$\ln A_x = \frac{\gamma}{\sigma} x + c$$

이다. 위 식에서 적분상수 c를 구하면, 경계조건(B.C)은 $x=0$에서 면적이 A_0이므로 적용할 경우 $\ln A_0 = c$가 된다. 결국 위 식은

$$\ln A_x = \frac{\gamma}{\sigma} x + \ln A_0$$

이 되고, 이 식을 이항정리하면

$$\ln \frac{A_x}{A_0} = \frac{\gamma}{\sigma} x$$

이다. 다시 식의 양변에 지수(exponent)를 취하면

$$\frac{A_x}{A_0} = e^{\frac{\gamma}{\sigma} x}$$

이다. 따라서 균일강도의 부재에 있어서 임의의 지점의 면적을 구하는 식은 다음과 같다.

$$A_x = A_0 e^{\frac{\gamma}{\sigma} x} \tag{2.11}$$

그리고 최대 면적은 $x = L$ 지점일 것이므로 $A_{\max}$를 찾으면

$$A_{\max} = A_0 e^{\frac{\gamma}{\sigma} L} \tag{2.12}$$

이 된다.

균일강도의 부재에서 전 신장량

또 균일강도의 부재에서 전 신장량 δ는 $\sigma_0 = \sigma_x = \sigma_L = \sigma$이므로 훅의 법칙에 의해 다음 식과 같이 된다.

$$\delta = \frac{\sigma L}{E} \tag{2.13}$$

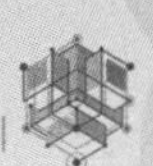

예제 2.9

다음과 같이 균일강도의 벽돌을 쌓은 기둥이 있다. 벽돌의 비중량 $\gamma = 15.2 \times 10^{-3}$ N/cm^{3}이고, 높이 $H = 15$m일 때 이 기둥의 최상단에서 700kN의 압축하중이 작용하여 $\sigma_c = 150$N/cm^{2}가 발생하였다면 이 기둥의 총 중량을 구하라.

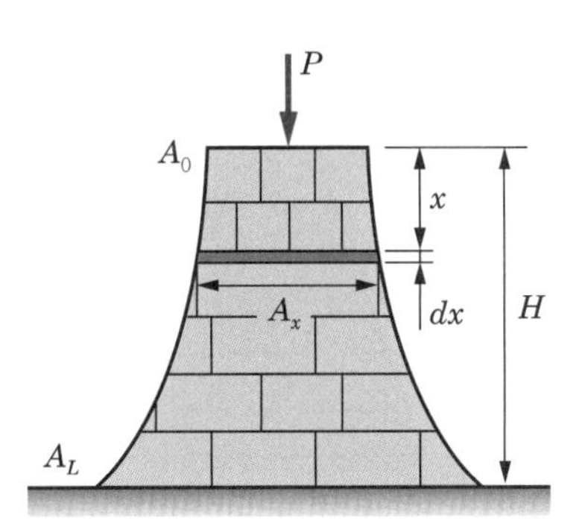

풀이 균일강도의 봉인 경우 상단에서 임의의 x 구간의 면적은

$$A_x = A_0 e^{\frac{\gamma}{\sigma} x}$$

이다. 따라서 이 기둥의 총 중량 W는

$$W = \int_0^L A_x \gamma dx = \gamma \int_0^L A_0 e^{\frac{\gamma}{\sigma} x} dx$$

$$= \gamma A_0 \frac{\sigma}{\gamma} \left| e^{\frac{\gamma}{\sigma} x} - 1 \right|_0^H$$

$$= A_0 \sigma_c (e^{\frac{\gamma}{\sigma_c} H} - 1) = P(e^{\frac{\gamma}{\sigma_c} H} - 1) \left(\text{단, } \sigma_c = \frac{P}{A_0} \right)$$

$$\therefore W = 700 \times 10^3 \text{N} \times \left[\exp\left(\frac{15.2 \times 10^{-3} \times 10^6 \text{N/m}^3}{150 \times 10^4 \text{N/m}^2} \times 15\text{m} \right) - 1 \right]$$

$$= 114.899 \times 10^3 \text{N} \fallingdotseq 114.9\text{kN}$$

예제 2.10

벽돌이 다음과 같이 원뿔의 반으로 잘려 쌓여 있을 경우 사용압축응력을 σ_c, 비중량을 γ, 그리고 끊어진 부분의 직경이 바닥 직경의 절반이 되는 경우 안전한 높이 L을 구하라.

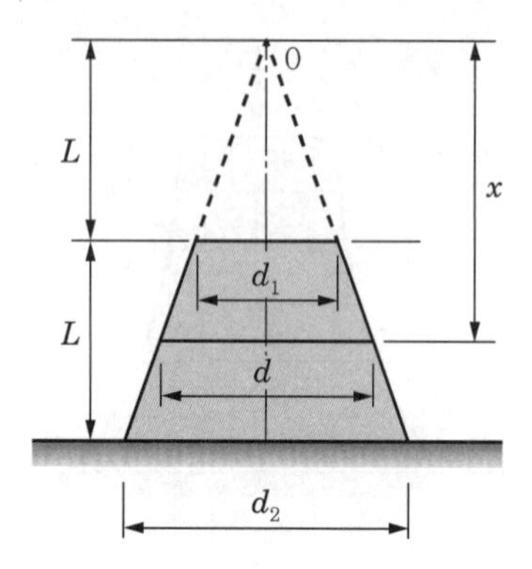

풀이 완전 원형축인 경우 0점에서 점의 압축응력 σ_c는

$$\sigma_c = \frac{\frac{1}{3}\left(\frac{\pi}{4}d^2x - \frac{\pi}{4}{d_1}^2L\right)\gamma}{\frac{\pi}{4}d^2}$$

단, 자중 $W = \frac{1}{3}\left(\frac{\pi}{4}d^2x - \frac{\pi}{4}{d_1}^2L\right)\gamma$이다.

따라서 $\sigma_c = \frac{1}{3}\gamma\left(x - \frac{d_1^2}{d^2}L\right) = \frac{1}{3}\gamma\left(x - \frac{L^3}{x^2}\right)$

$\left(\text{단, } L : d_1 = x : d\text{이므로 } d_1 x = dL \;\; \therefore \;\; \frac{d_1}{d} = \frac{L}{x}\right)$

따라서 $\sigma_{\max})_{x=2L} = \sigma_c)_{x=2L} = \frac{1}{3}\gamma\left(2L - \frac{L^3}{4L^2}\right) = \frac{7}{12}\gamma L$

$$\therefore \;\; L = \frac{12}{7}\frac{\sigma_c}{\gamma}$$

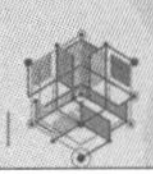

2.4 부정정 구조물(statically indeterminate)

지금까지는 정적평형에 의해 해석할 수 있는 축하중을 받는 봉과 단순한 구조물에 대하여 기술하였다. 그러나 많은 구조물의 경우 정역학적 평형방정식만으로는 축력과 반력을 계산하기에 불충분하며, 이러한 구조물을 부정정(statically indeterminate)이라 한다. 이러한 구조물은 변위에 대한 추가적인 식을 보충하면 해석할 수 있으며, 그 방법에는 유연도법(flexibility method)과 강성도법(stiffness method)의 두 가지가 있다. 이 방법들은 서로 보완적이며 각각 장점을 갖고 있는데 이 절에서는 강성도법에 대하여 살펴보기로 한다.

부정정
(statically indeterminate)

강성도법

[그림 2-7]과 같이 강체지점 사이에 놓여 있는 균일 단면부재 AB를 해석하면 다음과 같다. [그림 2-7(a)]에서와 같이 양 지점의 반력을 R_a와 R_b로 하고, 이 봉의 두 부분의 접합점인 C점에 하중 P가 작용하고 그 점의 수직변위 δ_c는 미지의 값으로 생각한다. 따라서 윗부분과 아랫부분의 반력 R_a와 R_b는 P에 의해 발생된 변위 δ_c가 같다면 다음 식과 같이 표현된다.

$$R_a = \frac{AE\delta_c}{a} \text{ (인장)}, \qquad R_b = \frac{AE\delta_c}{b} \text{ (압축)} \tag{a}$$

위 식 (a)는 아래쪽으로 생기는 δ_c를 양(+)으로 가정하였으므로 윗부분에는 인장이 발생하고, 아랫부분에는 압축이 발생한다. [그림 2-7(b)]와 같이 C점을 자유물체도(F.B.D)로 분리시켜 해석하면 정역학적 평형으로부터 다음 식을 얻을 수 있다.

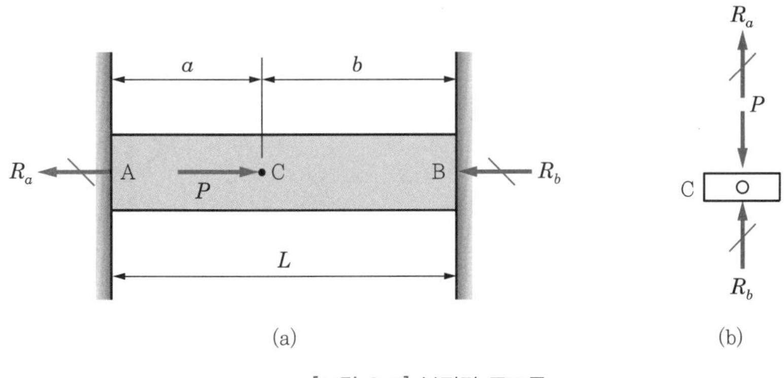

[그림 2-7] 부정정 구조물

$$R_a + R_b = P \quad \text{(b)}$$

식 (b)에 식 (a)를 대입시키면,

$$\frac{AE\delta_c}{a} + \frac{AE\delta_c}{b} = P \quad \text{(c)}$$

가 된다. 그리고 $a+b=L$이므로 식 (c)로부터 식 (2.14)가 된다.

$$\delta_c = \frac{Pab}{AEL} \quad (2.14)$$

따라서 δ_c값을 알았으므로, 식 (a)의 미지반력 R_a와 R_b를 구할 수 있다.

$$R_a = \frac{Pb}{L}, \qquad R_b = \frac{Pa}{L} \quad (2.15)$$

강성도법(剛性度法)의 두 번째 경우로 [그림 2-8]과 같은 준 평면트러스의 해석을 고려해 보자. [그림 2-8(a)]에서 수직부재(BD부재)의 길이를 L이라 하면 경사부재(AD, CD부재)의 길이는 $L/\cos\alpha$가 되고, 각 부재는 축강도 EA를 갖고 있다. 수직하중 P는 D점에 작용하고 트러스는 양쪽이 대칭으로 놓여 있으며 수평성분의 변위는 없다. P에 의한 D점의 처짐 δ는 그림에서 DD′이며 점선

축강도

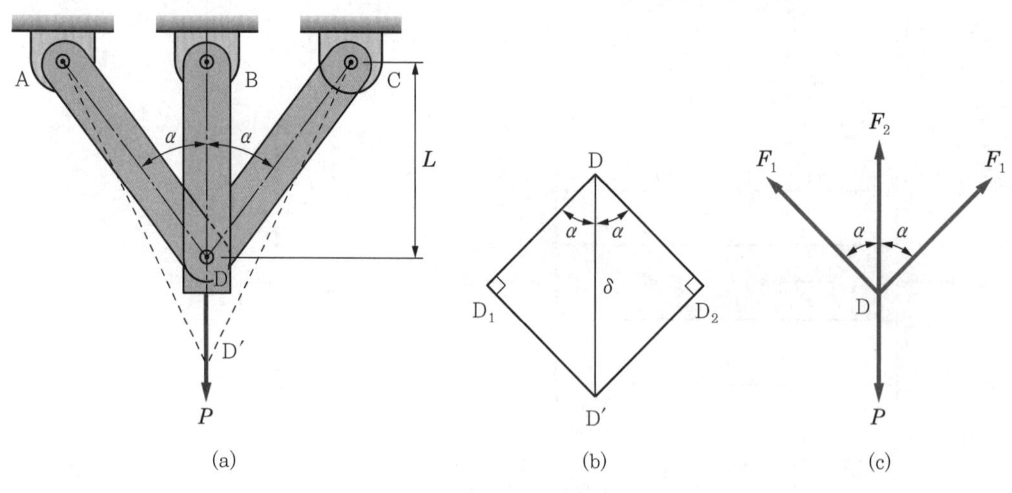

[그림 2-8] 부정정 트러스

AD′와 CD′는 양쪽 트러스의 처짐 모양을 표시하고 있다. D점의 변위 상세도는 [그림 2-8(b)]와 같고 변위도로부터 경사부재(AD와 CD)의 변위량을 구하면 다음과 같다.

경사부재

$$DD_1 = DD_2 = \delta\cos\alpha \tag{d}$$

따라서 [그림 2-8(c)]에서의 힘 F_1과 F_2는 다음과 같다.

$$F_1 = \frac{AE\delta\cos\alpha}{\dfrac{L}{\cos\alpha}} = \frac{AE\delta\cos^2\alpha}{L} \tag{e}$$

$$F_2 = \frac{AE\delta}{L} \tag{f}$$

또한 [그림 2-8(c)]에 평형방정식을 적용하면 다음과 같은 식이 됨을 알 수 있다.

$$2F_1\cos\alpha + F_2 = P \tag{g}$$

이 식 (g)에 식 (e), (f)를 대입하면 다음과 같다.

$$\frac{2AE\delta\cos^3\alpha}{L} + \frac{AE\delta}{L} = P \tag{h}$$

따라서 식 (h)로부터 미지수 δ에 대하여 풀 수 있다.

$$\delta = \frac{PL}{AE}\left(\frac{1}{1+2\cos^3\alpha}\right) \tag{2.16}$$

식 (2.16)으로부터 δ를 구했으므로 양 트러스에 발생된 F_1과 F_2를 결정해 보자. 즉 식 (2.16)을 식 (e), (f)에 대입하여 정리하면 얻을 수 있다.

$$F_1 = \frac{P\cos^2\alpha}{1+2\cos^3\alpha}, \qquad F_2 = \frac{P}{1+2\cos^3\alpha} \tag{2.17}$$

2.5 온도효과에 의한 열응력(thermal stress)

온도효과에 의한 열응력 (thermal stress)

어떤 물체의 온도변화는 그 물체의 체적변화를 수반하는 경향이 있다. [그림 2-9]와 같이 등질(等質)·등방성(等方性) 재료가 모든 방향으로 자유로이 팽창할 수 있도록 놓여져 있을 때, 재료를 균질하게 가열 또는 냉각하면 그 재료는 다음 식에 의하여 균일한 열변형률(uniform thermal strain) ε_t를 받게 된다.

열변형률 (uniform thermal strain)

$$\varepsilon_t = \alpha(\Delta T) \tag{2.18}$$

여기서 α는 열팽창계수(coefficient of thermal expansion)이고, ΔT는 온도의 증가분이다. 열팽창계수 α는 재료마다의 성질이며, 온도변화의 역(逆)과 같은 단위를 갖는다. 따라서 SI 단위에서는 α가 1/K(캘빈도의 역) 혹은 1/℃(섭씨도의 역) 중 하나의 단위를 갖는다. 그리고 ΔT는 α가 캘빈도의 역일 때는 $\Delta T = (T_2 - T_1)$[K]이고, 섭씨도의 역일 때는 $\Delta T = (T_2 - T_1)$[℃]이다. 또 ε_t가 팽창을 나타낼 때는 양(+)의 부호로, 수축을 나타낼 때는 음(−)으로 간주되는 무차원 양이다.

자유팽창에서 블록

[그림 2-9]의 자유팽창에서 블록의 치수변화 δ_t의 변위는 다음 식과 같다.

$$\pm\delta_t = \varepsilon_t L = \alpha(\Delta T)L \tag{2.19}$$

여기서 δ_t는 온도증가분으로 ΔT에 대한 늘어남을 나타내고, [그림 2-9]와 같은 부재의 길이 변화를 계산하는 식이다. 이때 부재의 세로치수도 변화하지만 부재에 전달되는 힘에 아무런 영향을 주지 못하므로 그림에 나타내지 않는다. 결과적으로 정정 구조물 내에는 아무런 응력도 발생하지 않는다. 반면에 부정정 구조물 안에서의 온도변화는 두 부재 안에 응력을 발생시키는데, 이를 열응력(thermal stress)이라 한다.

열응력(thermal stress)

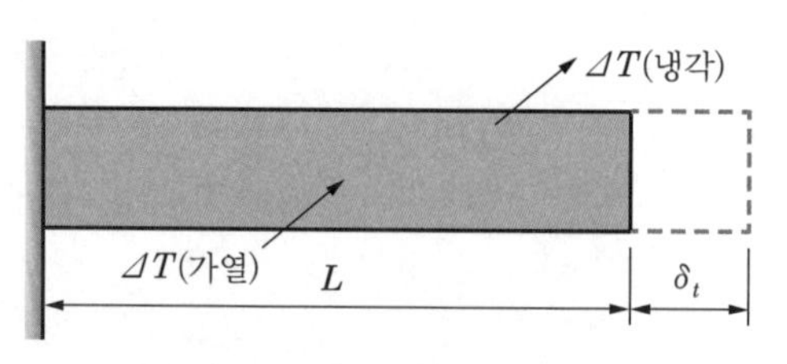

[그림 2-9] 균일한 온도증가 시의 부재의 신장

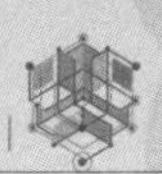

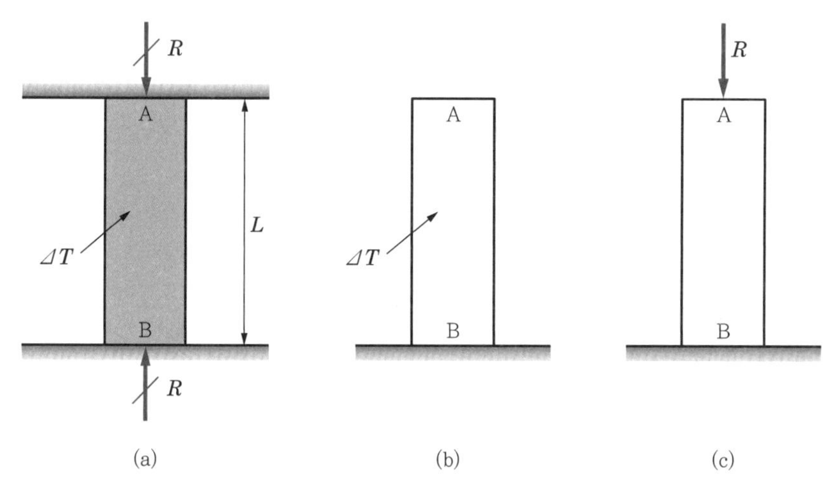

[그림 2-10] 균일한 온도증가 ΔT일 때의 부정정 구조물

만약 [그림 2-10]과 같은 구조물이 부정정(不靜定)이라면 자유로운 팽창과 수축은 불가능하게 되고 결국 온도의 증가와 감소는 부재 안에 열응력을 발생시킨다.

[그림 2-10(a)]에서 고정된 지점 AB부재에 ΔT만큼 온도를 증가시키면 압축축력 R이 봉 안에 발생할 것이다. 따라서 [그림 2-10(b)]의 유연도법을 사용하여 A점에서 상향변위 δ_T를 찾으면, 앞서 정정보에서 구한 식 (2.19)에 의해 $\alpha \Delta TL$과 같은 결과가 된다. 또 [그림 2-10(c)]의 경우에서는 이완구조물 위에 작용하는 힘 R에 의해 하향변위 δ_R는 RL/AE이 된다. 따라서 [그림 2-10]과 같은 양단 고정의 부정정 부재에 있어서 끝에 나타나는 실제변위는 0이므로, 다음 식 (a)의 적합 조건식을 얻을 수 있다. 즉,

유연도법

이완구조물

$$\delta_T - \delta_R = \alpha(\Delta T)L - \frac{RL}{AE} = 0 \quad \text{(a)}$$

이다. 식 (a)를 이항하여 풀면 반력 R을 얻을 수 있고, 그 값은 다음과 같다.

$$R = EA\alpha(\Delta T) \quad (2.20)$$

식 (2.20)으로부터 R이 부재의 길이와 무관하다는 것을 알 수 있다. 다음으로 부재 안에 발생된 압축응력 σ_c를 구해 보면

압축응력

$$\sigma_c = R/A = E\alpha(\Delta T) \quad (2.21)$$

가 된다. 이 응력 또한 봉의 단면적과는 무관하다.

이상에서 부정정 부재의 온도변화 시 축변형이 일어나지 않고 응력은 내재(內在)한다는 것을 알 수 있다. 일반적인 경우, 단면적이 다른 두 부분 이상으로 되어 있을 때는 온도변화에 따라 축변형과 응력이 둘 다 존재하게 될 것이다.

축변형과 응력

예제 2.11

다음 그림과 같이 최초 온도 20℃로 자유로이 매달려 있는 직경 $d=5$cm의 봉이 있다. 0℃로 냉각하였을 때 원래의 길이를 유지하도록 하기 위해서 봉의 하단에 몇 N의 추를 매달면 되는가? 단, $\alpha=1.1\times10^{-5}$, $E=200$GPa이다.

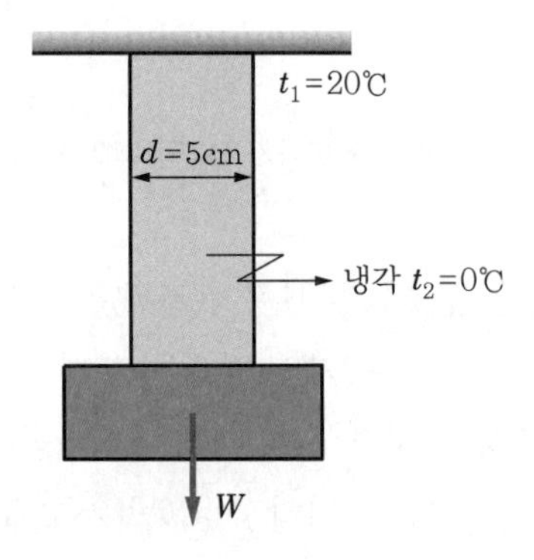

풀이 자유롭게 매달려 있는 경우 20℃에서 0℃로 냉각 시 수축량 δ는

$$\delta=\alpha(t_2-t_1)L=1.1\times10^{-5}\times(0-20)\times L$$
$$=-2.2\times10^{-4}\times L(\text{수축}) \quad \cdots\cdots ①$$

이때 신장률 ε은

$$\varepsilon=\frac{\delta}{L}=\frac{2.2\times10^{-4}\times L}{L}=2.2\times10^{-4} \quad \cdots\cdots ②$$

따라서 이때의 열응력이 σ라면 매달 수 있는 하중 W는
$W=\sigma A=E\varepsilon A$로 구한다.

$$\therefore\ W=200\times10^{9}\text{Pa}\times2.2\times10^{-4}\times\frac{\pi}{4}\times(5\times10^{-2})^2\ \text{m}^2$$
$$=86.350\times10^{3}\text{N}$$

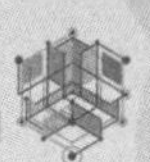

예제 2.12

다음 그림과 같이 단면적이 다른 2개의 단면봉이 양 벽에 고정되어 있다. 이 봉을 최초 t_1에서 t_2까지 가열할 때 각 봉에 발생하는 열응력을 구하라. 단, 단면적을 A, 탄성계수를 E, 선팽창계수를 α로 한다.

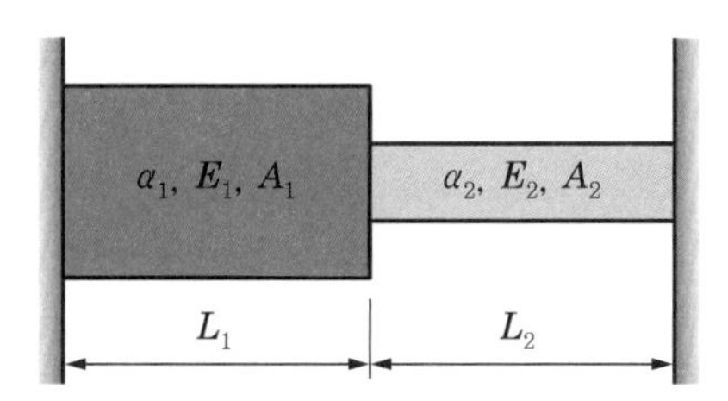

풀이 양 벽에 고정되어 있으므로 재료에 발생하는 저항력이 같다.

즉, $\sigma_1 A_1 = \sigma_2 A_2$ ········· ①

각 신장량은 $\delta_1 = \varepsilon_1 L_1 = \dfrac{\sigma_1}{E_1} L_1$

$$\delta_2 = \varepsilon_2 L_2 = \frac{\sigma_2}{E_2} L_2$$

따라서 전 신장량 δ는

$$\delta = \delta_1 + \delta_2 = \frac{\sigma_1}{E_1} L_1 + \frac{\sigma_2}{E_2} L_2 \quad \cdots\cdots ②$$

이 재료의 자유 팽창 시 신장량 δ_3는

$$\delta_3 = \alpha_1 (t_2 - t_1) L_1 + \alpha_2 (t_2 - t_1) L_2 \quad \cdots\cdots ③$$

식 ②와 식 ③은 절대치가 같게 되므로 ② = ③하면

$$\frac{\sigma_1}{E_1} L_1 + \frac{\sigma_2}{E_2} L_2 = (t_2 - t_1)(\alpha_1 L_1 + \alpha_2 L_2) \quad \cdots\cdots ④$$

그러므로 식 ①과 식 ④를 연립하여 풀면 각 재료의 응력을 구할 수 있다.

$$\therefore\ \sigma_1 = \frac{(t_2 - t_1)(\alpha_1 L_1 + \alpha_2 L_2)}{\dfrac{L_1}{E_1} + \dfrac{A_1 L_2}{A_2 E_2}} \quad \cdots\cdots ⑤$$

이고, 식 ⑤를 식 ①에 대입하면 σ_2는 다음과 같다.

$$\therefore\ \sigma_2 = \frac{(t_2 - t_1)(\alpha_1 L_1 + \alpha_2 L_2)}{\dfrac{L_2}{E_2} + \dfrac{A_2 L_1}{A_1 E_1}}$$

예제 2.13

다음 그림과 같이 3개의 동일 재료의 강봉으로 힌지(hinge) 조립되어 있는 트러스가 있다. 단면적이 동일할 때 Δt만큼 온도를 상승시킬 경우 각 부재에 작용되는 힘을 구하라. 단, α는 선팽창계수이고 각 절점은 힌지로 연결되어 있다.

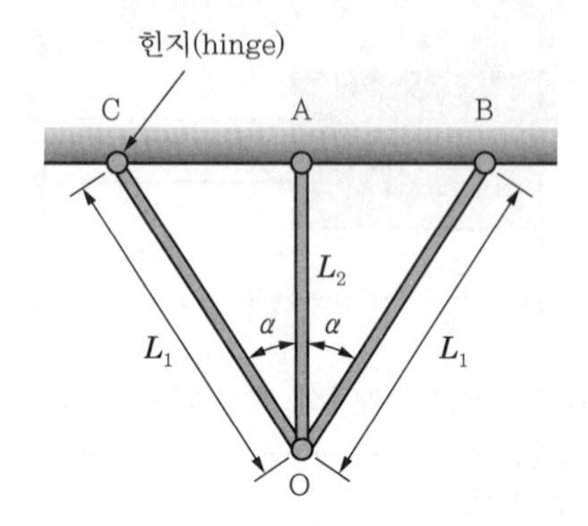

풀이 다음 그림 자유물체도 (b)에서 y방향 힘의 평형을 적용하면

$$\sum Fy = 0 \; ; \; P_1 = P_3 \text{이고 } P_2 = P_1 \cos\alpha + P_3 \cos\alpha$$

$$\therefore \; 2P_1 \cos\alpha = P_2 = 0 \quad \cdots\cdots ①$$

O점이 변형 후 O′점으로 되었을 때 기하학적 조건으로부터

$$\delta_1 = \delta_2 \cos\alpha \,, \quad L_2 = L_1 \cos\alpha \quad \cdots\cdots ②$$

또 훅의 법칙에서

$$\delta_1 = \frac{P_1 L_1}{AE}, \quad \delta_2 = \frac{P_2 L_2}{AE} \quad \cdots\cdots ③$$

온도변화 Δt일 때 중앙부재의 신장량을 K라 하면 $K = \alpha \Delta t L_2$이므로

$$\delta_1 = K - \delta_2 = \alpha \Delta t L_2 - \frac{P_2 L_2}{AE} \quad \cdots\cdots ④$$

식 ②, ③에 식 ④를 적용하면

$$\frac{P_1 L_1}{AE} = \left(\alpha \Delta t L_2 - \frac{P_2 L_2}{AE} \right) \cos\alpha \quad \cdots\cdots ⑤$$

식 ⑤와 식 ①을 연립하여 풀면

$$P_1 = \frac{A E \alpha L_2 \Delta t \cos\alpha}{L_1 + 2 L_2 \cos^2\alpha} = P_3$$

$$P_2 = \frac{2AE\alpha L_2 \Delta t \cos^2\alpha}{L_1 + 2L_2 \cos^2\alpha}$$

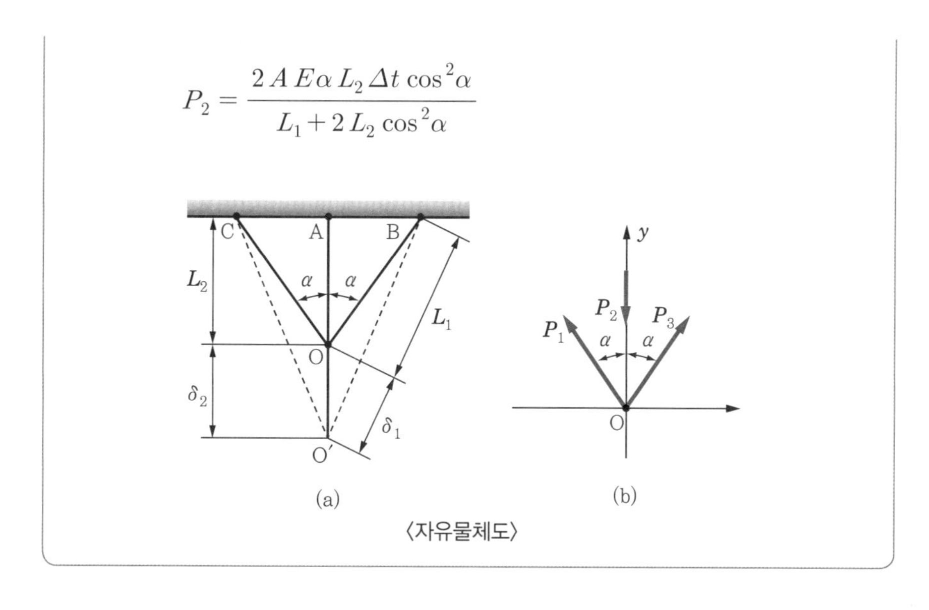

〈자유물체도〉

2.6 변형에너지(strain energy)

1 수직응력에 의한 변형에너지

변형에너지(strain energy)의 개념은 응용역학에 있어서 하중과 동하중에 대한 재료의 반응을 결정할 때 근본적으로 중요하다. 기본 개념을 설명하기 위해 [그림 2-11]과 같이 인장하중 P를 받는 길이 L의 균일 단면부재를 생각해 보자. 하중을 천천히 부과하여 0에서 최대값 P까지 점차적으로 증가시킨다. 이와 같은 동적 영향이나 초기 영향이 없는 하중을 정하중(static load)이라 한다. 이 봉은 하중을 부과하면 점차 늘어나서 충분한 하중 P까지 증가할 때 최대 늘어남 δ에 이르게 될 것이다. 하중에 의한 평가를 위해 [그림 2-11]에 보여 주는 하중-처짐선도(load-deflection diagram)를 사용한다. 물론 이 선도의 모양은 분석하고자 하는 부재의 재료에 따라 다르다.

변형에너지(strain energy)

하중-처짐선도 (load-deflection diagram)

[그림 2-12]에서 어떤 하중 P_1이 0과 최대하중 P 사이에 표시된다고 하면 거리에 대응하는 봉의 늘어남은 δ_1으로 표시해 둔다. 그때 하중의 증가분 dP_1은 늘어남의 증가분 $d\delta_1$을 발생시킨다. 결국 P_1에 의한 일은 [그림 2-12]에서 띠의 면적이 되고, 크기는 $P_1 d\delta_1$이 된다. 하중 P_1이 0에서 최대하중 P까지 변하는 동안에 늘어남도 δ_1이 0에서 최대 늘어남 δ까지 변하게 된다. 이 동안 하중이

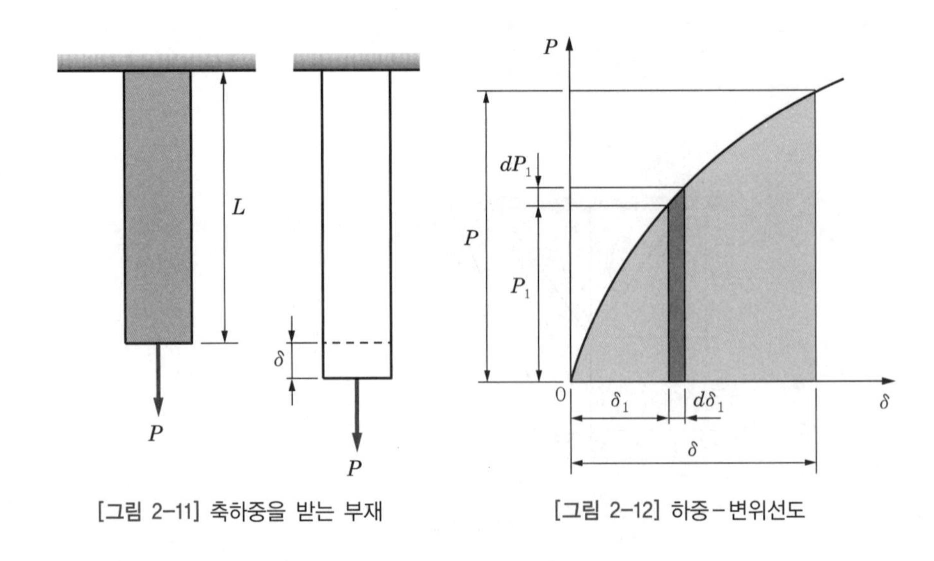

[그림 2-11] 축하중을 받는 부재

[그림 2-12] 하중-변위선도

한 일의 합 W는 그림의 띠를 모두 합한 결과가 되고, 그 값은 다음 식으로부터 얻을 수 있다.

$$W = \int_0^{\delta} P_1 d\delta_1 \tag{2.22}$$

변형에너지(strain energy)

식 (2.22)는 변형의 영향에 의한 그 부재 자체의 에너지 정도를 증가시킨 결과가 되며, 이것을 변형에너지(strain energy)라고 한다. 이 변형에너지는 U로 표시하고, 하중에 의한 일 W와 같다. 즉,

$$U = W = \int_0^{\delta} P_1 d\delta_1 \tag{2.23}$$

내부 일(internal work)

이 된다. 때때로 이 변형에너지를 외부 일 W와 구별하여 내부 일(internal work)이라고도 한다.

이제 부재 위에 작용하는 하중 P가 탄성한계 이하로 유지된다고 가정해 보자. [그림 2-13]에서 하중은 A점의 세로 좌표에 표시되고 변형은 가로 좌표에 표시되며, 이 영역 안에서는 하중을 제거하면 영구변형은 남지 않는다. 만약 부재의 재료가 탄성적이면 훅의 법칙에 따라 하중과 처짐은 직선적이며, 부재 내에 축적된 변형에너지는 P에 의한 전체 일과 같고, 다음 식으로 쓸 수 있다.

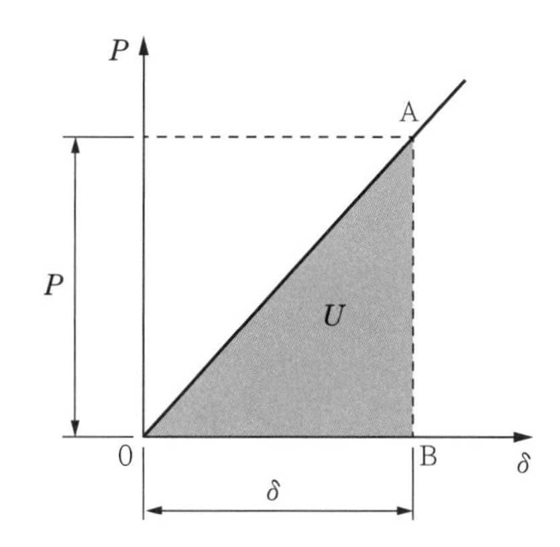

[그림 2-13] 탄성한도 내의 봉의 처짐-하중선도

$$U = W = \frac{P\delta}{2} \tag{2.24}$$

이 값은 삼각형 0AB의 면적이며 탄성한도 이내에서 발생된 변형에너지이므로 탄성에너지로 부른다.

균일 단면부재에서 처짐 δ가 PL/AE과 같아 식 (2.24)에 대입하면 탄성에너지 U는 다음 두 식으로 표현된다.

균일 단면부재

탄성에너지

$$\left.\begin{aligned} U &= \frac{P^2L}{2AE} = \frac{\sigma^2}{2E}AL \cdots\cdots (a) \\ U &= \frac{AE\delta^2}{2L} = \frac{E\delta^2}{2L^2}AL \cdots\cdots (b) \end{aligned}\right\} \tag{2.25}$$

가끔 변형에너지를 단위체적에 대한 변형에너지로 사용하는 것이 편리할 때가 있다. 선형탄성인 경우, 단위체적당 탄성에너지를 u라 하면 다음 식과 같다.

단위체적당 탄성에너지

$$\left.\begin{aligned} u &= \frac{U}{V} = \frac{\sigma^2}{2E}[\text{kJ/m}^3,\ \text{J/cm}^3] \cdots\cdots (c) \\ &\text{또} \\ u &= \frac{U}{V} = \frac{E\varepsilon^2}{2}[\text{kJ/m}^3,\ \text{J/cm}^3] \cdots\cdots (d) \end{aligned}\right\} \tag{2.26}$$

단, 체적 $V = AL[\text{m}^3,\ \text{cm}^3]$이므로

$$\sigma = \frac{P}{A},\quad \varepsilon = \frac{\delta}{L},\quad \sigma = E\varepsilon$$

가 된다. 그리고 식 (2.26)을 최대 탄성에너지라고도 부른다. 한편 재료에 비례한도까지 응력을 가할 때, 최대 탄성에너지를 리질리언스 계수(modulus of resilience) u_r이라고 하며, 응력도 비례한도 응력 σ_{pl}을 써서 표현하면 다음 식과 같다.

최대 탄성에너지

리질리언스 계수 (modulus of resilience)

$$u_r = \frac{{\sigma_{pl}}^2}{2E} \tag{2.27}$$

2 전단응력에 의한 변형에너지

전단응력에 의한 변형에너지

순수전단력

[그림 2-14]와 같이 순수전단력 P_s만을 받는 재료의 경우에 탄성한도 이내에서 변형이 일어난다면 앞서와 같은 방법으로 변형에너지 U를 구할 수 있다. 즉, P_s의 전단력에 의한 전단변위 δ_s가 발생되었다면 탄성에너지 U는

$$U = \frac{1}{2}P_s\delta_s \tag{2.28}$$

이다. 그리고 순수전단에서 탄성한도 이내의 경우 δ_s는 훅의 법칙에 따라 P_sL/AG과 같다. 따라서 $P_s = AG\delta_s/L$이므로 식 (2.28)은 다음 두 식으로 표현된다.

$$\left.\begin{aligned} U &= \frac{{P_s}^2 L}{2AG} = \frac{\tau^2}{2G}AL \cdots\cdots (a) \\ U &= \frac{AG{\delta_s}^2}{2L} = \frac{G{\delta_s}^2}{2L^2}AL \cdots\cdots (b) \end{aligned}\right\} \tag{2.29}$$

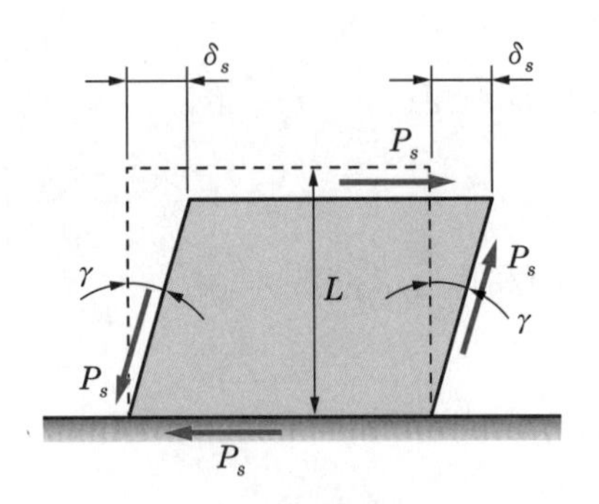

[그림 2-14] 탄성한도 내의 순수전단

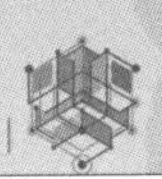

그리고 식 (2.29)를 단위체적당 저장된 전단 최대 탄성에너지 u로 쓰면 다음과 같다.

전단 최대 탄성에너지

$$u = \frac{U}{V} = \frac{\tau^2}{2G} \quad \cdots\cdots (c)$$

$$u = \frac{U}{V} = \frac{G}{2}\gamma^2 \quad \cdots\cdots (d) \qquad (2.30)$$

단, 단위체적 $V = AL$이므로

$$\gamma = \frac{\delta_s}{L}, \quad \tau = G\gamma, \quad \tau = \frac{P_s}{A}$$

가 된다.

[표 2-1] 공업재료의 최대 탄성에너지

재료	비중	탄성한도 σ_e[MPa]	세로탄성계수 E[MPa]	최대 탄성에너지	
				U[kJ/m³]	U[kJ/kg]
연강	7.8	190	200×10^3	9.32	12.0×10^{-3}
경강	7.8	765	200×10^3	149.1	191.3×10^{-3}
동	8.5	77	100×10^3	2.94	3.53×10^{-3}
천연고무	0.93	7.7	2.0	1,569.6	16.51×10^{-3}

예제 2.14

다음 그림과 같은 2개의 원형단면을 갖는 강부재가 하중 P를 받을 때 각각의 탄성에너지비 $U_a : U_b$는 얼마인가? 단, 재료는 같은 성질을 갖는다($E_a = E_b = E$).

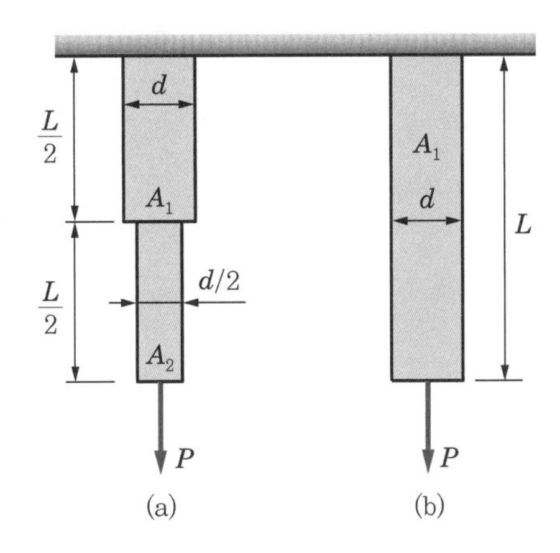

풀이 탄성에너지식 $U = \dfrac{P^2L}{2AE}$에 적용하면 된다.

여기서, $A_1 = \dfrac{\pi}{4}d^2$

$$A_2 = \frac{\pi}{4}\left(\frac{d}{2}\right)^2 = \frac{\pi}{4}\frac{d^2}{4} = \frac{A_1}{4} \text{이 된다.}$$

따라서 $U_a = \dfrac{1}{2}\dfrac{P^2L}{AE}$

$$U_b = \frac{1}{2}\left(\frac{\frac{P^2L}{2}}{A_1E} + \frac{\frac{P^2L}{2}}{A_2E}\right) = \frac{1}{2}\left(\frac{\frac{P^2L}{2}}{A_1E} + \frac{\frac{4P^2L}{2}}{A_1E}\right)$$

$$= \frac{1}{2} \times \frac{5P^2L}{2A_1E}$$

$$\therefore \ U_a : U_b = 1 : \frac{5}{2} = 2 : 5$$

예제 2.15

길이가 L인 균일 단면부재의 면적을 A라 할 때 비중량이 γ인 재료의 자중에 의해 부재 속에 저장된 탄성 변형에너지를 구하라.

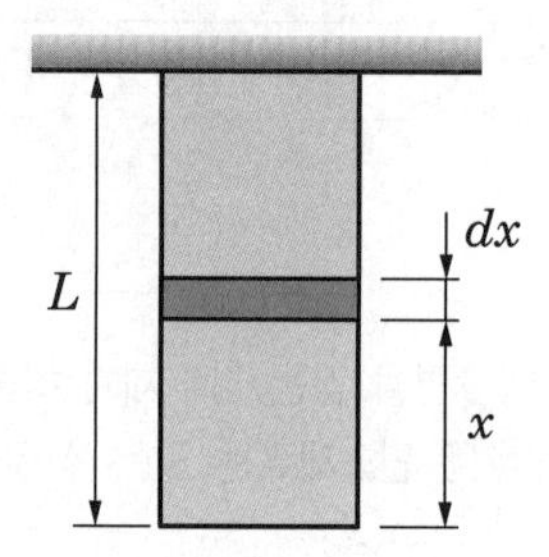

풀이 하단으로부터 x 거리까지의 자중을 P_x라 하면

$$P_x = Ax\gamma$$

따라서 dx 부분의 자중에 의한 신장 $d\delta$는

$$d\delta = \frac{P_x dx}{AE} = \frac{Ax\gamma}{AE}dx = \frac{\gamma x}{E}dx$$

그러므로 자중에 의한 탄성에너지 dU는

$$dU = \frac{P_x d\delta}{2} = \frac{\gamma Ax\gamma x}{2E}dx = \frac{A\gamma^2x^2}{2E}dx$$

전 탄성에너지 U는 위 식을 전체길이 L에 대하여 적분하면 얻어진다.

$$U = \int dU = \int_0^L \frac{A\gamma^2 x^2}{2E} dx = \frac{A\gamma^2}{2E}\left[\frac{x^3}{3}\right]_0^L$$

$$\therefore \; U = \frac{\gamma^2 A L^3}{6E}$$

예제 2.16

연강의 세로탄성계수 E_s =200GPa, 고무의 세로탄성계수 E_r =2.0MPa이고, 또 연강의 탄성한도 σ_s =200MPa, 고무의 탄성한도 σ_r =9.0MPa일 때 연강과 고무의 단위체적당 탄성에너지와 단위중량당 탄성에너지를 알아보고 비교하여라. 단, 연강의 비중은 7.8, 고무의 비중은 0.92이다.

풀이 연강의 최대 탄성에너지

$$u_s = \frac{{\sigma_s}^2}{2E_s} = \frac{(200\times10^2)^2}{2\times200\times10^5} = 10\text{N}\cdot\text{cm}/\text{cm}^3$$

고무의 최대 탄성에너지

$$u_r = \frac{{\sigma_r}^2}{2E_r} = \frac{900^2}{2\times200} = 2{,}025\text{N}\cdot\text{cm}/\text{cm}^3$$

$$\therefore \; u_s : u_r = 1 : 2{,}025$$

단위중량당 탄성에너지

$$\text{연강 } u_s = \frac{10}{7.8} = 1.282\text{N}\cdot\text{cm}/\text{kg}$$

$$\text{고무 } u_r = \frac{2{,}025}{0.92} = 2{,}201.1\text{N}\cdot\text{cm}/\text{kg}$$

$$\therefore \; u_s : u_r = 1 : 1{,}717$$

예제 2.17

다음 그림과 같은 원추형 봉이 벽에 고정되어 있다. 여기에 자유단의 끝에서 축하중 P를 작용시킬 때 봉에 축적된 탄성에너지 U를 구하라.

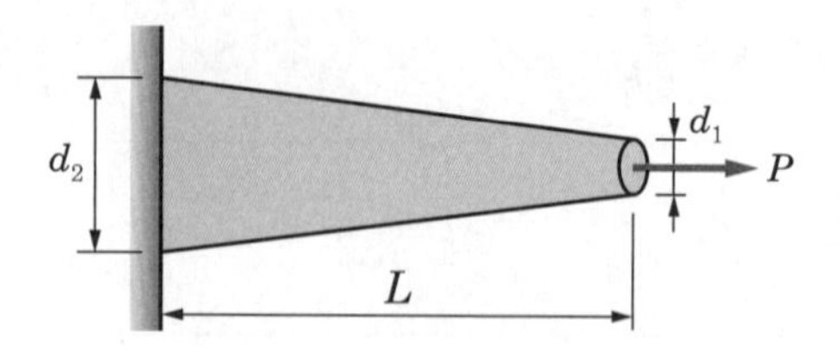

풀이 자유물체도를 그리면 다음 그림과 같다.

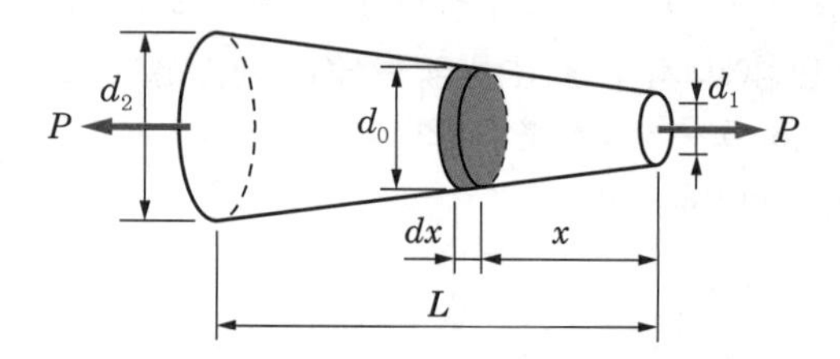

이때 그림으로부터 비율이 $(d_2 - d_1) : L = (d_0 - d_1) : x$이므로 x 지점의 직경은

$$d_0 = d_1 + \frac{(d_2 - d_1)}{L} x$$

따라서 x 부분의 단면적은

$$A_x = \frac{\pi d_0^2}{4} = \frac{\pi}{4}\left[d_1 + \frac{(d_2 - d_1)}{L} x\right]^2 \quad \cdots\cdots ①$$

또 $\sigma_x = \dfrac{P}{A_x}$ $\cdots\cdots$ ②

이다. 결국 P에 의한 dx 부분의 탄성에너지 dU는

$$dU = \frac{{\sigma_x}^2 A_x}{2E} dx$$

이므로 원추 봉의 전 길이 L에 대한 전 탄성에너지는 위 dU를 적분하면 얻을 수 있다.

$$U = \int dU = \int_0^L \frac{\sigma_x^2}{2E} A_x dx = \int_0^L \frac{\left(\frac{P}{A_x}\right)^2 A_x}{2E} dx$$

$$= \int_0^L \frac{P^2 dx}{2EA_x} \quad \cdots\cdots ③$$

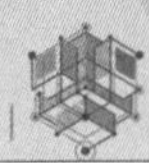

식 ③에 식 ①, ②를 대입하고 치환하여 다시 식을 세우면,

$$U = \int_0^L \frac{P^2 dx}{2E\frac{\pi}{4}\left[d_1 + \left(\frac{d_2 - d_1}{L}\right)x\right]^2}$$

$$= \frac{2P^2}{\pi E}\int_0^L \frac{dx}{\left[d_1 + \left(\frac{d_2 - d_1}{L}\right)x\right]^2} \quad \cdots\cdots ④$$

$$\text{치환}\left\{\begin{array}{l} t = d_1 + \left(\frac{d_2 - d_1}{L}\right)x \\ dt = \frac{d_2 - d_1}{L}dx \rightarrow dx = \frac{L}{d_2 - d_1}dt \\ \text{적분구간}\left\{\begin{array}{l} x = 0\text{일 때 } t = d_1 \\ x = L\text{일 때 } t = d_2 \end{array}\right. \end{array}\right\}$$

결국 식 ④를 치환된 값으로 바꾸어 쓰고 적분하면 U는 다음과 같다.

$$U = \frac{2P^2}{\pi E}\int_{d_1}^{d^2} \frac{\left(\frac{L}{d_2 - d_1}\right)}{t^2}dt$$

$$= \frac{2P^2}{\pi E}\left(\frac{L}{d_2 - d_1}\right)\left[-\frac{1}{t}\right]_{d_1}^{d_2}$$

$$\therefore \ U = \frac{2P^2}{\pi E}\left(\frac{L}{d_2 - d_1}\right)\left(\frac{1}{d_1} - \frac{1}{d_2}\right) = \frac{2P^2 L}{\pi E d_1 d_2}$$

2.7 동하중에 의한 충격응력

정하중(static load)은 천천히 부과하여 0에서 최대값까지 점차적으로 증가된 후 그 하중은 일정하게 머무른다. 그러나 동하중(dynamic load)에 있어서는 너무 갑자기 부과시켜 구조물에 진동을 일으키게 한다. 예를 들어 두 물체가 충돌할 때나 낙하물체가 구조물을 칠 때와 같은 충격하중과 기계를 회전하게 하는 주기하중 등이 동하중에 속한다. 이 절에서는 그러한 하중의 성격을 이해하기 위해서 동하중의 가장 기본적인 형태, 즉 충격하중(impact load)을 살펴보기로 하자.

충격하중(impact load)

[그림 2-15]에 나타낸 간단한 장치를 고려해 보면, 처음에 정지상태에 있는

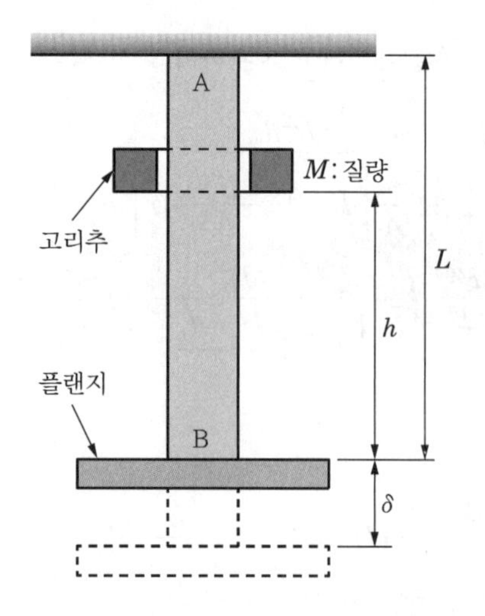

[그림 2-15] 충격하중을 받는 균일 단면 구조물

질량 M의 고리추(collar)가 높이 h로부터 봉 AB의 하단에 부착되어 있는 플랜지 위에 낙하한다. 그 고리추가 플랜지를 타격할 때 그 플랜지는 아래로 움직여서 최대 처짐점까지 내려간다. 하락 고리추의 작용으로 이 조직의 거동은 대단히 복잡하게 되고 완전한 해석을 위해서는 고급 수학방법이 요구된다.

그러나 변형에너지의 개념을 이용하고 약간의 과정을 단순화시킴으로써 대략적인 해석을 할 수 있다. 따라서 [그림 2-15]에서 부재의 최대 늘어남 δ는 낙하질량에 의한 위치에너지 손실을 그 부재에 의하여 얻어진 변형에너지에 등치(equivalent)시킴으로써 얻을 수 있다.

이때 위치에너지 손실은 $W(h+\delta)$이고, 고리추의 무게 $W=Mg$이며 $h+\delta$는 추가 이용한 전 거리이다. 앞서 균일단면 부재의 변형에너지는 $AE\delta^2/2L$이고, AE는 축 강도이며 L은 부재의 길이이다. 그러므로 에너지 보존(conservation energy)의 법칙으로부터 다음 식과 같이 놓을 수 있다.

$$W(h+\delta)=\frac{1}{2}P\delta \tag{2.31}$$

앞서 $P=\dfrac{AE\delta}{L}$이므로, 식 (2.31)은

$$W(h+\delta)=\frac{AE\delta^2}{2L} \tag{a}$$

이 되고,

$$Wh + W\delta - \frac{AE\delta^2}{2L} = 0$$

이 된다. 통분하면 δ에 대하여 2차방정식을 얻을 수 있다.

$$AE\delta^2 - 2LW\delta - 2LWh = 0$$

또 위 식은 다음과 같이 쓸 수 있으므로 정리하여 최대 늘어남(처짐) δ의 양의 값을 취할 경우,

최대 늘어남(처짐)

$$AE\left[\delta^2 - \frac{2WL}{AE}\delta + \left(\frac{WL}{AE}\right)^2 - \left(\frac{WL}{AE}\right)^2\right] - 2LWh = 0$$

$$AE\left[\left(\delta - \frac{WL}{AE}\right)^2 - \left(\frac{WL}{AE}\right)^2\right] - 2LWh = 0$$

$$\left(\delta - \frac{WL}{AE}\right)^2 - \left(\frac{WL}{AE}\right)^2 = \frac{2LWh}{AE}$$

$$\therefore\ \delta = \frac{WL}{AE} + \sqrt{\left(\frac{WL}{AE}\right)^2 + \frac{2WL}{AE}h} \tag{2.32}$$

이다. 식 (2.32)에서 부재의 늘어남이 질량이나 낙하의 높이가 증가하면 감소한다는 것에 유의하자. 또 위 식은 W에 의한 부재의 정역학적 처짐 δ_0(식 (b))을 넣어 식 (2.33)을 얻게 된다.

정역학적 처짐

$$\delta_0 = \frac{WL}{AE} \tag{b}$$

$$\delta = \delta_0 + \sqrt{\delta_0^2 + 2h\delta_0} \tag{2.33}$$

만약 정역학적 처짐 δ_0가 h에 비해 대단히 작다면($\delta_0 \ll h$) 식 (2.33)은 다음과 같이 간단히 쓸 수 있다.

$$\sigma \simeq \sqrt{2h\sigma_0} \tag{2.34}$$

다음으로 그 부재의 최대응력은 응력분포가 전 길이를 통하여 균일하다고 가정하면 식 (2.32)로부터 계산할 수 있다. 따라서 최대 인장응력은 다음 식과 같다.

최대 인장응력

$$\sigma = \frac{E\delta}{L} = \frac{W}{A} + \sqrt{\left(\frac{W}{A}\right)^2 \frac{2WEh}{AL}} \tag{2.35}$$

또 정역학적 응력을 $\sigma_0 = \dfrac{W}{A}$ 라고 하면 위 식은 다음과 같이 간단히 쓸 수 있다.

$$\sigma = \sigma_0 + \sqrt{{\sigma_0}^2 + \frac{2hE}{L}\sigma_0} \tag{2.36}$$

높이 h가 늘어남 δ에 비해 매우 큰 경우를 생각할 때, 위 식은 결국 다음과 같다.

$$\sigma \simeq \sqrt{\frac{2hE}{L}\sigma_0} \tag{2.37}$$

식 (2.37)에 $M = \dfrac{W}{g}$, $v = \sqrt{2gh}$ 를 감안하면 다음 식을 얻게 된다. 여기서 v는 고리추의 낙하속도이다.

$$\sigma \simeq \sqrt{\left(\frac{Mv^2}{2}\right)\left(\frac{2E}{AL}\right)} \tag{2.38}$$

급가하중

만약에 충격의 특별한 경우인 초기속도 없이 하중이 갑자기 부재에 부과되었을 때 일어나는 급가하중(suddenly applied load)을 생각할 때는 식 (2.33)에서 h를 0으로 놓음으로써 다음 식을 얻을 수 있다.

$$\delta = 2\delta_0 \tag{2.39}$$

그리고 최대응력의 발생도 식 (2.36)으로부터 다음과 같이 쓸 수 있다($h \simeq 0$).

$$\sigma = 2\sigma_0 \tag{2.40}$$

그러므로 갑자기 가중된 하중이 일으킨 처짐과 응력은 정하중이 일으킨 처짐과 응력의 두 배가 된다는 결론을 얻을 수 있다.

예제 2.18

상단을 천장에 고정한 환봉이 있다. 환봉의 직경은 4cm이고 길이는 5m일 때 높이 1m에서 고리추를 낙하시킬 경우 봉은 충격하중에 견딜 수 있는가? 단, 추의 무게 W=40,000N, 환봉의 E=200GPa, 환봉의 인장강도 σ_t =41,000N/cm²로 한다.

풀이 정하중 시 응력

$$\sigma_0 = \frac{W}{\frac{\pi}{4}d^2} = \frac{40,000}{\frac{\pi}{4}\times 4^2} = 3,184.7\text{N/cm}^2$$

정하중에 의한 신장

$$\delta_0 = \frac{\sigma_0 L}{E} = \frac{3,184.7\text{N/cm}^2 \times 500}{200 \times 10^9 \times 10^{-4}} = 0.0796\text{cm}$$

따라서 충격에 의한 응력을 구해보면,

$$\sigma = \sigma_0\left(1 + \sqrt{1 + \frac{2h}{\delta_0}}\right) = 3,184.7 \times \left(1 + \sqrt{1 + \frac{2 \times 100}{0.0796}}\right)$$
$$= 162,851.05\text{N/cm}^2$$

$\therefore\ 162,851.05 > \sigma_u = 41,000$이므로 파괴된다.

예제 2.19

그림과 같은 환봉이 길이 $L=4$m로 천장에 매달려 있다. 하단은 단이 만들어져 있고, 하단으로부터 15cm 높이에서 고리추가 낙하할 때 봉에 발생하는 신장과 응력을 계산하여라. 또 충격하중에 의한 신장을 무시할 때 응력은 어떻게 되는가? 단, 재료의 $E=2.0\times10^5\text{N/mm}^2$이다.

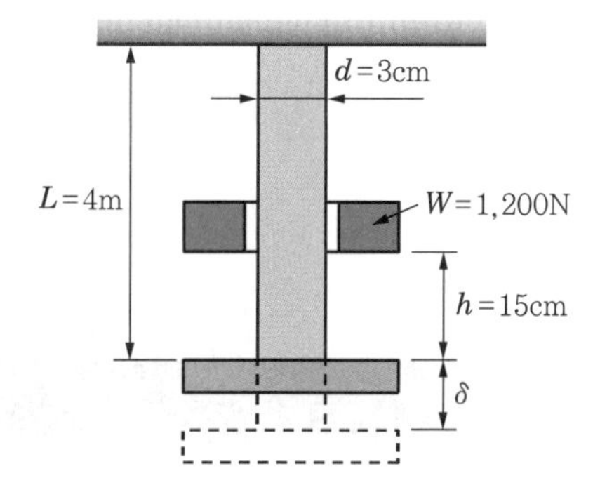

풀이 정하중에 의한 응력

$$\sigma_0 = \frac{W}{A} = \frac{1,200}{\frac{\pi}{4} \times 3^2} = 169.8\text{N/cm}^2$$

정하중에 의한 신장

$$\delta_0 = \frac{\sigma_0 L}{E} = \frac{169.8 \times 400}{2.0 \times 10^7\text{N/cm}^2} = 3.39 \times 10^{-3}\text{cm}$$

따라서 충격에 의한 신장 δ와 응력 σ는 다음과 같다.

$$\delta = \delta_0\left(1+\sqrt{1+\frac{2h}{\delta_0}}\right)$$
$$= 3.39\times10^{-3}\times\left(1+\sqrt{1+\frac{2\times15}{3.39\times10^{-3}}}\right)$$
$$= 0.322\text{cm}$$
$$\sigma = \sigma_0\left(1+\sqrt{1+\frac{2h}{\delta_0}}\right)$$
$$= 169.8\times\left(1+\sqrt{1+\frac{2\times15}{3.39\times10^{-3}}}\right)$$
$$= 9{,}393.6\text{N/cm}^2 \fallingdotseq 93.94\text{MPa}$$

또 충격에 의한 신장 δ를 무시할 때 응력은 다음과 같다.

$$W(h+\delta) = \frac{\sigma^2}{2E}AL\text{에서 } \delta \fallingdotseq 0$$

$$\therefore\ \sigma = \sqrt{\frac{2EWh}{AL}} = \sqrt{\frac{2\times2.0\times10^7\times1{,}200\times15}{\frac{\pi}{4}\times3^2\times400}}$$
$$\fallingdotseq 15{,}961.74\text{N/cm}^2 \fallingdotseq 159.6\text{MPa}$$

2.8 내압을 받는 원통

내압을 받는 원통

보일러와 같은 원통형의 동관재, 송유관, 압축공기의 탱크, 유압파이프 등은 내부압력에 저항하기 위해 재료내부에 응력이 발생되고 그 한도를 넘으면 재료는 파괴된다.

종단면 (longitudinal section)

횡단면 (transverse section)

또 회전운동을 하는 물체에 있어서 원심력에 의한 외부로 밀치는 힘이 내압을 받는 것과 같은 응력이 발생된다고 생각할 수도 있다. 따라서 그 응력들은 종단면(longitudinal section)에 발생하는 경우와 횡단면(transverse section)에 발생하는 경우 두 가지를 생각할 수 있다.

1 내압을 받는 얇은 원관

내압을 받는 얇은 원관

얇은 원관이란 내압관의 지름을 D, 판의 두께를 t라고 할 때 대략 $\frac{t}{D} \leq \frac{1}{10}$인 것을 말한다. [그림 2-16]에서 내압을 받을 때 종단면 AB선에 있어서 상하로 파괴되는 종방향 강도와, 단면 CD선을 경계로 좌우의 축방향으로 파괴될 때의 횡방향 강도를 생각해 보면 다음과 같다.

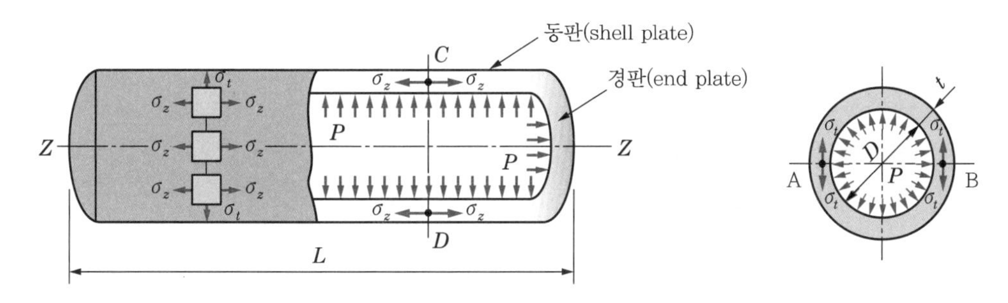

[그림 2-16] 내압을 받는 얇은 원관

(1) 종방향 응력 : σ_t

종방향 응력

[그림 2-17]과 같이 내압 P에 의한 [그림 2-16]의 AB선상의 Z축을 따라 반원주에서의 전합력은 PDL이 되고, 종단면에서 동판(shell plate)이 이 힘에 저항하여야 한다.

동판(shell plate)

따라서 양 절단 단면의 면적이 $2tL$이므로 σ_t에 의한 저항력은 $2tL\sigma_t$가 된다. 이때 전압력의 힘과 전응력에 의한 힘이 같아야 되므로 다음과 같이 놓을 수 있다.

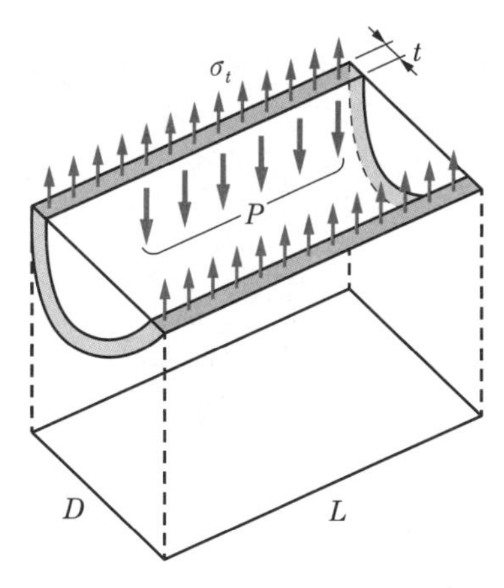

[그림 2-17] 내압 원관의 종방향 단면도

$$\sigma_t 2tL = PDL$$

$$\therefore \ \sigma_t = \frac{PD}{2t} \tag{2.41}$$

이음효율

판의 두께

위 식 (2.41)을 원주응력 또는 후프응력이라 부르며, 실제 강도는 용접이나 리벳이음 때문에 식 (2.41)의 강도에 이음효율 η를 곱해 주어야 한다. 따라서 그 값은 $\sigma_t \eta$가 되고 판의 두께를 구해보면 결함을 고려한 경우 다음과 같다.

$$t = \frac{PD}{2\sigma_t \eta} + C[\text{cm}] \tag{2.42}$$

여기서, P : 내압(N/cm^2)

D : 원관의 내경(cm)

η : 이음효율

C : 결함손실(약 0.1cm)

만약 판을 안전한 범위에서 사용하려면 $\sigma_u = S\sigma_t = S\sigma_a$를 위 식에 대입하여 사용하면 되며, 다음과 같다.

$$t = \frac{PDS}{2\sigma_u \eta} + 0.1\,[\text{cm}] \tag{2.42$'$}$$

여기서, σ_u : 최대 인장강도

S : 안전율(안전계수)

횡방향 응력

(2) 횡방향 응력 : σ_z

[그림 2-18]과 같이 내압 P에 의한 [그림 2-16]의 Z축에 직각인 단면 CD선

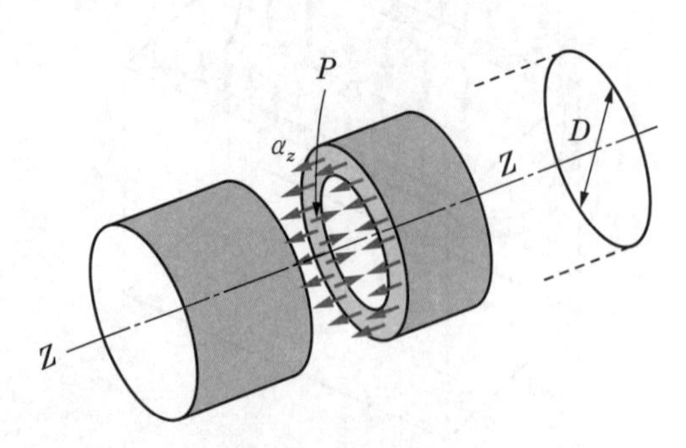

[그림 2-18] 내압 원관의 횡방향 단면도

상에 있어서 전합력은 $P\frac{\pi}{4}D^2$이 되고, 동판(shell plate)의 횡단면에서 이 힘에 저항하여야 한다.

동판(shell plate)

그러므로 횡단면의 판의 면적이 $\frac{\pi}{4}(D+2t)^2 - \frac{\pi}{4}D^2$이고, 횡방향 판의 응력이 σ_z이므로 저항력은 면적에 σ_z를 곱한 것과 같다. 결국 전압력에 의한 힘과 전응력에 의한 힘을 같게 놓으면 다음 식과 같다.

$$P\frac{\pi}{4}D^2 = \sigma_z\left[\frac{\pi}{4}(D+2t)^2 - \frac{\pi}{4}D^2\right] \fallingdotseq \sigma_z \pi D t$$

$$\therefore \ \sigma_z = \frac{PD}{4t} \qquad (2.43)$$

식 (2.43)을 횡응력 또는 축방향 응력이라 한다. 그리고 앞서와 같은 이음효율과 결함을 고려할 때 판의 두께는

축방향 응력

$$t = \frac{PD}{4\sigma_z \eta} = C[\text{cm}] \qquad (2.44)$$

가 된다. 또 안전율을 고려한 경우 판의 두께는 식 (2.44)를 고쳐 쓰면 결국 다음 식과 같다.

판의 두께

$$t = \frac{PDS}{4\sigma_u \eta} + 0.1[\text{cm}] \qquad (2.44)'$$

이상에서 식 (2.41)과 식 (2.43)을 비교해 보면 다음과 같은 결과를 얻게 된다.

$$P = \frac{\sigma_t 2t}{D} = \frac{\sigma_z 4t}{D}$$

결국, $2\sigma_t = 4\sigma_z$이므로 다음 식과 같이 쓸 수 있다.

$$\therefore \ \sigma_t = 2\sigma_z$$

따라서 종방향(원주방향) 응력은 횡방향(축방향) 응력의 2배가 됨을 알 수 있다.

내압을 받는 두꺼운 원통

2 내압을 받는 두꺼운 원통

두께가 두꺼운 원통에서는 각 점에 있어서 내압에 의한 원주방향 응력, 즉 후프응력에 상당한 차이가 있고, 반지름방향 응력도 무시할 수 없다. 따라서 각각에 대한 응력의 식을 찾으면, [그림 2-19(a)]에서 0점으로부터 임의의 거리 r에 있어서의 원주방향 후프응력을 σ_t, 반지름방향 응력을 σ_r라 하면 반지름방향 힘의 평형([그림 2-16(b)])으로부터

원주방향 후프응력

반지름방향 응력

$$\sum F_r = 0 : -\sigma_r r d\theta L + (\sigma_r + d\sigma_r)(r + dr)d\theta L = 0$$
$$-\sigma_t d\theta dr L = 0$$

이 된다. 간단히 하면

$$\sigma_t - \sigma_r = \frac{rd\sigma_r}{dr} \qquad \text{(a)}$$

길이방향 변형률

이 된다. 원통에서 길이방향 변형률 ε_L은 항상 일정하므로 다음 식과 같이 놓을 수 있다.

$$\varepsilon_L = -\frac{\nu\sigma_r}{E} - \frac{\nu\sigma_t}{E} = K \text{ (상수)}$$

여기서, ν : 푸아송비

또 후프응력은 다음 식과 같이 쓸 수 있다.

$$\sigma_t = K - \sigma_r \qquad \text{(b)}$$

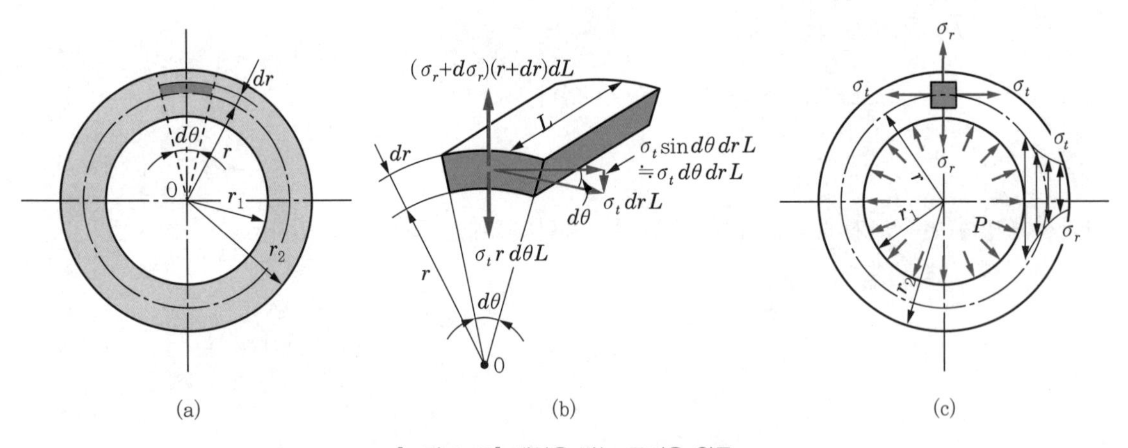

[그림 2-19] 내압을 받는 두꺼운 원통

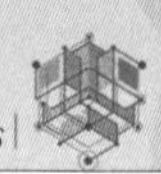

식 (b)를 식 (a)에 대입하여 적분하고, 경계조건 $r = r_1$, $r = r_2$에서 각각 $\sigma_r = -P$, $\sigma_r = 0$을 대입하여 적분상수 C를 구해 반경방향응력 σ_r을 찾으면 다음과 같다.

$$\sigma_r = \frac{-Pr_1^2(r_2^2 - r^2)}{r^2(r_2^2 - r_1^2)} \text{(압축)} \tag{2.45}$$

여기서, r_1 : 원관의 최소 반지름(내경)

r_2 : 원관의 최대 반지름(외경)

P : 내부압력

따라서 후프응력 σ_t는 식 (b)로부터 다음 식을 얻을 수 있다.

후프응력

$$\sigma_t = K - \sigma_r = \frac{Pr_1^2(r_2^2 + r^2)}{r^2(r_2^2 - r_1^2)} \tag{2.46}$$

그리고 식 (2.45), (2.46)으로부터 최대 반지름방향 응력 $\sigma_r)_{max}$과 최대 후프응력 $\sigma_t)_{max}$을 구해 보면 $r = r_1$에서 발생하고 그 크기는 다음 식이 된다.

최대 후프 응력

$$\sigma_r)_{max} = \sigma_r)_{r=r_1} = -P\,[\text{N/cm}^2] \tag{2.45$'$}$$

$$\sigma_t)_{max} = \sigma_t)_{r=r_1} = P\frac{r_2^2 + r_1^2}{r_2^2 - r_1^2}[\text{N/cm}^2] \tag{2.46$'$}$$

그리고 최소 반경방향 응력 $\sigma_r)_{min}$과 최소 후프응력 $\sigma_t)_{min}$은 식 (2.45), (2.46)으로부터 $r = r_2$에서 최소값을 가짐을 알 수 있고, 그 값은 다음 식이 된다.

최소 후프 응력

$$\sigma_r)_{min} = \sigma_r)_{r=r_2} = 0 \text{(외벽에서 } \sigma_r \text{이 0이 됨)} \tag{2.45$''$}$$

$$\sigma_t)_{min} = \sigma_t)_{r=r_2} = \frac{2Pr_1^2}{r_2^2 - r_1^2}[\text{N/cm}^2] \tag{2.46$''$}$$

다음은 최대 후프응력 $\sigma_t)_{max}$와 내압 P로부터 r_1과 r_2의 비를 구하면 다음과 같다[식 (2.46)′을 변형].

$$\sigma_t)_{max} = \frac{P(r_2^2 + r_1^2)}{r_2^2 + r_1^2} = \frac{P\left[\left(\frac{r_2}{r_1}\right)^2 + 1\right]}{\left(\frac{r_2}{r_1}\right)^2 - 1}$$

$$\left(\frac{r_2}{r_1}\right)^2 \sigma_t)_{\max} - \sigma_t)_{\max} = P\left(\frac{r_2}{r_1}\right) + P$$

$$\therefore \frac{r_2}{r_1} = \sqrt{\frac{\sigma t)_{\max} + P}{\sigma_t)_{\max} - P}} \tag{2.47}$$

원통 내부의 응력분포 상태

이상의 식 (2.45), (2.46)을 가지고 원통 내부의 응력분포 상태를 그려보면 앞의 [그림 2-19(c)]와 같다.

3 회전하는 얇은 원환

플라이 휠(fly wheel)과 풀리(pulley) 등은 축둘레를 회전하는 얇은 회전원환이다. 이러한 회전원환은 내압을 받는 원통과 같이 원심력에 의해서 단면에 후프응력이 발생한다. [그림 2-20]과 같이 단위폭을 갖는 미소면적에 대하여 후프응력을 구해보면 다음과 같다.

단, 단위체적당 비중량을 γ, 두께를 t, 원주방향 길이와 폭을 각각 1cm라고 하면, 무게 $W = 1 \times 1 \times t \times \gamma$이다. 환의 접선속도를 v[cm/sec], 단위면적당 원심력을 P라 하면, 다음 식과 같이 쓸 수 있다.

$$P = \frac{F}{A} = \frac{m(r\omega^2)}{A} = \frac{W(r\omega^2)}{Ag} = \frac{\gamma At(r\omega^2)}{Ag}$$

$$= \frac{\gamma t(r\omega^2)}{g} = \frac{\gamma tr\left(\frac{v}{r}\right)^2}{g} = \frac{\gamma tv^2}{gr} \tag{a}$$

여기서, F : 원심력

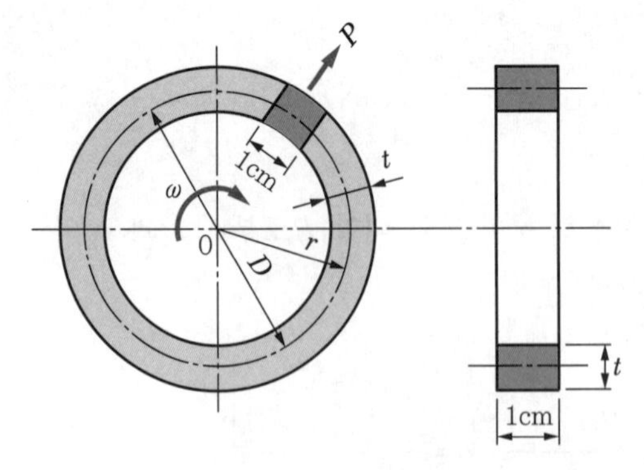

[그림 2-20] 얇은 원환

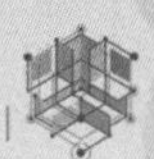

결국 σ_t는 다음과 같다.

$$\sigma_t = \frac{\left(\frac{\gamma t v^2}{gr}\right)D}{2t} = \frac{\gamma v^2}{g} = \frac{\gamma}{g}r^2\omega^2 \tag{2.48}$$

여기서, D : 환의 유효지름$(=2r)$

r : 환의 유효반지름$\left(=\frac{D}{2}\right)$

위 식 (2.48)에서 각속도 ω 대신 회전수 N[rpm]으로 바꾸어 쓰면

$$\sigma_t = \frac{\gamma r^2}{g}\left(\frac{2\pi N}{60}\right)^2 = \frac{\pi^2\gamma}{900g}r^2N^2 \qquad (2.48)'$$

여기서, $\omega = \frac{2\pi N}{60}$, $\quad v = \frac{2\pi r N}{60} = \frac{\pi D N}{60}$

이 된다. 또 회전 시 발생된 후프응력 σ_t와 비중량 γ를 알 때 환의 회전수 N을 찾으면 다음과 같다.

환의 회전수

$$v = \frac{\pi D N}{60} \rightarrow N = \frac{60}{\pi D}v$$

따라서 식 (2.48)을 대입하면 다음 식을 얻을 수 있다.

$$N = \frac{60}{\pi D}\sqrt{\frac{g\sigma_t}{\gamma}} = \frac{30}{\pi r}\sqrt{\frac{g\sigma_t}{\gamma}} \tag{2.49}$$

예제 2.20

$P=$120N/cm^{2}의 내압을 받는 원통을 설계하려고 한다. 원통의 내경을 150cm로 할 경우 철판의 두께는 몇 mm로 하면 되는가? 단, 이음효율 $\eta=$70%, $\sigma_t=$ 3,500N/cm^{2}일 때 부식을 고려한 경우에 대하여 설계하시오.

풀이 부식과 이음효율을 고려할 때 철판의 두께 t는 후프의 식으로부터

$$\eta\sigma_t = \frac{PD}{2t}$$

$$\therefore\ t = \frac{PD}{2\eta\sigma_t} + 0.1 = \frac{120\times150}{2\times0.7\times3{,}500} + 0.1$$

$$= 3.77\text{cm} \fallingdotseq 37.7\text{mm}$$

예제 2.21

내압 P=2,000N/cm²를 받는 두꺼운 원통이 있다. 내경을 20cm로 할 때 두께는 몇 cm로 하면 안전한가? 단, 재료의 인장응력은 σ_u=30,000N/cm², 안전율 S=5로 한다.

풀이 안전계수 $S=\dfrac{\sigma_u}{\sigma_a} \rightarrow \sigma_a=\dfrac{\sigma_u}{S}=\dfrac{30,000}{5}=6,000\mathrm{N/cm^2}$

따라서 $\dfrac{r_2}{r_1}=\sqrt{\dfrac{\sigma_t)_{\max}+P}{\sigma_t)_{\max}-P}}=\sqrt{\dfrac{6,000+2,000}{6,000-2,000}}=1.414$

$$r_2=r_1\times1.414=\frac{d_1}{2}\times1.414=\frac{20}{2}\times1.414=14.143\mathrm{cm}$$

$\therefore$ 두께 $t=r_2-r_1=14.143-10=4.14\mathrm{cm}$

예제 2.22

평균반경 r=20cm이고 두께 t=10mm인 벨트 풀리가 있다. 이 풀리가 매분 회전수가 N=600rpm일 때 후프응력을 구하라. 단, 림의 비중량은 γ=7.8×10⁻² N/cm³이다.

풀이 림의 후프응력 $\sigma_t=\dfrac{\gamma v^2}{g}$

단, $v=r\omega=r\dfrac{2\pi N}{60}=20\times\dfrac{2\pi\times600}{60}=1,256\mathrm{cm/s}$

$$\therefore\ \sigma_t=\frac{\gamma v^2}{g}=\frac{7.8\times10^{-2}\times1,256^2}{980}\fallingdotseq125.6\mathrm{N/cm^2}$$

기초연습문제

01 다음 그림과 같이 단면이 원형단면 부재가 인장하중 80kN을 받을 때 부재의 전체 신장량 δ는 몇 mm인가? 단, 재료의 $E=200\text{GPa}$이다.

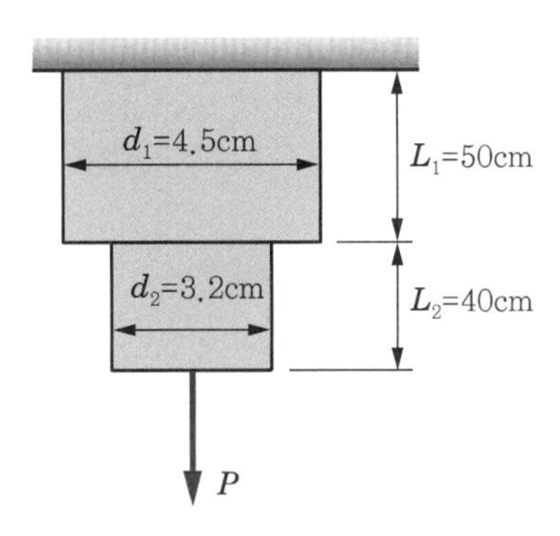

02 $b \times h = 30\text{mm} \times 20\text{mm}$의 균일한 사각단면 부재가 그림과 같이 축하중을 받고 있을 때 전 신장량 δ는 몇 mm인가? 단, 재료의 $E=200\times 10^3\text{MPa}$

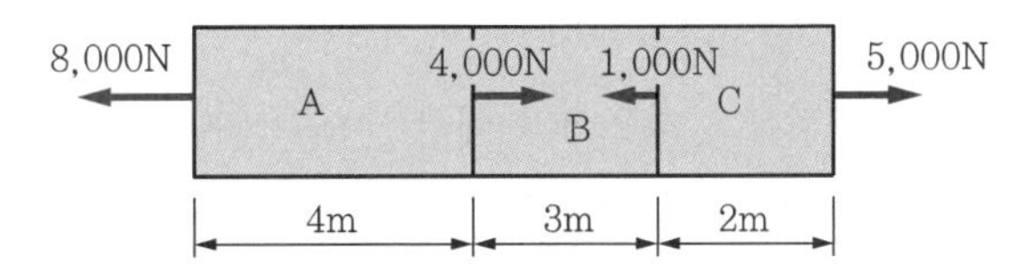

03 다음 그림과 같은 철근 콘크리트 구조물에 직경 $d=10\text{mm}$짜리 철근 12개가 들어가 있다. 구조물의 크기는 $b \times h = 70\text{cm} \times 80\text{cm}$이고 콘크리트의 사용응력 $\sigma_w = 450\text{N/cm}^2$일 때 가할 수 있는 하중은 몇 kN인가? 단, 콘크리트의 탄성계수 $E_1 = 1.6\times 10^6\text{N/cm}^2$, 철근의 탄성계수 $E_2 = 21\times 10^6\text{N/cm}^2$이다.

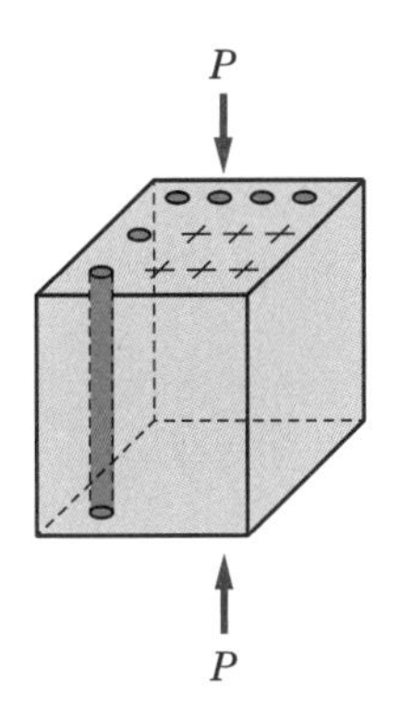

04 단면적이 30cm^{2}인 연강재 균일 단면부재를 양쪽에서 고정시키고 온도를 30℃ 상승시킬 때 재료의 선팽창계수 α를 구하라. 단, 벽에서 지지하는 힘이 25kN, $E=200\times10^3$MPa 이다.

05 다음 그림과 같이 단면적 $A=7.0\text{cm}^2$이고, $L=3\text{m}$인 연강재 원형단면 부재가 있다. 자중을 고려할 경우 재료에 가할 수 있는 하중 P는 몇 kN인가? 단, 연강의 비중량 $\gamma=7.31\times10^{-2}\text{N/cm}^3$이고, 허용응력 $\sigma_a=8{,}730\text{N/cm}^2$이다.

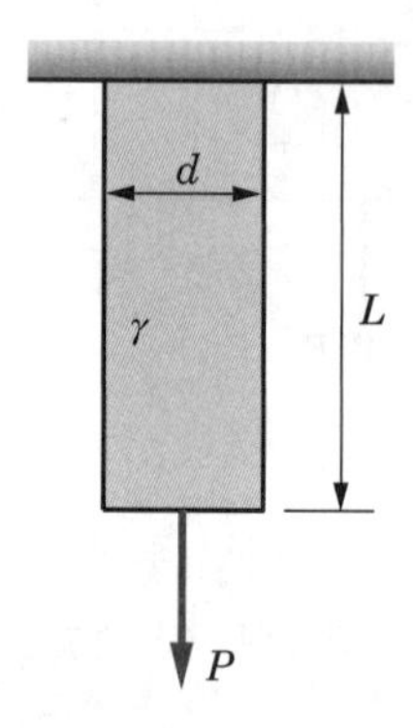

06 양단의 벽에 연강재를 고정하고 최초 35℃에서 −15℃까지 온도를 낮출 때 응력 σ와 벽에 지지하는 힘은 몇 N인가? 단, $\alpha=1.1\times10^{-6}$, $E=200\times10^3$MPa, 재료의 단면적 $A=42\text{cm}^2$이다.

07 전동차의 바퀴에 가열끼움을 할 때 조임률을 원동륜 직경의 0.0015로 할 때 이 바퀴에 발생하는 후프응력 σ_h를 구하면? 단, 탄성계수 $E=200$GPa이다.

08 사각단면 $b\times h=4\text{cm}\times7\text{cm}$, 길이가 100cm, 탄성계수 $E=96$GPa인 황동봉이 인장을 받아 0.12cm 늘어났다. 재료가 갖는 탄성에너지 U[N·cm]를 구하라.

09 인장 코일스프링에 1,000N의 인장력을 작용시켰더니 3.2cm 늘어났다. 이때 스프링에 발생한 탄성에너지 U는 몇 N·cm인가?

10 강의 탄성한도가 21,000N/cm^{2}이고, 탄성계수 $E=200$GPa인 연강재의 최대 탄성에너지 u는 몇 N·cm/cm^{3}인가?

11 그림과 같이 직경이 15mm인 강선에 무게 200N인 추를 달아 20m 높이에서 낙하시켰을 때 C점에서 갑자기 정지시킬 경우 강선에 발생하는 응력은 N/cm^{2}인가? 또 강선의 허용응력 $\sigma_a = 16,000\text{N/cm}^2$라면 안전성은 어떠한가? 단 $E = 200\text{GPa}$이다.

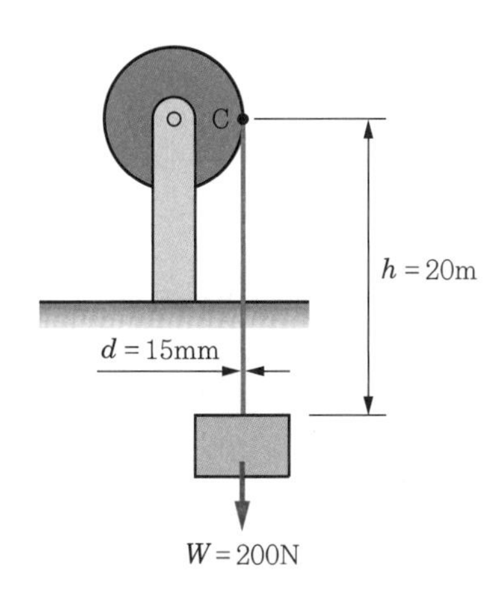

12 코일스프링에서 스프링강의 탄성한도가 76kN/cm^{2}이다. 재료의 비중이 7.8일 때 단위중량당 탄성에너지는 몇 N·cm/N인가? 단 스프링강의 $E = 2,000\text{GPa}$, 스프링의 전 길이 $L = 150\text{cm}$, 스프링강의 직경 $d = 3\text{cm}$이다.

13 15kN의 정하중일 때 0.45cm 늘어나는 강부재가 있다. 350N의 하중을 12cm 높이에서 낙하시켰을 때 최대 신장량 δ는 몇 mm인가?

14 원환의 평균반경을 40cm로 할 때 림(rim)의 허용응력이 3.5kN/cm^{2}이라면 원환의 분당 회전수 N을 구하라. 단, 림의 비중량 $\gamma = 7.8 \times 10^{-2}\text{N/cm}^3$이다.

15 내경이 30cm, 두께가 5mm인 얇은 원통의 내압이 150N/cm^{2}로 작용할 때 원주방향 응력 σ_t와 축방향 응력 σ_z는 몇 N/cm^{2}인가?

16 두께가 5mm인 연강판의 얇은 원통 보일러에서 내경을 150cm로 할 때 얼마의 내압에 견딜 수 있는가? 단, 연강판의 허용응력 $\sigma_a = 6,000\text{N/cm}^2$, 이음효율은 80%이다.

17 내압 200N/cm^{2}를 받는 보일러에서 이음효율 $\eta = 75\%$, 내경을 1m로 할 때 보일러의 두께는 몇 cm로 하면 되는가? 단, 재료의 사용응력 $\sigma_w = 6,000\text{N/cm}^2$로 한다.

18 외경이 20cm, 내경이 12cm인 두꺼운 원통에서 내부압력 18kN/cm^{2}가 작용할 때 최대 후프응력 σ_t는 몇 N/cm^{2}인가?

응용연습문제

Mechanics of Materials

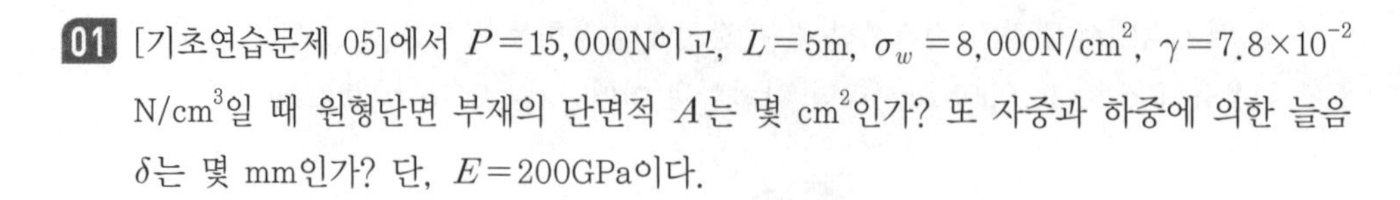

01 [기초연습문제 05]에서 $P=15,000$N이고, $L=5$m, $\sigma_w=8,000\text{N/cm}^2$, $\gamma=7.8\times10^{-2}$ N/cm^3일 때 원형단면 부재의 단면적 A는 몇 cm^2인가? 또 자중과 하중에 의한 늘음 δ는 몇 mm인가? 단, $E=200$GPa이다.

02 다음 그림과 같은 균일단면을 갖는 부재의 단면적을 A라 할 때 자중에 의한 늘음량 δ를 구하는 식은? 단, 비중량은 $\gamma[\text{N/cm}^3]$이다.

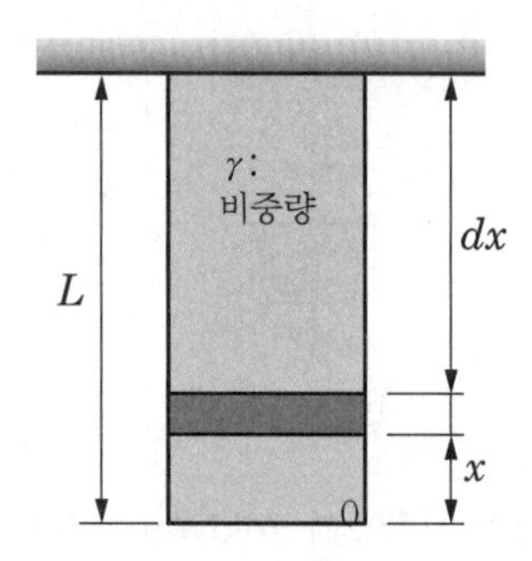

03 다음 그림과 같은 외경 $d_2=14$cm이고, 두께 $t=2.0$cm, 길이 $L=3.2$m인 중공 원형단면 부재가 있다. 압축하중 10kN을 받을 때 재료에 축적된 탄성에너지 U는 몇 N·cm인가? 단, $E=80$GPa이다.

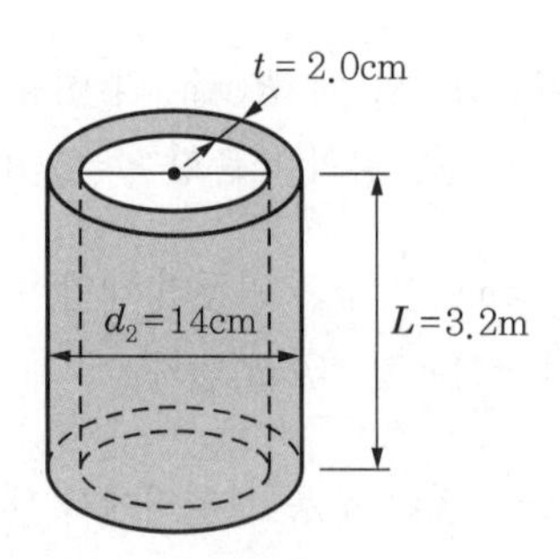

04 양단이 고정된 균일 단면부재가 최초 길이 $L=2$m, 단면적 $A=40\text{cm}^2$일 때 온도를 60℃ 상승시킬 경우 벽을 누르는 힘 R은 몇 kN인가? 단, 100℃ 상승시킬 때 이 부재가 2.2mm 늘어났고, $E=200\times10^3$MPa이다.

05 다음 그림과 같이 길이 350cm, 단면적 $A=35\text{cm}^2$인 연강부재에 $h=15\text{cm}$ 높이에서 추 1,500N을 낙하시켰을 때 재료에 발생하는 충격응력은 몇 N/cm^2인가? 단, 변형량 δ는 무시하고, $E=200\times10^3\text{MPa}$이다.

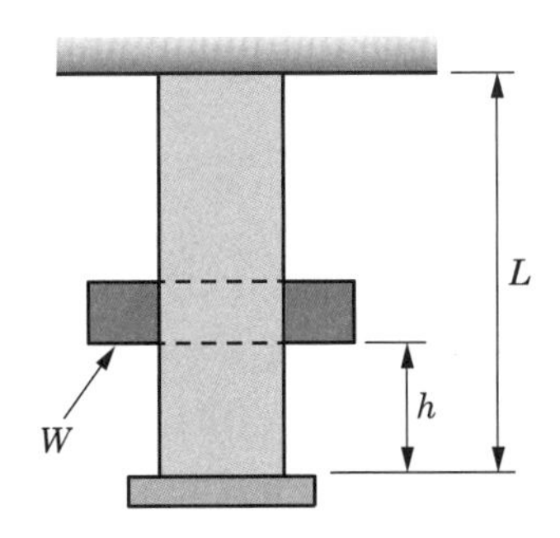

06 다음 그림과 같이 하중 $W=42\text{kN}$의 정하중을 가하여 0.41cm 늘어난 부재가 있다. 이 때 42kN의 추를 $h=15\text{cm}$ 높이에서 낙하시켰을 때 이 부재의 전 신장량은 몇 cm인가?

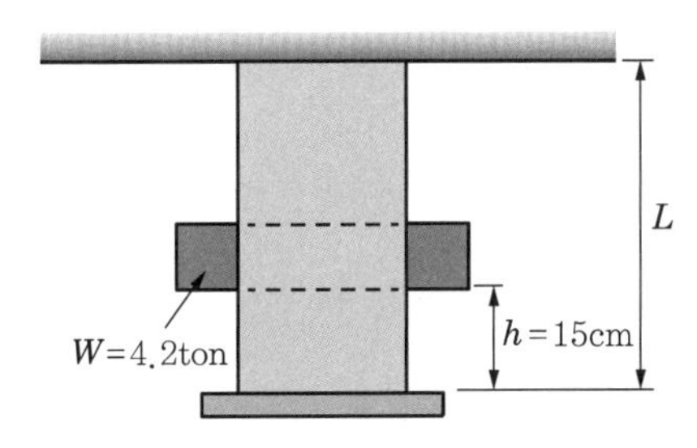

07 무게가 100N인 물체를 길이 4m인 강선으로 매달아 원주속도 4m/sec로 돌릴 때 강선에 생기는 장력은 몇 N인가?

08 낙차가 200m인 용접관이 있다. 관의 직경이 2m라면 두께를 몇 cm로 하면 되는가? 단, 물의 낙차 시 압력 상승효과는 정수압의 25% 상승하고, 이음효율은 70%, 허용응력은 $6{,}000\text{N/cm}^2$이다.

09 허용응력이 $4{,}000\text{N/cm}^2$인 연강재 두꺼운 원통에서 내경을 30cm, 두께를 5cm로 할 경우 얼마의 내압에 견딜 수 있는가?

Mechanics of Materials

제3장

평면도형의 성질

3.1 선, 면적 및 체적의 도심

도심

질량중심

도심(centroid)은 기하학적 형상만이 관계되는 계산을 할 때 사용되며, 실제 물체에 대해서는 질량중심(center of mass)이란 용어를 사용한다. 물체의 밀도가 균일할 경우 도심(또는 체심)과 질량중심의 위치가 같으나, 밀도가 균일하지 않을 때는 일반적으로 일치하지 않는다.

물체의 중심의 위치

모멘트 원리

[그림 3-1]과 같이 어떤 물체의 중심의 위치를 수학적으로 결정하려면, 모멘트 원리의 바리농 정리(Varignon's theorem)를 평행 중력계에 적용하여 그 위치를 정해야 한다. [그림 3-1]에서의 3축에 대한 모든 모멘트 식은 다음 식과 같이 쓸 수 있으며, 그림에서 dW는 미소요소에 작용한 질점의 중력에 의한 무게이고, W는 이 3차원 물체의 중력에 의한 전체 무게이다.

$$\bar{x} = \frac{\int x_c dm}{m}, \qquad \bar{y} = \frac{\int y_c dm}{m}, \qquad \bar{z} = \frac{\int z_c dm}{m} \tag{3.1}$$

합모멘트

각 식의 분자는 모멘트 합을 나타내고, m과 좌표 G와의 곱은 합모멘트(moment of the sum)를 나타낸다.

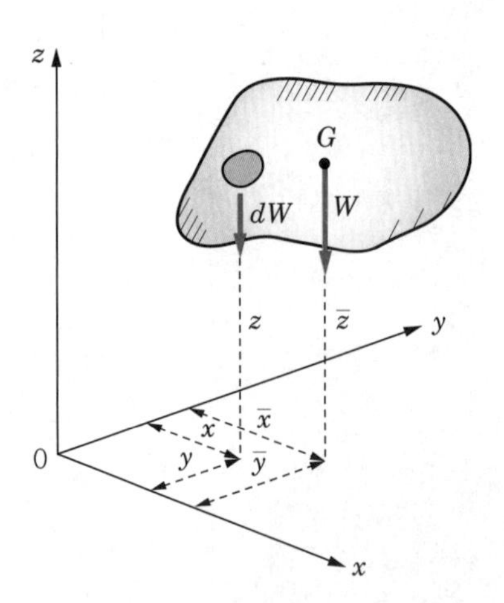

[그림 3-1] 임의의 형상의 3차원 물체

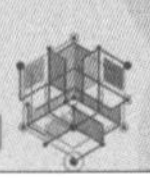

1 선(line)의 도심(centroid)

선(line)의 도심(centroid)

[그림 3-2]와 같이 길이 L, 단면적 A, 밀도 ρ인 가는 막대나 와이어 같은 물체는 선의 일부로 취급될 수 있고, 미소질량 $dm = \rho A dL$이다. 전 길이에 대해 밀도 ρ와 단면적 A가 일정하다면 식 (3.1)로부터 선의 좌표 도심은 다음 식과 같이 쓸 수 있다. 이때 분자의 하첨자 C는 미소요소 도심을 말한다.

$$\bar{x} = \frac{\int x_c dL}{L}, \qquad \bar{y} = \frac{\int y_c dL}{L}, \qquad \bar{z} = \frac{\int z_c dL}{L} \tag{3.2}$$

이때 도심 C의 위치는 보통 선 위에 놓이지 않는다([그림 3-2] 참조).

2 면적(areas)의 도심(centroid)

면적(areas)의 도심(centroid)

두께가 얇고 밀도 ρ가 일정한 물체가 [그림 3-3]과 같이 놓여 있을 때 한 요소의 질량은 $dm = \rho t dA$이고, 밀도 ρ와 두께 t가 전 면적에 걸쳐 일정하다면 물체의 질량중심 좌표는 표면적의 도심 C의 좌표가 되며, 식 (3.1)을 면의 좌표 도심으로 다음과 같이 쓸 수 있다. 이때 C의 위치는 일반적으로 표면에 놓여 있지 않다([그림 3-3] 참조).

$$\bar{x} = \frac{\int x_c dA}{A}, \qquad \bar{y} = \frac{\int y_c dA}{A}, \qquad \bar{z} = \frac{\int z_c dA}{A} \tag{3.3}$$

이 식은 면적에 대한 도심을 구하는 식으로서 분자는 면적 1차 모멘트(first moments of area)이며, 자세한 것은 다음 절에 설명되어 있다.

면적 1차 모멘트 (first moments of area)

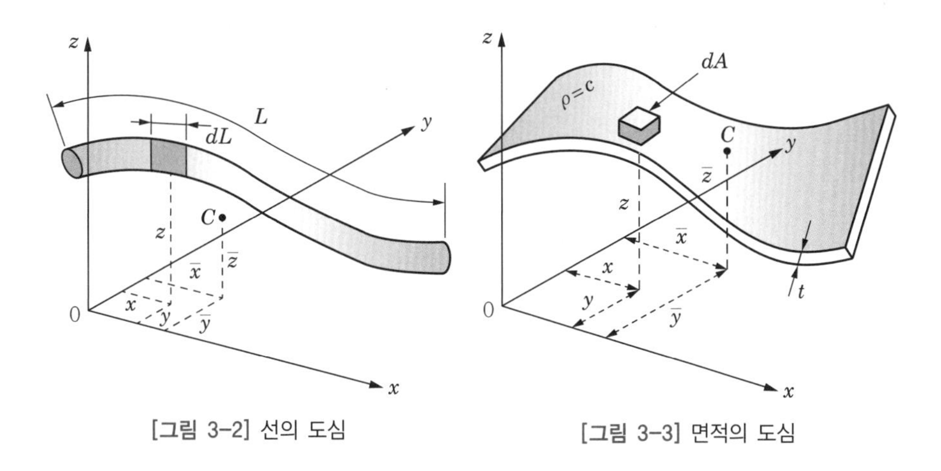

[그림 3-2] 선의 도심

[그림 3-3] 면적의 도심

체적(volumes)의 도심(centroid)

3 체적(volumes)의 도심(centroid)

[그림 3-4]와 같은 체적 V, 밀도 ρ인 일반 물체 요소의 질량 $dm=\rho dV$이다. 전체의 밀도 ρ가 일정하면 식 (3.1)로부터 분모, 분자를 약분할 수 있으므로 질량중심의 좌표는 마찬가지로 물체의 도심 C의 좌표가 된다. 따라서 체적에 대한 좌표 도심의 위치는 각각 다음 식과 같다. 이때 체적 도심 C의 위치는 반드시 체적에 놓이는 것은 아니다.

$$\bar{x}=\frac{\int x_c dV}{V},\qquad \bar{y}=\frac{\int y_c dV}{V},\qquad \bar{z}=\frac{\int z_c dV}{V} \tag{3.4}$$

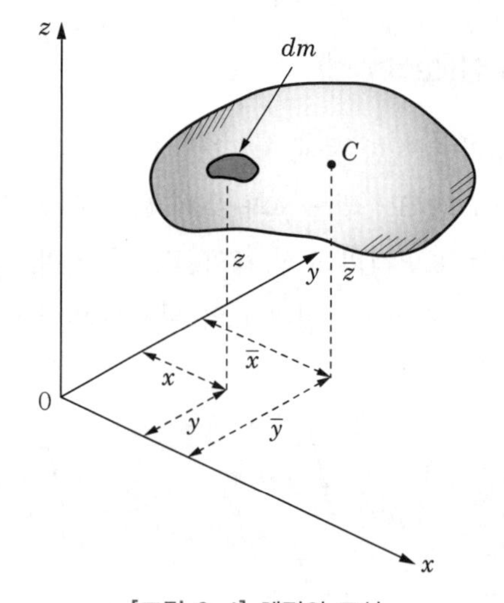

[그림 3-4] 체적의 도심

이상에서 선, 면적, 체적의 도심을 구하는 식을 살펴보았다. 그리고 식 (3.1), (3.2), (3.3), (3.4)의 하첨자 c (x_c, y_c, z_c)는 선정한 각각의 요소 도심까지의 좌표임을 주의해야 한다.

3.2 관성 모멘트(moment of inertia)

1 단면 1차 모멘트

관성 모멘트 (moment of inertia)

단면 1차 모멘트

[그림 3-5]와 같은 임의의 평면도형을 미소면적으로 구분하여 dA_1, dA_2, ……, dA_n으로 하고, X축 및 Y축에서 미소면적까지의 수평 및 수직거리를 각각 x_1, x_2, ……, x_n 또는 y_1, y_2, ……, y_n이라고 하자.

이때의 미소면적에 수직거리를 각각 곱하여 합한 것을 전 면적의 X축과 Y축에 대한 단면 1차 모멘트 G_X 및 G_Y라 한다. 즉,

$$G_X = dA_1 y_1 + dA_2 y_2 + \cdots\cdots + dA_n y_n = \sum_{i=1}^{n} A_i y_i = \int_A y dA \tag{3.5}$$

$$G_Y = dA_1 x_1 + dA_2 x_2 + \cdots\cdots + dA_n x_n = \sum_{i=1}^{n} A_i x_i = \int_A x dA \tag{3.6}$$

가 된다. 만약 전체 면적의 X축 및 Y축으로부터 도심을 $\bar{x}$와 $\bar{y}$라 할 때 $\bar{x}$, $\bar{y}$를 0으로 하면 $G_X = 0$, $G_Y = 0$이 된다. 따라서 단면의 중심(도심)을 통과하는 축에 대한 단면 1차 모멘트는 항상 0이 된다. 단면 1차 모멘트는 면적×거리이므로 SI 단위계에서 m^3로 표시된다.

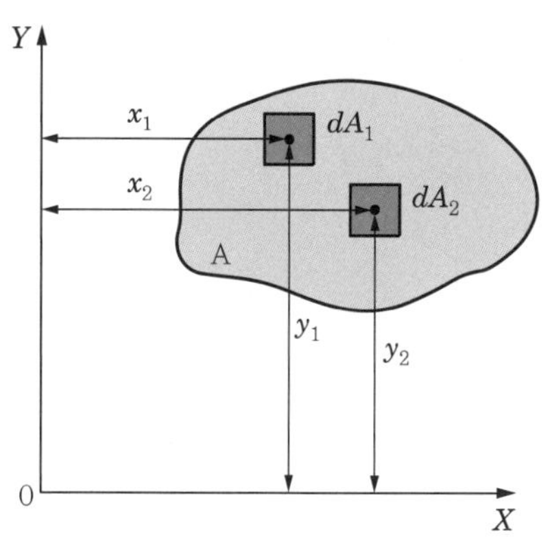

[그림 3-5] X축과 Y축의 단면 1차 모멘트

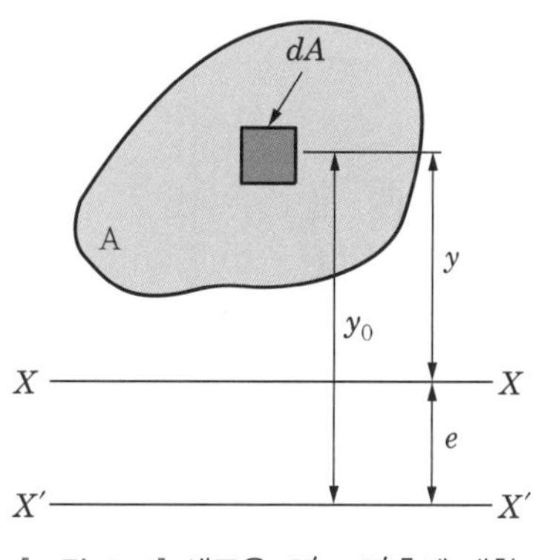

[그림 3-6] 새로운 $X' - X'$축에 대한 단면 1차 모멘트

또 [그림 3-6]과 같이 이미 알고 있는 $X-X$축으로부터 e만큼 평행이동한 새로운 $X'-X'$축에 대한 단면 1차 모멘트의 관계는

$$G_{X'} = \int_A y_0 dA = \int_A (y+e)dA = \int_A ydA + \int_A edA \qquad (3.7)$$

가 된다. 위 식에서 어느 축에 대한 단면 1차 모멘트를 알면 그 축과 평행한 임의의 e만큼 떨어진 축의 단면 1차 모멘트를 알 수 있다.

2 단면 2차 모멘트

단면 2차 모멘트

관성 모멘트 (moment of inertia)

힘이 어떤 면적 위에 연속적으로 분포되어 있을 때, 면적에 평행한 평면 내에 있거나 또는 수직인 어떤 축에 대한 힘의 모멘트를 계산할 필요가 종종 있다. [그림 3-7]과 같이 미소면적 요소 dA에 작용하는 미소 모멘트는 X축과 Y축으로부터의 거리 x, y의 제곱과 미소면적과의 곱에 비례한다. 이 모멘트를 단면 2차 모멘트 또는 관성 모멘트(moment of inertia) I라 한다.

즉, X축에 대한 관성 모멘트 I_X는

$$\begin{aligned} I_X &= dA_1 {y_1}^2 + dA_2 {y_2}^2 + \cdots\cdots + dA_n {y_n}^2 \\ &= \sum_{i=1}^{n} dA_i {y_i}^2 = \int_A y^2 dA \end{aligned} \qquad (3.8)$$

가 되고, Y축에 대한 관성 모멘트 I_Y는

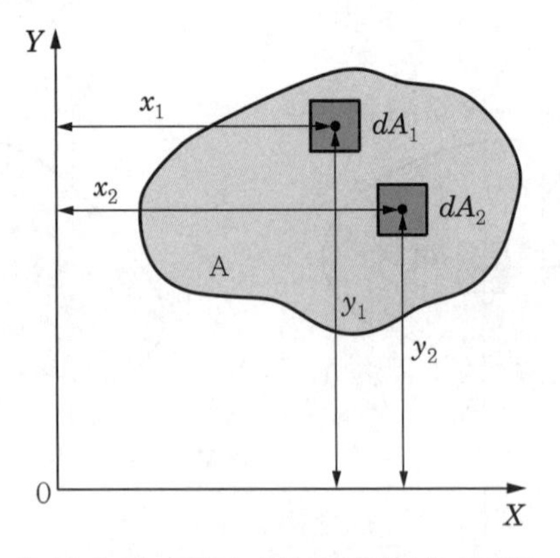

[그림 3-7] X축과 Y축의 단면 2차 모멘트

$$I_Y = dA_1 x_1^2 + dA_2 x_2^2 + \cdots\cdots + dA_n x_n^2$$
$$= \sum_{i=1}^{n} dA_i x_i^2 = \int_A x^2 dA \tag{3.9}$$

가 된다. 이 면적 적분은 도형의 함수로서 역학의 응용에 있어 자주 생기는 것이므로 이 성질을 자세히 이해하여 적분할 경우 손쉽게 사용할 수 있다.

3 단면 2차 극모멘트(polar moment of inertia)

단면 2차 극모멘트
(polar moment of inertia)

위의 관성 모멘트의 정의에 의해 [그림 3-8]의 점 0(Z축)에 대한 미소요소 dA의 관성 모멘트는

$$dI_0 = dJ_z = r^2 dA$$

이다. 그러므로 동일축에 대한 전면적 A의 관성 모멘트는 다음 식과 같다.

$$I_0 = \int_A r^2 dA \tag{3.10}$$

식 (3.10)으로 정의된 식을 극(polar) 관성 모멘트라 한다. 따라서 $r^2 = x^2 + y^2$ 이므로 위 식은 결국

$$J_z = I_0 = \int_A (x^2 + y^2) dA = \int_A x^2 dA + \int_A y^2 dA$$
$$= I_X + I_Y \tag{3.11}$$

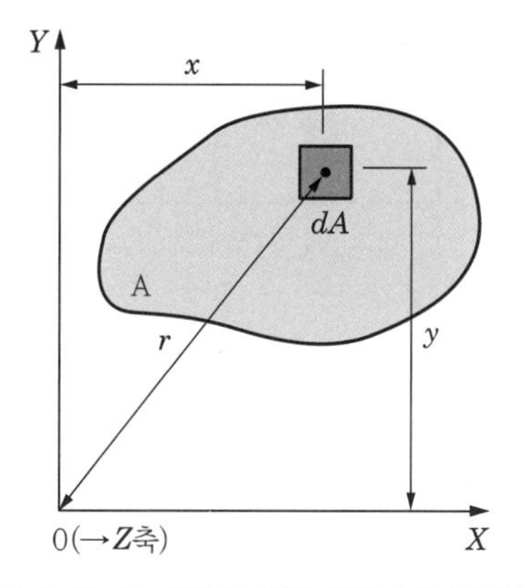

[그림 3-8] $X-Y$축에 대한 단면 2차 극모멘트

가 된다. 이 식에서 임의의 0축에 관한 2차 극모멘트가 두 직교축 X, Y에 관한 2차 모멘트의 합과 같다는 것을 알 수 있다. 그리고 원형 및 정방형 등에서는 도심을 통과하는 직교축에 관하여 서로 대칭이므로 $I_X = I_Y$로 되어 단면 2차 극모멘트는 다음 식과 같다.

$$I_P = 2I_X = 2I_Y \tag{3.12}$$

예제 3.1

다음 그림과 같은 구형단면의 X축, Y축과 도심 G를 지나는 축 x, y에 대한 단면 2차 모멘트 I를 각각 구하라.

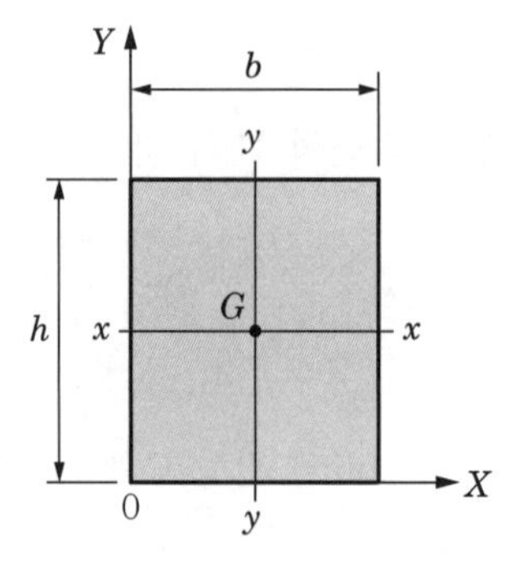

풀이 다음 그림과 같이 미소면적을 생각하여 적분하면 간단히 구할 수 있다. 즉

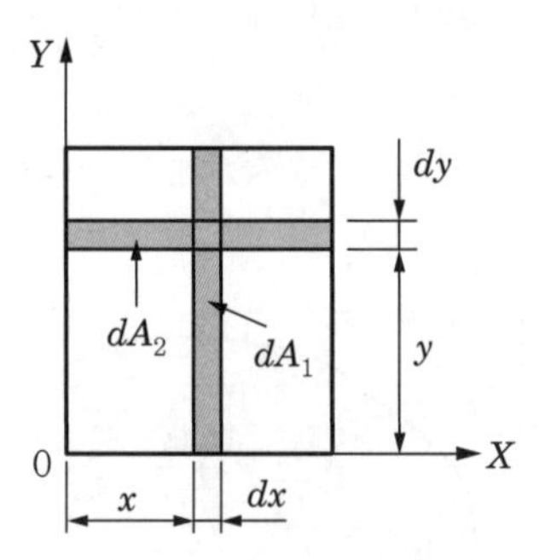

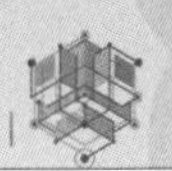

$$dA_1 = hdx,\ dA_2 = bdy \ \cdots\cdots ①$$

$$I_X = \int_A y^2 dA_2,\ I_Y = \int_A x^2 dA_1 \ \cdots\cdots ②$$

식 ②에 식 ①을 대입하여 적분하면,

$$I_X = \int_0^h by^2 dy = b\left[\frac{y^3}{3}\right]_0^h = \frac{bh^3}{3}$$

$$I_Y = \int_0^h hx^2 dx = h\left[\frac{x^3}{3}\right]_0^b = \frac{b^3h}{3}$$

따라서 도심축에 대한 관성 모멘트는 평행축 정리를 사용하면 된다.

$$I_x = I_X - Ae^2 = \frac{bh^3}{3} - bh\left(\frac{h}{2}\right)^2 = \frac{bh^3}{12}$$

$$I_y = I_Y - Ae^2 = \frac{b^3h}{3} - bh\left(\frac{b}{2}\right)^2 = \frac{b^3h}{12}$$

예제 3.2

다음 그림과 같은 사다리꼴 단면의 밑변 Z축에 대한 단면 2차 모멘트를 구하라.

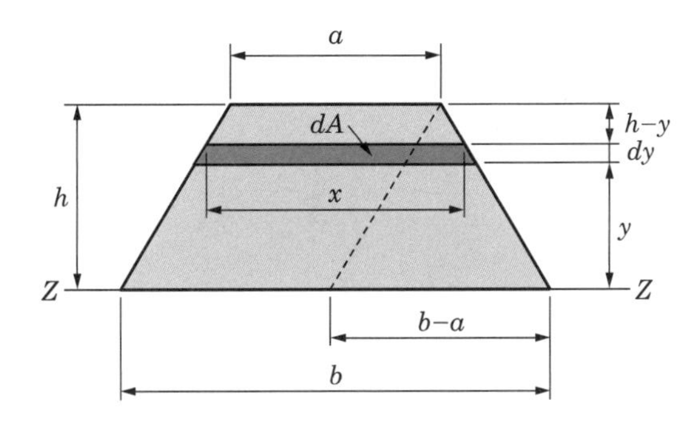

풀이 $dA = xdy$

$$(x-a):(h-y) = (b-a):h$$

$$\rightarrow (h-y)(b-a) = h(x-a)$$

$$\rightarrow x = b + \left(\frac{a-b}{h}\right)y$$

$$I_Z = \int_0^h y^2 dA = \int_0^h \left[by^2 + \left(\frac{a-b}{h}\right)y^3\right]dy$$

$$= \left[\frac{by^3}{3} + \left(\frac{a-b}{h}\right)\frac{y^4}{4}\right]_0^h = \frac{by^3}{3} + \left(\frac{a-b}{4}\right)h^3 = \frac{h^3}{12}(b+3a)$$

예제 3.3

다음 그림과 같은 반원이 있다. 반경이 r일 때 도심 y_c를 구하라.

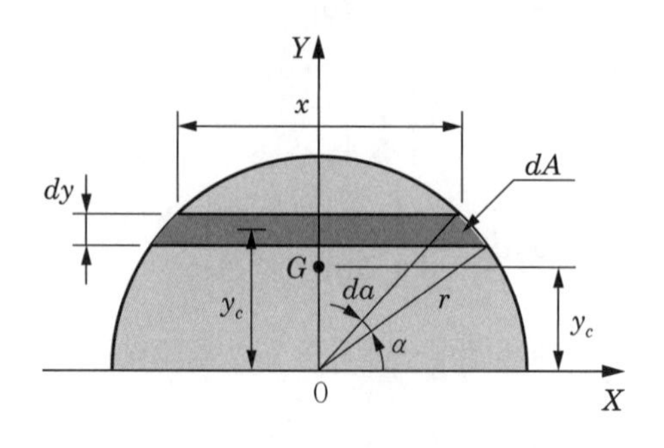

풀이 $y_c = y + \dfrac{dy}{2}$

단, $\dfrac{dy}{2} \simeq 0$이므로 $y_c = y$

따라서 $y = r\sin\alpha$, $x = 2r\cos\alpha$, $dy = r\cos\alpha d\alpha$

$$dA = xdy$$

x축의 단면 1차 모멘트 G_X는

$$G_X = \int_A y_c dA = \int_A y_c(xdy) = \int_0^{\frac{\pi}{2}} 2r^3 \cos^2\alpha \sin\alpha \, d\alpha$$

$$= 2r^3\left[-\frac{\cos^3\alpha}{3}\right]_0^{\frac{\pi}{2}} = \frac{2}{3}r^3$$

또 반원의 전면적 $A = \dfrac{\pi r^2}{2}$

$$\therefore \text{ 도심 } y_c = \frac{G_X}{A} = \frac{\frac{2r^3}{3}}{\frac{\pi r^2}{2}} = \frac{4r}{3\pi}$$

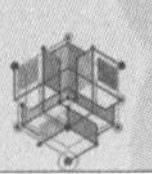

예제 3.4

다음 그림과 같은 삼각형 단면의 밑변 X축에 대한 단면 2차 모멘트와 도심 G의 위치를 지나는 x축의 단면 2차 모멘트를 구하라.

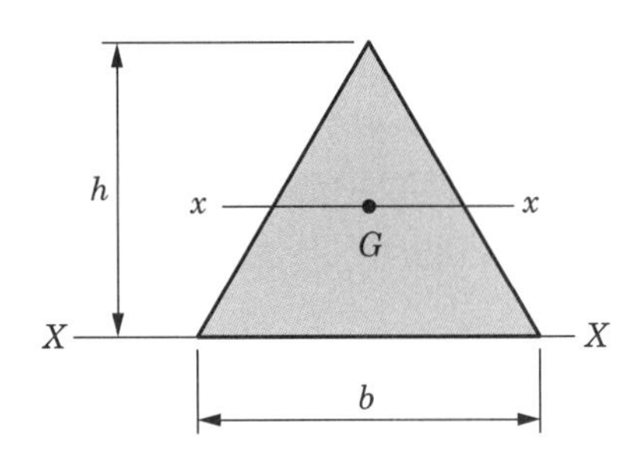

풀이 $dA = xdy,\ y_c = y + \dfrac{dy}{2} = y$

$$h : b = (h-y) : x \rightarrow x = \frac{(h-y)b}{h}$$

$$I_X = \int_A y_c^2 dA = \int_0^h y^2 (xdy) = \int_0^h y^2 \frac{(h-y)b}{h} dy$$

$$= \frac{bh^3}{12}$$

또 평행축 정리를 사용하면 도심축에 대한 I_x를 구할 수 있다.

즉, $I_x = I_X - Ae^2$

$$= \frac{bh^3}{12} - \frac{h^2}{9} \times \frac{bh}{2} = \frac{bh^3}{36}$$

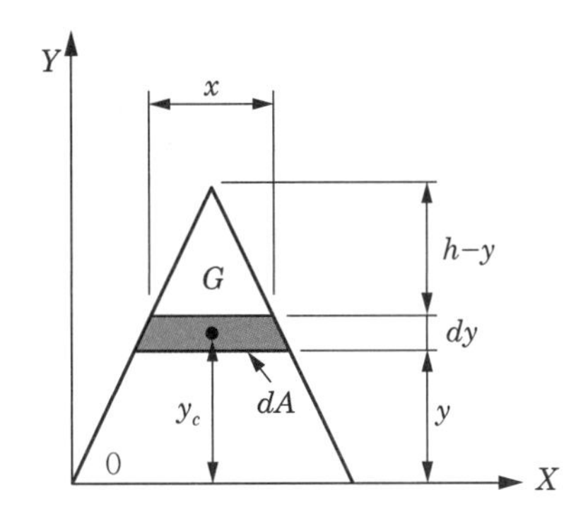

예제 3.5

다음 그림과 같이 반경이 r인 반원의 단면을 갖는 경우 밑변 X축에 관한 단면 2차 모멘트를 구하면?

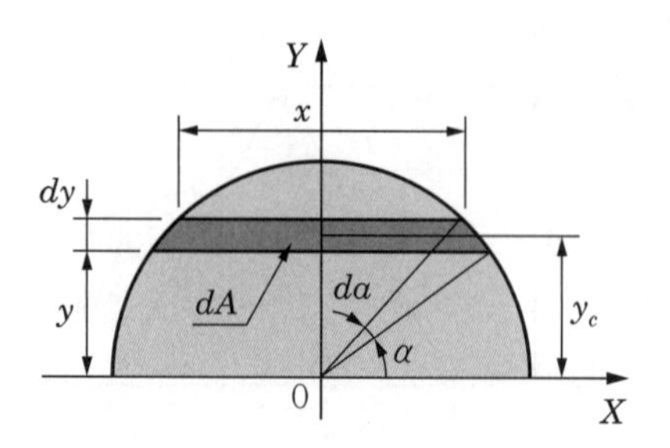

풀이 X축에 대한 미소단면 요소의 2차 모멘트 I_X는

$$I_X = \int_A {y_c}^2 dA \quad \cdots\cdots ①$$

여기서, $x = 2r\cos\alpha$

$$y_c = y + \frac{dy}{2} = y = r\sin\alpha \quad \cdots\cdots ②$$

$$dy = r\cos\alpha\, d\alpha$$

식 ②를 식 ①에 대입하여 적분하면 된다.

$$\therefore\ I_X = \int_A y^2 dA = \int_0^{\frac{\pi}{2}} 2r^4 \sin^2\alpha \cos^2\alpha\, d\alpha$$

$$= \frac{1}{2}r^4 \int_0^{\frac{\pi}{2}} 4\sin^2\alpha \cos^2\alpha\, d\alpha$$

$$= \frac{1}{2}r^4 \int_0^{\frac{\pi}{2}} (2\sin\alpha \cos\alpha)^2\, d\alpha$$

$$= \frac{1}{2}r^4 \int_0^{\frac{\pi}{2}} \sin^2(2\alpha) d\alpha = \frac{1}{2}r^4 \left[\frac{1}{2}\alpha - \frac{1}{4\times 2}\sin 4\alpha\right]_0^{\frac{\pi}{2}}$$

$$= \frac{\pi r^4}{8} = \frac{\pi d^4}{128}$$

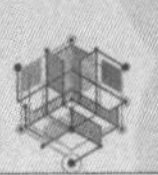

예제 3.6

다음 그림과 같은 원형단면의 도심을 통과하는 X축에 대한 단면 2차 모멘트 I_X를 구하라.

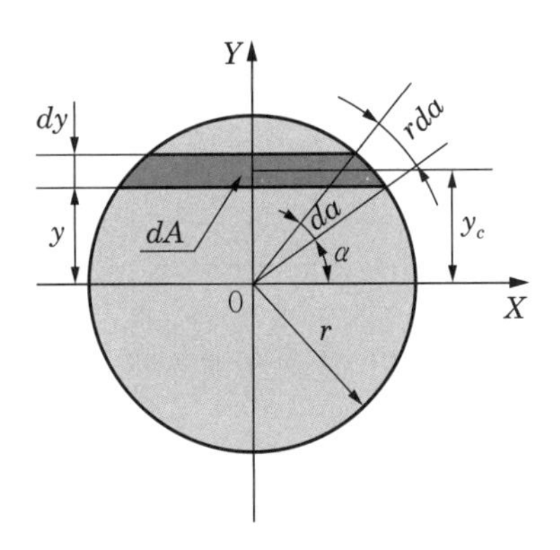

풀이 X축에 대한 미소면적 요소의 단면 2차 모멘트 I_X는

$$I_X = 2\int_0^{\frac{\pi}{2}} y_c^2 dA \quad \cdots\cdots ①$$

여기서, $y_c = y + \frac{dy}{2}\left(\text{단, } \frac{dy}{2} \fallingdotseq 0\right)$

$$\fallingdotseq y = r\sin\alpha$$

$$dy = rd\alpha\cos\alpha = r\cos\alpha\, d\alpha$$

$$dA = 2r\cos\alpha\, dy = 2r\cos\alpha\, r\cos\alpha\, d\alpha = 2r^2\cos^2\alpha\, d\alpha \quad \cdots ②$$

식 ②를 식 ①에 대입하고 적분하면,

$$I_X = 2\int_0^{\frac{\pi}{2}} (r^2\sin^2\alpha)(2r^2\cos^2\alpha\, d\alpha)$$

$$= r^4\int_0^{\frac{\pi}{2}} 4\cos^2\alpha\sin^2\alpha\, d\alpha$$

$$= r^4\int_0^{\frac{\pi}{2}} (2\sin\alpha\cos\alpha)^2 d\alpha$$

단, $2\sin\alpha\cos\alpha = \sin 2\alpha$이므로 위 식에 적용하면,

$$I_X = r^4\int_0^{\frac{\pi}{2}} \sin^2 2\alpha\, d\alpha = r^4\left[\frac{1}{2}\alpha - \frac{1}{4\times 2}\sin 4\alpha\right]_0^{\frac{\pi}{2}}$$

$$= \frac{1}{4}\pi r^4 = \frac{1}{64}\pi d^4 = I_Y$$

평행축 정리

4 평행축 정리(parallel−axis theorem)

도심을 지나지 않는 면적의 단면 2차 모멘트(관성 모멘트)는 이와 평행한 도심축에 대한 관성 모멘트로 간단히 나타낼 수 있다.

면적 관성 모멘트

[그림 3-9]에서 $X-Y$축은 면적의 도심 C를 지난다. 이와 평행한 $X'-Y'$축에 대한 면적 관성 모멘트를 구해 보면 정의에 의해 X'축에 대한 요소 dA의 관성 모멘트는

$$dI_{X'} - y_1^2 dA$$

이다. 이때 $y_1 = y + y_0$이므로, 위 식을 전개하여 적분식으로 쓰면(단, y_0는 주어진 값),

$$\begin{aligned} I_{X'} &= \int_A (y+y_0)^2 dA \\ &= \int_A y^2 dA + 2y_0 \int_A y dA + y_0^2 \int_A dA \end{aligned}$$

관성 모멘트

가 된다. 위 식의 첫째 적분은 정의로부터 도심 X축에 대한 관성 모멘트 $\overline{I_X}$이고, 둘째 적분은 $\int_A y dA$가 $A\overline{y}$가 되어 단면 1차 모멘트 G_X가 된다. 이때 $\overline{y}$는 X축상의 도심에 대하여 0이므로 G_X는 0이다. 셋째 항은 간단히 $y_0^2 A$이며, 따라서 위 식은

$$I_{X'} = \overline{I_X} + A y_0^2 \tag{3.13}$$

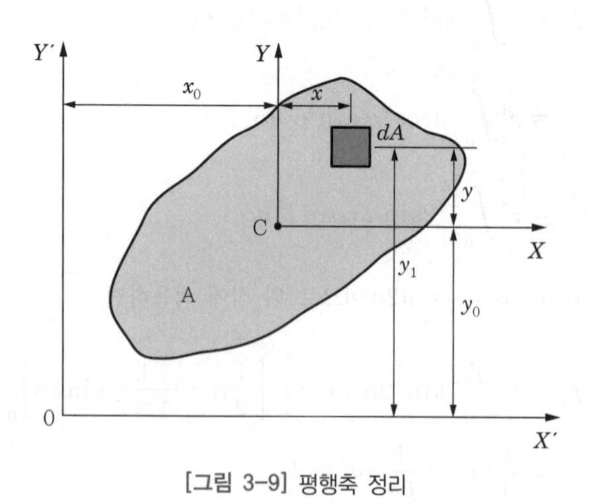

[그림 3-9] 평행축 정리

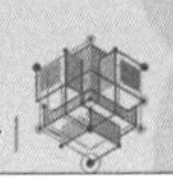

이다. 그리고 Y'에 대한 관성 모멘트도 같은 방법으로 구해보면(단, x_0는 주어진 값),

$$I_{Y'} = \overline{I_Y} + A{x_0}^2 \tag{3.14}$$

이 된다. 이상 식 (3.13), (3.14)를 평행축 정리(parallel-axis theorem)라 한다. 이 식을 이항하여 도심을 통하는 관성 모멘트에 대한 관계식으로 나타내면 다음과 같다.

평행축 정리

도심을 통하는 관성 모멘트

$$\left.\begin{aligned} \overline{I_X} &= I_{X'} - A{y_0}^2 \\ \overline{I_Y} &= I_{Y'} - A{x_0}^2 \end{aligned}\right\} \tag{3.15}$$

예제 3.7

다음 그림과 같이 반경이 r인 반원에서 도심을 지나는 x-x축에 대한 단면 2차 모멘트를 구하라.

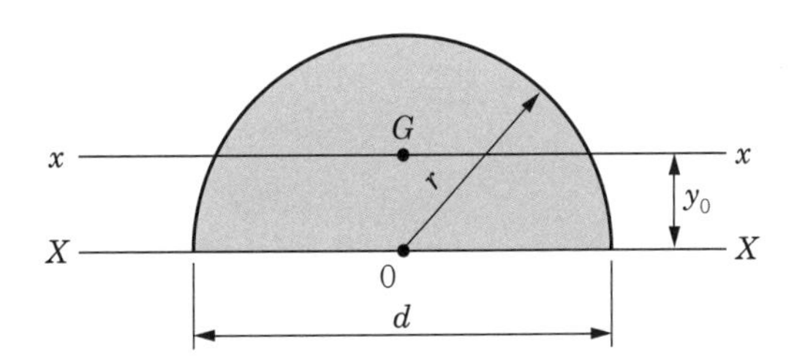

풀이 평행축 정리를 이용하면 간단히 구해진다. 즉, 저변축 $X-X$축의 단면 2차 모멘트가 I_X라면 도심축의 I_x는

$$\begin{aligned} I_x &= I_X - A{y_0}^2 \\ &= \frac{\pi}{8}r^4 - \frac{\pi r^2}{2}\times\left(\frac{4r}{3\pi}\right)^2 = \frac{\pi r^4}{8} - \frac{16\pi r^4}{18\pi^2} \\ &= \frac{\pi r^4}{8} - \frac{16r^4}{18\pi} \\ &= \frac{(9\pi^2-64)r^4}{72\pi} = \frac{(9\pi^2-64)d^4}{1,152\pi} \end{aligned}$$

예제 3.8

다음 그림과 같은 4분원 단면의 경우 도심 G를 지나는 $x-x$축에 대한 단면 2차 모멘트 I_x를 구하라.

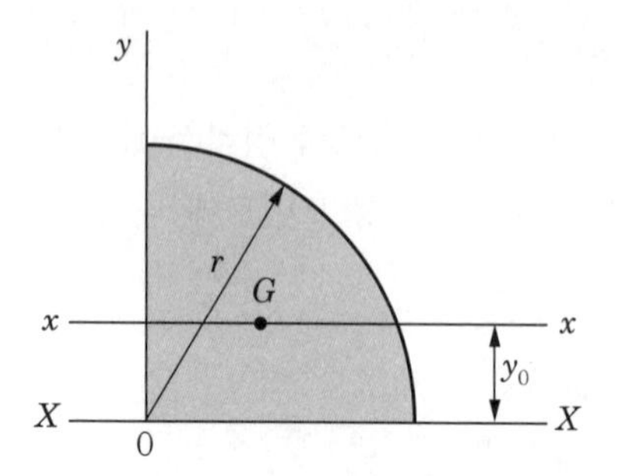

풀이 단면적은 $A = \dfrac{\pi r^2}{4}$ 이므로 평행축 정리를 이용하면 구할 수 있다.

$$\begin{aligned} I_x &= I_X - A y_0^{\,2} \\ &= \frac{\pi r^4}{16} - \frac{\pi r^2}{4} \times \left(\frac{4r}{3\pi}\right)^2 = \frac{\pi r^4}{16} - \frac{4\pi^4}{9} \\ &= \frac{9\pi^2 r^4}{144\pi} - \frac{16 r^4}{144\pi} = \frac{(9\pi^2 - 64) r^4}{144\pi} \end{aligned}$$

예제 3.9

다음 그림과 같은 그림의 음영처리 부분의 면적에서 도심 G를 지나는 x축 및 Y축에 대한 단면 2차 모멘트 I_x, I_Y를 구하라.

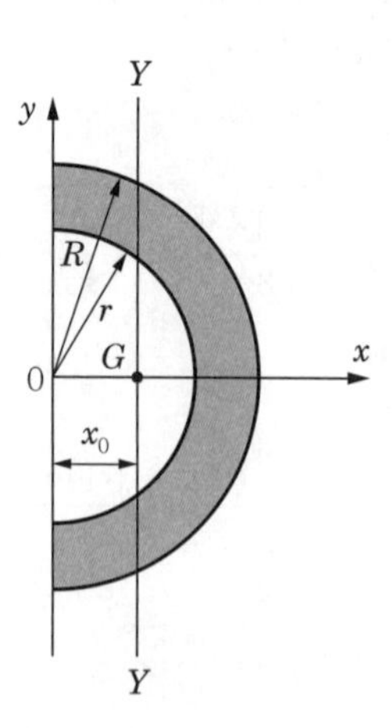

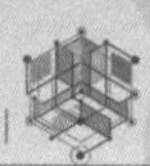

풀이 [기초연습문제 3-9]로부터 중공원축의 경우 중심축에 대한 관성모멘트가

$$I_x = \frac{\pi(R^4 - r^4)}{8} = I_y$$ 임을 알았다.

또 0에서 도심 G까지 거리 x_0는

$$x_0 = \frac{4}{3\pi}\frac{(R^3 - r^3)}{(R^2 - r^2)}$$ 이므로 평행축 정리에 의해 I_Y는

$$\begin{aligned} I_Y &= I_y - Ax_0^2 \\ &= \frac{\pi(R^4 - r^4)}{8} - \frac{\pi(R^2 - r^2)}{2}\left[\frac{4}{3\pi}\frac{(R^3 - r^3)}{(R^2 - r^2)}\right] \\ &= \frac{\pi}{8}(R^4 - r^4) - \frac{8(R^3 - r^3)^2}{9\pi(R^2 - r^2)} \end{aligned}$$

5 단면계수와 회전반경

(1) 단면계수(modulus of section) : z

단면계수
(modulus of section)

[그림 3-10]과 같은 도형의 도심 $X-X$축과 $Y-Y$축을 통과하는 축에 관한 단면 2차 모멘트 I_X, I_Y를 그 축에서 도형의 끝단까지의 연거리로 나눈 것을 단면계수 z라 부르며, 단위는 SI계에서 $m^3(cm^3)$이다.

따라서 그림의 상단 단면계수 z_1, 하단 단면계수 z_2는 각각 다음과 같다.

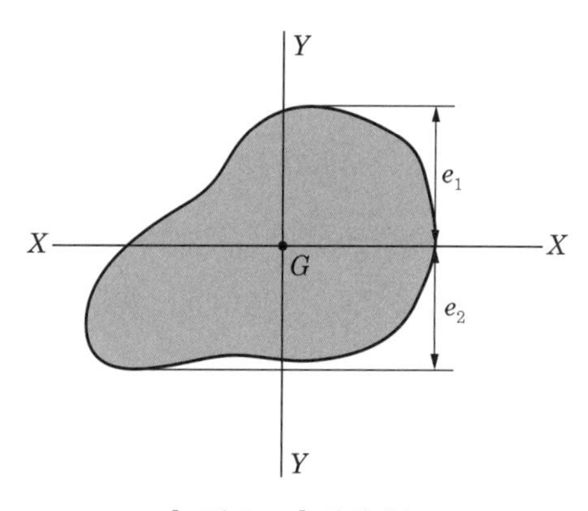

[그림 3-10] 단면계수

$$
\left.\begin{aligned}
z_1 &= \frac{I_X}{e_1} \\
z_2 &= \frac{I_X}{e_2}
\end{aligned}\right\} \tag{3.16}
$$

회전반경
(radius of gyration)

(2) 회전반경(radius of gyration) : K

[그림 3-11(a)]와 같은 면적의 X축과 Y축, 그리고 면적에 직각인 축 0에 대한 직각 관성 모멘트 I_X, I_Y, $I_0(J_Z)$을 생각해 보자. 이때 그림 (a)의 전면적 A는 그림 (b)와 같이 X축으로부터 K_x거리에 가늘고 긴 띠로 면적 A가 몰려 있는 것으로 생각한다. 따라서 정의에 의해 $I_X = K_x^{\ 2}A$이고, 이 거리 K_x를 X축에 대한 면적의 회전반경이라 한다. 또 같은 방법으로 (a)의 면적이 그림 (c)와 같이 면적 A가 띠로 몰려 있을 경우는 $I_Y = K_y^{\ 2}A$가 된다. 이때 K_y는 Y축에

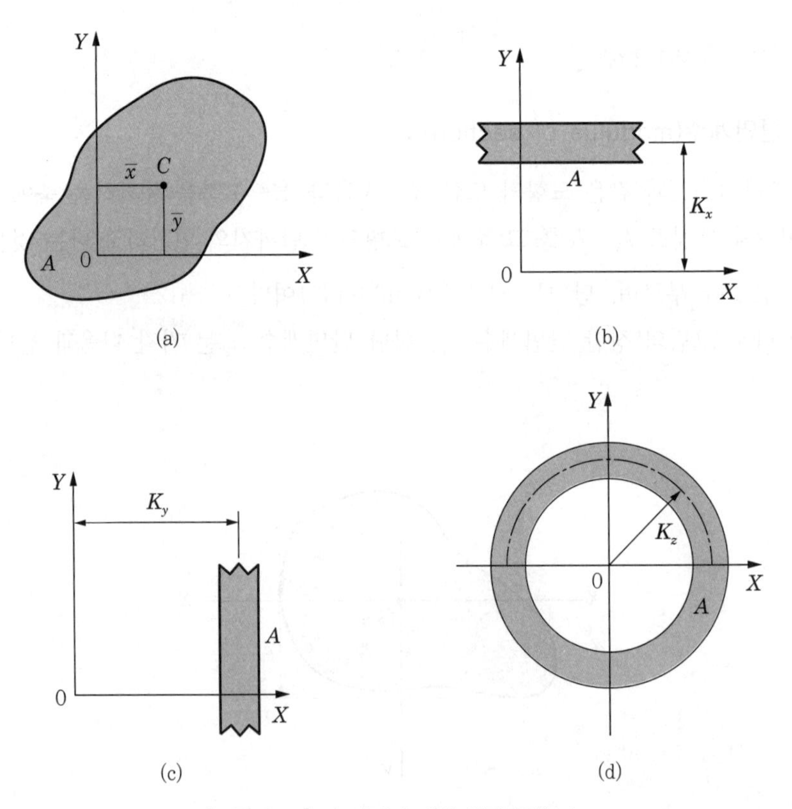

[그림 3-11] 각 단면에 대한 회전반경(K)

대한 면적의 회전반경이다. 다음은 그림 (d)와 같이 면적 A가 원환의 좁은 띠로 몰려 있다고 하면 $I_0(J_Z) = I_p = K_z^{\ 2}A$이다. 결국

$$\left.\begin{aligned} I_X &= K_x^{\ 2}A \\ I_Y &= K_y^{\ 2}A \\ I_0 &= Z_z = K_z^{\ 2}A \end{aligned}\right\} \qquad (3.17)$$

이므로 회전반경 $K = \sqrt{\dfrac{I}{A}}$ 가 되며, 위 식을 정리하면 회전반경은 문제의 축으로부터 면적분포의 척도가 됨을 알 수 있다.

회전반경

예제 3.10

다음 그림과 같은 원형단면의 경우 회전반경 $K_X = K_Y$와 단면계수 $Z_X = Z_Y$를 구하라.

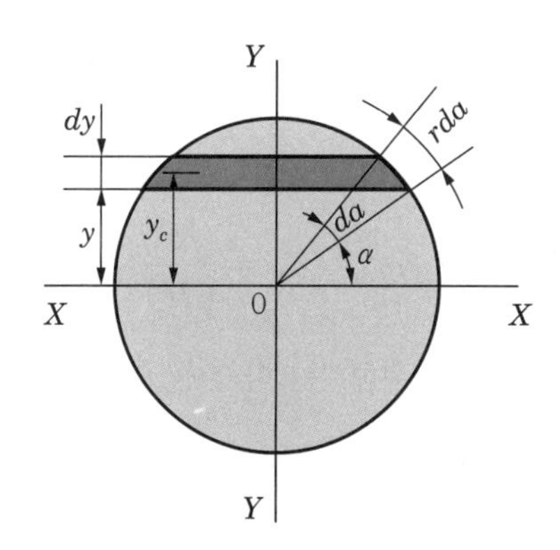

풀이 앞의 [예제 3.6]에서 $I_X = I_Y = \dfrac{\pi d^4}{64}$ 이었다.

따라서 단면계수는

$$Z_X = \frac{I_X}{e_1} = \frac{\pi r^4/4}{r} = \frac{\pi r^3}{4} = \frac{\pi d^4}{32} = Z_Y = Z$$

또 회전반경은 정의된 식으로부터 구하면

$$K_X = K_Y = \sqrt{\frac{I_X}{A}} = \sqrt{\frac{\pi r^4/4}{\pi r^2}} = \frac{r}{2} = \frac{d}{4}$$

예제 3.11

다음 그림과 같은 삼각형 단면으로부터 절취할 수 있는 최대의 단면계수를 가지는 직사각형 단면을 구하라. 단, $B > H$이다.

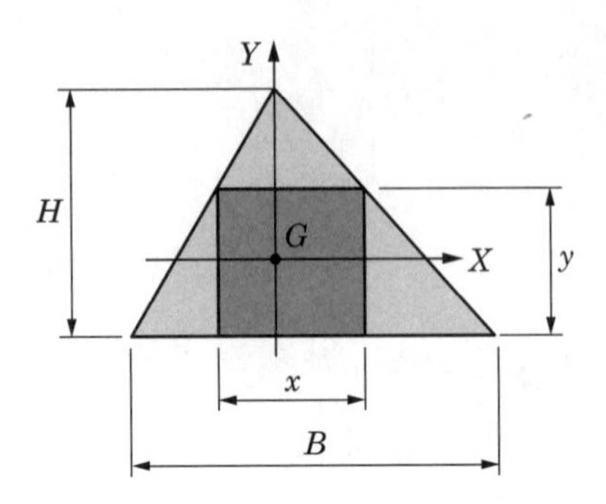

풀이 삼각형 단면 내 임의의 구형단면은 $x = b$, $y = h$로 놓으면 단면적은 xy이고, 도심 G를 지나는 X축, Y축에 관한 단면계수를 찾으면

$$Z_X = \frac{xy^2}{6}, \quad Z_Y = \frac{x^2 y}{6} \quad \cdots\cdots ①$$

여기서, $B : x = H : (H - y) \rightarrow x = \dfrac{B(H-y)}{H}$ ······ ②

식 ②를 식 ①에 대입하면

$$Z_X = \frac{B}{6H}(H-y)y^2, \quad Z_Y = \frac{B^2}{6H^2}(H-y)^2 y \quad \cdots\cdots ③$$

따라서 Z를 최대로 하기 위해서는 식 ③을 y로 미분하여 0으로 놓으면 된다. 즉,

$$\frac{dZ_X}{dy} = 0 = \frac{B}{6H}(2H - 3y)y$$

$$\rightarrow y = \frac{2}{3}H, \quad x = \frac{B}{3}$$

또 $\dfrac{dZ_Y}{dy} = 0 = \dfrac{B^2}{6H^2}(H^2 - 4Hy + 3y^2)$

$$\rightarrow y = \frac{H}{3}, \quad x = \frac{2}{3}B$$

$$\therefore \ Z_X = \frac{1}{6} \times \frac{B}{3} \times \left(\frac{2}{3}H\right)^2 = \frac{2BH^2}{81}$$

$$Z_Y = \frac{1}{6} \times \left(\frac{2}{3}B\right)^2 \times \frac{H}{3} = \frac{2B^2 H}{81}$$

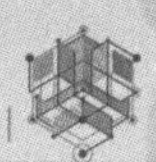

여기서, $B > H$이어야 하므로 $Z_Y > Z_X$가 되어야 한다.

결국 $Z_Y = \dfrac{2B^2H}{81}$이다$\left(단,\ x = \dfrac{2}{3}B,\ y = \dfrac{H}{3}일\ 때\right)$.

3.3 관성적과 축의 회전

1 관성적(product of inertia)

관성적(product of inertia)

비대칭 단면과 회전축의 경우, 면적 관성 모멘트는 다음과 같이 계산할 수 있다.

$$dI_{XY} = xydA \tag{a}$$

또한 적분식은

$$I_{XY} = \int_A xydA \tag{b}$$

로 나타낼 수 있으며, x와 y는 [그림 3-12]에서와 같이 미소면적 요소 $dA = dxdy$의 좌표이다. 이 I_{XY}를 $X-Y$축에 대한 면적 A의 관성적이라 한다. 결국 식 (b)는

$$I_{XY} = \int_A xdydA = \int_A \int_A xydxdy \tag{3.18}$$

이다. 또 같은 방법으로 한쌍의 축인 I_{YZ}, I_{XZ}는 다음과 같이 나타낼 수 있다.

$$I_{YZ} = \int_A yzdA, \qquad I_{XZ} = \int_A xzdA \tag{3.19}$$

그리고 관성적은 관성 모멘트와는 달리 (+), (−) 또는 0일 수도 있다. [그림 3-13]과 같이 기준축의 하나인 X축에 대하여 대칭일 때 관성적은 항상 0이다.

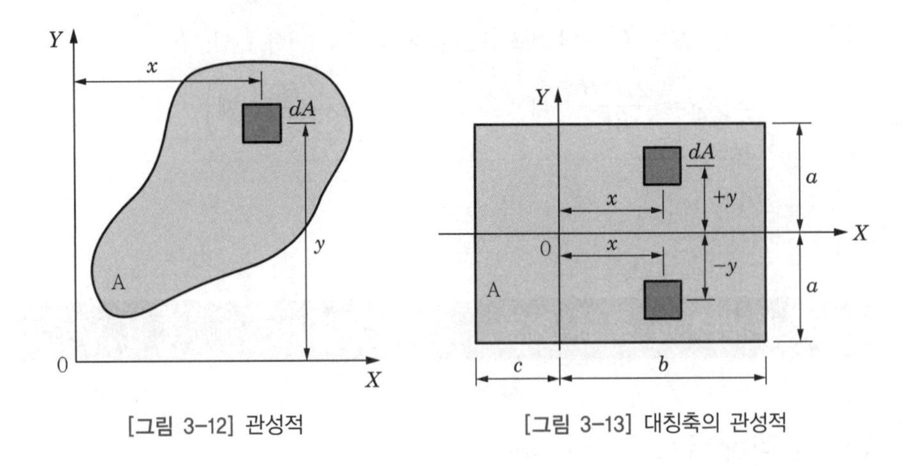

[그림 3-12] 관성적 [그림 3-13] 대칭축의 관성적

즉 미소면적 요소들의 관성적은 $x(-y)dA$와 $x(+y)dA$항의 합이 상쇄됨을 알 수 있고, 전면적이 이 요소들의 짝으로 이루어진다고 볼 수 있다면 전면적에 대한 관성적은 0이다. 따라서 다음과 같이 나타낼 수 있다.

$$I_{XY} = \int_A xydA = \int_0^y xydA + \int_{-y}^0 -xydA = 0$$

이와 같이 도형의 도심(centroid)을 지나고 $I_{XY}=0$이 되는 직교축을 그 단면의 주축(principal axis)이라 한다.

주축(principal axis)

2 관성적에 대한 축이동(관성적의 평행축 정리)

관성적의 평행축 정리

관성 모멘트에서와 유사한 평행축 정리가 관성적에도 존재한다. 관성적의 정의로부터 [그림 3-14]의 X와 Y축에 대한 관성적을 도심축의 좌표 x_0, y_0로 나타내면 다음과 같다.

$$dI_{X'Y'} = x'y'dA \tag{a}$$

적분식은

$$I_{X'Y'} = \int_A x'y'dA \tag{b}$$

로 나타낼 수 있으며, 여기서 $x' = x_0 + a$, $y' = y_0 + b$이다. 따라서

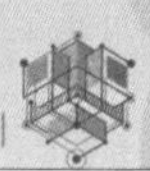

$$Y_{X'Y'} = \int_A x'y'dA = \int_A (x_0 + a)(y_0 + b)dA$$
$$= \int_A x_0 y_0 dA + b\int_A x_0 dA + a\int_A y_0 dA + ab\int_A dA \tag{c}$$

가 된다. 여기서 X축, Y축에 대한 도심의 관성적은 $\overline{I}_{XY} = \int x_0 y_0 dA$ 이고, 가운데 두 적분식은 그 자신의 도심에 대한 면적 1차 모멘트로서 0이 되며, 셋째 적분식은 단지 abA 이다. 따라서 식 (c)는 관성적에 있어서 평행축 정리가 되고, 다음과 같이 나타낼 수 있다.

관성적

$$I_{X'Y'} = \overline{I}_{XY} + abA \tag{3.20}$$

여기서, $\overline{I}_{XY}$: 도심에 대한 관성적

A : 전면적

a, b : X, Y로부터의 축이동 거리

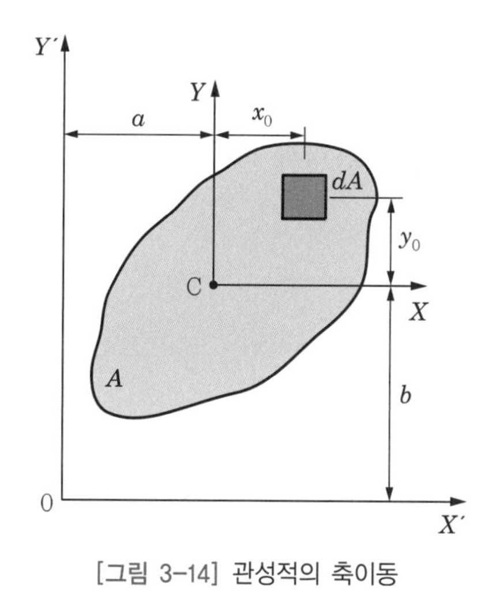

[그림 3-14] 관성적의 축이동

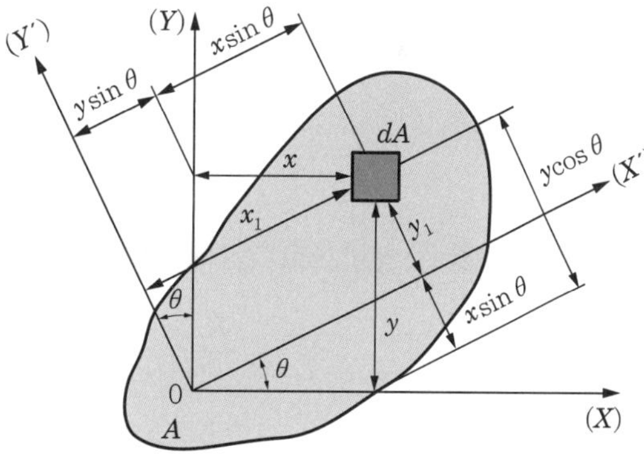

[그림 3-15] 축의 회전과 주축

3 축의 회전과 주축의 결정

축의 회전과 주축의 결정

어떤 평면도형의 도심을 지나는 X축, Y축에 대한 관성 모멘트와 관성적은 다음과 같이 쓸 수 있다.

$$I_X = \int_A y^2 dA, \qquad I_Y = \int x^2 dA \tag{a}$$

$$I_{XY} = \int_A xydA = \int_A \int_A xydxdy \tag{b}$$

[그림 3-15]와 같이 기울어진 축에 대한 면적 관성 모멘트를 계산할 필요가 있을 때 이와 같은 관성적이 유용하며, 그림에서 X'축, Y'축에 대한 면적 관성 모멘트(면적 2차 모멘트)는 다음과 같다.

$$I_{X'} = \int_A {y_1}^2 dA, \qquad I_{Y'} = \int_A {x_1}^2 dA \tag{c}$$

$$\text{단, } \begin{cases} x_1 = x\cos\theta + y\sin\theta \\ y_1 = y\cos\theta - x\sin\theta \end{cases}$$

그러므로 x_1과 y_1을 식 (c)에 대입하여 $I_{X'}$, $I_{Y'}$을 구해보면

$$\begin{aligned} I_{X'} &= \int_A (y\cos\theta - x\sin\theta)^2 dA \\ &= \int_A y^2\cos^2\theta d\theta + \int_A x^2\sin^2\theta dA - \int_A 2xy\sin\theta\cos\theta\, dA \end{aligned}$$

면적 관성 모멘트

이다. 결국 면적 관성 모멘트 $I_{X'}$은 정의로부터 다음 식과 같이 나타낼 수 있다.

$$I_{X'} = I_X\cos^2\theta + I_Y\sin^2\theta + I_{XY}\sin2\theta \tag{3.21}$$

같은 방법으로 $I_{Y'}$에 대하여 구해보면

$$I_{Y'} = I_Y\cos^2\theta + I_X\sin^2\theta + I_{XY}\sin2\theta \tag{3.22}$$

삼각함수 가법정리

가 된다. 위 식 (3.21), (3.22)는 삼각함수 가법정리에 의해 다음과 같이 쓸 수 있다.

$$\cos^2\theta = \frac{1+\cos2\theta}{2}, \quad \sin^2\theta = \frac{1-\cos2\theta}{2}, \quad 2\sin\theta\cos\theta = \sin2\theta$$

$$I_{X'} = \frac{1}{2}(I_X + I_Y) + \frac{1}{2}(I_X - I_Y)\cos2\theta - I_{XY}\sin2\theta \qquad (3.21)'$$

$$I_{Y'} = \frac{1}{2}(I_X + I_Y) - \frac{1}{2}(I_X - I_Y)\cos2\theta + I_{XY}\sin2\theta \qquad (3.22)'$$

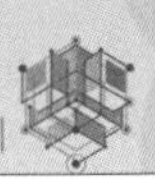

또 $I_{X'}$과 $I_{Y'}$의 합을 찾아보면 다음과 같다.

$$I_{X'} + I_{Y'} = I_X + I_Y = J_0 (= I_p) \qquad (3.23)$$

위 식 (3.23)에서 회전축 X', Y'에 대한 면적 관성 모멘트의 합은 원축(原軸) X, Y에 대한 면적 관성 모멘트와 같고, 원점 0($-z$축)에 대한 극관성 모멘트 I_P와 같음을 알 수 있다.

다음으로 회전축에 대한 관성적에 대하여 알아보자. 앞의 정의에 의해 $I_{X'Y'}$은

$$I_{X'Y'} = \int x_1 y_1 dA$$

이다. 결국 x_1, y_1값을 대입하면

$$\begin{aligned} I_{X'Y'} &= \int_A x_1 y_1 dA = \int_A (y\cos\theta - x\sin\theta)(x\cos\theta + y\sin\theta) dA \\ &= \int_A y^2 \sin\theta\cos\theta dA - \int_A x^2 \sin\theta\cos\theta dA \\ &\quad + \int_A xy(\cos^2\theta - \sin^2\theta) dA \\ &= I_X \sin\theta\cos\theta - I_Y \sin\theta\cos\theta + I_{XY}(\cos^2\theta - \sin^2\theta) \qquad (3.24) \end{aligned}$$

가 되고, 위 식에 삼각함수 가법정리를 대입하면 다음 식을 얻는다.

$$I_{X'Y'} = \frac{1}{2}(I_X - I_Y)\sin 2\theta + I_{XY}\cos 2\theta \qquad (3.24)'$$

주축(principal axis)

그리고 주축(principal axis)에 대한 방향 θ를 알아보면 다음과 같다. 즉, $I_{X'}$와 $I_{Y'}$이 최대 또는 최소가 되는 각은 $I_{X'}$식과 $I_{Y'}$식에 관해 미분하여 0으로 놓아서 구한다. 따라서 식 (3.21)′, (3.22)′을 θ에 관하여 도함수를 구하고 0으로 놓으면 다음과 같이 된다.

$$\frac{dI_{X'}}{d\theta} = (I_Y - I_X)\sin 2\theta - 2I_{XY}\cos 2\theta = 0$$

$$\therefore \ \tan 2\theta = \frac{2I_{XY}}{I_Y - I_X} \qquad (3.25)$$

또 식 (3.24)′의 $I_{X'Y'}$을 0으로 놓아서 θ를 구할 수도 있다.

$$\frac{1}{2}(I_X - I_Y)\sin 2\theta + I_{XY}\cos 2\theta = 0$$

$$\therefore\ \tan 2\theta = \frac{2I_{XY}}{I_Y - I_X} \tag{3.26}$$

위 식에서 주축에 대한 두 면적 관성 모멘트(면적 2차 모멘트)가 최대와 최소에 있는 각 θ임을 알 수 있다[$\tan 2\theta = \tan(2\theta + \pi)$].

관성주축

이들 두 직교축을 관성주축(principal axis of inertia)이라 한다. 식 (a), (b), (3.26)으로부터 $\sin 2\theta$와 $\cos 2\theta$를 $I_{X'}$ 및 $I_{Y'}$에 대입하여 주관성 모멘트의 크기 I_{max}와 I_{min}을 구할 수 있다.

$$I_{max} = \frac{1}{2}(I_X + I_Y) + \frac{1}{2}(I_X - I_Y)\cos 2\theta - I_{XY}\sin 2\theta$$

$$= \frac{1}{2}(I_X + I_Y) + \frac{1}{2}\sqrt{(I_X - I_Y)^2 + 4I_{XY}{}^2} \tag{3.27}$$

$$I_{min} = \frac{1}{2}(I_X + I_Y) - \frac{1}{2}\sqrt{(I_X - I_Y)^2 + 4I_{XY}{}^2} \tag{3.28}$$

여기서

$$\sin 2\theta = \frac{\tan 2\theta}{\sqrt{1+\tan^2 2\theta}} = \frac{2I_{XY}}{I_Y - I_X}\frac{I_Y - I_X}{\sqrt{(I_Y - I_X)^2 + 4I_{XY}{}^2}}$$

$$= \frac{2I_{XY}}{\sqrt{(I_Y - I_X)^2 + 4I_{XY}{}^2}} \tag{a}$$

$$\cos 2\theta = \frac{1}{\sqrt{1+\tan^2 2\theta}} = \frac{I_Y - I_X}{\sqrt{(I_Y - I_X)^2 + 4I_{XY}{}^2}} \tag{b}$$

가 된다.

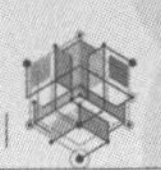

예제 3.12

다음 그림과 같은 사각단면$(b \times h)$에서 한 모퉁이를 지나는 주축의 방향을 결정하라.

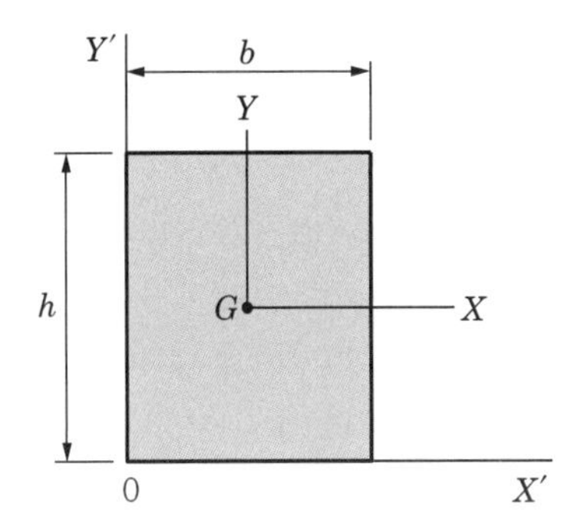

풀이 $\tan 2\theta = \dfrac{2I_{X'Y'}}{I_{Y'} - I_{X'}}$ ············ ①

여기서 $I_{X'} = \dfrac{bh^3}{3}$, $I_{Y'} = \dfrac{hb^3}{3}$

$$I_{X'Y'} = \int_0^h \int_0^h XYdxdy = \int_0^h \left[\frac{x^2}{2} \right]_0^b YdY = \frac{b^2}{2} \times \frac{h^2}{2}$$

$$= \frac{b^2h^2}{4} \quad \cdots\cdots\cdots\cdots ②$$

식 ②를 식 ①에 대입하면 주축의 방향은

$$\tan 2\theta = \frac{2\dfrac{b^2h^2}{4}}{\dfrac{hb^3}{3} - \dfrac{bh^3}{3}} = \frac{3bh}{2(b^2 - h^2)}$$

예제 3.13

다음 그림과 같은 4분원을 갖는 단면의 X, Y축에 대한 단면 상승 모멘트 I_{XY}를 구하고, x, y축에 대한 I_{xy}를 구하라.

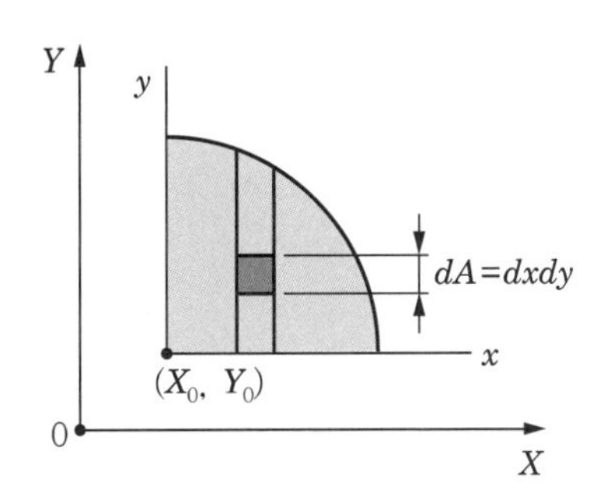

풀이 $I_{XY} = \int XYdA = \int_A \int_A XYdxdy$

$$= \int_{X_0}^{X_0+r} Xdx \int_{Y_0}^{Y} Ydy$$

$$= \int_{X_0}^{X_0+r} \frac{1}{2}(Y^2 - {Y_0}^2)Xdx \quad \cdots\cdots ①$$

여기서, $(X - X_0)^2 + (Y - Y_0)^2 = r^2$이므로

$$Y^2 - {Y_0}^2 = (Y - Y_0)^2 + 2Y_0 Y - 2{Y_0}^2$$

$$= (Y - Y_0)^2 + 2Y_0(Y - Y_0)$$

$$= r^2 - (X - X_0)^2 + 2Y_0\sqrt{r^2 - (X - X_0)^2} \quad \cdots\cdots ②$$

식 ②를 식 ①에 대입하면

$$I_{XY} = \frac{1}{2}\int_{X_0}^{X_0+r} \left[r^2 - (X - X_0)^2 + 2Y_0\sqrt{r^2 - (X - X_0)^2}\right] Xdx$$

단, $X - X_0 = z$로 놓고 $dx = dz$이므로

$$I_{XY} = \frac{1}{2}\int_0^r \left[r^2 - z^2 + 2Y_0\sqrt{r^2 - z^2}\right](z + X_0)dz$$

$$= \frac{r^4}{8} + \frac{r^3}{8}(X_0 + Y_0) + \frac{\pi r^3}{4}X_0 Y_0$$

또 문제에서 $X_0 = Y_0 = 0$을 대입하면 xy축에 대한 단면 상승 모멘트 I_{xy}를 구할 수 있다.

$$\therefore\ I_{xy} = \frac{r^4}{8}$$

기초연습문제

01 다음 그림과 같이 좌우대칭인 T형 단면의 도심 y_c를 구하라.

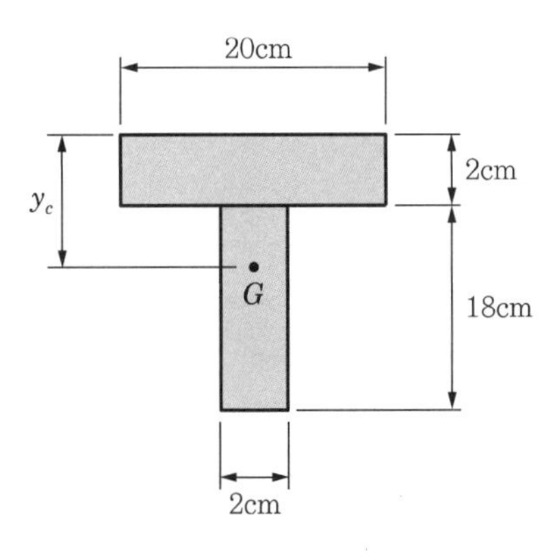

02 다음 그림과 같은 단면의 바닥으로부터의 도심 y_c와 단면 1차 모멘트를 구하면?

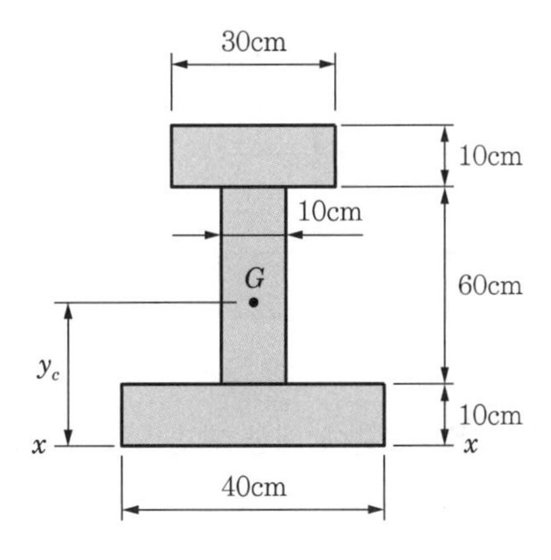

03 다음 그림과 같은 원형단면의 $Z-Z$축에 대한 단면 1차 모멘트 G_Z와 도심 e를 구하라.

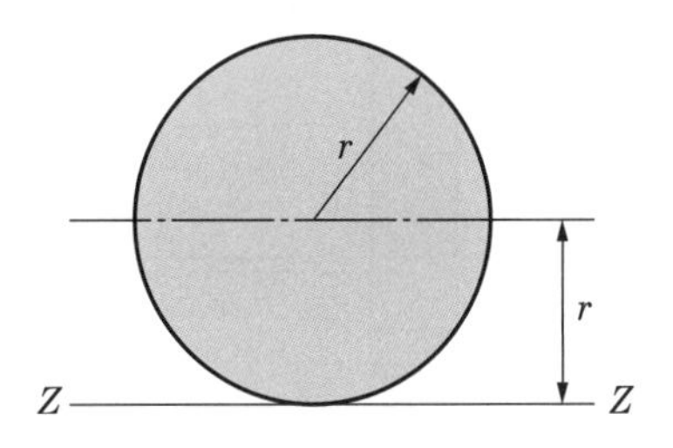

04 다음 그림과 같이 반지름이 r인 원의 단면이 $\frac{r}{2}$의 반경의 작은 원을 도려낸 나머지 음영 부분의 도심 x_c를 구하라.

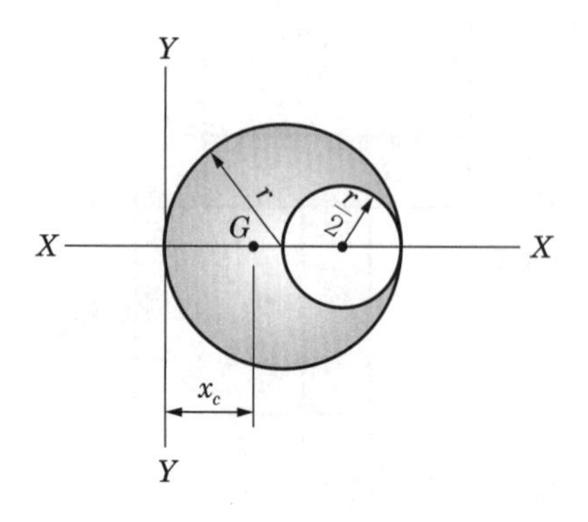

05 다음 그림과 같은 I형 단면의 도심축에 대한 단면 2차 모멘트의 크기는?

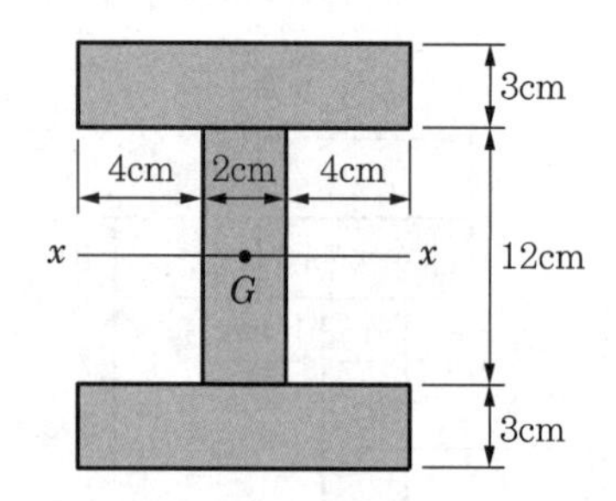

06 다음 그림과 같은 단면의 $X-X$축에 대한 단면 2차 모멘트의 크기는?

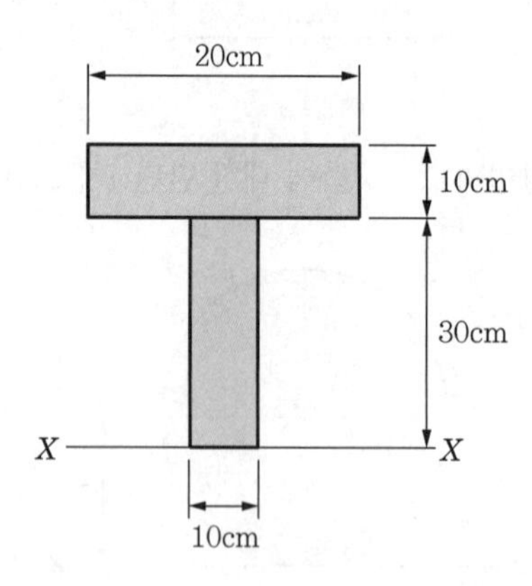

07 다음과 같은 사각단면 $b \times h = 4\text{cm} \times 12\text{cm}$의 밑변에 대한 단면 2차 모멘트의 크기는?

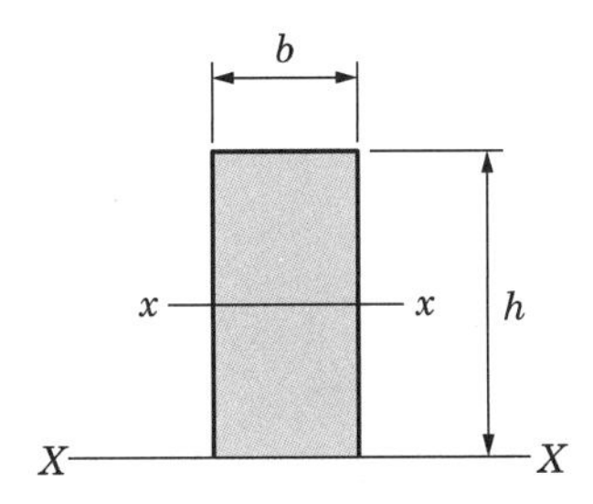

08 다음 그림과 같은 원형단면의 밑변 $X-X$축에 대한 2차 모멘트를 구한 값은?
단, $d = 4\text{cm}$이다.

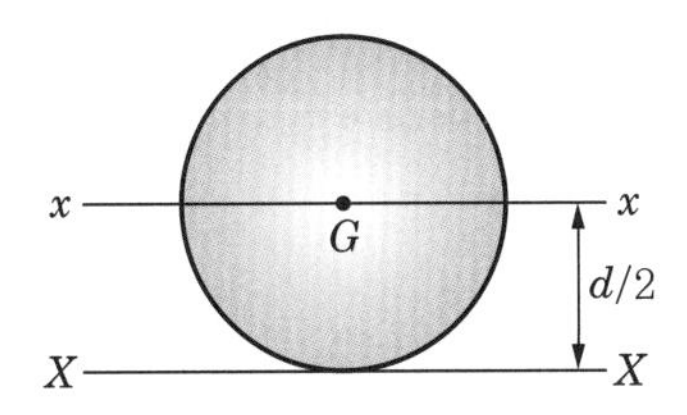

09 다음 그림과 같이 가운데가 빈 중공단면의 도심축 $x-x$에 대한 관성모멘트 I_{x-x}는?

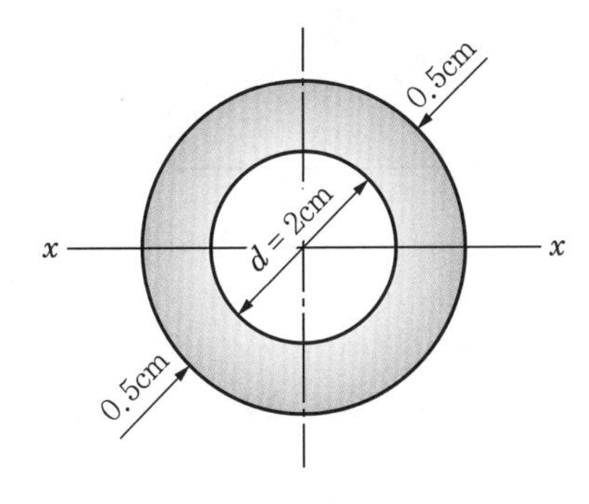

10 반지름이 r인 원형단면의 원주상의 한 점을 지나는 접선축에 대한 단면 2차 극모멘트 I_p는?

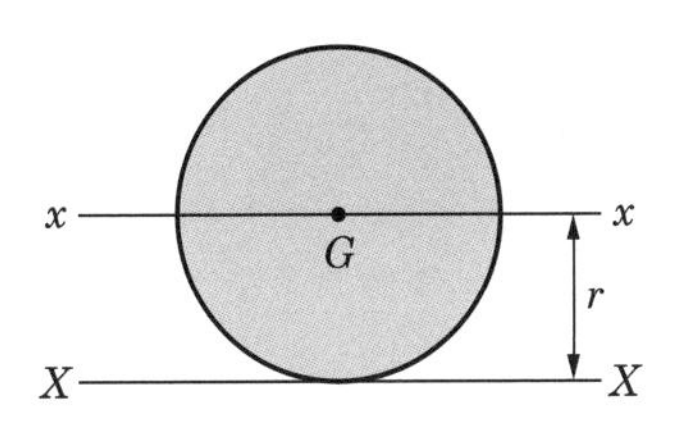

11 직경이 d인 원형단면의 단면계수 Z를 구하는 식은?

12 다음 그림과 같이 도심을 통하는 축에 대한 단면 2차 극관성 모멘트 I_p를 구하는 식은?

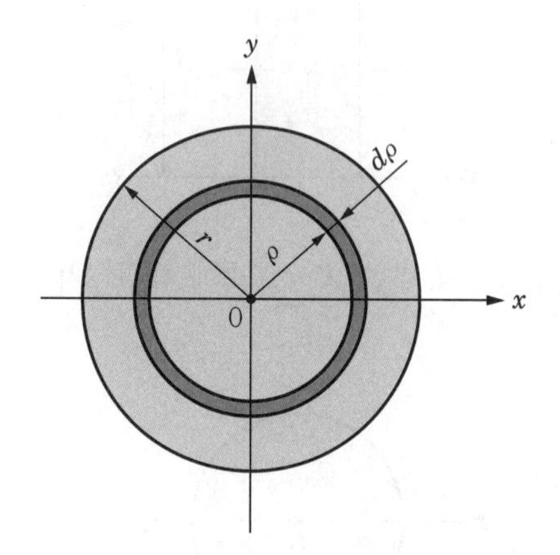

13 다음 그림과 같은 사각단면에서 $x-x$축 및 $y-y$축에 대한 단면계수를 구하면?

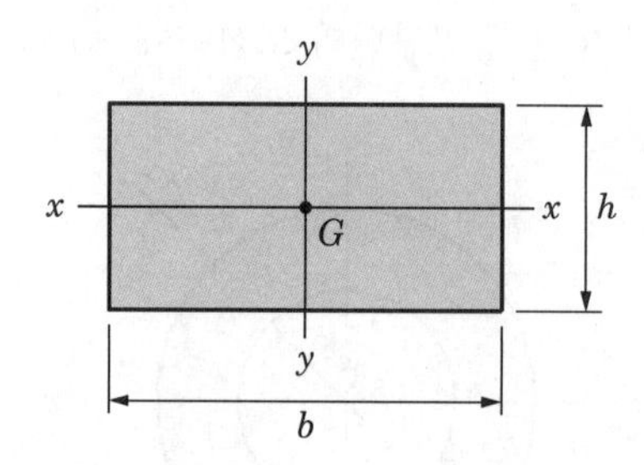

14 다음 그림과 같은 삼각형 단면 도심축의 회전반경 K의 값은?

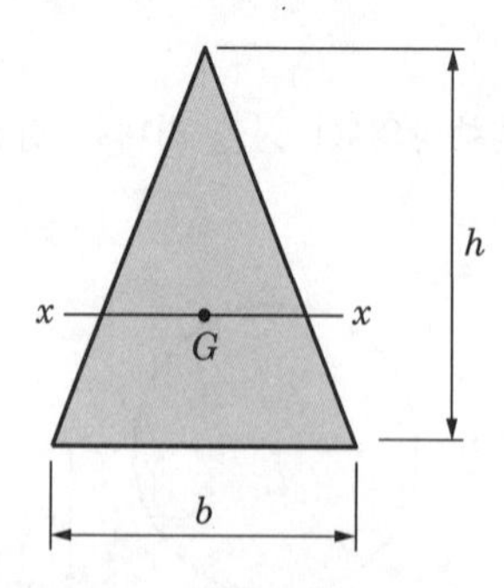

15 다음 그림과 같은 T형 단면에서 밑변축인 $X-X$축에 대한 회전반경 K_X의 크기는?

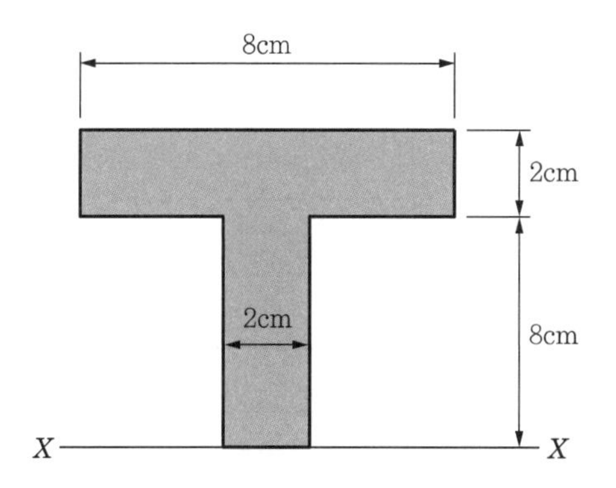

16 다음 그림과 같은 구형단면이 있다. $b=4$cm, $h=8$cm일 때 X, Y축에 대한 단면 상승 모멘트 I_{XY}의 크기는?

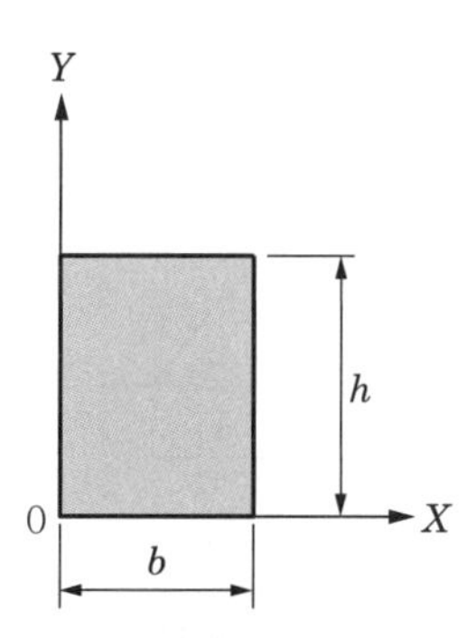

17 다음 그림과 같은 L형 단면의 X, Y축에 대한 단면 상승 모멘트의 값은?

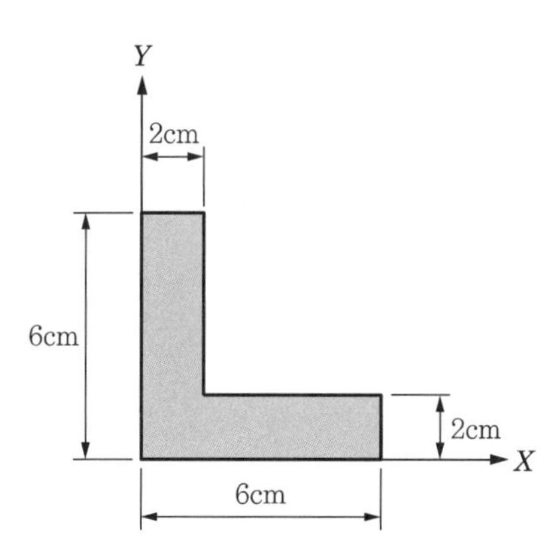

응용연습문제

01 다음 사다리꼴의 $X-X$로부터 도심 y_c를 구하라.

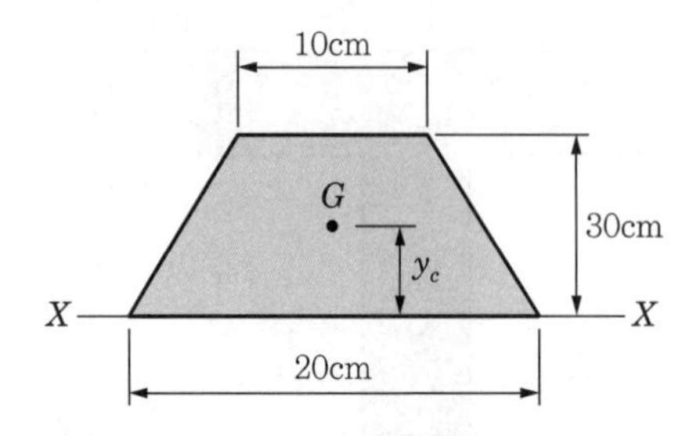

02 다음 음영 도형의 도심축에 관한 단면 2차 모멘트 I_g와 면을 지나는 축에 관한 단면 2차 모멘트 I_X는 얼마인가?

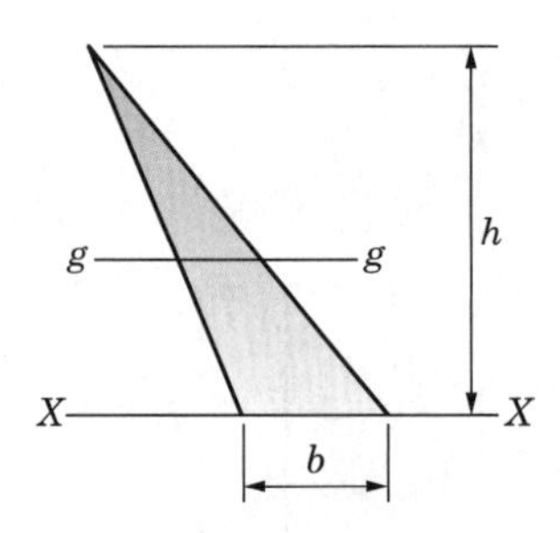

03 다음 그림과 같은 사각단면의 $X-X$축에 대한 단면 2차 모멘트 I_X의 값은?

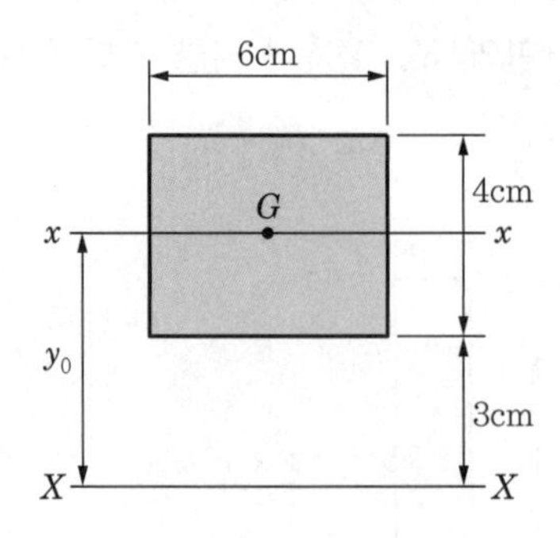

04 다음 그림과 같은 원형단면에서 최대 단면계수를 갖는 직사각형 단면을 얻으려면 폭 b와 높이 h의 비, 폭 b와 직경 d의 비는 각각 얼마인가?

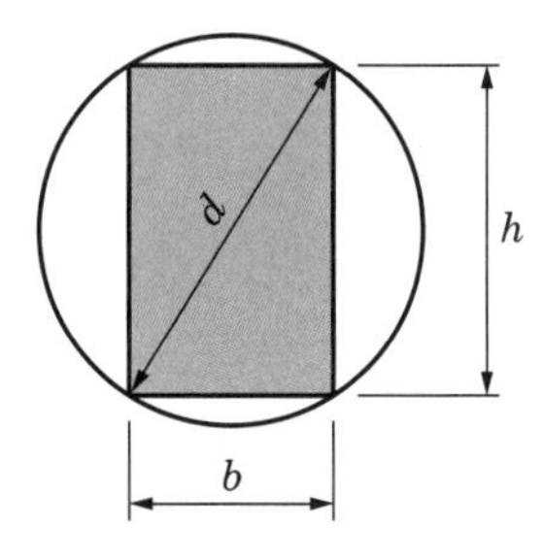

05 다음 그림과 같은 구형단면의 X, Y축에 관한 단면상승 모멘트 I_{XY}는?

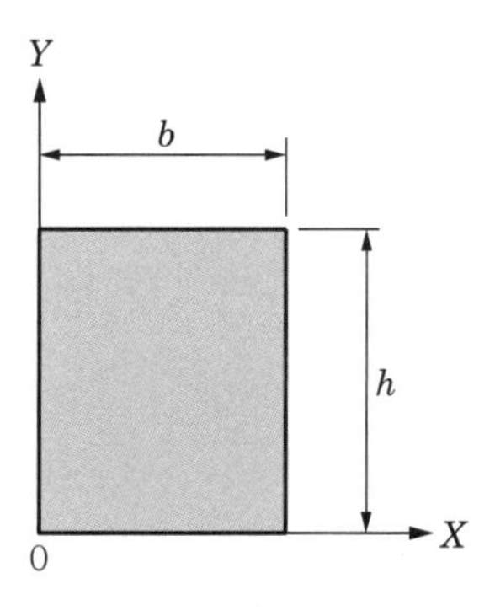

Mechanics of Materials

제4장

비틀림

4.1 서론

비틀림(torsion)은 어떤 구조물의 부재에 그 길이방향축에 대해서 회전을 일으키게 하는 우력(couple)을 부과함으로써 그 부재가 비틀리는 현상을 말한다. 이러한 하중의 형태를 [그림 4-1(a)]와 같이 나타내며, 우력 모멘트는 한 쌍의 힘과 그 힘들의 작용선 사이의 거리를 곱한 것과 같다. 그러므로 [그림 4-1(a)]의 첫 번째 우력 모멘트 $T_1 = P_1 d_1$이며, 두 번째 우력 모멘트 $T_2 = P_2 d_2$이다. 이렇게 T_1, T_2와 같이 어떤 봉을 비틀게 하는 우력을 비트는 힘(torque) 또는 비트는 우력(twisting couple) 또는 비틀림 모멘트(twisting moment)라고 한다. 그리고 이러한 크기를 표현할 때에는 일반적으로 [그림 4-1(b)]처럼 비트는 방향으로 곡선 화살표를 사용한다.

우력 모멘트

비틀림 모멘트
(twisting moment)

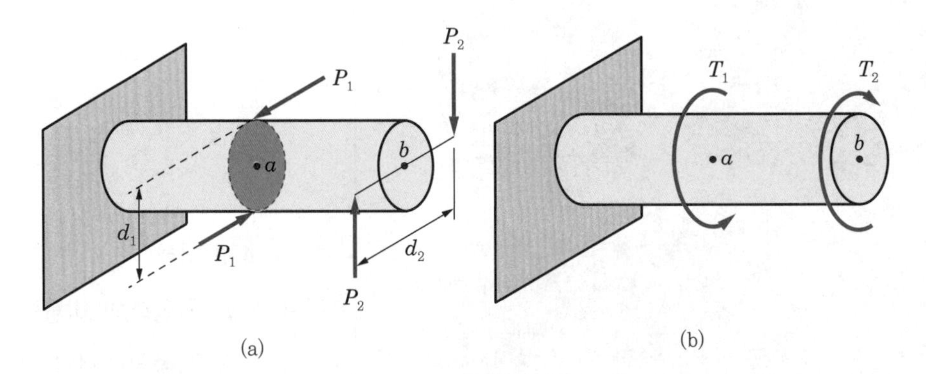

[그림 4-1] 우력 모멘트 T_1과 T_2를 받고 있는 원형단면의 부재

4.2 원형축의 비틀림

[그림 4-2(a)]와 같이 원형 단면축이 그 양단에 작용하는 우력 T에 의하여 비틀리는 경우를 생각해 보자. 그림과 같은 상태로 하중을 받아 비틀리는 축을 순수 비틀림(pure torsion) 상태에 있다고 한다. 이때 축의 좌단은 고정되어 있고, 우단은 좌단에 대하여 미소각 ϕ만큼 회전하게 된다. 다시 말하면 선 mn과 같이 그 축의 표면 위의 길이방향의 선이 미소각 ϕ만큼 회전하여 mn'의 위치에 올 것이다. 따라서 이 회전 때문에 미소요소 dx는 단면이 [그림 4-2(b)]와 같은 모

순수 비틀림(pure torsion)

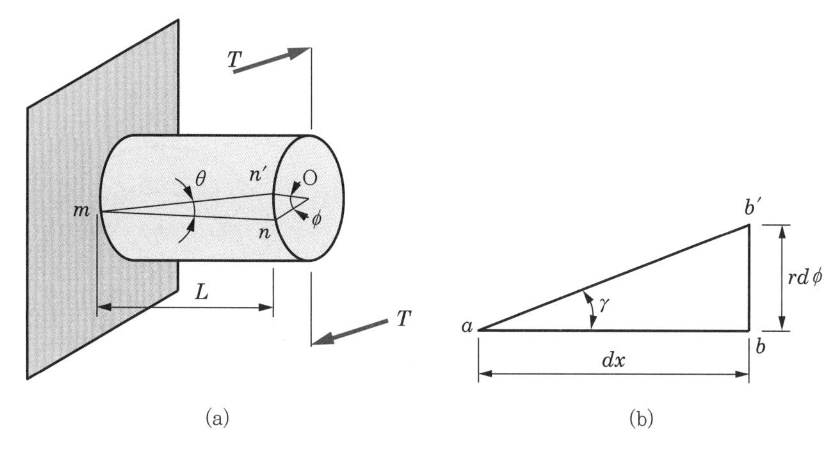

[그림 4-2] 순수 비틀림 T를 받는 원형축

양이 된다. 이때 이 요소는 순수전단 상태에 있고, 그 원형축의 전단변형률 γ의 크기는 다음과 같다.

전단변형률

$$\gamma = \frac{bb'}{ab} \qquad \text{(a)}$$

이때 bb'은 반지름 r인 작은 회전각 $d\phi$에 대한 원호의 길이이다. 또한 거리 ab는 dx와 같다. 이들 관계를 식 (a)에 대입하면 γ는 다음 식과 같이 나타낼 수 있다.

$$\gamma = \frac{rd\phi}{dx} \qquad \text{(b)}$$

이때 $d\phi/dx$의 양을 θ로 표시하고, 단위길이에 대한 비틀림각으로 간주하면 식 (b)는 식 (4.1)이 된다.

비틀림각

$$\gamma = \frac{rd\phi}{dx} = r\theta \text{ 또는 } \gamma = \frac{r\phi}{L} \qquad (4.1)$$

$$\text{단, } \theta = \frac{\phi}{L}$$

식 (4.1)은 기하학적 개념에 기초를 두고 있으며, 이 원형축이 어떤 선형탄성재료에 대하여 전단응력이 훅의 법칙에 의한 전단변형률과 관계가 있으므로 식 (4.1)로부터 다음 식을 얻을 수 있다.

선형탄성재료

$$\tau = G\gamma = Gr\theta \tag{4.2}$$

여기서, G : 전단 탄성계수 또는 가로 탄성계수

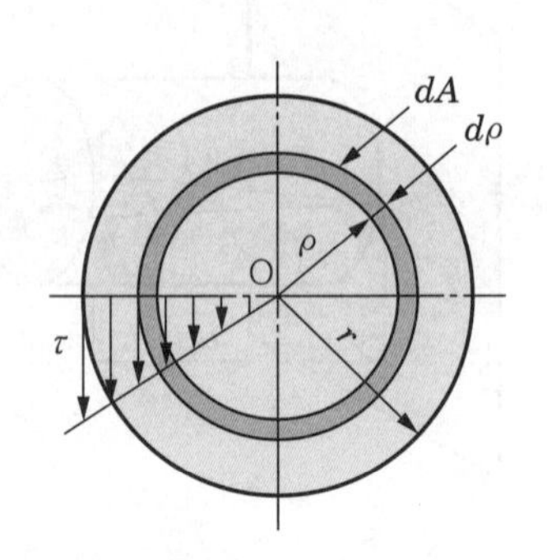

[그림 4-3] 원통 내부의 순수전단

다음은 이 축의 내부에서 변형률과 응력을 위와 비슷한 방법으로 구해보기로 하자. [그림 4-3]과 같이 임의의 반지름이 ρ인 내부 원통 요소가 순수전단 상태일 경우 전단변형률 및 전단응력은 다음 식으로 쓸 수 있다.

순수전단 상태

$$\gamma = \rho\theta, \qquad \tau = G\rho\theta \tag{4.3}$$

식 (4.3)에서 원형축 내의 전단변형률과 전단응력은 중심으로부터 반지름 방향의 거리 ρ에 따라 선형적으로 변하여 그 최대값은 [그림 4-3]에서 보여지듯이 표면 위에 존재한다는 것을 알 수 있다.

축의 비틀림 저항 모멘트

1 축의 비틀림 저항 모멘트

식 (4.3)과 [그림 4-3]에서 전단응력의 분포상태를 알아보았다. 이번에는 비틀림 응력 τ와 비틀림 모멘트 T의 관계를 살펴보기로 하자. [그림 4-3]에서 미소면적 dA의 한 요소 위에 작용하는 전단력은 τdA이며, 축에 대한 이 힘의 모멘트는 $\tau\rho dA$가 된다. 식 (4.3)을 사용하여 중심 O에 대한 비틀림 모멘트 dT를 구하면

$$dT = G\theta\rho^2 dA \tag{a}$$

전 비틀림 모멘트

가 된다. 그리고 전 비틀림 모멘트 T는 식 (a)를 그 단면적 전체에 걸쳐 합한 것이 된다.

$$T = \int_A G\theta\rho^2 dA = G\theta\int_A \rho^2 dA \tag{b}$$

여기서, 식 (b)의 $\int \rho^2 dA$는 중심 O에 관한 원형단면의 극관성 모멘트(polar moment of inertia) I_P이다. 그러므로

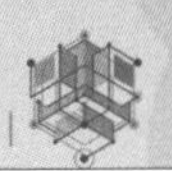

$$T = G\theta I_P \tag{c}$$

이다. 단, 반지름이 r이고 지름이 d인 원형단면의 $I_P = \frac{\pi r^4}{2} = \frac{\pi d^4}{32}$ 이다. 식 (c)로부터 단위길이당 비틀림각 θ를 구하면 다음 식과 같다.

$$\theta = \frac{T}{GI_P} \tag{d}$$

앞 절에서 전 길이에 걸쳐 전 비틀림각 ϕ는 θL과 같으므로 식 (d)는 결국 다음 식으로 쓸 수 있다.

$$\phi = \frac{TL}{GI_P}[\text{rad}] \tag{4.4}$$

이 식에서 전 비틀림각 ϕ는 비트는 힘 T에 비례하고, GI_P에 반비례함을 알 수 있다. 이 GI_P를 축의 비틀림 강도(torsional rigidity)라고 하며, GI_P/L를 원형축(원형단면)의 비틀림 강성도(torsional stiffness)라 한다.

비틀림 강도
(torsional rigidity)

비틀림 강성도
(torsional stiffness)

또한 식 (c)에서 식 (4.2)를 대입$\left(G\theta = \frac{\tau}{r}\right)$하면 다음과 같다.

$$T = G\theta I_P = \tau\frac{I_P}{r} \tag{e}$$

식 (e)의 I_P/r를 이 원형단면에서의 극단면계수(polar modulus of section) Z_P라 하면 다음 식을 얻을 수 있다.

극단면계수
(polar modulus of section)

$$T = \tau Z_P \tag{4.5}$$

만약 SI 단위를 사용할 경우 T는 N·m로, 길이 L은 m로, 극관성 모멘트 I_P는 m^4로, 극단면계수 Z_P는 m^3로 표시할 수 있다.

또 비틀림을 받는 원형축 내에 최대 전단응력 $\tau_{\max}$는 식 (4.5)로부터

$$Z_P = \frac{I_P}{r} = \frac{\frac{\pi d^4}{32}}{\frac{d}{2}} = \frac{\pi}{16}d^3$$

가 되어

$$\tau_{max} = \frac{T}{Z_P} = \frac{16T}{\pi d^3} \tag{4.6}$$

가 된다. 단면의 임의의 거리 ρ에서의 전단응력은 다음 식과 같다.

$$\tau = \frac{T\rho}{I_P} = \frac{T}{Z_P} \tag{4.7}$$

중공 원형축

(1) 중공 원형축의 경우

중공 원형축의 비틀림에 대한 해석은 중실축에 대한 것과 거의 동일하다. 다만 I_P에 대한 적분 한계값이 $\rho = r_1$과 $\rho = r_2$인 것이 다르다. 그러므로 내경이 d_1, 외경이 d_2, 반경이 r_1과 r_2라 할 때 I_P는 다음과 같다.

$$I_P = \frac{\pi}{2}(r_2^4 - r_1^4) = \frac{\pi}{32}(d_2^4 - d_1^4) \tag{f}$$

만약 중공관이 두께가 극히 얇으면 다음과 같은 근사치 공식을 사용해도 좋다.

$$I_P \simeq 2\pi r^3 t = \frac{\pi}{4} d^3 t \tag{g}$$

중공축의 극단면계수

그리고 중공축의 극단면계수 Z_P를 구해보면 다음과 같다.

$$Z_P = \frac{I_P}{e} = \frac{\frac{\pi}{32}(d_2^4 - d_1^4)}{\frac{d_2}{2}} = \frac{\pi}{16}\left(\frac{d_2^4 - d_1^4}{d_2}\right) \tag{h}$$

비틀림 저항 모멘트

2 비틀림 저항 모멘트 T와 축지름

(1) 축의 강도와 축지름

앞 절에서 비틀림 모멘트 T가 다음 관계식이 됨을 알았다. 즉 실축에서

$$T = \tau Z_P = \tau \frac{\pi d^3}{16}$$

$$\therefore\ d = \sqrt[3]{\frac{16T}{\pi\tau}} \fallingdotseq \sqrt[3]{\frac{5.1T}{\tau}} \tag{4.8}$$

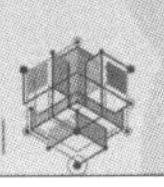

이다. 중공축의 경우 외경 d_2는

$$T = \tau Z_P = \tau \frac{\pi}{16}\left(\frac{d_2^4 - d_1^4}{d_2}\right) = \tau \frac{\pi}{16}\frac{d_2^4}{d_2}\left[1 - \left(\frac{d_1}{d_2}\right)^4\right]$$

$$= \tau \frac{\pi}{16} d_2^3 (1 - x^4)$$

이다. 여기서, $x = \dfrac{d_1}{d_2}$(내외경비)이므로 다음과 같이 쓸 수 있다.

내외경비

$$d_2 = \sqrt[3]{\frac{16T}{\pi\tau(1-x^4)}} \fallingdotseq \sqrt[3]{\frac{5.1T}{\tau(1-x^4)}} \tag{4.9}$$

(2) 전달마력과 축지름

전달마력

힘을 전달하는 축이 동력(power)을 받아 각속도 ω로 회전하면서 축이 비틀림 모멘트 T를 발생시킬 때 전달동력 P는 다음과 같다.

$$P = T\omega \tag{a}$$

단, 각속도 $\omega = \dfrac{2\pi N}{60}$이므로 축의 매분 회전수를 N이라 하면 전달마력은

$$P = T\frac{2\pi N}{60} \tag{b}$$

이다. 그리고 1PS 마력이 $735\text{N}\cdot\text{m/sec} = 735\times10^2\text{N}\cdot\text{cm/sec}$이므로 전달되는 동력을 PS마력으로 바꾸면

전달되는 동력

$$H_{\text{PS}} = \frac{T\omega}{735\text{N}\cdot\text{m}} = \frac{\dfrac{T\times 2\pi N}{60}}{735\times10^2\text{N}\cdot\text{m/sec}}$$

이 된다. 이 식으로부터 T를 찾으면 다음과 같다.

$$T = 702{,}230\frac{H_{\text{PS}}}{N}[\text{N}\cdot\text{cm}] \tag{4.10}$$

앞에서 $T = \tau Z_P$ 관계식을 식 (4.10)에 적용하면 실축의 지름 d를 전달마력으로부터 구할 수 있다.

실축의 지름

$$702,230\frac{H_{\mathrm{PS}}}{N} = \tau Z_P = \tau\frac{\pi}{16}d^3$$

$$\therefore\ d = \sqrt[3]{\frac{16\times 702,230\times\frac{H_{\mathrm{PS}}}{N}}{\pi\tau}} \fallingdotseq 152.9\sqrt[3]{\frac{H_{\mathrm{PS}}}{\tau N}}\ [\mathrm{cm}] \tag{4.11}$$

같은 방법으로 1kw 마력이 $1H_{\mathrm{kw}} = 1,000\mathrm{N\cdot m/sec}$가 되어

$$H_{\mathrm{kw}} = H' = \frac{T\omega}{1,000\mathrm{N\cdot m/sec}} = \frac{T(2\pi N/60)}{1,000\times 10^2\mathrm{N\cdot cm/sec}}$$

가 된다. 따라서

$$T = 955,414\frac{H'}{N}\ [\mathrm{N\cdot cm}] \tag{4.12}$$

이다. 위 식을 $T=\tau Z_P$로 등식화하여 지름을 구해보면 다음 식과 같다.

$$d \fallingdotseq 169.4\sqrt[3]{\frac{H'}{\tau N}}\ [\mathrm{cm}] \tag{4.13}$$

중공축

또한 중공축의 경우는

$$Z_P = \frac{\pi}{16}d_2^3\left[1-\left(\frac{d_1}{d_2}\right)^4\right] = \frac{\pi}{16}d_2^3(1-x^4)$$

가 되므로, H_{PS} 마력을 받는 중공축의 d_2는 다음 식과 같다.

$$T = 702,230\frac{H_{\mathrm{PS}}}{N} = \tau\frac{\pi}{16}d_2^3(1-x^4)$$

$$\therefore\ d_2 = 152.9\sqrt[3]{\frac{H_{\mathrm{PS}}}{\tau N(1-x^4)}}\ [\mathrm{cm}] \tag{4.14}$$

마력을 받는 중공축

H'_{kw} 마력을 받는 중공축의 d_2는 다음 식과 같다.

$$T = 955,414\frac{H'}{N} = \tau\frac{\pi}{16}d_2^3(1-x^4)$$

$$\therefore\ d_2 = 169.4\sqrt[3]{\frac{H'_{\mathrm{kw}}}{\tau N(1-x^4)}}\ [\mathrm{cm}] \tag{4.15}$$

(3) 축의 강성도와 축지름

앞서 전 비틀림각 ϕ가 TL/GI_P이고, 강성도(stiffness)가 GI_P/L임을 알았다. 이제 비틀림각 ϕ로부터 축지름을 구해보자.

$$\phi = \frac{TL}{GI_P}[\text{rad}] = 57.3\frac{TL}{GI_P}\ [\text{deg}] \tag{4.16}$$

단, $1\text{rad} = \frac{180}{\pi}[\text{deg}] \fallingdotseq 57.3°$

중실축의 경우, $I_P = \frac{\pi}{32}d^4$이므로 식 (4.16)은 다음과 같이 쓸 수 있다.

$$\phi = \frac{TL}{G\frac{\pi}{32}d^4}[\text{rad}] = 57.3\frac{TL}{G\frac{\pi}{32}d^4}\ [\text{deg}]$$
$$\fallingdotseq 584\frac{TL}{Gd^4}\ [\text{deg}] \tag{4.17}$$

또 식 (4.16)에 $T = 702{,}230\frac{H_{\text{PS}}}{N}$와 $T = 955{,}414\frac{H'_{\text{kw}}}{N}$을 대입하면

$$\left.\begin{aligned}\phi &= 702{,}230\frac{H_{\text{PS}}L}{GI_PN}\ [\text{rad}] \fallingdotseq 40.24\times10^6\frac{H_{\text{PS}}L}{GI_PN}\ [\text{deg}]\\ \phi &= 955{,}414\frac{H'_{\text{kw}}L}{GI_PN}\ [\text{rad}] \fallingdotseq 54.75\times10^6\frac{H'_{\text{kw}}L}{GI_PN}\ [\text{deg}]\end{aligned}\right\} \tag{4.18}$$

이 된다. 단위길이에 대한 비틀림각 θ와 회전수 N을 알면 식 (4.18)을 사용해 전달하고 있는 축의 마력 H와 동력 P를 계산할 수 있다.

축의 단위길이당 비틀림각 θ, 즉 $\frac{\phi}{L}$를 축의 강성도라 부르며, 전동축은 강도와 더불어 적당한 강성도가 필요하다. 일반적으로 전동축에서 축의 길이 1m에 대하여 비틀림각을 1/4[°] 이내로 한 것이 표준이며, 바하(Bach)의 주장에 따라 연강축에서 $\theta = 1/4[°/\text{m}]$, $G = 80\text{GPa} = 80\times10^9\times10^{-4}\text{N/cm}^2 = 80\times10^5\text{N/cm}^2$로 정하여 강성도 견지에서 축을 설계하면 다음과 같다.

축의 강성도

바하(Bach)

강성도 견지

$$\phi = 57.3\frac{TL}{GI_P} \tag{a}$$

식 (a)에 $T = 702,230\dfrac{H_{\rm PS}}{N}$, $\phi = \dfrac{1}{4}°$, $L = 100\text{cm}$, $I_P = \dfrac{\pi d^4}{32}$을 대입하면,

$$\frac{1}{4} = 57.3 \times \frac{702,230\dfrac{H_{\rm PS}}{N} \times 100 \times 32}{80 \times 10^5 \times \pi d^4}$$

로부터

$$d \fallingdotseq 12\sqrt[4]{\frac{H_{\rm PS}}{N}}\ [\text{cm}] \fallingdotseq 120\sqrt[4]{\frac{H_{\rm PS}}{N}}\ [\text{mm}] \tag{4.19}$$

이 되고, 또 $T = 955,414\dfrac{H'_{\rm kw}}{N}$을 대입하면

$$\frac{1}{4} = 57.3 \times \frac{955,414\dfrac{H'_{\rm kw}}{N} \times 100 \times 32}{80 \times 10^5 \times \pi d^4}$$

에서

$$d \fallingdotseq 13\sqrt[4]{\frac{H'_{\rm kw}}{N}}\ [\text{cm}] \fallingdotseq 130\sqrt[4]{\frac{H'_{\rm kw}}{N}}\ [\text{mm}] \tag{4.20}$$

바하(Bach)의 축 공식

가 된다. 이상 식 (4.19)와 (4.20)을 바하(Bach)의 축 공식이라 한다. 그리고 중공축의 경우

$$I_P = \frac{\pi(d_2^{\,4} - d_1^{\,4})}{32} = \frac{\pi}{32}d_2^{\,4}\left[1 - \left(\frac{d_2}{d_2}\right)^4\right] = \frac{\pi}{32}d_2^{\,4}(1 - x^4)$$

이므로, 중공축의 외경 d_2는 다음과 같이 구할 수 있다.

$$\left.\begin{aligned} d_2 &\fallingdotseq 12\sqrt[4]{\frac{H_{\rm PS}}{N(1-x^4)}}\ [\text{cm}] \fallingdotseq 120\sqrt[4]{\frac{H_{\rm PS}}{N(1-x^4)}}\ [\text{mm}] \\ d_2 &\fallingdotseq 13\sqrt[4]{\frac{H'_{\rm kw}}{N(1-x^4)}}\ [\text{cm}] \fallingdotseq 130\sqrt[4]{\frac{H'_{\rm kw}}{N(1-x^4)}}\ [\text{mm}] \end{aligned}\right\} \tag{4.21}$$

특히 축의 계산에 강성도를 지정하지 않은 경우에는 강도를 고려하여 계산하고, 강성을 고려할 경우에는 강도와 강성도를 계산하여 큰 값을 취하는 것이 안전상 유리하다.

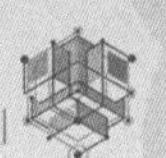

예제 4.1

외경이 8cm인 중공원축이 있다. 여기에 150×10^3N·cm의 비틀림 모멘트를 가할 때 비틀림 응력이 4,000N/cm^{2}였다면 축의 내경은 얼마인가?

풀이 비틀림 모멘트 $T = Z_p\tau = \dfrac{\pi}{16}\left(\dfrac{d_2^{\ 4} - d_1^{\ 4}}{d_2}\right)\tau$

$$\rightarrow d_1 = \sqrt[4]{d_2^{\ 4} - \frac{16\,Td_2}{\pi\tau}}$$

여기에 주어진 값을 대입하면

$$\therefore\ d_1 = \sqrt[4]{8^4 - \frac{16\times150{,}000\times8}{\pi\times4{,}000}} = 7.11\text{cm}$$

예제 4.2

분당 회전수가 600rpm인 전동축이 20kW의 동력을 전달하려고 한다. 축의 길이는 4m이고 외경이 8cm, 내경이 4cm인 중공축에서 비틀림각을 구하라. 단, $G=80\times10^5$N/cm^{2}이다.

풀이 $T = 955{,}414\dfrac{H'_{\text{kw}}}{N}\,[\text{cm}]$

$$I_p = \frac{\pi}{32}(d_2^{\ 4} - d_1^{\ 4})$$

$$\therefore\ \phi = \frac{TL}{GI_p}[\text{rad}] = \frac{32\times955{,}414\times\dfrac{20}{600}\times400}{80\times10^5\times\pi\times(8^4-4^4)}$$

$$\fallingdotseq 4.23\times10^{-3}\ \text{rad}$$

또 $\phi° = 4.23\times10^{-3}\times\dfrac{180}{\pi} = 0.24°$

예제 4.3

중실축에 비틀림 모멘트 T를 가하여 전단응력이 발생하였다. 만약 같은 크기의 전단응력이 발생하도록 중공축을 설계한다면 단면적은 중실축인 경우의 몇 %인가? 단, 중공축의 외경은 내경의 2배이다.

풀이 축에 발생한 최대 전단응력을 $\tau_{\max}$라 하면 $T = Z_p\tau_{\max}$로부터

중공축의 경우

$$\tau_{\max} = \frac{16\,T}{\pi\left[\dfrac{d_2^{\ 4} - \left(\dfrac{d_2}{2}\right)^4}{d_2}\right]} = \frac{16\,T}{\pi\dfrac{15}{16}d_2^{\ 3}} = \frac{16^2\,T}{15\pi d_2^{\ 3}} \quad \cdots\cdots\cdots\cdots ①$$

중실축의 경우 $\tau_{max} = \dfrac{16T}{\pi d^3}$ ············ ②

① = ②이므로

$$\frac{16^2 T}{15\pi d_2^{\,3}} = \frac{16T}{\pi d^3} \rightarrow \frac{15}{16} d_2^{\,3} = d^3$$

따라서 $d_2 = \sqrt[3]{\dfrac{16}{15}}\, d = 1.021d$이어야 한다.

단면적을 구하면

중공축 $A_h = \dfrac{\pi}{4}\left(d_2^{\,2} - d_1^{\,2}\right) = \dfrac{\pi}{4}\left[d_2^{\,2} - \left(\dfrac{d_2}{2}\right)^2\right] = \dfrac{\pi}{4}\left(\dfrac{3}{4}d_2^{\,2}\right)$ ········ ③

중실축 $A = \dfrac{\pi}{4}d^2$ ············ ④

∴ 면적의 비

$$\frac{A_h}{A} = \frac{\text{식 ③}}{\text{식 ④}} = \frac{\frac{3}{4}d_2^{\,2}}{d^2} = \frac{3}{4}\left(\frac{1.021^2 d^2}{d^2}\right)$$

$$= \frac{3}{4} \times 1.021^2 = 0.781 \fallingdotseq 78.1\%$$

예제 4.4

비틀림 모멘트 T를 받는 길이 L의 중공축과 중실축에서 같은 강도를 갖게 할 때 중량비를 구하라. 단, 중공축의 내외경비는 $d_1 = 0.85d_2$로 한다.

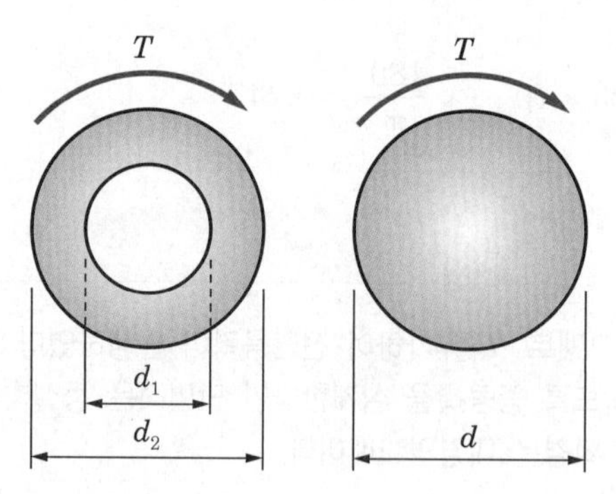

풀이 i) 실축에서 발생하는 최대 전단응력을 τ_1이라 할 때

$$\tau_1 = \frac{T}{Z_p} = \frac{16T}{\pi d^3} \quad \cdots\cdots ①$$

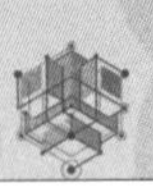

ii) 중공축에서 발생하는 최대 전단응력을 τ_2이라 할 때

$$\tau_2 = \frac{T}{Z_p} = \frac{16 d_2 T}{\pi [d_2^{\,4} - (0.85 d_2)^4]} = \frac{16T}{\pi d_2^{\,3}(1 - 0.85^4)}$$

$$= \frac{16T}{0.478 \pi d_2^{\,3}} \quad \cdots\cdots ②$$

강도가 두 축이 같다면 ① = ②가 된다. 따라서

$$\frac{16T}{0.478\pi d_2^3} = \frac{16T}{\pi d^3} \rightarrow d^3 = 0.478 d_2^3$$

$$\rightarrow d = \sqrt[3]{0.478 d_2^3} = 0.78 d_2 \quad \cdots\cdots ③$$

중량비(단, W_1 : 중실축의 무게, W_2 : 중공축의 무게)는 다음과 같이 된다.

$$\therefore \quad \frac{W_2}{W_1} = \frac{\gamma A_2 L}{\gamma A_1 L} = \frac{A_2}{A_1} = \frac{\frac{\pi}{4}[d_2^{\,2} - (0.85 d_2)^2]}{\frac{\pi}{4} d^2} = 0.36 \frac{d_2^2}{d^2}$$

여기에 식 ③을 적용하면

$$\frac{W_2}{W_1} = 0.36 \times \frac{d_2^2}{(0.78 d_2)^2} = 0.59$$

예제 4.5

그림과 같이 길이가 L인 중실축과 중공축에서 비틀림 모멘트가 T라면 재료의 재질이 같고 비틀림 모멘트가 같을 때 강도비(rigidity rate)를 구하라. 단, 실축의 직경은 d, 중공축의 외경은 d_2, 내경은 d_1이고, $d_1 = \frac{1}{2}d$, $d_2 = d$이다.

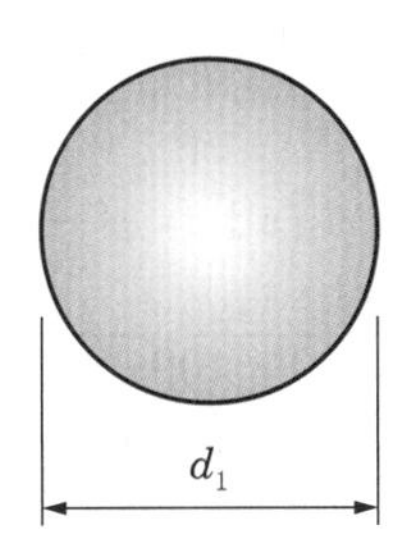

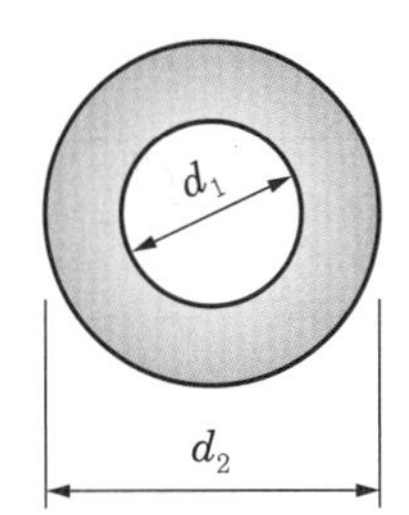

풀이 비틀림각의 크기가 강도를 뜻하므로 실축의 비틀림각을 ϕ_1, 중공축의 비틀림각을 ϕ_2라 할 때

$$\phi_1 = \frac{T_1 L}{G I_p} = \frac{32 T_1 L}{G\pi d^4} \quad \cdots\cdots ①$$

$$\phi_{II} = \frac{T_2 L}{G I_p} = \frac{32 T_2 L}{G\pi (d_2^{\,4} - d_1^{\,4})} = \frac{32 T_2 L}{G\pi \left[d_2^{\,4} - \left(\frac{1}{2} d_2\right)^4 \right]}$$

$$= \frac{32 T_2 L}{G\pi \left[d^4 - \left(\frac{1}{2} d\right)^4 \right]} = \frac{32 T_2 L}{G\pi d^4 (1 - 0.0625)} \quad \cdots\cdots ②$$

(단, $d_2 = d$이다.)

여기서, 재질이 같으면 식 ①과 식 ②의 가로 탄성계수 G가 같고 또 $T_2 = T_1$ 이므로 강도(rigidity)의 비는 다음과 같다.

$$\therefore \frac{\phi_2}{\phi_1} = \frac{\dfrac{1}{d^4(1-0.0625)}}{\dfrac{1}{d^4}} = \frac{1}{0.9375} = 1.066$$

예제 4.6

회전수 $N = 180$rpm이고 전달마력 $H_{PS} = 180$PS일 때 중공 전동축의 내경과 외경을 구하라. 단, 내외경비 $x = \frac{d_1}{d_2} = \frac{2}{3}$, $G = 80 \times 10^5 \mathrm{N/cm^2}$, 비틀림각 ϕ는 1m에 대하여 $\frac{1}{4}^\circ$ 범위에 있도록 한다.

풀이 전달토크 $T = 702{,}230 \frac{H_{PS}}{N} = 702{,}230 \times \frac{180}{180} = 702{,}230 \mathrm{N \cdot cm}$

비틀림각 $\phi[\mathrm{rad}] = \frac{TL}{G I_p} = \frac{32 TL}{G\pi (d_2^{\,4} - d_1^{\,4})} = \frac{32 TL}{G\pi d_2^{\,4} \left[1 - \left(\frac{d_1}{d_2}\right)^4 \right]}$

따라서 $d_2 = \sqrt[4]{\frac{32 TL}{G\pi [1 - x^4] \phi}}$ (단, $\phi[\mathrm{rad}] = \phi^\circ \frac{\pi}{180}$)

$$= \sqrt[4]{\frac{32 \times 702{,}230 \times 100}{80 \times 10^5 \times \pi \times \left[1 - \left(\frac{2}{3}\right)^4 \right] \times \frac{1}{4} \times \frac{\pi}{180}}}$$

$$= 12.66\mathrm{cm}$$

$$\therefore d_1 = 12.66 \times \frac{2}{3} = 8.45\mathrm{cm}$$

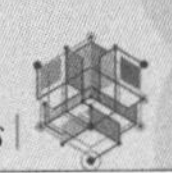

4.3 비틀림에서의 탄성 변형에너지

탄성 변형에너지

[그림 4-4(a)]와 같은 원형 단면축의 재료가 선형탄성이고 훅의 법칙을 따른다고 가정하면, [그림 4-4(b)]에서 볼 수 있듯이 요소의 윗면에 전단력이 0에서 최종값 P_s까지 점차 증가함으로써 윗면이 밑면보다 거리 δ_s만큼 수평으로 이전된다. 이 변위를 δ_s라 하면 전단변형률 γ는 요소의 수직거리 L로 나눈 값이 된다. 즉,

선형탄성

$$\gamma = \frac{\delta_s}{L} \tag{a}$$

가 된다. 그리고 이 요소에 저장된 변형에너지(탄성에너지)는 전단력이 한 일 W와 같고, 그림 (c)의 하중-처짐곡선의 아래 면적과 같다.

하중-처짐곡선

$$U = W = \frac{P_s \delta_s}{2} \tag{b}$$

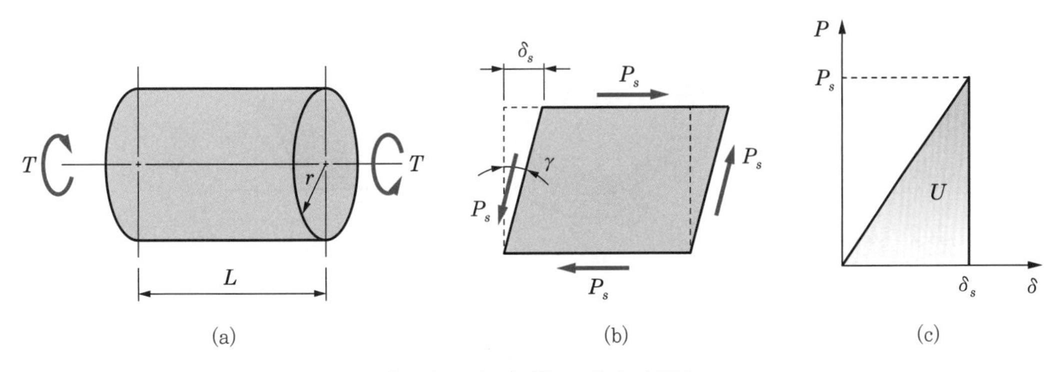

[그림 4-4] 탄성한도 내의 비틀림

식 (a)를 식 (b)에 대입하고, 요소의 옆면 위에 작용하는 전단력 $P_s = \tau A$이므로 결국 U는 다음 식으로 쓸 수 있다.

$$U = \frac{\tau A \gamma L}{2} \tag{c}$$

따라서 변형에너지 밀도, 즉 단위체적당 탄성에너지 u는

단위체적당 탄성에너지

$$u = \frac{U}{V} = \frac{\frac{\tau A\gamma L}{2}}{AL} = \frac{\tau\gamma}{2} \tag{4.22}$$

이다. 마지막으로 탄성구역에 훅의 법칙 $\tau = G\gamma$를 적용하면 식 (4.22)는 다음 식이 된다.

$$u = \frac{\tau^2}{2G} \quad \text{또는} \quad u' = \frac{G\gamma^2}{2} \tag{4.23}$$

단축응력

이 식들은 단축응력에 대한 식들과 비슷한 형태이다. 이상과 같이 순수 전단에서의 변형에너지 밀도 u를 얻음으로써 순수 비틀림을 받는 원형축(또는 중공단면축)에 저장된 변형에너지량을 쉽게 결정할 수 있다.

다음은 [그림 4-5]와 같이 반지름이 ρ이고 두께가 $d\rho$인 재료의 한 요소인 원형관을 생각해 보자. 이 요소는 앞 절의 비틀림 공식 $\tau = T\rho / I_P$에 의해 주어진 전단력을 받고 있다. 그러므로 반지름 ρ에서의 변형에너지 밀도 u는 다음과 같다.

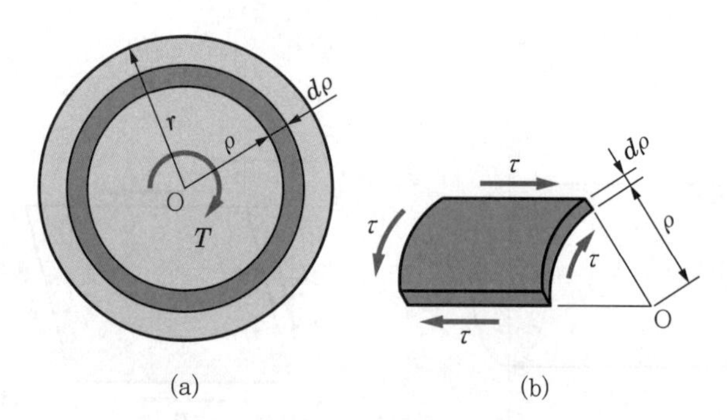

[그림 4-5] 축 내의 미소요소에서의 순수 비틀림

$$u = \frac{\tau^2}{2G} = \frac{T^2\rho^2}{2GI_P^{\,2}} \quad (\text{단, } \tau = \frac{T\rho}{I_P}) \tag{d}$$

$$dU = udv = uLdA = \frac{T^2\rho^2 L}{2GI_P^{\,2}} dA \tag{e}$$

여기서, $dA = 2\pi\rho d\rho$가 미소요소 관의 면적이 된다.

다음으로 이 축의 전체 변형에너지는 식 (e)에서 $\rho = 0$과 $\rho = r$ 사이를 dU에 대해 적분함으로써 얻을 수 있다.

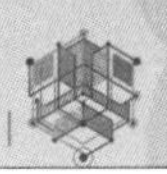

$$U = \int dU = \int_0^r \frac{T^2\rho^2 L}{2GI_P{}^2} dA = \frac{T^2 L}{2GI_P{}^2}\int_0^r \rho^2 dA \tag{f}$$

식 (f)에서 적분 $\int_0^r \rho^2 dA$는 단면 O점을 통과하는 축에 대한 극관성 모멘트 I_P이다. 그러므로 순수 비틀림 상태에 있는 원형축의 탄성 변형에너지 U는 결과적으로 다음과 같다.

원형축의 탄성 변형에너지

$$U = \frac{T^2 L I_P}{2GI_P{}^2} = \frac{T^2 L}{2GI_P} \tag{4.24}$$

식 (4.24)는 비트는 힘 T의 항으로 U를 나타낸 식으로, 이 식을 앞 절에서 구한 비틀림각에 대한 공식 $\phi = TL/GI_P$에 대입하면 다음 식을 얻을 수 있다.

$$U = \frac{T^2 L}{2GI_P} = \frac{GI_P\phi^2}{2L} \tag{4.25}$$

단, $T = \dfrac{\phi GI_P}{L}$

이 식은 ϕ의 항으로 U를 표시한 것이다. 순수 비틀림 탄성 변형에너지에 대한 공식을 얻는 것보다 직접적 방법으로 [그림 4-6]과 같은 비트는 힘(torguerotation diagram)을 이용한 방법이 있다. 이 선도는 그 재료가 훅의 법칙을 따르고 있고 선형이면 아래의 음영 부분의 면적이므로 다음과 같은 식을 얻을 수 있다.

비트는 힘
(torguerotation diagram)

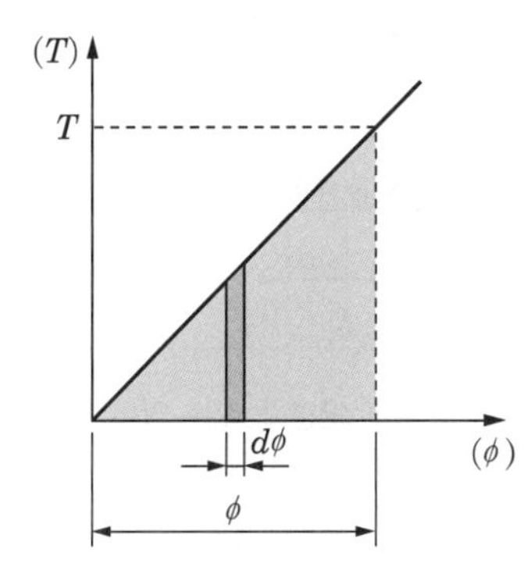

[그림 4-6] 비틀림 상태에 있는 축의 비틀림 힘-회전도

$$U = \frac{T}{2}\phi \tag{4.26}$$

탄성 변형에너지

이 식을 T에 의한 전 비틀림각 $\phi = TL/GI_P$에 대입하여 다음의 탄성 변형에너지 식을 얻을 수 있다.

$$U = \frac{T^2 L}{2GI_P} \quad \text{또는}$$
$$U = \frac{GI_P \phi^2}{2L} \tag{4.27}$$

전 탄성에너지의 식

식 (4.27)은 T와 ϕ로 표현된 전 탄성에너지의 식으로 식 (4.24), (4.25)의 결과와 같다.

4.4 두께가 얇은 비원형 관의 비틀림

비원형

앞 절까지는 원형단면을 갖는 중실축과 중공축의 비틀림에 대하여 알아보았다. 이번에는 항공기나 우주선과 같이 가벼운 구조물이 비원형이면서 두께가 얇은 관일 때 이러한 부재의 해석을 다루고자 한다.

여러 가지 모양에 적용될 수 있는 공식을 찾기 위해 [그림 4-7]과 같은 두께가 얇은 관을 생각해 보자.

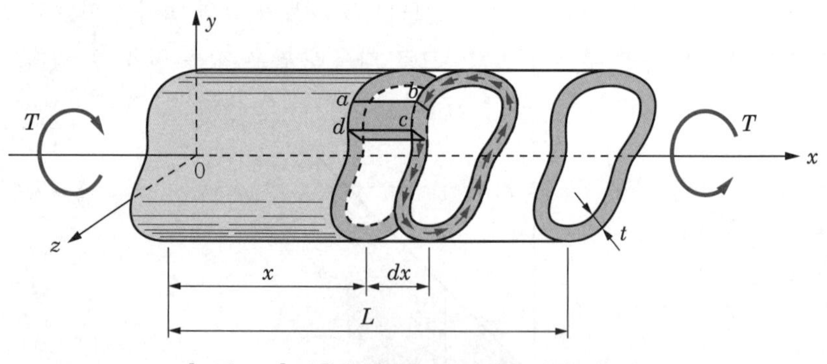

[그림 4-7] 비원형 단면을 갖는 얇은 관의 비틀림

이 관은 두께가 일정하고 전 길이에 걸쳐 단면모양이 같다고 가정할 때 양단에 비틀림 모멘트 T에 의한 순수 비틀림을 받고 있다. 따라서 T에 의한 미소요소 dx만큼 떨어진 단면 위에 전단응력 τ가 [그림 4-8(a)]와 같이 작용하게 된다.

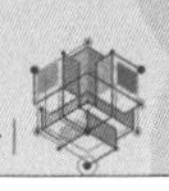

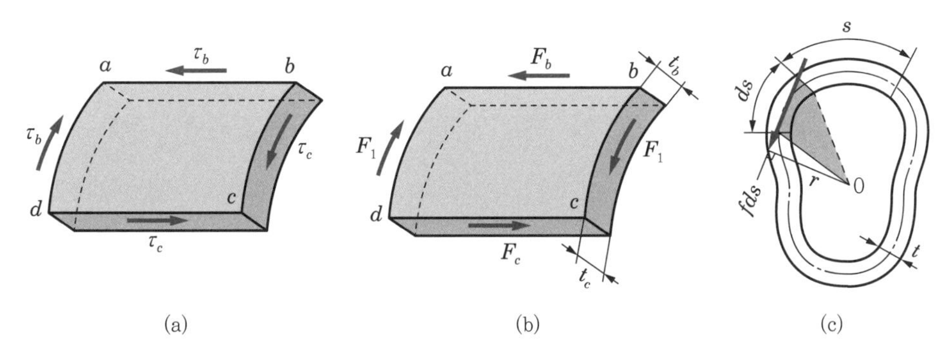

[그림 4-8] 임의의 단면을 갖는 얇은 비원형 관

이때 전단응력의 크기를 결정하기 위하여 [그림 4-7]의 두 길이방향의 절선(ab와 cd)에 [그림 4-8(a)]와 같이 전단응력 τ가 단면 bc 위에 작용한다고 하자.

그러므로 b에서는 τ_b로, c에서는 τ_c로 표시할 수 있다. 평형조건으로부터 bc와 ad 단면 위에 반대방향으로 역시 τ_b와 τ_c가 일정하게 작용하게 될 것이다. 또 단면 위에 작용하는 힘은 이 응력들에 전단응력이 작용하는 면적을 곱하면 얻을 수 있으므로 [그림 4-8(b)]에 나타난 F_b와 F_c의 크기는

평형조건

$$F_b = \tau_b t_b dx, \qquad F_c = \tau_c t_c dx \tag{a}$$

가 되며, 여기서 t_b와 t_c는 각각 b와 c에서의 관의 두께를 나타낸다. 또 bc면 위와 ad면 위의 힘 F_1도 같은 크기로 작용한 것이다. 따라서 이 요소의 x방향 힘의 평형($F_b = F_c$)으로부터 식 (a)는

$$\tau_b t_b = \tau_c t_c \tag{b}$$

로 쓸 수 있다. 만약 이 관의 두께가 전 단면에 걸쳐 일정하다면 전단응력 τ와 두께 t의 곱은 일정하며, 그 결과를 다음 식과 같이 전단흐름(shear flow) f로 표시한다.

전단흐름(shear flow)

$$f = \tau t = c(\text{일정}) \tag{4.28}$$

위 식에서 알 수 있듯이 전단응력의 크기는 두께가 가장 얇은 곳에서 최대이고, 가장 두꺼운 곳에서 최소가 된다.

다음으로 관에 작용하는 T에 의하여 [그림 4-8(c)]와 같이 단면의 길이 ds에 넓이를 갖는 요소에 작용하는 전 전단력(total shearing force) dF는

전 전단력

$$dF = f ds \tag{c}$$

이다. 그러므로 어떤 점 O에 대한 미소요소에 작용하는 전단력에 의한 모멘트 dT는 다음과 같다.

$$dT = r f ds \tag{d}$$

전 비틀림 모멘트

여기서 r은 O로부터 힘의 작용선까지의 수직거리이고, fds는 요소 ds에서의 중심선상의 접선력이다. 따라서 전단응력에 의한 전 비틀림 모멘트 T는 중심선 L_m에 따라 적분하면 얻을 수 있다. 즉,

$$T = \int_0^{L_m} dT = f \int_0^{L_m} r ds \tag{e}$$

가 된다. 여기서 rds는 [그림 4-8(c)]의 음영 넓이의 2배가 되고, 위 적분의 값은 중심선에 의해 둘러싸인 면적 A_m의 2배임을 알 수 있다. 즉,

$$T = f 2A_m \tag{f}$$

이 된다. 따라서 식 (4.28)과 식 (f)로부터

$$f = \tau t = \frac{T}{2A_m} \quad \text{또는} \quad \tau = \frac{T}{2tA_m} \tag{4.29}$$

이다. 위 식 (4.29)로부터 두께가 얇은 관에 대한 전단흐름 f와 전단응력 τ의 크기를 구하게 된다. 또한 비틀림각 ϕ는 이 관에서 탄성 변형에너지를 고려하여 계산할 수 있다. 즉 각 요소들이 순수 전단응력 상태에 있으므로 이 관의 미소요소의 탄성 변형에너지 dU는 식 (4.23)으로부터

탄성 변형에너지

$$\begin{aligned} dU = u dV &= \frac{\tau^2}{2G} dv = \frac{\tau^2}{2G} t ds dx \\ &= \frac{\tau^2 t^2}{2Gt} ds dx \end{aligned} \tag{g}$$

가 된다. 결국 이 관의 전 탄성 변형에너지 U는 식 (g)를 적분하여 얻는다. 여기서 전단 흐름 f를 일정하게 놓으면

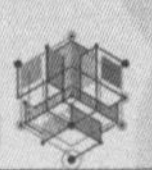

$$U=\int dU=\frac{f^2}{2G}\int_0^{L_m}\left(\int_0^L dx\right)\frac{ds}{t} \qquad \text{(h)}$$

로 된다. 위 식에서 두께 t는 중심축의 둘레에 따라 변할 수 있으므로 적분기호 안에 남아 있는 것에 주의를 기울여야 한다. 또 이 식의 적분 $\int_0^L dx$는 관의 전 길이를 뜻하므로 다음 식으로 고쳐 쓸 수 있다.

$$U=\frac{f^2L}{2G}\int_0^{L_m}\frac{ds}{t} \qquad \text{(i)}$$

식 (4.29)를 식 (i)에 적용할 경우

$$U=\frac{T^2L}{8G{A_m}^2}\int_0^{L_m}\frac{ds}{t} \qquad (4.30)$$

가 된다. 이 식 (4.30)은 비틀림 힘 T의 항으로 표현된 변형에너지를 구하는 식이다. 만약 J를 비틀림상수(torsion constant)로 표현하고 그 크기를

비틀림상수
(torsion constant)

$$J=\frac{4{A_m}^2}{\int_0^{L_m}\frac{ds}{t}} \qquad \text{(j)}$$

으로 놓으면 식 (4.30)은 다음 식과 같이 간단히 쓸 수 있다.

$$U=\frac{T^2L}{2GJ} \qquad (4.31)$$

이 식 (4.31)을 원형단면의 탄성 변형에너지의 식 $U=T^2L/2GI_P$와 비교할 때 I_P 대신 J로 대치된 식임을 알 수 있다. 그리고 이 식에서 두께 t가 일정한 단면일 때 J는 다음과 같다.

$$J=\frac{4t{A_m}^2}{L_m}\ [\text{cm}^4] \qquad (4.32)$$

이 식에서 J는 길이의 차원에 4제곱한 단위이다.

다음은 비틀림각 ϕ에 대하여 살펴보자. 이러한 관에서 비틀림 힘 T에 의한

일을 식 (4.31)과 같이 놓음으로써 두께가 얇은 관의 비틀림각 ϕ를 구할 수 있다. 따라서

$$\frac{T\phi}{2} = \frac{T^2 L}{2GJ} \tag{k}$$

비틀림각

이므로, 비틀림각 ϕ는

$$\phi = \frac{TL}{GJ} \tag{4.33}$$

이 된다. 이 식은 원형단면의 비틀림식 $\phi = TL/GI_P$와 같은 형태로서, 단위길이당 비틀림각 θ를 구하고자 할 때, 식 (4.33)을 관의 가로길이 L로 나누면 된다. 즉,

$$\theta = \frac{\phi}{L} = \frac{T}{GJ} \tag{4.33'}$$

비틀림 강도 (torsional rigidity)

이다. 여기서 GJ를 비틀림 강도(torsional rigidity)라 한다.

1 두께가 얇은 관의 비틀림 예

[그림 4-9], [그림 4-10]에서 비틀림 T에 의한 전단응력 τ와 비틀림 상수 J, 그리고 비틀림각 ϕ의 값은 보다 고차적 해석방법으로 구할 수 있으나 생략하고, [그림 4-11]과 [그림 4-12]의 경우에 대하여 알아보자.

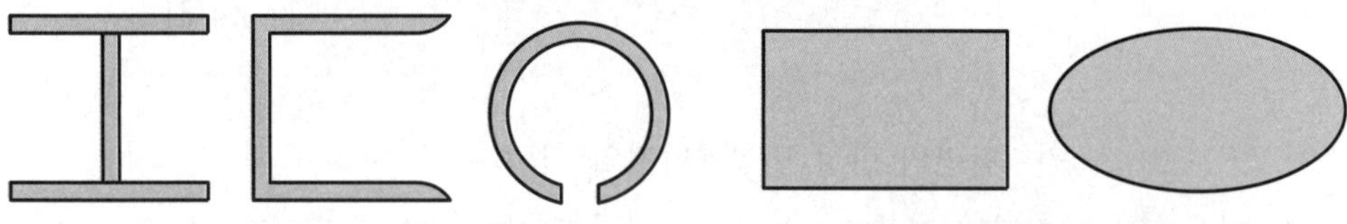

[그림 4-9] 두께가 얇은 개방단면

[그림 4-10] 중실 비원형 단면

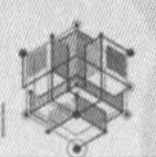

(1) 원형단면의 경우

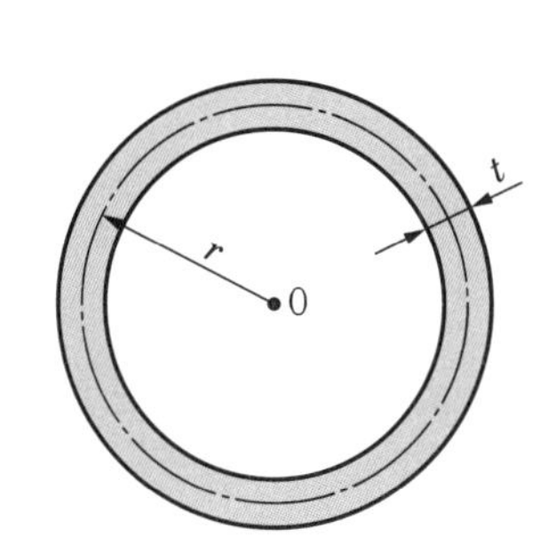

[그림 4-11] 두께가 얇은 원형단면의 관

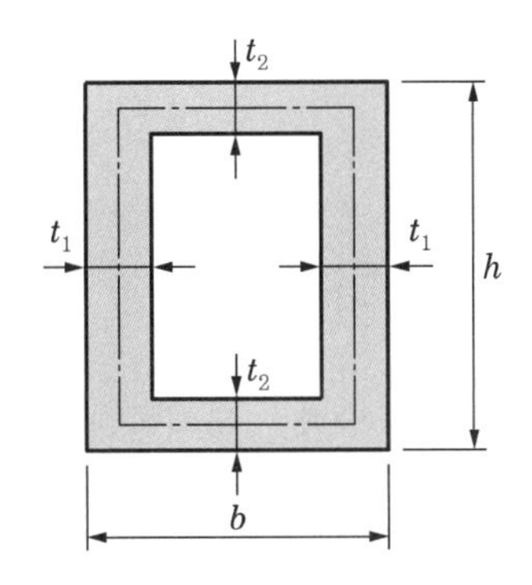

[그림 4-12] 두께가 얇은 구형단면의 관

[그림 4-11]과 같이 두께가 t이고 중심선의 반경이 r인 두께가 얇은 원형관을 생각해 보자. 이때 중심선에 따른 둘레길이 L_m과 중심선으로 둘러싸인 넓이 A_m은

둘레길이

둘러싸인 넓이

$$L_m = 2\pi r, \quad A_m = \pi r^2$$

이다. 따라서 전단흐름 f와 전단응력 τ는 식 (4.29)에 위 식을 적용하여 다음과 같이 구한다.

전단흐름

전단응력

$$\left.\begin{aligned} f &= \frac{T}{2A_m} = \frac{T}{2\pi r^2} \\ \tau &= \frac{T}{2tA_m} = \frac{T}{2\pi r^2 t} \end{aligned}\right\} \tag{4.34}$$

또 비틀림각 ϕ를 구해보면, 식 (4.32)로부터

$$J = \frac{4t(\pi r^2)^2}{2\pi r} = 2\pi r^3 t \tag{4.35}$$

이고, 식 (4.33)에 적용하면 결국 비틀림각의 크기는

$$\phi = \frac{TL}{GJ} = \frac{TL}{G2\pi r^3 t} \tag{4.36}$$

이다.

사각단면

(2) 사각단면의 경우

[그림 4-12]와 같이 두께가 얇은 직사각형 관의 경우 세로벽의 두께를 t_1, 가로벽의 두께를 t_2, 이 단면의 높이와 폭을 각각 h와 b로 할 때 단면의 중심선을 따르는 L_m과 중심선으로 둘러싸인 넓이 A_m은

$$L_m = 2(b+h), \quad A_m = bh$$

이다. 여기서 두께는 무시한다. 그러므로 전단흐름 f와 전단응력 τ는 식 (4.29)로부터

$$\left.\begin{aligned} f &= \frac{T}{2A_m} = \frac{T}{2bh} \\ \tau &= \frac{T}{2tA_m} = \frac{T}{2bht} \end{aligned}\right\} \tag{4.37}$$

비틀림상수

가 된다. 또 비틀림각 ϕ를 구하기 위하여 먼저 비틀림상수 J를 찾아보면 식 (j)에서

$$\begin{aligned} \int_0^{L_m} \frac{ds}{t} &= 2\int_0^h \frac{ds}{t_1} + 2\int_0^b \frac{ds}{t_2} \\ &= \frac{2h}{t_1} + \frac{2b}{t_2} = 2\left(\frac{h}{t_1} + \frac{b}{t_2}\right) \end{aligned}$$

이므로, 결국

$$J = \frac{4{A_m}^2}{\int_0^{L_m} \frac{ds}{t}} = \frac{4b^2h^2}{2\left(\frac{ht_2 + bt_1}{t_1 t_2}\right)} = \frac{2t_1t_2b^2h^2}{ht_2 + bt_1} \tag{4.38}$$

관의 비틀림각

이다. 또 이 관의 비틀림각 ϕ를 찾아보면 식 (4.33)에서

$$\phi = \frac{TL}{GJ} = \frac{(ht_2 + bt_1)TL}{2Gt_1t_2b^2h^2} \tag{4.39}$$

을 얻을 수 있다.

만약 두께 t가 일정$(t_1 = t_2 = t)$하고, 한 변이 $a(b = h = a)$인 정사각형 단면 관이라면, 위의 식에서 $t_1 = t_2 = t$로, $b = h = a$로 바꾸어 쓰면 된다.

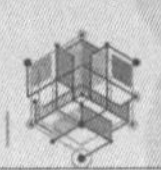

예제 4.7

그림과 같이 균일단면을 갖는 재료가 양단이 고정되어 있다. C점과 D점에 비틀림 모멘트가 작용할 경우 이 재료의 전 변형에너지 U는 얼마인가? 단, 재료의 가로 탄성계수는 G이다.

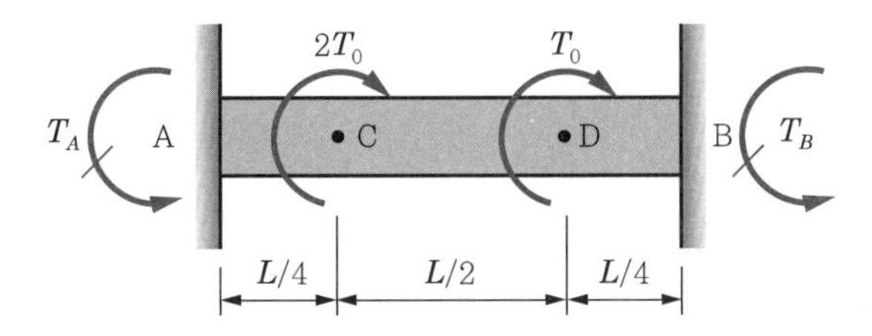

풀이 $T_A + T_B = 3T_0$ ··· ①

$$\frac{2T_0\frac{L}{4}}{GI_p} + \frac{T_0\frac{3}{4}L}{GI_p} \quad \cdots ②$$

식 ①과 ②로부터 $T_A = \dfrac{7}{4}T_0,\quad T_B = \dfrac{5}{4}T_0$

따라서 $U = U_A + U_B + U_C$

$$= \frac{T_A{}^2\frac{L}{4}}{2GI_P} + \frac{T_B{}^2\frac{L}{4}}{2GI_P} + \frac{T_C{}^2\frac{L}{2}}{2GI_P}$$

$$= \frac{49T_0{}^2L}{128GI_P} + \frac{25T_0{}^2L}{128GI_P} + \frac{T_0{}^2L}{64GI_P} \text{(단, } T_C = \frac{1}{4}T_0\text{이다.)}$$

$$\therefore\ U = \frac{T_0{}^2L}{GI_P}\left(\frac{49+25+2}{128}\right) = \frac{19T_0{}^2L}{32GI_P}$$

예제 4.8

다음 그림에서 플라이 휠이 $N=180$rpm으로 회전하고 있다. 이때 B단의 베어링부에서 갑자기 고착될 경우 동적 효과에 의해 축에 발생하는 최대 전단응력 τ_{max}는 몇 N/cm^{2}인가? 단, 축의 길이 $L=2$m, $G=8.4\times10^6$N/cm^2, 축경 $d=6$cm, 플라이 휠의 무게 $W=550$N, 플라이 휠의 회전반경 $K=30$cm이다.

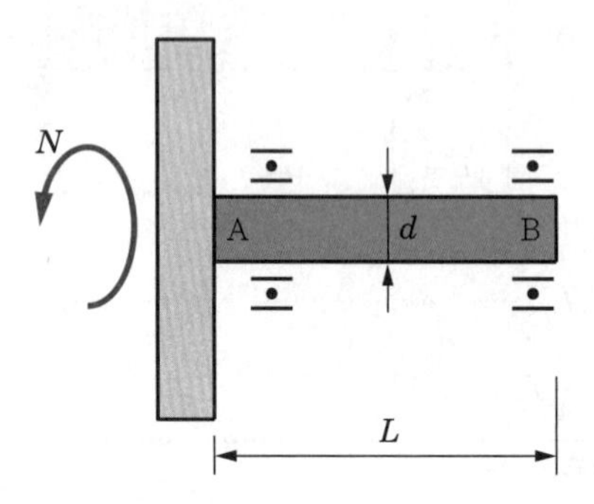

풀이 플라이 휠이 회전하다 멈추는 경우 전 운동에너지가 축에 탄성에너지로 흡수되므로 그 운동에너지의 크기 U_{KE}는 다음과 같다.

$$U_{KE}=\frac{mv^2}{2} \quad \cdots\cdots ①$$

여기서, $\omega=\frac{v}{r}=\frac{\frac{2\pi rN}{60}}{r}=\frac{2\pi N}{60}=\frac{2\times\pi\times180}{60}$
$=18.84\text{rad/sec}$

따라서 식 ①은

$$U_{KE}=\frac{W(R\omega)^2}{2g}=\frac{550\times(30\times18.84)^2}{2\times980}$$
$$=89,641.8\ \text{N}\cdot\text{cm}$$

따라서 $U_{KE}=\frac{{\tau_{max}}^2\pi Lr^2}{4G}=89,641.8\ \text{N}\cdot\text{cm}$

$$\therefore\ \tau_{max}=\sqrt{\frac{4G\times89,641.8\ \text{N}\cdot\text{cm}}{\pi Lr^2}}$$
$$=\sqrt{\frac{4\times8.4\times10^6\times89,641.8\ \text{N}\cdot\text{cm}}{\pi\times200\times\left(\frac{6}{2}\right)^2}}$$
$$=23,084.68\ \text{N/cm}^2$$

예제 4.9

다음 그림과 같이 정삼각형 모양을 갖는 얇은 두께의 단면재 강철관에 비틀림 모멘트 T를 가할 경우 재료에 발생한 사용응력 $\tau_w = 3{,}200\text{N/cm}^2$였다면 이 재료에 가한 비틀림 모멘트 T의 크기와 단위길이당 비틀림각을 구하라. 단, $G = 8.3\times10^6 \text{N/cm}^2$이다.

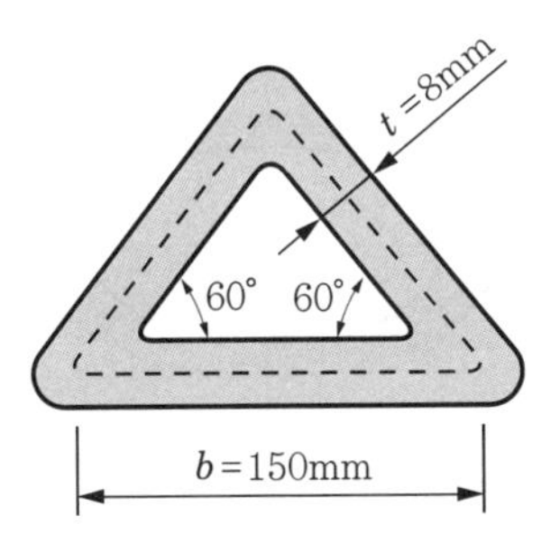

풀이 $\tau = \dfrac{T}{2tA_m} \rightarrow T = \tau 2tA_m$ ······ ①

여기서, $A_m = \dfrac{1}{2}\times 15\times 15\sin 60$ ······ ②

식 ②의 값을 식 ①에 대입하면

$$\therefore\ T = 3{,}200\times 2\times 0.8\times \frac{1}{2}\times 15^2\times \frac{\sqrt{3}}{2}$$
$$= 498{,}830.6\,\text{N}\cdot\text{cm}$$

또 비틀림각 $\phi = \dfrac{TL}{GJ}[\text{rad}]$

여기서, $J = \dfrac{4A_m{}^2}{\int_0^{L_m}\dfrac{ds}{t}} = \dfrac{4\left(\dfrac{\sqrt{3}}{4}b^2\right)^2}{3b/t} = \dfrac{b^3t}{4}$

따라서 $\phi = \dfrac{4TL}{Gb^3t}$

결국 단위길이당 비틀림각 θ는

$$\therefore\ \theta = \frac{\phi}{L} = \frac{4T}{Gb^3t} = \frac{4\times 498{,}830.6}{8.3\times 10^6\times 15^3\times 0.8}$$
$$= 8.9\times 10^{-5}\text{rad/cm} = 8.9\times 10^{-3}\text{rad/m}$$

예제 4.10

다음 그림과 같이 타원형 환상단면을 갖는 두께가 얇은 강철관이 비틀림 모멘트를 받고 있다. 이 재료에 있어서 사용응력 $\tau_w = 6{,}000\text{N/cm}^2$라면 이 관의 단위길이당 허용비틀림각은 얼마인가? 단, 재료의 $G = 8.1 \times 10^6\text{N/cm}^2$, $a = 80\text{mm}$, $b = 45\text{mm}$, $t = 2.5\text{mm}$이다.

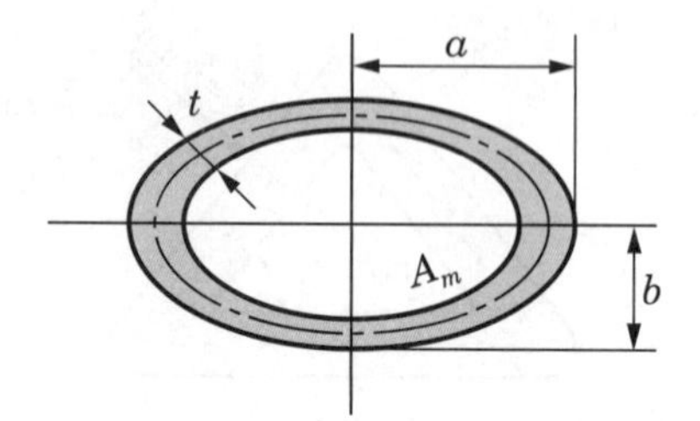

풀이 관의 단위길이당 비틀림각 θ는

$$\theta = \frac{\tau S}{2A_m G} \quad \cdots\cdots ①$$

여기서 A_m은 평균중심선으로 둘러싸인 면적이고, S는 평균중심선의 길이이다.

따라서 $A_m = \pi ab = \pi \times 8 \times 4.5 = 113.04\text{cm}^2$

$$S = \pi\left[\frac{3}{2}(a+b) - \sqrt{ab}\right] \ : \text{근사공식}$$

$$= \pi\left[\frac{3}{2} \times (8+4.5) - \sqrt{8 \times 4.5}\right] = 40.035\text{cm} \quad \cdots\cdots ②$$

식 ②의 값을 식 ①에 대입하면

$$\therefore \ \theta = \frac{\tau S}{2A_m G} = \frac{6{,}000 \times 40.035}{2 \times 113.04 \times 8.1 \times 10^6}$$

$$= 1.31 \times 10^{-4}\text{rad/cm}$$

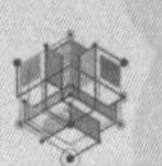

예제 4.11

다음 그림과 같이 L형 단면의 각에 무한대의 응력집중이 발생하는 것을 방지하기 위하여 구석살을 붙여 제작하였다. 이때 구석살을 붙인 부분의 반지름 ρ=0.8cm라 할 때 L형 단면부재의 전 길이 L=2m라면 T=30,000N·cm의 비틀림 모멘트가 작용할 경우 이 부재의 최대 전단응력 τ_{max}과 전 비틀림각 ϕ를 구하라. 단, G=8.3×10⁶ N/cm²이다.

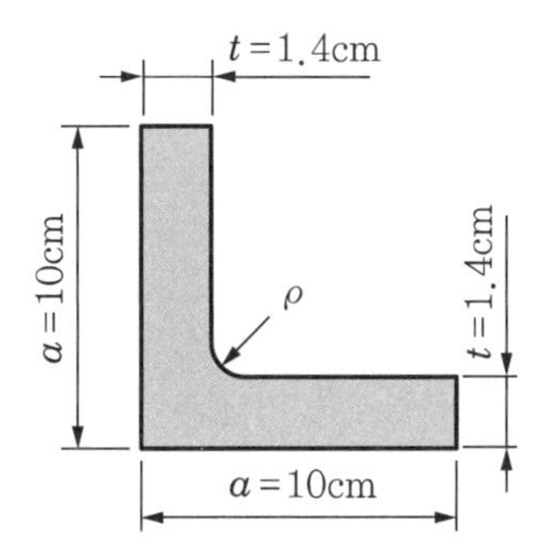

풀이 최대 전단응력 $\tau_{max} = \dfrac{3T}{bt^2}\alpha$ 이다.

여기서 α는 응력집중계수로서

$$\alpha = 1.74\left(\frac{t}{\rho}\right)^{\frac{1}{3}} = 1.74\left(\frac{1.4}{0.8}\right)^{\frac{1}{3}} = 2.096 \text{ 이다.}$$

또 $b = 2a - t = 2 \times 10 - 1.4 = 18.6\text{cm}$

$$\therefore \ \tau_{max} = \alpha\frac{3T}{bt^2} = 2.096 \times \frac{3 \times 30,000}{18.6 \times 1.4^2} = 5,174.5\,\text{N/cm}^2$$

전 비틀림각 ϕ는

$$\phi = \frac{3TL}{bt^3G} = \frac{3 \times 30,000}{18.6 \times 1.4^3 \times 8.3 \times 10^6} = 0.0425\,\text{rad}$$

예제 4.12

다음 그림과 같이 직경이 다른 환봉의 일단이 벽에 고정되어 있고, 자유단에서 비틀림 모멘트 T를 가할 때 자유단의 비틀림각 ϕ를 구하라. 단, 재료의 가로탄성계수 G는 동일하다.

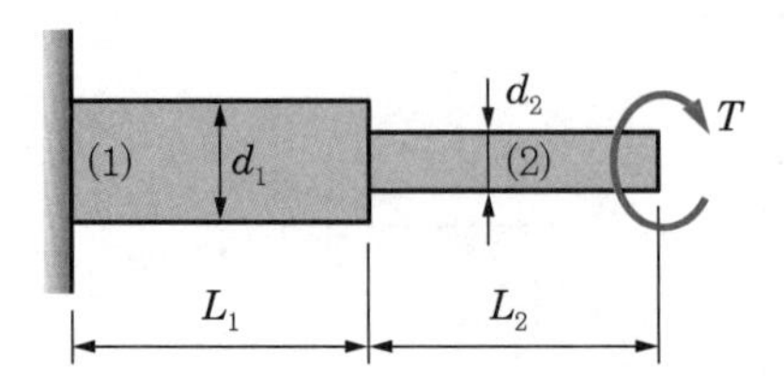

풀이 비틀림 모멘트 T는 어느 단에서나 같은 크기로 작용하므로 끝단에서 비틀림각 ϕ는 각 단면의 비틀림각을 합하면 된다. 즉,

$$\phi = \phi_1 + \phi_2 = \frac{TL_1}{GI_{p_1}} + \frac{TL_2}{GI_{p_2}}$$

$$= \frac{32\,TL_1}{G\pi d_1^{\,4}} + \frac{32\,TL_2}{G\pi d_2^{\,4}} = \frac{32\,T}{G\pi}\left(\frac{L_1}{d_1^{\,4}} + \frac{L_2}{d_2^{\,4}}\right)$$

가 된다. 여기서 $G_1 = G_2$이다.

기초연습문제

Mechanics of Materials

01 극관성 모멘트 $I_p=674\text{cm}^4$인 중실(中實) 원형단면축의 극단면계수 Z_p를 구하면?

02 중공축에 비틀림 모멘트 $T=64,000\text{N}\cdot\text{cm}$가 작용하고 있다. 이때 축에 발생하는 비틀림 응력 τ는 몇 kN/cm^2인가? 단, 내경 $d_1=3\text{cm}$, 외경 $d_2=6\text{cm}$이다.

03 비틀림 모멘트 $T=97,000\text{N}\cdot\text{cm}$를 받고 있는 중실축의 직경 d는 몇 cm인가? 단, 축의 비틀림 허용응력이 3.54kN/cm^2이다.

04 매분 회전수 $N=500\text{rpm}$이고, 전달마력 $H_{\text{PS}}=30\text{PS}$인 축이 있다. 축의 비틀림각 $\phi[°]$는 얼마인가? 단, 축의 직경이 9cm, 길이가 1m, 가로탄성계수 $G=8.0\times10^6\,\text{N/cm}^2$이다.

05 축의 직경이 6cm이고, 길이가 2m, 비틀림 모멘트가 $150\text{kN}\cdot\text{cm}$를 받고 있는 비틀림축이 탄성적으로 거동한다면 최대 전단응력은 몇 kN/cm^2가 발생하는가?

06 강성비틀림 환봉을 사용하는 토션바(torsion bar) 스프링에서 비틀림각을 25°로 할 때 최대 비틀림응력이 9.0kN/cm^2라면 봉의 직경과 길이의 비를 구하라. 단, $G=8.5\times10^6\,\text{N/cm}^2$이다.

07 축의 직경이 12cm인 중실축(中實軸)에서 전달마력이 200PS일 때 회전속도 N은 얼마로 하면 되는가? 단, 축의 허용전단응력 $\tau_a=3,000\text{N/cm}^2$이다.

08 직경이 10cm인 동력축이 회전수 $N=200\text{rpm}$일 때 비틀림각은 4m에 대하여 2° 범위에 있도록 할 경우 전달동력과 또 축에서 발생된 최대 전단응력은 얼마인가? 단, 재료의 $G=8.3\times10^6\text{N/cm}^2$이다.

09 다음 그림과 같은 벨트 전동장치에서 풀리가 $N=120\text{rpm}$으로 회전할 때 긴장측 장력이 1.5kN, 이완측 장력이 700N 발생하였다면 전달마력은?

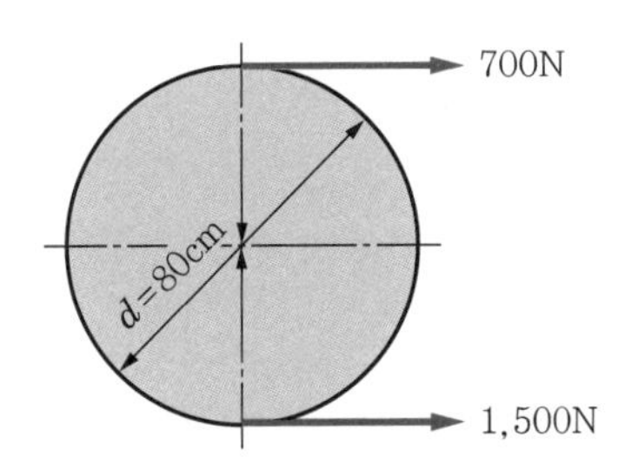

10 가운데가 빈 중공축에서 외경이 10cm, 내경이 7cm, 회전수 N=15rpm일 때 이 축이 전달할 수 있는 동력은 몇 kW인가? 단, $\tau_a=2.5\text{kN/cm}^2$이다.

11 평균 직경 D=30cm이고, 소선의 직경 d=2cm인 원통형 코일 스프링에 축하중 P=200N을 가하여 처짐이 7.46cm 발생하였을 경우 이 스프링에 저장된 탄성에너지 U는 얼마인가?

12 다음 그림과 같은 구형단면이 $b\times c$=5cm×2cm인 축의 경우 양단에서 비틀림 모멘트 T=20kN·cm를 받고 있을 때 최대 전단응력을 구하라. 단, $\dfrac{b}{c}=\dfrac{5}{2}=2.5$일 때 α=0.258이다.

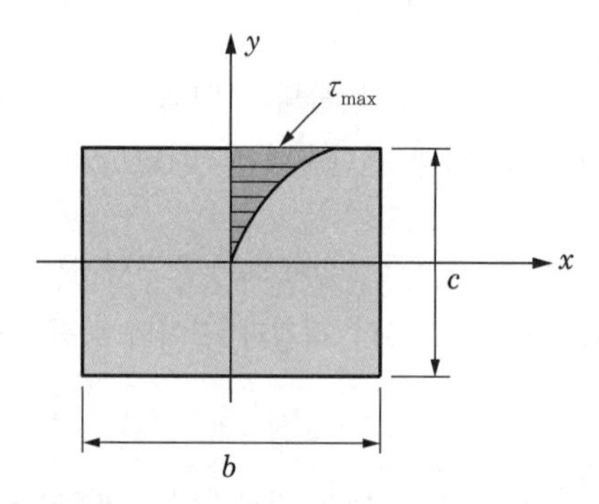

13 축이 N=600rpm으로 회전하고 있다. 이 축에 전달응력이 50kW일 때 바하의 축공식을 사용하여 축경을 구하면 몇 mm인가?

14 코일 스프링의 소선의 직경 0.8cm이고, 하중이 2,000N일 때 전단응력이 14.5kN/cm^2 발생하였다면 소선에 발생한 비틀림 모멘트는 몇 N·cm인가?

15 원통형 코일 스프링의 평균 반경이 10cm, 코일의 감김 수를 10, 소선의 직경이 1.05cm일 때 인장력 180N이 작용할 경우 스프링상수 k는 몇 N/cm인가? 단, $G=8.6\times10^6$ N/cm^{2}이다.

응용연습문제

Mechanics of Materials

01 축의 직경이 9cm이고 길이가 70cm인 강성축이 있다. 세로탄성계수 $E=8.0\times10^4$ N/mm^{2}일 때 축을 비틀어 0.4°에 있었다. 이 축에 발생한 최대 전단응력 τ는 몇 N/mm^{2}인가?

02 후차축 자동기어를 사용하는 자동차 변속기의 추진축이 있다. 이때 축은 얇은 속 빈 중공축을 사용한다면 엔진의 출력 $H_{PS}=130$이고, 회전수 $N=6,000$rpm일 경우 추진축의 내경 d_1은 몇 cm인가? 단, 변속기의 기어회전비 $i=3.54$, 축의 허용전단응력 $\tau_a=9.0$kN/cm^2, 축의 외경 $d_2=8$cm로 한다.

03 중실축의 직경을 10cm로 할 때 재질이 같고 단면적이 같은 중공축에서 외경을 $d_2=2d_1$로 하였다. 이때 회전수를 같게 한다면 전달마력의 비율은 얼마인가? 단, $d_2=\dfrac{2}{\sqrt{3}}d$이다.

04 다음 그림과 같은 그라인더가 있다. 그라인더의 외경 $D=30$cm일 때 최대 원주속도 $v=24$m/s로 회전할 경우 그라인더 날을 끼운 축의 직경 d는 몇 cm로 하면 되는가? 단, 모터의 회전동력은 14kW이고, 축의 허용응력 $\tau_a=3.0$kN/cm^{2}이다.

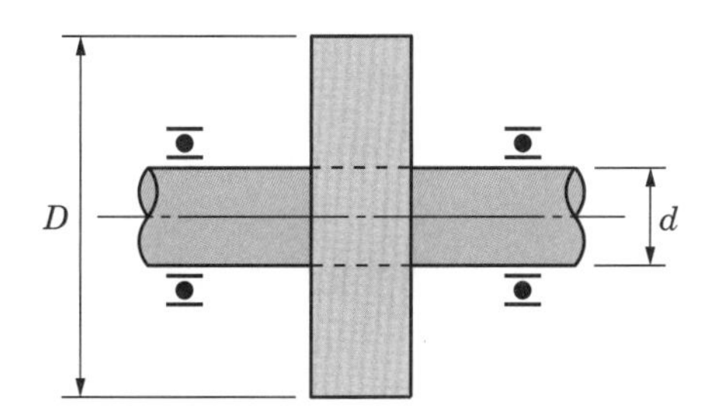

05 같은 재료를 사용하여 처음 길이의 2배, 직경을 2배로 할 때 비틀림각이 같다면 비틀림 모멘트의 비는?

06 같은 재료를 사용하여 중실 원축과 얇은 중공 원축을 만들어 무게를 같게 하려고 한다. 두 축에 비틀림 하중을 가하여 약간 비틀 때 최대 전단응력이 같다면 탄성에너지 비를 구하라. 단, 실축은 I, 얇은 중공축은 II로 한다.

07 [기초연습문제 14]와 같은 코일 스프링 형태에서 최대 전단응력 $\tau_{max}=30$kN/cm^{2}로 제한할 경우 스프링에 가할 수 있는 안전하중 P는 몇 N인가? 단, 스프링 평균 직경 $D=12$cm이다.

Mechanics of Materials

제 5 장

조합응력과 모어의 응력원

5.1 경사단면 위의 응력

[그림 5-1(a)]와 같은 부재가 인장과 압축을 받을 때 경사단면 $m'n'$ 단면 위의 응력을 고찰해 보자. 먼저 응력이 전 단면(full face)에 걸쳐 균일하게 분포되어 있다면 단면 mn 위의 수직응력 $\sigma_x = P/A$이다. 이때 축력(軸力) P는 단면적의 중심에 작용하고, 단면은 고도의 지엽적 응력이 존재할지 모르는 부재의 양단으로부터 먼 곳의 단면을 고려한다. 그리고 축력 P는 [그림 5-1(b)]와 같이 경사 평면 $m'n'$에 각각 수직방향과 접선방향인 두 분력(分力) N과 Q로 분해될 수 있다. 이들 분력의 크기는 다음 식과 같다.

축력

분력

$$N = P\cos\theta\,, \qquad Q = P\sin\theta \tag{5.1}$$

수직응력

전단응력

힘 N과 Q에 의해 수직응력 σ_n과 전단응력 τ는 경사단면 위에 균일하게 분포되어 있다. 이 응력들의 σ_n은 인장일 때 양(+)이고, τ는 재료의 회전이 반시계 방향으로 일어날 경향이 있을 때 양(+)이다. 경사단면을 A_1이라고 하면 부재의 수직단면 A로부터 다음 식으로 쓸 수 있다.

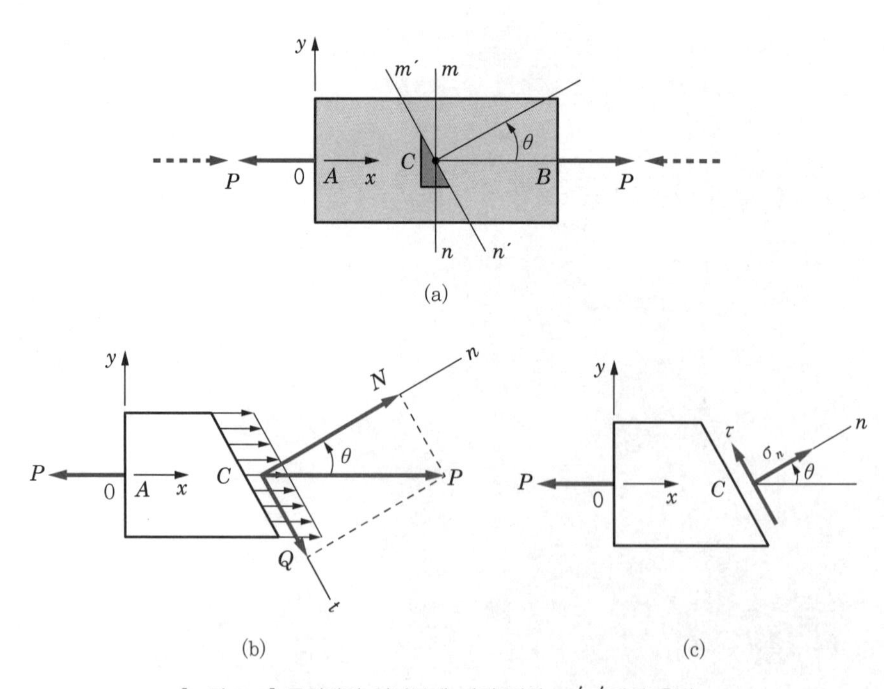

[그림 5-1] 균일단면 인장부재 내의 경사 $m'n'$면의 응력

$$A_1 = \frac{A}{\cos\theta} \tag{a}$$

그리고 응력 σ_n과 τ는 정의된 식에 식 (5.1)과 식 (a)를 적용하여 다음 식으로 주어진다.

$$\sigma_n = \frac{N}{A_1} = \frac{P}{A}\cos^2\theta = \sigma_x \cos^2\theta \tag{5.2}$$

$$\tau = -\frac{Q}{A_1} = -\frac{P}{A}\sin\theta\cos\theta = -\sigma_x \sin\theta\cos\theta$$

$$= -\frac{1}{2}\sigma_x \sin 2\theta \tag{5.3}$$

여기서 음(−)은 [그림 5-1(c)]에 설정된 방향의 반대 전단응력이 발생됨을 의미하고, σ_x는 부재의 수직단면 위에 생긴 수직응력이다.

위에서 얻은 σ_n과 τ의 식을 힘의 평형조건을 생각하여 구할 수도 있다. 물론 각 표면에 작용하는 힘의 크기는 응력에 작용하는 면적을 곱함으로써 얻을 수 있다. 즉 [그림 5-2]에서 A_1은 경사면의 넓이이고, A는 부재의 수직면의 넓이이다. 따라서 $A = A_1\cos\theta$ 이므로 수직면의 힘의 크기를 접선 t와 법선 n방향으로 분력시키면 다음과 같다.

n방향 ; $-\sigma_x A\cos\theta + \sigma_n A_1 = 0$

$$\therefore\ \sigma_n = \frac{\sigma_x}{A_1} A\cos\theta = \sigma_x \cos^2\theta \tag{5.2$'$}$$

t방향 ; $\sigma_x A\sin\theta + \tau A_1 = 0$

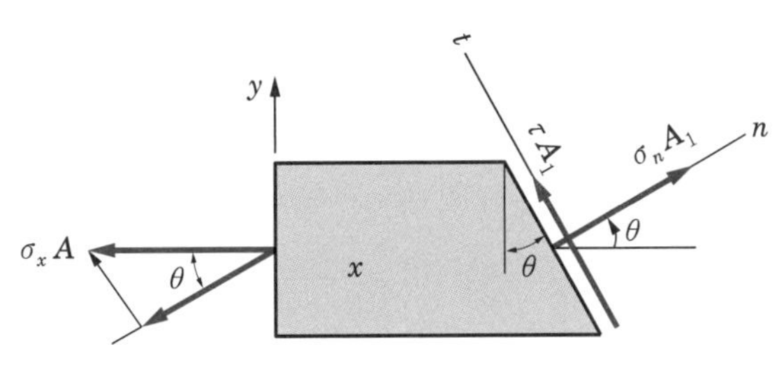

[그림 5-2] 경사면의 힘의 평형

$$\therefore \ \tau = -\frac{\sigma_x}{A_1} A \sin\theta = -\sigma_x \sin\theta \cos\theta$$

$$= -\frac{1}{2}\sigma_x \sin 2\theta \qquad (5.3)'$$

순전단력
(pure shearing force)

식 (5.2)', (5.3)'은 앞의 식 (5.2), (5.3)과 같다. 그리고 힘의 평형을 기반으로 응력요소의 경사 평면상의 응력을 구하는 방법은 순 전단력(pure shearing force)과 같은 일반적인 상태의 응력을 다룰 때 취급된다. 위 식 (5.2)에서 $\theta = 0$일 때 경사면 $m'n'$은 수직단면이 되고 $\sigma_n = \sigma_x$임을 보여주며, $\theta = \pm\frac{\pi}{2}$일 때까지 차츰 감소되어 결국 0이 된다. 따라서 최대 수직응력 σ_{max}는 $\theta = 0$에서 일어나며 다음과 같다.

최대 수직응력

$$\sigma_n)_{\theta=0} = \sigma_{max} = \sigma_x \qquad (5.4)$$

또 $\theta = \pm\frac{\pi}{4}$에서 수직응력 σ_n은 σ_{max}의 $\frac{1}{2}$이 된다. 전단응력 τ는 식 (5.3)으로부터 $\theta = 0$과 $\theta = \pm\frac{\pi}{2}$ 위에서는 0이다. 이 전단응력은 $\theta = (-)\frac{\pi}{4}$일 때 최대 양(+)의 값이, $\theta = (+)\frac{\pi}{4}$일 때 최대 음(−)의 값이 되며, 이 최대 전단응력은 크기는 같으나 그 요소가 반대방향으로 회전하려고 한다. 그러므로 최대 전단응력이 축과 45° 되는 평면 위에 있고 다음 식과 같다고 할 수 있다.

$$\tau\Big)_{\theta=\pm\frac{\pi}{4}} = \tau_{max} = \frac{1}{2}\sigma_x \qquad (5.5)$$

위에서 설명된 것을 기준으로 축의 45°로 잘라진 단면 위에서의 완전한 응력 상태는 [그림 5-3]에서 보여 주는 응력요소로 표현할 수 있다.

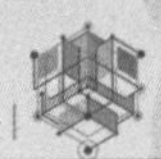

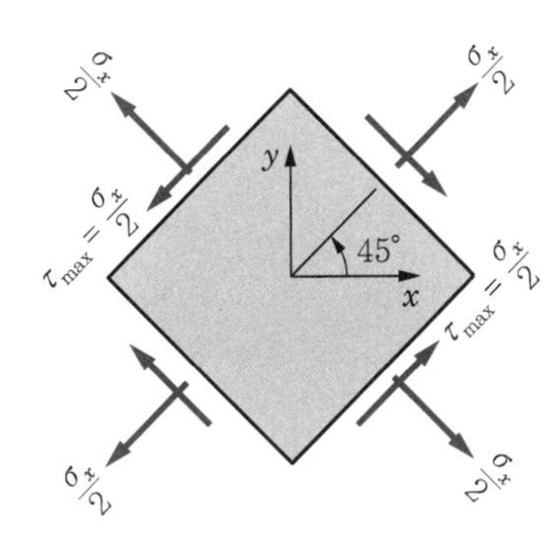

[그림 5-3] 인장봉의 $\theta = 45°$ 에서의 응력요소

이상에서 설명된 응력상태를 단축응력(單曲應力, uniaxial stress)이라고 부른다. 왜냐하면 부재가 단순한 인장, 압축을 받아 축을 향한 응력요소는 단 한 방향의 응력에 의해 작용되기 때문이다.

단축응력

임의의 경사단면 θ보다 90° 회전한 직교단면의 응력을 알아보면 다음과 같다. [그림 5-4(a)]에서 θ만큼 기울어진 면 pq보다 90° 회전된 $p'q'$면의 응력을 $\sigma_m{}'$과 τ'으로 표시하고, 그 값을 식 (5.2) 및 (5.3)에 θ 대신 $\theta + 90°$를 대입하여 찾으면 다음과 같다.

직교단면의 응력

$$\sigma_n{}' = \sigma_x \cos^2(\theta + 90°) = \sigma_x \sin^2\theta \tag{5.6}$$

$$\tau' = -\frac{1}{2}\sigma_x \sin 2(\theta + 90°) = -\frac{1}{2}\sigma_x \sin(2\theta + 180°)$$

$$= \frac{1}{2}\sigma_x \sin 2\theta \tag{5.7}$$

이 $\sigma_n{}'$과 τ'을 공액 수직응력과 공액 전단응력이라 하고, 응력분포는 [그림

공액 수직응력

공액 전단응력

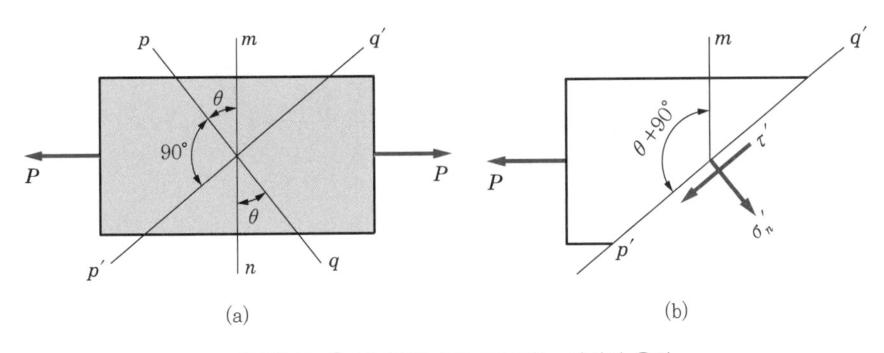

[그림 5-4] 경사단면 θ와 직교하는 단면의 응력

5-4(b)]와 같다. 식 (5.2)와 (5.6), 또 식 (5.3)과 (5.7)을 합할 경우 다음과 같은 결과를 얻을 수 있다(공액 수직응력 = 공칭 수직응력, 공액 전단응력 = 공칭 전단응력).

공칭 수직응력

공칭 전단응력

$$\sigma_n + \sigma_n{}' = \sigma_x \cos^2\theta + \sigma_x \sin^2\theta = \sigma_x(\cos^2\theta + \sin^2\theta) = \sigma_x \qquad (5.8)$$

$$\tau + \tau' = -\frac{1}{2}\sigma_x \sin 2x + \frac{1}{2}\sigma_x \sin 2\theta = 0 \qquad (5.9)$$

그러므로 축인장을 받는 부재의 두 직교면 위에 작용하는 σ_n과 $\sigma_n{}'$의 합은 수직단면 mn 위에 작용하는 σ_x와 항상 같다. 또한 τ와 τ'의 합은 0이므로 항상 $\tau = -\tau'$으로 나타내며, 언제나 일정한 값이 된다.

1축 응력에 대한 모어의 원

1 1축 응력에 대한 모어의 원

1축 응력을 받고 있는 축의 임의의 단면에 나타난 σ_n과 τ(식 (5.2), (5.3))를 하나의 응력원(stress circle)으로 표시할 경우 [그림 5-5]와 같다. 즉 O을 직교좌표의 원점으로 잡고 x축에 σ_n을, y축에 τ를 표시할 때 $\theta = 0°$에서 σ_n과 τ는 식 (5.2)와 식 (5.3)으로부터

응력원(stress circle)

$$\sigma_n = \sigma_x \cos^2\theta = \sigma_x, \quad \tau = -\frac{1}{2}\sigma_x \sin 2\theta = 0$$

이 되고, [그림 5-5]의 A점이 된다. $\theta = \pi/2$일 때는 $\sigma_n = 0$, $\tau = 0$이 되어 O점

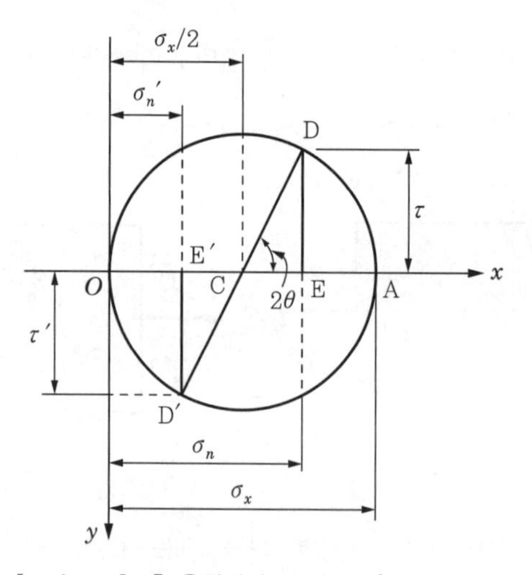

[그림 5-5] 1축 응력에서 모어(Mohr' s)의 응력원

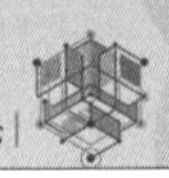

을 의미하며 결국 거리 OA를 지름으로 하는 하나의 원이 되는데, 이것을 모어(Mohr's)의 응력원(stress circle)이라 한다.

모어의 응력원

모어의 응력원으로부터 1축 응력상태에 있는 축의 임의의 각 θ에 대한 σ_n과 τ를 찾아보면 다음과 같다. 즉 A점으로부터 반시계 방향으로 중심각 2θ를 이루는 원주상의 점 D를 잡고, D점으로부터 수직선을 내려 x축과 만나는 점을 E점으로 할 때 $\overline{OE}$의 크기가 σ_n을, $\overline{DE}$의 크기가 τ를 나타낸다. 그러므로 기하학적으로

$$\sigma_n = \overline{OE} = \overline{OC} + \overline{CE} = \frac{\sigma_x}{2} + \frac{\sigma_x}{2}\cos 2\theta$$

$$= \sigma_x\left(\frac{1}{2} + \frac{\cos 2\theta}{2}\right) = \sigma_x \cos^2\theta \qquad (5.10)$$

$$\text{단, } \cos^2\theta = \frac{1}{2} + \frac{1}{2}\cos 2\theta$$

$$\tau = \overline{DE} = -\frac{1}{2}\sigma_x \sin 2\theta \qquad (5.11)$$

의 값을 모어의 원(circle of Mohr)을 통하여 찾을 수 있다.

모어의 원(circle of Mohr)

예제 5.1

다음 그림과 같은 균일단면축이 축방향 인장응력 σ_x를 받고 있다. 임의의 경사면에 작용하는 수직응력과 전단응력이 각각 σ_n=7,500N/cm^2, τ= −3.2kN/cm^{2}이었다. 이때 축방향응력 σ_x와 경사각 θ는 얼마인가?

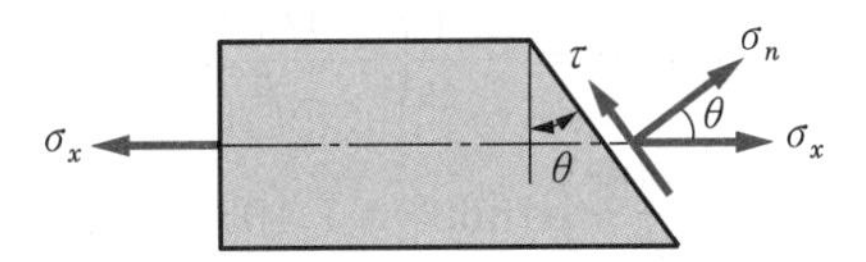

풀이 임의의 단면 θ에서 수직응력은 $\sigma_n = \sigma_x \cos^2\theta = 7{,}500\text{N/cm}^2$

전단응력은 $\tau = -\frac{1}{2}\sigma_x \sin 2\theta = -3{,}200\text{N/cm}^2$이므로

$$\frac{\tau}{\sigma_n} = \frac{-\sigma_x \sin\theta \sin\theta}{\sigma_x \cos^2\theta} = -\frac{\sin\theta}{\cos\theta} = -\tan\theta$$

$$\therefore \ \tan\theta = \frac{-\tau}{\sigma_n} = \frac{+3,200}{7,500} = 0.426$$

$$\rightarrow \theta = \tan^{-1}(0.426) = 23.10°$$

따라서 축방향 응력상태는

$$\sigma_x = \frac{7,500}{\cos^2\theta} = \frac{7,500}{(\cos 23.10)^2} ≒ 8,865\text{N/cm}^2$$

예제 5.2

단면이 원형인 축이 압축하중 8,000N을 받고 있다. 축의 직경이 $d=2$cm일 때 축방향 축으로부터 60° 기울어진 단면에서 σ_n과 τ를 구하라.

풀이 다음 그림과 같이 축선에 60° 기울어진 단면일 경우 종축에 대해서는 $\theta = 30°$가 되므로 (단, $\sigma_x = \frac{P}{A} = -\frac{4P_c}{\pi d^2}$)

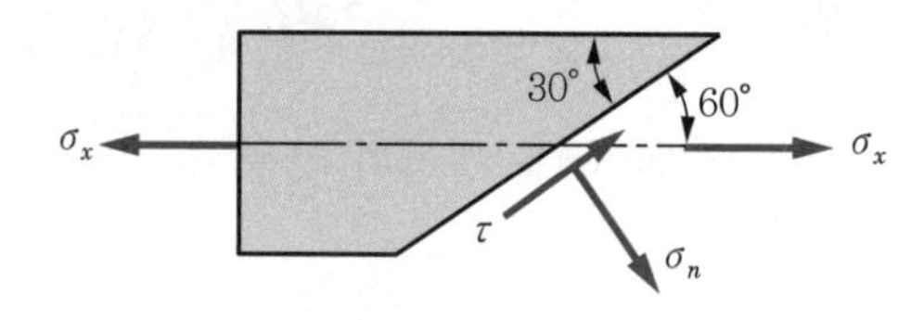

$$\sigma_n = \sigma_x \cos^2\theta = -\frac{4P_c}{\pi d^2}\cos^2\theta$$

$$= -\frac{4 \times 8,000}{\pi \times 2^2} \times (\cos 30°)^2 = -1,910.8\text{N/cm}^2$$

$$\tau = -\frac{1}{2}\sigma_x \sin 2\theta = -\frac{1}{2}\left(-\frac{4P_c}{\pi d^2}\right)\sin(2\times 30)°$$

$$= \frac{1}{2}\left(\frac{4 \times 8,000}{\pi \times 2^2}\right)\sin 60° = 1,103.2\text{N/cm}^2$$

예제 5.3

단면이 $b \times h = 10\text{cm} \times 12\text{cm}$인 사각단면을 갖는 축에서 축압축 $P = 40\text{kN}$을 받을 때 종축에 30° 기울어져 있는 단면에서의 공칭응력 $\sigma_n{}'$과 $\tau_n{}'$을 구하라.

풀이 다음 그림과 같이 종축에 $\theta = 30°$ 기울어진 단면에서 σ_n와 τ를 구하는 식은

$$\sigma_n = \sigma_x \cos^2\theta, \quad \tau = -\frac{1}{2}\sigma_x \sin 2\theta$$

이다. 이때 각각의 공칭응력 $\sigma_n{}'$과 $\tau_n{}'$은 θ보다 90° 돌아간 단면에서의 수직응력과 법선응력이므로

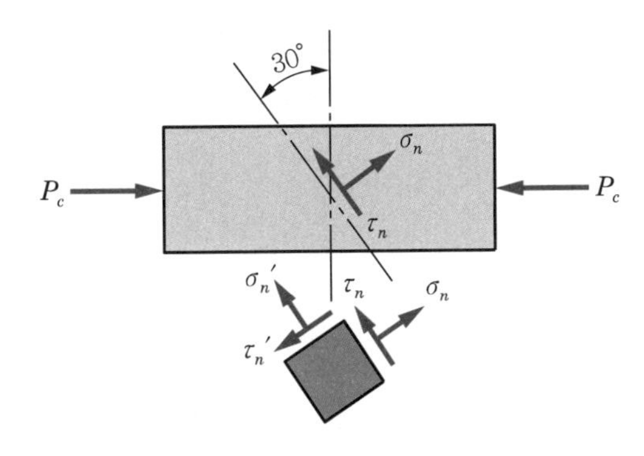

$$\sigma_n{}' = \sigma_x \sin^2\theta, \quad \tau_n{}' = \frac{1}{2}\sigma_x \sin 2\theta$$

$$\therefore\ \sigma_n{}' = \frac{P}{A}\sin^2\theta = \frac{-40{,}000}{10 \times 12} \times (\sin 30°)^2 = -83.3\text{N/cm}^2$$

$$\tau_n{}' = \frac{1}{2}\frac{P}{A}\sin 2\theta = \frac{1}{2}\frac{-40{,}000}{10 \times 12} \times \sin 60°$$

$$= -144.2\text{N/cm}^2$$

예제 5.4

그림과 같이 인장하중 P를 받고 있는 정사각형 단면의 균일단면 축이 있다. 이때 AB 단면을 접착하였을 때 아교인 접착제의 사용 수직응력이 σ_w =5,500N/cm^2, 전단 사용응력 τ_w= −4,200N/cm^{2}라면 이 부재를 안전하게 사용할 수 있는 하중 P_w는 몇 kg인가? 그리고 아교 접착제의 접착면의 기울기 각 θ는 얼마인가? 단, 단면은 $b \times h$ =80mm×40mm이다.

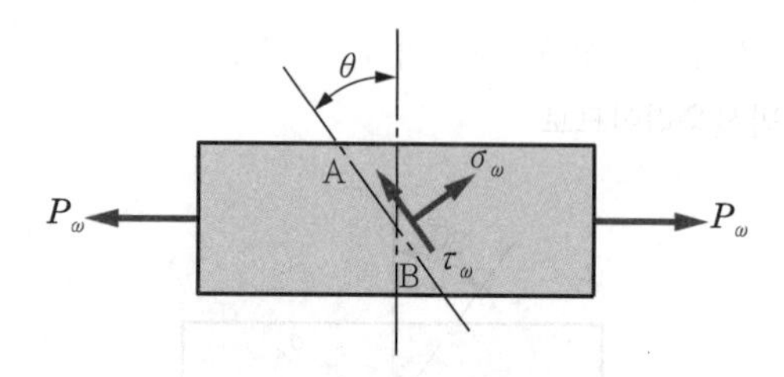

풀이 가장 이상적인 접착제의 사용은 수직응력과 전단응력이 동시에 일어나도록 설계하는 것이므로

$$\sigma_n = \sigma_x \cos^2\theta = \sigma_w \quad \cdots\cdots ①$$

$$\tau_n = -\frac{1}{2}\sigma_x \sin 2\theta = \tau_w \quad \cdots\cdots ②$$

$$\frac{②}{①} = \frac{\tau_w}{\sigma_w} = \frac{-\sigma_x \sin\theta\cos\theta}{\sigma_x \cos^2\theta} = -\frac{\sin\theta}{\cos\theta} = \frac{-4,200}{5,500}$$

$$\therefore \tan\theta = \frac{4,200}{5,500} \rightarrow \theta = \tan^{-1}\frac{4,200}{5,500} = 37.36° = 37°22'$$

따라서 $\sigma_w = \sigma_x \cos^2\theta \rightarrow \sigma_x = \dfrac{\sigma_w}{\cos^2\theta} = \dfrac{5,500}{(\cos 37.36°)^2} = \dfrac{P_w}{A}$

$$\therefore P_w = A\frac{5,500}{(\cos 37.36°)^2} = (8\times 4)\frac{5,500}{0.631} \fallingdotseq 278,922\text{N}$$

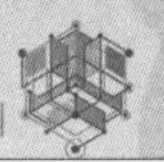

예제 5.5

1축 응력 $\sigma_x = -9{,}000\text{N/cm}^2$일 때 $\theta = 30°$ 경사면에 작용하는 σ_n과 τ를 해석적인 계산과 모어 원을 사용하여 도시적인 방법으로 구하고, 그림으로 응력상태를 표시하여라.

풀이 1) 해석적 방법

$$\sigma_n = \sigma_x \cos^2\theta = -9{,}000 \times \cos^2 30°$$
$$= -6{,}750\text{N/cm}^2$$
$$\tau = -\frac{1}{2}\sigma_x \sin 2\theta = -\frac{1}{2} \times (-9{,}000) \times \sin(2 \times 30)$$
$$= 38{,}970\text{N/cm}^2$$

2) 모어 원에 의한 도시적 방법

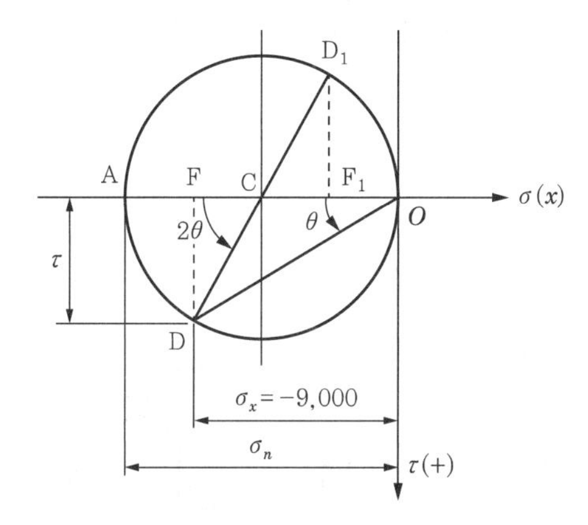

$$\sigma_n = \overline{\text{OF}} = \overline{\text{OC}} + \overline{\text{CF}} = R(\text{반경}) + \cos 2\theta$$
$$= -\frac{9{,}000}{2} + \left(-\frac{9{,}000}{2}\right) \times \cos 60° = -6{,}750\text{N/cm}^2$$
$$\tau = \overline{\text{DF}} = R\sin 2\theta = \frac{9{,}000}{2} \times \sin 60° = 38{,}970\text{N/cm}^2$$

3) 응력상태를 표시하면 다음과 같다.

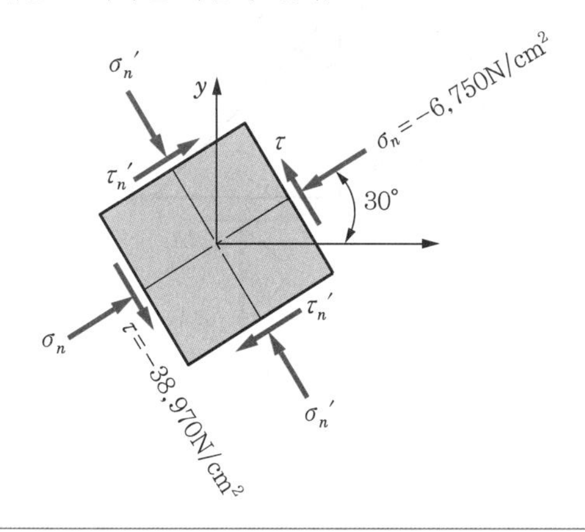

5.2 평면응력

평면응력(plane stress)

평면응력(plane stress)은 축하중을 받는 부재, 비틀림을 받는 축 및 보(beam)에서 볼 수 있는 응력상태로서, 평면응력 해석을 위하여 [그림 5-6(a)]와 같이 미소한 요소를 고찰해 보자.

평면응력은 [그림 5-6(a)]에서 보여 준 바와 같이 요소의 x면과 y면만 응력을 받고, 모든 응력은 x축과 y축에 평행하게 작용하는 2차원 평면만을 보통 그린다. 또 그 요소는 그 그림의 평면에 수직인 일정한 두께를 가진 강체라는 것을 기억해야 한다. 그림상에서 응력표시 방법을 설명하면 다음과 같다.

수직응력

수직응력 σ_x, σ_y는 아래첨자가 하나로 응력이 작용하는 면을 나타내고, 전단력

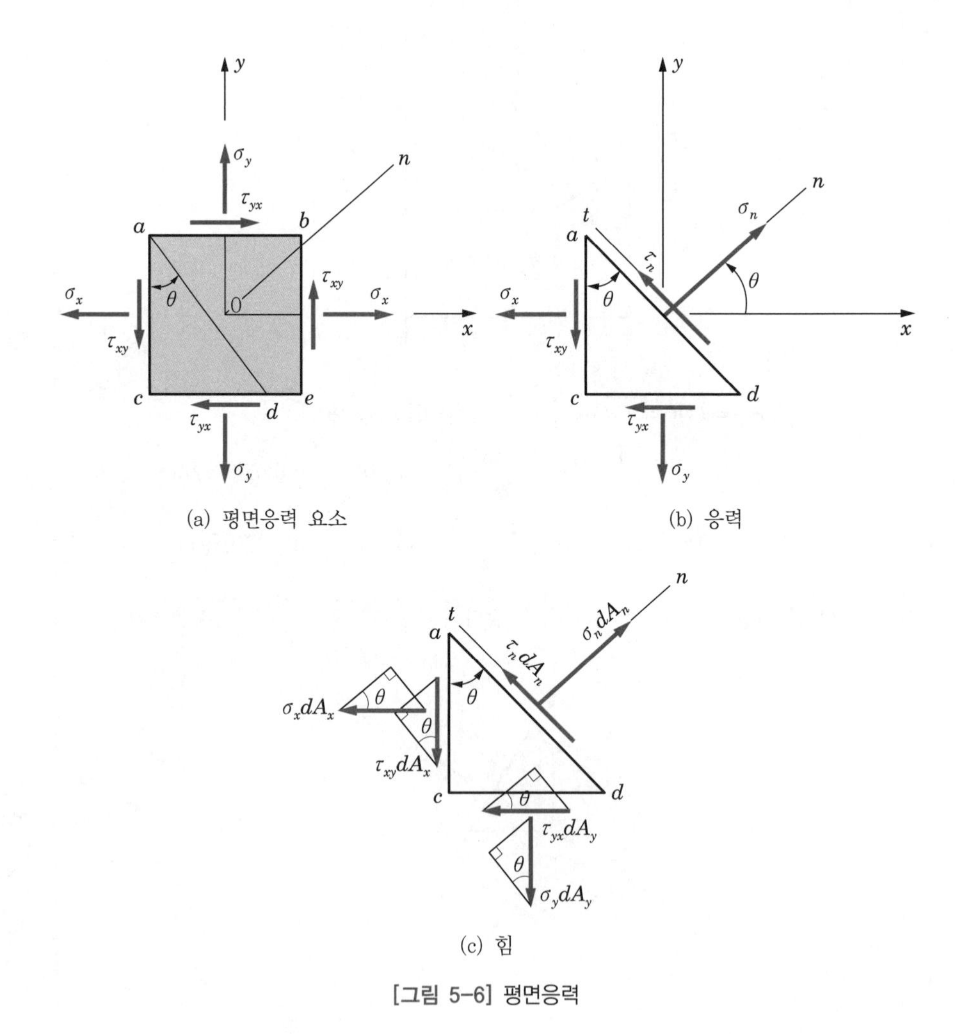

[그림 5-6] 평면응력

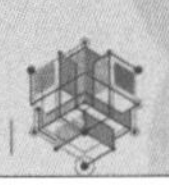

τ_{xy}, τ_{yx}는 아래첨자가 두 개로, 첫 번째 것은 응력이 작용하는 면을 표시하고 두 번째 것은 면 위의 힘의 방향을 제시한다. 따라서 수직응력 σ나 전단응력 τ는 응력의 작용방향에 따라 부호가 결정되며, 여기서 τ_{xy}와 τ_{yx}는 양(+)의 방향으로 전단응력이 양(+)이므로 다음과 같다.

전단응력

$$\tau_{xy} = \tau_{yx} \tag{5.12}$$

위와 같은 부호규약(sign convention)에서 응력 σ_x, σ_y와 τ_{xy}가 작용하는 요소의 경사면 위의 응력을 알아보기 위해 [그림 5-6(b)]와 같이 반시계 방향으로 θ만큼 회전시킨 면의 응력을 각각 σ_n, τ_n으로 표시한다. 그리고 [그림 5-6(c)]의 경사면 위의 자유물체도(F.B.D)에서 각 면에 작용하는 4개의 힘으로 표시할 수 있고, 이 힘을 다음과 같이 경사면에 수직인 방향과 평행인 방향으로 각각 분해하여 합할 수 있다.

부호규약(sign convention)

자유물체도(F.B.D)

n방향 힘의 합

$$\sigma_n dA_n - \sigma_x dA_x \cos\theta - \sigma_y dA_y \sin\theta - \tau_{xy} dA_x \sin\theta - \tau_{yx} dA_y \cos\theta = 0$$

t방향 힘의 합

$$\tau_n dA_n + \sigma_x dA_x \sin\theta - \sigma_y dA_y \cos\theta - \tau_{xy} dA_x \cos\theta + \tau_{yx} dA_y \sin\theta = 0$$

여기서 $\tau_{xy} = \tau_{yx}$, $dA_x = dA_n \cos\theta$, $dA_y = dA_n \sin\theta$가 되고, dA_n은 미소요소 경사면의 면적이다. 따라서 위의 두 식을 단순화하여 재정리하면 다음 식과 같다.

$$\sigma_n = \sigma_x \cos^2\theta + \sigma_y \sin^2\theta + 2\tau_{xy} \cos\theta \sin\theta$$

단,

$$\cos^2\theta = \frac{1+\cos 2\theta}{2}, \quad \sin^2\theta = \frac{1-\cos 2\theta}{2}, \quad \sin\theta\cos\theta = \frac{\sin 2\theta}{2}$$

이므로

$$\sigma_n = \frac{1}{2}(\sigma_x + \sigma_y) + \frac{1}{2}(\sigma_x - \sigma_y)\cos 2\theta + \tau_{xy}\sin 2\theta \tag{5.13}$$

$$\tau_n = -\sigma_x \cos\theta \sin\theta + \sigma_y \sin\theta \cos\theta + \tau_{xy}(\cos^2\theta - \sin^2\theta)$$

$$\therefore \ \tau_n = -\frac{1}{2}(\sigma_x - \sigma_y)\sin 2\theta + \tau_{xy}\cos 2\theta \tag{5.14}$$

이다. 이러한 식은 응력의 분력을 한 세트의 축에서 다른 세트의 축으로 변환할

평면응력의 변환식

수 있기 때문에 평면응력의 변환식(transformation equation for plane stress)이라고 부른다.

또 각 θ보다 90° 돌아간 직교단면 위에 작용하는 수직응력 $\sigma_n{}'$과 $\tau_n{}'$에 대한 식은 식 (5.13)과 식 (5.14)에 θ 대신 $\theta+90°$를 대치함으로써 얻을 수 있다. 즉,

$$\sigma_n{}' = \frac{1}{2}(\sigma_x+\sigma_y)+\frac{1}{2}(\sigma_x-\sigma_y)\cos 2(\theta+90°)+\tau_{xy}\sin 2(\theta+90°)$$

$$= \frac{1}{2}(\sigma_x+\sigma_y)-\frac{1}{2}(\sigma_x-\sigma_y)\cos 2\theta-\tau_{xy}\sin 2\theta \qquad (5.13)'$$

$$\tau_n{}' = -\frac{1}{2}(\sigma_x-\sigma_y)\sin 2(\theta+90°)+\tau_{xy}\cos 2(\theta+90°)$$

$$= \frac{1}{2}(\sigma_x-\sigma_y)\sin 2\theta-\tau_{xy}\cos 2\theta \qquad (5.14)'$$

평면응력의 공칭응력

가 된다. 위 $\sigma_n{}'$과 $\tau_n{}'$을 평면응력의 공칭응력(공액응력)이라 하며, 식 (5.13)과 (5.13)′을 합하고 식 (5.14)와 (5.14)′을 합하면 다음 식을 얻을 수 있다.

$$\left.\begin{aligned} \sigma_n+\sigma_n{}' &= \sigma_x+\sigma_y \\ \tau_n+\tau_n{}' &= 0 \end{aligned}\right\} \qquad (5.15)$$

이 식은 평면응력 요소의 수직면 위에 작용하는 수직응력의 합은 항상 일정하고 각 θ와는 무관함을 보여 준다.

이상의 식으로부터 평면응력 상태의 경우, θ에 따라 수직응력과 전단응력의 값이 최대값과 최소값에 도달하고, 어떤 각에서는 0이 됨을 알 수 있다. 또 평면응력의 일반적인 경우를 특별한 조건하에서 보다 단순한 응력상태로 간단히 할 수 있다. 즉, $\sigma_y=0$과 $\tau_{xy}=0$으로 하는 경우는 σ_x만이 존재하고 단축응력이 되므로 식 (5.13)이 앞 절의 1축 응력(단축응력)식과 일치한다. $\sigma_x=0$과 $\sigma_y=0$을 식 (5.13)에 대입시킬 때는 순수 전단식을 얻을 수 있다.

단축응력

순수 전단식

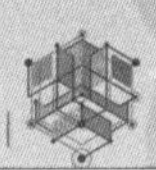

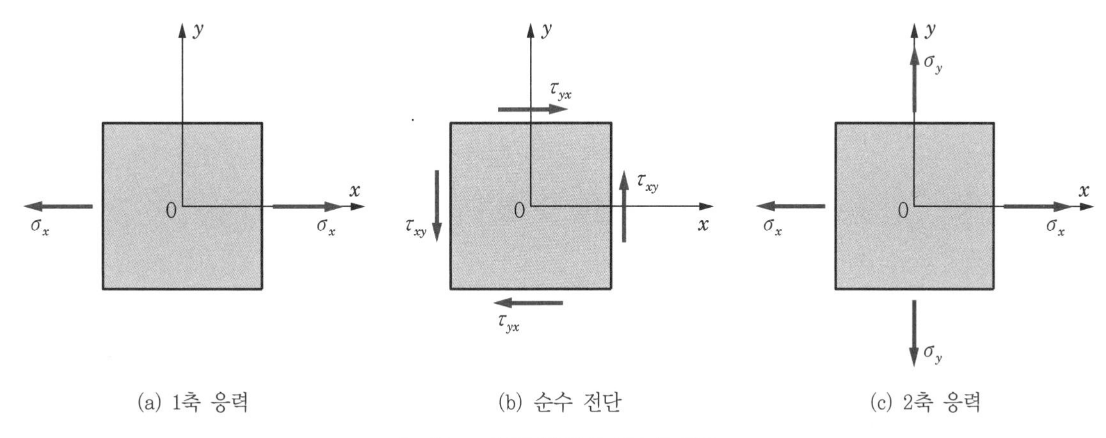

(a) 1축 응력 (b) 순수 전단 (c) 2축 응력

[그림 5-7] 평면응력의 특수한 경우

$$\left.\begin{aligned}\sigma_n &= \sigma_x \cos^2\theta \\ \tau_n &= -\frac{1}{2}\sigma_x \sin 2\theta\end{aligned}\right\} 1\text{ 축 응력} \cdots \text{(a)} \qquad \left.\begin{aligned}\sigma_n &= \tau_{xy}\sin 2\theta \\ \tau_n &= \tau_{xy}\cos 2\theta\end{aligned}\right\} \text{순수 전단} \cdots \text{(b)}$$

마지막으로 특별한 경우인 2축 응력에 대하여 알아보면, [그림 5-7(c)]와 같이 xy 요소에 전단응력이 없이 x방향과 y방향으로 수직응력을 받고 있는 경우이다. 따라서 2축 응력에 대한 식은 식 (5.13)과 식 (5.14)에서 τ_{xy}를 포함하는 식을 소거함으로써 얻어진다. 그러므로 2축 응력상태의 식은 다음 식과 같다.

2축 응력

2축 응력상태의 식

$$\sigma_n = \frac{1}{2}(\sigma_x + \sigma_y) + \frac{1}{2}(\sigma_x - \sigma_y)\cos 2\theta \tag{5.16}$$

$$\tau_n = -\frac{1}{2}(\sigma_x - \sigma_y)\sin 2\theta \tag{5.17}$$

1 주응력 및 최대 전단응력

(1) 주응력(principal stress)

주응력(principal stress)

평면응력에 대한 변환식 (5.13)과 (5.14)는 요소가 각 θ에 이르기까지 회전하는 동안 그 값이 변화한다는 것을 보여 준다. 따라서 주응력(principal stress)으로 알려진 σ_n의 최대 및 최소값을 결정해 보자. 앞에서 구한 σ_n에 대한 일반식 (5.13)을 다시 써 보면 식 (a)와 같다.

$$\sigma_n = \frac{1}{2}(\sigma_x + \sigma_y) + \frac{1}{2}(\sigma_x - \sigma_y)\cos 2\theta + \tau_{xy}\sin 2\theta \qquad \text{(a)}$$

먼저 식 (a)를 θ에 대한 σ_n의 도함수를 취하여 0으로 놓음으로써 σ_n이 최대 및 최소일 때의 θ값을 얻을 수 있는 식을 찾을 수 있다. 즉,

$$\begin{aligned} \frac{d\sigma_n}{d\theta} &= \frac{1}{2}(\sigma_x - \sigma_y)2(-\sin 2\theta) + \tau_{xy}2\cos 2\theta \\ &= -(\sigma_x - \sigma_y)\sin 2\theta + 2\tau_{xy}\cos 2\theta = 0 \end{aligned}$$

이다. 이항정리하면

$$\tan\theta = \tan\theta_p = \frac{2\tau_{xy}}{\sigma_x - \sigma_y} \qquad (5.18)$$

주면(principal planes)의 방향

가 된다. 이 식의 각 θ_p는 주면(principal planes)의 방향을 의미하고, 아래첨자 p를 붙였다. 이 식에서 $2\theta_p$의 값은 0°에서 360°까지의 범위 내에 있고, $2\theta_p$가 180° 차이로 최소값은 0°에서 180° 사이에, 또 하나는 180°에서 360° 사이에 있음을 의미한다. 따라서 $\frac{1}{2}$값인 θ_p는 결국 0°에서 90° 사이에 있고 다른 하나는 90°에서 180° 사이에 있게 되는데, 이들 중 하나가 최대 주응력이며 다른 하나가 최소 주응력일 때이다. 그러므로 주응력은 θ_p를 (5.13)의 변환식에 대입하여 찾을 수 있다. 그러나 보다 일반적인 공식을 얻을 수도 있으므로 식 (5.18)을 [그림 5-8]과 같이 그릴 수 있다.

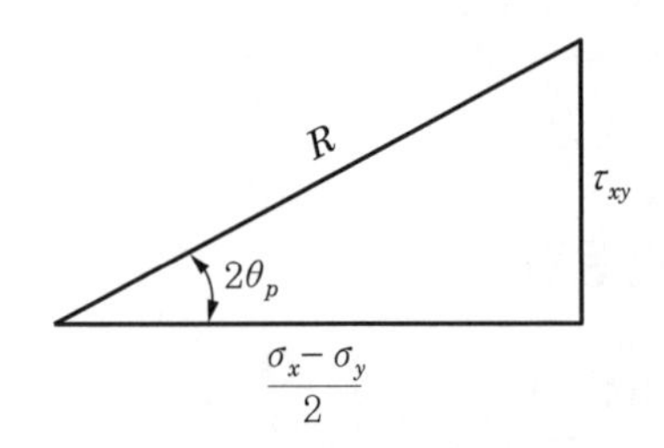

[그림 5-8] 응력의 도식화

즉,

$$\tan 2\theta_p = \frac{\tau_{xy}}{\dfrac{\sigma_x - \sigma_y}{2}}$$

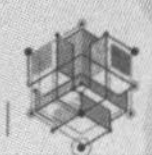

을 그림에 표현한 것이 된다. 그림을 통하여

$$\cos 2\theta_p = \frac{\frac{\sigma_x - \sigma_y}{2}}{R}, \qquad \sin 2\theta_p = \frac{\tau_{xy}}{R} \tag{b}$$

가 되고, 여기서

$$R^2 = \left(\frac{\sigma_x - \sigma_y}{2}\right)^2 + {\tau_{xy}}^2$$

이다. R을 검토해 보면 $R = \sqrt{\left(\frac{\sigma_x - \sigma_y}{2}\right)^2 + {\tau_{xy}}^2}$ 이므로 항상 양(+)의 제곱근임을 알 수 있다. 이 R을 식 (b)에 대입하고 $\cos 2\theta_p$와 $\sin 2\theta_p$의 값을 위의 식 (a)에 대입하여 두 주응력을 구해 대수적으로 더 큰 것을 최대 주응력 σ_1으로 표기한다. 그 값은 다음 식과 같다.

최대 주응력

$$\sigma_1 = \frac{\sigma_x + \sigma_y}{2} + \sqrt{\left(\frac{\sigma_x - \sigma_y}{2}\right)^2 + {\tau_{xy}}^2} \tag{5.19}$$

또 주응력 중 작은 것을 최소 주응력 σ_2로 했을 때, σ_1과 σ_2가 직각 평면 위에 작용하므로

최소 주응력

$$\sigma_1 + \sigma_2 = \sigma_x + \sigma_y \tag{c}$$

가 될 것이다. 따라서 식 (5.19)를 식 (c)에 대입하여 σ_2를 찾을 수 있다.

$$\sigma_2 = \frac{\sigma_x + \sigma_y}{2} - \sqrt{\left(\frac{\sigma_x - \sigma_y}{2}\right)^2 + {\tau_{xy}}^2} \tag{5.20}$$

이 식 (5.20)은 식 (5.19)의 σ_1에 대한 표현과 같고, 단일공식으로 묶어 보면

$$\sigma_{1,2} = \frac{\sigma_x + \sigma_y}{2} \pm \sqrt{\left(\frac{\sigma_x - \sigma_y}{2}\right)^2 + {\tau_{xy}}^2} \tag{5.21}$$

이 된다. 이 식 (5.21)를 주응력(principal stress)이라 부르고, 주응력이 나타나는 곳에서는 전단응력이 0이다.

주응력(principal stress)

최대 전단응력

(2) 최대 전단응력(maximum shear stress)

이번에는 최대 전단응력이 작용하는 평면에 대하여 살펴 보자. 회전된 요소 위에 작용하는 전단응력 τ_n의 식은 앞 절의 식 (5.14)에 나타나 있고, 이 식을 다시 써 보면 다음 식 (a)와 같다.

$$\tau_n = -\frac{1}{2}(\sigma_x - \sigma_y)\sin 2\theta + \tau_{xy}\cos 2\theta \tag{a}$$

위 식 (a)를 θ로 τ_n에 대해 도함수를 취해 이것을 0으로 놓으면

$$\begin{aligned}\frac{d\tau_n}{d\theta} &= -\frac{1}{2}(\sigma_x - \sigma_y)(2\cos 2\theta) - \tau_{xy}(2\sin 2\theta) \\ &= -(\sigma_x - \sigma_y)\cos 2\theta - 2\tau_{xy}\sin 2\theta = 0\end{aligned}$$

이 되고, 이항하여 정리하면 다음 식을 얻을 수 있다.

$$\tan 2\theta = \tan 2\theta_s = -\frac{\frac{\sigma_x - \sigma_y}{2}}{\tau_{xy}} = -\frac{\sigma_x - \sigma_y}{2\tau_{xy}} \tag{5.22}$$

단, $\tan 2\theta = \dfrac{\sin 2\theta}{\cos 2\theta}$ 이다.

이 식에서 θ_s의 첨자 s는 전단(shear)을 뜻하고, 최대 전단응력면의 방향을 제시해 주고 있음을 알 수 있다. 식 (5.22)에서 θ_s가 앞 절에서 설명된 것과 마찬가지로 0°와 90° 사이에서 생기고 또 하나는 90°와 180° 사이에 존재한다는 것을 알 수 있다. 따라서 이들 두 값이 90° 차이를 두고 있으므로 τ_n의 최대값, 최소값이 서로 직교하고 평면 위에서 일어남을 알 수 있다. 또 식 (5.22)를 식 (5.18)과 비교하면

$$\tan\theta_s = -\frac{1}{\tan 2\theta_p} = -\cot 2\theta_p \tag{b}$$

이 되며, 삼각법 $\tan(\alpha \pm 90°) = -\cot\alpha$로부터 $2\theta_s = 2\theta_p \pm 90°$가 된다. 결국 반각(半角)으로 고쳐 쓰면 다음 식과 같다.

$$\theta_s = \theta_p \pm 45° \tag{c}$$

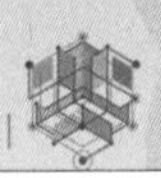

결론적으로 최대 전단응력의 평면(平面)은 주면(主面)에서 45°될 때 일어난다는 것을 알 수 있다.

전단응력의 평면

주면

다음으로 최대 전단응력 $\tau_{\max}$의 평면의 각 θ_{s1}으로 하여 대수적인 식으로부터 다음을 얻을 수 있다.

$$\cos 2\theta_{s1} = \frac{\tau_{xy}}{R}, \qquad \sin 2\theta_{s1} = -\frac{\frac{\sigma_x - \sigma_y}{2}}{R} \tag{d}$$

여기서, $R = \sqrt{\left(\frac{\sigma_x - \sigma_y}{2}\right)^2 + {\tau_{xy}}^2}$

이다. 또 최대 전단응력이 발생하는 평면은 주면에서 45°될 때 일어나므로 각 θ는 다음 식과 같다.

최대 전단응력

$$\theta_{s1} = \theta_{p1} - 45° \tag{e}$$

단, θ_{p1}은 최대 주응력이 발생하는 주면의 각, θ_{s1}은 최대 전단응력이 발생하는 평면의 각이 된다. 이에 대응된 최대 전단응력이 $\cos 2\theta_{s1}$과 $\sin 2\theta_{s1}$으로 표현된 값을 식 (5.14)에 대입하여 구하면 다음과 같다.

최대 주응력

$$\tau_{\max} = \sqrt{\left(\frac{\sigma_x - \sigma_y}{2}\right)^2 + {\tau_{xy}}^2} \tag{5.23}$$

위 식 (5.23)은 최대 전단응력을 구하는 식이 되고, 대수적으로 최소 전단응력 $\tau_{\min}$은 크기가 같고 부호는 반대이다. 또 최대 전단응력을 최대 주응력 σ_1과 최소 주응력 σ_2를 사용하여 구할 수도 있다. 다시 말해서 식 (5.21)에서 σ_2에 대한 표현을 σ_1에 대한 표현에서 빼고, 식 (5.23)과 비교하면 된다. 그러므로 최대 전단응력은

최대 전단응력

$$\tau_{\max} = \frac{\sigma_1 - \sigma_2}{2} \tag{5.24}$$

이다. 따라서 식 (5.24)로부터 최대 전단응력이 주응력 차이의 $\frac{1}{2}$값이 됨을 알 수 있다.

예제 5.6

다음 그림과 같은 단축 단면요소에서 $\sigma_x = -5{,}000\text{N/cm}^2$, $\sigma_y = -10{,}000\text{N/cm}^2$, $\phi = 30°$인 경우 σ_n과 σ_n', τ_n과 τ_n'의 값을 구하라.

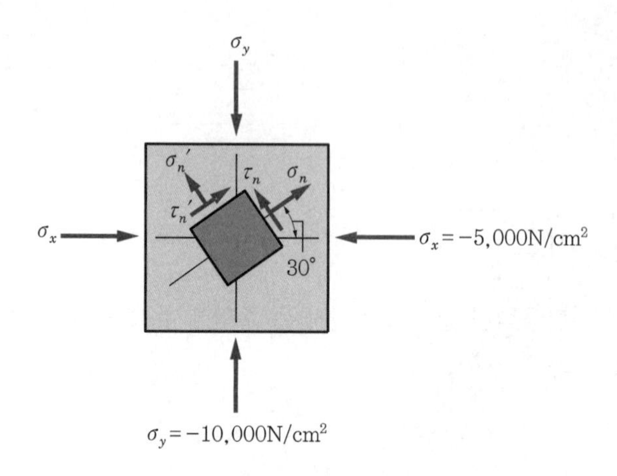

풀이 경사단면 $\theta = 30°$일 때 σ_n과 공칭응력 σ_n'을 구하면,

$$\sigma_n = \frac{1}{2}(\sigma_x + \sigma_y) + \frac{1}{2}(\sigma_x - \sigma_y)\cos 2\theta$$

$$= \frac{1}{2}(-5{,}000 - 10{,}000) + \frac{1}{2}(-5{,}000 + 10{,}000)\cos 60°$$

$$= -6{,}250\text{N/cm}^2$$

$$\sigma_n' = \frac{1}{2}(\sigma_x + \sigma_y) - \frac{1}{2}(\sigma_x - \sigma_y)\cos 2\theta$$

$$= \frac{1}{2}(-5{,}000 - 10{,}000) - \frac{1}{2}(-5{,}000 + 10{,}000)\cos 60°$$

$$= -8{,}750\text{N/cm}^2$$

τ_n과 공칭응력 τ_n'은

$$\tau_n = -\frac{1}{2}(\sigma_x - \sigma_y)\sin 2\theta = -\frac{1}{2}(-5{,}000 + 10{,}000)\sin 60°$$

$$= -2{,}165\text{N/cm}^2$$

$$\tau_n' = \frac{1}{2}(\sigma_x - \sigma_y)\sin 2\theta = \frac{1}{2}(-5{,}000 + 10{,}000)\sin 60°$$

$$= 2{,}165\text{N/cm}^2$$

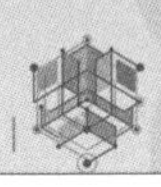

응력상태를 도시하면 다음과 같다.

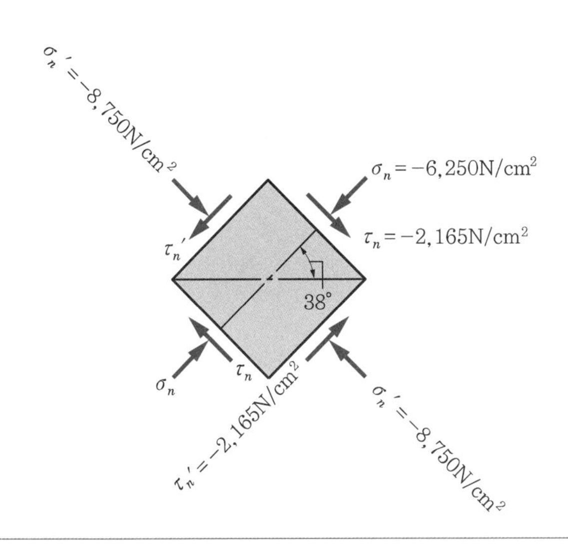

예제 5.7

다음 그림과 같은 단면요소에 $\sigma_x = 4{,}000\text{N/cm}^2$, $\sigma_y = 3{,}000\text{N/cm}^2$가 작용할 때 2축 응력상태에 있는 단면에서 최대 전단응력이 발생하는 단면의 각 θ와 그때의 σ_n, $\sigma_n{}'$, 그리고 $\tau_{\max}$을 구하라.

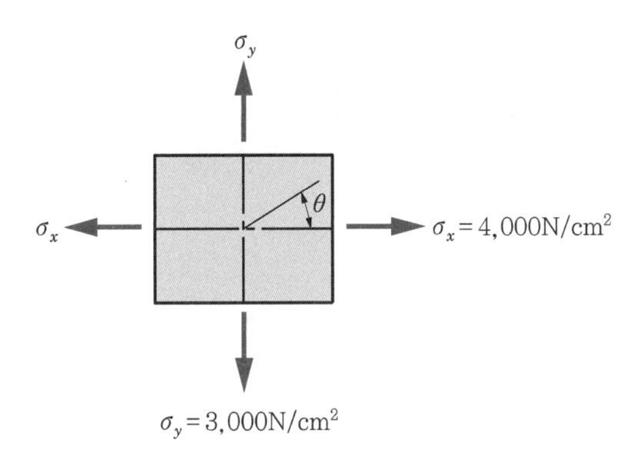

풀이 $\tau = -\dfrac{1}{2}(\sigma_x - \sigma_y)\sin 2\theta$이므로 τ가 $\tau_{\max}$이기 위해서는 $\sin 2\theta = 1$이어야 한다.

$$\therefore \ 2\theta = 90^\circ$$

즉, $\theta = 45^\circ$일 때 최대 전단응력이고, 그 응력방향은 다음 그림과 같다.

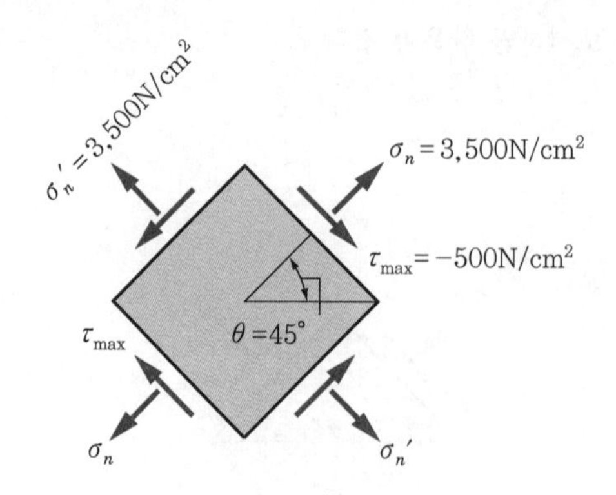

이때 σ_n과 $\sigma_n{}'$을 구하면

$$\sigma_n = \frac{1}{2}(\sigma_x + \sigma_y) + \frac{1}{2}(\sigma_x - \sigma_y)\cos 2\theta \Big)_{\theta = 45°}$$

$$= \frac{1}{2}(\sigma_x + \sigma_y) = \frac{1}{2}(4{,}000 + 3{,}000) = 3{,}500\mathrm{N/cm^2}$$

$$\sigma_n{}' = \frac{1}{2}(\sigma_x + \sigma_y) - \frac{1}{2}(\sigma_x - \sigma_y)\cos 2\theta \Big)_{\theta = 45°}$$

$$= \frac{1}{2}(\sigma_x + \sigma_y) = \frac{1}{2}(4{,}000 + 3{,}000) = 3{,}500\mathrm{N/cm^2}$$

또 최대 전단응력은

$$\tau_{\max} = -\frac{1}{2}(\sigma_x - \sigma_y)\sin 2\theta)_{\theta = 45°} = -\frac{1}{2}(\sigma_x - \sigma_y)$$

$$= -\frac{1}{2}(4{,}000 - 3{,}000) = -500\mathrm{N/cm^2}$$

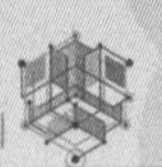

예제 5.8

평면응력 상태에 있는 구형요소에서 $\sigma_x = 4{,}000\text{N/cm}^2$, $\sigma_y = 3{,}000\text{N/cm}^2$, $\tau_{xy} = 1{,}000\text{N/cm}^2$일 때 $\theta = 45°$ 경사평면에 작용하는 σ_n과 τ를 구하여라.

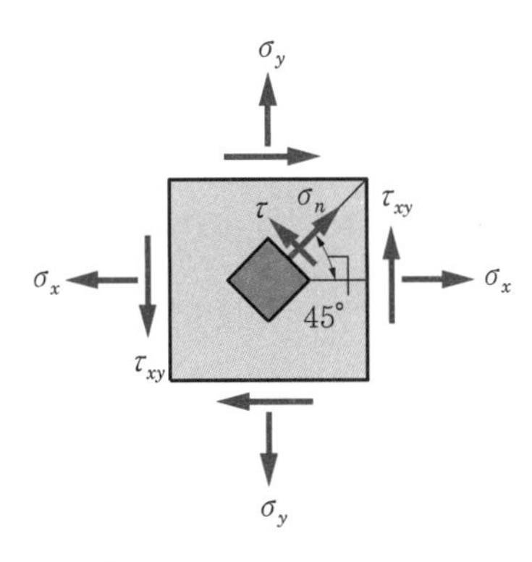

풀이 $\sigma_n = \dfrac{1}{2}(\sigma_x + \sigma_y) + \dfrac{1}{2}(\sigma_x - \sigma_y)\cos 2\theta + \tau_{xy}\sin 2\theta$

$$\tau = -\frac{1}{2}(\sigma_x - \sigma_y)\sin 2\theta + \tau_{xy}\cos 2\theta$$

$$\therefore\ \sigma_n = \frac{1}{2}(4{,}000 + 3{,}000) + \frac{1}{2}(4{,}000 - 3{,}000)\cos(2\times 45°) + 1{,}000\sin(2\times 45°) = 4{,}500\text{N/cm}^2$$

$$\tau = -\frac{1}{2}(4{,}000 - 3{,}000)\sin(2\times 45°) + 1{,}000\cos(2\times 45°) = -500\text{N/cm}^2$$

예제 5.9

강구의 직경이 $d = 50$cm인 구(球)를 외압(外壓) $P = 70$ata를 가할 때 강구의 체적변형률 ε_v와 체적변화 ΔV를 계산하여라. 단, 강구의 $E = 20\times 10^6\text{N/cm}^2$, 푸아송비 $\nu = 0.3$이다.

풀이 구가 외압을 균일하게 받을 때 $\sigma_x = \sigma_y = \sigma_z = \sigma = P = 700\text{N/cm}^2$

따라서 선형변형률 $\varepsilon_x = \varepsilon_y = \varepsilon_z$로써 $\varepsilon_v = 3\varepsilon_x$, 즉 $\varepsilon_v = 3\varepsilon$이다.

이때 $\varepsilon = \dfrac{1}{E}[-\sigma_x - \nu(\sigma_y + \sigma_z)] = \dfrac{\sigma}{E}(-1 + 2\nu)$

$$\therefore\ \varepsilon_v = 3\varepsilon = \frac{\Delta V}{V} \rightarrow \Delta V = 3\varepsilon V = 3\frac{\sigma}{E}(-1 + 2\nu)V$$

$$= 3\times\frac{700}{20\times 10^6}\times(-1 + 2\times 0.3)\times\frac{4}{3}\pi\left(\frac{50}{2}\right)^3$$

$\fallingdotseq -2.616\text{cm}^3$ (− : 감소)

(단, 구의 $V = \dfrac{4}{3}\pi r^3$)

예제 5.10

$\sigma_x = 6{,}000\text{N/cm}^2$, $\sigma_y = -2{,}000\text{N/cm}^2$, $\tau_{xy} = 1{,}000\text{N/cm}^2$일 때 σ_n의 공칭응력 $\sigma_n{}'$과 τ_n의 공칭응력 $\tau_n{}'$을 결정하고 그 응력상태를 도시하여라. 단 $\theta = 30°$ 경사면이다.

풀이 $\sigma_n{}' = \dfrac{1}{2}(\sigma_x + \sigma_y) - \dfrac{1}{2}(\sigma_x - \sigma_y)\cos 2\theta - \tau_{xy}\sin 2\theta$

$$= \frac{1}{2}(6{,}000 - 2{,}000) - \frac{1}{2}(6{,}000 + 2{,}000)\cos(2\times 30°)$$

$$- 1{,}000\cos(2\times 30°) = -500\text{N/cm}^2$$

$$\tau_n{}' = \frac{1}{2}(\sigma_x - \sigma_y)\sin 2\theta - \tau_{xy}\cos 2\theta$$

$$= \frac{1}{2}(6{,}000 - 2{,}000)\sin(2\times 30°) - 1{,}000\cos(2\times 30°)$$

$$= 1{,}230\text{N/cm}^2$$

응력상태를 도시하면 다음과 같다.

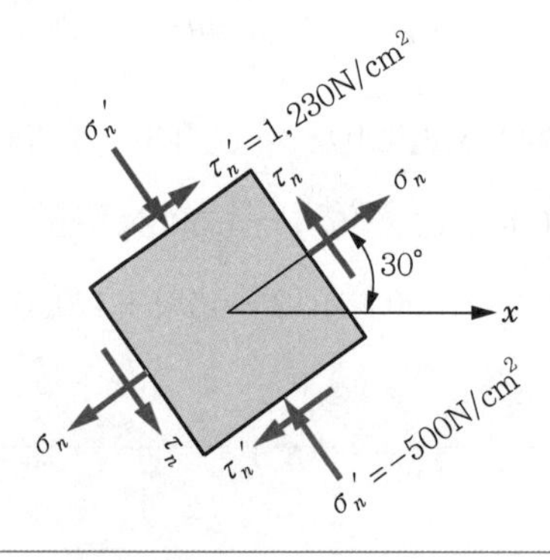

예제 5.11

평면응력 상태에 있는 구형요소에서 $\sigma_x = \sigma_y = 0$, $\tau_{xy} = 8{,}000\text{N/cm}^2$일 때 주응력방향 θ와 σ_1, σ_2를 구하여라.

풀이 $\sigma_x = \sigma_y = 0$, $\tau_{xy} = 8{,}000\text{N/cm}^2$일 때 주응력방향은

$$\tan 2\theta = \frac{2\tau_{xy}}{\sigma_x - \sigma_y} = 0 \quad \therefore\ 2\theta = \tan^{-1}0 = 0 \rightarrow \therefore\ \theta = 0$$

따라서 σ_1과 σ_2가 존재하고 최대·최소 주응력의 크기는

$$\sigma_{1,2} = \frac{1}{2}(\sigma_x + \sigma_y) \pm \frac{1}{2}\sqrt{(\sigma_x - \sigma_y)^2 + 4\tau_{xy}{}^2}$$

$$= \pm\frac{1}{2}\sqrt{4\times 8{,}000^2} = 8{,}000\text{N/cm}^2$$

예제 5.12

다음 그림과 같은 두 연직벽 사이의 홈 속에 경질고무를 넣고 윗면에서 $\sigma_y =$ $-15{,}000\text{N/cm}^2$의 압축응력을 가할 때 최대 전단응력의 크기와 방향을 결정하여라. 단, 고무의 푸아송비 $\nu = 0.5$이다.

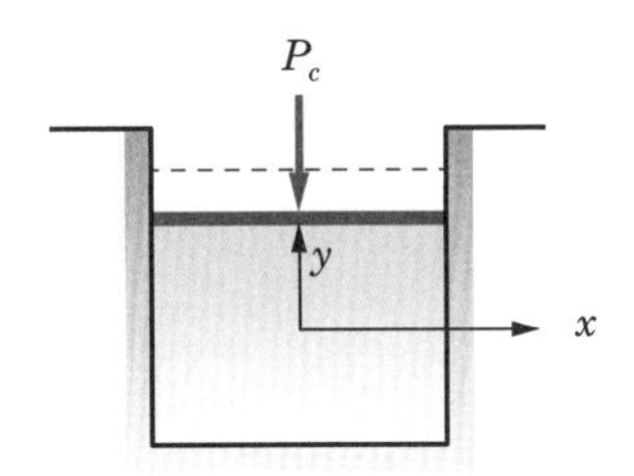

풀이 그림에서 보듯이 x방향으로는 신축이 전혀 없으나 y방향과 z방향으로는 자유롭다. 따라서 관계식으로부터 σ_x를 찾을 수 있다. 즉,

$$\varepsilon_x = \frac{\sigma_x}{E} - \frac{\nu}{E}\sigma_y = \frac{1}{E}(\sigma_x - \nu\sigma_y) = 0 (x\text{방향은 신축이 없으므로})$$

$$\therefore\ 0 = \sigma_x - \nu\sigma_y \rightarrow \sigma_x = \nu\sigma_y = 0.5 \times (-15{,}000)$$
$$= -7{,}500\text{N/cm}^2$$

또 $\tau_{xy} = 0$일 때 최대 전단응력의 방향은 다음과 같이 구한다.

$$\cos 2\theta = \frac{2\tau_{xy}}{\sigma_x - \sigma_y} = \frac{2\times 0}{-7500 + 15000} = 0$$

$$\rightarrow 2\theta = 90° \rightarrow \theta = 45°$$

$$\therefore\ \tau = -\frac{1}{2}(\sigma_x - \sigma_y)\sin 2\theta + \tau_{xy}\cos 2\theta$$
$$= -\frac{1}{2}(-7{,}500 + 15{,}000)\sin 90° = -3{,}750\text{N/cm}^2$$

2 평면응력에 대한 모어의 원

평면응력에 대한 모어의 원

앞에서 구한 평면응력에 대한 변환식 σ_n과 τ_n을 모어의 원으로 알려진 원형으로 나타낼 수 있다. 이 모어의 원에 대한 표현은 응력을 받는 물체 내의 어느 경사평면 위에 작용하는 수직응력과 전단응력과의 관계를 눈으로 볼 수 있어 유용하다. 이러한 모어의 원을 도식적(圖式的)으로 나타내기 위해 그림을 작도하기로 하자. 먼저 앞에서 구한 식 (5.13)과 (5.14)를 다시 쓰면

도식적

$$\sigma_n = \frac{1}{2}(\sigma_x + \sigma_y) + \frac{1}{2}(\sigma_x - \sigma_y)\cos 2\theta + \tau_{xy}\sin 2\theta \tag{a}$$

$$\tau_n = -\frac{1}{2}(\sigma_x - \sigma_y)\sin 2\theta + \tau_{xy}\cos 2\theta \tag{b}$$

이다. 위 식 (a), (b)의 매개변수 θ로 표현된 항을 소거하기 위해 양변을 제곱하여 더하면 그 결과는 다음과 같다.

$$\left[\sigma_n - \frac{1}{2}(\sigma_x + \sigma_y)\right]^2 = \left[\frac{1}{2}(\sigma_x - \sigma_y)\right]^2 \cos^2 2\theta + \tau_{xy}{}^2 \sin^2 2\theta$$

$$+\Big) \qquad \tau_n{}^2 = \left[-\frac{1}{2}(\sigma_x - \sigma_y)\right]^2 \sin^2 2\theta + \tau_{xy}{}^2 \cos^2 2\theta$$

$$\begin{aligned}\left[\sigma_n - \frac{1}{2}(\sigma_x + \sigma_y)\right]^2 + \tau_n{}^2 &= \left[\frac{1}{2}(\sigma_x - \sigma_y)\right]^2 \cos^2 2\theta + \tau_{xy}{}^2 \sin^2 2\theta \\ &\quad + \left[-\frac{1}{2}(\sigma_x - \sigma_y)\right]^2 \sin^2 2\theta + \tau_{xy}{}^2 \cos^2 2\theta \\ &= \left[\frac{1}{2}(\sigma_x - \sigma_y)\right]^2 (\sin^2 2\theta + \cos^2 2\theta) + \tau_{xy}{}^2 (\sin^2 2\theta + \cos^2 2\theta)\end{aligned}$$

단, $\sin^2 2\theta + \cos^2 2\theta = 1$ 이므로 다음 식과 같이 간단히 쓸 수 있다.

$$\left[\sigma_n - \frac{1}{2}(\sigma_x + \sigma_y)\right]^2 + \tau_n{}^2 = \left[\frac{1}{2}(\sigma_x - \sigma_y)\right]^2 + \tau_{xy}{}^2 \tag{c}$$

만약

$$\sigma_{\text{av}} = \frac{\sigma_x + \sigma_y}{2}, \qquad R = \sqrt{\left(\frac{\sigma_x - \sigma_y}{2}\right)^2 + \tau_{xy}{}^2} \tag{d}$$

라면, 식 (d)를 식 (c)에 적용할 경우 식 (c)는 원의 방정식 $x^2 + y^2 = r^2$꼴이 된다. 즉,

$$(\sigma_n - \sigma_{\text{av}})^2 + \tau_n{}^2 = R^2 \tag{5.25}$$

이다. 이 식 (5.25)는 결국 원의 반지름이 R이고, 원의 중심좌표가 $\sigma_n = \sigma_{\text{av}}$와 $\tau_n = 0$이 된다.

이상의 식 (5.13), (5.14)와 식 (5.25)로부터 모어의 원을 그릴 수 있다. 이를

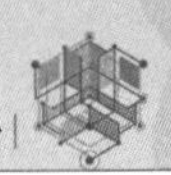

위해서 원의 규약을 설정할 때, σ_n을 가로좌표로, τ_n을 세로좌표로 한다. 이때 σ_n은 오른쪽으로 양(+), τ_n은 아래쪽으로 양(+)으로 나타내고, 각 2θ는 반시계 방향일 때 양(+)으로 취해 [그림 5-9]와 같이 규약하도록 한다.

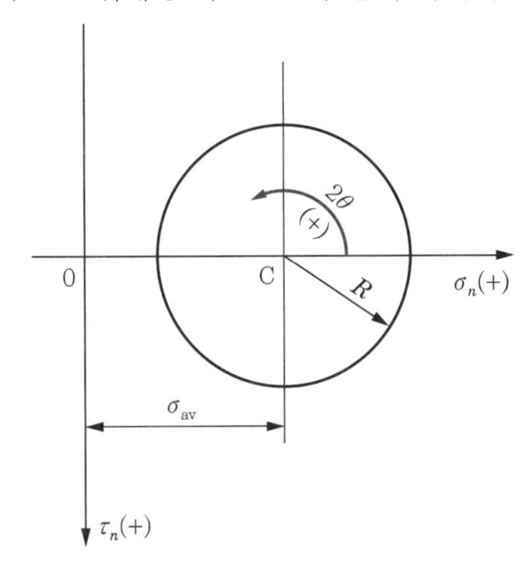

[그림 5-9] 평면응력에 대한 모어 원의 부호 규약

평면응력

모어의 원

이제 [그림 5-10(a)]와 같은 평면응력의 한 요소에 대한 모어의 원을 그려 보면 그 순서는 다음과 같다.

① 좌표에 $\sigma_n = \sigma_{\text{av}}$값과 $\tau_n = 0$인 원의 중심 C점을 [그림 5-10(c)]와 같이 잡는다.

② [그림 5-10(a)]의 응력상태에서 x면 위에 나타낸 것을 원 위의 점 A의 위치를 정한다. 이 점은 $\theta = 0$, $\sigma_n = \sigma_x$ 및 $\tau_n = \tau_{xy}$이다.

③ [그림 5-10(a)]의 응력상태 y면 위에 나타낸 것을 원 위의 B점 위치로 정한다. 이 점은 $\theta = 90°$, $\sigma_n = \sigma_y$ 및 $\tau_n = -\tau_{xy}$이다. 그리고 A와 B점을 잇는 선은 중심 C를 통과한다. 따라서 서로 90° 각을 낀 평면 위에 작용하는 응력을 나타낸다(원 위에서는 2배의 각 180° 떨어져 있음).

④ C점을 중심으로 한 A점과 B점을 통과하는 원을 작도한다. 이때 이 원의 반지름은 R이며 CA의 길이와 같다. 이 점의 좌표는 가로 좌표가 C점인 $(\sigma_x + \sigma_y)/2$와 σ_x이며, 세로 좌표는 τ_{xy}인 직각삼각형으로 이루어져 있다([그림 5-10(c)]). 따라서 그림상의 삼각형 경사변의 길이의 제곱, 즉 R^2은 식 (d)와 같이 두 변의 길이를 제곱하여 더한 것과 같다.

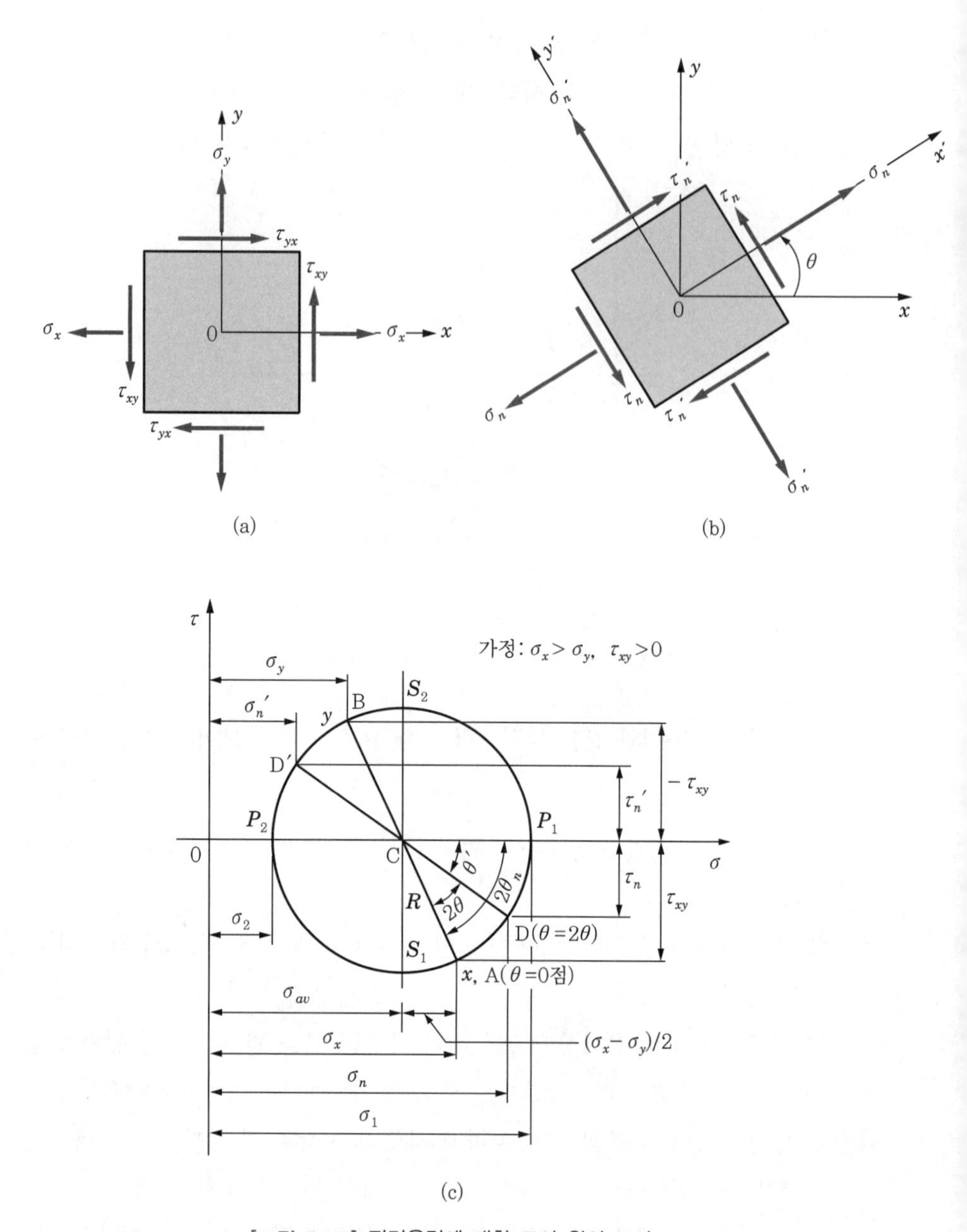

[그림 5-10] 평면응력에 대한 모어 원의 표시

모어 원의 표시

이제 [그림 5-10(b)]와 같이 x축으로부터 θ만큼 회전한 요소의 경사면 위에 작용하는 응력을 모어 원을 통하여 결정해 보자. [그림 5-10(c)]에서 A점은 $\theta = 0$인 점이며, 반지름 CA로 각 2θ만큼 반시계 방향으로 취해 그 원 위의 점을 D점의 위치로 정해 둔다. 이 점은 응력요소 θ만큼 기울어진 x'면 위의 수직응력 σ_n과 τ_n을 갖는 좌표이다. D점을 앞서 구한 응력변환식과 같이 보여 주기

기하학적

위하여 θ'를 반지름 CD와 σ_n축의 사잇각으로 할 때 기하학적으로 다음의 네 관

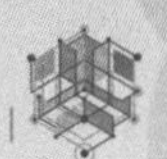

계식을 얻을 수 있다.

$$\sigma_n = \frac{1}{2}(\sigma_x + \sigma_y) + R\cos\theta', \qquad \tau_n = R\sin\theta' \tag{e}$$

$$\cos(2\theta + \theta') = \frac{\frac{(\sigma_x - \sigma_y)}{2}}{R}, \qquad \sin(2\theta + \theta') = \frac{\tau_{xy}}{R} \tag{f}$$

식 (f)를 코사인과 사인의 전개공식을 사용하여 확대시키면, 즉 $\begin{bmatrix} \cos(\alpha+\beta) = \cos\alpha\cos\beta - \sin\alpha\sin\beta \\ \sin(\alpha+\beta) = \sin\alpha\cos\beta + \cos\alpha\sin\beta \end{bmatrix}$ 을 적용하면 다음과 같다.

$$\cos 2\theta\cos\theta' - \sin 2\theta\sin\theta' = \frac{\frac{\sigma_x - \sigma_y}{2}}{R} \tag{g}$$

$$\sin 2\theta\cos\theta' + \cos 2\theta\sin\theta' = \frac{\tau_{xy}}{R} \tag{h}$$

위 식 (g)의 양변에 $\cos 2\theta$를 곱하고, 식 (h)의 양변에 $\sin 2\theta$를 곱하여 두 식을 합하면 다음 식과 같다.

$$\cos^2 2\theta\cos\theta' + \sin^2 2\theta\cos\theta' - \sin 2\theta\cos 2\theta\sin\theta' + \cos 2\theta\sin 2\theta\sin\theta'$$
$$= \frac{1}{R}\left(\frac{\sigma_x - \sigma_y}{2}\cos 2\theta + \tau_{xy}\sin 2\theta\right)$$

따라서 간단히 정리하면 다음과 같다.

$$(\cos^2 2\theta + \sin^2 2\theta)\cos\theta' = \frac{1}{R}\left(\frac{\sigma_x - \sigma_y}{2}\cos 2\theta + \tau_{xy}\sin 2\theta\right)$$

$$\therefore \ \cos\theta' = \frac{1}{R}\left(\frac{\sigma_x - \sigma_y}{2}\cos 2\theta + \tau_{xy}\sin 2\theta\right) \tag{i}$$

위와 같은 방법으로 식 (g)의 양변에 $\sin 2\theta$를 곱하고, 식 (h)의 양변에 $\cos 2\theta$를 곱하여 이 두 식을 빼면 다음 식을 얻는다.

$$\sin\theta' = \frac{1}{R}\left(-\frac{\sigma_x - \sigma_y}{2}\sin 2\theta + \tau_{xy}\cos 2\theta\right) \tag{j}$$

식 (i), (j)를 식 (e)에 대입하여 정리하면 결국은 앞 절에서 구한 식 (5.13), (5.14)를 얻을 수 있다. 그러므로 모어의 원상의 D점은 각 θ만큼 회전한 x'축의 응력상태를 나타내고 있음을 보여 준다.

다음으로 원주상의 점 P_1은 각 2θ가 반시계 방향으로 돌아서 가장 대수적으로 큰 값에 도달한 점이며, 최대 주응력점으로서 전단응력이 0이다. 이 P_1점은 주면(主面)을 나타내며 P_2점은 대수적으로 가장 작은 최소 주응력점을 나타내는 주면이 된다. 따라서 최대 주응력 σ_1은 원의 기하학적인 방법으로부터 다음과 같음을 알 수 있다.

주면

주응력점

원의 기하학적인 방법

$$\sigma_1 = \overline{OC} + \overline{CP_1} = \frac{\sigma_x + \sigma_y}{2} + R \tag{k}$$

$$\sigma_2 = \overline{OC} - \overline{CP_2} = \frac{\sigma_x + \sigma_y}{2} - R \tag{l}$$

식 (k), (l)에 반경 R에 대한 식 (d)를 대입시키면 식 (5.21)과 일치한다. 또 최대 주응력 P_1점과 최소 주응력 P_2점의 회전각 θ_{P1}, θ_{p2}를 모어의 원을 통해 검토해 보면 다음 식과 같다. 즉,

$$\cos 2\theta_{P1} = \frac{\frac{\sigma_x - \sigma_y}{2}}{R} \quad \text{또는} \quad \sin 2\theta_{P1} = \frac{\tau_{xy}}{R} \tag{m}$$

이다. 그리고 θ_{P2}는 원주상에서 θ_{P1}보다 180° 더 크므로 실제 회전요소에서는 반각 90° 차이가 되어 다음 식이 된다.

$$\theta_{P2} = \theta_{P1} + 90° \tag{n}$$

마지막으로 최대와 최소 전단응력의 평면을 나타내는 s_1과 s_2점에 대하여 알아보자. 이미 논술한 바와 같이 이 점들은 점 P_1과 P_2보다 원주상에서 90°에 위치하는 점이다. 그러므로 최대 전단응력의 평면은 응력요소의 주면에 45° 되는 곳에 있다. 그리고 그 크기는 대수적으로 원의 반지름 R이 되고, 식 (d)로부터 다음과 같이 쓸 수 있다.

최대 전단응력의 평면

$$\tau_{\max} = R = \sqrt{\left(\frac{\sigma_x - \sigma_y}{2}\right)^2 + {\tau_{xy}}^2} \tag{o}$$

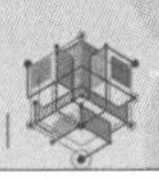

이상에서 살펴본 바와 같이 응력요소의 θ만큼 기울어진 면의 주응력과 최대 전단응력은 모어의 원을 통해 구할 수 있다. 그리고 모어의 원은 설명된 것과 반대로 방향을 설정하여 사용할 수도 있고, 2차원 응력(2축 응력)과 단면 2차 모멘트 변환에 적용해도 된다.

2차원 응력

단면 2차 모멘트 변환

예제 5.13

직경이 1m인 원통형 보일러의 두께가 8mm이다. 내압이 2,000N/cm^{2}일 때 이 원관의 축선에 대하여 θ=60°를 이루는 나선상에 수직한 단면에 작용하는 σ_n과 τ를 모어 원을 그려서 그 크기를 구하라.

풀이 다음 그림에서 미소요소에 작용하는 축방향 응력을 σ_x, 원주방향 응력을 σ_y라 할 때, 그 크기는 유도된 식으로부터 다음과 같다.

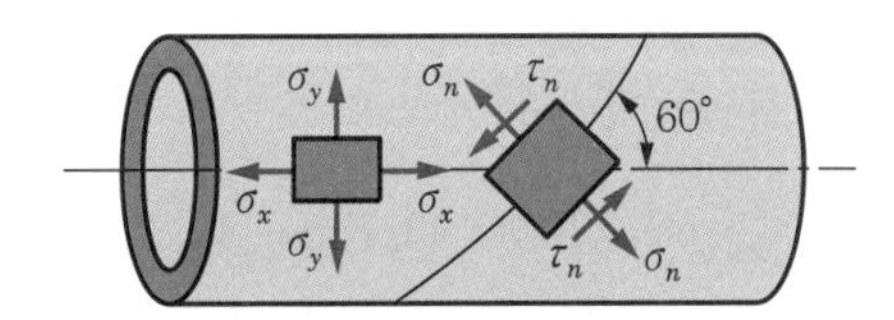

$$\sigma_x = \frac{Pr}{2t} = \frac{Pd}{4t},\ \sigma_y = \frac{Pr}{t} = \frac{Pd}{2t},\ \tau_{\max} = -\frac{1}{2}(\sigma_y - \sigma_x)$$

$$\therefore\ \sigma_x = \frac{2,000 \times 100}{4 \times 0.8} = 62,500\mathrm{N/cm^2}$$

$$\sigma_y = \frac{2,000 \times 100}{2 \times 0.8} = 125,000\mathrm{N/cm^2}$$

모어 원의 반경은

$$R = \frac{\sigma_y - \sigma_x}{2} = \frac{1}{2}(62,500 + 125,000) = 93,750\mathrm{N/cm^2}$$

구한 값으로부터 모어 원을 그리면 다음 그림과 같다.

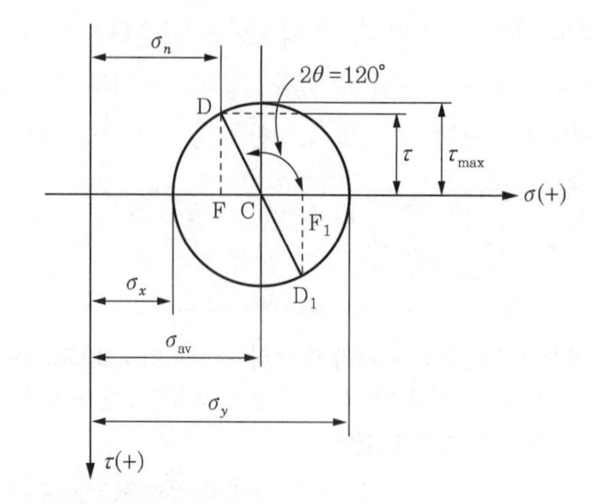

여기에서

$$\tau_{max} = -\frac{1}{2}(\sigma_y - \sigma_x) = -\frac{1}{2}(125{,}000 - 62{,}500)$$
$$= -31{,}250\text{N/cm}^2$$
$$\therefore\ \sigma_{av} + \tau_{max}\cos 120° = 93{,}750 - 31{,}270 \times 0.5$$
$$= 78{,}125\text{N/cm}^2$$
$$\tau = R\sin 120° = -31{,}250 \times 0.866 = -27{,}062.5\text{N/cm}^2$$

예제 5.14

$\sigma_x = 12{,}000\text{N/cm}^2$, $\sigma_y = 4{,}000\text{N/cm}^2$의 2축 응력상태에서 모어 원을 그리고 $\theta = 30°$ 경사면에 작용하는 수직응력 σ_n과 공칭응력 σ_n', 그리고 전단응력 τ와 공칭전단응력 τ'을 구하라. 또 각 응력상태를 도시하여라.

풀이 $\sigma_x = 12{,}000\text{N/cm}^2$, $\sigma_y = 4{,}000\text{N/cm}^2$, $\tau_{xy} = 0$ 상태의 모어 원은 다음 그림과 같다.

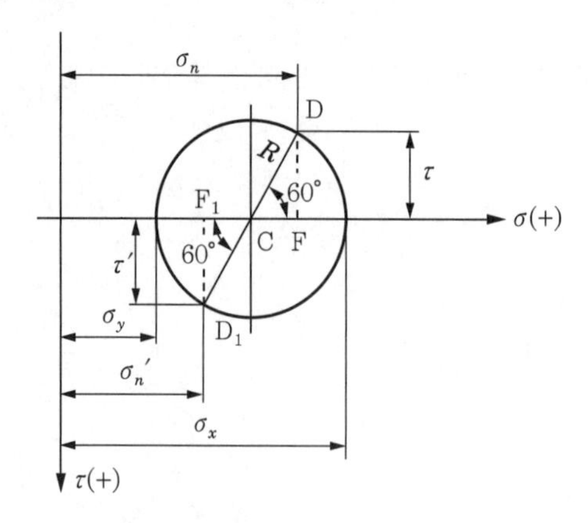

원의 반경

$$R = \frac{1}{2}(\sigma_x - \sigma_y) = 4{,}000\text{N/cm}^2$$

원의 중심 C

$$\sigma_{av} = \frac{1}{2}(\sigma_x + \sigma_y) = \frac{1}{2}(12{,}000 + 4{,}000) = 8{,}000\text{N/cm}^2$$

$$\sigma_n = \overline{OC} + \overline{CF} = \sigma_{av} + R\cos 60° = 8{,}000 + 4{,}000\cos 60°$$
$$= 10{,}000\text{N/cm}^2$$

$$\sigma_n{}' = \overline{OC} - \overline{CF} = \sigma_{av} - R\cos 60° = 8{,}000 - 4{,}000\cos 60°$$
$$= 6{,}000\text{N/cm}^2$$

$$\tau = -R\sin 60° = -4{,}000\sin 60° = -3{,}464\text{N/cm}^2$$

$$\tau' = R\sin 60° = 4{,}000\sin 60° = 3{,}464\text{N/cm}^2$$

예제 5.15

평면응력 상태에 있는 구형요소에서 $\sigma_x = \sigma_y = 0$, $\tau_{xy} = 12{,}000\text{N/cm}^2$일 때 모어 원을 그리고 최대 주응력 σ_1과 최소 주응력 σ_2를 구하고 도시하여라.

풀이 모어 원을 그리면 $\sigma_x = 0$, $\sigma_y = 0$, $\tau_{xy} = 12{,}000\text{N/cm}^2$의 경우 우측 그림과 같다. 즉, 하나의 AB선으로 나타난다.

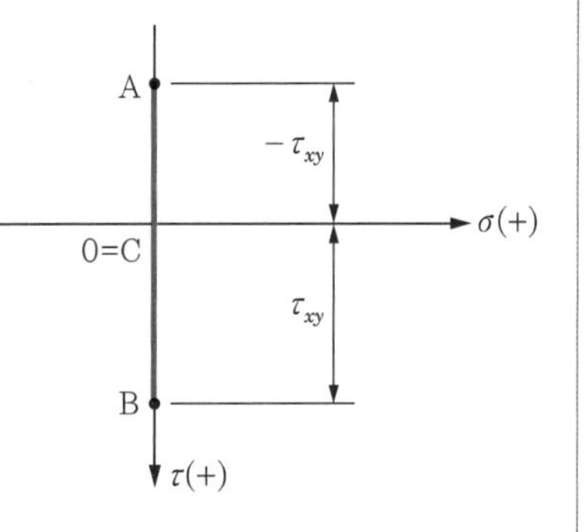

이때 최대 및 최소 주응력 방향은

$$\tan 2\theta = \frac{2\tau_{xy}}{\sigma_x - \sigma_y} = 0$$

$$\therefore\ \theta = 45°$$

$$\therefore\ \sigma_1 = \frac{1}{2}\sqrt{4\tau_{xy}{}^2} = \frac{1}{2}\sqrt{4 \times 12{,}000^2} = 12{,}000\text{N/cm}^2$$

$$\sigma_2 = -\frac{1}{2}\sqrt{4\tau_{xy}{}^2} = -\frac{1}{2}\sqrt{4 \times 12{,}000^2} = -12{,}000\text{N/cm}^2$$

예제 5.16

2축 응력상태의 단면축에 $\sigma_y = -\sigma_x$로 작용할 때 모어 원을 그리고 임의의 θ 경사단면에 발생하는 σ_n과 τ를 도시하여라.

풀이 σ_x가 존재하고 σ_y는 σ_x에 (−)를 붙인 크기이다. 따라서 모어 원은 반지름이 σ_x이고 다음 그림과 같다.

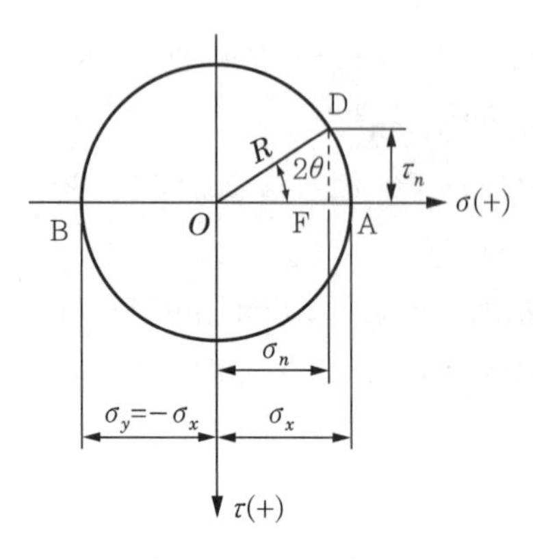

모어 원에서 σ_n과 τ의 크기는

$$\sigma_n = \overline{\mathrm{OF}} = R\cos 2\theta = \sigma_x \cos 2\theta$$
$$\tau_n = -\overline{\mathrm{OF}}\sin 2\theta = -R\sin 2\theta = -\sigma_x \sin 2\theta$$

또 σ_n과 τ_n을 도시하기 위해 θ를 구하면

$$\tan 2\theta = \frac{\overline{\mathrm{OF}}}{\mathrm{OF}} = \frac{\tau_n}{\sigma_n}$$

$$\therefore \;\; 2\theta = \tan^{-1}\frac{\tau_n}{\sigma_n}$$

도시하면 다음과 같다.

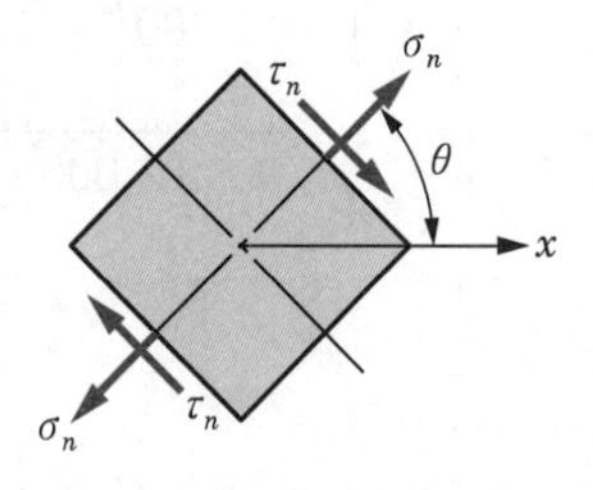

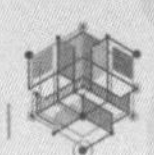

예제 5.17

그림과 같이 $\sigma_x = -\sigma_y = 10\text{kN/cm}^2$, $\tau_{xy} = 0$의 평면 응력상태에 있는 구형요소에서 최대 전단응력의 크기 $\tau_{\max}$을 구하고 모어 원을 그려라.

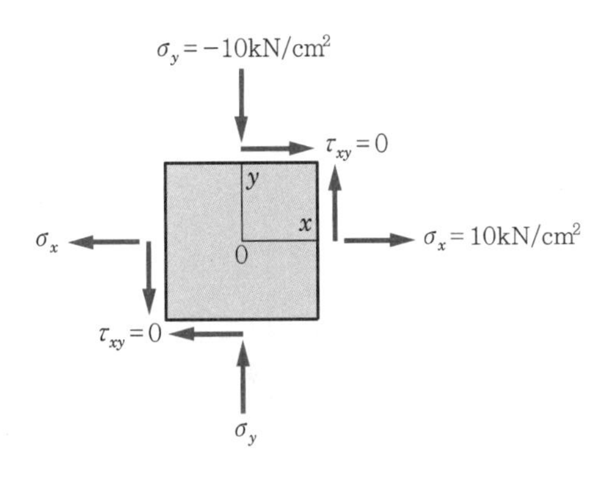

풀이 $\sigma_x = 10\text{kN/cm}^2$,

$\sigma_y = -10\text{kN/cm}^2$,

$\tau_{xy} = 0$이므로 우측 그림과 같다.

$\sigma_{av} = \text{C점} = 0$이고

이때 최대 전단응력의 방향은

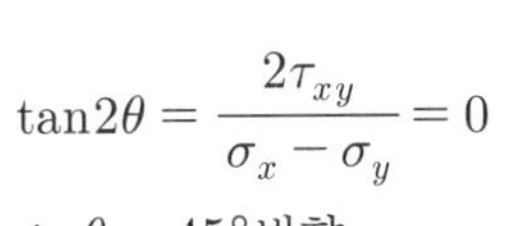

$$\tan 2\theta = \frac{2\tau_{xy}}{\sigma_x - \sigma_y} = 0$$

$$\therefore\ \theta = 45°\ 방향$$

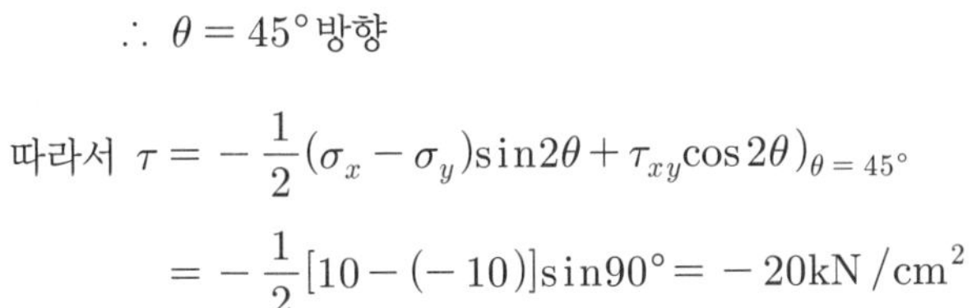

따라서 $$\tau = -\frac{1}{2}(\sigma_x - \sigma_y)\sin 2\theta + \tau_{xy}\cos 2\theta)_{\theta = 45°}$$

$$= -\frac{1}{2}[10 - (-10)]\sin 90° = -20\text{kN/cm}^2$$

예제 5.18

다음 그림과 같은 구형요소에서 $\sigma_x = 16\text{kN/cm}^2$, $\sigma_y = 7.5\text{kN/cm}^2$, $\tau_{xy} = -4\text{kN/cm}^2$의 평면응력 상태에 놓여 있을 때 최대 및 최소 주응력 σ_1과 σ_2를 구하고 방향을 결정하여라. 단, 모어 원(Mohr's circle)을 사용하여라.

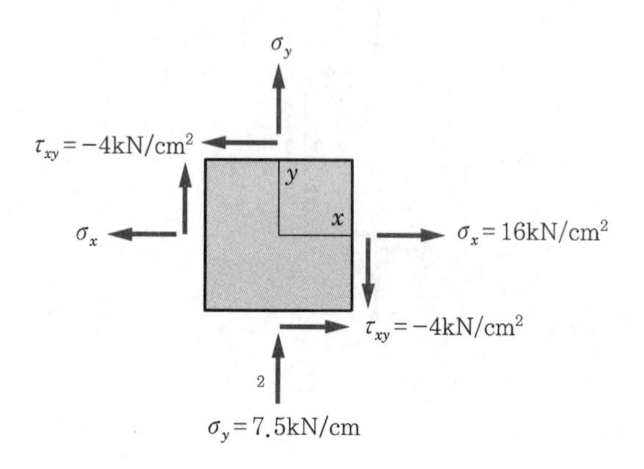

풀이 모어 원을 그리면 다음과 같다.

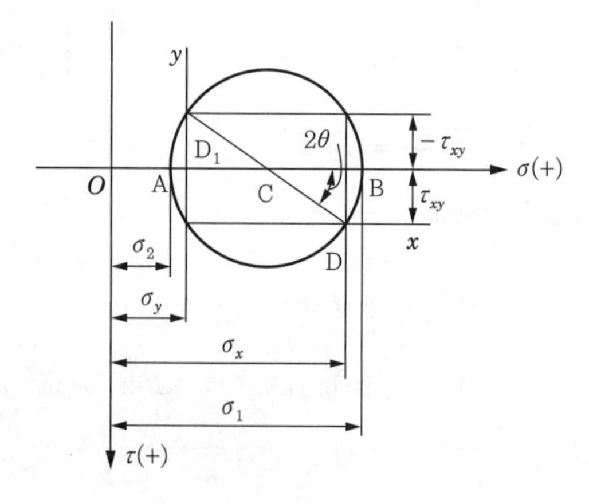

그림에서 $\sigma_1 = \overline{\text{OC}} + \overline{\text{CB}}$, $\sigma_2 = \overline{\text{OC}} - \overline{\text{CA}}$

$$\therefore \ \sigma_1 = \frac{\sigma_x + \sigma_y}{2} + \sqrt{\frac{1}{2}(\sigma_x - \sigma_y)^2 + {\tau_{xy}}^2}$$

$$= \frac{1}{2}(16 + 7.5) + \sqrt{\frac{1}{2}(16 - 7.5)^2 + (-4)^2}$$

$$= 18.9697\text{kN/cm}^2$$

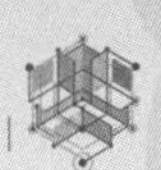

$$\sigma_2 = \frac{1}{2}(\sigma_x + \sigma_y) - \sqrt{\frac{1}{2}(\sigma_x - \sigma_y)^2 + (\tau_{xy})^2}$$

$$= \frac{1}{2}(16 + 7.5) - \sqrt{\frac{1}{2}(16 - 7.5)^2 + (-4)^2}$$

$$= 11.75 - 7.2197$$

$$= 4.53\text{kN/cm}^2$$

최대 주응력방향은

$$\tan 2\theta = \frac{2\tau_{xy}}{\sigma_x - \sigma_y} = \frac{2 \times (-4)}{16 - 7.5} = (-0.94)$$

$$\therefore\ 2\theta = \tan^{-1}(-0.97) = 43.26°$$

$$\rightarrow \theta = -21.63° = -21°37'$$

예제 5.19

다음 그림과 같은 원관형 보일러에서 평균 균일압력 P=1,000N/cm^{2}를 받고 있을 때 강관의 두께 t=10mm, 보일러 지름 d=1.5m의 경우 σ_x와 σ_y, 그리고 보일러 벽 내에서의 전단변형률 γ를 결정하여라. 단, E=20×10^{6}N/cm^2, ν=0.3이다.

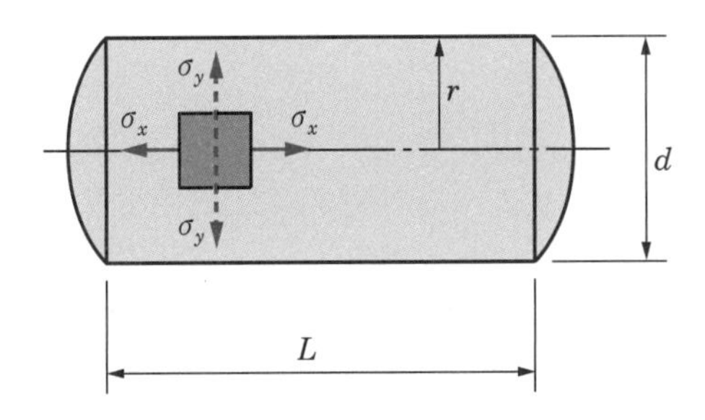

풀이 위 그림과 같이 반경이 r인 원형관의 탱크가 내압 P를 받을 때 구(球)의 경우 유도된 식 $\frac{\sigma_x}{r_1} + \frac{\sigma_y}{r_2} = \frac{P}{t}$에서 $r_1 = \infty$가 되고 $r_2 = r$로 할 때 결국 다음과 같다. 즉, $\frac{\sigma_x}{\infty} + \frac{\sigma_y}{r} = \frac{P}{t} \rightarrow \sigma_y = \frac{Pr}{t}$

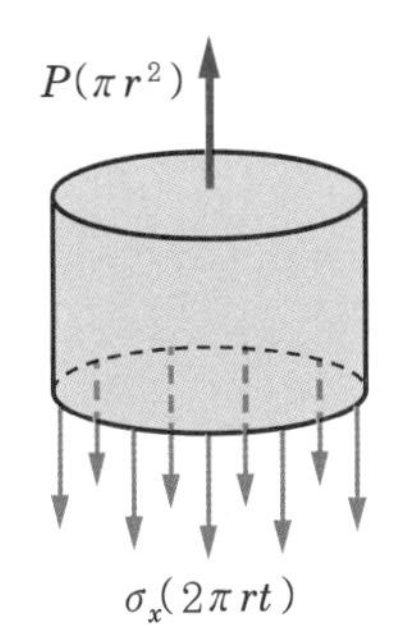

다음은 축방향으로 원판에 $\pi r^2 P$의 힘으로 작용할 때 원판에 균일하게 축방향응력이 발생하므로 힘의 평형식으로부터 다음의 결과를 얻는다. 즉,

$$\sigma_x 2\pi rt = \pi r^2 P \rightarrow \sigma_x = \frac{Pr}{2t}$$

$$\therefore\ \sigma_x = \frac{1{,}000 \times 75}{2 \times 1} = 37{,}500\text{N/cm}^2$$

$$\therefore\ \sigma_y = \frac{Pr}{t} = \frac{1{,}000 \times 75}{1} = 75{,}000\text{N/cm}^2$$

따라서 $\tau_{\max} = -\frac{1}{2}(\sigma_x - \sigma_y) = -\frac{1}{2}(375{,}000 - 75{,}000)$

$= 18{,}750\text{N/cm}^2$

전단 변형률 $\gamma = \frac{\tau}{G}$

단, $G = \frac{E}{2(1+\nu)} = \frac{20 \times 10^6}{2(1+0.3)} = 8{,}076{,}923\text{N/cm}^2$

$$\therefore\ \gamma = \frac{18{,}750\text{N/cm}^2}{8{,}076{,}923\text{N/cm}^2} = 2.321 \times 10^{-3}$$

기초연습문제

Mechanics of Materials

01 단면적 $A=5\text{cm}^2$의 균일 단면축이 축 압축력 $P_c=50\text{kN}$을 받고 있다. 이 단면축에 대하여 45° 경사진 평면에서 법선응력 σ_n과 접선응력 τ를 구하면 얼마인가?

02 그림과 같이 단면적 $A=5\text{cm}^2$인 균일 단면부재가 축 인장하중 $P=40\text{kN}$을 받고 있다. 단면 가로축선에 대하여 30°를 이루는 경사단면상의 수직응력 σ_n은 몇 N/cm^2인가?

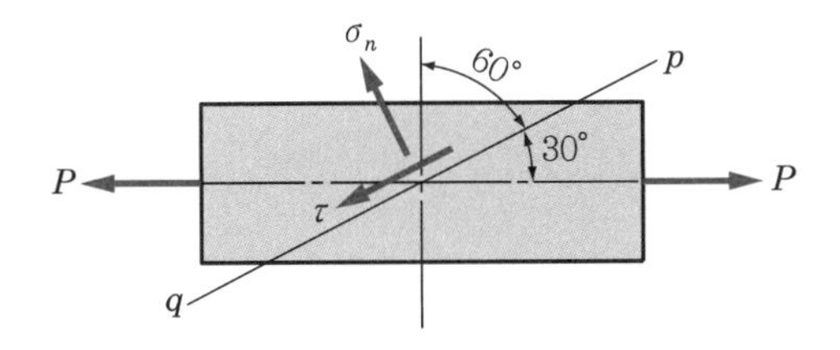

03 환봉의 직경이 3cm일 때 인장시험을 한 결과 45° 경사져 파단되었다. 이때 이 단면에서 발생한 수직응력 σ_n과 전단응력 τ는 얼마인가? 단, 인장력 $P=150\text{kN}$이다.

04 굽힘에 의한 수직응력 $\sigma_b=9\text{kN/cm}^2$를 받고, 비틀림에 의한 전단응력 $\tau=5\text{kN/cm}^2$를 동시에 받고 있는 축에서 최대 전단응력은 몇 kN/cm^2인가?

05 2축 응력 요소에 $\sigma_x=4\text{kN/cm}^2$, $\sigma_y=3\text{kN/cm}^2$가 작용할 때 최대 전단응력의 위치각과 크기는 각각 얼마인가?

06 다음 그림과 같은 요소에서 $\sigma_x=-5{,}000\text{N/cm}^2$, $\sigma_y=-8{,}000\text{N/cm}^2$, $\theta=30°$일 때 경사단면상의 수직응력 σ_n을 구하라.

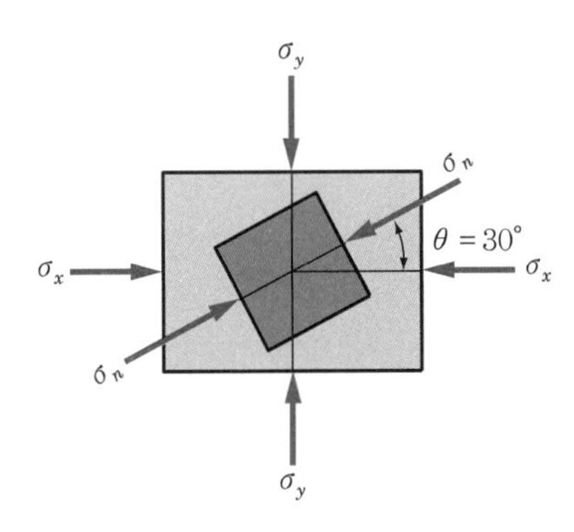

07 연강재의 세로탄성계수 $E=20\times10^6\text{N/cm}^2$이고 가로탄성계수 $G=8.0\times10^6\text{N/cm}^2$일 때 푸아송비 ν와 체적탄성계수 K를 구하라.

08 σ_x가 인장이고 σ_y가 압축일 때 그 절대치가 $\sigma_x = 2|\sigma_y|$의 관계일 때 모어 원을 그리고 최대 전단응력의 크기를 찾아라.

09 $\sigma_y = -\sigma_x$의 2축 응력상태일 때 모어 원을 도시하고 최대 전단응력 τ_{max}을 찾아라.

10 2축 응력의 경우 $\sigma_x=5.0\text{kN/cm}^2$, $\sigma_y=3.0\text{kN/cm}^2$일 때 재료 내의 최대 전단응력의 크기는?

11 수직응력이 σ_x, σ_y이고 전단응력 τ_{xy}의 평면응력 상태에서 주 평면을 정하는 식은?

12 인장응력 $\sigma_x=5.0\text{kN/cm}^2$, $\sigma_y=2.0\text{kN/cm}^2$와 전단응력 $\tau_{xy}=\tau_{yx}=1.5\text{kN/cm}^2$가 다음 그림과 같이 주어질 때 주응력면 θ_P를 결정하고 도시하라.

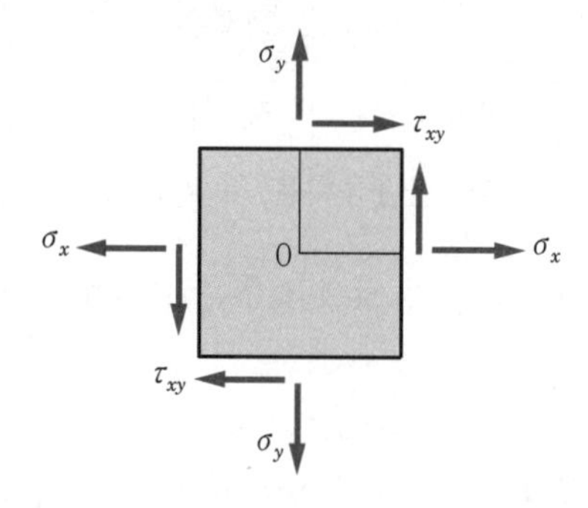

13 다음 그림과 같이 $\sigma_x=200\text{N/cm}^2$, $\sigma_y=-100\text{N/cm}^2$, $\tau_{xy}=-100\text{N/cm}^2$로 주어질 때 주응력의 크기 σ_1의 값을 구하고, 또 주응력의 방향을 도시하여라.

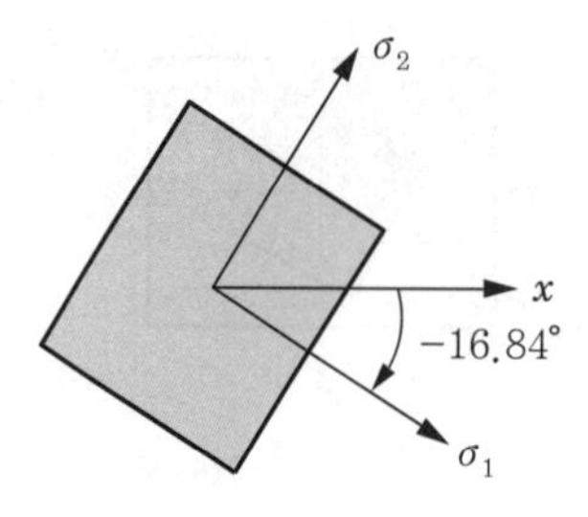

14 평면응력 상태에 있는 재료의 $\sigma_x = 6.0\text{kN/cm}^2$, $\sigma_y = 3.0\text{kN/cm}^2$, $\tau_{xy} = 0$일 때 최대 수직응력과 최대 전단응력의 크기는?

15 서로 직각으로 인장응력 6.0kN/cm^2과 3.0kN/cm^2로 작용할 경우 재료 내에 발생하는 최대 전단응력의 크기는 얼마인가?

응용연습문제

Mechanics of Materials

01 다음 그림과 같이 두 단면 pq와 $p'q'$ 사이의 처음 길이 $L=14\text{mm}$, 단면적 $A=5\text{cm}^2$, 경사각 $\theta=45°$일 경우 축하중 $P=150\text{kN}$이 작용한다면 단면 pq와 $p'q'$ 사이의 거리 변화를 구하라. 단, $E=20\times10^6\text{N/cm}^2$이다.

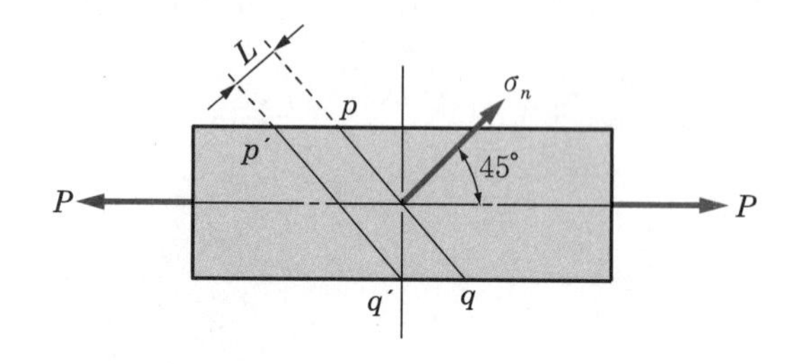

02 연강의 세로탄성계수 $E=20\times10^6\text{N/cm}^2$일 때 푸아송 비가 0.35일 경우 이 재료의 가로탄성계수 G는 얼마인가?

03 $\sigma_x=10\text{kN/cm}^2$, $\sigma_y=-6\text{kN/cm}^2$일 때 ε_x와 ε_y를 구하라. 단, 재료의 $E=20\times10^6$ N/cm^2, $\nu=0.25$이다.

04 1축 응력상태에서 수직응력 σ_n과 전단응력 τ가 같아지는 경사단면의 θ는 몇 도인가?

05 2축 응력상태의 단형판(短形板)에서 $\sigma_x=8.0\text{kN/cm}^2$, $\sigma_y=-4.0\text{kN/cm}^2$가 작용할 때 판의 한 점을 통과하고 수평선과 60°의 경사를 맺는 단면상의 수직응력과 전단응력을 구하고 모어 원을 그려라.

06 평면응력 상태에 있는 단면축에서 $\sigma_x=4.0\text{kN/cm}^2$, $\sigma_y=2.0\text{kN/cm}^2$, $\tau_{xy}=0.75$ kN/cm^2로 주어질 경우 모어 원을 통해 σ_1의 크기와 σ_2의 크기를 구하라.

Mechanics of Materials

제 6 장

보의 전단력과 굽힘 모멘트

6.1 지점의 반력

1 보의 종류

보(beam)

어떠한 구조물의 부재(member of framework)가 그 축의 가로방향 또는 경사진 방향으로 작용하는 힘(또는 하중)에 저항하기 위해 설계될 때 그 부재를 보(beam)라 부른다. 그러므로 보는 인장축이나 비틀림축과는 하중의 방향이 근본적으로 다르다.

정정보

부정정보

보는 크게 정역학적 평형방정식($\sum F=0$, $\sum M=0$)만으로 반력을 결정할 수 있는 정정보(statically determinate beam)와 정역학적 평형방정식의 수보다 더 많은 수의 반력을 가지고 있어 하중 처짐에 대한 방정식을 고려해야 하는 부정정보(statically indeterminate beam)로 구분된다. 정정보에 속하는 보를 [그림 6-1(a), (b), (c)]에, 부정정보에 속하는 보를 [그림 6-1(d), (e), (f)]에 나타내었다.

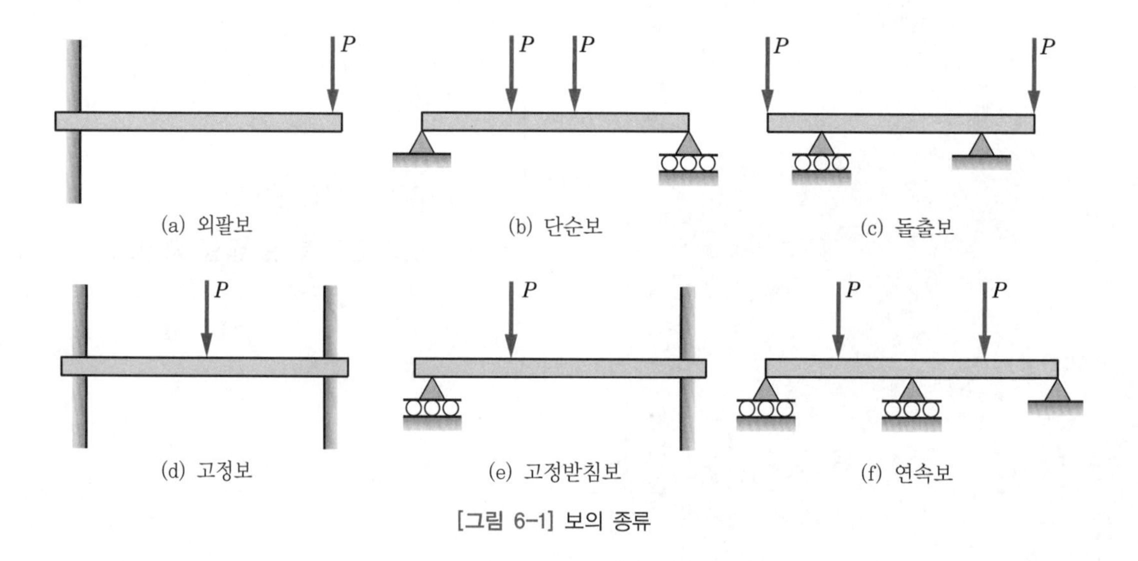

[그림 6-1] 보의 종류

이 장에서는 [그림 6-2]와 같은 가장 간단한 보의 형태인 정정보에 대하여 고찰하기로 한다.

(1) 정정보와 지점의 특징

단순 지지보

1) 단순 지지보

[그림 6-2(a)]의 보와 같이 한쪽 끝은 핀으로 지지되어 있고, 다른 끝은 롤러로

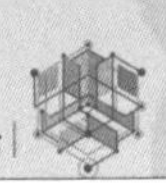

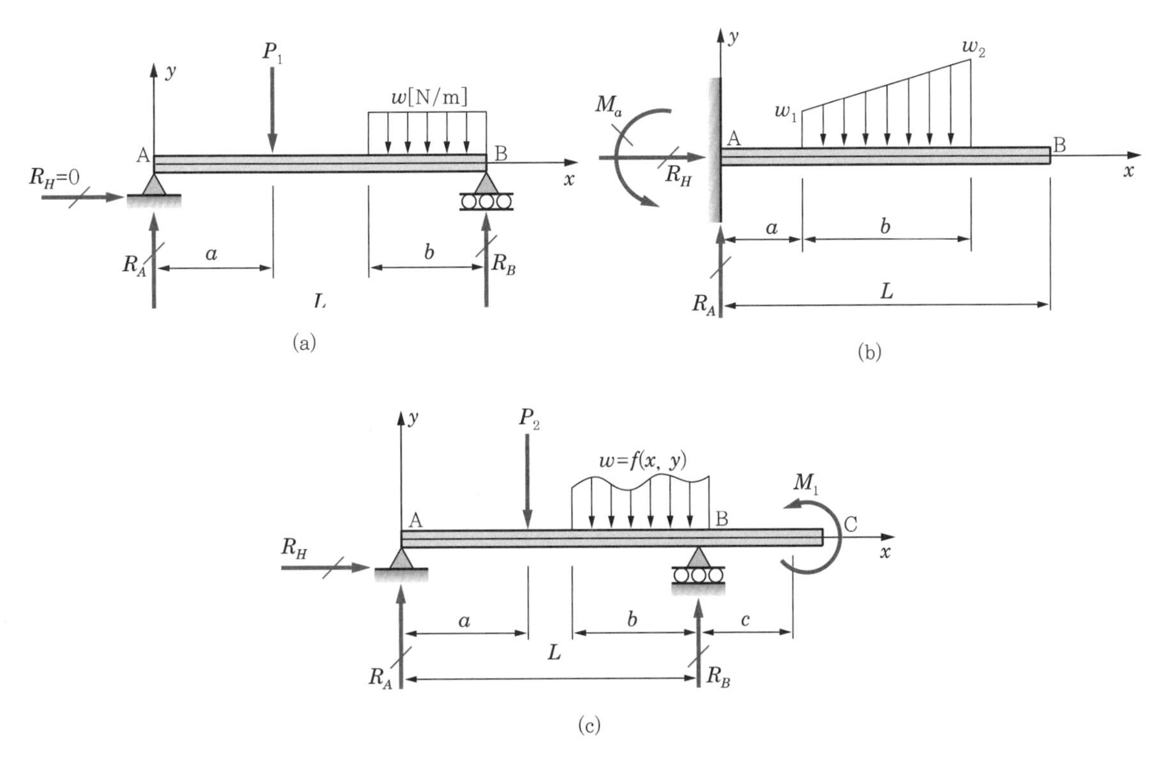

[그림 6-2] 지점의 반력 및 모멘트 특징

지지되어 있는 보를 단순 지지보(simply supported beam) 또는 단순보(simple beam)라 부른다.

단순 지지보

핀 지지의 중요한 특징은 우선 보의 끝 A가 이동하지 못하나 보의 길이방향 축은 그림의 평면 내에서 회전할 수 있다는 것이다. 따라서 핀 지지는 수평, 수직분력을 가진 반력을 일으킬 수 있으나 모멘트 반응은 없다. 다음으로 롤러 지지의 가동회전 지점 B에서 수직방향으로는 이동할 수 없으나 수평방향으로는 이동할 수 있다. 그래서 이 지지점은 수직반력은 있으나 수평반력은 없다.

2) 외팔보

외팔보

[그림 6-2(b)]에서 보는 바와 같이 한쪽 끝이 고정되어 있고, 다른 끝은 자유단으로 되어 있는 보를 외팔보 또는 캔틸레버보(cantilever beam)라 부른다. 이 경우 부착된 지점에서는 이동이나 회전을 할 수 없으나, 자유단에서는 이동과 회전이 가능하다. 따라서 고정단에서는 반력(反力)과 반(反) 모멘트가 나타난다.

캔틸레버보
(cantilever beam)

3) 돌출보

돌출보

[그림 6-2(c)]와 같은 보를 돌출(overhang)보라 말하며 이 보는 A와 B점에서 단순 지지되어 있고, 지점을 넘어선 B지점 이상은 자유단이 C점까지 뻗어있다.

이때 A지점은 고정회전 지점으로 수평, 수직분력을 가진 반력을 일으킬 수 있는 반면 모멘트 반응은 없다. 그리고 B지점은 가동회전 지점으로, 수직방향으로는 이동할 수 없으나 수평방향으로 이동할 수 있는 지점이다.

(2) 하중의 종류

집중하중

1) 집중하중(concentrated load)

[그림 6-2(a), (c)]의 P_1, P_2와 같이 보의 한곳에 집중하여 작용하는 하중을 말한다.

분포하중

2) 분포하중(distributed load)

일정거리에 걸쳐 하중이 분포되어 나타나는 것으로 다음과 같은 분포형태가 있다. 즉 [그림 6-2(a)]와 같이 단위거리에 일정한 강도 w로 작용되는 등분포하중(균일하중, uniform load)과 [그림 6-2(b)]의 경우처럼 축의 길이에 따라 w_1에서 w_2까지 변화하는 강도를 가지는 선형 변화하중(linearly varying load), 그리고 [그림 6-2(c)]와 같이 강도하중 w가 일정거리에 걸쳐 분균일하게 나타나는 불균일 분포하중(nonuniformly distributed load) 등이 있다.

이동하중

3) 이동하중(moving load)

보에 하중이 이동하여 작용되는 하중으로서 기차가 철교 위를 달리는 것 같이 보 위로 이동하는 하중을 말한다.

우력(couple)

4) 우력(couple)

[그림 6-2(c)]에 작용하는 우력(偶力) 모멘트 M_1에 의해 보에 발생된 하중형태를 말한다.

2 보의 반력(reaction)

보의 평형조건

(1) 보의 평형조건(equilibrium of beam)

① 외력의 대수합(algebraic sum)은 0이다.

$$\Sigma F = 0 \tag{6.1}$$

② 힘의 모멘트의 대수합(algebraic sum)은 0이다.

$$\Sigma M = 0 \tag{6.2}$$

(2) 지점(supporting point)의 반력을 구하는 방법

정정보의 반력

정정보의 반력은 위의 평형조건식으로 간단히 구할 수 있다. 이 계산에서 힘과 모멘트를 방향에 따라 [그림 6-3]과 같이 양(+)과 음(−)을 정할 수 있다. 상방향과 우방향의 힘을 양(+)으로, 모멘트는 시계 반대방향을 양(+)로 정하고 이들과 반대를 음(−)으로 한다. 또 경사방향의 힘에 있어서는 분력하여 계산하면 된다.

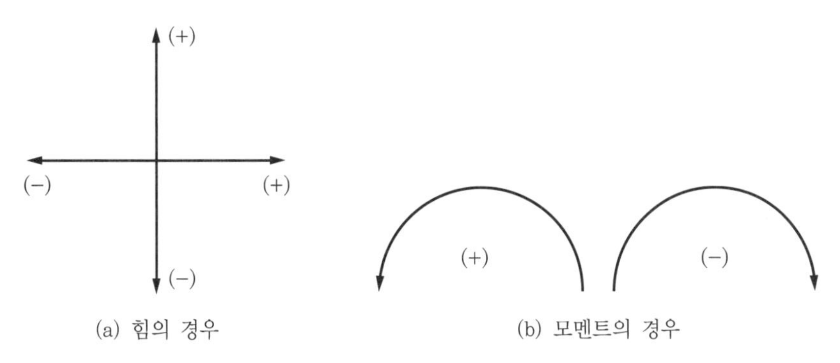

[그림 6-3] 부호규약

[그림 6-4]와 같은 단순보에 집중하중이 작용할 경우의 반력을 구해보자.

- 힘의 평형조건식으로부터 $\sum F = 0$;

$$\sum F_x = 0 \ ; \ \xrightarrow{+} \ R_H = 0$$

∴ 하중이 수평방향에 없으므로 수평방향의 반력은 0이다.

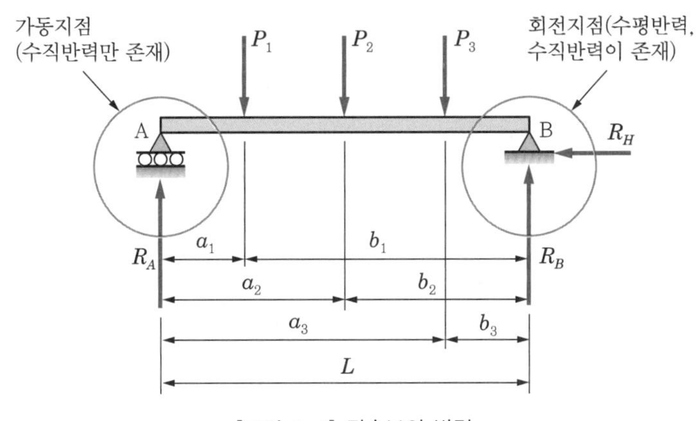

[그림 6-4] 단순보의 반력

$$\Sigma F_y = 0\ ;\uparrow_+,\ +R_A + R_B - P_1 - P_2 - P_3 = 0 \qquad \text{(a)}$$

• 모멘트의 평형조건식으로부터 $\Sigma M = 0$;

$\Sigma M_B = 0$; ⊕, $-R_A L + P_1 b_1 + P_2 b_2 + P_3 b_3 = 0$(B점을 기준으로 모멘트를 취함)

$$\therefore\ R_A = \frac{P_1 b_1 + P_2 b_2 + P_3 b_3}{L} \qquad \text{(b)}$$

식 (b)를 식 (a)에 대입시켜 나머지 반력 R_B를 찾으면 다음과 같다.

$$\begin{aligned} R_B &= -R_A + P_1 + P_2 + P_3 \\ &= -\frac{P_1 b_1 + P_2 b_2 + P_3 b_3}{L} + \frac{P_1 L + P_2 L + P_3 L}{L} \\ &= \frac{P_1(L-b_1) + P_2(L-b_2) + P_3(L-b_3)}{L} \end{aligned}$$

$$\therefore\ R_B = \frac{P_1 a_1 + P_2 a_2 + P_3 a_3}{L} \qquad \text{(c)}$$

집중하중과 등분포하중이 동시에 작용하는 보

다음은 집중하중과 등분포하중이 동시에 작용하는 보에서 반력을 구해보자. [그림 6-2(a)]에서

• 힘의 평형조건식으로부터 $\Sigma F = 0$;

$\Sigma F_x = 0$; $R_H = 0$ $\quad\therefore$ 수평반력은 0이다.

$$\Sigma F_y = 0\ ;\uparrow_+,\ +R_A + R_B - P_1 - wb = 0 \qquad \text{(d)}$$

• 모멘트 평형조건식으로부터 $\Sigma M = 0$;

$\Sigma M_B = 0$; ⊕, $-R_A L + P_1(L-a) + wb\dfrac{b}{2} = 0$

$$\therefore\ R_A = \frac{R_1(L-a)}{L} + \frac{wb^2}{2L} \qquad \text{(e)}$$

식 (b)를 식 (d)에 대입시켜 나머지 반력 R_B를 구할 수 있다. 즉,

$$\therefore\ R_B = \frac{P_1 a}{L} + \frac{wb(2L-b)}{2L} \qquad \text{(f)}$$

이다. 이번에는 [그림 6-2(b)]와 같이 캔틸레버보(외팔보)가 선형변화 분포하중을 받고 있을 때 반력 및 반모멘트를 구해보자. 이 경우 점선부분으로 나누어 생각해 보면,

반모멘트

- 힘의 평형조건식으로부터 $\sum F = 0$;

  $\sum F_x = 0$; $R_H = 0$ $\quad\therefore$ 수평방향 반력은 0이다.

  $$\sum F_y = 0 \;;\uparrow+,\; R_A - w_1 b - \frac{(w_2 - w_1)b}{2} = 0$$

$$\therefore\; R_A = w_1 b + \frac{(w_2 - w_1)b}{2} = \frac{(w_1 + w_2)b}{2} \qquad \text{(g)}$$

- 모멘트 평형조건식으로부터 $\sum M = 0$;

  $$\sum M_A = 0 \;;\circlearrowleft+,\; M_A - w_1 b\left(a + \frac{b}{2}\right) - \frac{(w_2 - w_1)b}{2}\left(a + \frac{2}{3}b\right) = 0$$

$$\therefore\; M_A = \frac{w_1 b}{2}\left(a + \frac{b}{3}\right) + \frac{w_2 b}{2}\left(a + \frac{2}{3}b\right) \qquad \text{(h)}$$

이다. 위 식 (h)에서 구한 반모멘트는 [그림 6-2(b)]에 나타낸 바와 같이 반시계방향으로 작용한다.

예제 6.1

다음과 같은 단순보의 하중상태에서 반력 R_A와 R_B의 크기를 결정하여라.

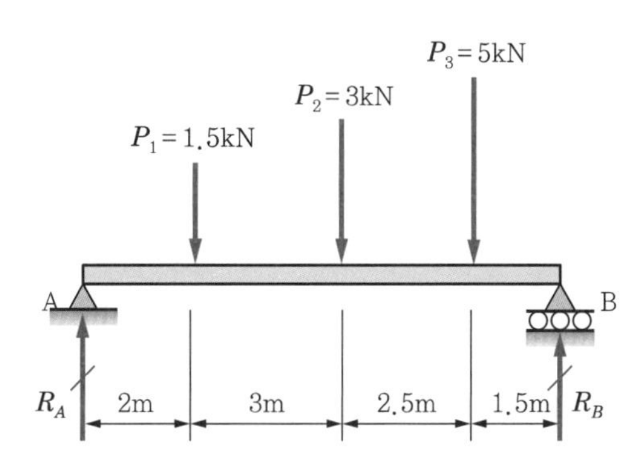

풀이 ΣM at $\mathrm{B} = 0$; $\circlearrowright +$,

$$
\begin{aligned}
& -R_A \times 9 + P_1 \times 7 + P_2 \times 4 + P_3 \times 1.5 = 0 \\
& \rightarrow R_A = \frac{P_1 \times 7 + P_2 \times 4 + P_3 \times 1.5}{9} \\
& \qquad = \frac{1.5 \times 7 + 3 \times 4 + 5 \times 1.5}{9} \\
& \qquad = 3.33\mathrm{kN}
\end{aligned}
$$

$\Sigma F_y = 0$; $\uparrow +$, $R_A + R_B - P_1 - P_2 - P_3 = 0$

$$
\begin{aligned}
& \rightarrow R_B = P_1 + P_2 + P_3 - R_A = 1.5 + 3 + 5 - 3.33 \\
& \qquad = 6.17\mathrm{kN}
\end{aligned}
$$

예제 6.2

다음 그림과 같은 단순보에서 지점 A와 B의 반력 R_A와 R_B를 구하라.

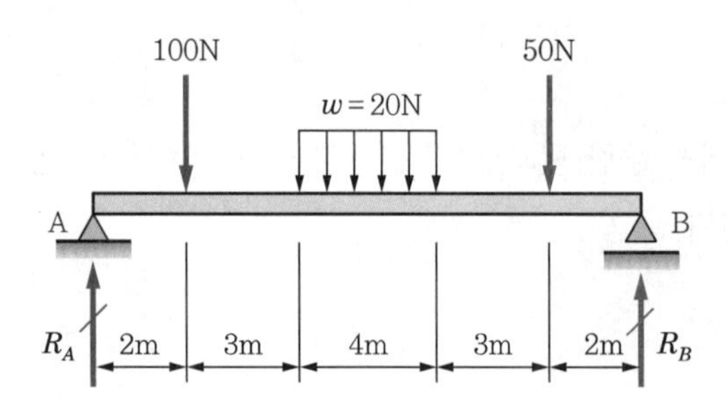

풀이 ΣM at $\mathrm{B} = 0$: $\circlearrowright +$,

$$
-R_A \times 14 + 100 \times 12 + (20 \times 4) \times \left(5 + \frac{4}{2}\right) + 50 \times 2 = 0
$$

$$
\rightarrow R_A = \frac{100 \times 12 + 80 \times 7 + 50 \times 2}{14} = 13.2.8\mathrm{N}
$$

$\Sigma F_y = 0$; $\uparrow +$,

$$
\begin{aligned}
& R_A + R_B - 100 - 50 - (20 \times 4) = 0 \\
& \rightarrow R_B = 100 + 50 + 80 - 132.8 = 97.2\mathrm{N}
\end{aligned}
$$

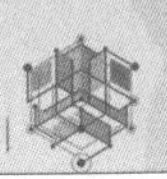

예제 6.3

다음 그림과 같은 하중상태의 단순보에서 지점반력 H_A, R_A와 R_B를 구하라.

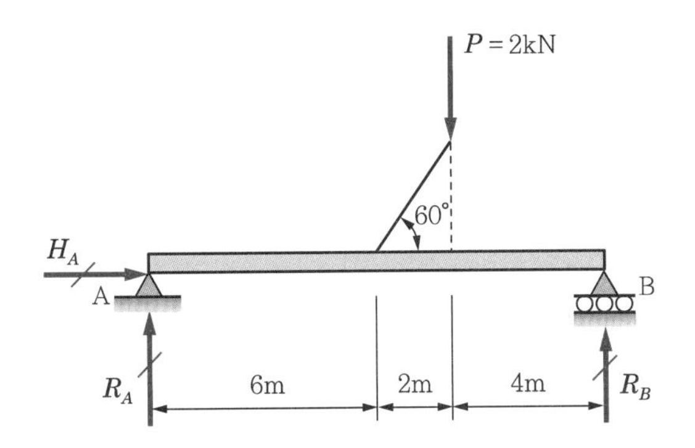

풀이 $\sum M$ at B = 0 ; ⊕,

$$R_A \times 12 + P \times 4 = 0 \rightarrow R_A = \frac{P \times 4}{12} = \frac{2 \times 4}{12} = 0.667\text{kN}$$

$\sum F_y = 0$; ↑+,

$$R_A + R_B - P = 0 \rightarrow R_B = P - P_A = 2 - 0.667 = 1.33\text{kN}$$

$\sum F_x = 0$; $\xrightarrow{+}$, $H_A = 0$

예제 6.4

다음 그림과 같은 단순보에서 A 지점의 반력 R_A를 구하여라.

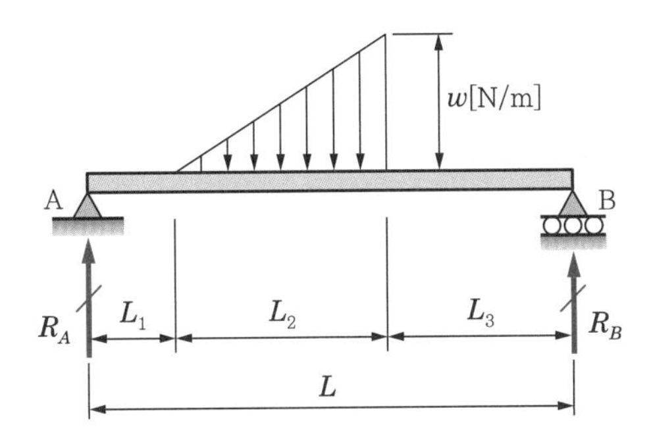

풀이 $\sum M$ at B = 0 ; ⊕,

$$-R_A L + \frac{wL_2}{2}\left(L_3 + \frac{1}{3}L_2\right) = 0$$

$$\rightarrow R_A = \frac{\frac{wL_2}{2}\left(L_3 + \frac{1}{3}L_2\right)}{L}$$

$$= \frac{\frac{wL_2}{2}\left(\frac{L_2 + 3L_3}{3}\right)}{L}$$

$$\therefore\ R_A = \frac{wL_2(L_2 + 3L_3)}{6L}$$

예제 6.5

다음 그림과 같은 기관차에서 기관차 무게 W에 의해 A와 B지점의 반력이 각각 $W/2$이다. 이때 열차를 끄는 힘 P가 접촉면 A, B에서의 전 마찰력과 같다면 A점에서의 수직반력 R_A의 크기를 구하라.

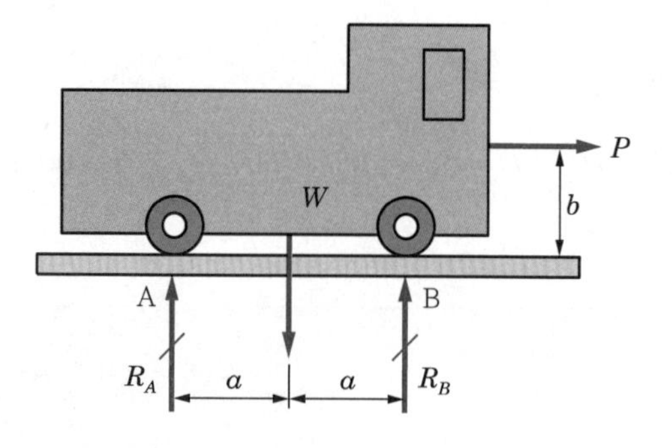

풀이 $\sum M$ at $\mathrm{B} = 0$; ⊕,

$$-R_A \times 2a + Wa - Pb = 0$$

$$\therefore\ R_A = \frac{Wa - Pb}{2a}$$

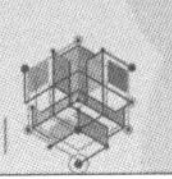

예제 6.6

다음과 같은 그림에서 A지점의 수평반력 H_A를 구하면?

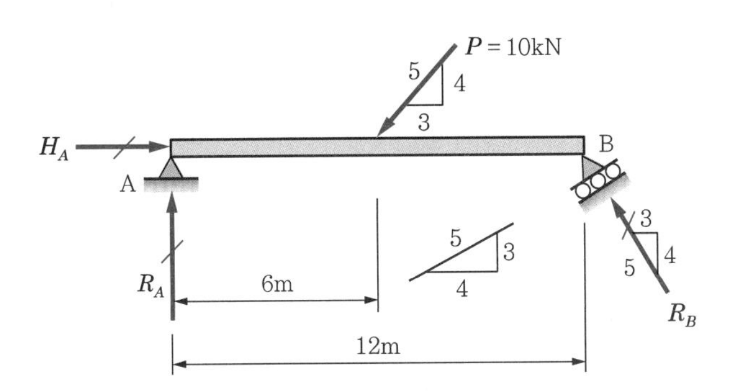

풀이 $\sum M$ at $A = 0$; ⊕,

$$R_B \times \frac{4}{5} \times 12 - P \times \frac{4}{5} = 0$$

$$\rightarrow R_B = \frac{P \times \frac{4}{5} \times 6}{\frac{4}{5} \times 12} = \frac{10\text{ton} \times 6}{12} = 5\text{kN}$$

따라서 B지점의 수평반력

$$R_{BH} = R_B \times \frac{3}{5} = 5 \times \frac{3}{5} = 3\text{kN}$$

$$\therefore\ \sum F_x = 0\ ;\ \xrightarrow{+},$$

$$H_A - P \times \frac{3}{5} - R_{BH} = 0$$

$$\rightarrow H_A = P \times \frac{3}{5} + R_{BH} = 10 \times \frac{3}{5} + 3 = 9\text{kN}$$

예제 6.7

다음 그림과 같은 돌출보에서 C단에 힘 $P=15\text{kN}$의 하중이 150°의 경사로 작용하고 있다. A지점의 수직반력 $R_A=0$으로 하려면 AB 구간의 등분포하중 w의 크기는 얼마인가?

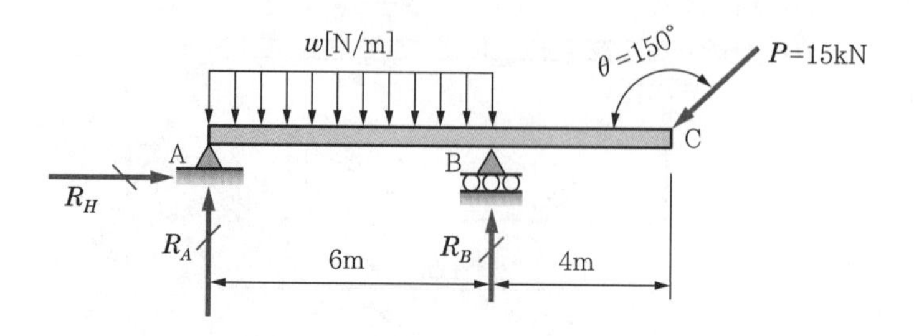

풀이 $\sum M \text{ at B}=0$; ⊕,

$$-R_A\times 6+w\times 6\times\frac{6}{2}-P\sin 30°=0$$

단, $R_A=0$이면, $18w=P\sin 30°$

$$\therefore\ w=\frac{P\sin 30}{18}=\frac{15{,}000\times\frac{1}{2}}{18}=416.6\text{N}$$

예제 6.8

다음 그림과 같은 단순보에서 A지점의 반력 R_A와 B지점의 반력 R_B를 구하라.

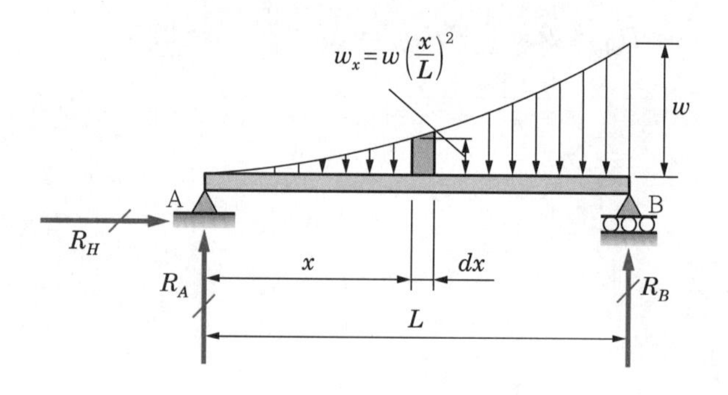

풀이 $\sum M \text{ at B}=0$; ⊕,

$$-R_AL+\int_0^L w_x\,dx(L-x)=0$$

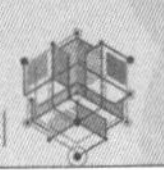

$$\rightarrow R_A = \frac{\int_0^L w\left(\frac{x}{L}\right)^2 (L-x)dx}{L} = \frac{\frac{wL^2}{12}}{L} = \frac{wL}{12}$$

또는 $\sum F_y = 0$; $-\int_0^L w_x\, dx + R_A + R_B = 0$

$$\rightarrow R_B = \int_0^L w\left(\frac{x}{L}\right)^2 dx - R_A = \frac{wL}{3} - \frac{wL}{12}$$

$$\therefore\ R_B = \frac{wL}{4}$$

예제 6.9

다음과 같이 하중이 작용하는 돌출보의 B지점 반력 R_B를 구하라.

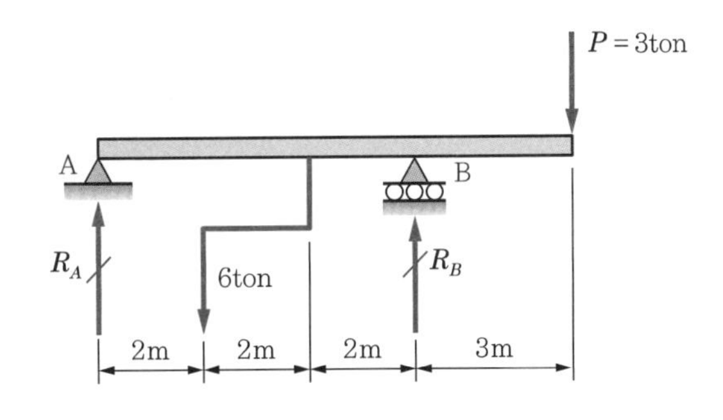

풀이 다음 그림과 같은 하중상태로 생각하여 구한다.

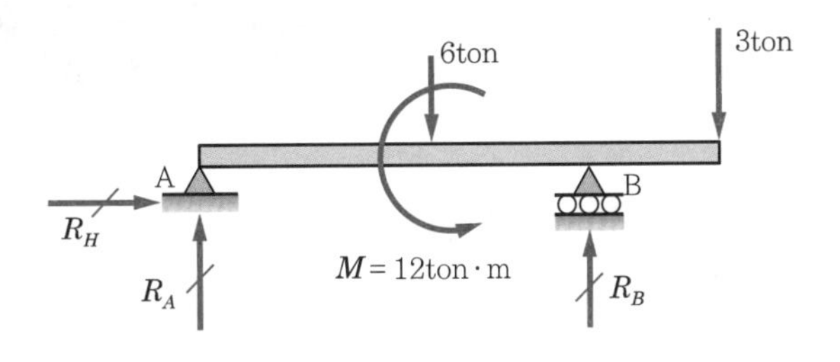

$\sum M$ at A $= 0$; ⊕,

$$12 - 6 \times 4 + R_B \times 6 - 3 \times 9 = 0$$

$$\therefore\ R_B = \frac{-12 + 24 + 27}{6} = 6.5\text{ton}$$

예제 6.10

다음과 같은 하중상태의 경우 지점반력 R_A와 R_B를 구하라.

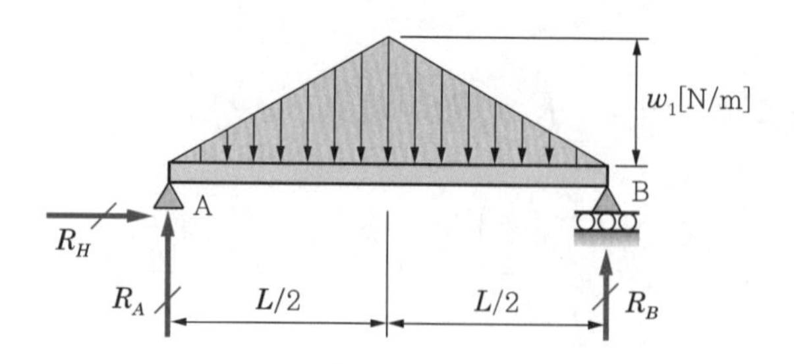

풀이 전 하중은 삼각형 넓이와 같다. 즉, $\dfrac{w_1 L}{2}$이다.

따라서 반력 $R_A = R_B = \dfrac{w_1 L}{4}$이다. 또는 B점으로부터 모멘트를 취하여 구하면

$$\sum M \text{ at B} = 0\ ; \oplus,$$

$$-R_A L + \frac{w_1 \frac{L}{2}}{2}\left(\frac{L}{2} + \frac{L}{2} \times \frac{1}{3}\right) + \frac{w_1 \frac{L}{2}}{2} \times \left(\frac{L}{2} \times \frac{2}{3}\right) = 0$$

$$\therefore\ R_A = \frac{w_1 L}{4} = R_B$$

6.2 전단력 및 굽힘 모멘트

전단력과 굽힘 모멘트의 부호규약

1 전단력과 굽힘 모멘트의 부호규약

[그림 6-5(a)]와 같이 자유단에 수직력 P가 작용하는 캔틸레버보(외팔보)를 살펴보면, 자유단으로부터 x만큼 떨어진 mn단면을 잘라서 자유물체도(free body diagram)를 그리면 [그림 6-5(b), (c)]와 같다. 그림의 절단부분에서 힘 P에 평형을 이루기 위하여 응력의 분포가 그림 (b)의 우측과 그림 (c)의 좌측에 분포됨을 알 수 있다. 이때 합응력(total stress)을 축에 평행하게 작용하는 전단력(shearing force) V와 굽힘우력(bending couple) M으로 분리시키는 것이 편리하다. 여기서 굽힘우력의 모멘트를 굽힘 모멘트(bending moment) M이라고 한다.

합응력(total stress)

전단력(shearing force)

굽힘 모멘트 (bending moment)

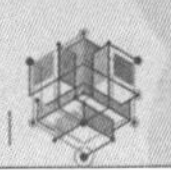

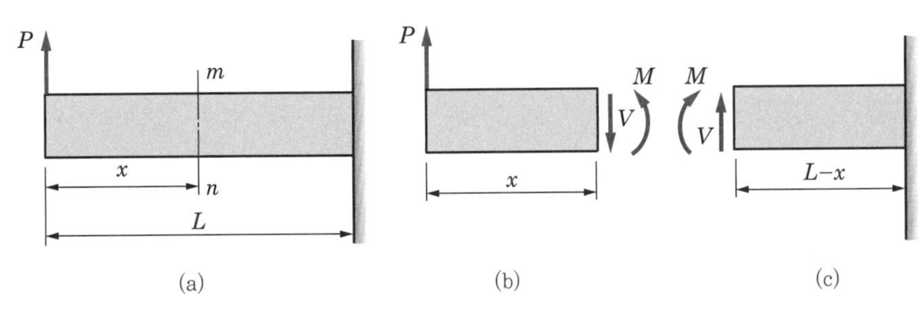

[그림 6-5] 보 내의 전단력과 모멘트

그리고 정역학적 평형조건식을 [그림 6-5(a), (b)]의 자유물체도(F.B.D)에 적용시킬 경우, 다음과 같이 계산된다.

자유물체도(F.B.D)

$$\Sigma F_y = 0 \; ; P - V = 0$$

$$\therefore \; V = P \tag{6.3}$$

$$\Sigma M_x = 0 \; ; -Px + M = 0$$

$$\therefore \; M = Px \tag{6.4}$$

이때 [그림 6-5(b)]에 나타난 합응력의 상태를 양(+)으로 가정하였으며, 다음 [그림 6-6]과 같이 부호를 규약하여 모든 문제를 해결하면 간단히 풀린다.

즉 [그림 6-6]은 약간의 간격을 둔 두 단면 사이를 절단한 보의 한 요소 위에 작용하는 전단력 V와 모멘트 M이다. 양(+)의 전단력은 그 요소의 오른쪽 면을 왼쪽 면에 대해 아래로 내려가게 하는 변형상태이며, 양(+)의 굽힘 모멘트는 보의 하부를 늘어나게 하고 상부는 압축하는 경우이다([그림 6-6(b), (c)]). 음(−)의 경우는 위와 반대가 된다. 이와 같은 부호규약을 정역학적 부호규약(static sign convention)이라 하고, 이 규약을 정역학적 평형방정식($\Sigma F_1 = 0$, $\Sigma M = 0$)에 이용하여 보 속의 전단력과 굽힘 모멘트를 구한다.

정역학적 부호규약
(static sign convention)

보 속의 전단력과
굽힘 모멘트

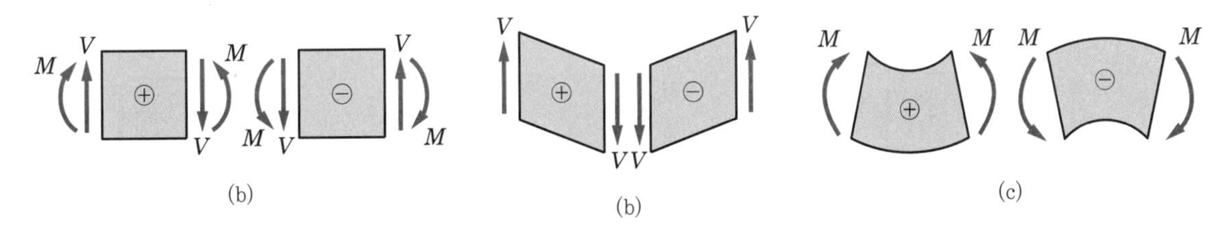

[그림 6-6] 전단력과 모멘트의 부호규약

2 하중, 전단력, 굽힘 모멘트 사이의 관계식

굽힘 모멘트 사이에 형성된 관계식

전단 및 모멘트 분포를 구하는 데 유용한 하중, 전단력, 굽힘 모멘트 사이에 형성된 관계식을 알아보자. [그림 6-7(a)]는 하중을 받는 보의 미소요소 dx를 따로 분리시켜 그린 것이다. 그림에서 요소의 왼쪽 면에 양의 방향으로 작용하는 전단력 V와 굽힘 모멘트 M이 나타나 있다. 일반적으로 이러한 V와 M은 보의 거리 x의 함수로서 dx만큼 증가된 오른쪽 면 위에는 증가분이 더해져 $V+dV$와 $M+dM$으로 표기된다. 그리고 요소에 작용되는 하중에는 이러한 분포하중뿐 아니라 집중하중, 우력이 있을 수 있다. [그림 6-7(a)]와 같은 강도하중 w의 분포하중이 작용한다고 가정하여 수직방향 힘의 평형으로부터 다음과 같은 관계식을 얻는다.

$$V - wdx - (V + dV) = 0$$

$$\therefore \ w = -\frac{dV}{dx} \tag{6.5}$$

전단력 선도의 기울기

식 (6.5)에서 보의 어디서나 전단력 선도의 기울기는 가한 하중값에 음(-)의 부호를 붙인 것과 같아야 함을 알 수 있다. 다음은 [그림 6-7(a)] 요소에 모멘트 평형식을 적용하여 요소 우측단에 모멘트를 취하면 다음과 같다.

$$-M - wdx\left(\frac{dx}{2}\right) - (V + dV)dx + (M + dM) = 0$$

위 식에서 두 개의 M은 소거되고 $w\dfrac{(dx)^2}{2}$과 $dVdx$는 다른 항에 비해 고차 미분항이므로 버릴 수 있다. 따라서 위 식을 정리하면 다음과 같은 관계식을 얻는다.

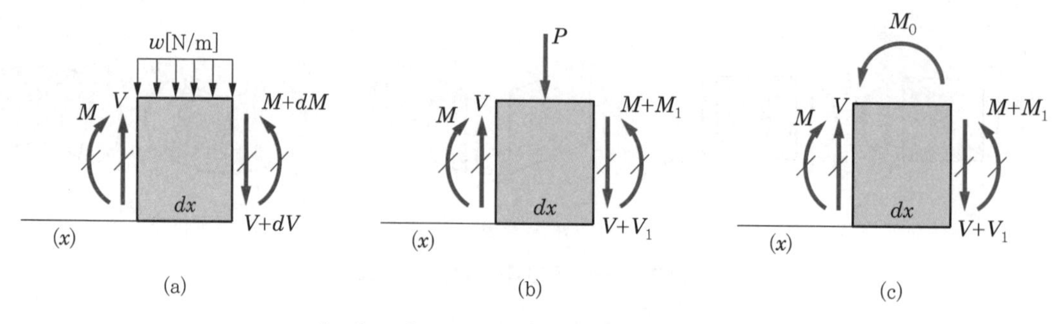

[그림 6-7] 하중, 모멘트를 받는 보의 미소요소

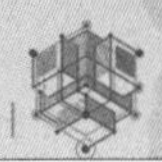

$$V = \frac{dM}{dx} \tag{6.6}$$

이 식은 임의 x 위치의 전단력이 모멘트 곡선의 기울기와 같음을 보여 준다. 또 식 (6.5)와 식(6.6)을 보의 축 위 A와 B 사이의 전단력과 모멘트로 표현해 보자. 즉 식 (6.5)의 양변에 dx를 곱하고 A, B 구간으로 적분하면 다음과 같다.

전단력이 모멘트 곡선의 기울기

$$\int_A^B dV = -\int_A^B w dx$$

따라서

$$V_B - V_A = -\int_A^B w dx \text{ (A와 B 사이의 하중 강도선도의 면적)} \quad (6.5)'$$

하중 강도선도의 면적

이 된다. 다음은 식 (6.6)의 양변에 dx를 곱하여 위와 같은 방법으로 적분할 경우

$$\int_A^B dM = \int_A^B V dx$$

이므로

$$M_B - M_A = \int_A^B V dx \text{ (A와 B 사이의 전단력 선도의 면적)} \quad (6.6)'$$

전단력 선도의 면적

으로 표시된다.

또한 식 (6.5)와 식(6.6)을 결합할 때 x에 대한 V의 차수는 w보다 한 차수 높고, M은 V 보다 한 차수가 높으므로 다음과 같은 식을 얻을 수 있다.

$$-w = \frac{dV}{dx} = \frac{d^2M}{dx^2} \tag{6.7}$$

식 (6.7)을 통해 w가 x의 연속함수라면 모멘트 M은 두 번 적분하여 구한다.

다음은 [그림 6-7(b)]와 같이 미소요소에 집중하중이 작용할 때를 고찰해 보자. 앞의 경우와 마찬가지로 왼쪽 면 위의 합응력을 V와 M으로, 오른쪽 면 위에는 $V+V_1$과 $M+M_1$으로 표시한다. 이때 V_1과 M_1은 전단력과 굽힘 모멘트의 가능한 증가분이며, 수직방향 힘의 평형으로부터

$$V - P - (V + V_1) = 0$$
$$\therefore \ V_1 = -P \tag{6.8}$$

전단력의 증가분

가 된다. 이 경우 전단력의 증가분 V_1은 집중하중이 작용하는 점에서 갑작스런 변화가 전단력 내에 일어남을 뜻하며, 즉 하중이 주어진 점의 왼쪽에서 오른쪽으로 지나는 순간 그 전단력은 아래로 향한 그 하중의 크기만큼 줄어듦을 의미한다. 또한 [그림 6-7(b)]의 우측 단에서 모멘트를 취하면

$$-M - P\left(\frac{dx}{2}\right) - (V + V_1)dx + (M + M_1) = 0$$
$$\therefore \ M_1 = P\left(\frac{dx}{2}\right) + Vdx + V_1 dx \tag{6.9}$$

굽힘 모멘트 증가분

가 된다. 이 식에서 우측 항이 전부 dx를 포함하는 아주 작은(무한히) 것으로서 굽힘 모멘트 증가분 M_1은 무시할 수 있음을 알 수 있다. 따라서 굽힘 모멘트는 집중하중의 작용점을 지날 때 변하지 않음을 의미하고, 변화율 $\frac{dM}{dx}$은 식 (6.8)과 같이 P와 같은 양만큼 갑자기 감소한다는 결론을 내릴 수 있다.

우력 모멘트

마지막으로 [그림 6-7(c)]와 같이 우력 모멘트 M_0가 주어진 경우에 대해 살펴보면 이 요소의 우측단에 대한 모멘트 평형으로부터 다음과 같은 결과를 얻는다. 즉,

$$-M + M_0 - (V + dV)dx + (M + M_1) = 0$$

이 되고, 미분항을 포함하는 값을 무시할 경우 결국은 다음 식과 같다.

$$M_1 = -M_0 \tag{6.10}$$

이 식 (6.10)은 하중점의 왼쪽에서 오른쪽으로 지날 때, 우력 M_0의 부가로 인하여 굽힘 모멘트가 M_0만큼 갑자기 감소했음을 말해 준다.

예제 6.11

다음과 같은 단순보에서 보의 b의 거리에 있는 C점에서 받는 힘과 굽힘 모멘트의 크기는?

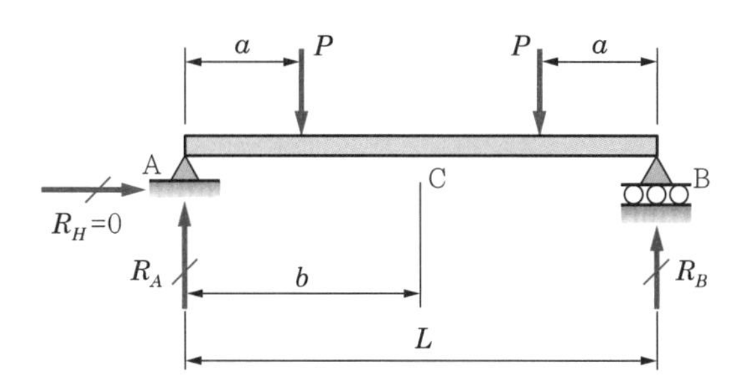

풀이 반력은 $R_A = R_B = P$이다.

따라서 C점의 전단력 $V_C = P - R_A = P - P = 0$이고,

굽힘 모멘트 $M_C = -P(b-a) + R_A \times b = 0$이다.

$$\therefore\ M_C = -Pb + Pa + Pb$$
$$= Pa$$

예제 6.12

다음과 같은 단순보가 보의 전 길이에 걸쳐 w의 분포하중을 받을 때 임의단면 x에서의 전단력 V_x와 굽힘 모멘트 M_x를 구하라.

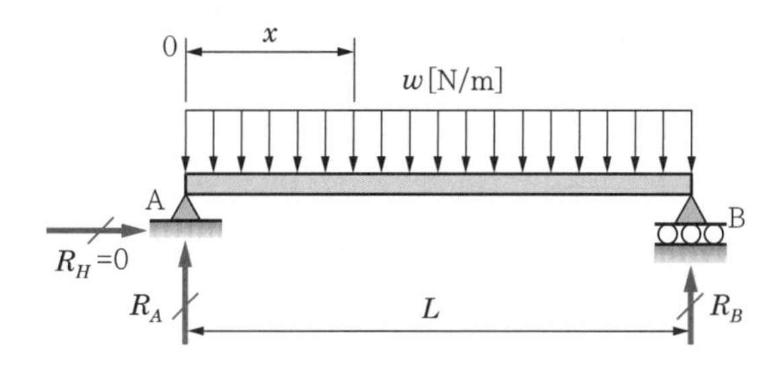

풀이 반력의 크기는 $R_A = R_B = \dfrac{wL}{2}$이다. 임의의 x 단면에서의 자유물체도는 다음 그림과 같고, 이것으로부터 모멘트의 평형과 힘의 평형조건식을 적용하면 구해진다. 즉,

$$\Sigma F_y = 0\ ;\uparrow+,\ \ R_A - wx - V_x = 0$$
$$\rightarrow V_x = R_A - wx$$

$$\therefore \ V_x = \frac{wL}{2} - wx$$

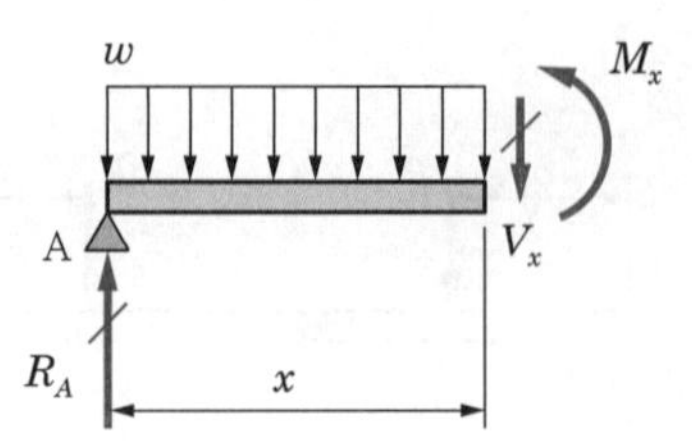

$$\Sigma M \text{ at } x = 0 \ ; \ \circlearrowright+, \ M_x + wx\frac{x}{2} - R_A x = 0$$

$$\rightarrow M_x = R_A x - \frac{wx^2}{2}$$

$$\therefore M_x = \frac{wL}{2}x - \frac{wx^2}{2}$$

예제 6.13

그림과 같은 하중상태의 단순보에서 굽힘 모멘트가 최대로 되는 위치 x를 A점으로부터 구하라.

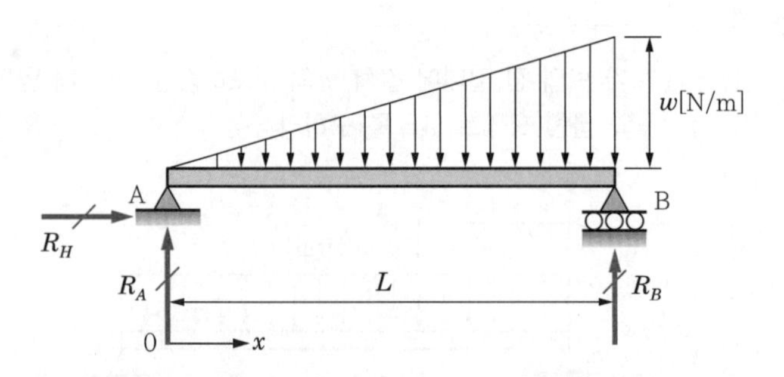

풀이 양 지점의 반력 R_A와 R_B를 구하면,

$$\Sigma M \text{ at B} = 0 \ ; \ \circlearrowright+,$$

$$-R_A \times L + \frac{wL}{2} \times \frac{1}{3}L = 0$$

$$\therefore \ R_A = \frac{wL^2/6}{L} = \frac{wL}{6}, \qquad R_B = \frac{wL}{2} - \frac{wL}{6} = \frac{wL}{3}$$

임의의 x 구간에서 w'의 크기는 $w : L = w' : x \rightarrow w' = \dfrac{wx}{L}$

최대 굽힘 모멘트는 전단력이 0인 곳에서 발생하고 x 구간에 전단력을 0으로 놓고 x를 찾는다. 즉,

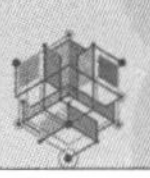

$\sum F_y = 0$; ↑+,

$$R_A - \frac{w'x}{L} - V_x = 0 \rightarrow V_x = R_A - \frac{w'x}{2} = \frac{wL}{6} - \frac{wx^2}{2L} = 0$$

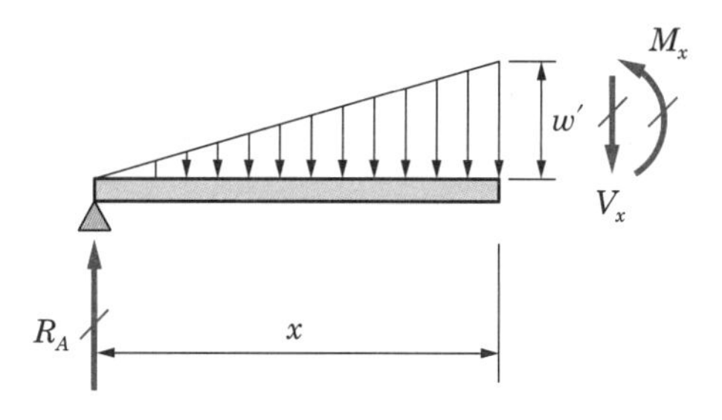

$w' = \dfrac{wx}{L}$ 을 대입하면

$$\frac{wx^2}{2L} = \frac{wL}{6} \rightarrow x^2 = \frac{L^2}{3}$$

$$\therefore \ x = \frac{L}{\sqrt{3}}$$

예제 6.14

다음 그림과 같은 단순보에서 AC 구간에 모멘트 M_1과 M_2가 작용할 때 C점의 굽힘 모멘트를 구하라. 단, $M_1 > M_2$이다.

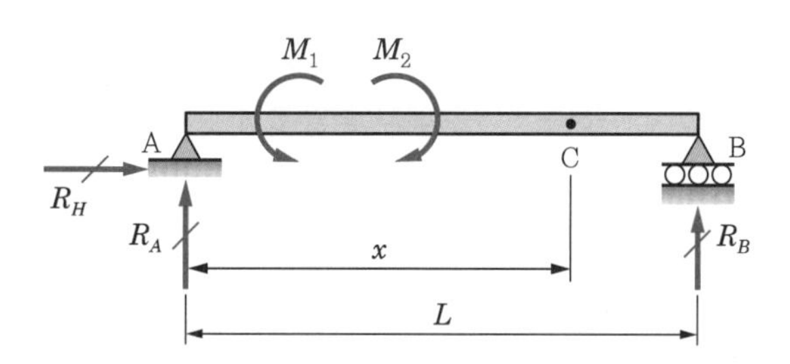

풀이 $\sum M$ at $\mathrm{B} = 0$; ⊕,

$$-R_A L + M_1 - M_2 = 0 \rightarrow R_A = \frac{M_1 - M_2}{L}$$

임의 x구간에서 굽힘 모멘트 M_x는

$$M_x = P_A x + M_2 - M_1 = \left(\frac{M_1 - M_2}{L}\right) x + M_2 - M_1$$

예제 6.15

다음과 같은 하중상태에서 집중하중이 작용하는 단면에서의 전단력 V는?

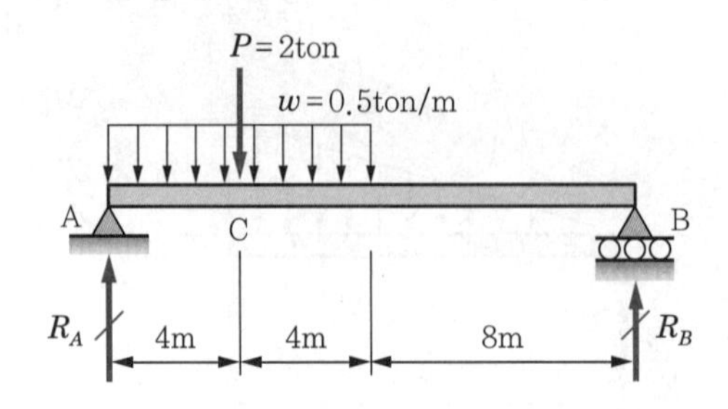

풀이 반력을 구하면,

$\sum M$ at $B=0$; ⊕,

$$-R_A \times 16 + 2 \times 12 + 0.5 \times 8 \times (8+4) = 0$$

$$\therefore \ R_A = \frac{24+48}{16} = 4.5\text{ton}$$

따라서 $\sum F_y = 0$;↑+, $R_A + R_B - 2 - (0.5 \times 8) = 0$

$$\therefore \ R_B = 1.5\text{ton}$$

구간 $0 < x < 4$에서 전단력 $V = R_A - wx$

$\therefore$ C점은 $x = 4$m일 때이므로 $V_C = 4.5 - 0.5 \times 4 = 2.5\text{ton}$

예제 6.16

다음과 같이 하중이 작용하는 단순보에서 중앙 C점에서의 전단력과 굽힘 모멘트를 구하여라.

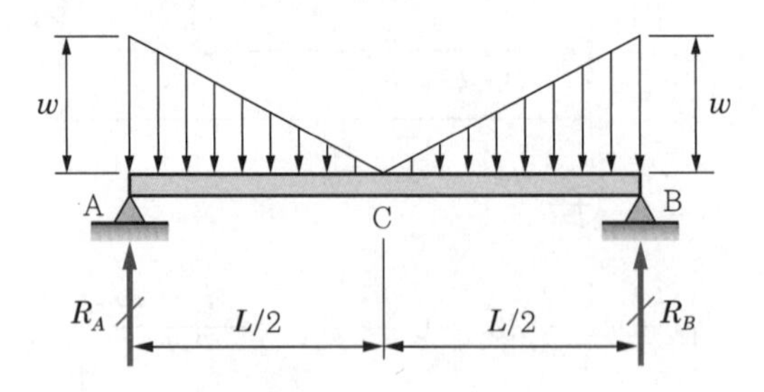

풀이 양 지점 반력은 같고 그 크기는

$$R_A = R_B = \frac{wL}{4}$$

따라서 중앙 C점의 전단력 V_C는

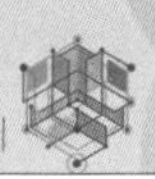

$$V_C = \frac{wL}{4} - \frac{wL}{4} = 0$$

또 C점의 모멘트 M_C는

$$M_C = R_A \frac{L}{2} - \frac{wL}{4}\left(\frac{L}{2} \times \frac{2}{3}\right) = 0$$

$$= \frac{wL}{4} \times \frac{L}{2} - \frac{2wL^2}{24} = \frac{3wL^2}{24} - \frac{2wL^2}{24} = \frac{wL^2}{24}$$

예제 6.17

다음과 같이 간접하중이 작용하는 보의 경우 D점에서 굽힘 모멘트를 구하여라.

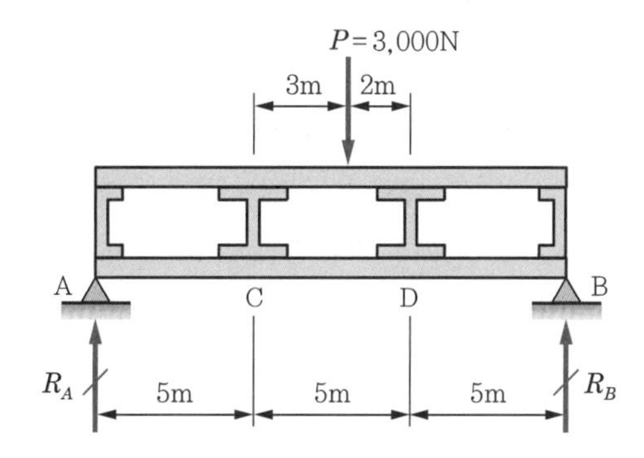

풀이 간접하중이 작용하는 경우 다음과 같은 집중하중 상태와 같다. 따라서 반력을 결정하고 D점의 굽힘 모멘트를 구하면 다음이 된다.

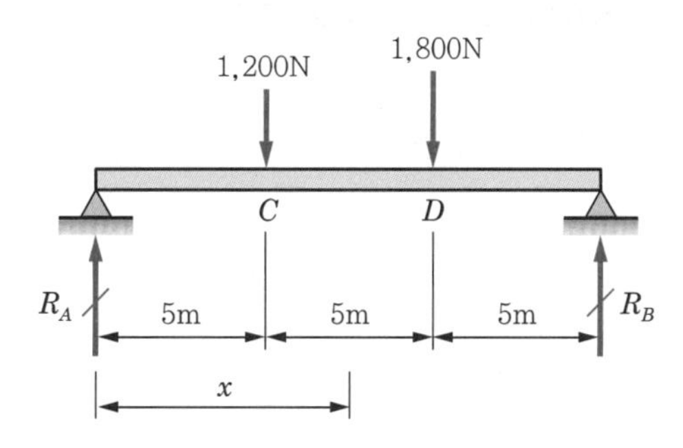

ΣM at A $= 0$; ⊕,

$$\rightarrow R_B \times 15 - 1,200 \times 5 - 1,800 \times 10 = 0$$

$$\therefore\ R_B = \frac{1,200 \times 5 + 1,800 \times 10}{15} = 1,600\text{N}$$

$$\therefore\ R_A = 1,400\text{N}$$

또한 구간 $0 < x < 15$에서 모멘트를 취하면

ΣM at $x = 0$; ⊕,

$$M_x - R_A x + 1{,}200(x-5) = 0$$
$$\rightarrow M_x = R_A x - 1{,}200(x-5)$$

따라서 D점은 $x = 10\text{m}$ 이므로

$$\therefore\ M_D = M_x)_{x=10} = 1{,}400 \times 10 - 1{,}200 \times (10-5)$$
$$= 8{,}000\text{N}\cdot\text{m}$$

3 보의 전단력 선도와 굽힘 모멘트 선도

보의 각 단면에 작용하는 하중에 의하여 보 내의 전단력 V와 굽힘 모멘트 M은 부분에 따라 다르다. 따라서 보를 설계할 때 모든 단면의 V와 M을 알아야 한다. 이러한 크기와 변화의 상태를 그래프로 표시하기 위하여 단면의 위치를 가로 좌표(x축)로 잡고, 거리에 대응하는 전단력과 굽힘 모멘트값을 세로 좌표로 잡아 선도를 그린다. 이 선도를 전단력 선도(diagram of shearing-force ; S.F.D) 및 굽힘 모멘트 선도(diagram of bending-moment ; B.M.D)라고 하며, 이들 선도는 보의 종류와 하중상태에 따라 다르다.

전단력 선도

굽힘 모멘트 선도

다음과 같은 경우에 각각의 전단력 및 굽힘 모멘트 선도를 생각해보자.

단순보

(1) 단순보(simple beam)

1) 단순보의 임의의 위치에 집중하중 P가 작용하는 경우

i) 반력 결정

[그림 6-8]에서 먼저 지점반력 R_A, R_B를 찾는다. 힘과 모멘트 평형조건식으로부터

$$\Sigma F_y = 0\ ;\uparrow+,\qquad R_A + R_B - P = 0 \tag{a}$$

$$\Sigma M_B = 0\ ;⊕,\qquad -R_A L + Pb = 0$$

$$\therefore\ R_A = \frac{Pb}{L} \tag{b}$$

이고, 식 (b)를 식 (a)에 대입하면 나머지 R_B를 찾을 수 있다.

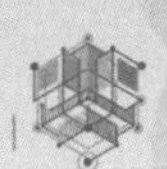

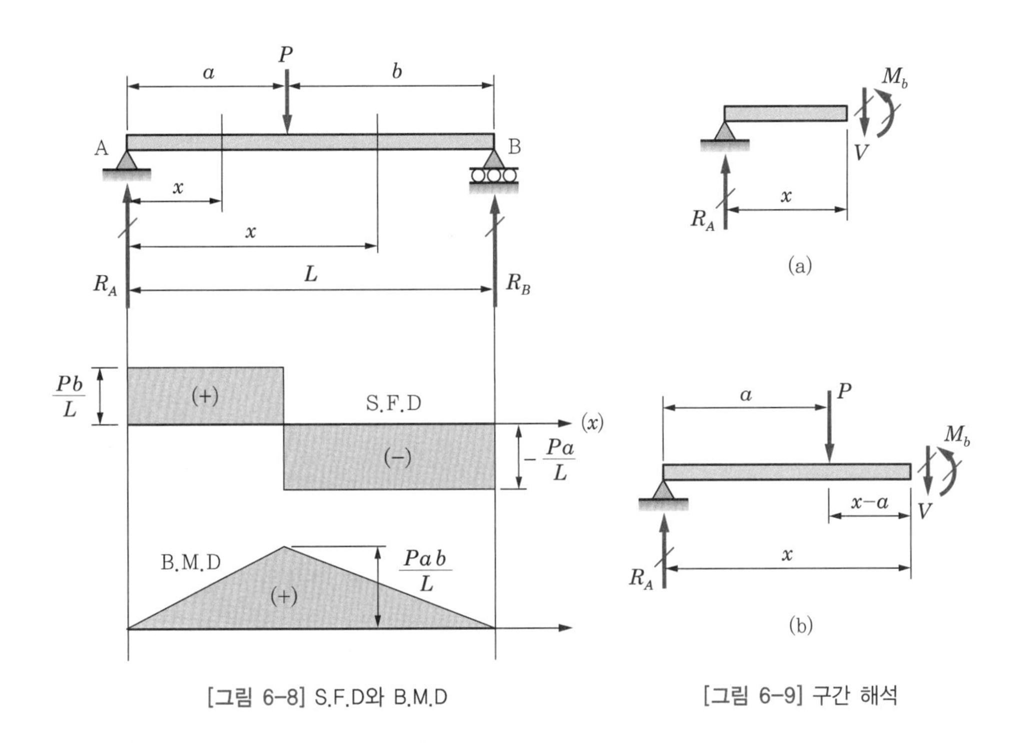

[그림 6-8] S.F.D와 B.M.D

[그림 6-9] 구간 해석

$$\therefore \ R_B = P - R_B = P - \frac{Pb}{L} = \frac{P(L-b)}{L} = \frac{Pa}{L} \qquad \text{(c)}$$

ii) 전단력 및 굽힘 모멘트 방정식

앞절의 부호규약을 이용하여 [그림 6-8]의 단면 위치 x구간을 잘라서 [그림 6-9(a), (b)]와 같이 단면에 전단력 V와 굽힘 모멘트 M_b를 표시하여 구하면 다음과 같다.

- 구간 $0 < x < a$에서 전단력과 굽힘 모멘트 식 : [그림 6-9(a)]에 힘의 평형과 모멘트 평형식을 적용하면

$$\Sigma F_y = 0 \ ; \uparrow_{+}, \qquad R_A - V = 0 \qquad \therefore \ V = R_A = \frac{Pb}{L} \qquad \text{(d)}$$

$$\Sigma M_x = 0 \ ; \circlearrowright_{+}, \qquad -R_A x + M_b = 0 \quad \therefore \ M_b = R_A x = \frac{Pb}{L} \qquad \text{(e)}$$

- 구간 $a < x < L$에서 전단력과 굽힘 모멘트 식 [그림 6-9(b)]에 힘과 모멘트 평형식을 적용

$$\Sigma F_y = 0\ ;\uparrow+,\quad R_A - P - V = 0,\quad \text{그러므로}\ V = R_A - P$$

$$\therefore\ V = -P + \frac{Pb}{L} = -\frac{Pa}{L} \tag{f}$$

$$\Sigma M_x = 0\ ;\oplus,\quad M_b - P_A x + P(x-a) = 0$$

$$\therefore\ M_b = R_A x - P(x-a) = \frac{Pb}{L}x - P(x-a) \tag{g}$$

iii) 전단력 선도(S.F.D)와 굽힘 모멘트 선도(B.M.D)

구간 a까지는 전단력이 식 (d)와 같이 반력 R_A의 크기 $\frac{Pb}{L}$로 일정한 값을 나타낸다. 그리고 굽힘 모멘트는 식 (e)에서 보듯이 x의 일차항으로 직선적으로 증가하여 $x=a$점에서 가장 큰 $M_{\max} = \frac{Pab}{L}$이다. 다음은 a 구간을 넘어서 L까지에서 전단력은 식 (f)에서 $V=-\frac{Pa}{L}$로 일정하다. 굽힘 모멘트는 식 (g)에서 역시 $x=a$일 때 최대$\left(M_{\max} = \frac{Pab}{L}\right)$이고, a부터 일차직선으로 감소하여 $x=L$일 때 0이 된다([그림 6-8]에 S.F.D와 B.M.D를 작도). 이 단순보에서 하중 P가 보의 중앙에 작용할 때, 즉 $a=b=\frac{L}{2}$인 경우 굽힘 모멘트의 최대값은 식 (e), (g)에 의해 다음과 같다.

굽힘 모멘트의 최대값

$$M_{\max}\Big)_{x=\frac{L}{2}} = \frac{PL}{4} \tag{6.11}$$

그리고 A와 B점의 반력 R_A와 R_B는 식 (b)와 (c)로부터 다음 식이 된다.

$$R_A = R_B = \frac{P}{2} \tag{6.12}$$

2) 단순보의 전 길이에 걸쳐 등분포하중이 작용할 경우

반력 결정

i) 반력 결정

[그림 6-10]에서 먼저 지점반력 R_A, R_B를 구할 경우 힘과 모멘트 평형조건식으로부터 다음과 같이 나타낼 수 있다.

$$\Sigma F_y = 0\ ;\uparrow+,\quad R_A + R_B - wL = 0 \tag{a}$$

$$\sum M_B = 0 \; ; \circlearrowright^{+}, \quad -R_A L + wL\frac{L}{2} = 0$$

$$\therefore \; R_A = \frac{\frac{wL^2}{2}}{L} = \frac{wL}{2} \qquad \text{(b)}$$

식 (b)를 식 (a)에 대입하여 나머지 R_B를 구할 수 있다.

$$R_B = wL - R_A = wL - \frac{wL}{2} = \frac{wL}{2} \qquad \text{(c)}$$

ii) 전단력 및 굽힘 모멘트 방정식

[그림 6-10]의 임의의 위치 x에서의 단면을 잘라 전단력 V와 굽힘 모멘트 M_b를 표시하면 [그림 6-11]과 같다. 따라서 [그림 6-11]에 힘과 모멘트 평형조건식을 적용하여 다음과 같은 식을 얻을 수 있다.

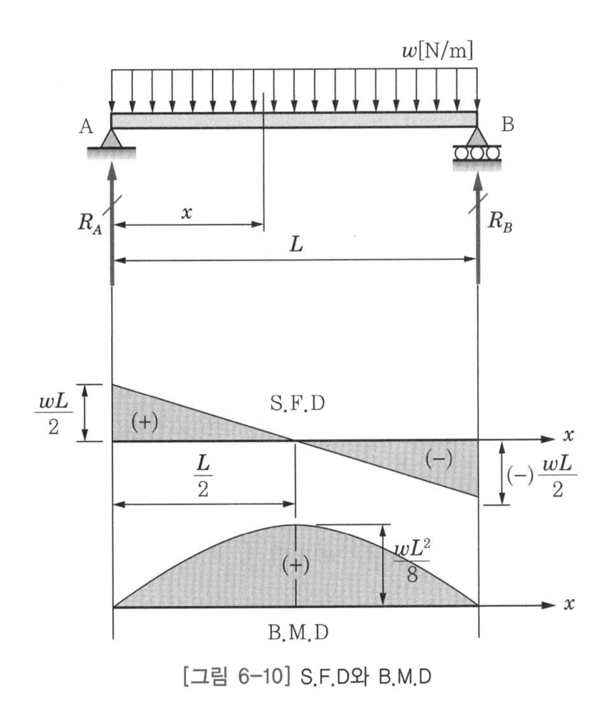

[그림 6-10] S.F.D와 B.M.D

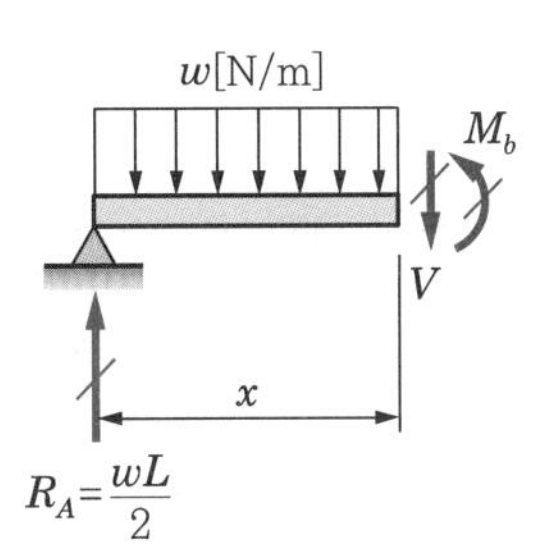

[그림 6-11] 구간 해석

• 구간 $0 < x < L$에서 전단력과 굽힘 모멘트 식

$$\Sigma F_y = 0 \ ; \uparrow+, \quad R_A - wx - V = 0$$

$$\therefore \quad V = -wx + R_A = -wx + \frac{wL}{2} = \frac{w}{2}(L - 2x) \qquad \text{(d)}$$

따라서 전단력 $V = x$의 1차 함수이다.

$$\Sigma M_x = 0 \ ; \oplus, \quad -R_A x + (wx)\frac{x}{2} + M_b = 0$$

따라서 $M_b = R_A x - \frac{wx^2}{2}$이고, $R_A = \frac{wL}{2}$을 대입하면

$$\therefore \quad M_b = \frac{wL}{2}x - \frac{wx^2}{2} = \frac{wx}{2}(L - x) \qquad \text{(e)}$$

가 된다.

iii) 전단력 선도(S.F.D)와 굽힘 모멘트 선도(B.M.D)

전단력 선도를 그리기 위하여 식 (d)를 생각해보자. 이 식에서 $x = 0$일 때, 전단력은 $V = \frac{wL}{2}$이 되고 반력 R_A와 같다. 따라서 전단력이 1차 직선으로 감소하여 $x = \frac{L}{2}$에서 0이 되고, $x = L$일 때 전단력은 식 (d)에서 $V = -\frac{wL}{2}$이 된다.

다음 굽힘 모멘트의 경우, 식 (e)에서 $x = 0$일 때 $M_b = 0$이 되고 $x = \frac{L}{2}$점에서 $M_b = \frac{wL^2}{8}$이 된다. 따라서 이 구간에서 x에 따라 2차 함수로 모멘트가 증가함을 알 수 있다. 또 $x = L$일 때 $M_b = 0$이 되며, $\frac{L}{2}$에서부터 2차 함수로 감소한다([그림 6-10]에 S.F.D와 B.M.D를 작도).

이상에서 최대 굽힘 모멘트는 $x = \frac{L}{2}$에서 발생하며, 이 점에서 전단력이 0이 됨을 알 수 있다. 따라서 최대 굽힘 모멘트는 다음 식과 같다.

최대 굽힘 모멘트

$$M_{\max}\Big)_{x=\frac{L}{2}} = \frac{w}{2}\frac{L}{2}\left(L - \frac{L}{2}\right) = \frac{wL^2}{8} \qquad (6.13)$$

3) 점변분포하중을 받는 단순보의 경우

ⅰ) 반력 결정

반력 결정

[그림 6-12]와 같은 점변분포하중(uniformly varying load)의 전합력은 하중 선도의 면적 $\frac{wL}{2}$과 같고, 이 합력이 도심 G에 작용한다고 볼 수 있다. 그러므로 그림의 G의 위치가 $\frac{L}{3}$에 있다면 힘과 모멘트 평형식으로부터 다음 식을 얻을 수 있다.

$$\Sigma F_y = 0\ ;\uparrow+,\quad R_A + R_B - \frac{wL}{2} = 0 \qquad \text{(a)}$$

$$\Sigma M_B = 0\ ;\circlearrowleft+,\quad -R_A L + \left(\frac{wL}{2}\right)\frac{L}{3} = 0$$

$$\therefore\ R_A = \frac{\frac{wL^2}{6}}{L} = \frac{wL}{6} \qquad \text{(b)}$$

식 (b)를 식 (a)에 대입해 보면 다음과 같다.

$$R_B = \frac{wL}{2} - R_A = \frac{wL}{2} - \frac{wL}{6} = \frac{wL}{3} \qquad \text{(c)}$$

ⅱ) 전단력 및 굽힘 모멘트 방정식

[그림 6-8]의 임의의 위치 x를 절단하여 단면 내의 전단력 V와 굽힘 모멘트 M_b를 표시하면 [그림 6-13]과 같고, 이 그림에 힘과 모멘트 평형식을 적용하면 다음 식과 같다.

- 구간 $0 < x < L$에서 전단력과 굽힘 모멘트 식

$$\Sigma F_y = 0\ ;\ \uparrow+,\ R_A - \frac{w'x}{2} - V = 0$$

이항하여 V를 구하면

$$V = R_A - \frac{w'x}{2}$$

이다. 여기서 w'을 찾아서 대입해 보자. $L : w = x : w'$에서 $w' = \frac{wx}{L}$가 된다. 결국 전단력 V는 다음과 같이 나타낼 수 있다.

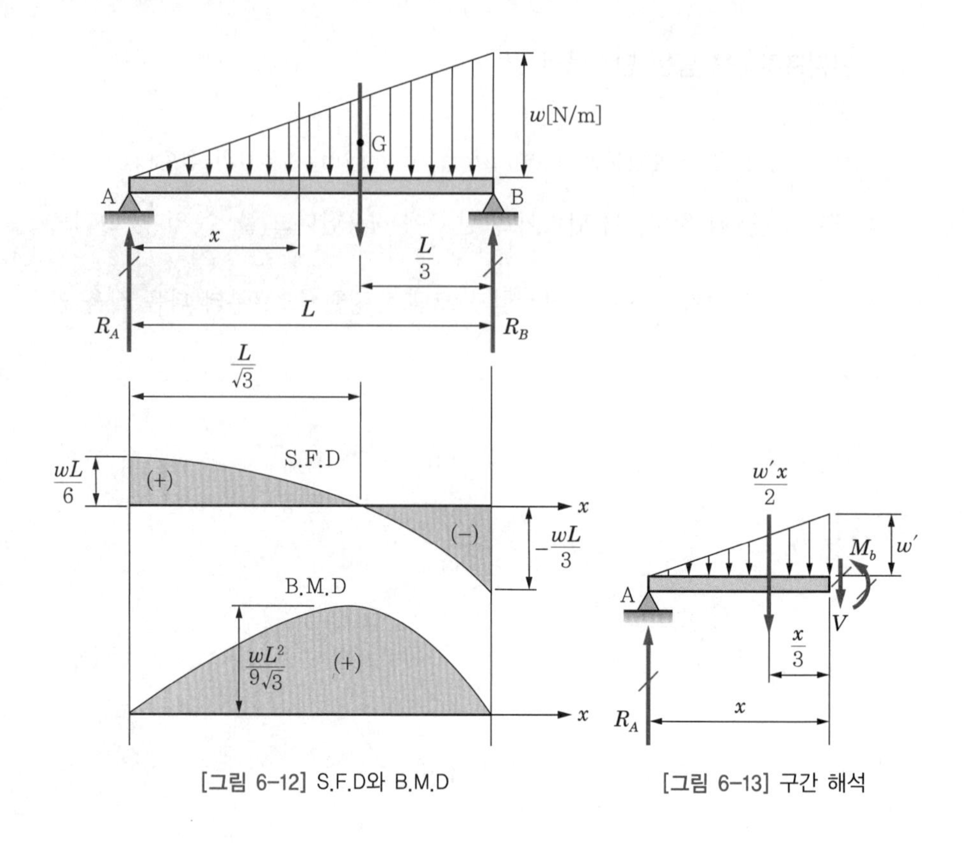

[그림 6-12] S.F.D와 B.M.D

[그림 6-13] 구간 해석

$$\therefore \quad V = R_A - \frac{wx^2}{2L} = \frac{wL}{6} - \frac{wx^2}{2L} \tag{d}$$

$$\Sigma M_x = 0 \ ; \oplus, \ -R_A x + \left(\frac{w'x}{2}\right)\frac{x}{3} + M_b = 0$$

이항하여 M_b에 대하여 놓으면 $M_b = R_A x - \frac{w'w^2}{6}$이 되고, 여기에 w'과 R_A 값을 대입하면 다음과 같다.

$$\therefore \quad M_b = \frac{wL}{6}x - \frac{wx^3}{6L} \tag{e}$$

최대 굽힘 모멘트가 걸리는 지점

다음은 최대 굽힘 모멘트가 걸리는 지점을 구해보자. 최대 모멘트가 걸리는 점에서 전단력은 0이므로 식 (d)를 0으로 놓고 x를 찾으면 다음과 같다.

$$\frac{wL}{6} - \frac{wx^2}{2L} = 0 \quad \rightarrow \quad \frac{wx^2}{2L} = \frac{wL}{6}$$

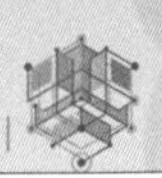

$$\therefore \ x = \sqrt{\frac{L^2}{3}} = \frac{L}{\sqrt{3}} \tag{f}$$

iii) 전단력 선도(S.F.D)와 굽힘 모멘트 선도(B.M.D)

전단력은 $x=0$에서 식 (d)로부터 $V=\frac{wL}{6}$이 되고, 전단력이 0이 되는 위치는 식 (f)에서 $x=\frac{L}{\sqrt{3}}$이다. 또 $x=L$ 지점에서는 전단력 $V=\frac{wL}{6}-\frac{wL^2}{2L}=-\frac{wL}{3}$로 이 크기까지 3차 포물선을 그리면서 그 크기가 변화한다.

다음 굽힘 모멘트는 $x=0$에서 식 (e)가 0이 되며, 전단력이 0인 점에서 굽힘 모멘트가 최대가 되므로, 결국 식 (e)에 대입하여 최대 굽힘 모멘트를 구하면 다음 식이 된다.

최대 굽힘 모멘트

$$\begin{aligned} M_{\max}\Big)_{x=\frac{L}{\sqrt{3}}} &= \frac{wL}{6}\left(\frac{L}{\sqrt{3}}\right)-\frac{w}{6L}\left(\frac{L}{\sqrt{3}}\right)^3 \\ &= \frac{wL^2}{6\sqrt{3}}-\frac{wL^3}{6L(\sqrt{3})^3\sqrt{3}} \\ &= \frac{3wL^2-wL^2}{18\sqrt{3}}=\frac{2wL^2}{18\sqrt{3}} \end{aligned}$$

$$\therefore \ M_{\max}=\frac{wL^2}{9\sqrt{3}} \tag{6.14}$$

그리고 $x=L$일 때 굽힘 모멘트 $M_b=0$이 된다(식 (e)에 대입). 이상의 값을 가지고 전단력 선도(S.F.D)와 굽힘 모멘트 선도(B.M.D)를 그리면 [그림 6-12]와 같다.

굽힘 모멘트 선도(B.M.D)

예제 6.18

다음 그림과 같은 단순보에서 전단력과 굽힘 모멘트를 구하고 전단력 선도(S.F.D) 및 굽힘 모멘트 선도(B.M.D)를 그려라.

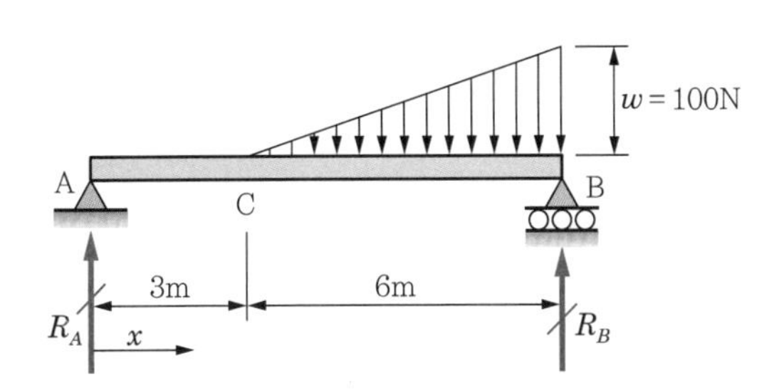

풀이 i) 반력 결정

$$\sum M \text{ at B} = 0\ ;\ \circlearrowright+,\ -R_A \times 9 + \frac{w\times 6}{2}\times\frac{6}{3} = 0,$$

$$\rightarrow R_A = \frac{6w}{9} = \frac{6\times 100}{9} = 66.67\text{N}$$

$$\sum F_y = 0\ ;\ \uparrow+,\ R_A + R_B - \frac{w\times 6}{2} = 0$$

$$\rightarrow R_B = 3\times w - R_A = 3\times 100 - 66.67 = 233.33\text{N}$$

ii) 구간 해석

① $0 < x < 3$ 구간

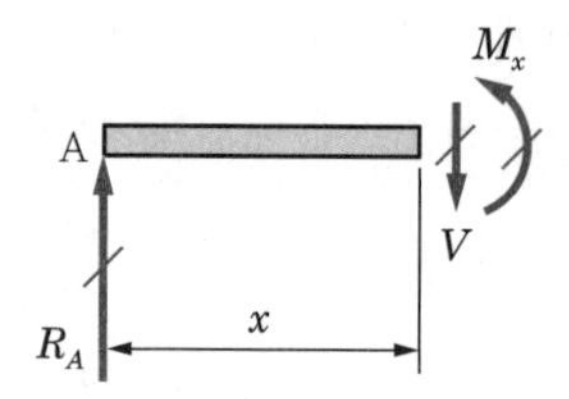

$$\sum F_y = 0\ ;\ \uparrow+,\ R_A - V = 0 \rightarrow V = R_A = 66.67\text{N}\ (\text{일정})$$

$$\sum M \text{ at } x = 0\ ;\ \circlearrowright+,\ -R_A x + M_x = 0 \rightarrow M_x = R_A x$$

(x의 1차 함수)

$\therefore\ x = 0$일 때 $M_b)_{x=0} = 0$

$x = 3\text{m}$일 때 $M_b)_{x=3\text{m}} = 66.67\times 3 = 200.0\text{N}\cdot\text{m}$

② $3 < x < 9$ 구간

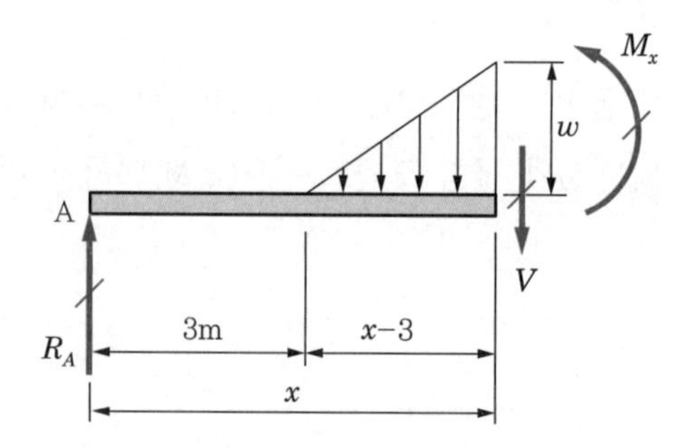

$6 : w = (x-3) : w'$ 이므로 $w' = \dfrac{w(x-3)}{6}$ 이 된다.

$$\sum F_y = 0\ ;\ \uparrow+,\ R_A - \frac{(x-3)w'}{2} - V = 0$$

$$\rightarrow V = R_A - \frac{(x-3)w'}{2} = R_A - \frac{(x-3)w(x-3)}{2\times 6}$$

$$= 66.67 - \frac{w(x^2 - 6x + 9)}{12}$$

이것은 x의 2차 포물선이다.

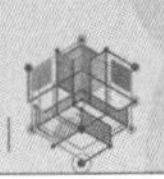

$\therefore$ $x = 3\text{m}$일 때 $V = 66.67 - \dfrac{100 \times (3^2 - 6 \times 3 + 9)}{12} = 66.67\text{N}$

$x = 9\text{m}$일 때 $V = 66.67 - \dfrac{100 \times (9^2 - 6 \times 9 + 9)}{12} = -233.3\text{N}$

$\sum M$ at $x = 0$; ⊕,

$$-R_A x + \frac{w(x^2 - 6x + 9)}{2 \times 6} \times \frac{x-3}{3} + M_x = 0$$

$$\rightarrow M_x = R_A x - \frac{w(x^3 - 9x^2 + 27x + 27)}{36}$$ (x의 3차 포물선)

$\therefore$ $x = 3\text{m}$일 때 $M_b)_{x=3\text{m}} = 66.67 \times 3 - 0 = 200\text{N} \cdot \text{m}$

$x = 9\text{m}$일 때

$$M_b)_{x=9\text{m}} = 66.67 \times 9 - \frac{100 \times (9^3 - 9 \times 81 + 27 \times 9 - 27)}{36}$$

$$\fallingdotseq 0\text{N} \cdot \text{m}$$

따라서 전단력 선도(S.F.D)와 굽힘 모멘트 선도(B.M.D)를 그리면 다음과 같다. 그리고 최대 굽힘모 멘트가 발생하는 위치는 그 곳에서 전단력이 0이므로 전단력식을 0으로 놓고 풀면 찾을 수 있다. 즉,

$$V = 0 = R_A - \frac{w(x^2 - 6x + 9)}{12} \rightarrow x^2 - 6x + 9 = 8$$

$$\therefore\ x^2 - 6x + 9 - 8 = 0 \rightarrow x^2 - 6x + 1 = 0$$

$$\therefore\ x = \frac{+6 \pm \sqrt{36 - 4 \times 1 \times 1}}{2 \times 1} \fallingdotseq 5.83\text{m}$$

또 굽힘 모멘트는

$$M_b)_{x=5.83} = M_b)_{\max}$$

$$= 66.67 \times 5.828 - \frac{100 \times (5.828^3 - 9 \times 5.828^2 + 27 \times 5.828 - 27)}{36}$$

$$\fallingdotseq 387.7\text{N} \cdot \text{m}$$

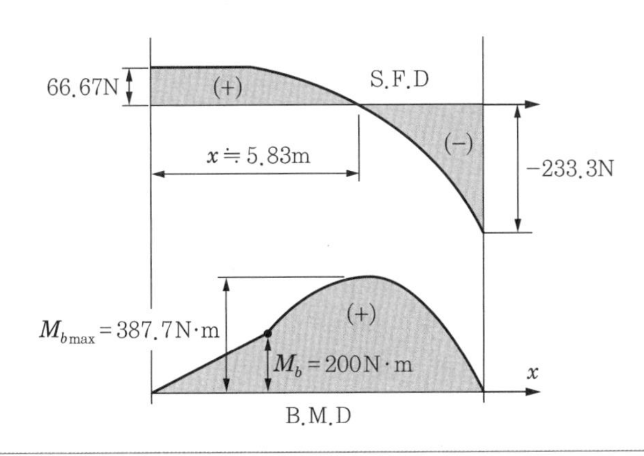

예제 6.19

다음과 같은 집중하중 $P=$ 1,500N이 작용하는 단순보의 전단력 선도(S.F.D)와 굽힘 모멘트 선도(B.M.D)를 그려라.

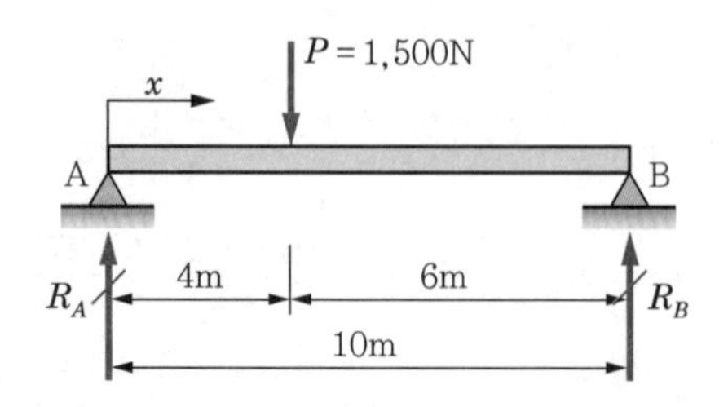

풀이 i) 반력 결정

ΣM at $B=0$; ⊕, $-R_A \times 10 + 150 \times 6 = 0$

$$\rightarrow R_A = \frac{1,500 \times 6}{10} = 900\text{N}$$

또 $\Sigma F_y = 0$; ↑+, $R_A + R_B - P = 0$

$\rightarrow R_B = P - R_A = 1,500 - 900 = 600\text{N}$

ii) 구간 해석

① $0 < x < 4$ 구간

$\Sigma F_y = 0$; ↑+, $R_A - V = 0$

$\rightarrow V = R_A = 900\text{N}$ (일정)

ΣM at $x=0$; ⊕, $-R_A x + M_x = 0$

$\rightarrow M_x = R_A x = 900x$ (x의 1차 함수)

$\therefore$ $x=0$일 때 $M_b)_{x=0} = 0$

$x=4$일 때 $M_b)_{x=4\text{m}} = 900 \times 4 = 3,600\text{N}\cdot\text{m}$

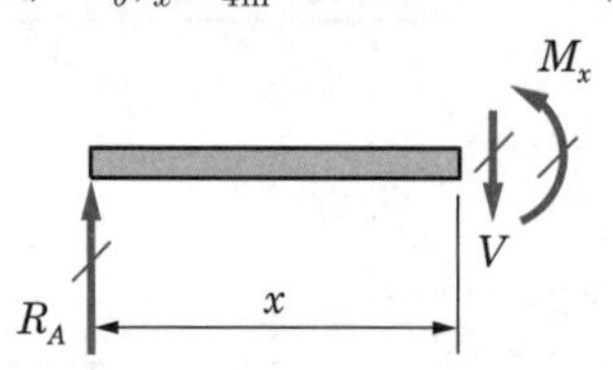

② $4 < x < 10$ 구간

$\Sigma F_y = 0$; ↑+, $R_A - 1,500 - V = 0$

$\therefore V = R_A - 1,500 = 900 - 1,500 = -600\text{N}$ (일정)

ΣM at $x=0$; ⊕, $-R_A x + 1,500 \times (x-4) + M_x = 0$

$\rightarrow M_x = R_A x - 1,500(x-4)$ (x의 1차 함수)

$\therefore$ $x=4$일 때 $M_b)_{x=4} = 900 \times 4 = 3,600\text{N}\cdot\text{m}$

$x=10\text{m}$일 때 $M_b)_{x=10} = 900 \times 10 - 1,500(10-4) = 0$

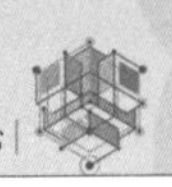

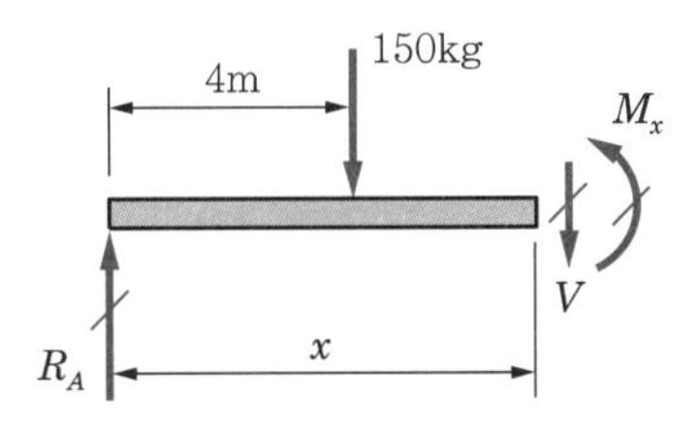

따라서 S.F.D와 B.M.D를 그리면 다음과 같다.

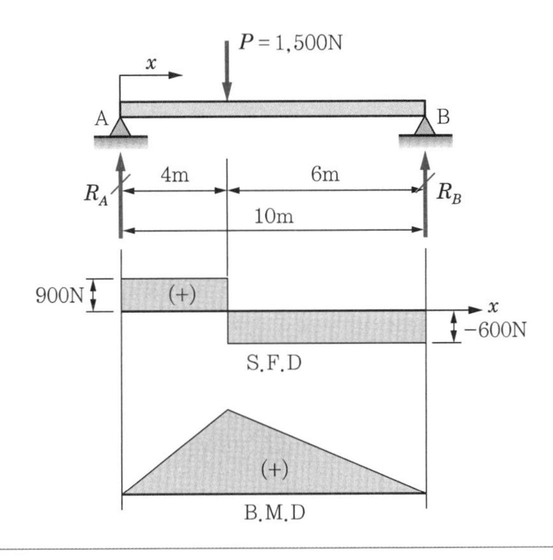

예제 6.20

다음 그림과 같은 단순보의 하중상태에서 전단력과 굽힘 모멘트를 구하고 축방향 선도(A.F.D)와 전단력 선도(S.F.D) 및 굽힘 모멘트 선도(G.M.D)를 그려라.

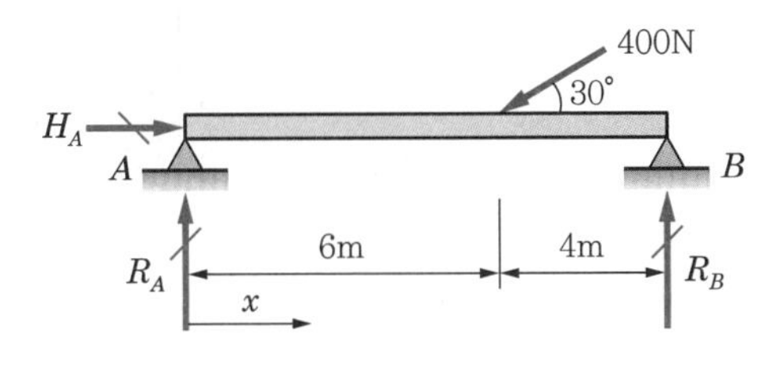

풀이 i) 반력 결정

$$\sum M \text{ at } B = 0\ ;\ \circlearrowright +,\ -R_A \times 10 + 400\sin 30° \times 4 = 0$$

$$\rightarrow R_A = \frac{400 \times 0.5 \times 4}{10} = 80\text{N}$$

$$\sum F_y = 0\ ;\ \uparrow +,\ R_A + R_B - 400\sin 30° = 0$$

$$\rightarrow R_B = 400 \times \frac{1}{2} - R_A = 200 - 80 = 120\text{N}$$

축방향력 H_A는

$\Sigma F_x = 0$; $\xrightarrow{+}$, $H_A - 400\cos 30° = 0$

$\therefore\ H_A = 400\cos 30° = 346.4\text{N}$

ii) 구간 해석

① $0 < x < 6\text{m}$ 구간

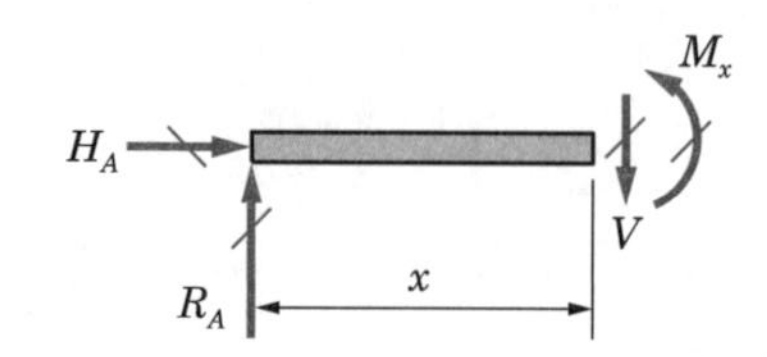

$\Sigma F_x = 0$; $\xrightarrow{+}$, $H_A - 400\cos 30° = 0$

$\rightarrow H_A = 346.4\text{N}$ (압축력으로 일정)

$\Sigma F_y = 0$; $\uparrow +$,

$R_A - V = 0 \rightarrow V = R_A = 80\text{N}$ (일정)

ΣM at $x = 0$; ⊕,

$-R_A x + M_x = 0 \rightarrow M_x = R_A x$ (x의 1차 함수)

$\therefore\ x = 0$일 때 $\left.M_b\right)_{x=0} = 0$,

$x = 6\text{m}$일 때 $\left.M_b\right)_{x=6} = 80 \times 6 = 480\text{N} \cdot \text{m}$

② $6 < x < 10\text{m}$ 구간

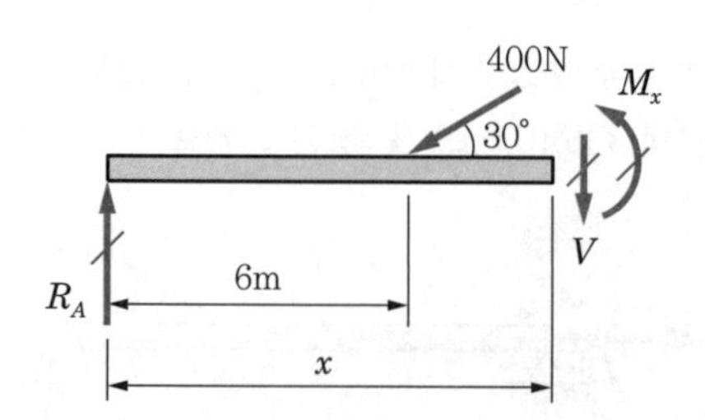

$\Sigma F_y = 0$; $\uparrow +$, $R_A - 400\sin 30° - V = 0$

$\rightarrow V = R_A - 400\sin 30° = 80 - 200 = -120\text{N}$ (일정)

ΣM at $x = 0$; ⊕, $-R_A x + 400\sin 30° \times (x - 6) + M_x = 0$

$\rightarrow M_x = R_A x - 400\sin 30°(x - 6)$ (x의 1차 함수)

$\therefore\ x = 6\text{m}$일 때 $\left.M_b\right)_{x=6\text{m}} = R_A x = 80 \times 6 = 480\text{N} \cdot \text{m}$

$x = 10\text{m}$일 때 $\left.M_b\right)_{x=10\text{m}} = 80 \times 10 - 400 \times \frac{1}{2} \times (10 - 6) = 0$

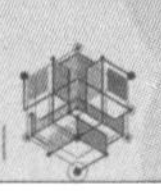

따라서 A.F.D와 S.F.D 및 B.M.D는 다음 그림과 같다.

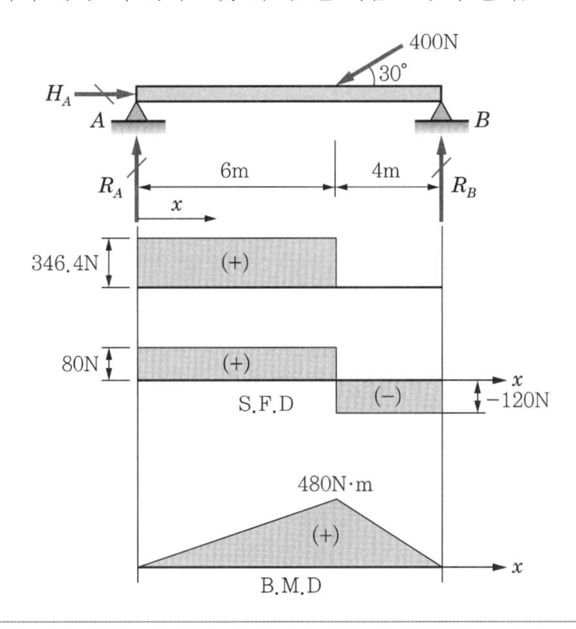

예제 6.21

다음 그림과 같이 단순보에 우력인 모멘트가 작용하는 경우 전단력을 구하고, 전단력 선도(S.F.D)와 굽힘 모멘트 선도(B.M.D)를 그려라.

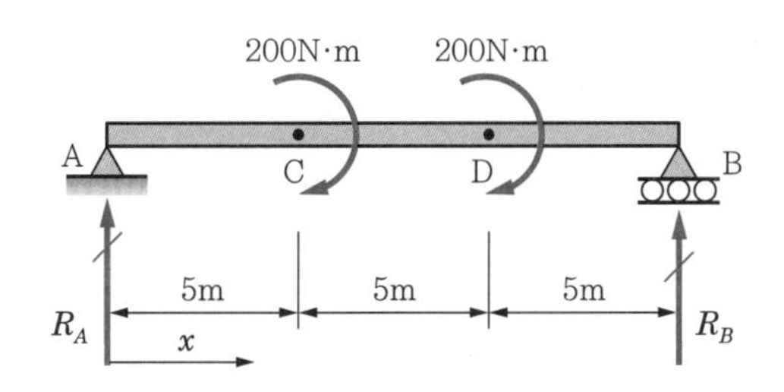

풀이 i) 반력 결정

$\sum M$ at B = 0 ; ⊕, $-R_A \times 15 - 200 - 200 = 0$

$$\therefore\ R_A = \frac{-400}{15} = -26.67\text{N}(\downarrow)$$

또 $\sum F_y = 0$; $\uparrow +$, $R_A + R_B = 0$

$$\rightarrow R_B = -R_A = 26.67\text{N}$$

ii) 구간 해석

① $0 < x < 5$ 구간

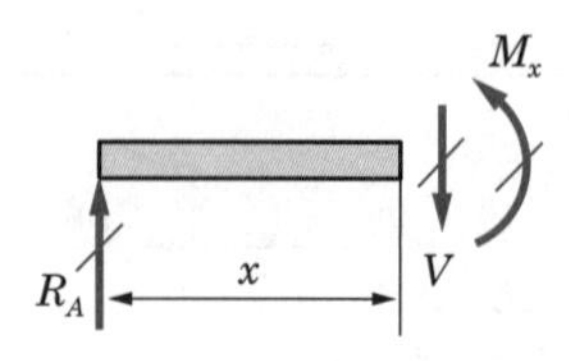

$\sum F_y = 0$;↑+, $R_A - V = 0 \rightarrow V = R_A = 26.67\text{N}$ (일정)

$\sum M$ at $x = 0$; ⊕, $-R_A x + M_x = 0$

$\rightarrow M_x = R_A x$ (x의 1차 함수)

$\therefore$ $x = 0$일 때 $\left.M_b\right)_{x=0} = 0$

$x = 5\text{m}$일 때 $\left.M_b\right)_{x=5\text{m}} = -26.67 \times 5 = -133.35\text{N}\cdot\text{m}$

② $5 < x < 10\text{m}$ 구간

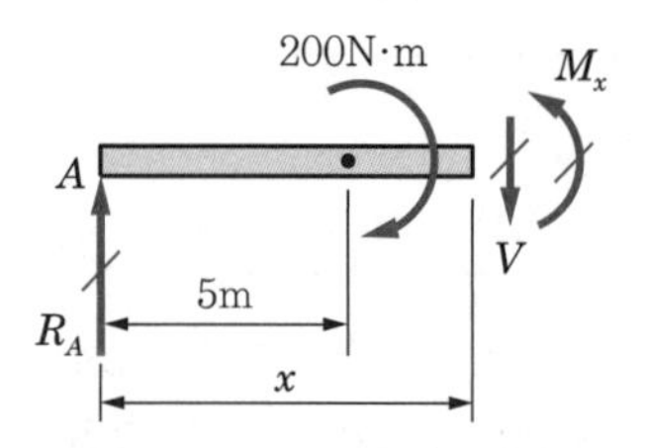

$\sum F_y = 0$;↑+, $R_A - V = 0 \rightarrow V = R_A = -26.67\text{N}$ (일정)

$\sum M$ at $x = 0$; ⊕, $-R_A x - 200 + M_x = 0$

$\rightarrow M_x = R_A x + 200$ (x의 1차 함수)

$\therefore$ $x = 5\text{m}$일 때

$\left.M_b\right)_{x=5\text{m}} = -26.67 \times 5 + 200 = 66.65\text{N}\cdot\text{m}$

$x = 10\text{m}$일 때

$\left.M_b\right)_{x=10\text{m}} = -26.67 \times 10 + 200 = -66.67\text{N}\cdot\text{m}$

③ $10 < x < 15\text{m}$ 구간

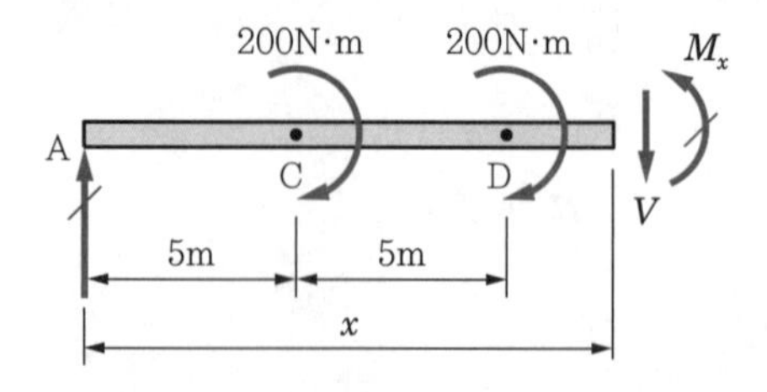

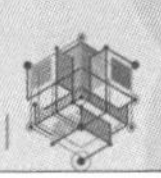

$\sum F_y = 0$; ↑+, $R_A - V = 0 \rightarrow V = R_A = -26.67\text{N}$ (일정)

$\sum M$ at $x = 0$; ⊕, $-R_A x - 200 - 200 + M_x = 0$

$\rightarrow M_x = R_A x + 200 + 200$($x$의 1차 함수)

∴ $x = 10\text{m}$일 때

$M_b)_{x=10\text{m}} = -26.67 \times 10 + 200 + 200 = 133.3\text{N}\cdot\text{m}$

$x = 15\text{m}$일 때

$M_b)_{x=15\text{m}} = -26.67 \times 15 + 200 + 200 \fallingdotseq 0$

따라서 S.F.D와 B.M.D는 다음 그림과 같다.

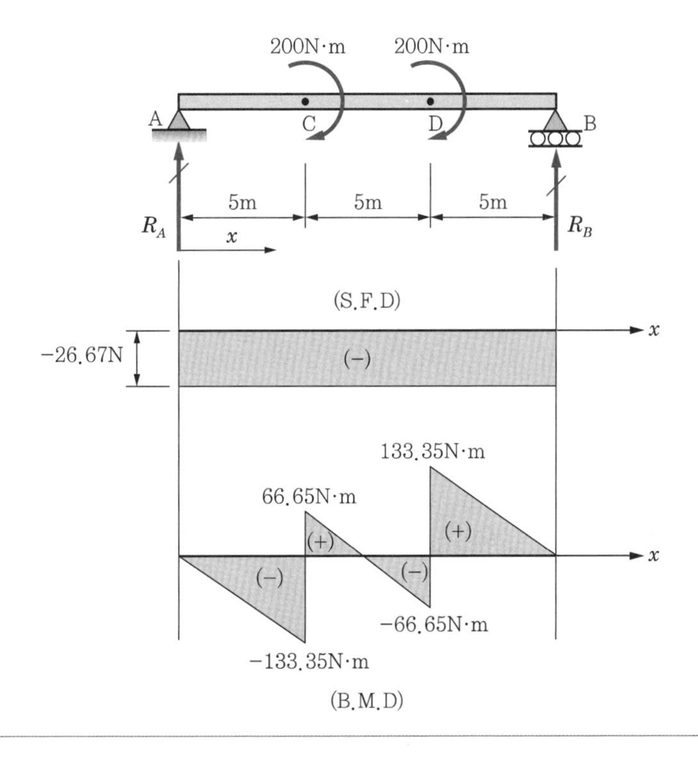

외팔보(cantilever beam)

(2) 외팔보(cantilever beam)

1) 외팔보의 자유단에 집중하중이 작용할 경우

반력 결정

i) 반력 결정

[그림 6-14]에서 반력 R_A를 구하면, 힘과 모멘트 평형조건식으로부터 다음과 같이 나타낼 수 있다.

$$\Sigma F_y = 0 \ ; \uparrow_+, \ R_A - P = 0 \quad \therefore \ R_A = P \tag{a}$$

$$\Sigma M_A = 0 \ ; \circlearrowleft_+, \ M_A - PL = 0 \quad \therefore \ M_A = PL \tag{b}$$

ii) 전단력 및 굽힘 모멘트 방정식

[그림 6-14]의 임의의 거리 x구간을 절단하여 자유물체도(F.B.D)를 그리면 [그림 6-15]와 같다. 따라서 [그림 6-15]에 힘과 모멘트 평형식을 적용하여 다음과 같이 일반식을 구할 수 있다.

$$\Sigma F_y = 0 \ ; \uparrow_+, \quad V - P = 0 \quad \therefore \ V = P \tag{c}$$

$$\Sigma M_x = 0 \ ; \circlearrowleft_+, \ -M_b - Px = 0 \quad \therefore \ M_b = -Px \tag{d}$$

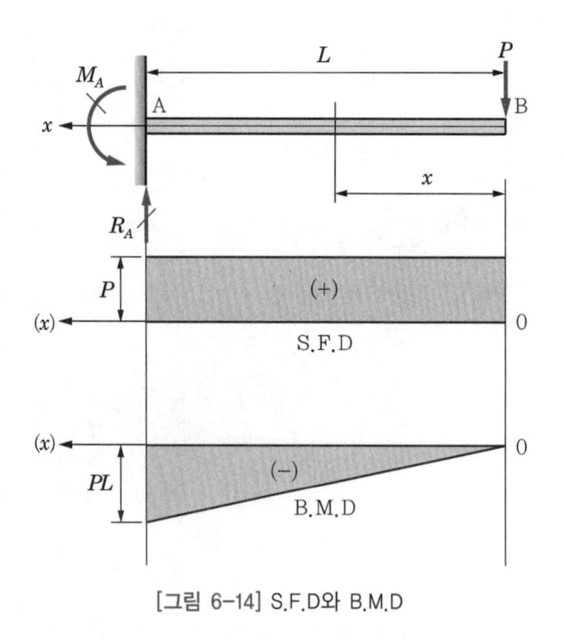

[그림 6-14] S.F.D와 B.M.D

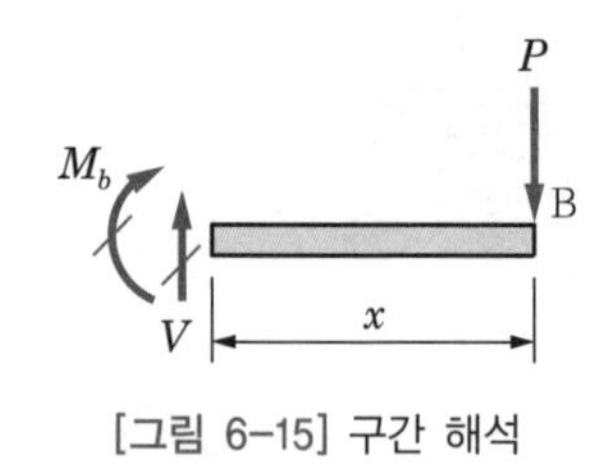

[그림 6-15] 구간 해석

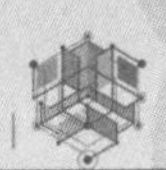

iii) 전단력 선도(S.F.D)와 굽힘 모멘트 선도(B.M.D)

식 (c)에서 보듯이 전단력은 전길이에 걸쳐 $+P$의 값으로 일정하다. 굽힘 모멘트의 경우, 식 (d)에서 $x=0$일 때 $M_b=0$, $x=L$일 때 $M=-PL$이 된다. 따라서 $x=0$에서 $x=L$까지 x의 1차 직선으로 증가하고, 최대 굽힘 모멘트는 다음과 같다.

최대 굽힘 모멘트

$$M_{\max})_{x=L} = -PL \tag{6.15}$$

2) 외팔보의 전 길이에 등분포하중이 작용할 경우

i) 반력 결정

반력 결정

[그림 6-16]에 힘과 모멘트 평형식을 적용하면 반력 R_A와 반모멘트 M_A를 구할 수 있다.

$$\Sigma F_y = 0\ ;\uparrow+,\quad R_A - wL = 0 \qquad \therefore\ R_A = wL \tag{a}$$

$$\Sigma M_A = 0\ ;\oplus,\quad M_A - wL\frac{L}{2} = 0$$

$$\therefore\ M_A = \frac{wL^2}{2} \tag{b}$$

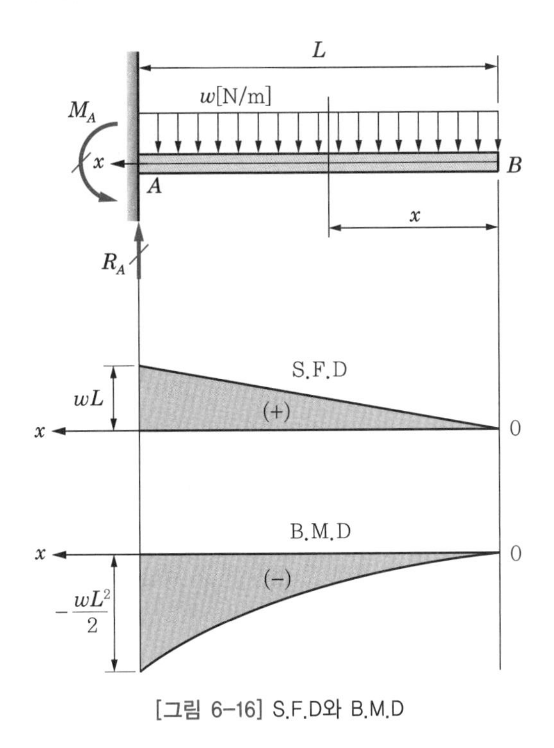

[그림 6-16] S.F.D와 B.M.D

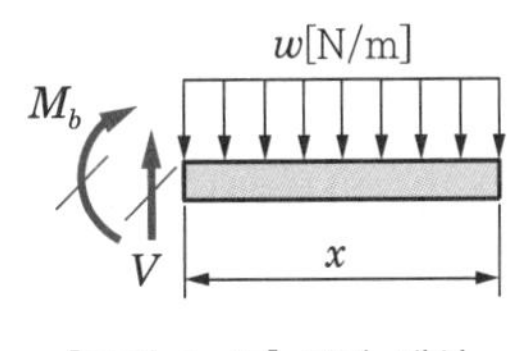

[그림 6-17] 구간 해석

ii) 전단력과 모멘트 방정식

전단력과 모멘트의 일반식

[그림 6-16]에서 임의의 거리 x를 절단하여 자유물체도(F.B.D)를 그리면 [그림 6-17]과 같다. 따라서 [그림 6-17]에 힘과 모멘트 평형식을 적용할 경우, 전단력과 모멘트의 일반식은 다음과 같다.

$$\Sigma F_y = 0 \ ; \uparrow+, \quad V - wx = 0$$

$$\therefore \ V = wx \qquad \text{(c)}$$

$$\Sigma M_x = 0 \ ; \circlearrowright+, \quad -M_b - (wx)\frac{x}{2} = 0$$

$$\therefore \ M_b = -\frac{wx^2}{2} \qquad \text{(d)}$$

그러므로 전단력은 x에 대하여 1차 직선으로 증가하고, 굽힘 모멘트는 2차 포물선으로 증가한다.

iii) 전단력 선도(S.F.D)와 굽힘 모멘트 선도(B.M.D)

식 (c)에서 $x=0$일 때 전단력 $V=0$이 되고, $x=L$에서 $V=wL$이 된다. 따라서 전단력은 $x=L$에서 최대가 되고, 1차 직선으로 증가한다. 그리고 굽힘 모멘트의 경우는 식 (d)로부터 $x=0$일 때 $M_b=0$, $x=L$일 때 $M_b = -\frac{wL^2}{2}$이다. 따라서 최대 굽힘 모멘트는 다음 식과 같다.

최대 굽힘 모멘트

$$\left.M_{\max}\right)_{x=L} = -\frac{wL^2}{2} \qquad (6.16)$$

이때 굽힘 모멘트는 x에 따라 2차 포물선으로 증가한다. 이상의 모든 값들을 표시하여 S.F.D와 B.M.D를 그리면 [그림 6-16]과 같다.

3) 점변분포하중을 받는 외팔보의 경우

반력 결정

i) 반력 결정

[그림 6-18]에서 점변하중의 전하중이 하중의 면적과 같은 $\frac{wL}{2}$의 크기로 도심 G에 집중하중으로 작용한다는 가정하에 힘과 모멘트 평형식을 적용하면 반력 R_A와 반모멘트 M_A를 구할 수 있다.

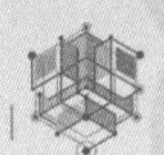

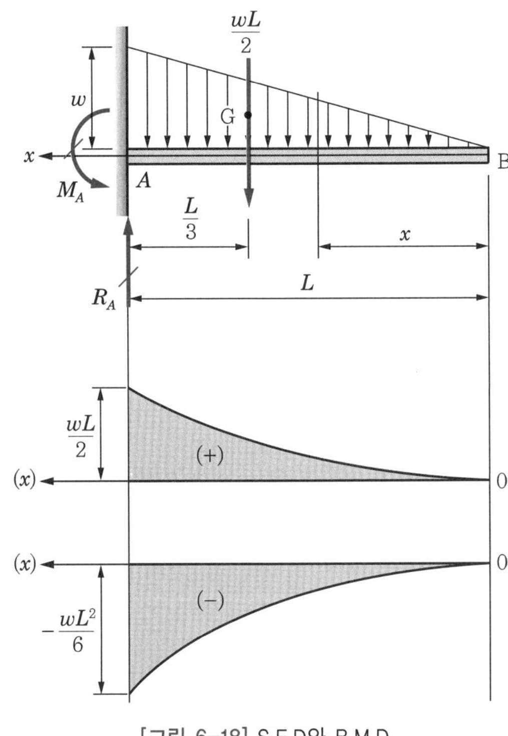

[그림 6-18] S.F.D와 B.M.D

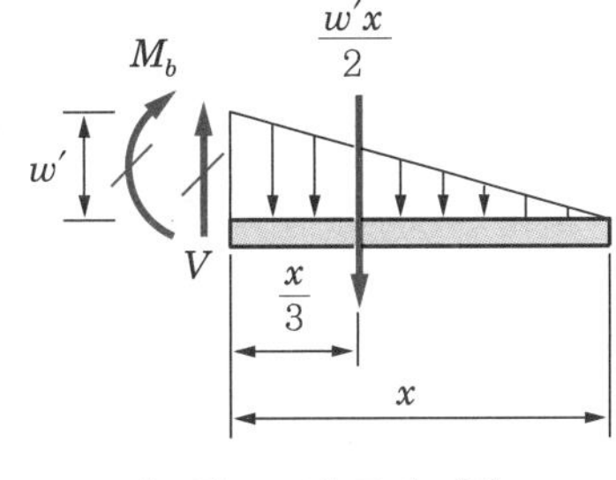

[그림 6-19] 구간 해석

$$\Sigma F_y = 0 \ ; \uparrow_+, \quad R_A - \frac{wL}{2} = 0$$

$$\therefore \ R_A = \frac{wL}{2} \qquad \text{(a)}$$

$$\Sigma M_A = 0 \ ; \circlearrowleft_+, \quad M_A - \left(\frac{wL}{2}\right)\frac{L}{3} = 0$$

$$\therefore \ M_A = \frac{wL^2}{6} \qquad \text{(b)}$$

ii) 전단력과 굽힘 모멘트 방정식

[그림 6-18]에서 임의의 거리 x에 작용하는 힘과 모멘트 일반식을 구하기 위해 [그림 6-19]의 자유물체도(F.B.D)에 힘과 굽힘 모멘트 평형식을 적용하면 다음과 같다.

$$\Sigma F_y = 0 \ ; \uparrow_+, \quad V - \frac{w'x}{2} = 0$$

그러므로

$$V = \frac{w'x}{2} \qquad \text{(c)}$$

여기서, $w : L = w' : x$이므로 $w' = \frac{wx}{L}$

전단력의 일반식

결국 전단력의 일반식은

$$\therefore \ V = \frac{wx^2}{2}L \qquad \text{(d)}$$

이 된다.

$$\Sigma M_x = 0 \ ; \oplus, \ -M_b - \left(\frac{w'x}{2}\right)\frac{x}{3} = 0$$

굽힘 모멘트의 일반식

따라서 $M_b = -\frac{w'x^2}{6}$에 $w' = \frac{wx}{L}$를 대입하면 굽힘 모멘트의 일반식은 다음 식과 같다.

$$\therefore \ M_b = -\frac{wx^3}{6L} \qquad \text{(e)}$$

2차 포물선

3차 포물선

식 (d)로부터 전단력은 x에 대하여 2차 포물선이고, 굽힘 모멘트의 경우 3차 포물선으로 증가한다.

iii) 전단력 선도(S.F.D)와 굽힘 모멘트 선도(B.M.D)

식 (d)에서 $x=0$일 때 전단력 $V=0$, $x=L$일 때 $V=\frac{wL}{2}$이 된다. 이 경우, 전단력은 x에 따라 2차 포물선으로 증가한다. 또한 굽힘 모멘트는 식 (e)에서 $x=0$일 때 $M_b=0$이고, $x=L$일 때 $M_b=-\frac{wL^2}{6}$이 된다. 따라서 이 굽힘

최대 굽힘 모멘트

모멘트는 x에 대하여 3차 포물선을 그리면서 증가하여 $x=L$에서 최대 굽힘 모멘트가 된다.

$$\left.M_{\max}\right)_{x=L} = -\frac{wL^2}{6} \qquad (6.17)$$

이상의 모든 값을 대입하여 S.F.D와 B.M.D를 그리면 [그림 6-18]과 같다.

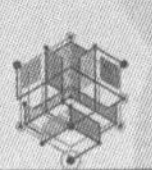

예제 6.22

그림과 같은 외팔보에서 집중하중 P와 우력 M_0가 작용하는 경우 각 점에서 전단력과 굽힘 모멘트를 구하고, 전단력 선도(S.F.D)와 굽힘 모멘트 선도(B.M.D)를 도시하라.

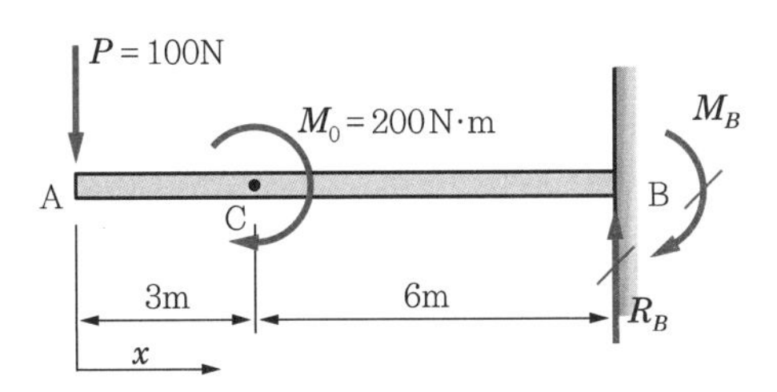

풀이 i) 반력 결정

$\sum M$ at $B = 0$; ⊕, $P \times 9 - M_0 - M_B = 0$

$M_B = P \times 9 - M_0 = 100 \times 9 - 200 = 700\text{N} \cdot \text{m}$

$\sum F_y = 0$; ↑+, $R_B - P = 0 \rightarrow R_B = P = 100\text{N}$

ii) 구간 해석

① $0 < x < 3\text{m}$ 구간

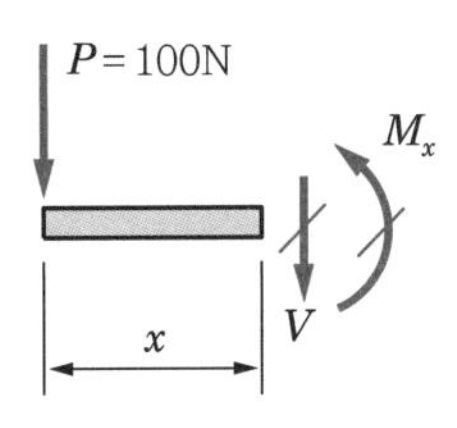

$\sum F_y = 0$; ↑+, $-10 - V = 0 \rightarrow V = -100\text{N}$ (일정)

$\sum M$ at $x = 0$; ⊕, $Px + M_x = 0 \rightarrow M_x = -Px$ (x의 1차 함수)

$\therefore$ $x = 0$일 때 $M_b)_{x=0} = 0$

$x = 3$일 때 $M_b)_{x=3\text{m}} = -P \times 3 = -100 \times 3 = -300\text{N} \cdot \text{m}$

② $3 < x < 9\text{m}$ 구간

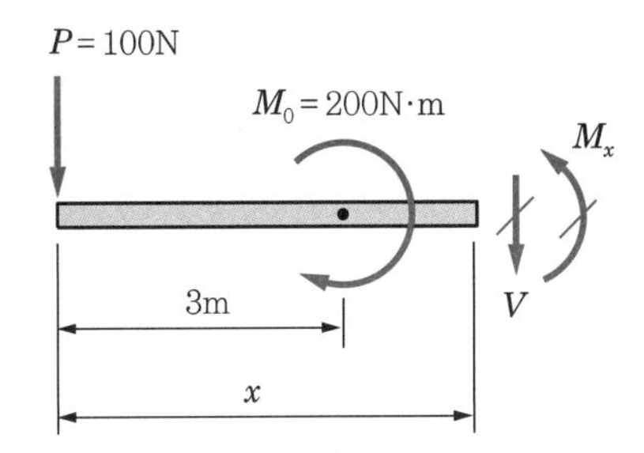

$\sum F_y = 0$; ↑+, $-P - V = 0 \rightarrow V = -P = -100\text{N}$ (일정)

$\sum M$ at $x = 0$; ⊕, $Px - M_0 + M_x = 0$

$\rightarrow M_x = M_0 - Px = 200 - 100x$ (x의 1차 함수)

$\therefore$ $x = 3\text{m}$ 일 때 $M_b)_{x=3\text{m}} = 200 - 100 \times 3 = -100\text{N}\cdot\text{m}$

$x = 9\text{m}$ 일 때 $M_b)_{x=9\text{m}} = 200 - 100 \times 9 = -700\text{N}\cdot\text{m}$

따라서 S.F.D와 B.M.D를 그리면 다음 그림과 같다.

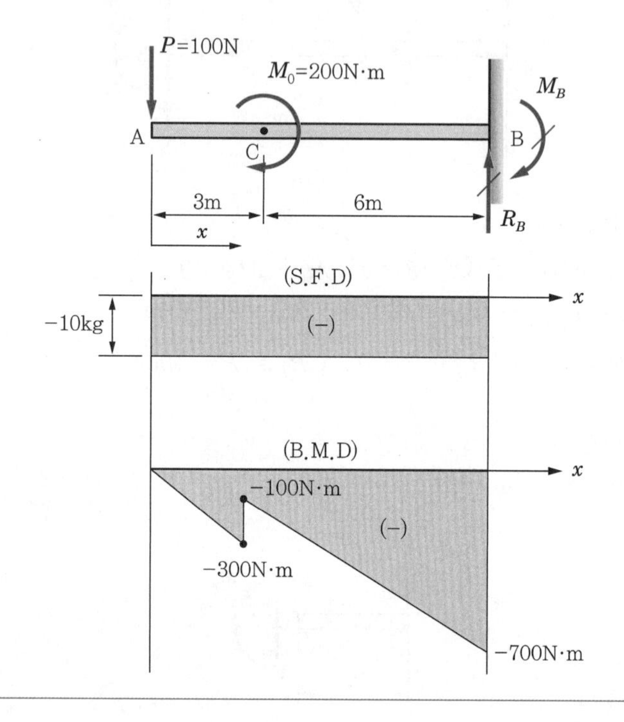

예제 6.23

다음 그림과 같이 외팔보가 등분포하중 w[N/m]가 보의 전 길이에 걸쳐 작용하고 임의의 점 C에 우력이 작용하는 경우 각 구간에서 전단력과 굽힘 모멘트를 구하고 전단력 선도(S.F.D)와 굽힘 모멘트 선도(B.M.D)를 도시하시오.

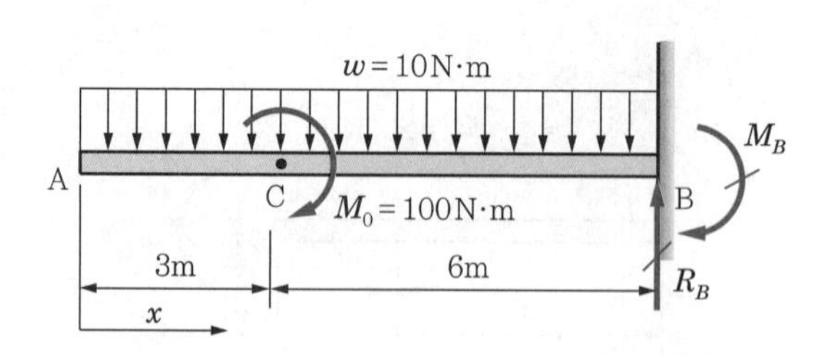

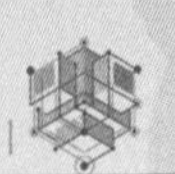

풀이 i) 반력 결정

$\sum M$ at B = 0 ; ⊕, $w \times 9 \times \frac{9}{2} - M_0 - M_B = 0$

$\rightarrow M_B = 9w \times 4.5 - M_0 = 9 \times 10 \times 4.5 - 100 = 305\text{N} \cdot \text{m}$

또 $\sum F_y = 0$; ↑+, $R_B - w \times 9 = 0 \rightarrow R_B = 9w = 90\text{N}$

ii) 구간 해석

① $0 < x < 3\text{m}$ 구간

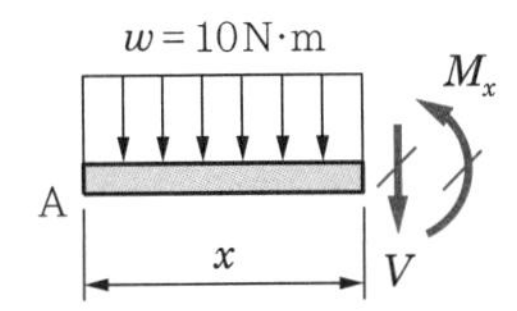

$\sum F_y = 0$; ↑+, $-wx - V = 0 \rightarrow V = -wx$ (x의 1차 함수)

∴ $x = 0$일 때 전단력은 $V = 0$

$x = 3\text{m}$일 때 $V = -10 \times 3 = -30\text{N}$

$\sum M$ at $x = 0$; ⊕, $wx \times \frac{x}{2} + M_x = 0$

$\rightarrow M_x = -\frac{wx^2}{2}$ (x의 2차 함수)

∴ $x = 0$일 때 $M_b)_{x=0} = 0$,

$x = 3\text{m}$일 때 $M_b)_{x=3\text{m}} = -\frac{10 \times (3)^2}{2} = -45\text{N} \cdot \text{m}$

② $3 < x < 9\text{m}$ 구간

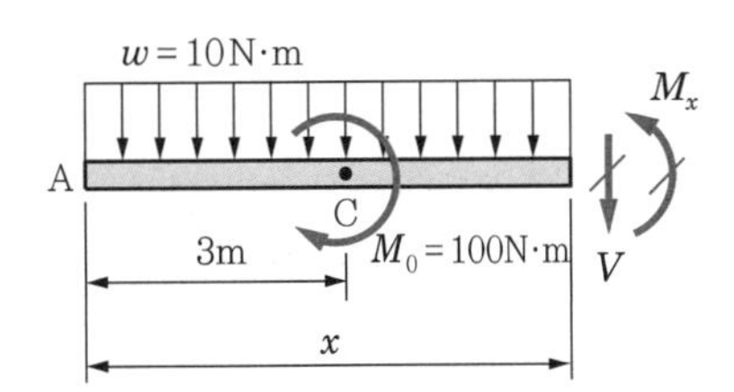

$\sum F_y = 0$; ↑+, $-wx - V = 0 \rightarrow V = -wx$ (x의 1차 함수)

$\sum M$ at $x = 0$; ⊕, $wx\frac{x}{2} - M_0 + M_x = 0 \rightarrow M_x = M_0 - \frac{wx^2}{2}$

(x의 2차 함수)

∴ $x = 3\text{m}$일 때 전단력은 $V = -w \times 3 = -10 \times 3 = -30\text{N}$

$x = 6\text{m}$일 때 전단력은 $V = -w \times 6 = -10 \times 6 = -60\text{N}$

$x = 3\text{m}$ 일 때

굽힘 모멘트는 $M_b)_{x=3\text{m}} = 10 - \dfrac{10 \times 3^2}{2} = 55\text{N}\cdot\text{m}$

$x = 6\text{m}$ 일 때

굽힘 모멘트는 $M_b)_{x=6\text{m}} = 10 - \dfrac{10 \times 6^2}{2} = -80\text{N}\cdot\text{m}$

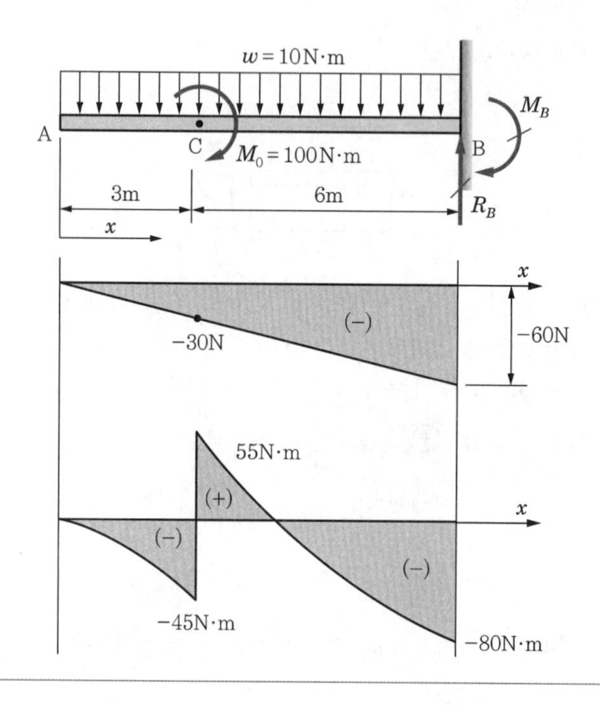

예제 6.24

다음 그림과 같은 외팔보의 하중상태에서 임의의 점에서 전단력과 굽힘 모멘트를 구하고, 전단력 선도(S.F.D)와 굽힘 모멘트 선도(B.M.D)를 그려라.

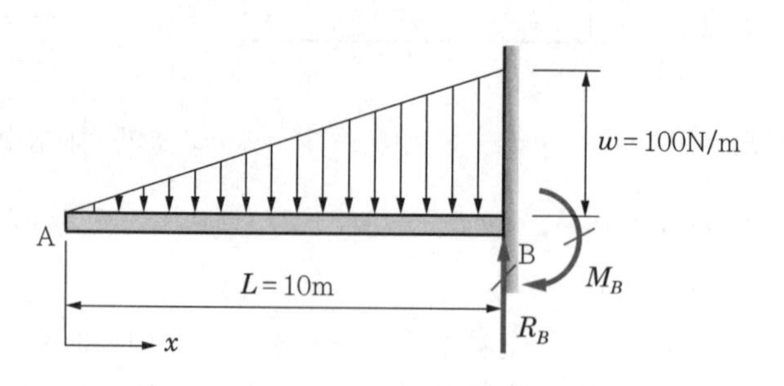

풀이 i) 반력 결정

$$\Sigma M \text{ at B} = 0\ ;\ \oplus,\ \frac{w \times 10}{2} \times \frac{10}{3} - M_B = 0$$

$$\rightarrow M_B = \frac{100w}{6} = \frac{100 \times 100}{6} = 1{,}666.67\text{N}\cdot\text{m}$$

또 $\Sigma F_y = 0\ ;\ \uparrow +,\ -\frac{w \times 10}{2} + R_B = 0$

$$\rightarrow R_B = \frac{10w}{2} = 5 \times 100 = 500\text{N}$$

ii) 구간 해석

$0 < x < 10\text{m}$ 구간

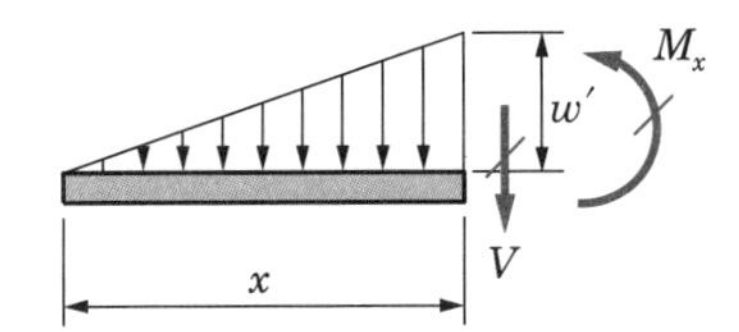

$$\Sigma F_y = 0\ ;\ \uparrow +,\ -\frac{w'x}{2} - V = 0$$

$$\rightarrow V = -\frac{w'x}{2} = -\frac{w}{20}x^2 (x\text{의 2차 함수})$$

$\therefore\ x = 0$일 때 $V)_{x=0} = 0$,

$x = 10\text{m}$일 때 $V)_{x=10\text{m}} = -\frac{100}{20} \times 10^2 = -500\text{N}$

$$\Sigma M \text{ at } x = 0\ ;\ \oplus,\ \left(\frac{w'x}{2}\right)\frac{x}{3} + M_x = 0$$

$$\rightarrow M_x = -\frac{wx^3}{6 \times 10}\ (x\text{의 3차 함수})$$

$\therefore\ x = 0$일 때 $M_b)_{x=0} = 0$,

$x = 10\text{m}$일 때 $M_b)_{x=10\text{m}} = -\frac{100 \times 10^3}{60} = -1{,}666.67\text{N}\cdot\text{m}$

따라서 S.F.D와 B.M.D를 그리면 다음 그림과 같다.

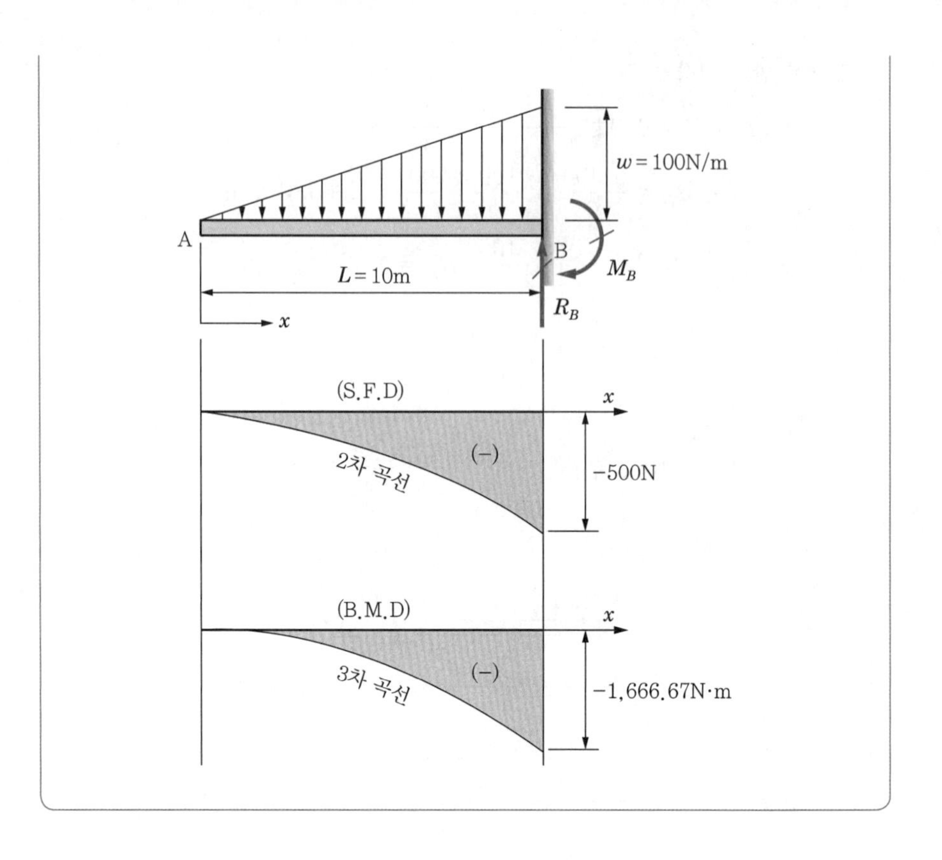

돌출보(overhang beam, 내다지보)

(3) 돌출보(overhang beam, 내다지보)

1) 임의의 위치에 집중하중이 작용할 때

반력 결정

i) 반력 결정

[그림 6-20]에 힘과 모멘트 평형식을 적용하여 반력 R_A, R_B를 구한다.

$$\Sigma F_y = 0 \; ; \uparrow +, \quad R_A + R_B - 2P - P_1 = 0 \qquad \text{(a)}$$

$$\Sigma M_B = 0 \; ; \circlearrowright +, \quad -R_A L + P_1 b + P(L + C) - PC = 0$$

$$\therefore R_A = \frac{P_1 b + PL}{L} \qquad \text{(b)}$$

식 (b)를 식 (a)에 대입할 경우 반력 R_B는 다음 식이 된다.

$$\therefore \; R_B = 2P + P_1 - R_A = \frac{P_1 a + PL}{L} \qquad \text{(c)}$$

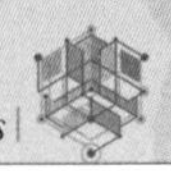

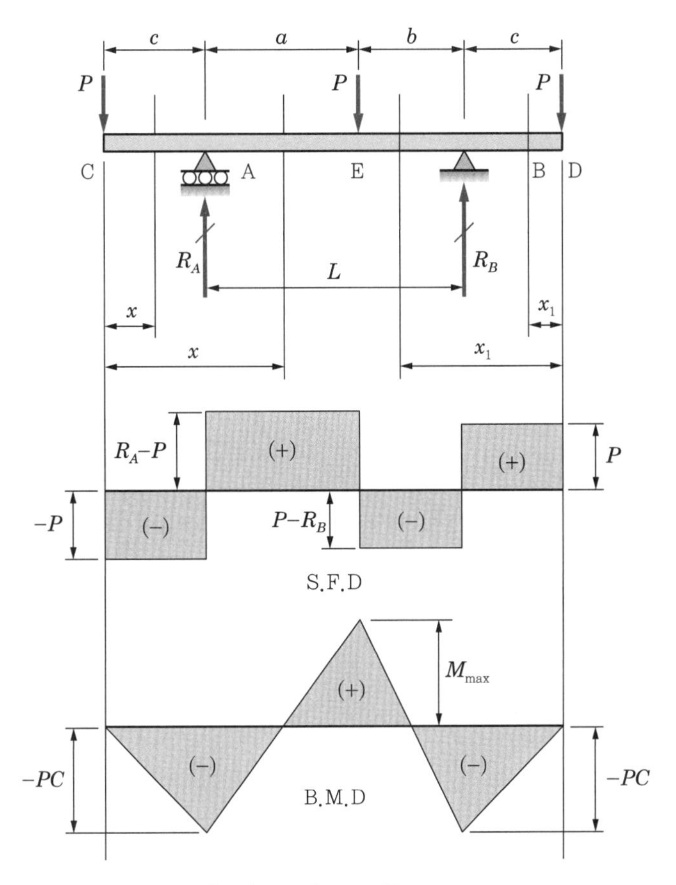

[그림 6-20] S.F.D와 B.M.D

ii) 전단력 및 굽힘 모멘트 방정식

일반식을 구하기 위해 [그림 6-20]과 같이 보의 임의의 x, x_1 위치에 대한 C점으로부터의 자유물체도([그림 6-21], [그림 6-22])와 D점으로부터의 자유물체도([그림 6-23], [그림 6-24])를 사용하여 전단력과 굽힘 모멘트의 식을 찾으면 다음과 같다.

전단력과 굽힘 모멘트의 식

- CA 구간 : [그림 6-21]에서 전단력과 굽힘 모멘트 식

$$\Sigma F_y = 0\ ;\uparrow+,\quad -V-P=0$$
$$\therefore\ V)_{CA} = -P \qquad \text{(d)}$$

$$\Sigma M_x = 0\ ;\oplus,\quad M_b + Px = 0$$
$$\therefore\ M_b)_{CA} = -Px \qquad \text{(e)}$$

• AE 구간 : [그림 6-22]에서 전단력과 굽힘 모멘트 식

$$\Sigma F_y = 0 \ ; \uparrow +, \quad -P + R_A - V = 0$$
$$\therefore \ V)_{AE} = R_A - P \tag{f}$$

$$\Sigma M_x = 0 \ ; \oplus, \quad M_b + Px - R_A(x-c) = 0$$
$$\therefore \ M_b)_{AE} = R_A(x-c) - Px \tag{g}$$

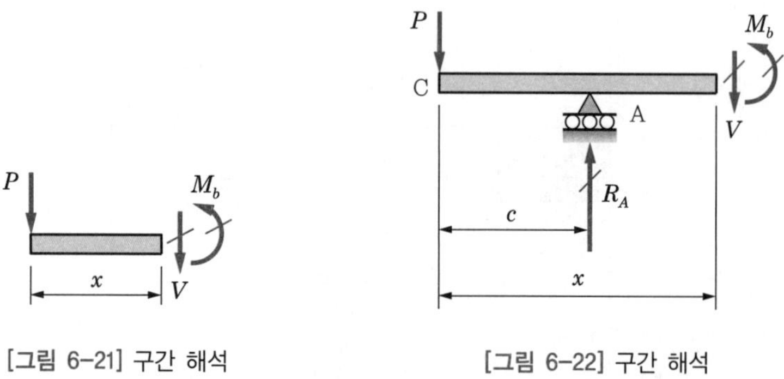

[그림 6-21] 구간 해석

[그림 6-22] 구간 해석

• EB 구간 : [그림 6-23]에서 전단력과 굽힘 모멘트 식

$$\Sigma F_y = 0 \ ; \uparrow +, \quad V + R_B - P = 0$$
$$\therefore \ V)_{EB} = P - R_B \tag{h}$$

$$\Sigma M_{x_1} = 0 \ ; \oplus, \quad -M_b - Px_1 + R_B(x_1 - C) = 0$$
$$\therefore \ M_b)_{EB} = R_B(x_1 - c) - Px_1 \tag{i}$$

• DB 구간 : [그림 6-24]에서 전단력과 굽힘 모멘트 식

$$\Sigma F_y = 0 \ ; \uparrow +, \quad V - P = 0$$
$$\therefore \ V)_{DB} = P \tag{j}$$

$$\Sigma M_{x_1} = 0 \ ; \oplus, \quad -M_b - Px_1 = 0$$
$$\therefore \ M_b)_{DB} = -Px_1 \tag{k}$$

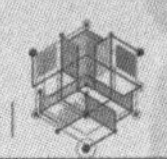

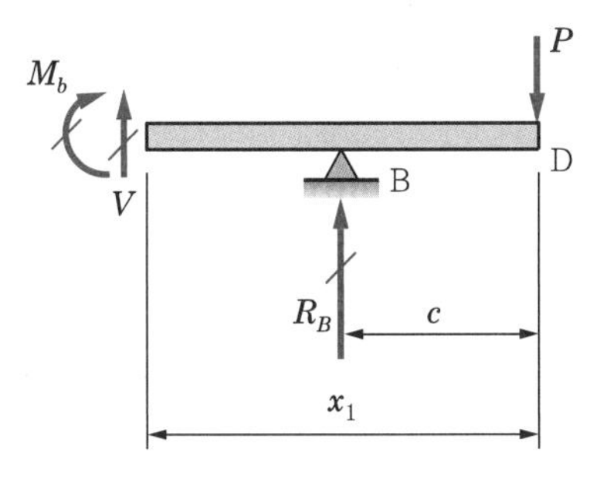

[그림 6-23] 구간 해석

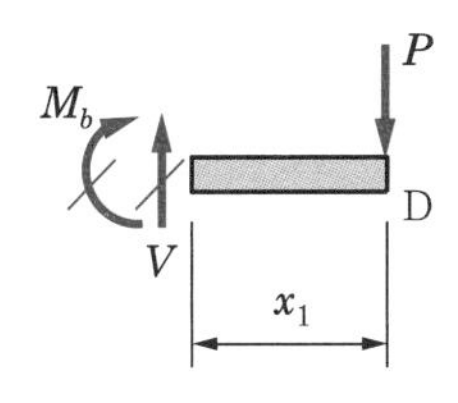

[그림 6-24] 구간 해석

iii) 전단력 선도(S.F.D)와 굽힘 모멘트 선도(B.M.D)

식 (e)에서 $x=0$일 때, $M_b=0$

$x=c$일 때, $M_b=-Pc$

식 (g)에서 $x=c+a$일 때, $M_b=\dfrac{P_1ab-PcL}{L}$

식 (i)에서 $x_1=c$일 때, $M_b=-Pc$

식 (k)에서 $x_1=0$일 때, $M_b=0$

여기서 최대 굽힘 모멘트는 전단력의 부호가 변화하는 단면 A, E, B 단면에서 나타나고, 그 값을 비교하여 가장 큰 값을 최대 굽힘 모멘트로 정한다. 즉,

최대 굽힘 모멘트

$$M_b)_A=M_b)_B=-Pc$$

$$M_b)_E=-P(c+a)+R_Aa=M_{\max}$$

$$\therefore\ M_{\max}=\frac{P_1ab-PcL}{L} \qquad (6.18)$$

이 된다. 그리고 굽힘 모멘트가 0인 지점은 AE 구간과 BE 구간이므로 $M_b)_{AE}=0$으로 놓고 그 위치를 찾으면

굽힘 모멘트가 0인 지점

$$-Px+R_A(x-c)=0$$

$$\therefore\ x=\frac{R_A\cdot c}{R_A-P}\text{(C점으로부터의 위치)} \qquad (1)$$

이고, 또

$$M_b)_{BE}=0=-Px_1+R_B(x_1-c)$$

$$\therefore \; x_1 = \frac{R_B \cdot c}{R_B - P}\text{(끝단 D점으로부터의 위치)} \qquad \text{(m)}$$

이다. 이상의 모든 값들을 표시하여 S.F.D와 B.M.D를 그리면 [그림 6-20]과 같다.

2) 돌출보의 전 길이에 등분포하중이 작용할 경우

반력 결정

i) 반력 결정

[그림 6-25]에 힘과 모멘트 평형조건식을 적용하여 반력 R_A와 R_B를 구해보자.

$$\Sigma F_y = 0 \; ; \uparrow_+, \quad R_A + R_B - wL = 0 \qquad \text{(a)}$$

$$\Sigma M_b = 0 \; ; \circlearrowleft_+, \; -R_A L_1 + wa\left(L_1 + \frac{a}{2}\right) + wL_1 \frac{L_1}{2} - wa\frac{a}{2} = 0$$

따라서

$$R_A L_1 - \frac{wLL_1}{2} = 0$$

$$\therefore \; R_A = \frac{wL}{2} \qquad \text{(b)}$$

이다. 식 (b)를 식 (a)에 대입하여 반력 R_B를 구하면 다음과 같다.

$$\therefore \; R_B = wL - R_A = \frac{wL}{2} \qquad \text{(c)}$$

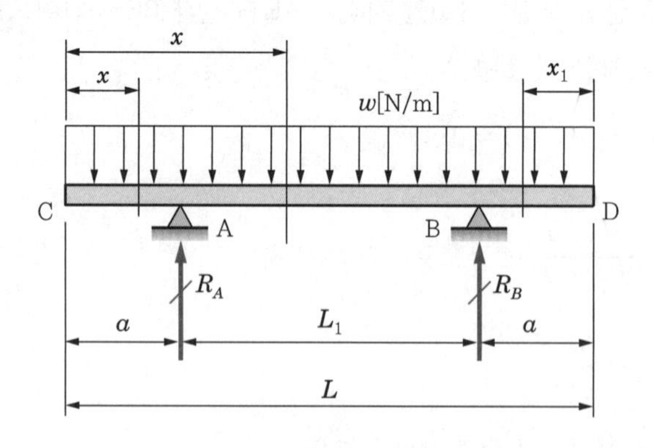

[그림 6-25] 돌출보 등분포하중

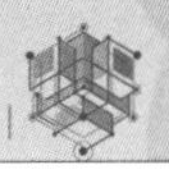

ii) 전단력 및 굽힘 모멘트 일반식

[그림 6-25]에서 각 구간별로 나누어 자유물체도(F.B.D)를 그리면 [그림 6-26, 6-27, 6-28]이 된다. 따라서 이 자유물체도에 힘과 모멘트식을 적용할 경우 다음과 같다.

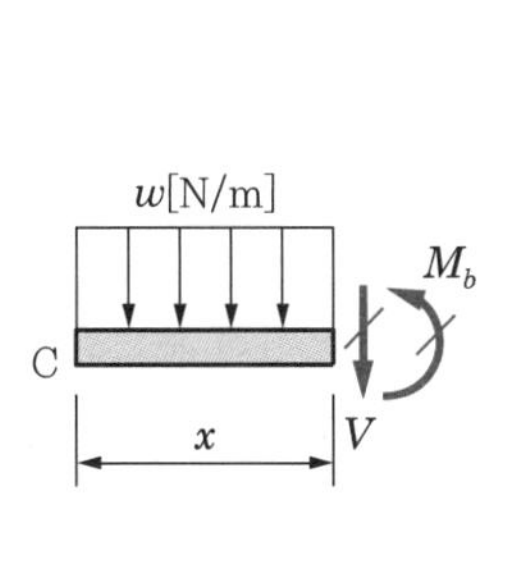

[그림 6-26] 구간 해석

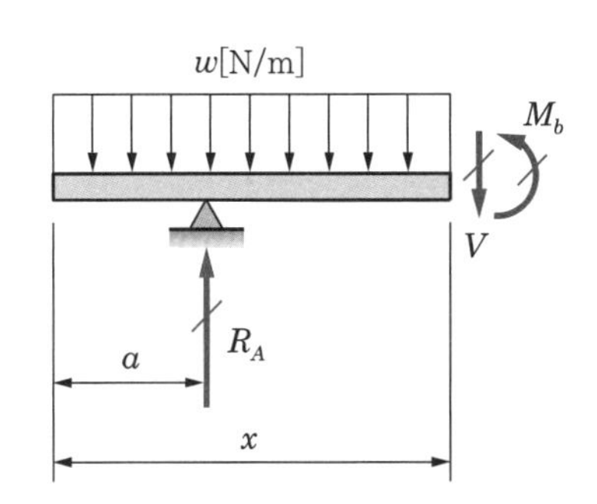

[그림 6-27] 구간 해석

• CA 구간 : [그림 6-26]에서 전단력과 굽힘 모멘트의 일반식

$$\Sigma F_y = 0\ ;\uparrow+,\quad -V - wx = 0$$

$$\therefore\quad V = -wx \tag{d}$$

$$\Sigma M_x = 0\ ;\circlearrowleft+,\quad M_b + wx\frac{x}{2} = 0$$

$$\therefore\quad M_b = -\frac{wx^2}{2} \tag{e}$$

• AB 구간 : [그림 6-27]에서 전단력과 굽힘 모멘트의 일반식

$$\Sigma F_y = 0\ ;\uparrow+,\quad -V - wx + R_A = 0$$

$$\therefore\quad V = R_A - wx = \frac{wL}{2} - wx \tag{f}$$

$$\Sigma M_x = 0\ ;\ M_b + w(x-a)\frac{(x-a)}{2} + wa\left(x - \frac{a}{2}\right) - R_A(x-a) = 0$$

$$\therefore\quad M_b = R_A(x-a) - \frac{wx^2}{2} \tag{g}$$

• DB 구간 : [그림 6-28]에서 전단력과 굽힘 모멘트의 일반식

$$\Sigma F_y = 0 \ ; \uparrow +, \quad V - wx_1 = 0$$

$$\therefore \ V = wx_1 \qquad \text{(h)}$$

$$\Sigma M_{x_1} = 0 \ ; \circlearrowright +, \quad -M_b - (wx_1)\frac{x_1}{2} = 0$$

$$\therefore \ M_b = -\frac{wx_1^{\ 2}}{2} \qquad \text{(i)}$$

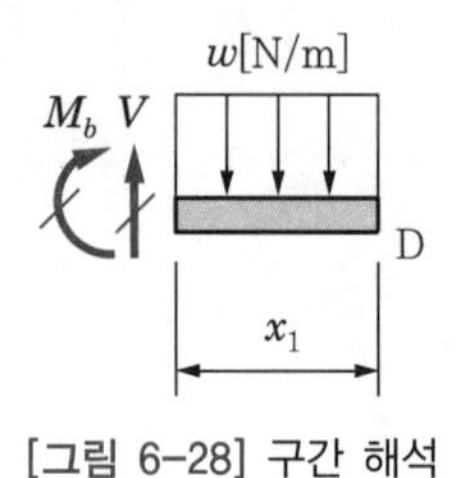

[그림 6-28] 구간 해석

iii) 전단력 선도(S.F.D) 및 굽힘 모멘트 선도(B.M.D)

식 (d)와 식 (e)에서 AC 구간의 전단력과 굽힘 모멘트는 다음과 같다.

$$x = 0 \text{에서} \ V = 0, \quad M_b = 0$$

$$x = a \text{에서} \ V = -wa, \quad M_b = -\frac{wa^2}{2}$$

식 (f)와 식 (g)에서 AB 구간의 전단력과 굽힘 모멘트는 다음과 같다.

$$x = a \text{에서} \ V = \frac{wL}{2} - wa = \frac{wL_1}{2}, \quad M_b = -\frac{wa^2}{2}$$

$$x = \frac{L}{2} \text{에서} \ V = \frac{wL}{2} - \frac{wL}{2} = 0, \quad M_b = \frac{wL}{2}\left(\frac{L}{2} - a\right) - \frac{w}{2}\left(\frac{L}{2}\right)^2$$

$$x = a + L_1 \text{에서} \ V = -\frac{wL_1}{2}, \quad M_b = -\frac{wa^2}{2}$$

식 (h)와 식 (i)에서 BD 구간의 전단력과 굽힘 모멘트는 다음과 같다.

$$x_1 = 0 \text{에서} \ V = 0, \quad M_b = 0$$

$$x_1 = a \text{에서} \ V = wa, \quad M_b = -\frac{wa^2}{2}$$

최대 굽힘 모멘트

그리고 최대 굽힘 모멘트는 전단력인 점에서 발생하므로 AB 구간의 중앙점이 된다. 따라서 위의 식으로부터 구해보면 다음과 같다.

$$M_{max}\Big)_{x=\frac{L}{2}} = \frac{wLL_1}{4} - \frac{wL^2}{8} \tag{6.19}$$

이상의 모든 값들을 그림에 표시하여 S.F.D와 B.M.D를 그리면 다음 [그림 6-29]와 같다.

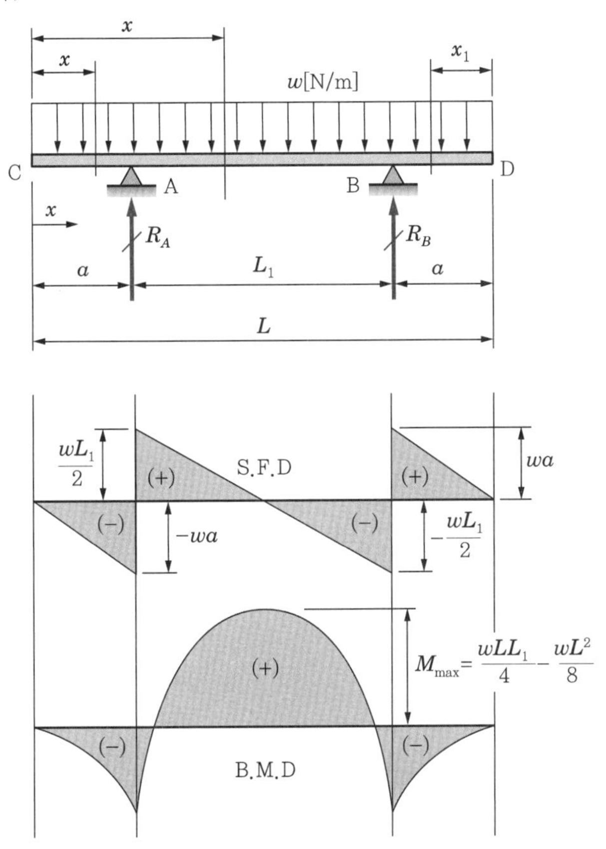

[그림 6-29] S.F.D와 B.M.D

예제 6.25

다음과 같은 돌출보(overhanging beam)의 전단력과 굽힘 모멘트를 구하고, 전단력 선도(S.F.D)와 굽힘 모멘트 선도(B.M.D)를 그려라.

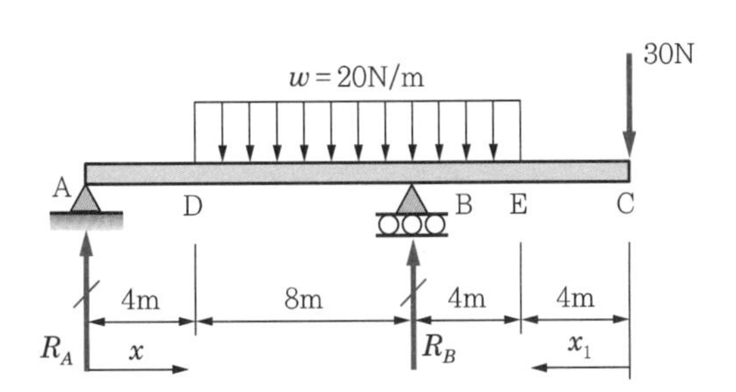

풀이 i) 반력 결정

$\sum M$ at B $= 0$; ⊕,

$$-R_A \times 12 + w \times 8 \times 4 - w \times 4 \times 2 - 3 \times 8 = 0$$

$$\rightarrow R_A = \frac{20 \times 8 \times 4 - 20 \times 4 \times 2 - 3 \times 8}{12} = 20\text{N}$$

또 $\sum F_y = 0$; $\uparrow +$, $R_A + R_B - w \times 12 - 3 = 0$

$$\rightarrow R_B = w \times 12 + 3 - R_A = 20 \times 12 + 3 - 20 = 250\text{N}$$

ii) 구간 해석

① $0 < x < 4\text{m}$ 구간

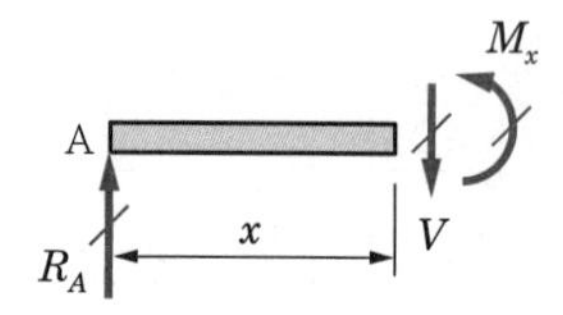

$\sum F_y = 0$; $\uparrow +$, $R_A - V = 0 \rightarrow V = R_A = 20\text{N}$ (일정)

$\sum M$ at $x = 0$; ⊕, $-R_A x + M_x = 0 \rightarrow M_x = R_A x$

(x의 1차 함수)

$\therefore$ $x = 0$일 때 $M_b)_{x=0} = 0$,

$x = 4\text{m}$ 일 때 $M_b)_{x=4\text{m}} = 20 \times 4 = 80\text{N} \cdot \text{m}$

② $4 < x < 12\text{m}$ 구간

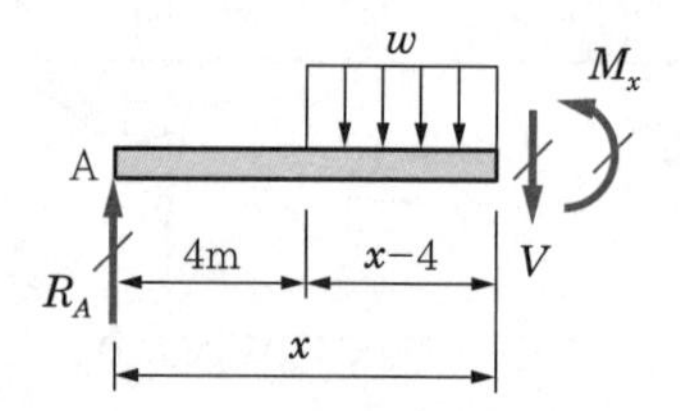

$\sum F_y = 0$; $\uparrow +$, $R_A - w(x-4) - V = 0$

$\rightarrow V = R_A - w(x-4)$ (x의 1차 함수)

$\therefore$ $x = 4\text{m}$ 일 때 $V)_{x=4\text{m}} = R_A = 20\text{N}$

$\text{m} = 12\text{m}$ 일 때 $V)_{x=12\text{m}} = 20 - 20 \times (12-4) = -140\text{N}$

$\sum M$ at $x = 0$: ⊕,

$$-R_A x + w(x-4)\frac{x-4}{2} + M_x = 0$$

$\rightarrow M_x = R_A x - \dfrac{w}{2}(x-4)^2$ (x의 2차 함수)

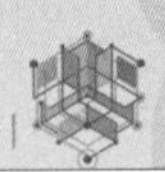

$x = 4\text{m}$ 일 때

$$M_b)_{x=4\text{m}} = 20 \times 4 - 0 = 80\text{N} \cdot \text{m}$$

$x = 12\text{m}$ 일 때

$$M_b)_{x=12\text{m}} = 20 \times 12 - \frac{20}{2} \times (12-4)^2 = -400\text{N} \cdot \text{m}$$

③ $12 < x < 16\text{m}$ 구간

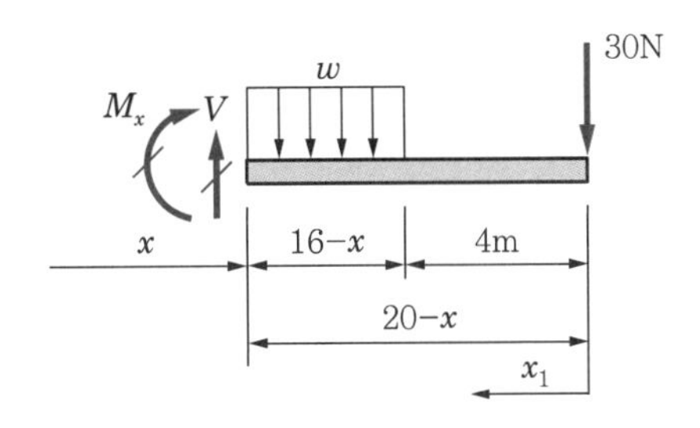

우단으로부터 임의의 x_1 지점의 자유물체도를 사용하여 구하면 다음과 같다.

$\sum F_y = 0$; ↑+, $V - w(16-x) - 3 = 0$

$\rightarrow V = w(16-x) + 3$ (x의 1차 함수)

$\therefore$ $x = 12\text{m}$ 일 때 $V)_{x=12\text{m}} = 20 \times (16-12) + 3 = 110\text{N}$

$x = 16\text{m}$ 일 때 $V)_{x=16\text{m}} = 20 \times (16-16) + 3 = 30\text{N}$

$\sum M$ at $x = 0$; ⊕,

$$-M_x - w(16-x) \times \frac{16-x}{2} - 30(20-x) = 0$$

$$\rightarrow M_x = -\frac{w}{2}(16-x)^2 - 30(20-x) \ (x\text{의 2차 함수})$$

$\therefore$ $x = 12\text{m}$ 일 때 $M_b)_{x=12\text{m}} = -\frac{20}{2}(16-12)^2 - 30(20-12)$

$$= -400\text{N} \cdot \text{m}$$

$x = 16\text{m}$ 일 때 $M_b)_{x=16\text{m}} = -\frac{20}{2}(16-16)^2 - 30(20-16)$

$$= -120\text{N} \cdot \text{m}$$

④ $16 < x < 20\text{m}$ 구간

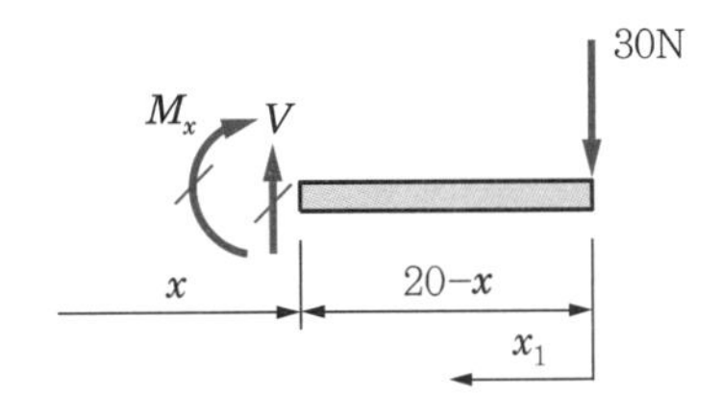

우측단으로부터 임의의 x_1 지점의 자유물체도를 사용하여 구하면 다음과 같다.

$\sum F_y = 0$; ↑+, $V - 30 = 0 \rightarrow V = 30\text{N}$ (일정)

$\sum M$ at $x = 0$; ⟲+, $-M_x - 30(20 - x) = 0$

$\rightarrow M_x = -30(20 - x)$ (x의 1차 함수)

$\therefore$ $x = 16\text{m}$ 일 때 $M_b)_{x=16\text{m}} = -30(20 - 16) = -120\text{N}\cdot\text{m}$

$x = 20$ 일 때 $M_b)_{x=20\text{m}} = 0$

따라서 S.F.D와 B.M.D를 그리면 다음 그림과 같다.

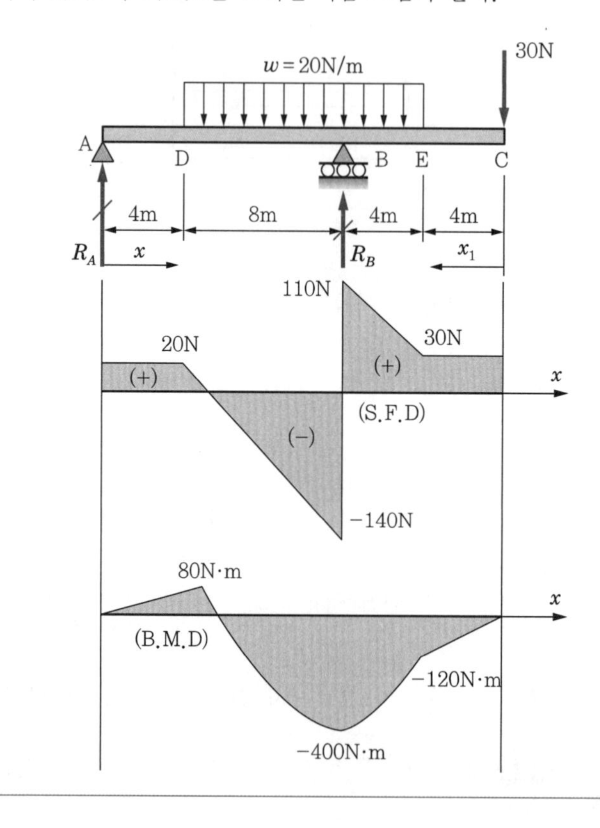

(4) 우력에 의한 전단력 선도(S.F.D)와 굽힘 모멘트 선도(B.M.D)

1) 좌단에 우력이 작용할 경우

반력 결정

i) 반력 결정

[그림 6-30]과 같이 좌측단 A에 우력 모멘트 M_0가 작용할 때 힘과 모멘트 조건식을 사용하여 반력 R_A와 R_B를 구한다.

$$\sum F_y = 0 \text{ ; } \uparrow+, \quad R_A - R_B = 0 \qquad \therefore \ R_A = R_B \qquad \text{(a)}$$

$$\sum M_B = 0 \text{ ; } ⟲+, \quad -R_A L + M_0 = 0$$

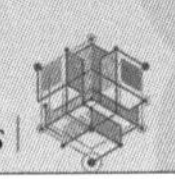

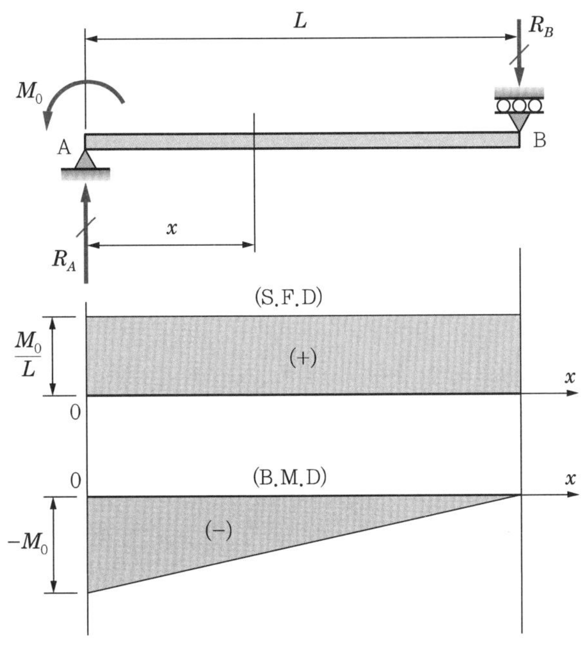

[그림 6-30] S.F.D와 B.M.D

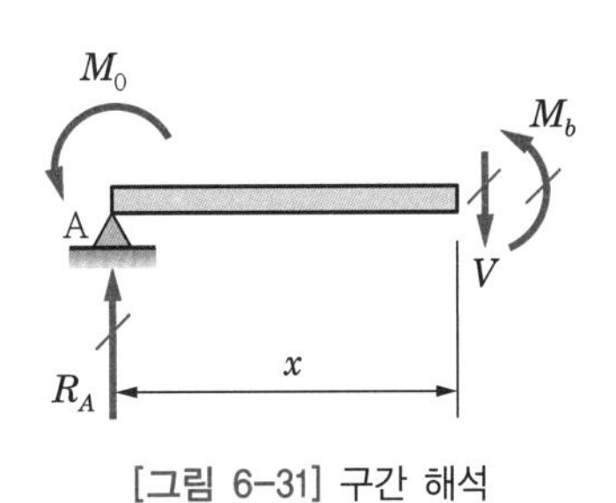

[그림 6-31] 구간 해석

$$\therefore\ R_A = \frac{M_0}{L} \tag{b}$$

또 식 (b)를 식 (a)에 대입하면 반력 R_B는 다음과 같다.

$$R_B = \frac{M_0}{L} \tag{c}$$

ii) 전단력 및 모멘트 방정식

전단력 및 모멘트 방정식

[그림 6-30]에서 보의 임의의 지점 x의 전단력과 굽힘 모멘트를 알기 위하여 [그림 6-31]과 같은 자유물체도(F.B.D)에 힘과 모멘트 평형식을 적용해보면 다음과 같다.

$$\Sigma F_y = 0\ ;\uparrow +,\quad R_A - V = 0$$

$$\therefore\ V = R_A = \frac{M_0}{L} \tag{d}$$

$$\Sigma M_x = 0\ ;\oplus,\quad M_b + M_0 - R_A x = 0$$

$$\therefore\ M_b = R_A x - M_0 = M_0\left(\frac{x}{L} - 1\right) \tag{e}$$

iii) 전단력과 굽힘 모멘트 선도

식 (d)로부터 전단력은 전 길이에 걸쳐 일정한 다음 값을 갖는 것을 알 수 있다.

$$V = \frac{M_0}{L}$$

굽힘 모멘트는 식 (e)에서 $x=0$일 때 $M_b = -M_0$, $x=L$일 때 $M_b = 0$이 된다. 그러므로 $x=0$에서 $x=L$까지 x의 1차 함수로 굽힘 모멘트가 감소함을 알 수 있다.

이상 모든 값을 표시하여 S.F.D와 B.M.D를 그리면 [그림 6-30]과 같다.

2) 임의의 위치에 우력이 작용할 경우

반력 결정

i) 반력 결정

[그림 6-32]에서 임의의 C점 위치에 우력 M_0가 작용할 경우 반력 R_A와 R_B는 힘과 모멘트 평형조건식을 적용하여 구한다.

$$\Sigma F_y = 0 \; ; \uparrow_+, \quad R_A + R_B = 0$$

$$\therefore \; R_A = -R_B \qquad \text{(a)}$$

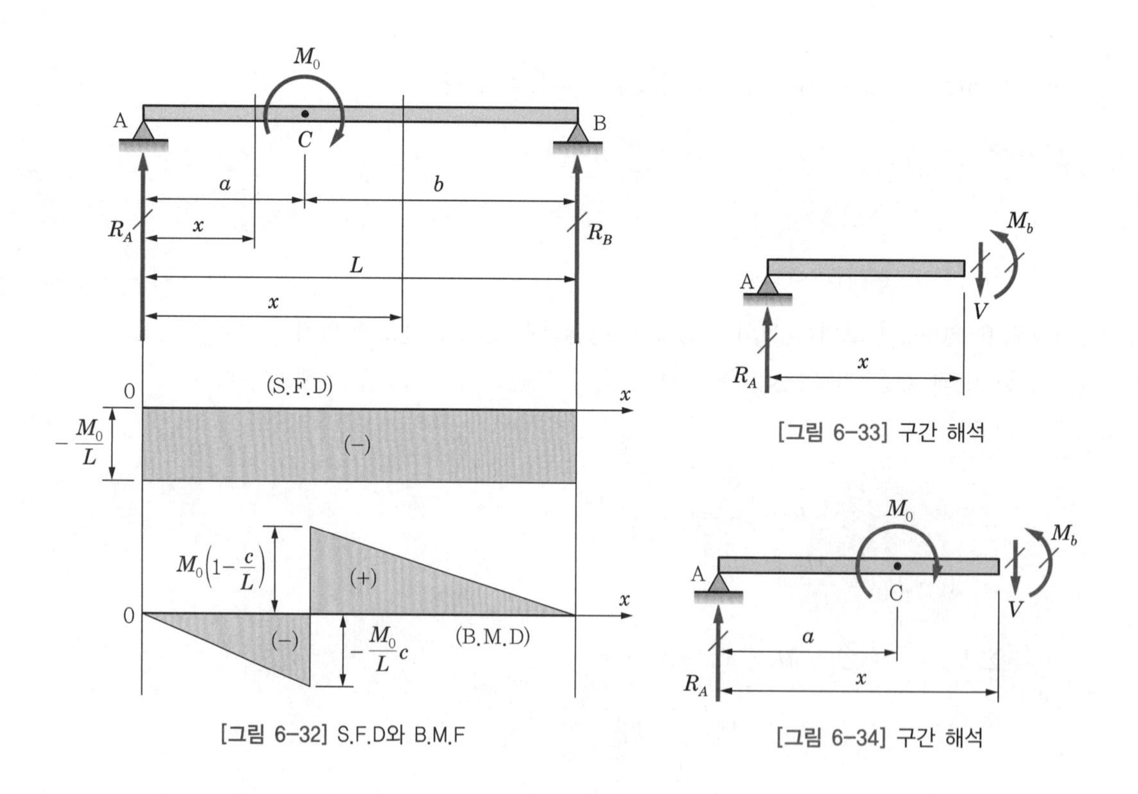

[그림 6-32] S.F.D와 B.M.F

[그림 6-33] 구간 해석

[그림 6-34] 구간 해석

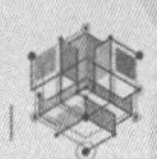

$$\sum M_B = 0 \; ; \circlearrowleft +, \quad -R_A L - M_0 = 0$$

$$\therefore \; R_A = -\frac{M_0}{L} \tag{b}$$

식 (b)를 식 (a)에 대입하면 나머지 R_B를 구할 수 있다.

$$R_B = \frac{M_0}{L} \tag{c}$$

ii) 전단력 및 굽힘 모멘트 방정식

[그림 6-32]에서 보의 구간을 AC와 CB로 나누어 생각해보자. 이때 구간 x가 AC일 경우, 자유물체도(F.B.D)를 나타내면 [그림 6-33]과 같고, CB 구간의 자유물체도(F.B.D)는 [그림 6-34]가 된다. 따라서 [그림 6-33, 6-34]에 힘과 모멘트 평형식을 적용할 경우 다음과 같이 된다.

• 구간 $0 < x < c$: [그림 6-33]에서 전단력과 굽힘 모멘트 식

$$\sum F_y = 0 \; ; \uparrow +, \quad R_A - V = 0$$

$$\therefore \; V = R_A = -\frac{M_0}{L} \tag{d}$$

$$\sum M_x = 0 \; ; \circlearrowleft +, \quad M_b - R_A x = 0$$

$$\therefore \; M_b = R_A x = -\frac{M_0}{L} x \tag{e}$$

• 구간 $c < x < L$: [그림 6-34]에서 전단력과 굽힘 모멘트 식

$$\sum F_y = 0 \; ; \uparrow +, \quad R_A - V = 0$$

$$\therefore \; V = R_A = -\frac{M_0}{L} \tag{f}$$

$$\sum M_x = 0 \; ; \circlearrowleft +, \quad M_b - M_0 - M_A x = 0$$

$$M_b = M_0 + R_A x = M_0 - \frac{M_0}{L} x$$

$$\therefore \; M_b = M_0 \left(1 - \frac{x}{L} \right) \tag{g}$$

iii) 전단력 선도(S.F.D)와 굽힘 모멘트 선도(B.M.D)

식 (d)와 (e)에서 보듯이 보의 전 길이에 걸쳐 전단력이 $-\dfrac{M_0}{L}$로 일정하고, 굽힘 모멘트의 경우, 구간 AC에서 $x=0$일 때 $M_b=0$, $x=c$일 때 $M_b=-\dfrac{M_0}{L}c$가 된다. 그리고 구간 CB에서는 $x=c$일 때 $M_b=M_0\left(1-\dfrac{c}{L}\right)$, $x=L$일 때 $M_b=0$이다.

이상의 모든 값들을 표시하여 S.F.D와 B.M.D를 그리면 [그림 6-32]와 같다.

예제 6.26

다음 그림과 같은 돌출보가 집중하중과 우력을 받고 있을 때 보에 발생하는 전단력과 굽힘 모멘트의 크기를 구하고 전단력 선도(S.F.D)와 굽힘 모멘트 선도(B.M.D)를 그려라.

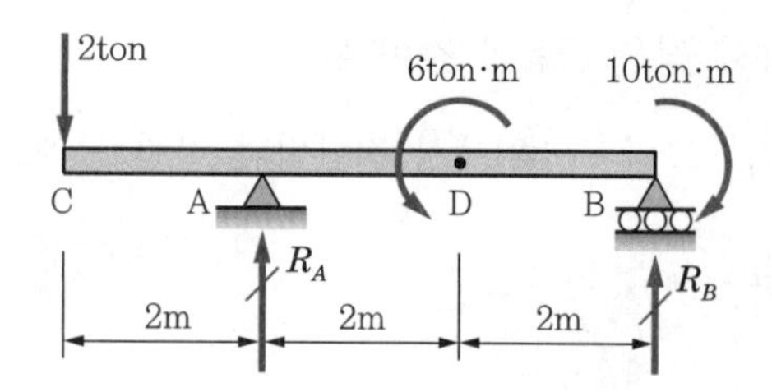

풀이 i) 반력 결정

ΣM at $\mathrm{B}=0$; ⊕, $2\times 6-R_A\times 4+6-10=0$

$\rightarrow R_A=\dfrac{12+6-10}{4}=2\text{ton}$

또 $\Sigma F_y=0$; ↑+, $R_A+R_B-2=0 \rightarrow R_B=2-2=0\text{ton}$

ii) 구간 해석

① $0<x<2\text{m}$ 구간

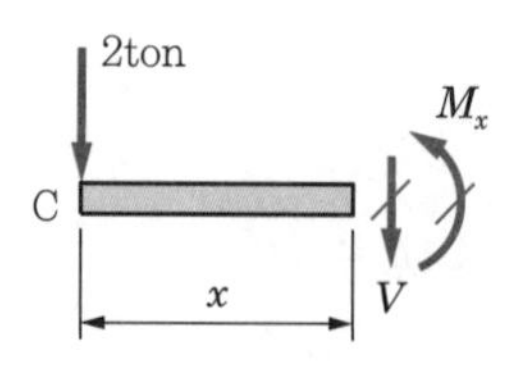

$\Sigma F_y=0$; ↑+, $-2-V=0 \rightarrow V=-2\text{ton}$(일정)

ΣM at $\mathrm{B}=0$; ⊕, $2x+M_x=0 \rightarrow M_x=-2x$($x$의 1차 함수)

$\therefore$ $x=0$일 때 $\left.M_b\right)_{x=0}=0$

$x=2\text{m}$일 때 $\left.M_b\right)_{x=2\text{m}}=-2\times 2=-4\text{ton}\cdot\text{m}$

② $2 < x < 4$m 구간

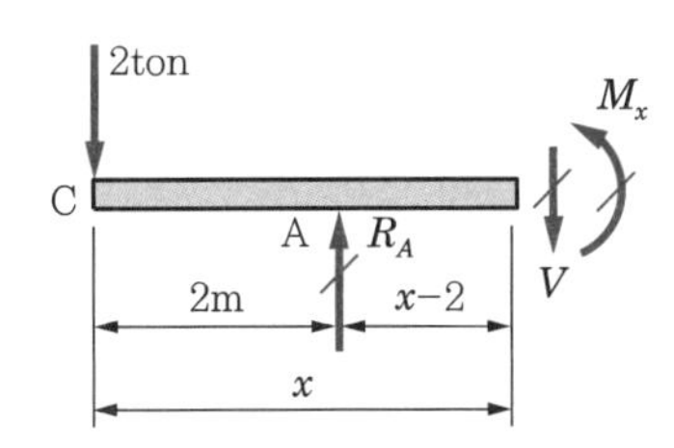

$\sum F_y = 0\ ;\uparrow+,\ -2 + R_A - V = 0 \rightarrow V = R_A - 2 = 2 - 2 = 0$

$\sum M$ at $x = 0\ ;\ \oplus,\ 2x - R_A(x-2) + M_x = 0$

$\rightarrow M_x = R_A(x-2) - 2x = 2(x-2) - 2x = -4\text{ton}\cdot\text{m}$(일정)

③ $4 < x < 6$m 구간

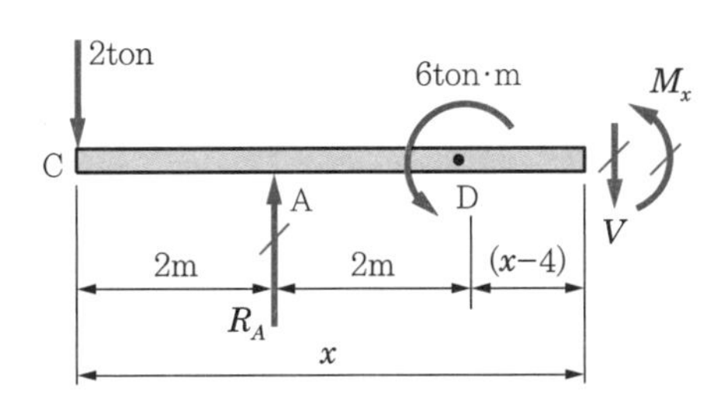

$\sum F_y = 0\ ;\uparrow+,\ -2 + R_A - V = 0 \rightarrow V = R_A - 2 = 2 - 2 = 0$

$\sum M$ at $x = 0\ ;\ \oplus,\ 2x + 6 - R_A(x-2) + M_x = 0$

$\rightarrow M_x = R_A(x-2) - 2x - 6 = 2(x-2) - 2x - 6 = -4 - 6$

$= -10\text{ton}\cdot\text{m}$(일정)

따라서 S.F.D와 B.M.D를 그리면 다음 그림과 같다.

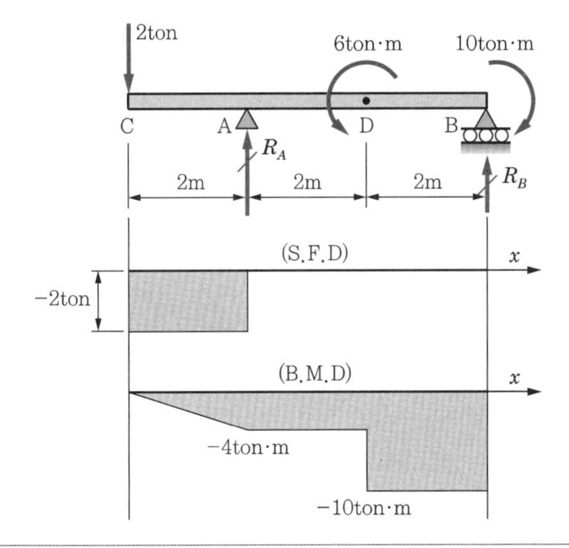

예제 6.27

다음과 같은 돌출보의 하중과 우력상태에서 지점의 반력을 결정하고 보에 발생하는 전단력과 굽힘 모멘트를 구하여 S.F.D와 B.M.D를 도시하여라.

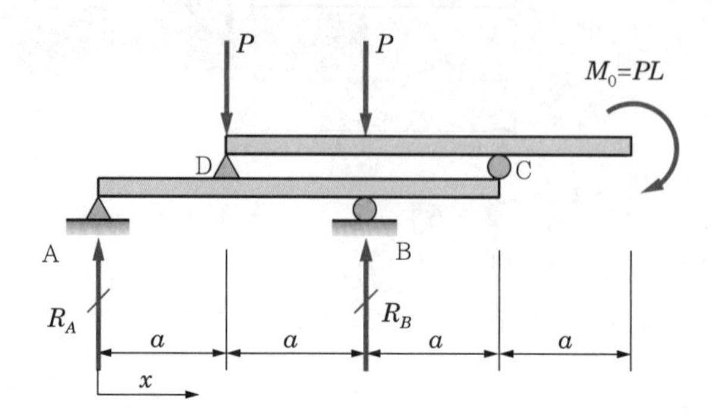

풀이 다음 그림과 같이 자유물체도(F.B.D)를 그릴 수 있고, 이 F.B.D로부터 지점반력 그리고 구간별 전단력과 굽힘 모멘트는 다음과 같다.

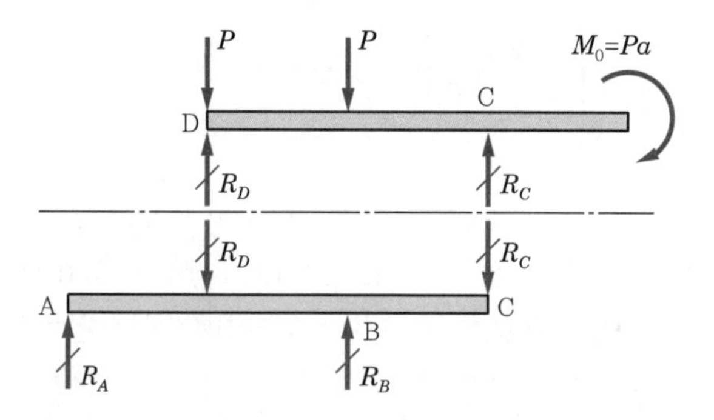

i) 반력 결정

위쪽 자유물체도에서

$\sum M$ at D $= 0$; ⊕, $R_c \times 2a - M_0 - Pa = 0 \rightarrow R_C = P$

또 $\sum F_y = 0$; ↑+, $R_D + R_C - P - P = 0 \rightarrow R_D = 2P - R_C = P$

아래쪽 자유물체도로부터

$\sum M$ at A $= 0$; ⊕, $+R_B \times 2a - R_C \times 3a - R_D \times a = 0$

$\rightarrow R_B = 2P$

또 $\sum F_y = 0$; ↑+, $R_A + R_B - R_D - R_C = 0$

$\rightarrow R_A = R_D + R_C - R_B = P + P - 2P = 0$

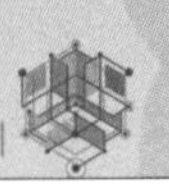

ii) 구간 해석

① $0 < x < a$ 구간

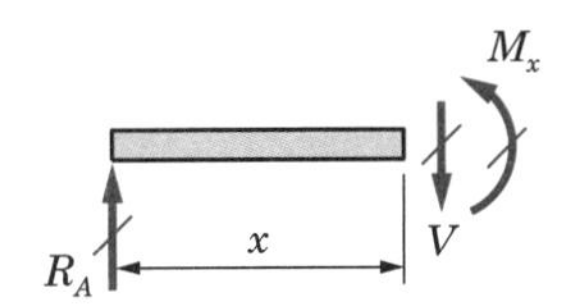

$\sum F_y = 0$; ↑+, $R_A - V = 0$

→ $V = R_A = 0$(이 구간에서 전단력이 없다)

$\sum M$ at $x = 0$; ⊕, $-R_B x + M_x = 0$

→ $M_x = R_A x = 0$(이 구간에서 굽힘 모멘트는 없다)

② $a < x < 2a$ 구간

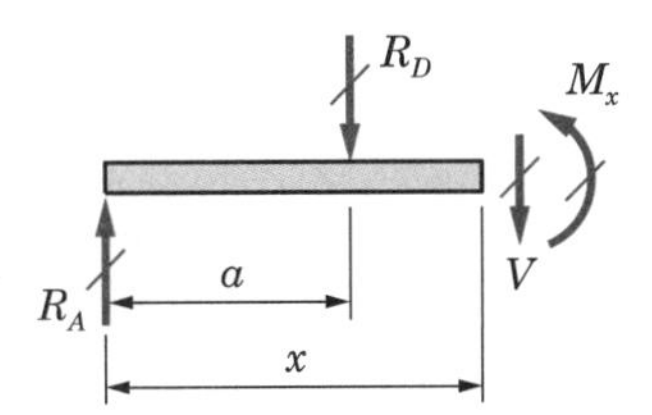

$\sum F_y = 0$; ↑+, $R_A - R_D - V = 0$ → $V = -R_D = -P$(일정)

$\sum M$ at $x = 0$; ⊕, $-R_A x + R_D(x-a) + M_x = 0$

→ $M_x = R_A x - R_D(x-a) = -R_D(x-a)$ (x의 1차 함수)

∴ $x = a$일 때 $M_b)_{x=a} = 0$,

$x = 2a$일 때 $M_b)_{x=2a} = -P(2a-a) = -Pa$

③ $2a < x < 3a$ 구간

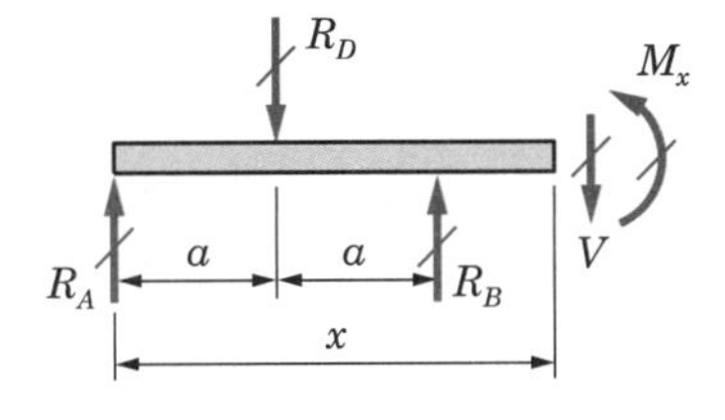

$\sum F_y = 0$; ↑+, $R_A - R_D + R_B - V = 0$

→ $V = R_A - R_D + R_B = -P + 2P = P$(일정)

$\sum M$ at $x = 0$; ⊕,

$-R_A x + R_D(x-a) - R_B(x-2a) + M_x = 0$

$$\rightarrow M_x = R_A x - R_D(x-a) + R_B(x-2a)$$
$$= -P(x-a) + 2P(x-2a) \quad (x\text{의 1차 함수})$$

$\therefore$ $x = 2a$일 때 $M_b)_{x=2a} = -P(2a-a) = -Pa$

$x = 3a$일 때

$$M_b)_{x=3a} = -P(3a-a) + 2P(3a-2a) = -2Pa + 2Pa = 0$$

따라서 S.F.D와 B.M.D는 다음 그림과 같다.

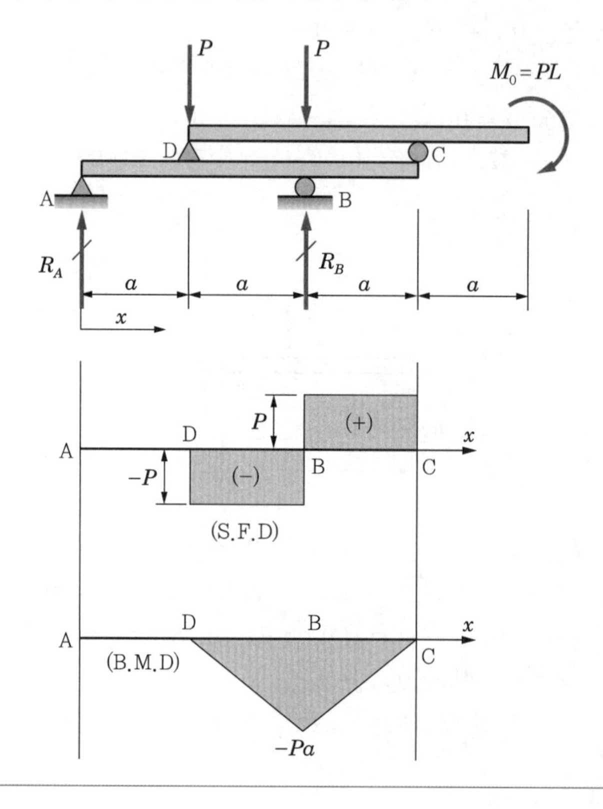

예제 6.28

다음 그림과 같이 길이가 $L = 10\text{m}$인 단순보의 A단에 우력 M_0가 작용할 때 이 보의 전단력의 크기와 모멘트의 크기를 결정하고 S.F.D와 B.M.D를 그려라.

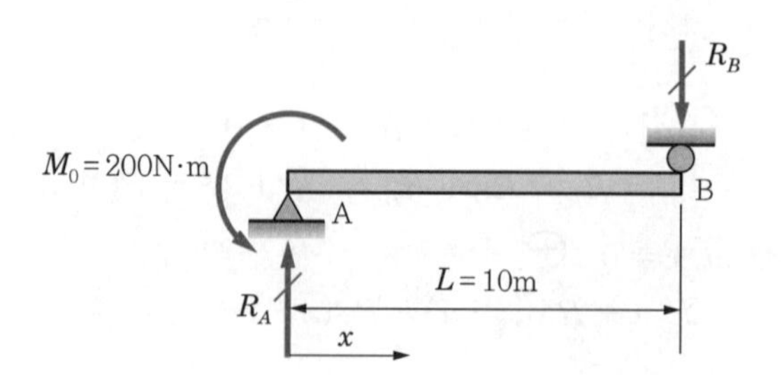

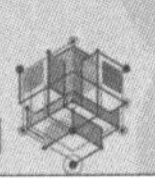

풀이 i) 반력 결정

$\sum M \text{ at B} = 0$; ⊕, $-R_A \times 10 + M_0 = 0$

$\rightarrow R_A = \dfrac{M_0}{10} = \dfrac{200}{10} = 20\text{N}$

또 $\sum F_y = 0$; ↑+, $R_A - R_B = 0 \rightarrow R_B = R_A = 20\text{N}$

ii) 구간 해석

$0 < x < 10\text{m}$ 구간

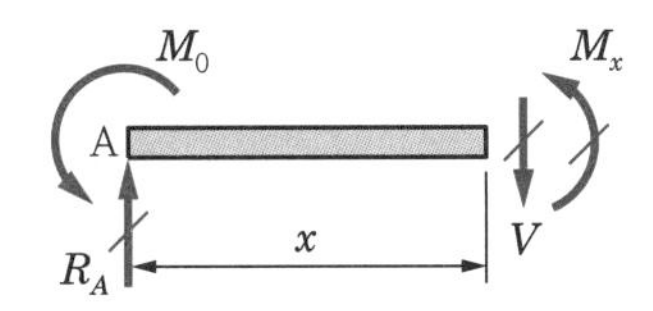

$\sum F_y = 0$; ↑+, $R_A - V = 0 \rightarrow V = R_A = 20\text{N}$ (일정)

$\sum M \text{ at } x = 0$; ⊕, $M_0 - R_A x + M_x = 0$

$\rightarrow M_x = R_A x - M_0 = 20 - 200$ (x의 1차 함수)

$\therefore\ x = 0$일 때 $M_b)_{x=0} = -200\text{N}\cdot\text{m}$,

$x = 10\text{m}$일 때 $M_b)_{x=10\text{m}} = 0$

따라서 S.F.D와 B.M.D를 그리면 다음 그림과 같다.

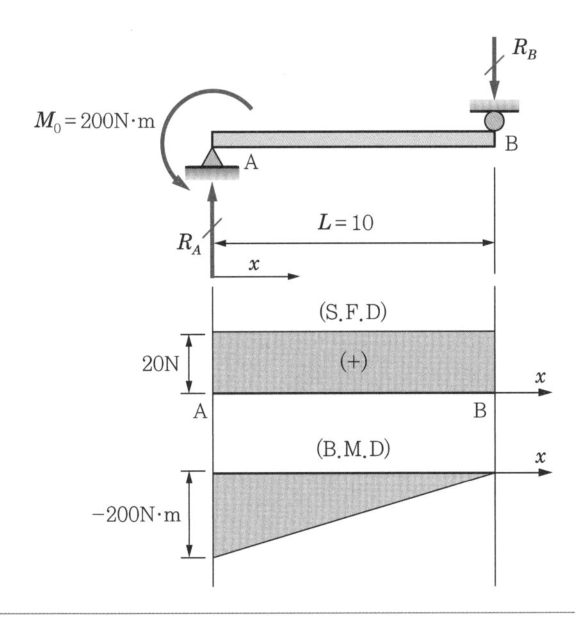

기초연습문제

01 다음 그림과 같은 단순보에서 A, B지점의 수직반력을 구하면?

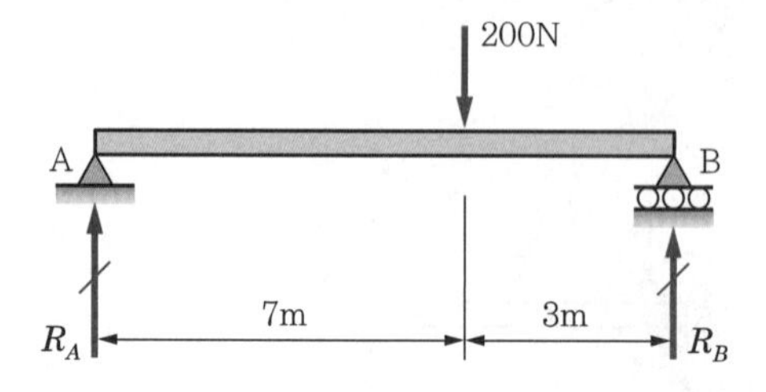

02 다음 그림과 같은 단순보에서 A지점에서의 수평반력 H_A의 크기는?

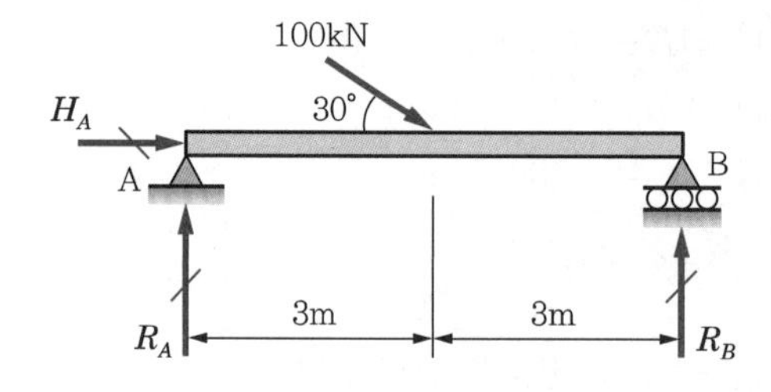

03 다음 그림과 같이 단순보의 중앙에 집중하중이 작용할 때 중앙점에서의 굽힘 모멘트의 크기는? 단, 보의 길이 $L = 10\text{m}$이다.

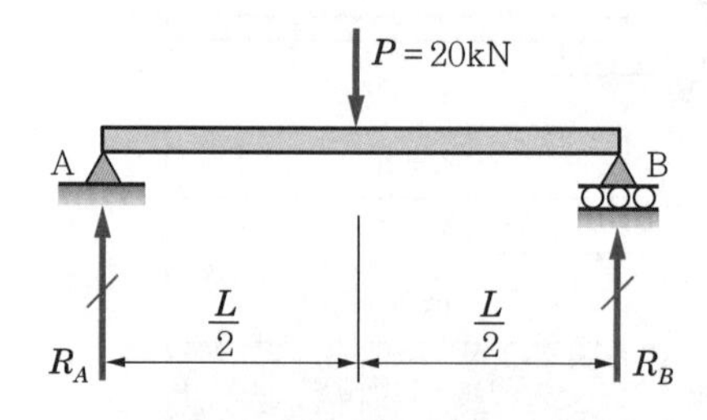

04 다음 그림의 단순보에서 B점 반력이 $R_B = 40\text{kN}$일 때 100kN의 하중이 가하는 위치 x는 A지점으로부터 어느 곳에 있는가?

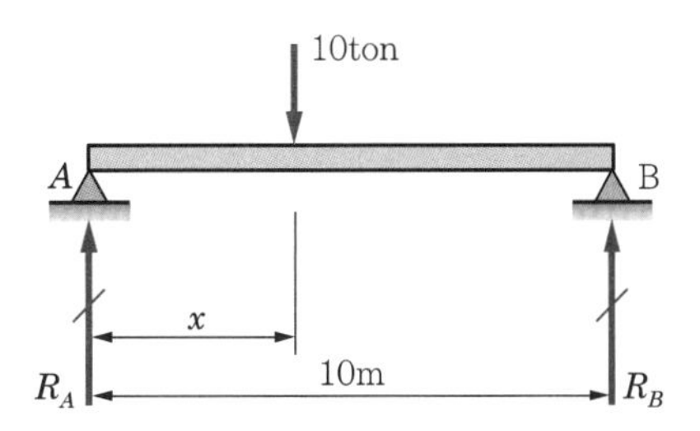

05 단순보의 전 구간에 등분포하중이 작용할 때 양 지점의 반력이 2,000N이었다. 등분포하중의 크기는 몇 N/m인가? 단, $L=15$m이다.

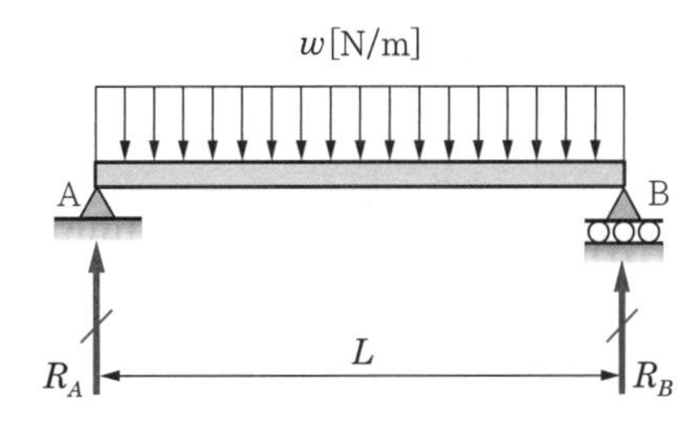

06 다음 그림과 같은 돌출보에서 A점의 반력 R_A는?

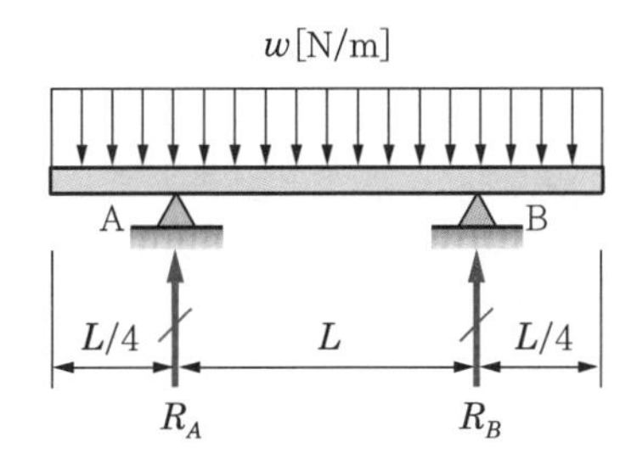

07 다음 그림과 같은 분포하중의 경우 양 지점의 반력 R_A, R_B를 구하라.

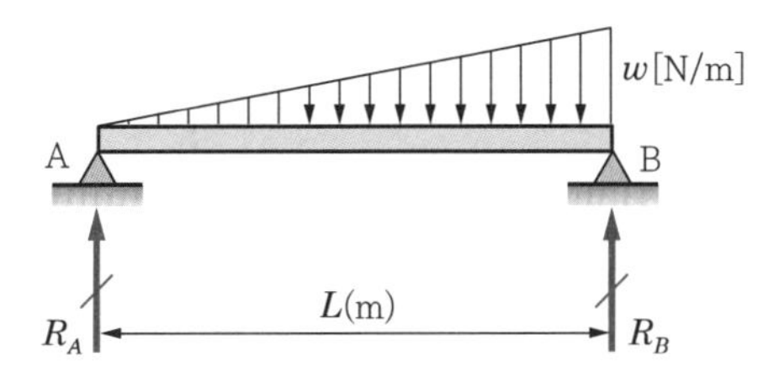

08 다음 그림과 같은 단순보에서 B점의 반력 R_B의 크기는?

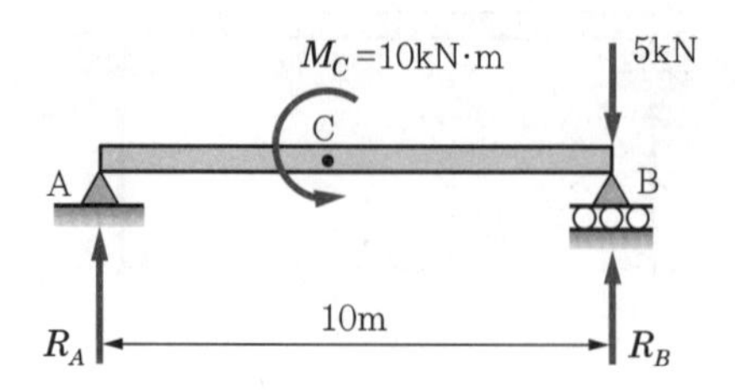

09 다음 그림과 같은 단순보에서 A지점의 반력 R_A는?

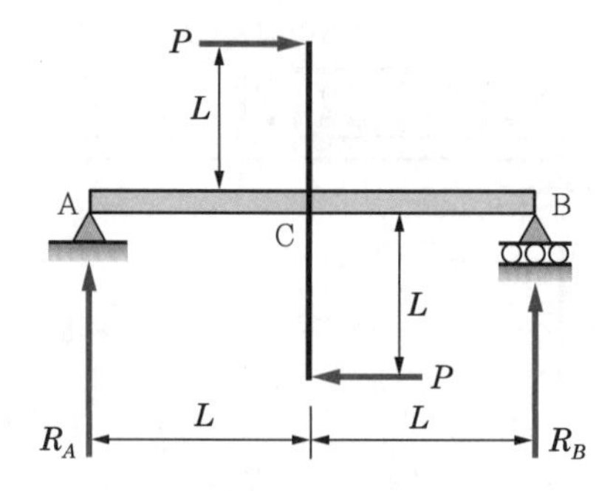

10 다음 그림과 같은 보의 경우 A점의 반력 R_A는?

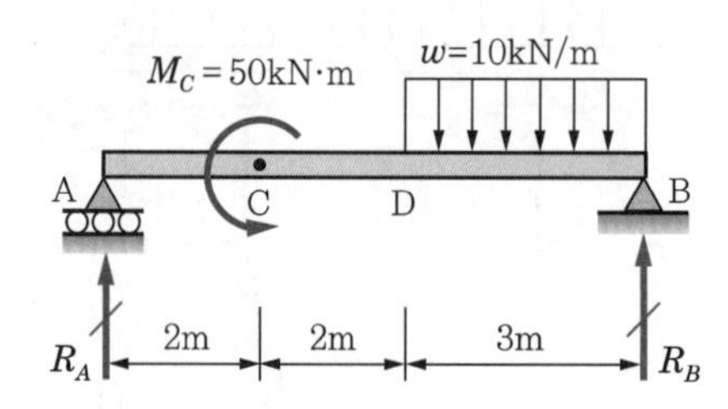

11 다음 그림과 같은 외팔보에서 A지점의 반력 R_A는 몇 kN인가?

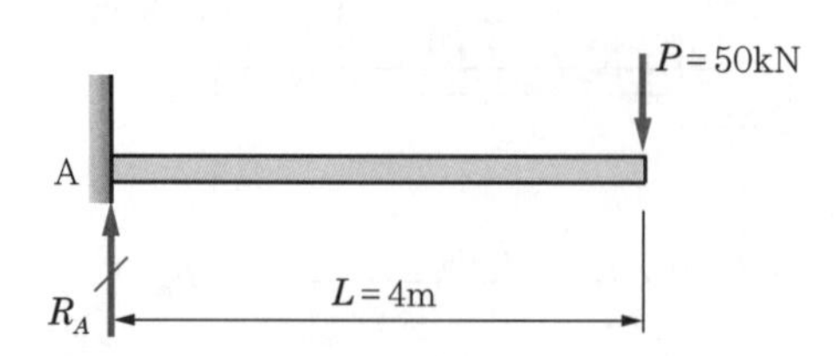

12 다음 그림과 같이 경사진 단순보 AB에서 B지점의 반력 R_B의 크기는? 또 B점의 보에 작용된 전단력은 몇 kN인가?

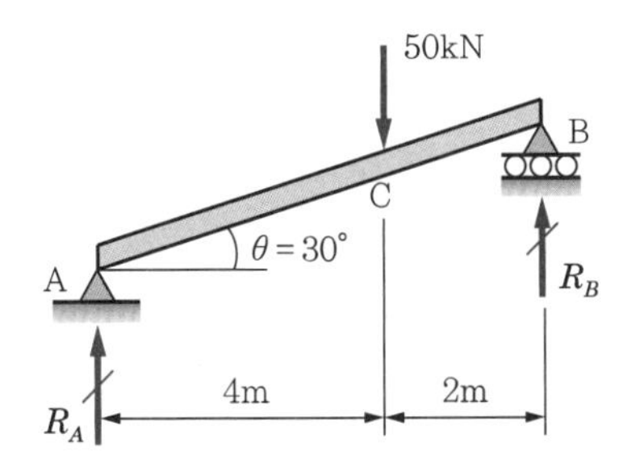

13 다음 그림과 같이 외팔보(캔틸레버보)의 끝단에 $\alpha = 30°$ 방향으로 하중 $P = 100$kN이 작용할 때 보의 m점에 작용하는 전단력은?

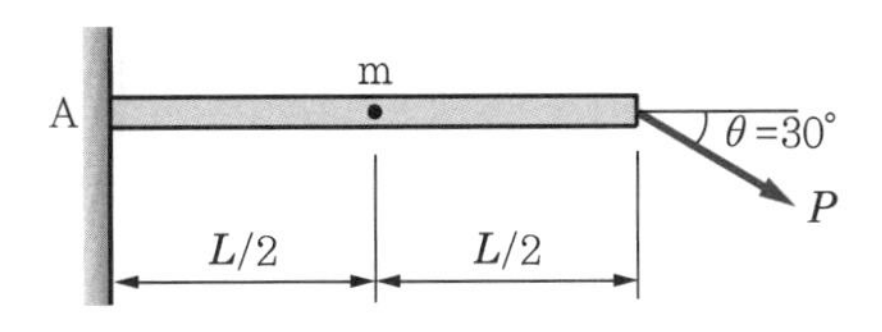

14 다음과 같은 축력이 작용할 경우 보의 m점에서 받는 축력은 몇 kN인가?

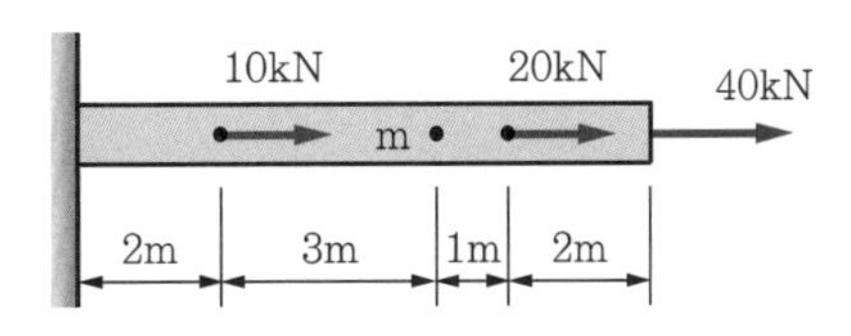

15 다음 그림과 같은 외팔보의 하중상태에서 고정단 B점의 굽힘 모멘트 M_B는?

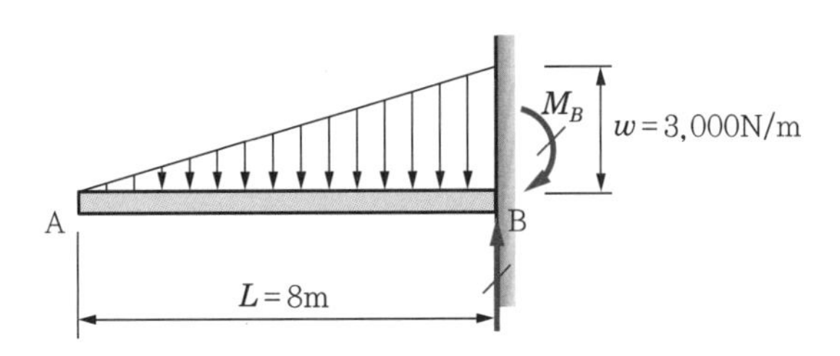

16 다음 그림과 같은 구조물에서 A점에 작용된 수직반력과 수평반력은?

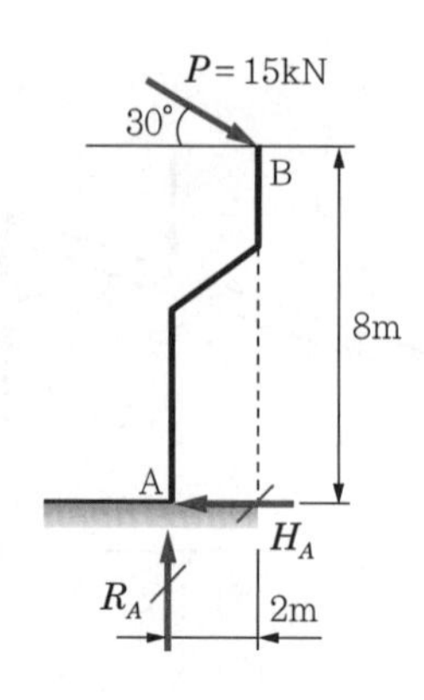

17 다음 그림과 같은 하중상태의 돌출보에서 A지점의 반력 R_A는?

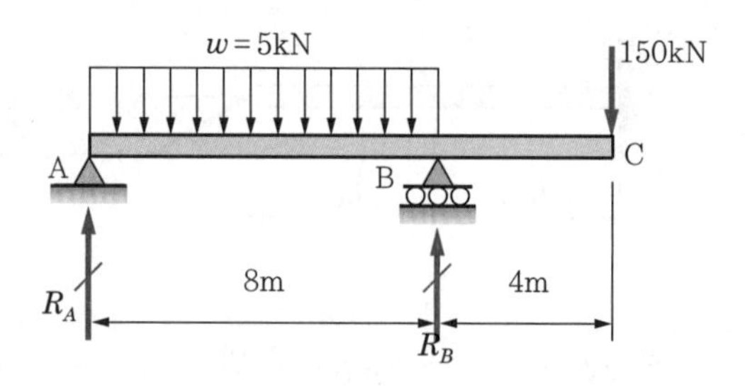

18 다음 그림과 같은 외팔보에서 A지점의 우력 모멘트의 크기는?

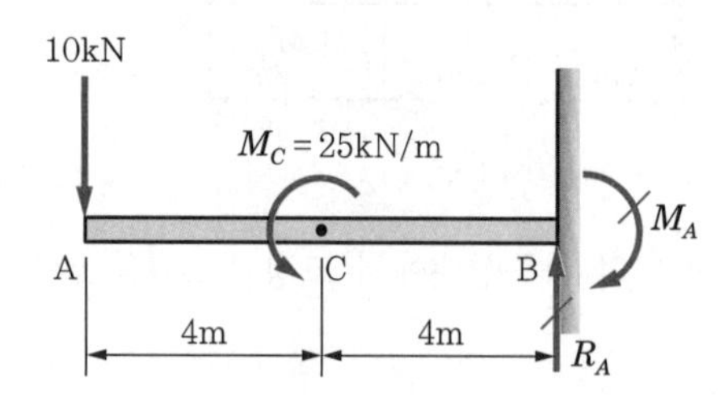

19 다음 그림과 같은 외팔보의 하중상태에서 고정단 A점의 반력 R_A는?

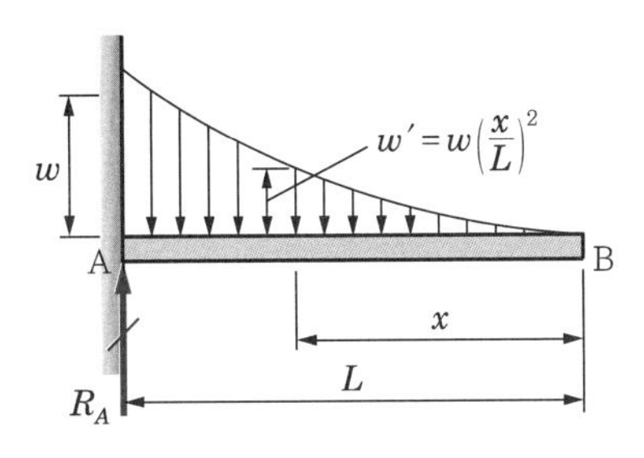

20 다음 그림과 같은 보에서 C점에서의 전단력의 크기는?

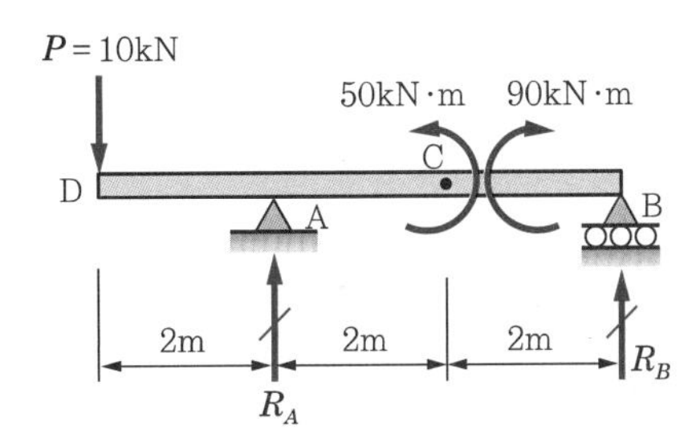

21 양단이 돌출된 보에서 그림과 같이 균일 분포하중이 작용할 때 AB 구간의 C점의 전단력은?

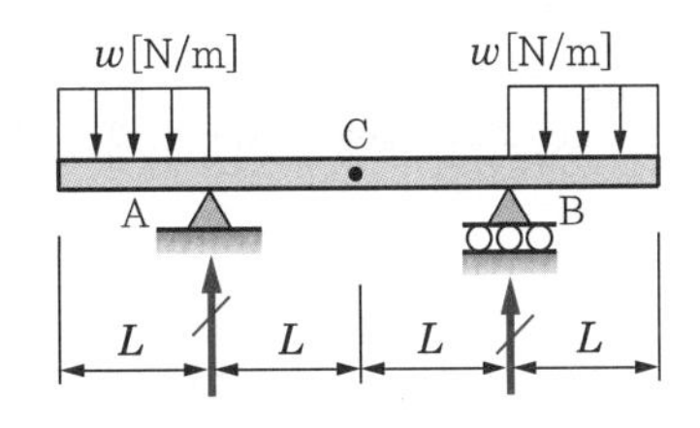

22 다음 그림과 같은 외팔보에서 전단력 선도(S.F.D)와 굽힘 모멘트 선도(B.M.D)를 그리면?

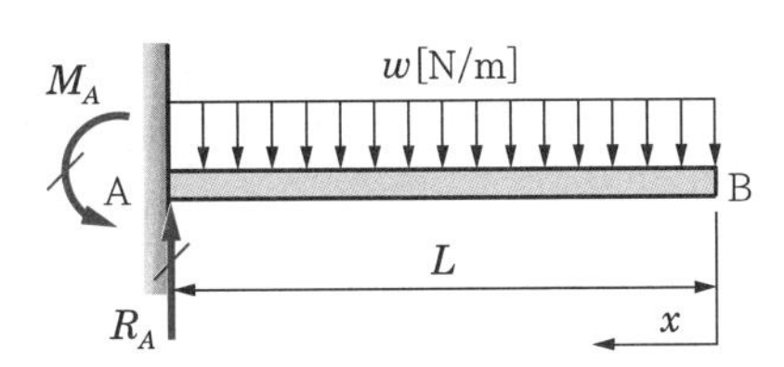

23 다음 그림과 같은 구조물의 경우 C점에서의 연직반력이 하중 P의 2배가 되려면 a/b의 비는?

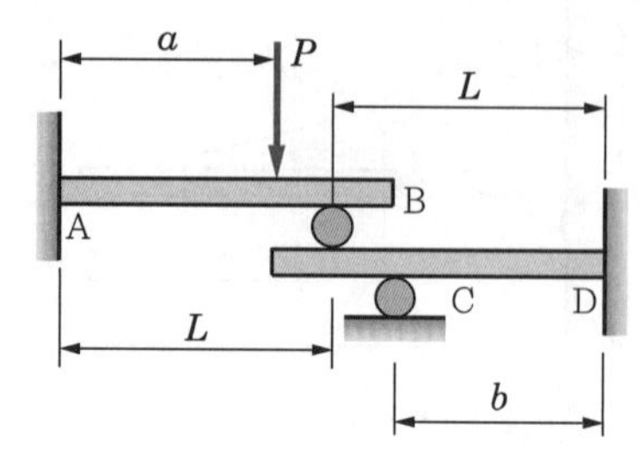

24 다음 그림과 같이 3활절 포물선 아치에 등분포하중 w[kN/m]가 작용할 때 A지점의 수평반력 H_A의 크기는? 단, C는 힌지 지점이다.

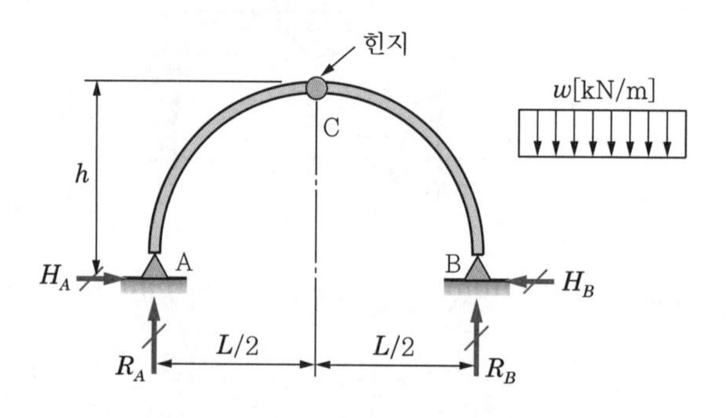

25 다음 그림과 같은 트러스(Truss) 구조물에서 AC 부재에 발생하는 F_{AC}는 몇 kN인가?

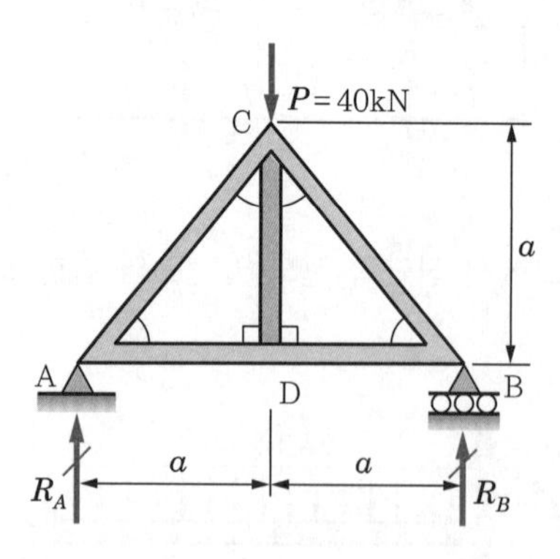

26 다음 그림과 같은 전단력 선도(S.F.D)를 얻었다. 등분포하중이 작용하는 곳과 그 크기를 구하면 몇 kN/m인가 ?

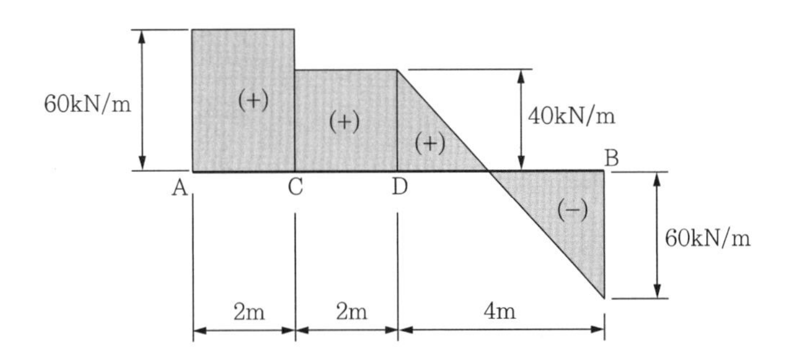

27 그림과 같이 양지점 AB에 모멘트 M_0와 $2M_0$가 작용할 경우 반력 R_A와 보의 임의의 단면 C점의 모멘트 M_C의 크기는?

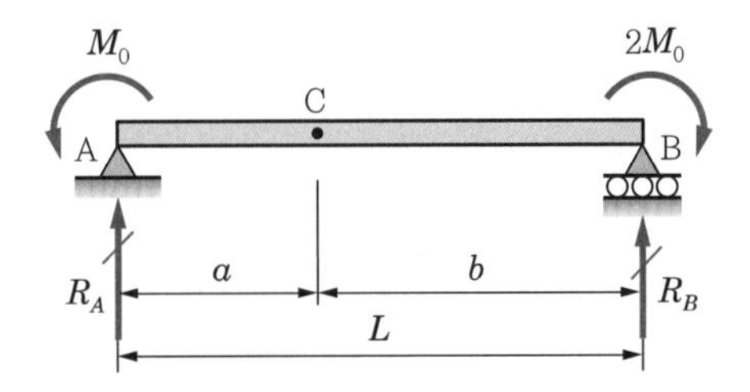

28 다음 그림과 같이 보의 한 점에 $M_0=200\text{kN}\cdot\text{m}$로 작용할 때 보에 작용되는 전단력의 크기와 굽힘 모멘트 선도를 그리면?

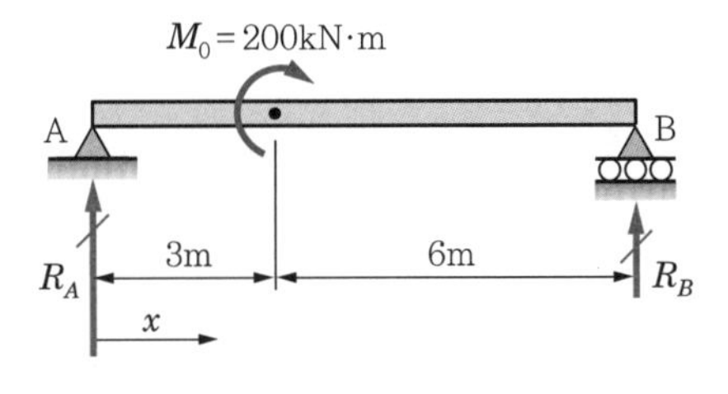

29 다음 그림과 같은 보에서 중앙점의 굽힘 모멘트 M_C는?

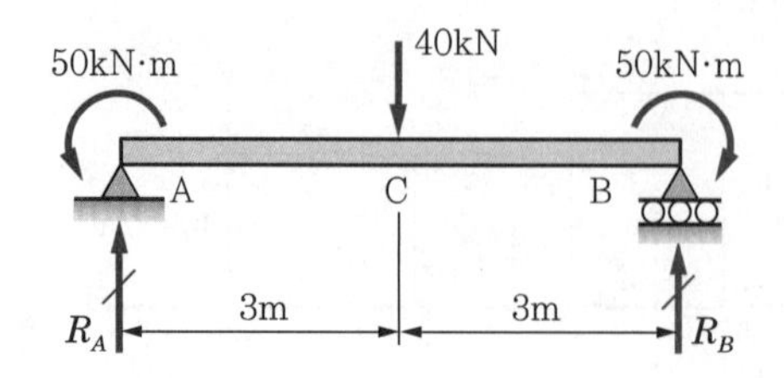

30 다음 그림과 같은 겔버보에서 G점의 반력과 B점에서의 우력 모멘트의 크기는?

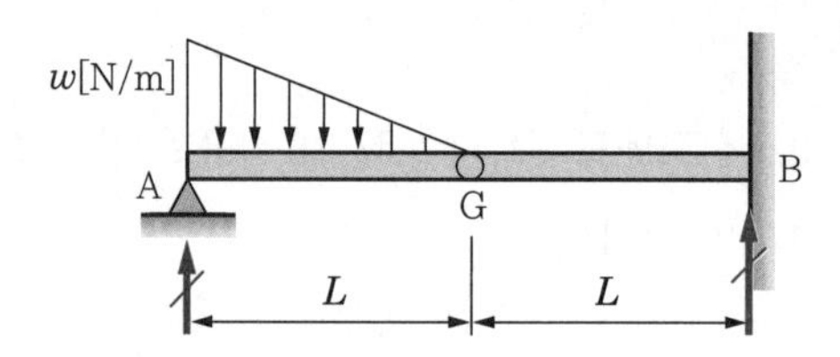

31 다음 그림과 같은 단순보에서 삼각 등변분포하중을 받을 때 최대 굽힘 모멘트가 발생하는 점은 지점 A로부터 몇 m에 있나?

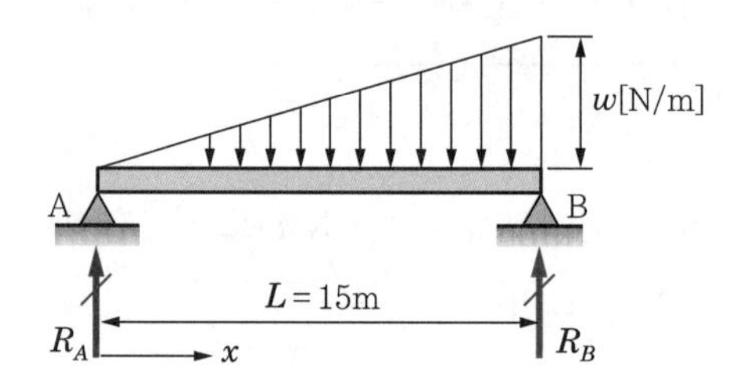

32 다음 그림과 같은 단순보에서 축방향 전단력선도를 그리면?

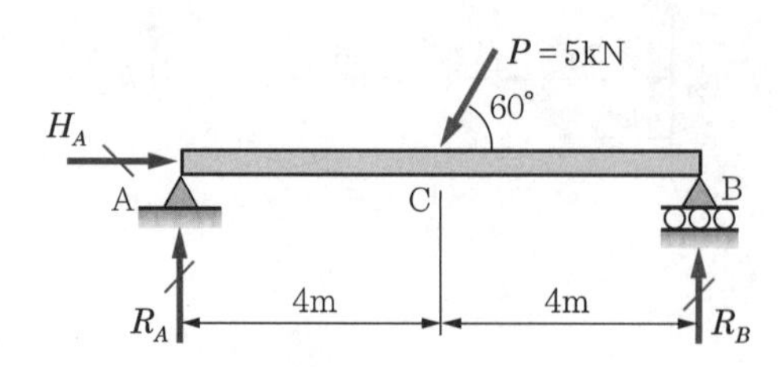

33 다음 그림과 같은 단순보에 중앙점의 굽힘 모멘트의 크기는?

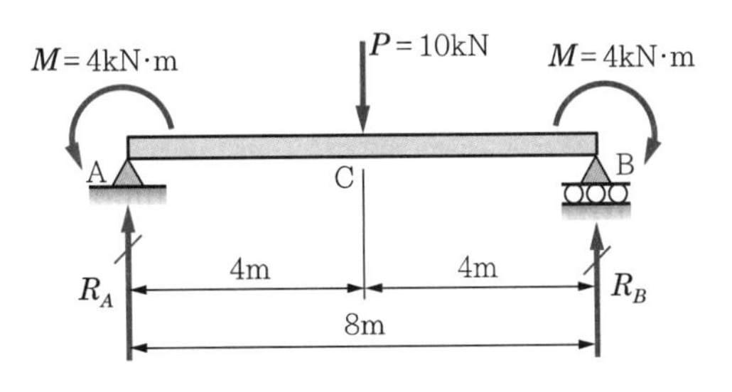

응용연습문제

Mechanics of Materials

01 다음 그림과 같은 구조물에서 E점에 10kN의 물체를 매달 때 AC 및 BD 부재에서 받는 힘의 크기는?

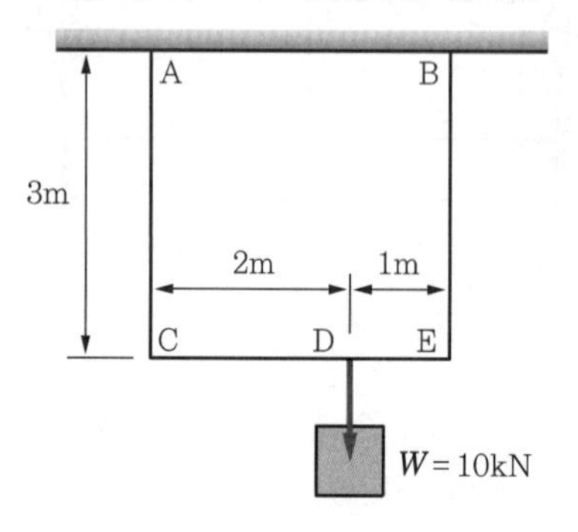

02 다음 그림과 같은 단순보에서 등분포하중이 C점과 D점 사이에 작용할 경우 반력 R_A와 R_B의 크기는?

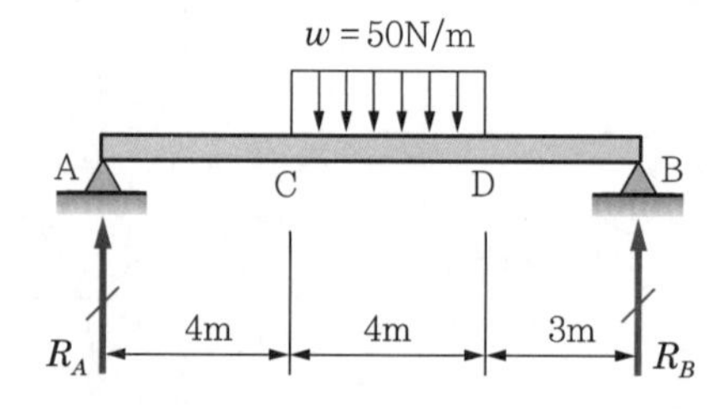

03 다음 그림과 같이 보의 양 지점에 모멘트 M_A와 M_C가 작용할 때 지점의 반력 R_A와 R_B를 구하라.

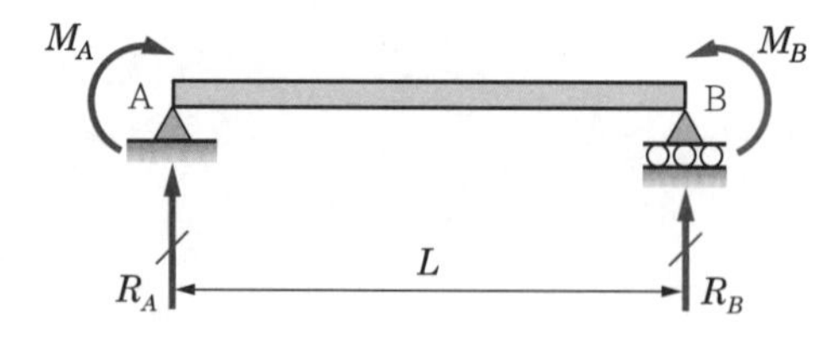

04 다음 그림과 같은 캔틸레버보에서 m점의 굽힘 모멘트 M_m 의 크기는?

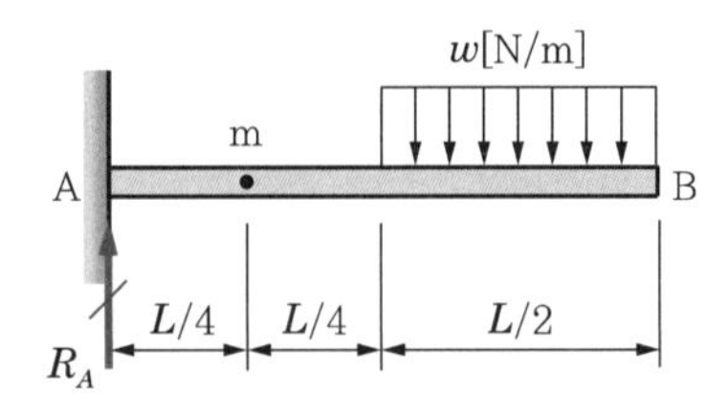

05 다음 그림과 같은 등분포하중 $w = 20\text{kN/m}$를 받는 단순보에서 최대 굽힘 모멘트(bending moment) $M_{\max}$은?

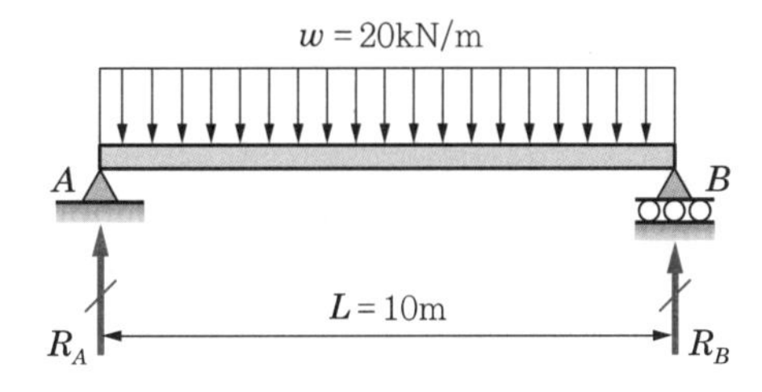

06 다음과 같은 반경이 R인 반원의 양 끝단에 하중 P가 작용할 때 재료의 굽힘 모멘트의 크기와 전단력의 크기는?

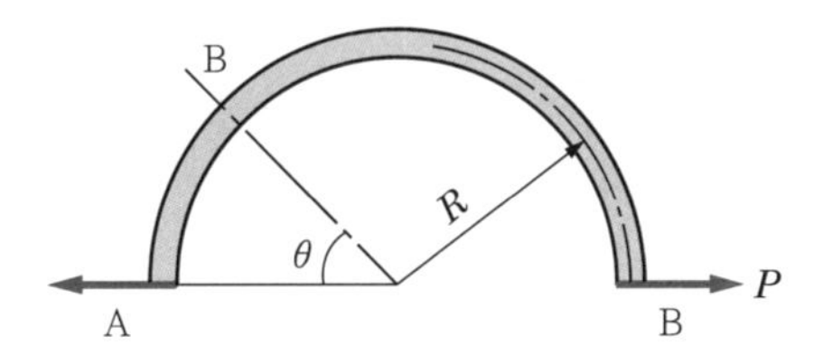

07 다음 그림과 같은 보에서 지점 B에서의 반력이 $R_B = 3P$일 때 하중 $3P$의 위치 x는?

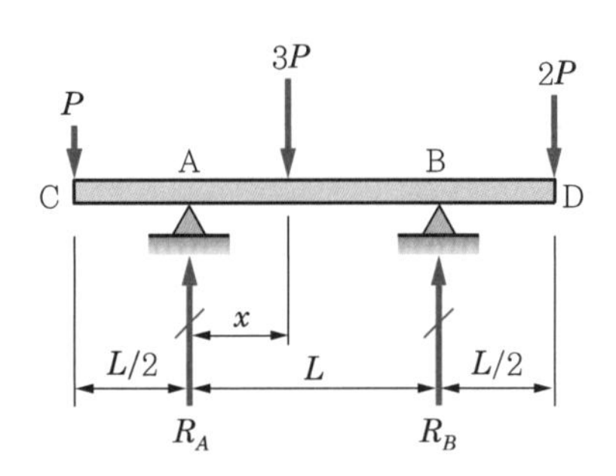

08 다음 그림에서 A지점의 수평반력 H_A의 크기는? 단, A, B, C는 힌지 지점이다.

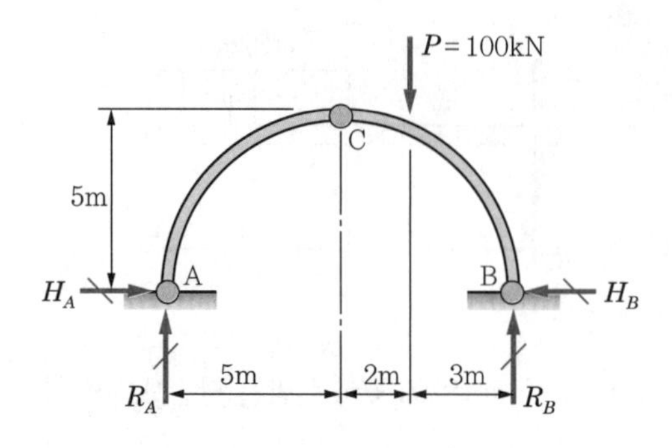

09 다음 그림과 같은 트러스에서 CD 부재의 부재력 F_{CD}는?

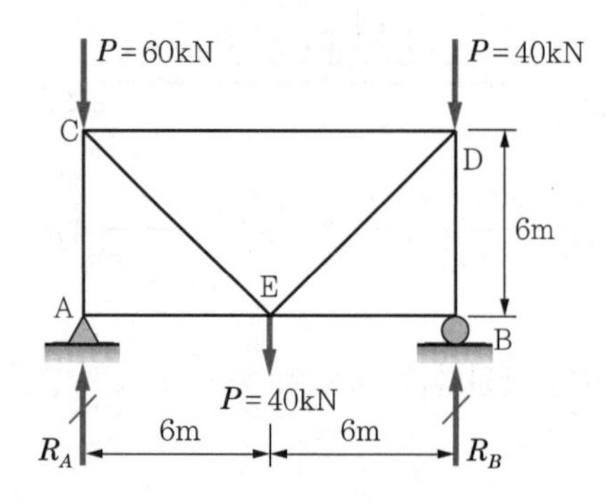

10 다음 그림과 같이 보의 C점에 우력 $P \times h$의 작용을 받는 경우 C점의 전단력 V와 굽힘 모멘트 선도(B.M.D)를 그려라.

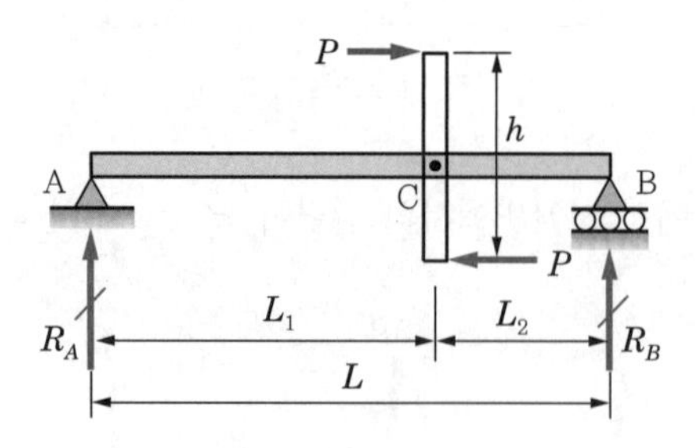

Mechanics of Materials

제 7 장

보의 응력

7.1 보의 굽힘응력

1 순수굽힘과 휨변형률

(1) 순수굽힘

순수굽힘(pure bending)

불균일 굽힘

휨변형률과 응력을 살펴보기 전에 순수굽힘(pure bending)과 불균일 굽힘의 차이를 먼저 살펴보자. 순수굽힘이란 전단력이 0을 의미하는 일정한 굽힘$\left(\dfrac{dM}{dx}=V=0\right)$ 하에서의 보의 힘을 말하며, 반대로 불균일 굽힘이란 보의 축으로 이동함에 따라 전단력이 존재하여 굽힘 모멘트가 변화하는 힘을 의미한다.

이러한 정의를 설명하기 위하여 [그림 7-1]을 생각해보자. 두 하중 P가 대칭으로 작용하는 단순보에서 전단력 선도(S.F.D)와 굽힘 모멘트 선도(B.M.D)를 계산하여 표시하면 [그림 7-1]과 같다. 이때 두 하중 사이의 간격 CD는 전단력은 없고 굽힘 모멘트는 Pa로 일정하게 작용하고 있다. 따라서 이 중앙구간 CD는 순수굽힘 상태에 있다고 한다. 또 이 보의 양쪽 끝 부근의 길이 a 구간은 불균일 굽힘상태가 된다. 이렇게 순수굽힘은 어떤 하중을 받아 보 내의 굽힘응력이 일정하고 전단력이 존재하지 않는 구역을 말하며, [그림 7-2]와 같이 우력을 받아 순수굽힘 상태가 되는 경우도 있다.

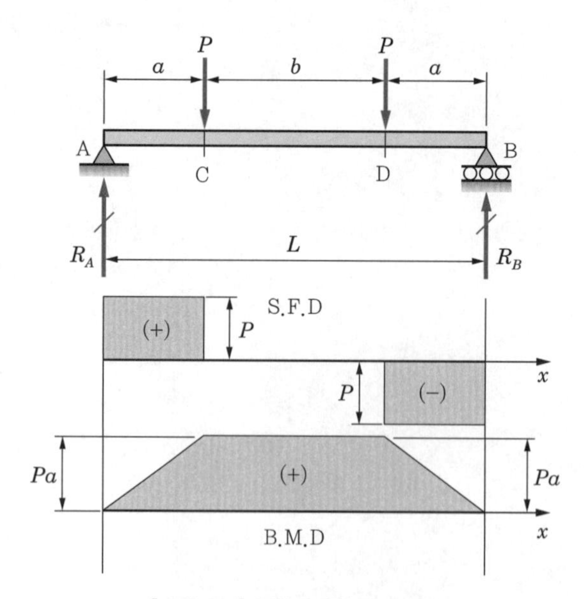

[그림 7-1] 중앙구간의 순수굽힘

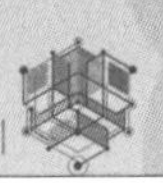

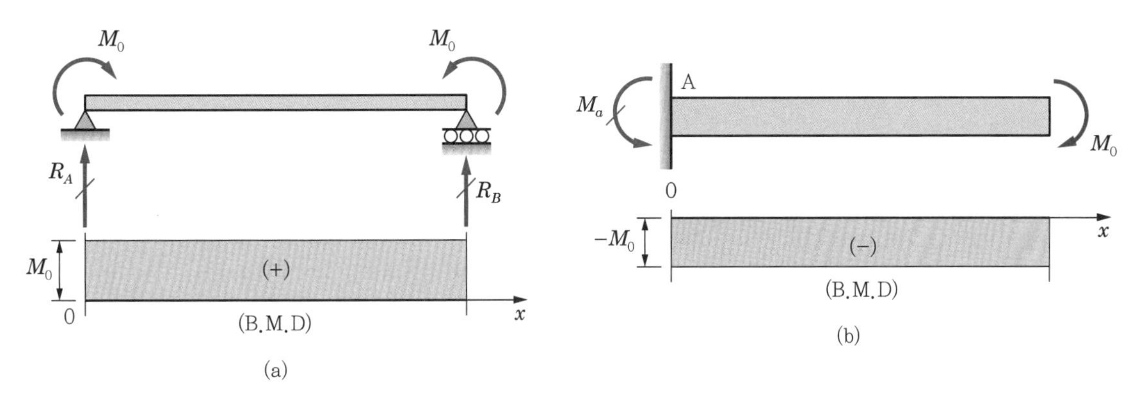

[그림 7-2] 순수굽힘

(2) 보의 휨변형률

처짐곡선(deflection curve)

[그림 7-3]과 같은 외팔보의 끝단에 하중 P가 작용할 때 보의 처짐곡선(deflection curve)으로 알려진 곡선을 따라 굽어진다. 이 처짐곡선 위의 두 점 m_1과 m_2를 생각해보자. 이때 m_1은 A점에서부터 처짐곡선상의 x점에 위치하고, m_2는 그 곡선을 따라 ds만큼의 위치에 있다. 각 점 m_1, m_2에 접선을 긋고 수직선을 내려서 만나는 점을 O′점이라 하면 O′점은 미소 처짐곡선 ds의 곡률 중심이 되고, 곡률반경을 ρ로 할 때 수학적 정의로부터 곡률 x는 다음 식과 같다.

곡률반경

$$x = \frac{1}{\rho} \qquad \text{(a)}$$

[그림 7-3]에서 ds는 기하학적으로 다음 식과 같다.

$$ds = \rho d\theta \qquad \text{(b)}$$

여기서, $d\theta$는 m_1과 m_2의 사잇각이다. 만약 보의 처짐이 대개의 경우와 같이 아주 작다면 곡선거리 ds는 dx와 같다고 해도 무방하다. 따라서 식 (a)와 (b)를 정리하면 다음 식과 같다.

$$x = \frac{1}{\rho} = \frac{d\theta}{dx} \qquad (7.1)$$

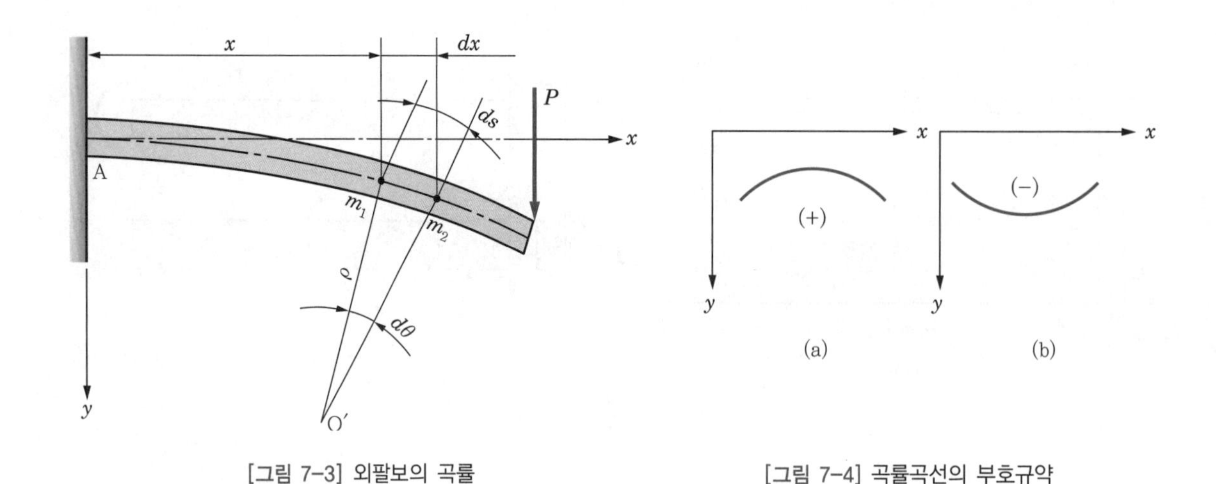

[그림 7-3] 외팔보의 곡률

[그림 7-4] 곡률곡선의 부호규약

곡률의 부호규약 (sign convention for curvature)

보의 곡률

다음에는 곡률의 부호규약(sign convention for curvature)에 대하여 규정지어 보자. [그림 7-4]에 나타낸 바와 같이 x축이 오른쪽으로 양(+)이고, y축이 아래쪽으로 양(+)이라고 하면, 보의 곡률은 보가 밑쪽으로 오목(위쪽으로 볼록)하게 굽어질 때 양(+)이고([그림 7-4(a)]), 위쪽으로 오목(아래로 볼록)하게 굽을 때 음(−)이다([그림 7-4(b)]). 그러나 이 부호규약을 선택하지 않고 좌표축의 방향으로 수학적 가정 하에 설정되기도 한다.

내부변형률

보 내의 내부변형률을 구하기 위해 곡률과 부호규약을 기준으로 [그림 7-5(a)]와 같이 우력 M_0를 받아 순수굽힘 상태에 있는 보의 일부 ab를 생각해보자.

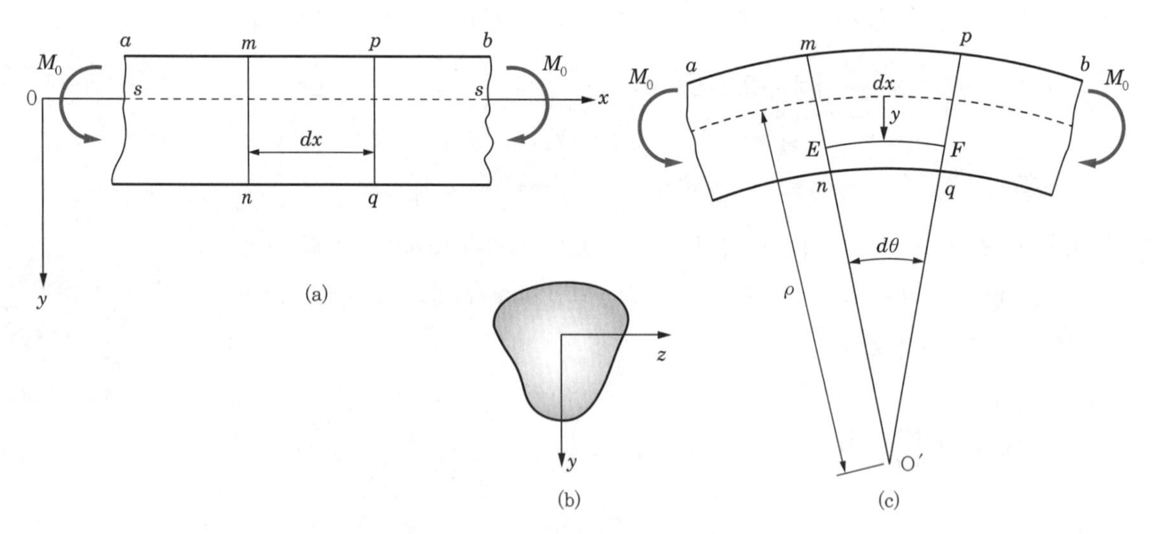

[그림 7-5] 우력 M_0에 의한 순수굽힘의 보

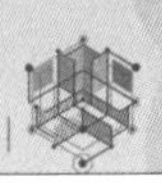

이때 보의 일부인 ab는 우력을 받아 [그림 7-5(c)]와 같이 양의 곡률을 일으킨 것으로 한다. 이 보는 원래 곧은 길이방향과 y축에 대칭인 모양을 지녔을 것이다. 그리고 보의 내부변형률을 알아보기 위하여 xy 평면에서 처지며, 미소요소 $mn-pq$는 이상적인 변형(처짐곡선이 원형을 의미)으로 가정하기로 한다. 또 보의 볼록면 위의 길이방향 섬유조직은 늘어나는 반면(인장), 오목면 위의 섬유조직은 수축(압축)된다.

[그림 7-5]에서 $s-s$선상의 면을 중립면(neutral surface)이라 부르고, 이 면과 어떤 단면과의 교선을 그 단면의 중립축(neutral axis)이라고 부른다. 즉 [그림 7-5(b)]에서 중립축은 z축이 된다. [그림 7-5(c)]와 같이 변형 후 보의 단면 mn과 pq의 연장선 교차점을 O′이라고 한다면 이 면의 사잇각은 $d\theta$로 놓을 수 있다. 이때 O′에서 중립면까지 거리를 곡률반경 ρ로 규정짓고, 중립면에서 y에 위치한 축방향 조직의 길이를 EF로 할 경우 이 EF의 길이는 다음과 같다.

중립면(neutral surface)

중립축(neutral axis)

$$\widehat{EF}=(\rho-y)d\theta \tag{c}$$

두 평면 사이(mn면과 pq면)의 초기거리 dx는 중립면에서 일정하고 $dx=\rho d\theta$이다. 따라서 식 (c)는

$$\widehat{EF}=\rho d\theta-yd\theta=dx-\frac{y}{\rho}dx \tag{d}$$

가 된다. 이 식 (d)로부터 변형량은 $-\dfrac{y}{\rho}dx$이며, 변형률 ε_x를 구하면 다음과 같다.

변형률

$$\varepsilon_x=\frac{-\dfrac{y}{\rho}dx}{dx}=-\frac{y}{\rho}=-xy \tag{7.2}$$

여기서, x : 곡률, ρ : 곡률반경, y : 중립축으로부터 보의 위치

식 (7.2)에서 ε_x가 음(−)이 되는 것은 압축을 의미하고, 어떤 섬유층이 중립면 위에 있는 y라면 ε_x가 양(+)의 값을 가지게 된다. 또 식 (7.2)는 변형된 보의 기하학적 풀이로 유도되었으며 재질과는 무관하다. 즉, 응력-변형률 선도의 모양과는 같지 않다. 그리고 이 장에서는 횡단방향의 변형에 대하여는 논하지 않았음을 염두에 두도록 한다.

2 보의 수직응력

식 (7.2)를 이용하여 보의 단면에 수직으로 작용하는 수직응력 σ_x에 대하여 알아보자. [그림 7-5]와 같은 보에서 길이방향 섬유층이 인장과 압축만을 받고, 재료가 탄성한도 이내의 완전선형이라면 응력-변형률 선도를 활용할 수 있다. 따라서 훅의 법칙에 의하여

$$\sigma_x = E\varepsilon_x = -Exy \tag{7.3}$$

가 된다. 식 (7.3)으로부터 단면 위에 작용하는 수직응력 σ_x는 중립면에서 거리 y에 선형적으로 변함을 알 수 있다. 그러므로 우력 모멘트 M_0가 시계방향으로 작용할 때 응력분포는 [그림 7-6]과 같이 표현된다. 이 그림은 M_0가 음(−)의 방향이고([그림 7-5(c)]), 곡률은 양의 방향으로 휘게 되므로([그림 7-4(a)]) 보의 중심면의 아랫부분은 압축응력, 윗부분은 인장응력이 된다.

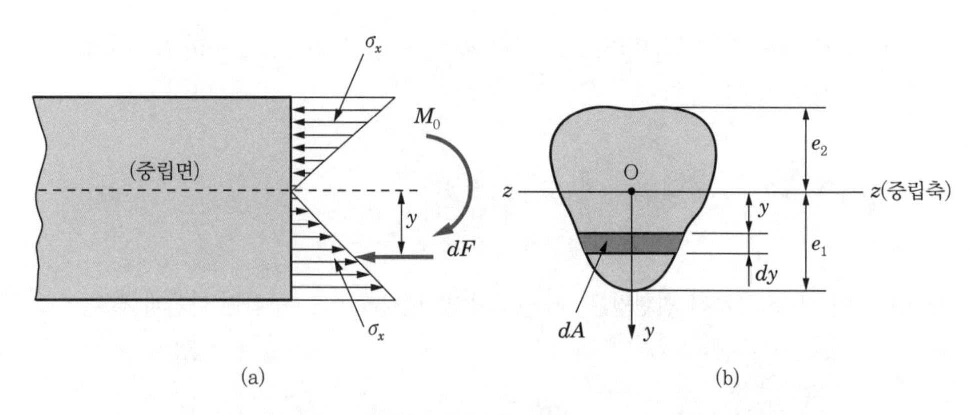

[그림 7-6] 선형 탄성보의 수직응력 σ_x의 분포

이제 단면 위에 작용하는 수직응력 σ_x의 합력을 고려해보자. 이 경우에 축력은 없으므로 우력 M_0에 의한 합력만이 작용한다고 볼 수 있다. [그림 7-6(b)]의 면적 요소 dA에 정역학적 관계식을 적용할 경우, 다음과 같이 정리될 수 있다. 즉, x 방향 힘의 합은 0이라는 평형식으로부터

$$dF = \sigma_x dA = -ExydA = 0$$

$$F = \int dF = \int \sigma_x dA = Ex\int ydA = \frac{E}{\rho}\int ydA = 0 \tag{a}$$

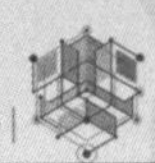

이 된다. 여기서 $\frac{E}{\rho} \neq 0$(단면 내에서 균일한 값=상수)이므로, $\int ydA = 0$이 되어야 한다. 따라서 [그림 7-6(a)]의 z축에 대한 1차 모멘트가 0임을 말해주고, 결국 $dA \neq 0$이므로 $y=0$이 되어 z축(중립축)이 보의 단면 도심을 지남을 알 수 있다. 그리고 이와 같은 논술은 y축이 대칭축인 보에 국한된다.

다음은 단면 위에 작용하는 응력 σ_x의 합 모멘트의 정역학적 조건식을 단면 위에 적용해보자. 이 경우 그림의 미소 면적요소 dA 위의 힘은 σ_x가 양(+)일 때 양의 방향, σ_x가 음(−)일 때 음의 방향이 된다. 따라서 M_0에 의한 극소 모멘트는

$$dM_0 = -ydF = -y\sigma_x dA \tag{b}$$

가 된다. 결국 전단면에 걸친 전모멘트 M_0는 위 극소 모멘트의 적분이 된다. 즉,

극소 모멘트

$$M_0 = -\int y\sigma_x dA \tag{c}$$

이다. 이때 보에 발생된 굽힘 모멘트 M은 우력 $-M_0$와 동일하고, 앞서의 결과식 $\sigma_x = -Exy$ 등을 위 식에 적용하면 다음 식으로 바뀌게 된다.

$$M = \int y\sigma_x dA = -xE\int y^2 dA$$

이 식에서 $I = \int y^2 dA$가 중립축에 대한 단면 2차 모멘트이므로 위 식은 다음과 같이 간단히 정리할 수 있다.

$$M = -xEI = -\frac{EI}{\rho} \tag{7.4}$$

또한 식 (7.4)를 다음과 같이 쓸 수도 있다.

$$\frac{1}{\rho} = x = -\frac{M}{EI} \tag{7.5}$$

식 (7.5)는 보의 길이방향 축의 곡률이 굽힘 모멘트 M에 비례하고 보의 휨강도(flexural rigidity) EI에 역비례함을 보여준다. 그리고 이 식의 음의 부호는 굽힘 모멘트의 부호규약의 결과이며, 굽힘 모멘트가 음의 값($-M_0$)일 때 양의

축의 곡률

보의 휨강도

곡률을 발생시킴을 알려준다.

굽힘응력

식 (7.5)를 식 (7.3)에 대입하면 굽힘응력(bending stress)에 대한 식을 얻을 수 있다.

$$\sigma_x = -\frac{E}{\rho}y = \frac{M}{I}y \tag{7.6}$$

식 (7.6)에 y 대신 [그림 7-6(b)]의 최대거리 e_1, e_2를 각각 대입시키면 상부는 인장의 최대값, 하부는 압축의 최소값이 된다.

$$\left.\begin{aligned} \sigma_t)_{\max} &= \frac{M}{I}e_2 \\ \sigma_c)_{\max} &= -\frac{M}{I}e_1 \end{aligned}\right\} \tag{7.7}$$

단면계수

식 (7.7)에 앞 절의 단면계수(section modulus)의 정의식$\left(z_1 = \frac{I}{e_1},\ z_2 = \frac{I}{e_2}\right)$을 적용하면 다음 식과 같다.

$$\left.\begin{aligned} \sigma_t)_{\max} &= \frac{M}{z_2} \\ \sigma_c)_{\min} &= -\frac{M}{z_1} \end{aligned}\right\} \tag{7.8}$$

만약 z축에 대하여 대칭인 단면이라면 $e_1 = e_2 = e$가 되고, 인장응력의 최대값과 압축응력의 최대값은 같은 식이 된다.

$$\sigma_{\max} = \sigma_{\min} = \frac{M}{I}e = \frac{M}{Z}$$

결국 $\sigma = \pm\frac{M}{z}$이므로

$$M = \sigma z \tag{7.9}$$

저항 모멘트식

가 된다. 이 식 (7.9)는 보의 굽힘공식 혹은 저항 모멘트식으로서 보를 설계할 때 가장 중요한 기초식이 된다.

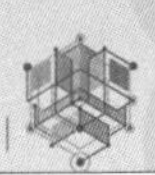

예제 7.1

다음과 같은 원형단면의 단순보가 중앙에 집중하중 P를 얼마로 할 때 안전하게 지지할 수 있는가? 단, 단면의 허용 굽힘응력 σ_a =1,400N/cm²이다.

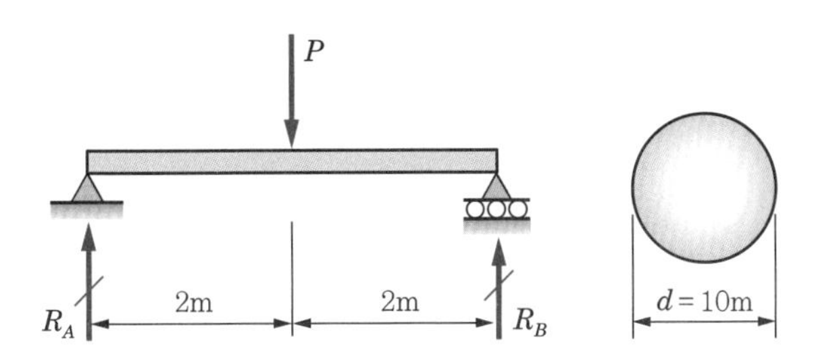

풀이 단순보의 중앙에 집중하중이 작용할 때

최대 굽힘 모멘트 $M_b)_{\max} = \dfrac{PL}{4}$이다.

$$\therefore\ M_b = \sigma_b Z \text{이므로 } \frac{PL}{4} = \sigma_a \frac{\pi d^3}{32}$$

$$\rightarrow P = \frac{4 \times \sigma_a \times \pi d^3}{32 \times L} = \frac{4 \times 1,400 \times \pi \times 10^3}{32 \times 400} = 1,373.75\text{N}$$

예제 7.2

스팬의 길이 L =10m인 단순보에서 다음과 같은 단면을 가질 때 자중에 의한 최대 굽힘응력을 각각 구하여라. 단, 재료는 균일하고, 비중량 γ =7,000N/cm³이다.

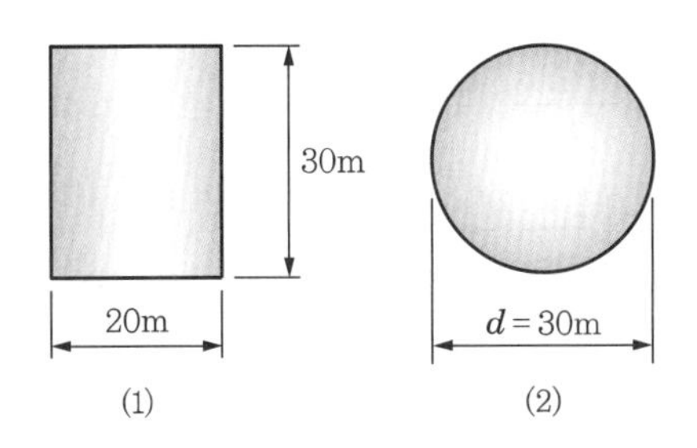

풀이 균일한 재료이므로 등분포하중 w[N/cm]를 받는 단순보로 생각할 때

최대 굽힘 모멘트 $M_b)_{\max} = \dfrac{wL^2}{8}$이 된다.

그림 (1) : $w = \gamma A = 7,000 \times (0.2 \times 0.3) = 420\text{N/m} = 4.2\text{N/cm}$

그림 (2) : $w = \gamma A = 7,000 \times \left(\dfrac{\pi \times 0.3^2}{4}\right) = 494.55\text{N/m}$

$\fallingdotseq 4.95\text{N/cm}$

$\therefore\ \sigma_b = \dfrac{M_b}{Z}$에 적용

그림 (1)의 최대 굽힘응력은

$$\sigma_b)_{max} = \frac{M_b)_{max}}{Z} = \frac{\dfrac{wL^2}{8}}{\dfrac{bh^2}{6}} = \frac{3wL^2}{4bh^2}$$

$$= \frac{3 \times 4.2 \times 1{,}000^2}{4 \times 20 \times 30^2} = 175\text{N/cm}^2$$

그림 (2)의 최대 굽힘응력은

$$\sigma_b)_{max} = \frac{M_b)_{max}}{Z} = \frac{\dfrac{wL^2}{8}}{\dfrac{\pi d^3}{32}} = \frac{4wL^2}{\pi d^3}$$

$$= \frac{4 \times 4.95 \times 1{,}000^2}{\pi \times 30^3} = 233.55\text{N/cm}^2$$

예제 7.3

지점거리가 10m인 단순보의 중앙에 집중하중 15kN이 작용하고 있다. 단면은 사각형이며 $b \times h = $30cm×50cm일 때 최대 굽힘응력을 구하라. 단, 자중은 5kN/m이다.

풀이 단순보가 중앙에 집중하중과 전길이에 자중에 의한 균일 분포하중이 작용하므로 최대 굽힘 모멘트의 크기는

$$M_b)_{max} = \frac{PL}{4} + \frac{wL^2}{8}$$

$$= \left(\frac{15{,}000 \times 1{,}000}{4}\right) + \left(\frac{5{,}000 \times 1{,}000^2}{8}\right)$$

$$= 628.75 \times 10^6\text{N}\cdot\text{cm}$$ 이다.

단, $Z = \dfrac{30 \times 50^2}{6} = 12{,}500\text{cm}^3$

따라서 $\sigma_b = \dfrac{M_b}{Z}$에 적용

$$\therefore\ \sigma_b)_{max} = \frac{628.75 \times 10^6}{12{,}500} = 50{,}300\text{N/cm}^2$$

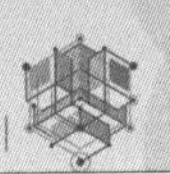

예제 7.4

다음과 같은 단순보에서 집중하중 $P=20\text{kN}$일 때 허용응력 $\sigma_a=8{,}000\text{N/cm}^2$, $h=20\text{cm}$로 하면 사각단면의 폭 b는 몇 cm인가?

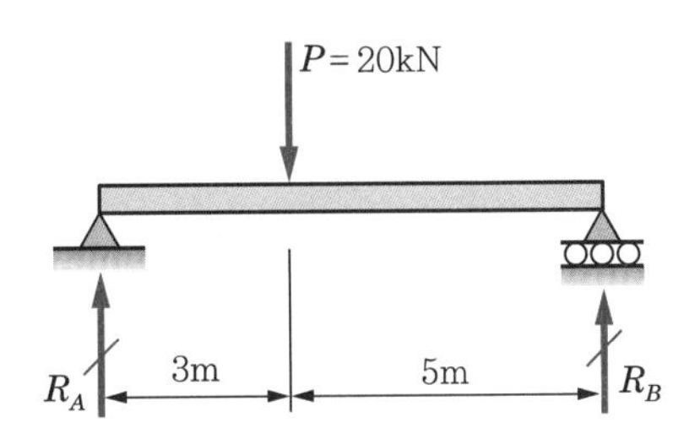

풀이 양 지점반력은

ΣM at $\text{B}=0$: ⊕,

$$-R_A\times 800+20{,}000\times 500=0$$

$$\rightarrow R_A=\frac{20{,}000\times 500}{800}=12{,}500\text{N}$$

$\Sigma F_y=0$; ↑+,

$$R_A+R_B-20{,}000=0$$

$$\rightarrow R_B=20{,}000-12{,}500\text{N}=7{,}500\text{N}$$

$0<x<3\text{m}$ 구간에서

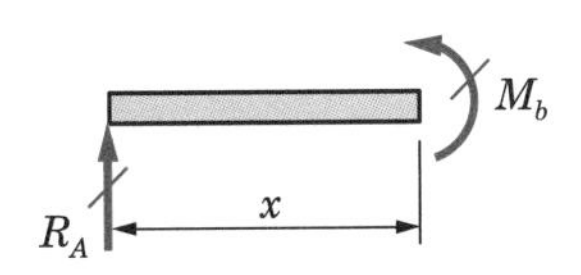

ΣM at $x=0$; ⊕,

$$-R_Ax+M_b=0$$

$$\therefore\ M_b=R_Ax)_{x=3\text{m}}=12{,}500\times 300=3.75\times 10^6\text{N}\cdot\text{cm}$$

$$\therefore\ M_b=\sigma_bZ=\sigma_a\frac{bh^2}{6}$$

$$\rightarrow b=\frac{6M_b}{\sigma_ah^2}=\frac{6\times 3.75\times 10^6}{8{,}000\times 20^2}\fallingdotseq 7.0\text{cm}$$

예제 7.5

다음 그림과 같이 직경 $D=50$cm인 원관에 소선의 직경 $d=0.8$cm를 감았을 때 강선에 발생하는 최대 굽힘응력의 크기는? 단, 재료의 탄성계수 $E=20\times10^6$N/cm^{2}이다.

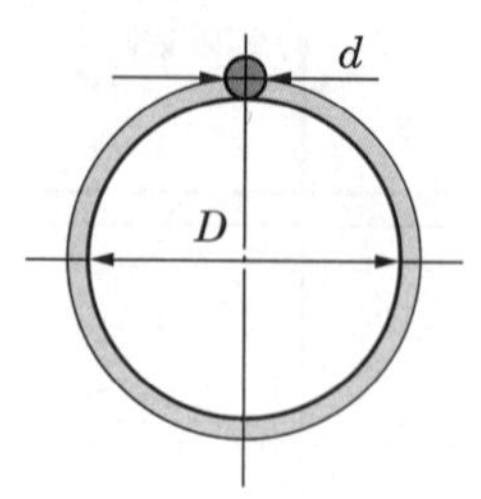

풀이 $\varepsilon=\dfrac{y}{\rho}=\dfrac{\dfrac{d}{2}}{\dfrac{D+d}{2}}=\dfrac{d}{D+d}=\dfrac{0.8}{50+0.8}=0.0157$

∴ 훅의 법칙

$$\sigma_{\max}=E\varepsilon=20\times10^6\times0.0157 ≒ 314\times10^3\text{N/cm}^2$$

또는 $\sigma_{\max}=\dfrac{E}{\rho}y=\dfrac{E}{\dfrac{D+d}{2}}\times\dfrac{d}{2}=\dfrac{Ed}{D+d}=\dfrac{20\times10^6\times0.8}{50+0.8}$

$$=314.961\times10^3\text{N/cm}^2$$

예제 7.6

다음 그림과 같이 길이 $L=30$cm, $h\times b=0.6\times25$mm의 사각단면의 강철자가 양단에서 우력을 받아 중심각 $\theta=60°$꼴로 굽히면 그 강철자에 발생하는 최대 응력과 굽힘 모멘트를 구하라. 단, $E=20\times10^6$N/cm^{2}이다.

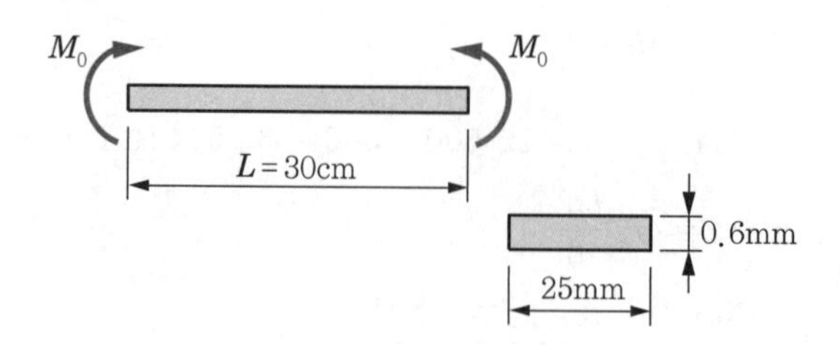

풀이 $\rho=\dfrac{3L}{\pi}=\dfrac{3\times30}{\pi}=28.66$cm

$$\therefore\ \sigma_{\max}=\frac{E}{\rho}y=\frac{20\times10^6}{28.66}\times\frac{0.06}{2}=20.935\times10^3\text{N/cm}^2$$

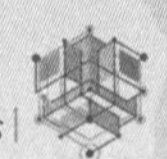

따라서 굽힘 모멘트는

$$M_b)_{max} = \sigma_{max} Z$$
$$= 20.935 \times 10^3 \text{N/cm}^2 \times \frac{0.06^2 \times 2.5}{6}$$
$$\fallingdotseq 31.4\text{N} \cdot \text{cm}$$

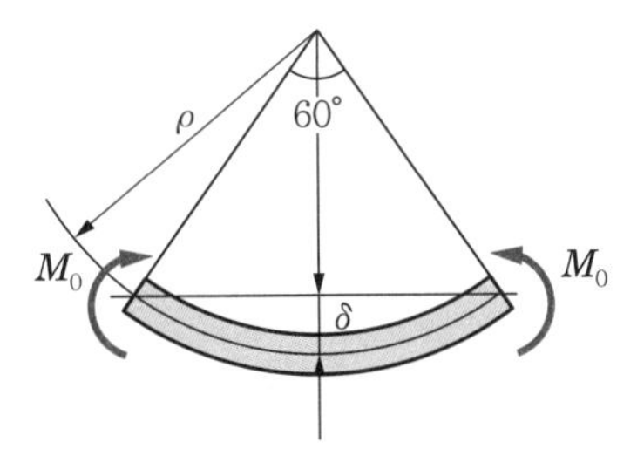

예제 7.7

다음과 같은 3개의 단면을 갖는 보가 있다. 이 보에 가한 굽힘 모멘트가 같고, 발생한 굽힘응력을 같게 했을 때 무게의 비는? 단, 보의 길이는 같다.

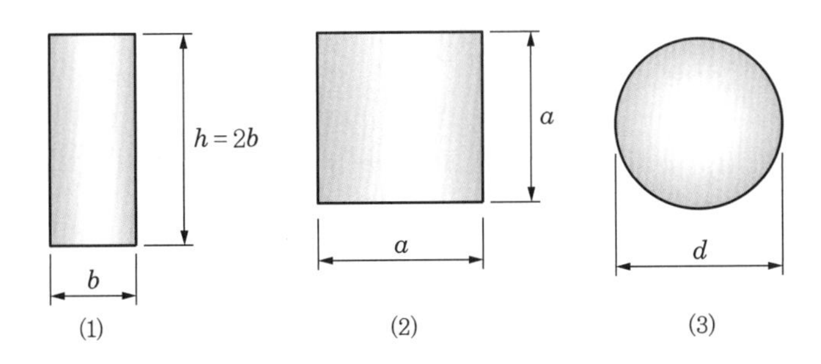

풀이 $\sigma_{max} = \dfrac{M}{Z}$에 적용하면 $\sigma_{max(1)} = \sigma_{max(2)} = \sigma_{max(3)}$이므로

$$\frac{M}{Z_{(1)}} = \frac{M}{Z_{(2)}} = \frac{M}{Z_{(3)}}$$

여기서 M이 같다는 가정이라면 다음과 같다.

$$Z_{(1)} = Z_{(2)} = Z_{(3)}$$

따라서 각각의 경우 단면계수를 구하면

$$Z_{(1)} = \frac{2b^3}{3}, \quad Z_{(2)} = \frac{a^3}{6}, \quad Z_{(3)} = \frac{\pi d^3}{32}$$

$$\therefore\ 0.874b = 0.55a = 0.461d \quad \cdots\cdots ①$$

무게의 비는

$$W_{(1)} : W_{(2)} : W_{(3)} = 2b^2L\gamma : a^2L\gamma : \frac{\pi}{4}d^2L\gamma$$

$$= 2b^2 : a^2 : \frac{\pi}{4}d^2 \quad \cdots\cdots ②$$

(단, 무게 W는 $W = \gamma V = \gamma AL$)

①을 ②에 적용하면

$$2b^2 : \left(\frac{0.874}{0.55}\right)^2 b^2 : \frac{\pi}{4}\left(\frac{0.874}{0.461}\right)^2 b^2 = 2 : 2.5 : 2.82$$

$$= 1 : 1.265 : 1.41$$

예제 7.8

다음 그림과 같이 수문이 A점에서 힌지(hinge)로 고정되어 있다. 수문의 두께가 150mm이고 높이가 240cm일 때 수문에 발생하는 단위폭 당 최대 굽힘응력은? 단, 물의 비중량 γ=9,800N/m^{3}이다.

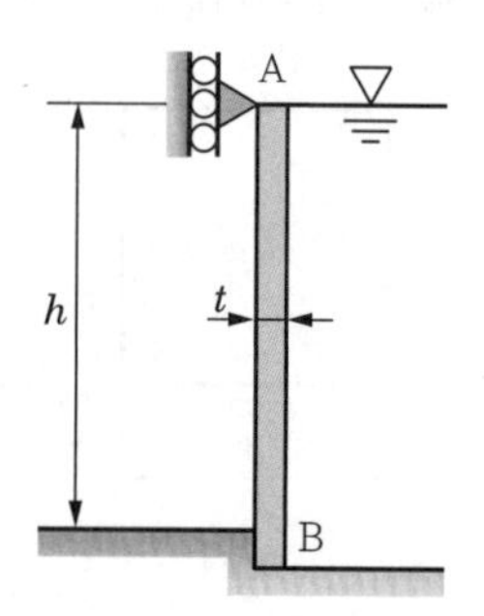

풀이 수문에 작용하는 압력분포 상태는 다음 그림과 같다.

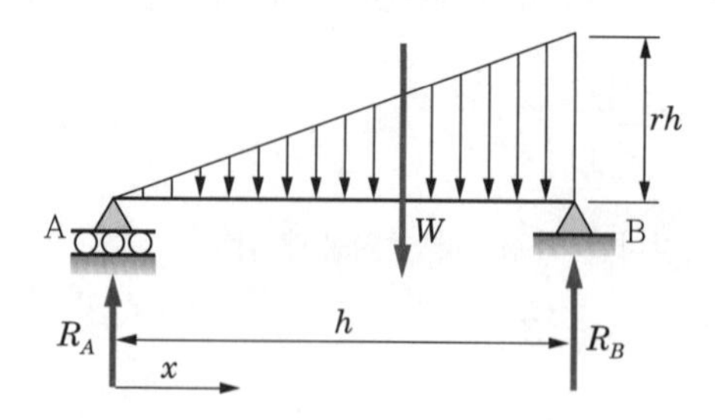

그림에서 단위폭당 무게 W는

$$W = \frac{1}{2}h^2\gamma = \frac{1}{2} \times 2.4^2 \times 9,800 = 28.224 \times 10^3\text{N}$$

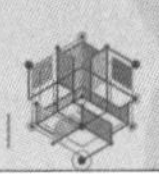

따라서 반력은 $R_A = \frac{1}{3}W,\ R_B = \frac{2}{3}W$이다.

임의의 x구간의 굽힘 모멘트를 구하면

$$M_b)x = R_A x - w\left(\frac{x}{h}\right)^2 \frac{x}{3} = \frac{Wx}{3}\left(1 - \frac{x^2}{h^2}\right)\text{이다.}$$

최대 굽힘 모멘트의 작용점을 구하면

$$\frac{dM_x}{dx} = 0 = \frac{W}{3} - \frac{Wx^2}{h^2} \rightarrow x = \frac{h}{\sqrt{3}}$$

$$\therefore\ M_b)_{\max} = M_b)_{x=\frac{h}{\sqrt{3}}}$$

$$= \frac{28.224\times10^3}{3} \times \frac{240}{\sqrt{3}} \times \left[1 - \frac{\left(\frac{240}{\sqrt{3}}\right)^2}{240^2}\right]$$

$$= 869.12\times10^3\text{N}\cdot\text{cm} \fallingdotseq 8.692\times10^3\text{N}\cdot\text{m}$$

예제 7.9

다음 그림과 같이 단순보에 이동하중이 작용할 때 보에 발생하는 굽힘응력을 구하여라. 단, 단면의 직경은 30cm이다.

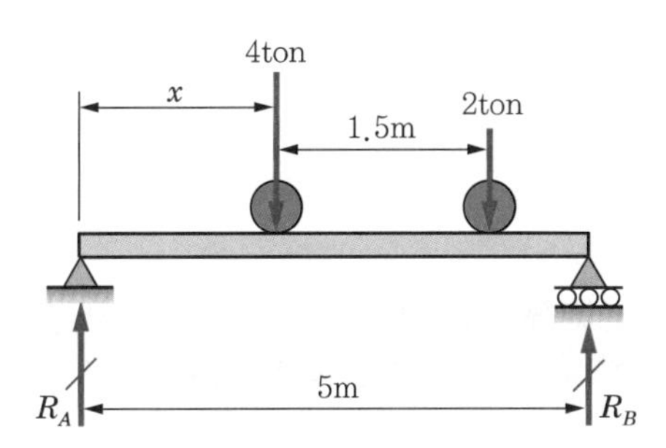

풀이 x를 찾으면 $\sum M$ at $\text{B} = 0$; ⊕,

$$-R_A\times5 + 4\times(5-x) + 5\times\{5-(x+1.5)\} = 0$$

$$\rightarrow R_A = \frac{27-6x}{5}$$

따라서 굽힘 모멘트는 $M_b)_x = R_A x = \left(\frac{27-6x}{5}\right)x$ 이다.

최대 굽힘 모멘트는 전단력이 0인 곳에서 발생

$$\rightarrow\ V_x = 0 = \frac{dM_b}{dx} = \frac{27}{5} - \frac{12}{5}x$$

$$\therefore\ x = 2.5\text{m}$$

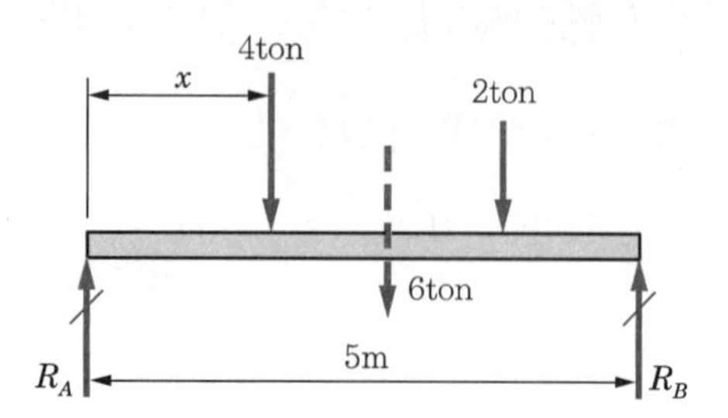

결국, 반력은 $R_A = \frac{27-6x}{5} = \frac{27}{5} - \frac{6}{5} \times 2.25 = 2.7\text{ton}$ 이다.

따라서 $x = 2.25\text{m}$ 일 때 굽힘 모멘트가 최대이므로 이곳에서 최대 절대 굽힘 모멘트가 된다.

$$M_{\max} = 2.7 \times 2.25 = 6.075\text{ton}\cdot\text{m} \fallingdotseq 5.96 \times 10^6\text{N}\cdot\text{cm}$$

그러므로 $\sigma_b = \frac{M_b}{Z}$ 에 적용하여 $\sigma_b)_{\max}$ 를 구하면 다음과 같다.

$$\therefore\ \sigma_b)_{\max} = \frac{5.96 \times 10^6}{\frac{\pi \times 30^3}{32}} = 2,249.5\text{N/cm}^2$$

7.2 보의 전단응력

1 보 속의 전단응력

어떤 보가 불균일 굽힘을 받을 때 굽힘 모멘트 M과 전단력 V가 단면 위에 동시에 발생된다. 이때 전단력 V에 관계되는 전단능력 τ의 분포에 대하여 고찰해보자.

가장 간단한 경우로서, [그림 7-7]에 나타내듯이 폭이 b이고 높이가 h인 직사각형 단면보에서 전단응력 τ가 전단력 V에 평행하게 작용하고 또한 전단응력의 분포가 보의 폭에 걸쳐 균일하게 작용한다고 가정하자. [그림 7-7]에서 미소

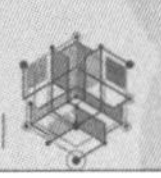

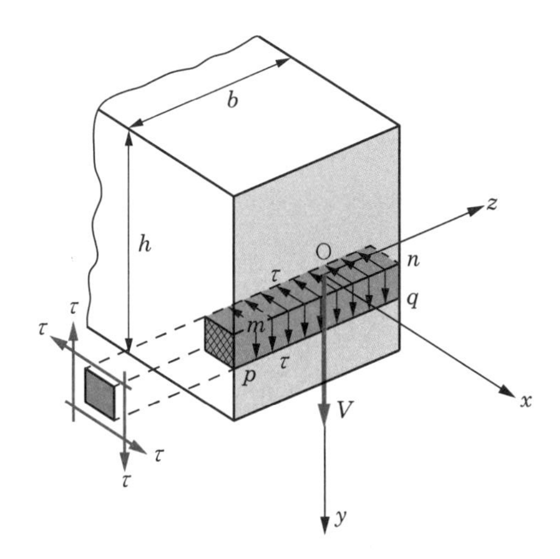

[그림 7-7] 보 속의 전단응력

요소를 중립축과 평행한 두 평면 사이를 잘라내어 mn과 pq로 하여 위의 가정을 적용하면 다음과 같다. 즉, 전단응력 τ는 이 요소의 수직면 위에 균일하게 분포되어 있고, 수평 전단응력은 수직면 위에 작용하는 전단응력과 같은 크기의 값으로 표시된다.

수평 전단응력

또 보 내의 임의의 점에서는 이들 공칭 전단응력의 크기가 같다. 만약 미소요소 mn과 pq가 보의 최상단과 최하단에 있다고 가정하면, 외부 표면에는 전단응력이 없으므로 수평 전단응력과 수직 전단응력이 없다. 즉, $y = \pm\dfrac{h}{2}$일 때 $\tau = 0$이다.

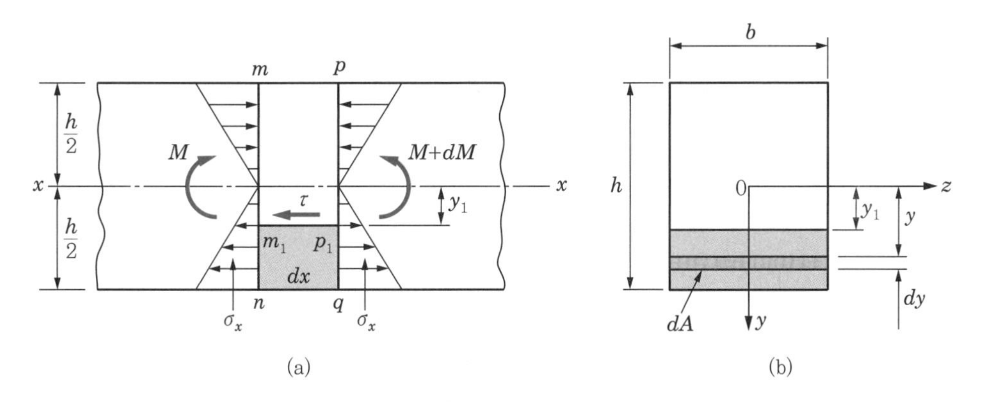

[그림 7-8] 단면보의 전단응력

전단응력을 계산하기 위해 [그림 7-8(a)]와 같은 보 내의 거리 dx만큼 떨어진 단면 mn과 pq 내의 미소요소 m_1p_1을 생각해보자. 이 요소의 바닥면은 보의 아래쪽 표면이 되고 응력은 없으며, 윗면은 중립면과 평행이며 중립면에서 y_1만큼 떨어져 있다. 이때 이 요소의 바닥면은 굽힘 모멘트에 의해 발생된 수직 굽힘응력 σ_x만 받는다. [그림 7-8(a)]의 mn과 qq 요소의 불균일 굽힘, 즉 굽힘 모멘트가 각각 M과 $M+dM$일 때 중립축으로부터 $y+\dfrac{dy}{2}\simeq y$만큼 떨어진 면적요소 dA를 고려([그림 7-8(b)])하면 다음과 같다.

이 요소의 위에 작용하는 수직력은 $\sigma_x dA$이며 이때 σ_x는 힘 공식 (7.6)으로부터 얻어진 값이다. 여기에 dA가 왼쪽면 m_1n 위에 위치한다면, 식 (7.6)에 의해 수직력은 다음 식과 같다.

$$\sigma_x dA = \frac{M}{I} y dA \tag{a}$$

전 수평력 F_1

따라서 이 m_1n면 위에 작용하는 전 수평력 F_1은 식 (a)를 적분하여 구한다.

$$F_1 = \int \frac{M}{I} y dA \tag{b}$$

전 수평력 F_2

다음으로 이 고체요소 오른쪽 면 p_1q 위에 작용하는 전 수평력 F_2는 같은 방법으로 다음과 같이 구할 수 있다.

$$F_2 = \int \frac{M+dM}{I} y dA \tag{c}$$

전 수평력 F_3

마지막으로 고체 요소의 윗면 m_1p_1에 작용하는 전 수평력 F_3은 다음과 같다.

$$F_3 = \tau b\,dx \tag{d}$$

여기서, b : 보의 폭, dx : 축방향 미소길이, bdx : 윗면의 면적

따라서 이들 힘이 미소 고체요소에서 정역학적 평형이 되어야 하므로, $\sum F_x = 0$으로부터

$$F_3 = F_2 - F_1 \tag{e}$$

또는

$$\tau b dx = \int \frac{M+dM}{I} y dA - \int \frac{M}{I} y dA$$

의 관계가 되고, 이것으로부터

$$\tau = \frac{dM}{dx}\left(\frac{1}{Ib}\right)\int y dA$$

의 관계식을 얻게 된다. $V = \frac{dM}{dx}$을 위 식에 적용하면 다음과 같다.

$$\tau = \frac{V}{Ib}\int y dA \qquad (7.10)$$

식 (7.10)에서 적분은 전단응력이 작용하는 깊이 y_1 아래쪽 단면의 중립축에 대한 1차 모멘트이다. 만약 y_1이 중립축의 위쪽으로 될 때 수준 위쪽 면적의 중립축에 대한 1차 모멘트가 된다. 위 식의 1차 모멘트를 Q로 표시할 경우, 식 (7.10)은 다음 식과 같이 나타낼 수 있다.

1차 모멘트

$$\tau = \frac{VQ}{Ib} \qquad (7.11)$$

식 (7.11)을 전단공식(shear formula)이라 부르고, 단면 내의 어떤 점에서 전단응력을 결정할 때 사용된다.

전단공식(shear formula)

이상의 전단응력은 엄밀한 보의 설계 시 최대 굽힘응력과 더불어 충분한 강도를 갖도록 하여야 한다.

2 여러 가지 단면형 보의 전단응력

(1) 사각단면의 경우

사각단면

[그림 7-9(a)]의 음영 부분의 면적에 대한 1차 모멘트는 적분식을 사용하여 구한다. 이 경우 $dA = bdy$이므로 Q의 값은

$$Q = \int_{y_1}^{\frac{h}{2}} y dA = b\int_{y_1}^{\frac{h}{2}} y dy = \frac{b}{2}\left(\frac{y^2}{4} - {y_1}^2\right) \qquad (a)$$

이 된다. 또 Q의 값은 음영면적에 이 넓이의 도심에서 중립축까지의 거리

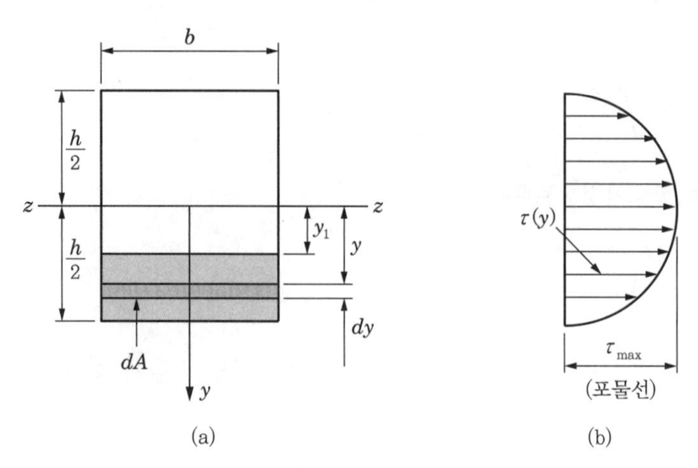

[그림 7-9] 직사각형 단면의 전단응력분포

를 곱함으로써 얻을 수도 있다.

$$Q = b\left(\frac{h}{2} - y_1\right)\left(y_1 + \frac{h/2 - y_1}{2}\right) = \frac{b}{2}\left(\frac{h^2}{4} - {y_1}^2\right) \tag{b}$$

직사각형 단면

이 Q의 값을 식 (7.11)에 대입하면 직사각형 단면에서 전단응력을 표시하는 식을 얻을 수 있다.

$$\tau = \frac{V}{2I}\left(\frac{h^2}{4} - {y_1}^2\right) \tag{7.12}$$

전단응력분포도

최대 전단응력

식 (7.12)는 중립축으로부터 거리 y_1과 더불어 2차 방정식과 같이 변화한다는 것을 보여준다. 그러므로 보의 높이에 따라 전단응력분포도를 그리면 [그림 7-9(b)]와 같다. 이때 $y_1 = \pm h/2$에서 $\tau = 0$이고, $y_1 = 0$인 중립축에서 최대값을 갖는다. 따라서 $y_1 = 0$일 때 $\tau_{max} = \frac{Vh^2}{8I}$에 $I_z = \frac{bh^3}{12}$을 대입하면 최대 전단응력식은 다음과 같다.

$$\tau_{max} = \frac{12\,Vh^2}{8bh^3} = \frac{3\,V}{2A} \tag{7.13}$$

$$y = \frac{h}{2}\text{일 때 } \tau_{min} = 0$$

여기서 $A = bh$는 단면적이다. 그러므로 최대 전단응력은 전단력 V를 횡단면

적 A로 나눈 평균 전단응력보다 50%, 즉 1.5배 더 크다.

I형 단면

(2) I형 단면의 경우

[그림 7-10(a)]와 같은 I형 단면의 보가 전단력 V를 받을 때 전단응력은 전 단면(full face)에 발생한다. 이들 응력분포는 직사각형 보의 경우보다 훨씬 복잡하다. 따라서 I형 단면을 플랜지(flange)와 웨브(web)로 나누어 직사각형 보에 대하여 사용한 같은 방법으로 계산할 수 있다.

I형 단면을 플랜지(flange)

웨브(web)

먼저 웨브 내의 위치 ef([그림 7-10(a)])에서의 전단응력은 y축에 나란하고, 전 두께 t에 균일하게 분포되어 있어 전단공식 $\tau = VQ/Ib$가 적용될 것이다. 이때 1차 모멘트 Q는 그림의 음영 부분을 웨브와 플랜지의 두 개 직사각형으로 나누어 구한 합과 같다. 따라서 중립축으로부터 1차 모멘트는 면적에 z축으로부터 면적들의 도심까지의 거리를 곱함으로써 얻어진다. 즉,

중립축으로부터 1차 모멘트

$$Q = b\left(\frac{h}{2} - \frac{h_1}{2}\right)\left(\frac{h_1}{2} + \frac{\frac{h}{2} - \frac{h_1}{2}}{2}\right) + t\left(\frac{h_1}{2} - y_1\right)\left(y_1 + \frac{\frac{h_1}{2} - y_1}{2}\right)$$

$$= \frac{b}{8}(h^2 - {h_1}^2) + \frac{t}{8}({h_1}^2 - 4{y_1}^2) \qquad \text{(a)}$$

이다. 식 (a)를 전단공식 (7.11)에 적용하면 웨브 내의 전 전단응력은 다음과 같다.

웨브 내의 전 전단응력

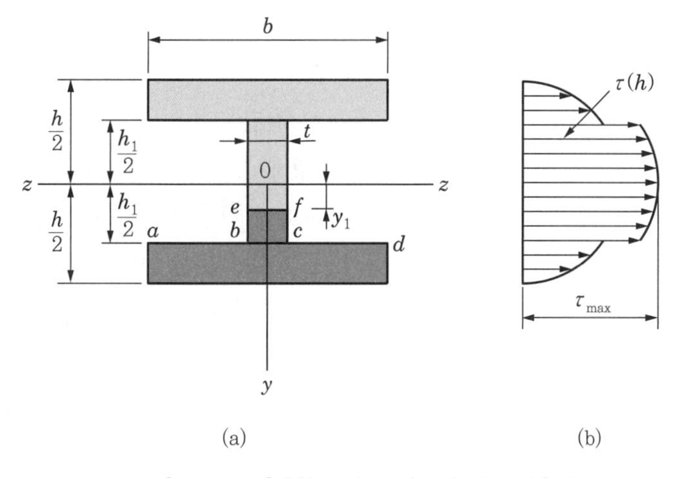

[그림 7-10] I형 보의 웨브(web) 내 전단응력

$$\tau = \frac{VQ}{It} = \frac{V}{8It}[b(h^2 - {h_1}^2) + t({h_1}^2 - 4{y_1}^2)]$$
$$= \frac{V}{It}\left[\frac{b}{8}(h^2 - {h_1}^2) + \frac{t}{2}\left(\frac{{h_1}^2}{4} - {y_1}^2\right)\right] \tag{7.14}$$

최대 전단응력

식 (7.14)로부터 τ는 [그림 7-10(b)]에 나타낸 그래프와 같이 전 웨브에 걸쳐 포물선형으로 변화하고 있음을 알 수 있다. 그리고 이 식에서 최대 전단응력은 $y_1 = 0$으로 놓을 경우 중립축에서 일어나고 그 값은 다음과 같다.

$$\tau_{\max} = \frac{V}{8It}\left[\frac{b}{8}(h^2 - {h_1}^2) + \frac{t{h_1}^2}{8}\right] \tag{7.15}$$

웨브 내의 최소 전단응력

또 웨브 내의 최소 전단응력은 플랜지와 웨브의 집합부인 $y_1 = \pm\frac{h_1}{2}$일 때 발생되고, 그 크기는

$$\tau_{\min} = \frac{V}{8It}(h^2 - {h_1}^2) \tag{7.16}$$

이 된다. 이와 같이 전단응력의 크기는 플랜지와 웨브의 연결부에 있어서 b/t로 급격히 증가함을 알 수 있다.

원형단면

(3) 원형단면의 경우

어떤 보가 [그림 7-11(a)]와 같이 원형단면을 가질 때, 중립축으로부터 거리 y_1만큼 떨어진 현(string) pq에 따라 작용하는 전단응력을 살펴보기로 하자. 이 현 양 끝 p점과 q점의 전단응력 τ는 단면의 경계에 접선방향이어야 한다. 이때 이 현의 중점 n에서는 대칭으로서 전단력이 y축에 평행이다. 그리고 pq 선상의 전단응력 τ를 결정하는 데 있어서 [그림 7-11(b)]와 같이 전단응력의 수직분포력 τ_y가 모든 점에서 동일하다는 가정 하에 z축에 대한 pq선의 아랫부분의 면적 1차 모멘트 Q를 얻으면 다음과 같다.

면적 1차 모멘트

여기서 중립축으로부터 y만큼 떨어진 미소면적 dA를 취할 경우

$$b = 2\sqrt{r^2 - y^2}, \quad dA = b\,dy$$

이다. 그러므로 Q는 정의된 식을 적용하면

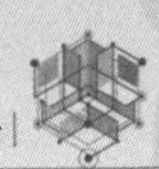

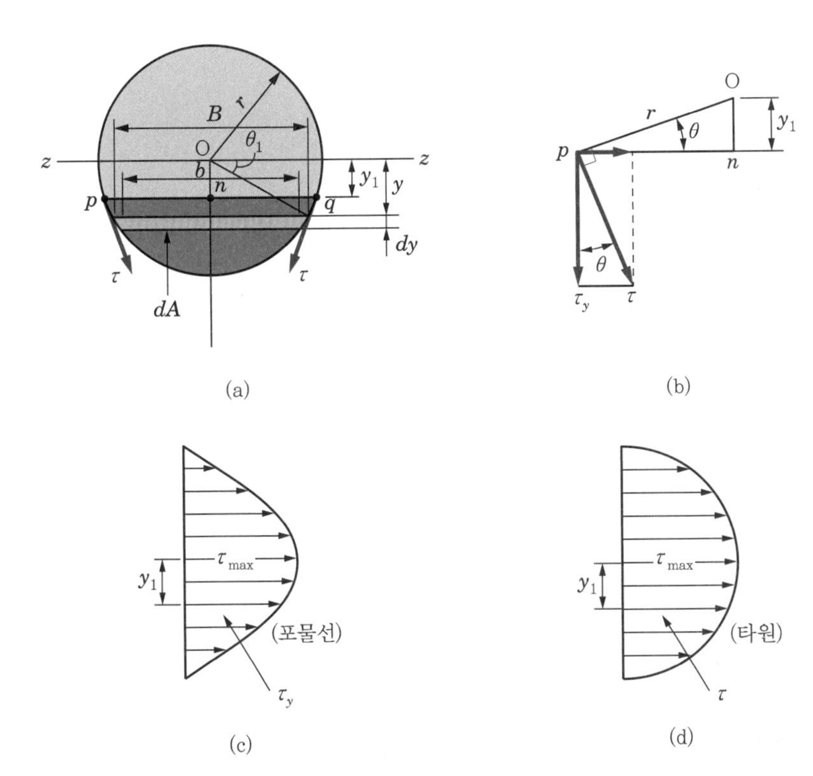

[그림 7-11] 원형단면보 내의 전단응력

$$Q = \int_{y_1}^{r} y dA = \int_{y_1}^{r} y 2\sqrt{r^2 - y^2}\, dy = \frac{2}{3}(r^2 - r_1{}^2)^{\frac{3}{2}} \tag{a}$$

이다. 또 도심에 대한 관성 모멘트 I와 미소면적의 폭 B는 다음과 같다.

관성 모멘트

$$I = \frac{\pi r^4}{4}, \quad B = 2r\cos\theta_1 = 2\sqrt{r^2 - y_1^2}$$

결국

$$\tau_y = \frac{VQ}{IB} = \frac{V4\dfrac{2}{3}(r^2 - y_1{}^2)^{\frac{3}{2}}}{\pi r^4 2\sqrt{r^2 - y_1{}^2}} = \frac{4}{3}\frac{V}{\pi r^4}(r^2 - y_1{}^2) \tag{b}$$

과 같다. 따라서 단면의 경계 위의 점 p에서 전 전단응력 τ는 [그림 7-11(b)]에 의하여 다음과 같이 된다.

전 전단응력

$$\tau = \frac{\tau_y}{\cos\theta} = \frac{\tau_y}{\dfrac{\sqrt{r^2 - {y_1}^2}}{r}} \tag{c}$$

식 (c)에 식 (b)를 대입하면 다음 식을 얻게 된다.

$$\tau = \frac{4Vr(r^2 - {y_1}^2)}{3\pi r^4 \sqrt{r^2 - {y_1}^2}} = \frac{4V}{3\pi r^3}\sqrt{r^2 - {y_1}^2} \tag{7.17}$$

최대 전단응력

식 (7.17)은 z축으로부터 거리 y_1에 있어서 경계상의 어떤 점 p에 생긴 전단응력에 관한 식이다. 이 식에서 최대 전단응력은 $y_1 = 0$인 중립축에서 일어나고, 그 크기는

$$\tau_{\max} = \frac{4V}{3\pi r^2} \tag{7.18}$$

와 같다. 이때 식 (7.18)에 $\tau_{\text{mean}} = V/A$를 적용하면 $A = \pi r^2$이 되어 결국 $\tau_{\max}$의 식은 다음과 같이 쓸 수 있다.

$$\tau_{\max} = \frac{4}{3}\frac{V}{A} = \frac{4}{3}\tau_{\text{mean}} \tag{7.19}$$

평균 전단응력

최소 전단응력

식 (7.19)에서 보의 최대 전단응력은 평균 전단응력의 4/3배임을 알 수 있고, 최소 전단응력값의 경우 $y_1 = r$에서 일어나며, 그 크기는 $\tau_{\min} = 0$이 됨을 알 수 있다.

이상 τ_y에 대한 식 (b)와 τ의 식 (7.17)을 그래프로 그리면 전단응력이 [그림 7-11(c), (d)]와 같이 나타난다.

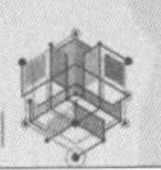

예제 7.10

다음 그림과 같이 직사각형의 폭이 b, 높이가 h인 단면에서 최대 전단응력과 응력분포도를 그려라. 단, 전단력은 V이다.

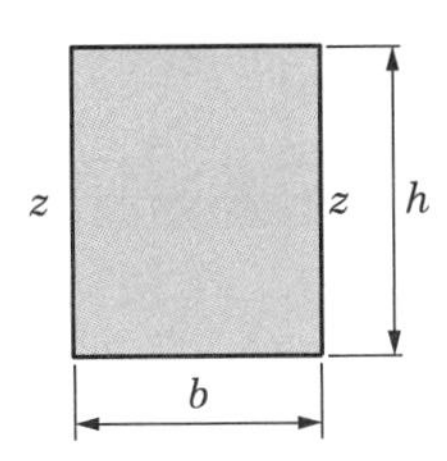

풀이 사각단면의 최대 전단응력을 유도하면,

$$\tau = \frac{V}{Ib}\int_{y_0}^{y_1} ybd_y$$

$$= \frac{V}{I}\left[\frac{y^2}{2}\right]_{y_0}^{y_1} = \frac{V}{I}\frac{1}{2}({y_1}^2 - {y_0}^2)$$ (y_0에 관한 2차식)

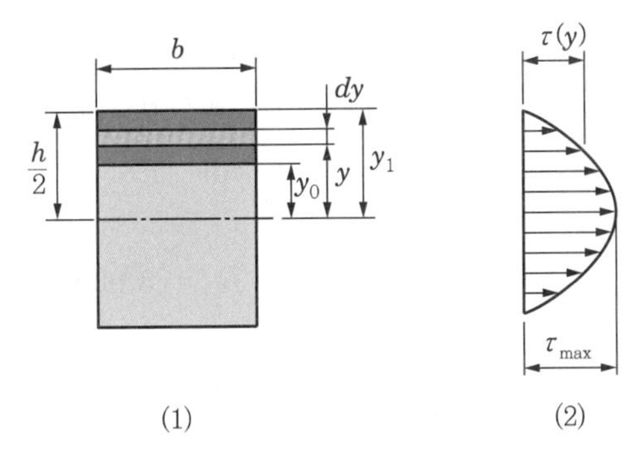

따라서 응력분포는 그림 (2)와 같이 2차 포물선이 된다. 그리고 최대 전단응력은 도심에서 발생하고 그 크기는 위 식에 $y_1 = \frac{h}{2}$, $y_0 = 0$, $I_z = \frac{bh^3}{12}$을 대입하면 구할 수 있다.

$$\therefore\ \tau_{\max} = \frac{V}{2\frac{bh^3}{12}}\left(\frac{h}{2}\right)^2 = \frac{3}{2}\frac{V}{bh} = 1.5\frac{V}{A}$$

예제 7.11

그림과 같은 하중상태의 단순보에서 A지점으로부터 1.5m 지점에 발생하는 굽힘응력과 전단응력을 구하라. 단, 단면은 $b \times h = 20 \times 30$cm이다.

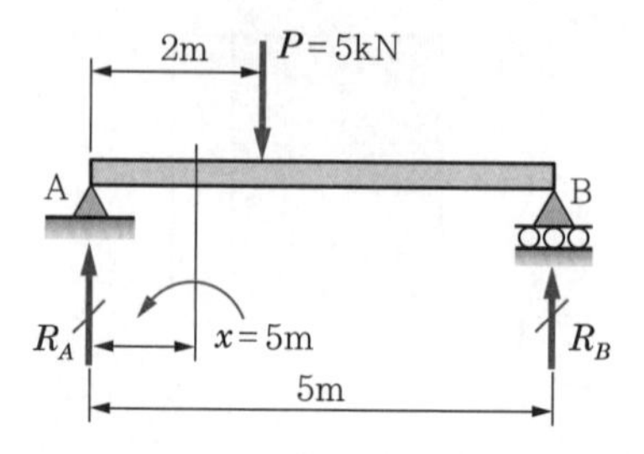

풀이 반력을 구하면

$$\Sigma M \text{ at B} = 0\ ;\ \oplus,\quad -R_A \times 5 + 5{,}000 \times 3 = 0$$

$$\rightarrow R_A = \frac{5{,}000 \times 3}{5} = 3{,}000\text{N},\ R_B = 2{,}000\text{N}$$

임의의 x 구간에서 전단력과 굽힘 모멘트를 구하면

$$\Sigma M \text{ at } x = 0\ ;\ \oplus,\ -R_A x + M_b = 0 \rightarrow M_b = R_A x$$

$$\therefore\ M_b)_{x=1.5\text{m}} = 3{,}000 \times 1.5 = 4{,}500\text{N}\cdot\text{m}$$

$$= 450 \times 10^3\text{N}\cdot\text{cm}$$

$$\Sigma F_y = 0\ ;\ \uparrow+,\ R_A - V = 0 \rightarrow V = R_A = 3{,}000\text{N}$$

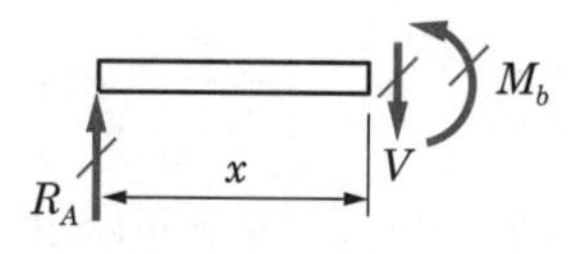

따라서 1.5m 지점의 굽힘응력은

$$\sigma_b)_{x=1.5\text{m}} = \frac{M_b}{Z} = \frac{450 \times 10^3}{\dfrac{20 \times 30^2}{6}} = 150\text{N/cm}^2$$

1.5m 지점의 전단응력은

$$\tau_s)_{x=1.5\text{m}} = \frac{VQ}{Ib} = \frac{3{,}000 \times 7.5 \times 20 \times 15}{\dfrac{20 \times 30^3}{12} \times 20} = 7.5\text{N/cm}^2$$

예제 7.12

지름 d인 원형단면의 도심축에 대한 최대 전단응력과 응력분포도를 그려라. 단, 전단력은 V이다.

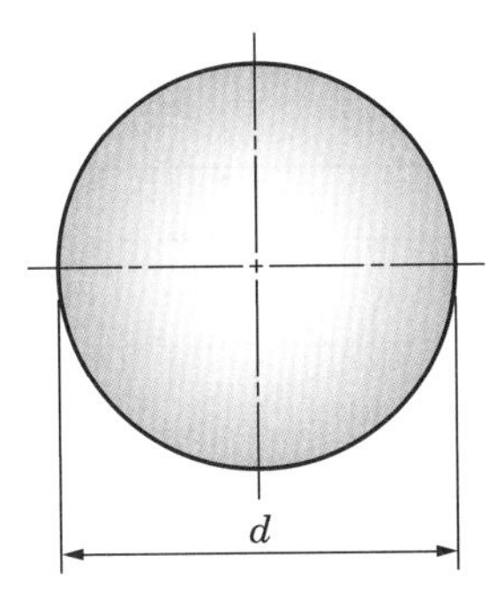

풀이 $\tau = \dfrac{VQ_x}{Ib}$ 를 그림에 적용하면 다음과 같다.

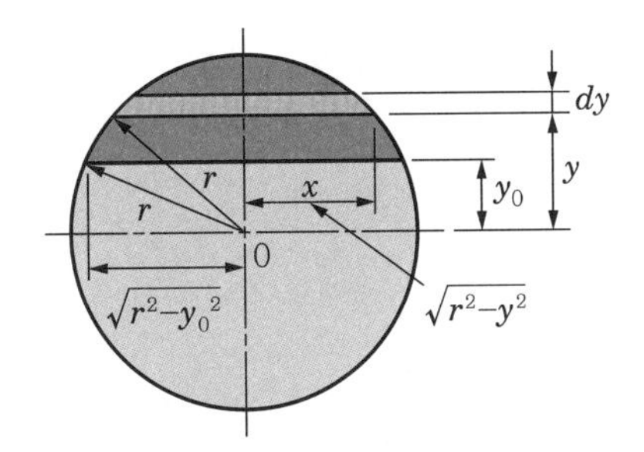

$$b = 2x = 2(r^2 - y^2)^{\frac{1}{2}}, \quad I = \frac{\pi d^4}{64} = \frac{\pi r^4}{4}, \quad dA = 2xdy$$

$$Q_x = \int_{y_0}^{r} ydA = \int_{y_0}^{r} y2(r^2 - y^2)^{\frac{1}{2}} dy = \frac{2}{3}(r^2 - {y_0}^2)^{\frac{3}{2}}$$

$$\rightarrow \tau = \frac{VQ_x}{Ib} = \frac{V\frac{2}{3}(r^2 - {y_0}^2)^{\frac{3}{2}}}{\frac{\pi r^4}{4} 2(r^2 - {y_0}^2)^{\frac{1}{2}}} = \frac{4}{3}\frac{V}{\pi r^2}\left(1 - \frac{{y_0}^2}{r^2}\right)$$

이 식은 y_0의 2차식이므로 응력분포는 옆의 그림과 같고, 최대 전단응력은 도심$(y_0 = 0)$에서 발생하고 그 크기는 위 식에 $y_0 = 0$을 대입하면 된다.

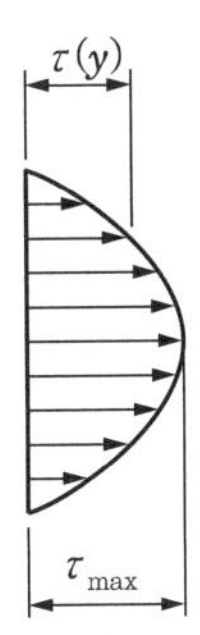

$$\therefore \ \tau_{\max} = \frac{4}{3}\frac{V}{\pi r^2} = \frac{4}{3}\frac{V}{A}$$

예제 7.13

다음 그림과 같은 T형 단면의 보에서 전단력이 10kN이라면 중립면에서 전단응력을 구하고 전단력 선도를 그려라.

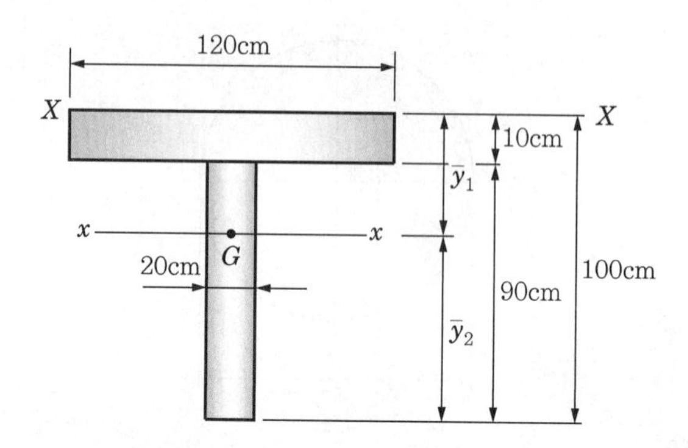

풀이 $X-X$로부터 도심을 구하면

$$\bar{y}_1=\frac{\sum A_1\bar{y}_i}{\sum A_i}=\frac{(120\times10)\times5+(20\times90)\times55}{(120\times10)+(20\times90)}=35\text{cm}$$

$$\bar{y}_2=100-35=65\text{cm}$$

중립축 하부의 단면 1차 모멘트 Q는

$$Q=20\times65\times\frac{65}{2}=42,250\text{cm}^3$$

폭 $b=20\text{cm}$ 이므로

$$I_x=\frac{120\times10^3}{12}+(120\times10)\times(35-5)^2$$

$$+\frac{20\times90^3}{12}+(20\times90)\times(65-45)^2$$

$$=3,025,000\text{cm}^4$$

$$\therefore\ \tau_{\max}=\frac{VQ}{I_x b}=\frac{10,000\times42,250}{3,025,000\times20}=6.98\text{N/cm}^2$$

따라서 전단력 선도는 다음 그림과 같다.

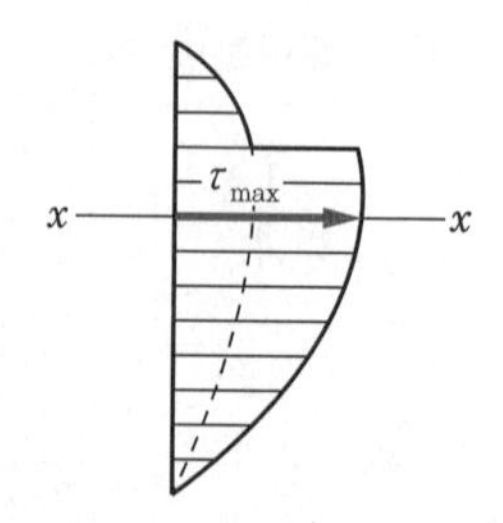

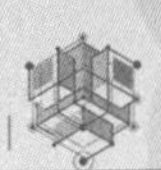

예제 7.14

다음 그림과 같은 단면의 보가 전단력 $V=$50kN을 받을 때 $a-a$ 단면의 전단응력과 최대 전단응력을 구하고, 전단력 선도를 그려라.

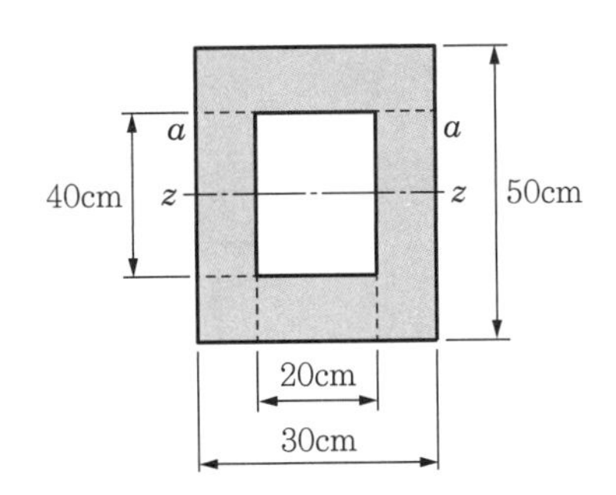

풀이 최대 전단응력은 중립축에 대한 값과 같으므로 $\tau=\dfrac{VQ}{I_Z b}$에 적용하면

$$I_Z=\frac{30\times 50^3}{12}-\frac{20\times 40^3}{12}=205,833.33\text{cm}^4$$

$$b=10\text{cm}$$

$$Q_Z=(30\times 5\times 22.5)+(20\times 5\times 2\times 10)=5,375\text{cm}^3$$

$$\therefore\ \tau_{\max}=\frac{50,000\times 5,375}{205,833.33\times 10}=130.5\text{N/cm}^2$$

또 $a-a$ 단면의 전단응력은

$$I_Z=205,833.33\text{cm}^4,\quad b=10\text{cm} \text{ 와 } 30\text{cm},$$

$$Q_Z=30\times 5\times 22.5=3,375\text{cm}^3$$

$$b=10\text{cm} \text{ 일 때 : } \tau_1=\frac{50,000\times 3,375}{205,833.33\times 10}=81.98\text{N/cm}^2$$

$$b=30\text{cm} \text{ 일 때 : } \tau_1=\frac{50,000\times 3,395}{205,833.33\times 30}=27.32\text{N/cm}^2$$

따라서 전단력 선도는 다음 그림과 같다.

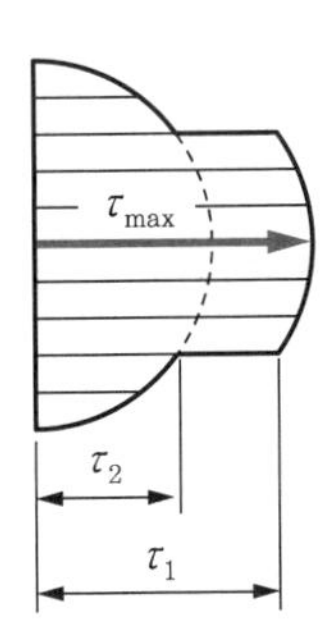

예제 7.15

다음 그림과 같은 단순보에 $P=60$kN의 이동하중이 작용할 때 단면의 크기를 결정하여라. 단, $\sigma_a=900$N/cm^2, $\tau_a=60$N/cm^2, $b:h=3:5$이다.

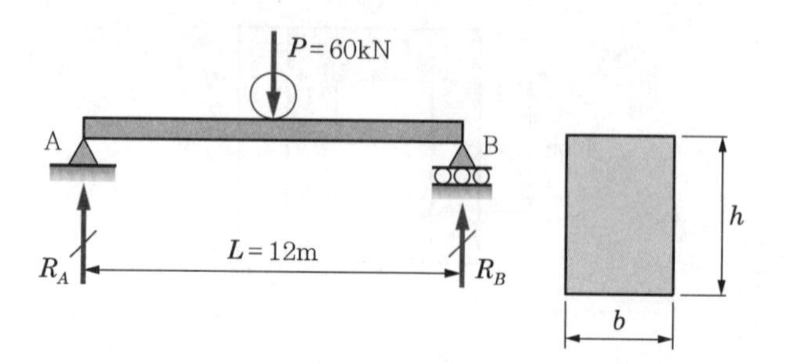

풀이 이동하중 P가 보의 중앙에 있을 때 최대 굽힘 모멘트가 작용하므로 그때 그 크기는

$$M_b)_{\max}=\frac{PL}{4}=\frac{60{,}000\times1{,}200}{4}=18\times10^6\text{N}\cdot\text{cm}$$

따라서 굽힘응력의 견지에서 단면의 모양을 결정하면

$$\sigma_b=\frac{M_b}{Z}\rightarrow Z=\frac{M_b)_{\max}}{\sigma_b}\Rightarrow\frac{bh^2}{6}=\frac{18\times10^6}{900}=20{,}000\text{cm}^3$$

이때 $\frac{b}{h}=\frac{3}{5}\rightarrow b=\frac{3}{5}h$를 위 식에 대입하면

$$\frac{\frac{3}{5}h\times h^2}{6}=20{,}000\rightarrow h=\sqrt[3]{\frac{5\times6\times20{,}000}{3}}\fallingdotseq 58.45\text{cm}$$

$$b=\frac{3}{5}h=\frac{3}{5}\times58.45\fallingdotseq 35.0\text{cm}$$

다음으로 전단응력의 견지에서 단면의 모양을 결정하면, 최대 전단력은 P가 양 지점에 올 때 발생하고, 그 크기는 지점반력 R_A, R_B와 같다. 즉,

$$V=R_A=R_B=60{,}000\text{N}$$

또 사각단면의 최대 전단응력은 단면의 중립축에서 발생하므로

$$\tau_{\max}=1.5\frac{V}{A}=1.5\frac{V}{bh}=60$$

$$\rightarrow bh=\frac{1.5}{60}\times60{,}000=1{,}500\text{cm}^2$$

이때 $b=\frac{3}{5}h$를 대입하여 h를 구하면

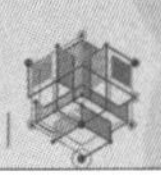

$$\rightarrow \frac{3}{5}h \times h = 1{,}500 \rightarrow h = \sqrt{\frac{5 \times 1{,}500}{3}} = 50\text{cm}$$

$$b = \frac{3}{5} \times 50 = 30\text{cm}$$

∴ 굽힘응력의 견지에서 $b \times h \fallingdotseq 35\text{cm} \times 59\text{cm}$ 로 하면 안전하다.

7.3 굽힘과 비틀림을 받는 보 속의 조합응력

1 상당(equivalent) 비틀림 모멘트와 상당(equivalent) 굽힘 모멘트

기어(gear)와 벨트로 동력을 전달시키는 전동축(power transmission shaft)은 회전에 의한 비틀림 작용을 받음과 동시에 축의 자중(自重), 풀리와 기어 등의 중량 및 회전력 등에 의하여 굽힘 작용을 받는다. 이러한 경우, 축에 일어나는 최대응력을 구하려면 비틀림 모멘트 T에 의한 비틀림 응력, 굽힘 모멘트 M에 의한 굽힘응력, 전단력 V에 의하여 발생하는 전단응력 등을 고려하여야 한다. 이 중에서 전단력에 의한 응력은 동력축 등에서 강도에 주는 영향이 비교적 작으므로 일반적으로 계산에서 생략된다.

그러면 앞서 논한 내용을 기준으로 비틀림 모멘트 T[N·cm]와 굽힘 모멘트 M[N·cm]을 받고 있는 축의 경우의 전단응력과 굽힘응력을 생각해보자. 이때 축의 위험단면은 최상층 또는 최하층에서 발생하게 되고, T에 의해 전단응력 $\tau = T/Z_p[\text{N/cm}^2]$와 M에 의해 굽힘응력은 $\sigma_b = M/Z[\text{N/cm}^2]$가 발생한다. 따라서 축은 전단응력과 굽힘응력의 조합응력 상태가 되어 최대 주응력과 최대 주전단 응력을 일으킨다. 제5장의 조합응력식을 이용하여 그 크기를 구하면 다음과 같다. 여기서 $\sigma_x = \sigma_b$가 되고, $\sigma_y = 0$에 상당하므로 최대 주응력은

조합응력 상태

최대 주응력

$$\sigma_1 = \sigma_{\max} = \frac{1}{2}\sigma_b + \frac{1}{2}\sqrt{{\sigma_b}^2 + 4\tau^2}\ [\text{N/cm}^2] \qquad (7.20)$$

이고, 최대 전단응력은

최대 전단응력

$$\tau_1 = \tau_{\max} = \frac{1}{2}\sqrt{{\sigma_b}^2 + 4\tau^2}\ [\text{N/cm}^2] \qquad (7.21)$$

이 된다. 만약 축의 단면이 원형이면 $\sigma_b = M/Z$, $\tau = T/Z_p = T/2Z$의 관계가 있음을 알게 되고, 이 식을 식 (7.20)과 (7.21)에 적용할 경우 다음과 같다.

식 (7.20)에 z를 양변에 곱하여 정리하면

$$\begin{aligned}\sigma_1 z &= \frac{1}{2}\sigma_b z + \frac{1}{2}\sqrt{\sigma_b{}^2 z^2 + 4\tau^2 z^2} \\ &= \frac{1}{2}M + \frac{1}{2}\sqrt{M^2 + 4\tau^2\left(\frac{T}{2\tau}\right)^2} \\ &= \frac{1}{2}M + \frac{1}{2}\sqrt{M^2 + T^2} = M_e\,[\mathrm{N\cdot cm}] \end{aligned} \tag{7.22}$$

식 (7.21)의 양변에 z_p를 곱하여 정리하면

$$\begin{aligned}\tau_1 z_p &= \frac{1}{2}\sqrt{\sigma_b{}^2 z_p{}^2 + 4\tau^2 z_p{}^2} = \frac{1}{2}\sqrt{\sigma_b{}^2(2z)^2 + 4(\tau z_p)^2} \\ &= \sqrt{(\sigma_b z)^2 + (\tau z_p)^2} = \sqrt{M^2 + T^2} = T_e\,[\mathrm{N\cdot cm}] \end{aligned} \tag{7.23}$$

상당 굽힘 모멘트

상당 비틀림 모멘트

를 얻게 된다. 따라서 식 (7.22)를 상당 굽힘 모멘트(equivalent bending moment)라 하고, 식 (7.23)을 상당 비틀림 모멘트(equivalent twisting moment)라 한다. 이상에서 축의 지름을 구할 때 σ_1과 τ_1에 허용응력을 대입하여 그 축의 안전지름을 찾으면 된다.

2 축 지름의 계산

비틀림 모멘트 T와 굽힘 모멘트 M을 받는 축의 지름은 앞서 제시한 관계식을 이용하여 구할 수 있다. 먼저 상당 비틀림 모멘트를 고려할 경우

중실축

중실축 $\tau_1 = \dfrac{T_e}{Z_p} = \dfrac{16T_e}{\pi d^3}$

$$\therefore\ d = \sqrt[3]{\frac{16T_e}{\pi\tau_1}} \tag{a}$$

이고, 식 (a)에 $\tau_1 = \tau_a$, $T_e = \sqrt{M^2 + T^2}$을 대입하여 지름 d를 구한다.

$$\therefore\ d = \sqrt[3]{\frac{16T_e}{\pi\tau_a}} \fallingdotseq \sqrt[3]{\frac{5.1T_e}{\tau_a}} \tag{7.24}$$

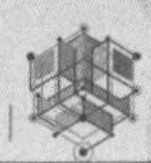

$$\text{중공축 } \tau_1 = \frac{T_e}{Z_p} = \frac{T_e}{\frac{\pi}{16}\left(\frac{d_2^{\,4} - d_1^{\,4}}{d_2}\right)} = \frac{16\,T_e}{\pi d_2^{\,3}\left[1 - \left(\frac{d_1}{d_2}\right)^4\right]} \qquad \text{(b)}$$

중공축

식 (b)에 $x = \dfrac{d_1}{d_2}$(내외경비), $\tau_1 = \tau_a$를 대입하면 외경 d_2를 구할 수 있다.

내외경비

$$d_2 = \sqrt[3]{\frac{16\,T_e}{\pi \tau_a (1 - x^4)}} \fallingdotseq \sqrt[3]{\frac{5.1\,T_e}{\tau_a (1 - x^4)}} \qquad (7.25)$$

상당 굽힘응력의 경우 중실축의 직경은

중실축의 직경

$$\text{중실축 } \sigma_1 = \frac{M_e}{z} = \frac{32 M_e}{\pi d^3}$$

$$\therefore \ d = \sqrt[3]{\frac{32 M_e}{\pi \sigma_1}} \qquad \text{(c)}$$

이고, 식 (c)에 $\sigma_1 = \sigma_a$, $M_e = \dfrac{1}{2}(M + \sqrt{M^2 + T^2})$을 대입하여 d를 구하면

$$\therefore \ d = \sqrt[3]{\frac{32 M_e}{\pi \sigma_a}} \fallingdotseq \sqrt[3]{\frac{10.2 M_e}{\sigma_a}} \qquad (7.26)$$

$$\text{중공축 } \sigma_1 = \frac{M_e}{z} = \frac{32 M_e}{\pi d_2^{\,3}\left[1 - \left(\frac{d_1}{d_2}\right)^4\right]} \qquad \text{(d)}$$

이다. 식 (d)에 $x = \dfrac{d_1}{d_2}$, $\sigma_1 = \sigma_a$를 대입하면 중공축의 직경 d_2를 구할 수 있다.

중공축의 직경

즉,

$$d_2 = \sqrt[3]{\frac{32 M_e}{\pi \sigma_a (1 - x^4)}} \fallingdotseq \sqrt[3]{\frac{10.2 M_e}{\sigma_a (1 - x^4)}} \qquad (7.27)$$

가 된다. 여기서 중공축의 경우, 내경 d_1은 d_2를 찾아 $x = \dfrac{d_1}{d_2}$에 대입하여 찾는다.

이상의 M_e와 T_e를 고려한 관계식으로부터 축 지름을 구한 후 안전을 고려하여 큰 것을 축의 지름으로 한다.

예제 7.16

그림과 같이 A와 B가 베어링으로 지지되고 C점의 위치에 $D=$80cm의 풀이가 달려 있는 강철제 전동축이 있다. 이때 벨트에 걸리는 장력이 4,000N와 1,500N이라면 축의 직경은 얼마인가? 단, $\tau_a=$ 4,000N/cm^2, $\sigma_a=$ 8,000N/cm^{2}이고, 풀리와 축의 자중은 무시한다.

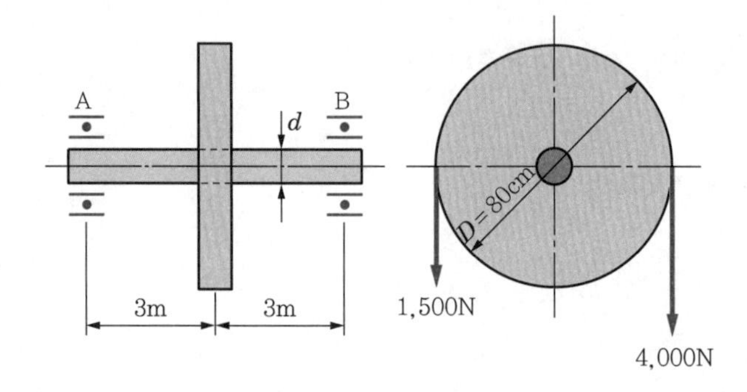

풀이 단순보의 중앙에 집중하중이 작용하는 것으로 볼 때 최대 굽힘 모멘트는

$$M_b = \frac{PL}{4} = \frac{(1{,}500+4{,}000)\times 600}{4} = 825\times 10^3\,\mathrm{N\cdot cm}$$

이다. 또 비틀림 모멘트는

$$T = Pr = (4{,}000-1{,}500)\times\frac{80}{2} = 100\times 10^3\,\mathrm{N\cdot cm}$$

이다. 따라서 이 전동축은 굽힘과 비틀림을 동시에 받는 축이므로 상당 비틀림 모멘트와 상당 굽힘 모멘트를 구하여 축 직경을 선택한다. 즉,

$$T_e = \sqrt{{M_b}^2+T^2} = \sqrt{825{,}000^2+100{,}000^2}$$
$$= 831{,}038.5\,\mathrm{N\cdot cm}$$
$$M_e = \frac{1}{2}(M+\sqrt{M^2+T^2}) = \frac{1}{2}(M+T_e)$$
$$= \frac{1}{2}\times(825{,}000+831{,}038.5)$$
$$= 828{,}019.25\,\mathrm{N\cdot cm}$$
$$\therefore\ d = \sqrt[3]{\frac{5.1\,T_e}{\tau_a}} = \sqrt[3]{\frac{5.1\times 831{,}038.5}{400}} = 21.96\mathrm{cm}$$

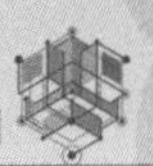

$$d = \sqrt[3]{\frac{10.2 M_e}{\sigma_a}} = \sqrt[3]{\frac{10.2 \times 828{,}019.25}{800}} = 21.93\text{cm}$$

따라서 안전상 큰 쪽을 선택한다. $\therefore\ 21.96 > 21.93$

예제 7.17

지름 d=20cm인 원형단면 차축에 굽힘 모멘트 M_b=1,200N·m, 비틀림 모멘트 T=1,500N·m가 동시에 작용할 경우 이 차축 속에 발생하는 최대 주응력과 최대 전단응력을 구하라.

풀이 $$\sigma_{\max} = \frac{\sigma}{2} + \frac{1}{2}\sqrt{\sigma^2 + 4\tau^2} = \frac{16}{\pi d^3}\left(M_b + \sqrt{{M_b}^2 + T^2}\right)$$

$$= \frac{16}{\pi \times 20^3} \times \left(120{,}000 + \sqrt{120{,}000^2 + 150{,}000^2}\right)$$

$$= 198.7\text{N/cm}^2$$

$$\tau_{\max} = \frac{1}{2} \times \sqrt{\sigma^2 + 4\tau^2} = \frac{16}{\pi d^3}\sqrt{{M_b}^2 + T^2}$$

$$= \frac{16}{\pi \times 20^3} \times \sqrt{120{,}000^2 + 150{,}000^2} = 122.3\text{N/cm}^2$$

예제 7.18

다음 그림과 같이 직경이 다른 두 개의 축의 끝단 C에 풀리를 설치하려고 한다. 이 풀리에 접선방향의 접선력을 P라고 할 때 단면 A와 B단에 걸리는 최대 전단 응력이 서로 같도록 설계하기 위한 d_1/d_2비를 구하라. 단, 풀리의 직경 D= 30cm, 보의 전 길이 L=60cm이다.

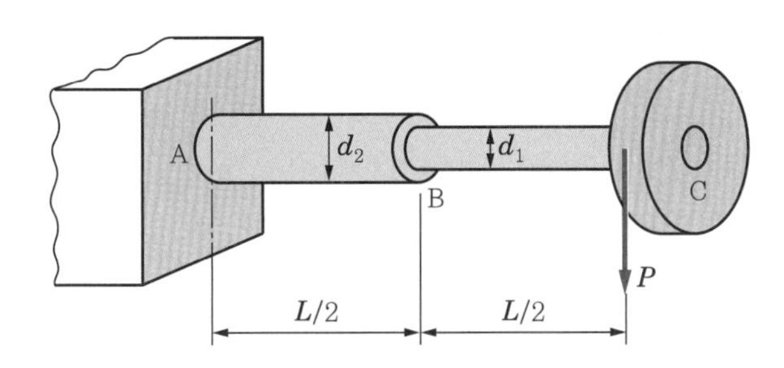

풀이 $T = Pr = 15P$

$$\left.M_b\right)_B = P\frac{L}{2} = 30P$$

$$M_b)_A = PL = 60P$$

따라서 $T_e = Z_p \tau_a \rightarrow \tau_a = \frac{16}{\pi {d_1}^3} T_e = \frac{16}{\pi {d_1}^3} \sqrt{M_b)_B{}^2 + T^2}$

또 $\tau_a = \frac{16}{\pi {d_2}^3} \sqrt{M_b)_A{}^2 + T^2}$

$$\rightarrow \frac{{d_1}^3}{{d_2}^3} = \sqrt{\frac{M_b)_B{}^2 + T^2}{M_b)_A{}^2 + T^2}} = \sqrt{\frac{(30P)^2 + (15P)^2}{(60P)^2 + (15P)^2}} = \sqrt{\frac{1,125}{3,825}}$$

$$= 0.294$$

$$\therefore \ \frac{d_1}{d_2} = \sqrt[3]{0.294} = 0.665$$

예제 7.19

다음 그림과 같은 크랭크 축의 크랭크 핀 AB 지면에 직각으로 8kN이 작용할 경우, 축 CD의 지름 d를 구하여라. 단, 축의 허용 전단응력 τ_a =8kN/cm^{2}이다.

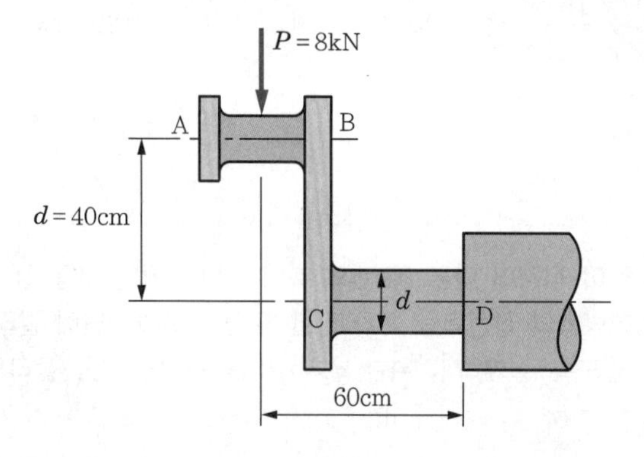

풀이 CD축은 비틀림과 굽힘을 동시에 받는 축이다. 따라서 상당 비틀림 모멘트의 견지에서 설계되어야 한다.

$$T = Pr = 8,000 \times 40 = 32 \times 10^4 \text{ N} \cdot \text{m}$$
$$M_b = PL = 8,000 \times 60 = 48 \times 10^4 \text{ N} \cdot \text{m}$$

$$T_e = \sqrt{T^2 + {M_b}^2} = \sqrt{(32 \times 10^4)^2 + (48 \times 10^4)^2}$$
$$= 576.89 \times 10^3 \text{N} \cdot \text{m}$$

$$\therefore \ d = \sqrt[3]{\frac{5.1 T_e}{\tau_a}} = \sqrt[3]{\frac{5.1 \times 57,688.8}{800}} = 7.15\text{cm}$$

예제 7.20

다음 그림과 같이 반지름 R의 반원형 AB의 한 끝 A를 고정시키고 자유단 B에 그 축의 곡률평면에 수직한 하중 P를 가할 때 이 축의 임의의 단면 C에는 비틀림과 굽힘 모멘트가 동시에 발생하게 된다. 이때 그 곡선축의 직경 d가 반경 R에 비해 아주 작아 직선축의 굽힘 이론이 적용된다면 주응력의 최대치 σ_1을 취할 수 있는 위치 각 ϕ를 구하라.

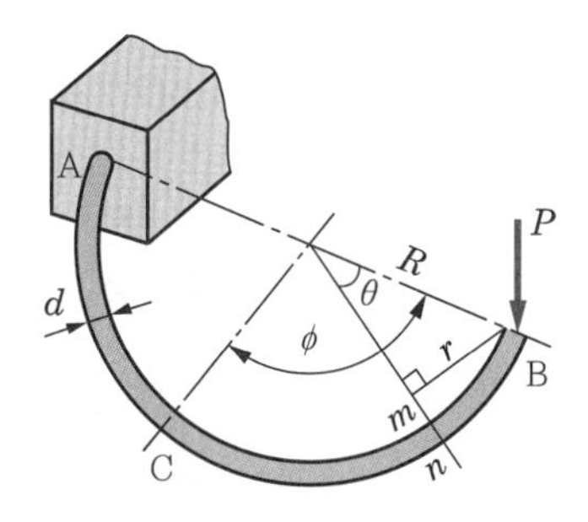

풀이 임의의 mn 단면에서 비틀림 모멘트 T는

$$T = Pr = PR(1-\cos\theta)$$

이다. 또 굽힘 모멘트 M_b는

$$M_b = PR\sin\theta$$

이다. 따라서

$$\sigma_1 = \frac{32}{2\pi d^3}\left(M_b + \sqrt{{M_2}^2 + T^2}\right)$$

$$= \frac{16}{\pi d^3}\left[PR\sin\theta + \sqrt{(PR\sin\theta)^2 + \{PR(1-\cos\theta)\}^2}\right]$$

$$= \frac{16PR}{\pi d^3}\left[\sin\theta + \sqrt{\sin^2\theta + (1-\cos)^2}\right]$$

$$\therefore \frac{d\sigma_1}{d\theta} = \frac{16PR}{\pi d^3}\left[\cos\theta + \frac{2\sin\theta\cos\theta + 2(1-\cos\theta)\sin\theta}{2\sqrt{\sin^2\theta + (1-\cos\theta)^2}}\right] = 0$$

따라서 $\cos\theta + \dfrac{2\sin\theta\cos\theta + 2\sin\theta - 2\sin\theta\cos\theta}{2\sqrt{\sin^2\theta + 1 - 2\cos\theta + \cos^2\theta}}$

$$= \cos\theta + \frac{\sin\theta}{\sqrt{2 - 2\cos\theta}} = 0$$

$\rightarrow \cos\theta(\sqrt{2-2\cos\theta}) = -\sin\theta$

양변을 제곱하면 $\cos^2\theta(2-2\cos\theta) = \sin^2\theta$

$\rightarrow 2\cos^2\theta - 2\cos^3\theta = 1-\cos^2\theta$

이항 정리하면 $2\cos^3\theta - 3\cos^3\theta + 1 = 0$

단, $\cos\theta = Y$라 놓고 풀면

$$2Y^3 - 3Y^2 + 1 = 0 \rightarrow (Y-1)^2(2Y+1) = 0$$

$$\therefore (\cos\theta - 1)^2(2\cos\theta + 1) = 0$$

$\rightarrow \cos\theta = 1 \rightarrow \theta = 0°$은 부적합한 해이다.

결국 $2\cos\theta = -1$, 즉 $\cos\theta = -\frac{1}{2}$일 때 σ_1이 최대이다.

$\therefore \phi = 120°$

기초연습문제

Mechanics of Materials

01 다음 그림과 같은 단면의 경우 같은 재료로 보를 만들 때 굽힘 모멘트에 대한 강도는 (a)가 (b)의 몇 배인가?

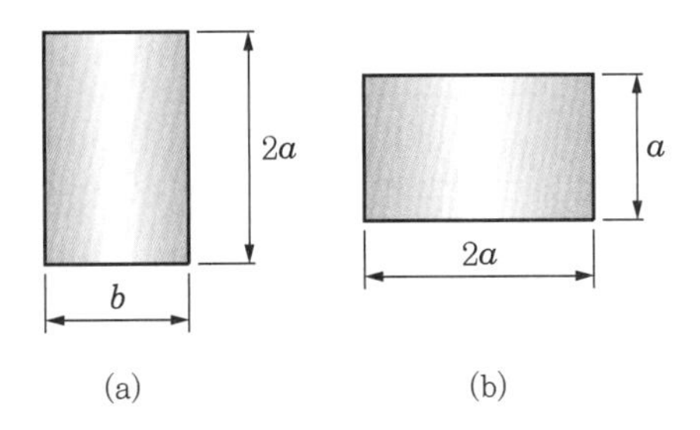

02 사각단면을 갖는 보의 높이 $h=30$cm이고, 단면 2차 모멘트 $I=900\text{cm}^4$일 때 최대 굽힘응력이 $5.2\times10^3\text{N/cm}^2$ 발생하였다면 저항 모멘트의 크기는 몇 N·cm인가?

03 높이가 20cm인 사각단면의 보가 굽힘 모멘트를 받고 휘어졌다. 이때 휘어진 보의 곡률 반경 $\rho=1.5$m였다면 이 보에 발생된 굽힘응력 σ_b의 크기는 몇 MPa인가? 단, $E=20\times10^6\text{N/cm}^2$이다.

04 다음 그림과 같은 외팔보가 자유단에서 집중하중 P를 받고 있을 때 최대 굽힘응력의 크기는? 단, 보의 단면은 사각형으로 $A=b\times h$이다.

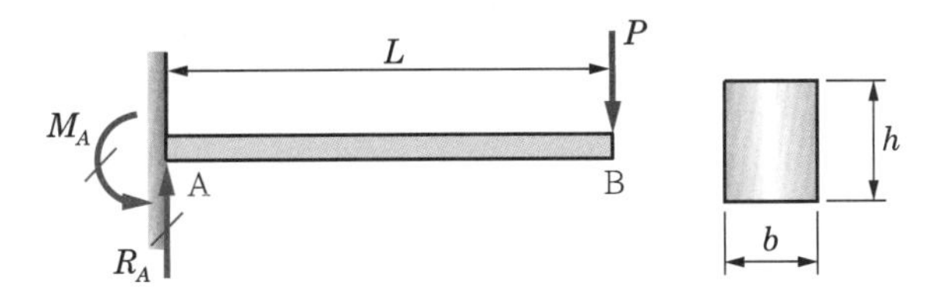

05 폭 20cm, 높이 15cm인 사각단면의 단순보에서 굽힘 모멘트가 15,000N·m일 때 굽힘응력에 대하여 안전한가? 단, 허용응력 $\sigma_a=1{,}900\text{N/cm}^2$이다.

06 다음 그림과 같은 I형 단면의 보가 굽힘 모멘트 $M_b = 2,000\text{kN}\cdot\text{m}$를 받고 있을 때 최대 굽힘응력 $\sigma_b)_{\max}$의 크기는 몇 MPa인가?

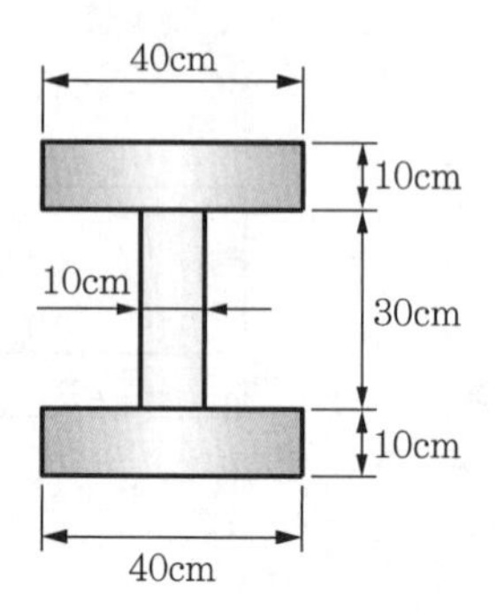

07 단순보에 그림과 같이 집중하중 $P=500\text{N}$이 작용할 때 보에 발생하는 굽힘응력은? 단, 단면은 직사각형이며, $b=10\text{cm}$, $h=20\text{cm}$이다.

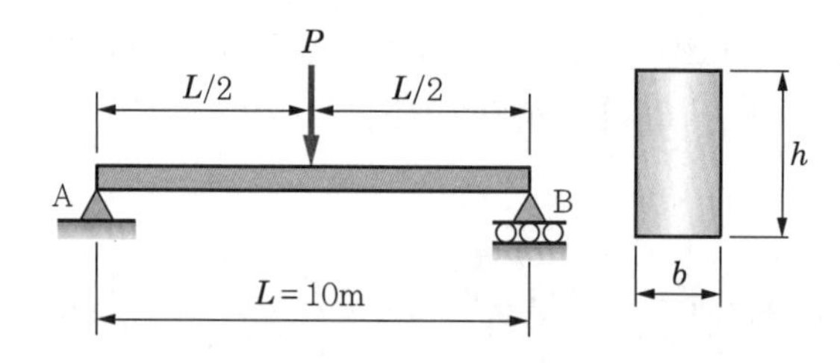

08 지름이 $D=30\text{cm}$인 원형단면을 갖는 단순보에 그림과 같이 집중하중이 작용할 경우 최대 굽힘 모멘트와 최대 굽힘응력은?

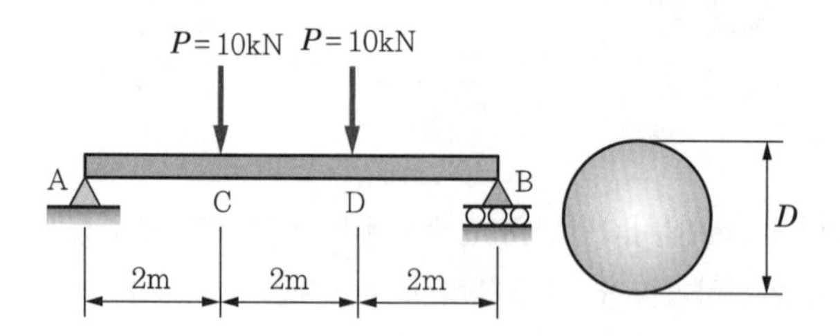

09 두께가 0.6cm인 띠강판을 그림과 같이 직경이 1.5m인 원통에 감았을 때 강판에 일어나는 최대응력은? 단, 강판의 탄성계수 $E = 200 \times 10^6 \text{N/cm}^2$이다.

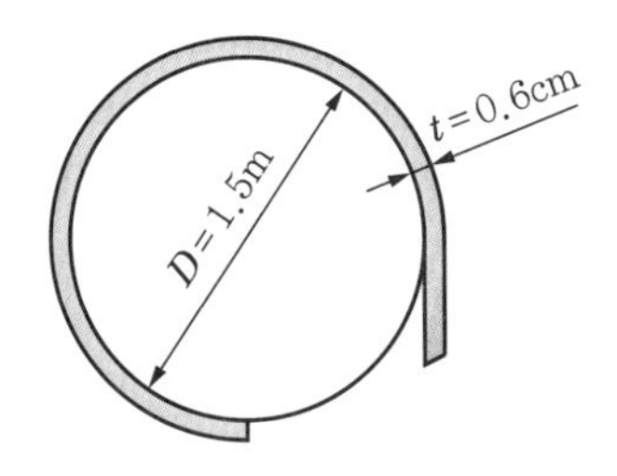

10 다음 그림과 같이 양단 고정보의 중앙에 집중하중 P가 작용하고 있다. 이 보의 허용응력 $\sigma_a = 8{,}000\text{N/cm}^2$일 때 가할 수 있는 하중은 몇 kN인가? 단, 단면은 원형이고 직경 $d = 20\text{cm}$이다.

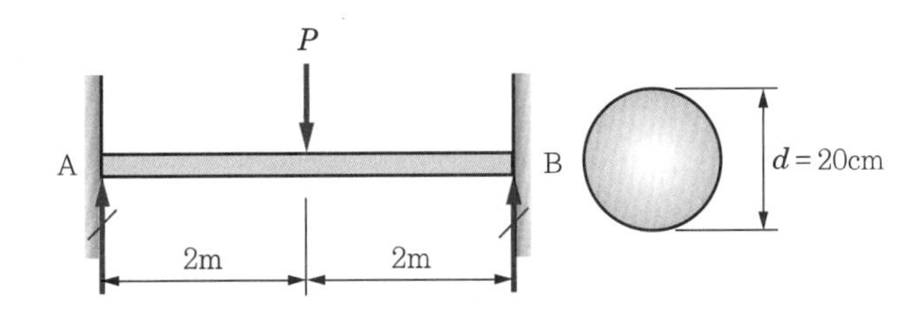

11 다음 그림과 같은 라멘의 E점에서 발생하는 최대 압축응력은? 단, 라멘의 단면은 직사각형이고 $b \times h = 10\text{cm} \times 10\text{cm}$이다.

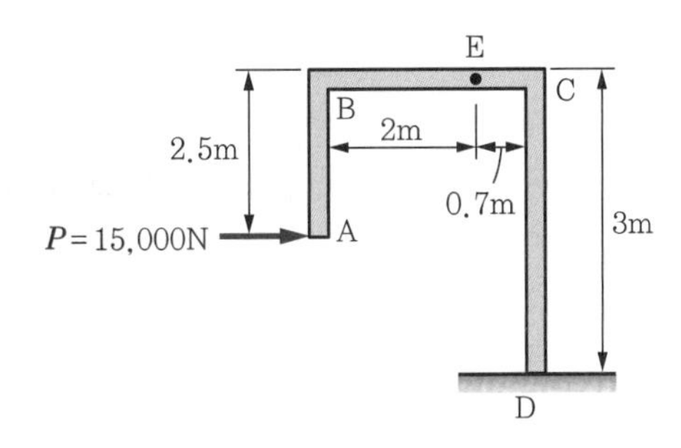

12 길이가 6m인 단순보가 있다. 자중으로 발생하는 강도 w[N/m]는 얼마인가? 단, 단면은 원형이고 직경이 20cm, 압축응력 $\sigma_c = 900\text{N/cm}^2$이다.

13 다음 그림과 같은 단순보에서 등분포하중과 축방향 인장력이 작용할 경우 자중을 무시할 때 이 보 속에 발생하는 최대 굽힘응력은? 단, 단면은 사각형이고 $b \times h = 20\text{cm} \times 10\text{cm}$이다.

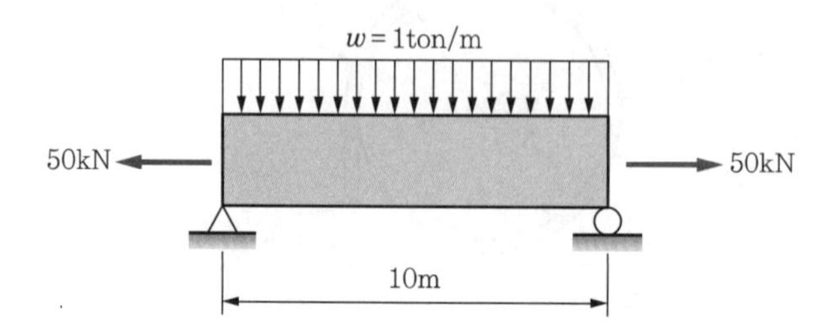

14 사각단면을 갖는 단순보가 있다. 전단력을 받아 중립축의 최대 전단응력 $\tau = 62\text{N/cm}^2$ 발생하였다면 이 보의 평균전단응력 τ_{mean}의 값을 구하라.

15 다음 그림과 같은 단면의 보에서 전단력이 60kN일 때 ab 경계면에서 발생하는 전단응력은 몇 N/cm^2인가?

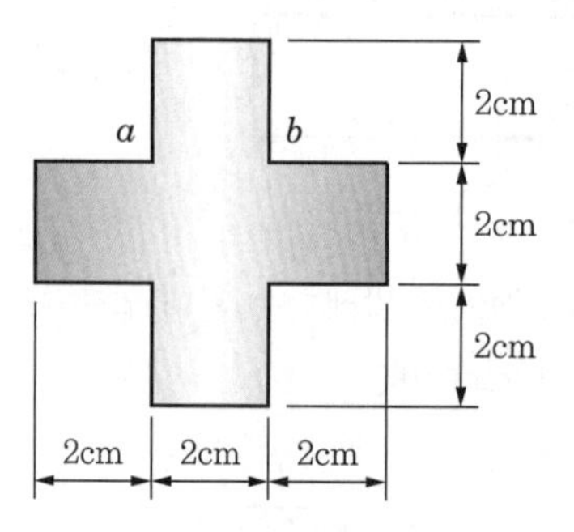

16 전단력 V를 받고 있는 직사각형 단면에서 A-A 단면에서 발생하는 전단응력의 크기를 구하는 식은?

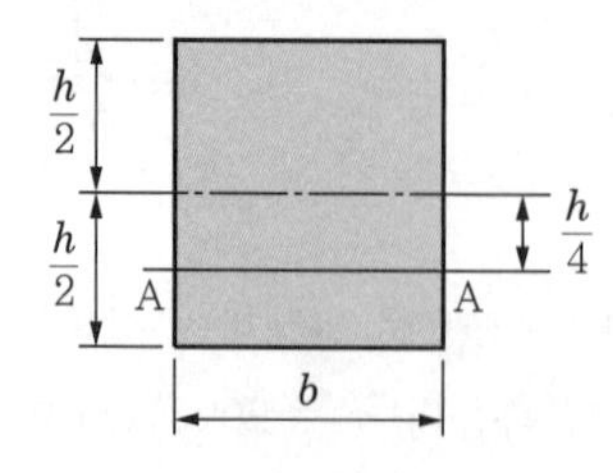

17 직경이 d인 원형단면에 전단력 V가 작용할 때 중립축에서 전단응력의 크기는?

18 전단력 100kN이 작용하는 그림과 같은 I형 단면에서 최대 전단응력은?

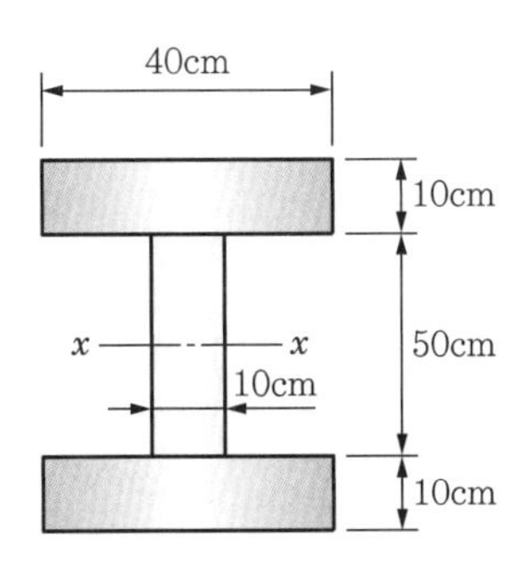

19 단면요소의 응력이 $\sigma_x = 14\text{kN/cm}^2$, $\sigma_y = -8\text{kN/cm}^2$, $\tau_{xy} = 10\text{kN/cm}^2$일 때 최대 주응력의 크기는 몇 kN/cm^2인가?

20 굽힘 모멘트가 30kN·cm, 비틀림 모멘트가 50kN·cm를 받는 축의 직경은 몇 cm로 하면 안전한가? 단, $\tau = 3.5\text{kN/cm}^2$, $\sigma_a = 5\text{kN/cm}^2$이다.

21 굽힘 모멘트 $M = 40\text{kN·cm}$를 받고 있는 축이 $N = 300\text{rpm}$으로 회전하고 있다. 축의 직경은 8cm로 할 때 몇 마력을 전달할 수 있는가? 단, 축의 허용 전단응력 $\tau_a = 4\text{kN/cm}^2$로 하고 최대 전단응력설에 의해 파손되는 것으로 한다.

22 다음 그림과 같은 단순보의 축이 기어에 의해 회전하고 있다. 기어의 무게가 200N이고 기어 피치원의 지름 50cm에 접선력 1,000N이 아래로 작용할 경우 단순보의 축 직경을 구하라. 단, 축 재료의 허용 전단응력 $\tau_a = 6{,}000\text{N/cm}^2$이다.

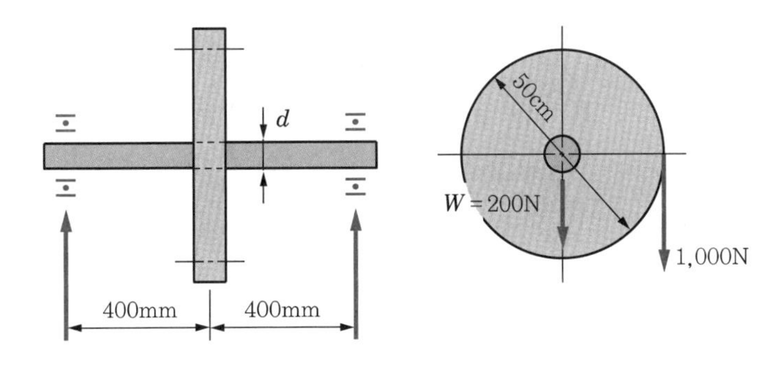

응용연습문제

01 같은 굽힘 모멘트 M_b를 받고 있는 두 보의 단면 모양이 그림 (a) 및 (b)와 같다. 이때 (b)에 발생한 최대 굽힘응력은 (a)에 발생한 최대 굽힙응력의 몇 배인가?

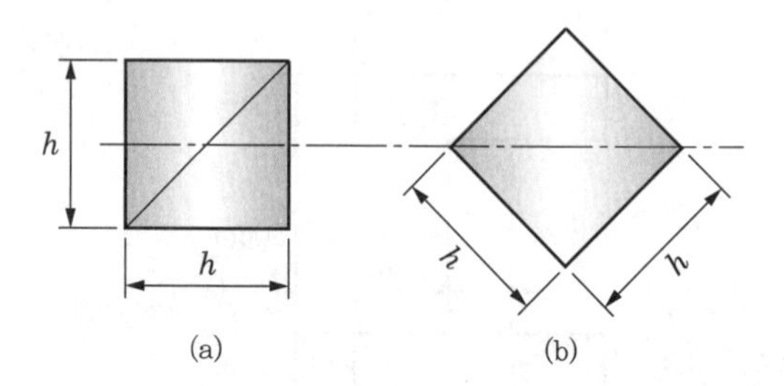

02 두께가 6mm인 연강 띠강판을 직경 1.5m인 원통형에 감았을 때 이 강판 띠에 발생하는 최대 굽힘응력은 몇 N/cm^2인가? 단, 연강의 $E = 200 \times 10^6 N/cm^2$이다.

03 다음 그림과 같이 보의 양단에 우력 $M_0 = 40kN \cdot cm$ 작용할 때 보에 생기는 최대 굽힘응력의 크기와 응력분포를 그리면?

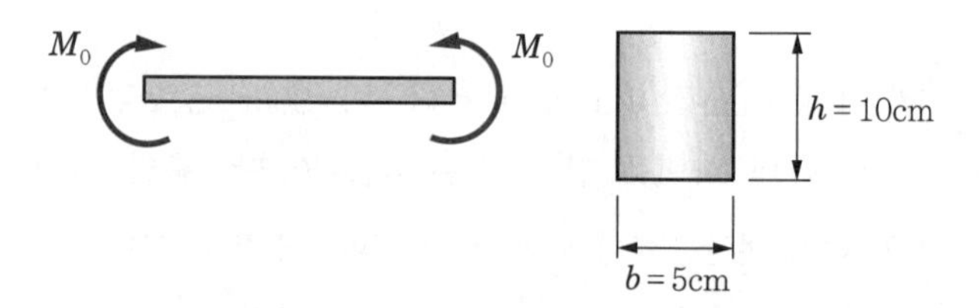

04 다음 그림과 같이 중공원형관으로 된 강관이 있다. 외경 $d_2 = 10cm$이고, 내경 $d_1 = 8cm$일 때 자중만으로 견딜 수 있는 스팬의 최대 길이는 몇 m인가? 단, 비중량 $\gamma = 9,000N/m^3$이고 허용응력 $\sigma_a = 1,000N/cm^2$이다.

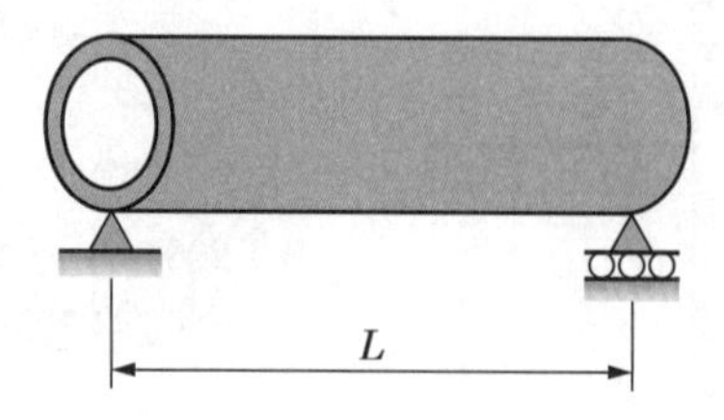

05 외팔보가 자유단에서 집중하중을 받아 최대 굽힘응력이 $\sigma_b = 2,000\text{N/cm}^2$ 발생하였다. 이 보의 길이 $L=2\text{m}$이고, 단면은 사각형으로 $b \times h = 10\text{cm} \times 5\text{cm}$일 때 얼마의 하중이 작용하는가?

06 다음 그림과 같은 사각단면에 전단력 $V=30\text{kN}$이 작용하고 있다면 중립축에서의 전단응력의 크기를 구하라.

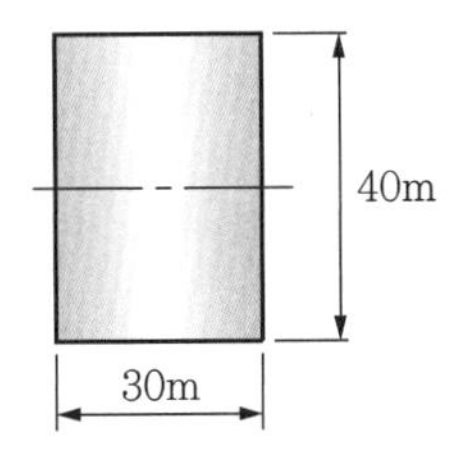

07 삼각형 단면을 갖는 보에서 전단력이 V일 때 최대 전단응력을 구하는 식은?

08 다음 그림과 같이 원형단면과 정사각형 단면의 보에서 두 단면의 단면적과 작용하는 전단력이 같을 때 정사각형 단면의 최대 전단응력은 원형단면의 최대 전단응력의 몇 배인가?

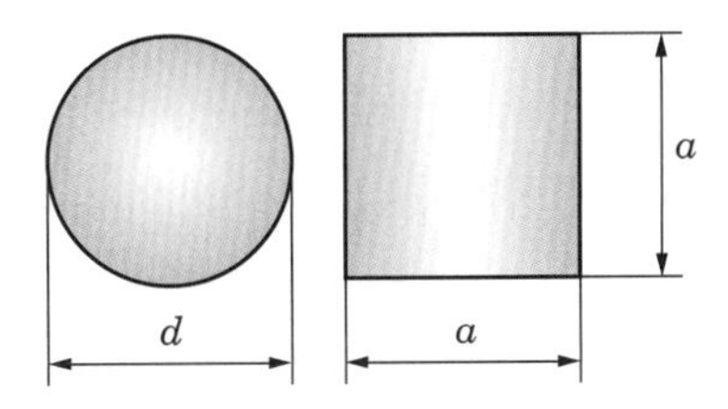

09 다음 그림과 같은 벨트 풀리가 동력을 전달하고 있다. 풀리의 무게가 1,000N이고 축 직경이 10cm일 때 최대 전단응력과 최대 굽힘응력의 크기는?

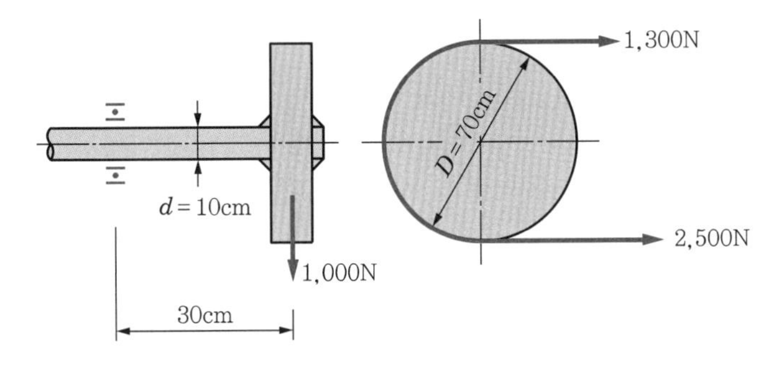

10 다음 그림과 같이 하단이 고정된 수직관이 상단에서 수평하중 900N을 받고 있다. 이 관의 단면계수 $Z=164\text{cm}^3$라면 이 관에 발생하는 전단응력 τ_{max}[N/cm²]는?

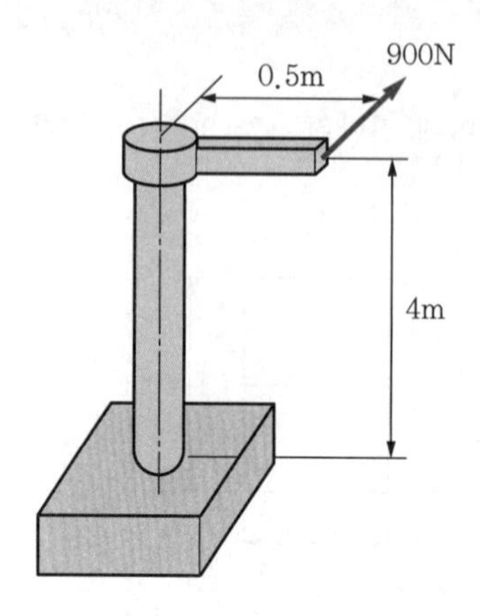

Mechanics of Materials

제8장

보의 처짐

8.1 개요

1 보의 처짐

탄성곡선(elastic curve)

보가 휨 작용을 받으면 극히 작은 양이지만 중립면은 굽어진다. 예를 들어 [그림 8-1]에서 단순보가 집중하중 P를 받으면 AB의 보가 굽어져서 중립면이 점선으로 표시한 것과 같은 곡선으로 된다. 이 곡선을 탄성곡선(elastic curve)이라고 부른다. 탄성곡선은 보의 전체 길이에 걸쳐 한 개의 원호로 될 때도 있지만, 일반적으로 1개의 호가 아닌 극히 짧은 부분의 원호로 되어 있다. 이때 원호의 반경을 곡률반경(radius of curvature)이라 부른다.

곡률반경 (radius of curvature)

굽힘 모멘트를 M, 종탄성계수를 E, 중립축에 대한 단면 2차 모멘트를 I라 하고, 곡률반경을 ρ라고 하면 곡률은 다음 식으로 주어진다(제7장 참조).

$$\frac{1}{\rho} = \frac{M}{EI} \tag{a}$$

강성계수

곡률

여기서 M/EI을 보의 강성계수, $1/\rho$을 곡률이라 하며, 이 값들의 크기에 따라 보의 굽힘 정도를 판단할 수 있다.

단면의 크기가 일정한 균일단면의 보에서는 E와 I가 일정하므로 굽힘 모멘트 M이 클수록 곡률이 커지고, 곡률반경 ρ는 작아진다. 즉 굽힘 모멘트 M과 곡률반경 ρ는 반비례하며, ρ는 M에 따라 변화한다. 일반적으로 보의 굽힘 모멘트는 보의 전 길이에 걸쳐 일정하지 않고 단면마다 다르므로 곡률반경은 보의 전 길이에 걸쳐 변한다.

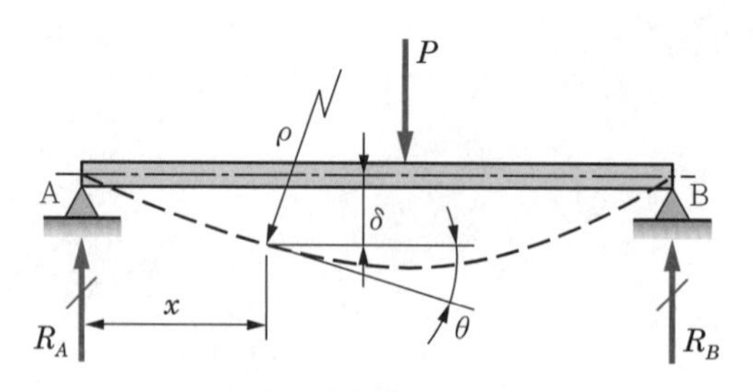

[그림 8-1] 단순보의 처짐

2 처짐각

[그림 8-1]에서 A단으로부터 임의의 거리 x점의 보의 위치가 AB 직선에서 δ만큼 처졌다고 하면 이 수직거리 δ를 처짐(deflection)이라 부르고, x점에서 탄성곡선에 그은 접선이 수평선과 맺는 각 θ를 그 점의 처짐각(angle of deflection) 또는 경사각(slope)이라 부른다. 보는 강도상 안전한 것만이 좋은 설계라고 할 수 없으며, 강성도(剛性度, stiffness)라 불리는 EI도 고려해야 하므로 처짐과 처짐각을 계산하여 설계하는 것이 좋다. 보의 처짐은 보의 조건, 보의 양단의 지지상태, 하중의 종류에 의하여 다르며, 탄성계수와 단면의 형상 등에 의하여 영향을 받는다. 이러한 처짐량을 구하는 방법에는 다음 세 가지가 있다.

처짐각(angle of deflection)

강성도

① 탄성곡선의 미분방정식을 풀어서 구하는 일반 기초식
② 면적 모멘트법(모어의 정리)에 의한 방법
③ 탄성에너지를 이용하는 방법

위와 같은 방법으로 처짐과 처짐각을 구해보자.

8.2 탄성곡선의 미분방정식

[그림 8-2]에서 탄성곡선의 임의의 점 좌단으로부터 x의 거리에 있는 m점의 처짐 y를 알기 위해 m점의 곡률반경을 ρ, 굽힘 모멘트를 M, 전단력을 V라 할

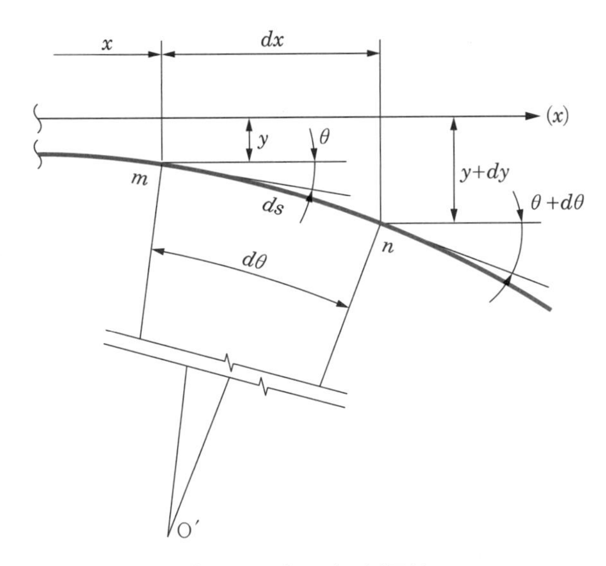

[그림 8-2] 보의 처짐곡선

때 곡률 $1/\rho$은 다음과 같이 구할 수 있다. 즉 탄성곡선상의 m점에서 미소길이 ds만큼 떨어진 점을 n이라 하고 좌단으로부터 $x+dx$에 있는 점이 된다. 이 점에서의 처짐은 $y+dy$가 되고, 회전각은 $\theta+d\theta$로서 dy와 $d\theta$는 m에서 n까지의 증가분이다.

다음은 m과 n점에 탄성곡선을 따라 접선을 그리고, 이 점에서 수직선을 그어 그 교점을 곡률중심 O′으로 한다. 그림에서 $ds=\rho d\theta$이므로 곡률 k는 다음 식과 같다.

$$k=\frac{1}{\rho}=\frac{d\theta}{ds} \tag{8.1}$$

부호규약

이 곡률은 부호규약([그림 7-4])에 의하여 양(+)의 값에 부응한다. 곡선상의 기울기는 1차 도함수 dy/dx이므로 dx가 미소거리로서 기울기가 회전각 θ의 탄젠트값과 같음을 알 수 있다.

$$\tan\theta=\frac{dy}{dx} \tag{a}$$

이러한 조건하에서 θ가 미소하면 $dx=ds\cos\theta$이고, $\cos\theta\simeq 1$이므로

$$dx=dx \tag{b}$$

가 된다. 결국 식 (8.1)은 다음과 같다.

$$\frac{1}{\rho}=\frac{d\theta}{dx} \tag{8.2}$$

또 식 (a)의 경우는 $\tan\theta\simeq\theta[\text{rad}]$이므로

$$\tan\theta\fallingdotseq\theta=\frac{dy}{dx} \tag{c}$$

이다. 이 식 (c)의 θ를 x에 관해 미분하면

$$\frac{d\theta}{dx}=\frac{d^2y}{dx^2} \tag{d}$$

가 된다. 그러므로 식 (d)와 식 (8.2)를 같게 놓으면 다음 식을 얻게 된다.

$$\frac{1}{\rho} = \frac{d\theta}{dx} = \frac{d^2y}{dx^2} \tag{8.3}$$

이상의 식들은 기하학적 고찰로부터 얻어진 식이 되고, 수학적 전개방법에 대하여는 생략한다. 식 (8.3)은 곡률과 보의 처짐과의 관계를 나타내는 식으로서 회전각이 작을 때 어떤 재료의 보에나 모두 이용된다. 그리고 보의 재료가 선형이고 훅의 법칙을 따른다면 제7장의 식 (7.5)의 곡률식은 다음과 같이 놓을 수 있다.

곡률식

$$\frac{1}{\rho} = \pm \frac{M}{EI} \tag{e}$$

식 (e)는 회전각이 작을 때는 물론 회전각이 클 때에도 적용되는 식이므로 식 (8.3)과 결합할 경우 다음과 같다.

$$\frac{1}{\rho} = \frac{d\theta}{dx} = \frac{d^2y}{dx^2} = \pm \frac{M}{EI} \tag{8.4}$$

이 식 (8.4)를 보의 처짐곡선의 기본 미분방정식이라 한다. 또 이 식은 부호규약에 의해 아래로 오목한 곡선에서 $\frac{d^2y}{dx^2}$는 양(+), 이와 반대로 아래쪽으로 볼록한 경우의 $\frac{d^2y}{dx^2}$는 음(−)이 된다. 그러므로 $\frac{d^2y}{dx^2}$의 부호는 굽힘 모멘트 M의 부호와 항상 반대가 됨을 알 수 있다. 따라서 [그림 8-3]과 같이 나타낼 수 있다.

처짐곡선의 기본 미분방정식

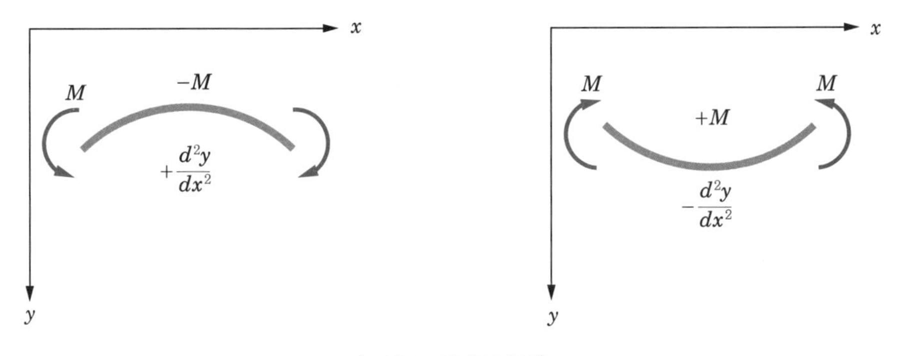

[그림 8-3] 부호규약

이상의 부호규약을 정리하면 다음과 같다.

부호규약

① x축은 우측 방향일 때, y축은 아래 방향일 때 양(+)이다.
② 회전각 θ는 x축으로부터 시계방향일 때 양(+)이다.
③ 처짐 y는 아래 방향일 때 양(+)이다.
④ 굽힘 모멘트 M은 보의 상단을 압축, 하단을 인장시킬 때 양(+)이다.
⑤ 곡률은 아래로 오목(위로 볼록)할 때 양(+)이다([그림 8-3]).

보의 처짐
처짐각

다음은 보의 처짐과 처짐각을 구하는 데 사용되는 기초식을 찾아보자. 식 (8.4)를 x에 관해 미분하고 제7장에서 정의된 식 $w=-dV/dx$와 $V=dM/dx$을 적용하면 다음과 같은 결과를 얻는다.

$$\frac{d^3y}{dx^3}=-\frac{1}{EI}\frac{dM}{dx}=-\frac{V}{EI} \tag{8.5}$$

$$\frac{d^4y}{dx^4}=-\frac{1}{EI}\frac{dV}{dx}=\frac{w}{EI} \tag{8.6}$$

여기서, V : 전단력
w : 등분포하중의 강도(N/m)

따라서 $\frac{dy}{dx}=y'$, $\frac{d^2y}{dx^2}=y''$, $\frac{d^3y}{dx^3}=y'''$, $\frac{d^4y}{dx^4}=y''''$ 형태의 프라임(prime)을 붙인 것으로 바꾸어 쓰면 앞서 구한 미분방정식들을 다음과 같이 간단히 정리할 수 있다.

$$\left.\begin{array}{ll} EIy''''=w\text{(분포하중)} & \text{(a)} \\ EIy'''=-V\text{(전단력)} & \text{(b)} \\ EIy''=-M\text{(굽힘 모멘트)} & \text{(c)} \\ EIy'=-\int Mdx\text{(처짐각)} & \text{(d)} \\ EIy=-\iint Mdx\text{(처짐)} & \text{(e)} \end{array}\right\} \tag{8.7}$$

경계조건
(boundary condition)

이 과정은 방정식을 계속 적분한 결과로서, 이때 생기는 적분상수는 경계조건(boundary condition)에 의해 구할 수 있다. 또 식 (8.7)은 거의 대부분 원하는 실제 목적을 만족시키나, 드문 경우 전단효과에 의한 추가적인 처짐도 고려해야 한다.

전단효과

8.3 처짐곡선 미분방정식의 적분에 의한 처짐각과 처짐

1 외팔보(cantilever beam)의 처짐(deflection)

외팔보의 처짐

(1) 균일 분포하중을 받는 경우

균일 분포하중

[그림 8-4]와 같은 길이 L인 외팔보에 단위길이당 하중 w가 작용할 때 좌측 A단으로부터 임의의 점 x에 있어서 굽힘 모멘트 M은 모멘트 평형조건식에 의해 다음과 같다.

$$M = -\frac{wx^2}{2}$$

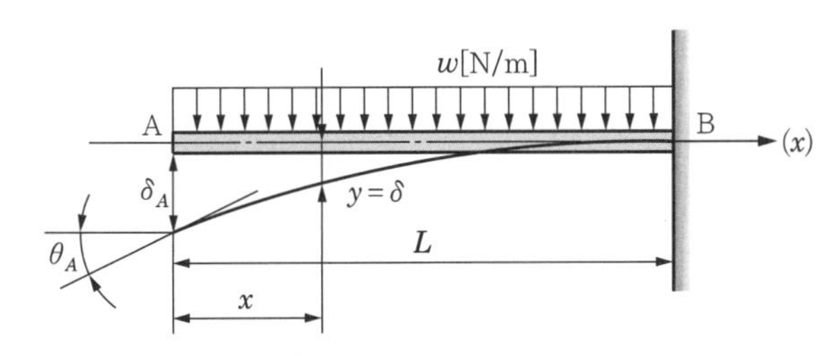

[그림 8-4] 외팔보 등분포하중의 처짐

따라서 식 (8.7) 중 (c)의 미분방정식은 다음과 같이 놓을 수 있다.

미분방정식

$$EIy'' = \frac{wx^2}{2}$$

이 식의 양변에 dx를 곱한 다음 두 번 적분하면

$$EIy' = \frac{wx^3}{6} + C_1 \quad \text{(a)}$$

$$EIy = \frac{wx^4}{24} + C_1 x + C_2 \quad \text{(b)}$$

를 얻게 되는데, 적분상수 C_1과 C_2는 다음과 같은 경계조건으로 구한다.

$x = L$에서 처짐각 $y' = 0$, 처짐 $y = 0$이므로 식 (a), (b)에 경계조건을 대입하면

$$C_1 = -\frac{wL^3}{6},\quad C_2 = \frac{wL^4}{8}$$

처짐각과 처짐의 방정식

이 된다. 그러므로 식 (a), (b)에 C_1과 C_2의 값을 대입할 경우 처짐각과 처짐의 방정식은 다음과 같다.

$$EIy' = \frac{wx^3}{6} - \frac{wL^3}{6}$$

$$\therefore\ y' = \theta = \frac{w}{6EI}(x^3 - L^3) \tag{8.8}$$

$$EIy = \frac{wx^4}{24} - \frac{wL^3}{6} + \frac{wL^4}{8}$$

$$\therefore\ y = \delta = \frac{w}{24EI}(x^4 - 4L^3x + 3L^4) \tag{8.9}$$

$x = 0$에서(자유단) 회전각 θ_A와 처짐 δ_A는 식 (8.8)과 (8.9)에 $x = 0$을 대입하여 구할 수 있다.

$$\left.\begin{aligned} \theta_A &= -\frac{wL^3}{6EI} = \theta_{\max} \\ \delta_A &= \frac{wL^4}{8EI} = \delta_{\max} \end{aligned}\right\} \tag{8.10}$$

최대 회전각

최대 처짐

이 값들은 최대 회전각과 최대 처짐을 나타낸다.

자유단에서 집중하중을 받는 경우

(2) 자유단에서 집중하중을 받는 경우

[그림 8-5]에서 보는 바와 같이 길이 L의 외팔보의 자유단에 집중하중 P가 작용할 때 A단으로부터 임의의 점 x 단면에서의 굽힘 모멘트 M은 모멘트 평형식에 의해 다음과 같다.

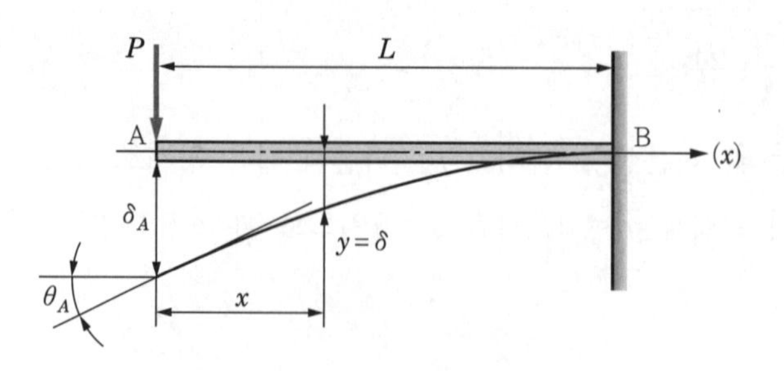

[그림 8-5] 외팔보 집중하중의 처짐

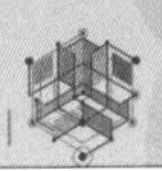

$$M = Px$$

결국 식 (8.7) 중 (c)의 미분방정식은 다음 식과 같이 쓸 수 있다.

미분방정식

$$EIy'' = Px$$

이 식의 양변에 dx를 곱하고 두 번 적분하면

$$EIy' = \frac{Px^2}{2} + C_1 \tag{a}$$

$$EIy = \frac{Px^3}{6} + C_1 x + C_2 \tag{b}$$

를 얻게 되는데, 적분상수 C_1과 C_2는 경계조건으로부터 구한다. 즉 $x = L$에서 처짐각 $y' = 0$, 처짐 $y = 0$이므로 식 (a), (b)에 경계조건을 적용하여 C_1과 C_2를 찾으면

$$C_1 = -\frac{PL^2}{2}, \quad C_2 = -\frac{PL^3}{3}$$

이 된다. 그러므로 처짐각과 처짐량의 일반식은 식 (a), (b)로부터

처짐각과 처짐량의 일반식

$$EIy' = \frac{Px^2}{2} - \frac{PL^2}{2}$$

$$\therefore \ y' = \theta = \frac{P}{2EI}(x^2 - L^2) \tag{8.11}$$

$$EIy = \frac{Px^3}{6} - \frac{PL^2}{2}x + \frac{PL^3}{3}$$

$$\therefore \ y = \delta = \frac{P}{6EI}(x^3 - 3L^2 x + 2L^3) \tag{8.12}$$

이다. 그리고 $x = 0$에서 처짐각과 처짐량이 최대가 되므로 식 (8.11)과 (8.12)에 적용하여 최대 처짐각과 최대 처짐량을 구하면 다음 식과 같다.

최대 처짐각

최대 처짐량

$$\left.\begin{aligned} \theta_A &= -\frac{PL^2}{2EI} = \theta_{max} \\ \delta_A &= \frac{PL^3}{3EI} = \delta_{max} \end{aligned}\right\} \tag{8.13}$$

(3) 외팔보가 점변하중을 받는 경우

[그림 8-6]과 같은 단위길이당 하중의 최대가 w_0인 삼각형 모양으로 분포된 하중을 받는 외팔보의 A점으로부터 임의의 점 x 단면에 있어서 굽힘 모멘트 M은 모멘트 평형식을 사용하여 다음과 같이 구할 수 있다.

$$M = -\frac{w_0 x^3}{6L}$$

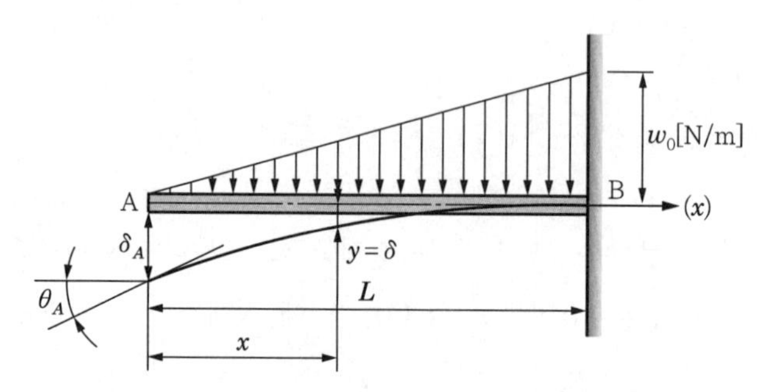

[그림 8-6] 외팔보 점변분포하중의 처짐

미분방정식

따라서 식 (8.7) (c)의 미분방정식은 다음과 같이 쓸 수 있다.

$$EIy'' = \frac{w_0 x^3}{6L}$$

이 식의 양변에 dx를 곱하고 두 번 적분하면 다음 식과 같다.

$$EIy' = \frac{w_0 x^4}{24L} + C_1 \quad \text{(a)}$$

$$EIy = \frac{w_0 x^5}{120L} + C_1 x + C_2 \quad \text{(b)}$$

$x = L$인 고정단에서 경계조건은 처짐각 $y' = 0$, 처짐 $y = 0$이므로 결국 식 (a), (b)로부터 경계조건을 대입하여 적분상수 C_1과 C_2를 찾으면

$$C_1 = -\frac{w_0 L^3}{24}, \quad C_2 = -\frac{w_0 L^4}{120} + \frac{w_0 L^4}{24} = \frac{w_0 L^4}{30}$$

이 된다. 그러므로 적분상수 C_1과 C_2를 식 (a), (b)에 대입할 경우, 보의 처짐각과 처짐에 관한 일반식을 얻을 수 있다.

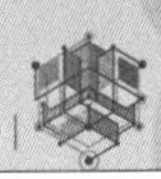

$$EIy' = \frac{w_0 x^4}{24L} - \frac{w_0 L^3}{24}$$

$$\therefore \ y' = \theta = \frac{w_0}{24EI}\left(\frac{x^4}{L} - L^3\right) \tag{8.14}$$

$$EIy = \frac{w_0 x^5}{120L} - \frac{w_0 L^3}{24}x + \frac{w_0 L^4}{30}$$

$$\therefore \ y = \delta = \frac{w_0}{120EI}\left(\frac{x^5}{L} - 5L^3 x + 4L^4\right) \tag{8.15}$$

자유단에서의 회전각 θ_A와 처짐량 δ_A는 식 (8.14)와 (8.15)에 대입하여 얻는다. 이때 최대 처짐각과 최대 처짐량은 $x=0$인 자유단에서 일어나므로 다음과 같이 된다.

최대 처짐각

최대 처짐량

$$\left.\begin{aligned} \theta_A &= -\frac{w_0 L^3}{24EI} = \theta_{\max} \\ \delta_A &= \frac{w_0 L^4}{30EI} = \delta_{\max} \end{aligned}\right\} \tag{8.16}$$

이와 같이 외팔보가 점변하중을 받을 때 보의 처짐각과 처짐량을 구할 수 있다.

(4) 자유단에서 우력(couple of forces) 모멘트 M_0를 받는 경우

자유단에서 우력 모멘트

[그림 8-7]과 같은 외팔보의 자유단에 우력 모멘트 M_0가 작용하는 경우, 보의 굽힘 모멘트 M은 굽힘 모멘트 평형식으로부터 다음과 같이 나타낼 수 있다. 이때 모멘트는 축 L에 걸쳐 일정한 값을 나타낸다.

$$M = -M_0$$

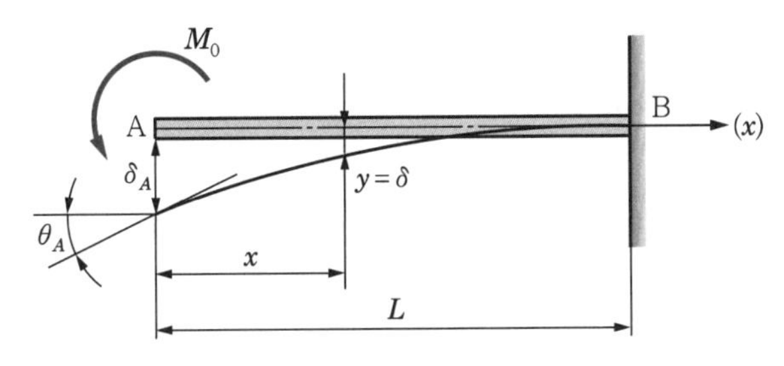

[그림 8-7] 외팔보에 우력 모멘트가 작용할 때의 처짐

미분방정식

그러므로 식 (8.7) (c)의 미분방정식은 다음 식으로 놓을 수 있다.

$$EIy'' = M_0$$

이 식의 양변에 dx를 곱하고 두 번 적분하면

$$EIy' = M_0 x + C \tag{a}$$

$$EIy = \frac{M_0 x^2}{2} + C_1 + C_2 \tag{b}$$

가 된다. 그리고 식 (a), (b)의 적분상수는 경계조건으로 구한다. 즉 $x = L$인 고정단에서 처짐각 $y' = 0$, 처짐 $y = 0$이므로 식 (a), (b)에 경계조건을 적용하여 C_1과 C_2를 찾으면

$$C_1 = -M_0 L, \quad C_2 = \frac{M_0 L^2}{2}$$

처짐각과 처짐의 일반식

이 된다. 따라서 식 (a), (b)로부터 처짐각과 처짐의 일반식은 다음과 같다.

$$EIy' = M_0 x - M_0 L$$

$$\therefore \ y' = \theta = \frac{M_0}{EI}(x - L) \tag{8.17}$$

$$EIy = \frac{M_0 x^2}{2} - M_0 L x + \frac{M_0}{2} L^2$$

$$\therefore \ y = \delta = \frac{M}{2EI}(x^2 - 2Lx + L^2) \tag{8.18}$$

최대 처짐각

최대 처짐량

이때 자유단에서 최대 처짐각과 최대 처짐량을 갖게 되고, 식 (8.17)과 (8.18)에 $x = 0$을 대입하면 그 크기는 다음 식과 같다.

$$\left.\begin{aligned} \theta_A &= -\frac{M_0 L}{EI} = \theta_{max} \\ \delta_A &= \frac{M_0 L^2}{2EI} = \delta_{max} \end{aligned}\right\} \tag{8.19}$$

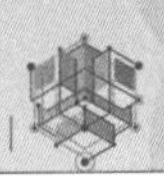

2 단순보(simple beam)의 처짐(deflection)

단순보(simple beam)의 처짐(deflection)

(1) 균일 분포하중을 받는 경우

균일 분포하중

[그림 8-8]과 같은 단위길이당 하중 w(강도)의 등분포하중(uniformly load)을 받는 단순보에서 임의의 거리 x 단면의 굽힘 모멘트 M은 모멘트 평형식에 의해 다음과 같이 나타낼 수 있다.

$$M=\frac{wL}{2}x-\frac{w}{2}x^2$$

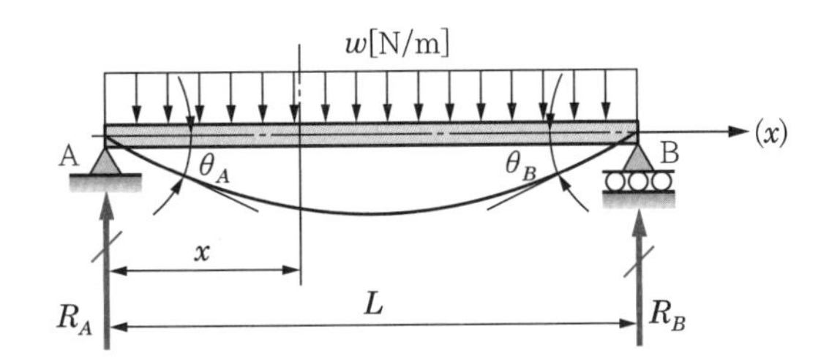

[그림 8-8] 단순보 등분포하중의 처짐

따라서 식 (8.7) 중 (c)는 다음과 같이 미분방정식으로 놓을 수 있다.

미분방정식

$$EIy''=-\frac{wL}{2}x+\frac{w}{2}x^2$$

이 식의 양변에 dx를 곱한 다음 두 번 적분하면

$$EIy'=-\frac{wL}{4}x^2+\frac{wx^3}{6}+C_1 \qquad \text{(a)}$$

$$EIy=-\frac{wL}{12}x^3+\frac{w}{24}x^4+C_1x+C_2 \qquad \text{(b)}$$

가 된다. 식 (a), (b)에 경계조건을 대입할 경우, 즉 $x=\frac{L}{2}$일 때 기울기각 $y'=0$, $x=0$과 L에서 처짐 $y=0$이 되고, 식 (a), (b)에 경계조건을 적용시켜 적분상수 C_1과 C_2를 찾으면 다음과 같다.

$$0=-\frac{wL}{4}\left(\frac{L}{2}\right)^2+\frac{w}{6}\left(\frac{L}{6}\right)^3+C_1$$

$$\therefore\ C_1=\frac{wL^3}{24}$$

처짐각과 처짐의 일반식

그리고 $C_2 = 0$이므로 C_1과 C_2의 값을 식 (a), (b)에 대입하여 처짐각과 처짐의 일반식을 얻을 수 있다.

$$EIy' = -\frac{wL}{4}x^2 + \frac{w}{6}x^3 + \frac{wL^3}{24}$$

$$\therefore \; y' = \theta = \frac{w}{24EI}(4x^3 - 6Lx^2 + L^3) \qquad (8.20)$$

$$EIy = -\frac{wL}{12}x^3 + \frac{wx^4}{24} + \frac{wL^3}{24}x$$

$$\therefore \; y = \delta = \frac{wx}{24EI}(L^3 - 2Lx + x^3) \qquad (8.21)$$

최대 처짐각

최대 처짐량

이 식 (8.20)과 (8.21)은 보의 임의의 위치에서의 처짐각과 처짐량을 나타내는 식이다. 이 식으로부터 최대 처짐각은 $x = 0$과 L에서 일어나며, 최대 처짐량은 보의 중앙에서 일어남을 알 수 있다. 그러므로 식 (8.20)과 (8.21)에 적용하여 그 값의 크기를 다음과 같이 얻을 수 있다.

$x = 0$일 때

$$\theta_A = \frac{wL^3}{24EI} = \theta_{max}$$

$x = L$일 때

$$\theta_B = -\frac{wL^3}{24EI} = -\theta_A$$

또 최대 처짐량은 다음과 같다.

$$\delta_{max} = \delta\Big)_{x=\frac{L}{2}} = \frac{5wL^4}{384EI} \qquad (8.22)$$

집중하중

(2) 집중하중 P를 받는 경우

[그림 8-9]와 같은 단순보의 임의의 점 C에 집중하중 P가 작용할 경우 지지점에서의 회전각 θ_A와 θ_B, 하중점에서의 처짐 δ_C를 생각해보자.

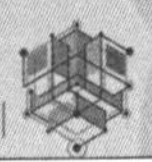

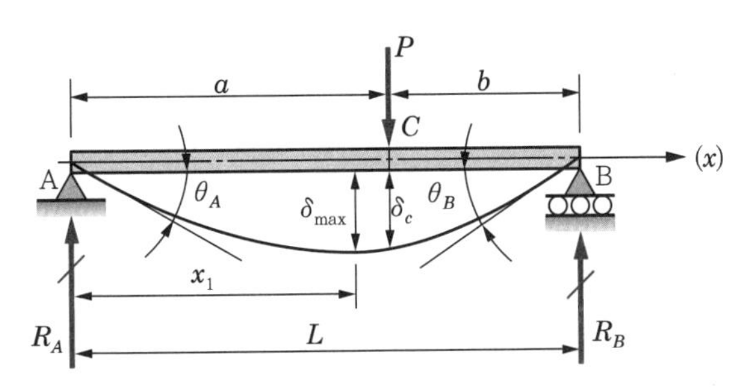

[그림 8-9] 단순보 집중하중의 처짐

먼저 구간 $0 < x < a$와 $a < x < L$ 단면 내의 굽힘 모멘트 M에 대하여 알아보자. 구간 $0 < x < a$에서 모멘트 평형식을 적용하면

$$M = \frac{Pb}{L}x$$

가 되고, 구간 $a < x < L$에서 모멘트 평형식으로부터

$$M = \frac{Pb}{L}x - P(x-a)$$

가 된다. 위 식을 식 (8.7) (a)의 미분방정식에 적용할 경우 다음 식과 같다.

미분방정식

$$EIy'' = -\frac{Pb}{L}x, \quad 구간(0 < x < a) \tag{a}$$

$$EIy'' = -\frac{Pb}{L}x + P(x-a), \quad 구간(a < x < L) \tag{b}$$

식 (a), (b)의 양변에 dx를 곱하고 각각 두 번 적분하면

• 구간 $0 < x < a$에서

$$EIy' = -\frac{Pb}{2L}x^2 + C_1 \tag{c}$$

$$EIy = -\frac{Pb}{6L}x^3 + C_1x + C_2 \tag{d}$$

• 구간 $a < x < L$에서

$$EIy' = -\frac{Pb}{2L}x^2 + \frac{P}{2}(x-a)^2 + D_1 \tag{e}$$

$$EIy = -\frac{Pb}{6L}x^3 + \frac{P}{2}(x-a)^3 + D_1x + D_2 \quad \text{(f)}$$

를 얻는다. 위 방정식들에 나타나는 적분상수 C_1, C_2, D_1, D_2의 4개의 적분상수는 다음 조건들에 의해 구할 수 있다.

① $x = a$에서 보의 두 구간에 대한 처짐각 y'이 서로 같다.
② $x = a$에서 보의 두 구간에 대한 처짐 y가 서로 같다.
③ $x = 0$과 L에서 처짐이 $y = 0$이다.

따라서 ①의 조건으로부터 $x = a$에서 기울기 각이 같으므로 식 (c)=식 (e)라고 하면

$$-\frac{Pb}{2L}a^2 + C_1 = -\frac{Pb}{2L}a^2 + D_1$$

이 되고, 결국 $C_1 = D_1$임을 알 수 있다. ②의 조건으로부터 $x = a$일 때 처짐량이 같으므로 식 (d)=식 (f)라고 하면

$$-\frac{Pb}{6L}a^3 + C_1a + C_2 = -\frac{Pb}{6L}a^3 + D_1a + D_2$$

이다. 이 식에서 $C_2 = D_2$가 됨을 알 수 있다. 마지막으로 조건 ③을 식 (d)와 (f)에 적용시키면 (d)에서 $x = 0$을 대입할 때 $C_2 = 0 = D_2$, (f)에서 $x = L$일 때 $0 = -\frac{Pb}{6}L^2 + \frac{P}{6}b^3 + D_1L$이 된다. 따라서

$$D_1 = \frac{Pb}{6L}(L^2 - b^2) = C_1$$

처짐각과 처짐의 일반식

이다. 이상의 결과로부터 처짐각과 처짐의 일반식은 식 (c), (d), (e), (f)에 적분상수값을 대입함으로써 얻을 수 있다. 즉,

- 구간 $0 < x < a$의 경우

$$EIy' = -\frac{Pb}{2L}x^2 + \frac{Pb}{6L}(L^2 - b^2)$$

$$\therefore\ y' = \theta = \frac{Pb}{6EIL}(L^2 - b^2 - 3x^2) \quad (8.23)$$

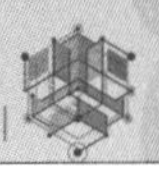

$$EIy = -\frac{Pb}{6L}x^3 + \frac{Pb}{6L}x(L^2 - b^2)$$

$$\therefore\ y = \delta = \frac{Pbx}{6EIL}(L^2 - b^2 - x^2) \tag{8.24}$$

• 구간 $a < x < L$의 경우

$$EIy' = -\frac{Pb}{2L}x^2 + \frac{P}{2}(x-a)^2 + \frac{Pb}{6L}(L^2 - b^2)$$

$$\therefore\ y' = \theta = \frac{Pb}{6EIL}\left[(L^2 - b^2) - 3x^2 + \frac{3L}{b}(x-a)^2\right] \tag{8.25}$$

$$EIy = -\frac{Pb}{6L}x^3 + \frac{P}{6}(x-a)^3 + \frac{Pb}{6L}x(L^2 - b^2)$$

$$\therefore\ y = \delta = \frac{Pb}{6EIL}\left[(L^2 - b^2)x - x^3 + \frac{L}{6}(x-a)^3\right] \tag{8.26}$$

가 된다. 이 식들로부터 처짐곡선상의 임의의 점에서의 기울기각과 처짐을 계산할 수 있다. 보의 양단에서 처짐각을 알아보기 위해 식 (8.23)에 $x = 0$, 식 (8.25)에 $x = L$을 각각 대입하여 계산하면 다음과 같다.

임의의 점에서의 기울기각과 처짐

$$\theta)_{x=0} = \theta_A = \frac{Pb}{6EIL}(L^2 - b^2) = \frac{Pab}{6EIL}(L+b) \tag{8.27}$$

$$\begin{aligned}
\theta)_{x=L} = \theta_B &= \frac{Pb}{6EIL}[(L^2 - b^2) - 3L^2 + 3Lb] \\
&= \frac{Pb}{6EIL}[(L+b)(L-b) + 3Lb - 3L^2] \\
&= \frac{Pb}{6EIL}[(L+b)a - 3L(L-b)] \\
&= -\frac{Pab}{6EIL}[3L - (L+b)] \\
&= -\frac{Pab}{6EIL}(L+a)
\end{aligned} \tag{8.28}$$

하중의 작용점 C에서 보의 처짐은 식 (8.24)와 (8.26)에 $x = a$를 대입하여 계산한다. 따라서

$$\delta_c = \frac{Pab}{6EIL}(L^2 - b^2 - a^2)$$
$$= \frac{Pab}{6EIL}[(L+b)(L-b) - a^2]$$
$$= \frac{Pa^2b^2}{3EIL} \quad (8.29)$$

이다. 다음으로 좌단 A점으로부터의 최대 처짐의 위치 x_1은 $a \geq b$로 할 때 $0 < x_1 < a$에서 찾을 수 있다. 그러므로 최대 처짐은 기울기각(처짐각)이 0인 점에서 일어나게 되고, 식 (8.23)으로부터

$$0 = \frac{Pb}{6EIL}(L^2 - b^2 - 3x^2)$$

과 같이 나타낼 수 있으며, 결국

$$L^2 - b^2 - 3x^2 = 0$$

이다. 따라서

$$x = x_1 = \sqrt{\frac{L^2 - b^2}{3}} \quad (8.30)$$

최대 처짐

을 얻게 된다. 이 식을 식 (8.24)에 대입하면 최대 처짐은 다음과 같다.

$$\delta_{\max} = y\Big)_{x=\sqrt{\frac{L^2-b^2}{3}}} = \frac{Pb}{9\sqrt{3}\,EI}\sqrt{(L^2 - b^2)^3} \quad (8.31)$$

만약 하중 P가 중앙에 작용한다면 $a = b = \frac{L}{2}$이 되며, 앞의 결과식들은 다음과 같이 나타낼 수 있다.

$$y' = \theta = \frac{P}{16EI}(L^2 - 4x^2)$$

처짐각

따라서 $x = 0$과 L에서 처짐각은 다음 식과 같다.

$$\left.\begin{aligned} \theta_A &= \frac{PL^2}{16EI} \\ \theta_B &= -\theta_A = -\frac{PL^2}{16EI} \end{aligned}\right\} \quad (8.32)$$

또한 처짐량은

처짐량

$$y = \delta = \frac{Px}{48EI}(3L^3 - 4x^2) \tag{8.33}$$

이다. $x = \frac{L}{2}$에서 최대 처짐이 발생되고

최대 처짐

$$\delta_{\max} = \delta\Big)_{x=\frac{L}{2}} = \frac{PL^3}{48EI} \tag{8.33}'$$

이 된다.

(3) 우력 모멘트 M_0를 받는 경우

우력 모멘트

[그림 8-10]에 표시된 바와 같은 AB 양 단이 지지된 단순보의 오른쪽 지점 B에 우력 모멘트 M_0가 작용할 경우의 처짐에 대하여 살펴보자. 보의 좌측 A단으로부터 임의의 점 x 단면의 굽힘 모멘트 M은 모멘트 평형조건식에 의해 다음과 같다.

$$M = \frac{M_0}{L}x$$

이 식에 식 (8.7) 중 (c)의 처짐에 대한 미분방정식을 적용시키면 다음 식이 된다.

미분방정식

$$EIy'' = -\frac{M_0}{L}x$$

이 식의 양변에 dx를 곱하고 두 번 적분하면 다음과 같다.

$$EIy' = -\frac{M_0}{2L}x^2 + C_1 \tag{a}$$

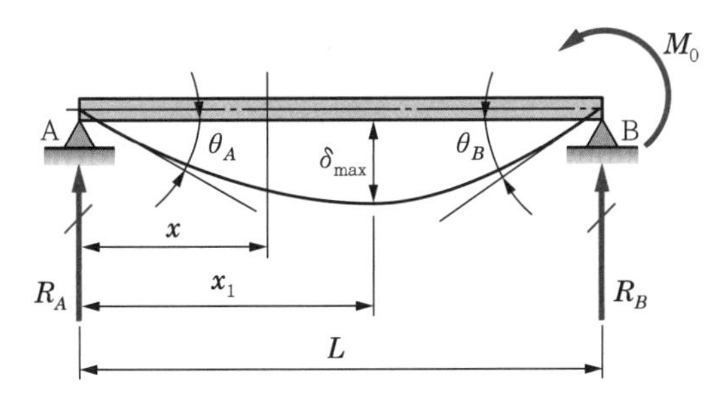

[그림 8-10] 단순보 우력 모멘트가 작용할 때 처짐

$$EIy = -\frac{M_0}{6L}x^3 + C_1x + C_2 \tag{b}$$

위 식 (a), (b)의 적분상수는 경계조건으로 찾는다. 즉 $x=0$과 $x=L$에서 처짐 $y=0$이므로 결국 $C_2=0$, $C_1=\frac{M_0}{6}L$이 된다. 이 적분상수 C_1과 C_2를 식

처짐각과 처짐의 일반식

(a), (b)에 대입하여 정리할 경우 처짐각과 처짐의 일반식을 얻을 수 있다.

$$EIy' = -\frac{M_0}{2L}x^2 + \frac{M_0}{6}L$$

$$\therefore\ y' = \theta = \frac{M_0}{6EIL}(L^2 - 3x^2) \tag{8.34}$$

$$EIy = -\frac{M_0}{6L}x^3 + \frac{M_0}{6}Lx$$

$$\therefore\ y = \delta = \frac{M_0 x}{6EIL}(L^2 - x^2) \tag{8.35}$$

식 (8.34)와 (8.35)를 이용하여 보의 임의점 x에서의 처짐각과 처짐량을 구할 수 있다. 이 식으로부터 최대 처짐의 위치와 최대 처짐량을 구해보자. 이때 최대 처짐점에서 처짐각이 0이 되므로 식 (8.34)를 0으로 놓고 x_1을 찾으면

$$0 = L^2 - 3x^2$$

$$\therefore\ x = x_1 = \frac{L}{\sqrt{3}}$$

최대 처짐량

이 된다. 이 값을 처짐의 식 (8.35)에 대입시켜 최대 처짐량을 구하면 다음과 같다.

$$\delta_{\max} = y\Big)_{x=\frac{L}{\sqrt{3}}} = \frac{M_0 L^2}{9\sqrt{3}\,EI} \tag{8.36}$$

다음은 지지된 점 A와 B에서의 기울기각(처짐각)을 알아보자. 이 경우 식 (8.34)에 $x=0$, $x=L$을 대입시켜 다음의 결과를 얻을 수 있다.

$$\left.\begin{aligned} \theta)_{x=0} &= \theta_A = \frac{M_0 L}{6EI} \\ \theta)_{x=L} &= \theta_B = -\frac{M_0 L}{3EI} \end{aligned}\right\} \tag{8.37}$$

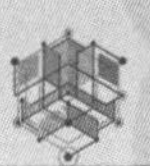

예제 8.1

등분포하중을 받는 외팔보가 사각단면의 높이 h를 길이의 1/10으로 하였을 때 최대 처짐은 길이의 몇 배인가? 단, $E=20\times10^6$N/cm^2, $\sigma_a=11\times10^3$N/cm^{2}이다.

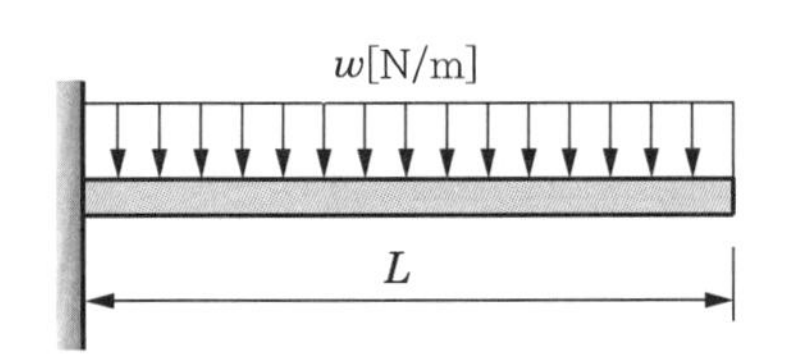

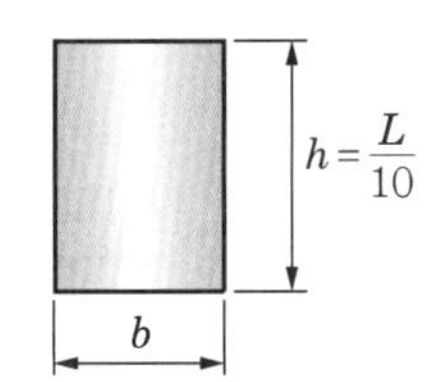

풀이 $M_{max}=\dfrac{wL^2}{2}$(고정단에 발생) ……… ①

또 $M_{max}=\dfrac{\sigma I}{\dfrac{h}{2}}\left(\text{단, } Z=\dfrac{I}{e}=\dfrac{I}{\dfrac{h}{2}}\right)$ ……… ②

① = ②이므로

$$\rightarrow \frac{wL^2}{2}=\frac{\sigma I}{\dfrac{h}{2}}=\frac{\sigma I}{\dfrac{L}{2}\times10}=\frac{20\times11{,}000}{L}\times1$$

$$\rightarrow \frac{wL^3}{I}=20\times11{,}000\times2=440\times10^3$$

$$\therefore \frac{\delta}{L}=\frac{\dfrac{wL^4}{8EI}}{L}=\frac{wL^3}{8EI}=\frac{wL^3}{I}\times\frac{1}{8E}$$

$$=440\times10^3\times\frac{1}{8\times20\times10^6}=\frac{1}{363.64}$$

예제 8.2

다음 그림과 같은 단순보가 임의의 위치에 집중하중 P가 작용할 때 A지점의 θ_A와 B지점의 θ_B의 비는?

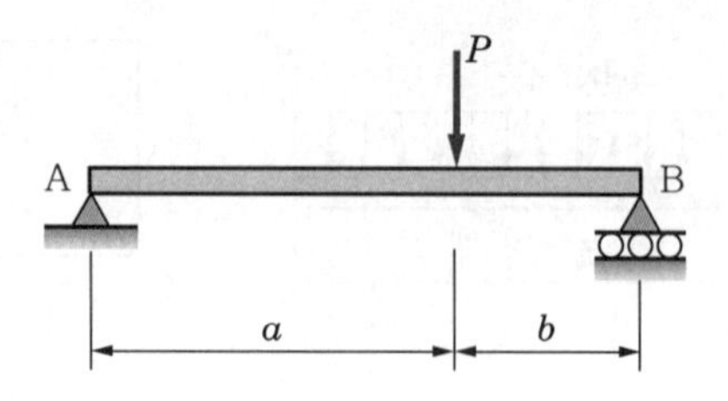

풀이 $\theta_A = \dfrac{Pab(L+b)}{6EIL}$, $\theta_B = \dfrac{Pab(L+a)}{6EIL}$ 이므로

$$\therefore\ \frac{\theta_A}{\theta_B} = \frac{L+b}{L+a} = \frac{1+\dfrac{b}{L}}{1+\dfrac{a}{L}} = \frac{1+\dfrac{L-a}{L}}{1+\dfrac{a}{L}} = \frac{2-\dfrac{a}{L}}{1+\dfrac{a}{L}}$$

예제 8.3

다음 그림과 같은 외팔보에 점변분포하중이 작용하는 경우 B점에서의 처짐각과 처짐은? 단, $w_0 = 50\text{N/cm}$, $b \times h = 10\text{cm} \times 15\text{cm}$, $E = 20 \times 10^6 \text{N/cm}^2$이다.

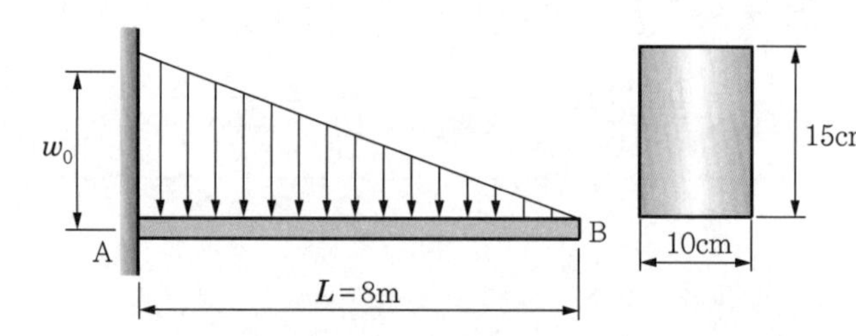

풀이 $\delta_B = \dfrac{w_0 L^4}{30EI}$, $\theta_B = \dfrac{w_0 L^3}{24EI}$ 이므로

$$\therefore\ \delta_B = \frac{12 \times 50 \times 800^4}{30 \times 20 \times 10^6 \times 10 \times 15^3} \fallingdotseq 12.14\text{cm}$$

$$\theta_B = \frac{12 \times 50 \times 800^3}{24 \times 20 \times 10^6 \times 10 \times 15^3} \fallingdotseq 0.019\,\text{rad}$$

$$= 0.019 \times \frac{180}{\pi} \fallingdotseq 1.087°$$

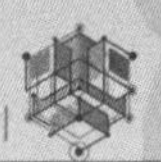

예제 **8.4**

다음 그림과 같은 사각단면의 외팔보가 등분포하중 $w=50$N/cm를 받고 있다. C점과 B점에서의 처짐은? 단, $E=21\times10^6$N/cm^2, $b\times h=20$cm×30cm이다.

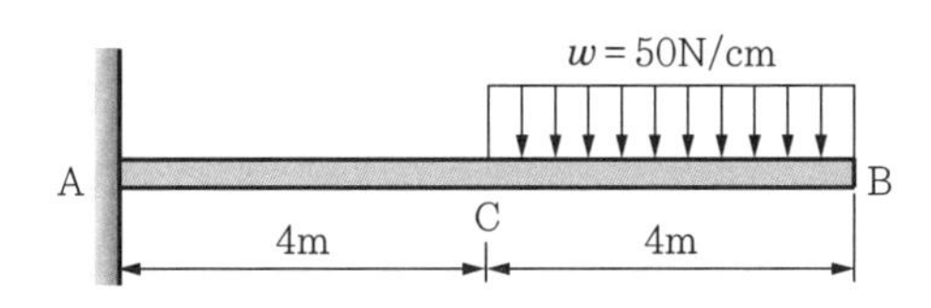

풀이 $\delta_B=\dfrac{41wL^4}{384EI}$, $\delta_C=\dfrac{7wL^4}{192EI}$이므로

$$\therefore\ \delta_B=\frac{12\times41\times50\times800^4}{384\times21\times10^6\times20\times30^3}=2.314\text{cm}$$

$$\delta_C=\frac{12\times7\times50\times800^4}{192\times21\times10^6\times20\times30^3}=0.79\text{cm}$$

예제 **8.5**

다음 그림과 같은 캔틸레버보(외팔보)의 최대 처짐을 구하여라. 단, $E=20\times10^6$ N/cm^2, $I=10^5$cm^{4}이다.

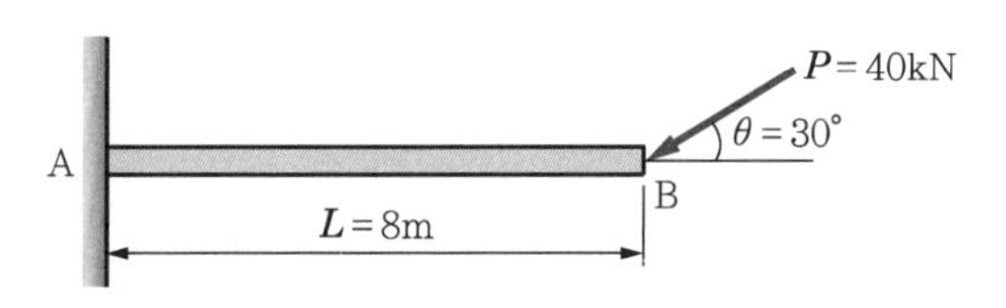

풀이 힘을 분해하면 다음 그림과 같다.

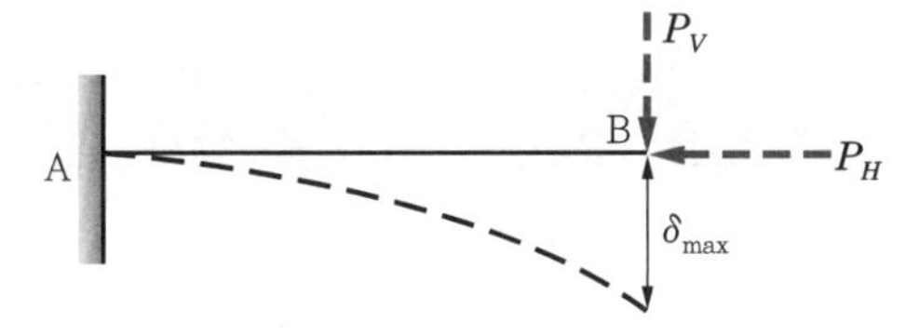

$$P_V=P\sin30°=\frac{P}{2}=20\text{kN}$$

$P_H=P\cos30°$ (여기서 P_H는 처짐에 영향이 없다)

외팔보의 집중하중 P_V 상태와 같게 되므로

$$\therefore\ \delta_{max}=\frac{P_VL^3}{3EI}=\frac{20{,}000\times800^3}{3\times20\times10^6\times10^5}\fallingdotseq1.71\text{cm}$$

예제 8.6

다음 그림과 같은 단순보의 하중상태에서 임의의 x 구간 분포하중이 $w_x = w_0 \sin\left(\frac{\pi}{L}x\right)$ 일 때 중앙점의 처짐을 구하라. 단 $w_0 = 600$N/cm, $E = 20\times10^6$N/cm^2, $I = \frac{\pi\times10^4}{64}$ cm^{4}이고, 보의 단면은 원형이다.

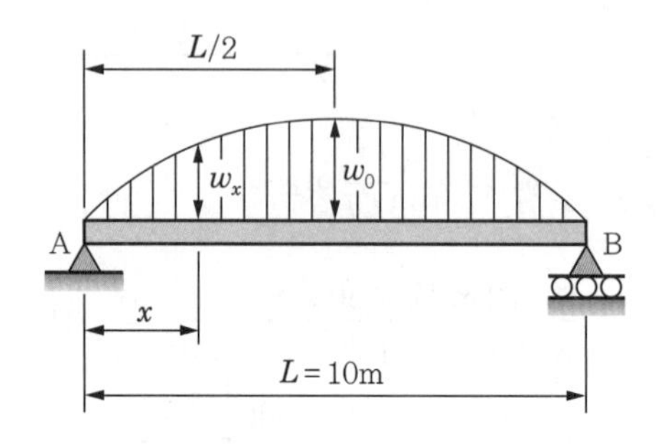

풀이 $y_x = \delta_x = \frac{w_0 L^4}{EI\pi^4}\sin\left(\frac{\pi}{L}x\right)$이다.

중앙점은 $x = \frac{L}{2}$이므로

$$\delta_{\frac{L}{2}} = \frac{w_0 L^4}{\pi^4 EI}\sin\left(\frac{\pi}{L}\times\frac{L}{2}\right) = \frac{w_0 L^4}{\pi^2 EI}$$

$$\therefore\ \delta_{\max} = \delta_{\frac{L}{2}} = \frac{64\times600\times1{,}000^4}{\pi^2\times20\times10^6\times\pi\times10^4} = 62.0\text{cm}$$

8.4 모멘트 면적법

모멘트 면적법 (moment-area method)

앞 절에서 탄성곡선(처짐곡선)의 미분방정식으로부터 처짐각과 처짐을 구해보았다. 이 절에서는 굽힘 모멘트 선도를 이용하여 도식적으로 간단히 구하는 모멘트 면적법(moment-area method)에 대하여 알아보자. 이 방법은 특정 부분의 처짐이나 처짐각을 구하려고 할 때 유용하다.

[그림 8-11]의 곡률이 양(+)인 처짐곡선의 일부분인 AB 구간을 살펴보자. 이때 곡선상의 AB에 대응되는 굽힘 모멘트 선도구간은 ab가 된다. 곡선상의 임의

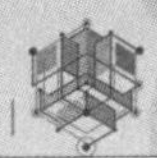

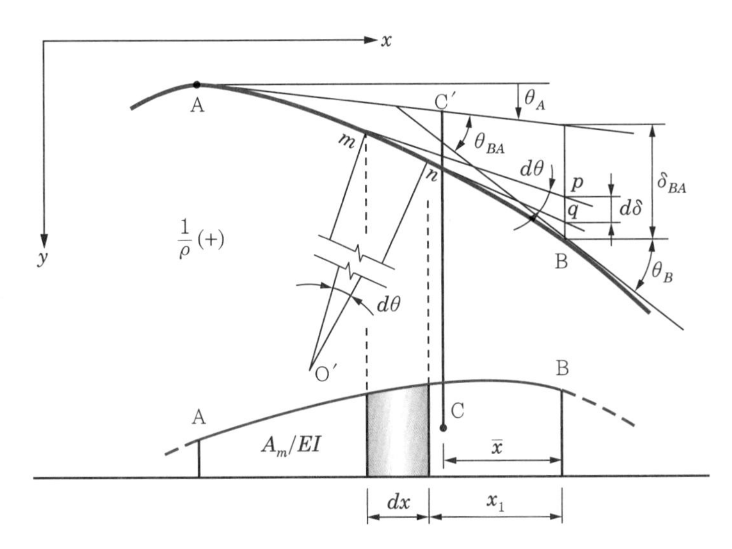

[그림 8-11] 굽힘 모멘트 선도에 의한 처짐각과 처짐량

의 점 m과 n에 접선과 법선을 긋고 두 선이 만나는 점을 O′으로 하고 사잇각을 $d\theta$라고 할 때, 미소거리 ds는 $\rho d\theta$가 된다. 따라서 앞 절의 식 (8.4)로부터 다음 식으로 정리될 수 있다.

$$d\theta = \frac{1}{\rho}dx = -\frac{M}{EI}ds \tag{a}$$

여기가 ds가 아주 작은 거리라면 $ds \simeq dx$의 관계가 성립되고, 식 (a)는 다음과 같다.

$$d\theta = -\frac{M}{EI}dx \tag{b}$$

위 식 (b)는 [그림 8-11]의 아래에 있는 M/EI 선도의 빗금 친 부분의 면적으로서 기하학적 방법에 의해 간단히 해석할 수 있다. 식 (a)를 적분하여 A점과 B점 사이의 접선각 θ를 구하면 다음과 같다.

기하학적 방법

$$\theta_{BA} = \int_A^B d\theta = -\int_A^B \frac{M}{EI}dx \tag{8.38}$$

또는

$$\theta_{BA} = -\frac{A_M}{EI} \text{ (여기서, } A_M \text{ : 굽힘 모멘트 선도의 AB 사이 면적)}$$

모어(Mohr)의 제1정리

이 되고, 이와 같은 표현방법을 모어(Mohr)의 제1정리라고 한다. 식 (8.38)의 좌측변 θ_{BA}는 B점과 A점에서의 접선 사이 상대각이며, 우측변의 적분식은 A점과 B점 사이 M/EI 선도의 면적과 같다. 이 M/EI 선도의 면적값은 대수적인 양이므로, 굽힘 모멘트의 부호에 따라 양(+) 또는 음(−)의 값을 가진다([그림 8-11]의 경우는 θ_{BA}가 M/EI 선도 면적의 음(−)의 값과 같다).

해석의 다음 단계로 A점의 접선과 B점의 접선 수직거리 δ_{BA}를 살펴보자. [그림 8-11]에서 θ_A, θ_B가 매우 작다고 가정하면 그림에서 $d\delta$의 수직거리($\overline{pq}$ 길이)가 $x_1 d\theta$임을 알 수 있다. 여기서 x_1은 m과 n 요소에서 B점까지의 수평거리이며 $d\theta = -(M/EI)dx$이므로

$$d\delta = x_1 d\theta = -x_1 \frac{Mdx}{EI} \tag{c}$$

이다. 식 (c)를 A점과 B점 사이에서 적분하면

$$\delta_{BA} = \int_A^B d\delta = -\int_A^B x_1 \frac{Mdx}{EI} \tag{8.39}$$

또는

$$\delta_{BA} = \frac{\bar{x} A_M}{EI}$$

굽힘 모멘트 선도의 AB 사이의 면적

면적의 B점으로부터의 도심

여기서, A_M : 굽힘 모멘트 선도의 AB 사이의 면적

$\bar{x}$: 면적의 B점으로부터의 도심

모어(Mohr)의 제2정리

이다. 식 (8.39)의 δ_{BA}는 A점과 B점에서 그은 접선의 B점으로부터의 수직거리이다. 또 우측변의 적분값은 A와 B 사이의 M/EI 선도의 면적에 있어 B점에 관한 1차 모멘트로 나타난다. 따라서 식 (8.39)를 모어(Mohr)의 제2정리라 한다. 수직거리 δ_{BA}는 y방향을 양(+)으로 하고, A점에서 B점의 x방향으로 움직일 때 M/EI의 면적이 음(−)이면 1차 모멘트는 음(−)이며, B점이 A점에서의 접선보다 밑에 있음을 나타낸다.

이 모어(Mohr)의 제2정리는 보상의 점의 위치와 다른 점에서의 접선 간의 관계를 나타내기 때문에 처짐을 구하는 데 매우 유용하다.

그러므로 식 (8.38)과 식 (8.39)를 사용하면 보의 임의단면에서 탄성곡선의 처짐각과 처짐량을 간단히 계산할 수 있다. 또 이들의 계산을 쉽게 하기 위해 일반적인 굽힘 모멘트 선도의 면적과 도심을 [그림 8-12]에 도시하였다.

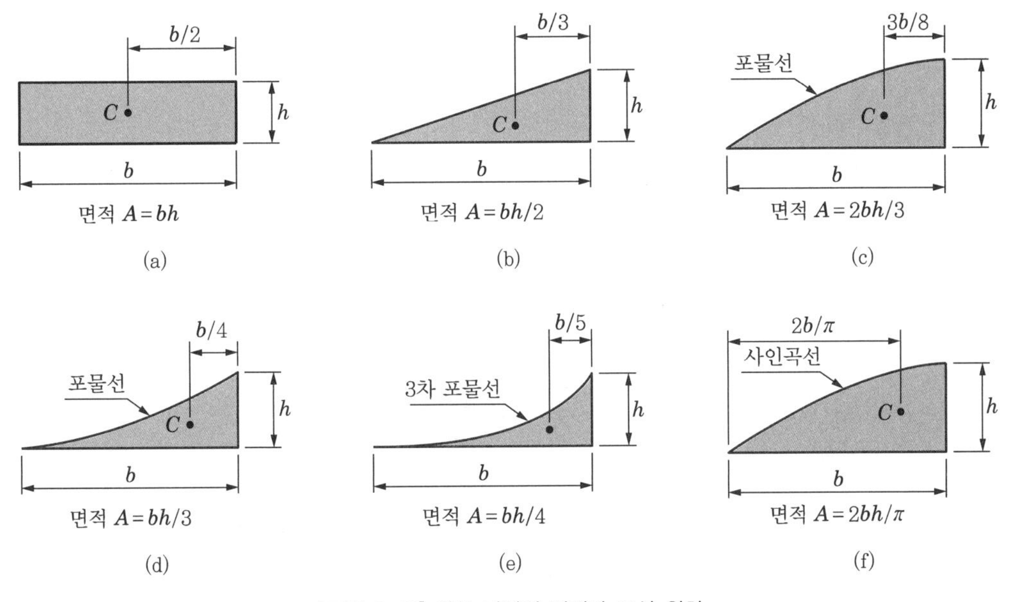

[그림 8-12] 각종 단면의 면적과 도심 위치

1 모멘트 면적법의 이용

(1) 외팔보(cantilever beam)

외팔보(cantilever beam)

1) 자유단에 집중하중이 작용하는 경우

자유단에 집중하중이 작용하는 경우

[그림 8-13]과 같은 보의 굽힘 모멘트 선도는 [그림 8-13]의 밑에 그려진 삼각형 모양이다.

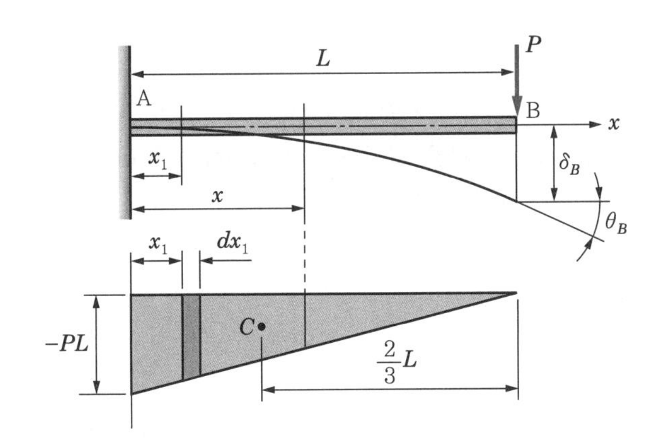

[그림 8-13] 외팔보 집중하중의 모멘트 면적법

굽힘 모멘트 선도의 면적

모어의 제1정리로부터 B점과 A점에서 그은 접선 사이의 상대 회전각 θ_{BA}는 M/EI 선도면적의 (−)값과 같다. 이때 이 선도의 면적은 EI가 상수이면 굽힘 모멘트 선도의 면적과 같다. 즉,

$$A_M = \frac{1}{2}(L)(-PL) = -\frac{1}{2}PL^2 \tag{a}$$

이고, 따라서 θ_{BA}는 식 (8.38)에 의해

$$\theta_{BA} = \theta_B - \theta_A = -\frac{A_M}{EI} = \frac{PL^2}{2EI} \tag{8.40}$$

1차 모멘트

이다. 여기서, θ_A는 A점에서 그은 접선이므로 수평선($\theta_A = 0$)이 되므로 $\theta_{BA} = \theta_B$로 놓을 수 있다. 또한 자유단에서의 처짐 δ_B를 알아보면, 모어의 제2정리에 의해 B점에서 A점에 그은 접선까지의 수직거리 δ_{BA}를 δ_B로 보고 구하면 된다. 그러므로 식 (8.39)에 의해 M/EI 선도의 면적에 있어서 B점으로부터 1차 모멘트 Q_1은 다음 식과 같다.

$$Q_1 = \bar{x}A_M = \frac{2}{3}L\left(-\frac{PL^2}{2}\right) \tag{b}$$

따라서 δ_{BA}는

$$\delta_{BA} = \delta_B - \delta_A = \delta_B = -\frac{\bar{x}A_M}{EI} = \frac{PL^3}{3EI} \tag{8.41}$$

이다. 여기서, δ_A는 A점을 기준으로 한 상대 처짐이므로 $\delta_A = 0$으로 보았다. 다음은 보의 임의점 x 단면에 대한 처짐각과 처짐식에 대하여 알아보자. 식 (8.38)에 의해

$$\theta = -\frac{1}{EI}\int_0^x -P(L-x_1)dx_1 = \frac{P}{2EI}(2Lx - x^2) \tag{8.42}$$

임의의 점에서의 처짐각

이 된다. 이 식 (8.42)는 임의의 점에서의 처짐각을 구하는 식이 되고, 이 식에 $x = L$을 대입하면 결국 식 (8.40)과 같다.

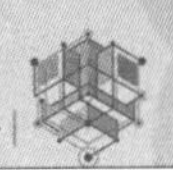

$$\theta_{x=L} = \theta_B = \frac{PL^2}{2EI} \qquad \text{(c)}$$

또 처짐은 식 (8.39)에 의해 다음과 같이 구할 수 있다.

$$\begin{aligned} y = \delta &= -\frac{1}{EI}\int_0^x -(x-x_1)P(L-x_1)dx_1 \\ &= \frac{P}{EI}\int_0^x (x-x_1)(L-x_1)dx_1 \\ &= \frac{P}{EI}\int_0^x (Lx - xx_1 - Lx_1 + x_1{}^2)dx_1 \\ &= \frac{P}{6EI}(3Lx^2 - x^3) = \frac{Px^2}{6EI}(3L-x) \qquad (8.43) \end{aligned}$$

식 (8.43)은 임의의 점에서의 처짐을 구하는 식이 되고, 이 식에 $x=L$을 대입하면 식 (8.41)과 같다.

임의의 점에서의 처짐

$$\delta)_{x=L} = \delta_B = \frac{PL^2}{6EI}(3L-L) = \frac{PL^3}{3EI} \qquad \text{(d)}$$

2) 균일 분포하중 w가 작용하는 경우

균일 분포하중

이 보에 대한 굽힘 모멘트 선도는 [그림 8-14]에 나타낸 바와 같이 포물선 형태로 되어 있다. 모어의 제1정리를 사용하여 B점과 A점에서 그은 접선의 회전각 θ_{BA}를 구하면 다음과 같다. 이때 A점에서의 접선이 수평이면 회전각 θ_{BA}를 θ_B

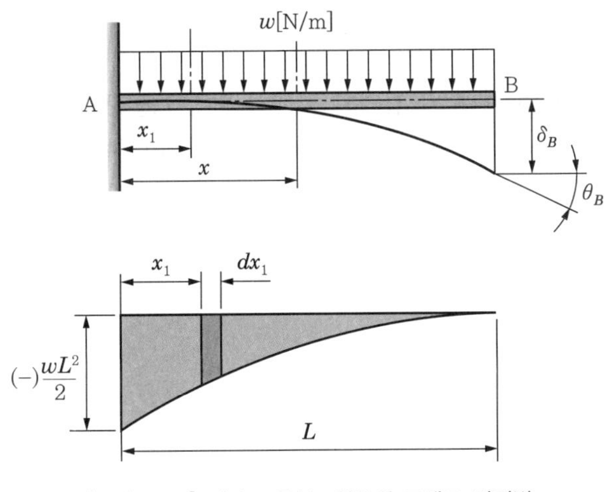

[그림 8-14] 외팔보 등분포하중의 모멘트 면적법

와 같이 놓을 수 있고, 이 선도의 면적([그림 8-12(d)] 참조)은

$$A_M = \frac{1}{3}L\left(-wL\frac{L^2}{2}\right) = -\frac{wL^3}{6} \tag{a}$$

이 된다. 따라서 기울기각 θ_{BA}는 식 (8.38)에 의해 다음과 같이 나타낼 수 있다 (EI가 상수이면 굽힘 모멘트 선도와 M/EI 선도는 같다).

$$\theta_{BA} = \theta_B = -\frac{A_M}{EI} = \frac{wL^3}{6EI} \tag{8.44}$$

또 이 경우의 처짐 δ_{BA}를 알아보면, 모어의 제2정리에 의해 B점에서 A점에 그

1차 모멘트

은 접선까지의 수직거리가 되고, M/EI 선도에서 B점에 관한 1차 모멘트 Q_1은

$$Q_1 = \bar{x}A_M = \frac{3}{4}L\left(-\frac{wL^3}{6}\right) = -\frac{wL^4}{8} \tag{b}$$

이 된다. 따라서 식 (8.39)에 의해서 δ_{BA}는 다음 식이 된다.

$$\delta_{BA} = \delta_B = \frac{wL^4}{8EI} \tag{8.45}$$

여기서, δ_A는 상대처짐의 기준이 되어 $\delta_A = 0$으로 보았다.

다음은 거리 x인 임의 단면에서 처짐각과 처짐을 알아보자. 식 (8.38)에 의해

$$\theta = -\frac{1}{EI}\int_0^x -\frac{w(L-x_1)^2}{2}dx_1 = \frac{w}{2EI}\left(L^2x - Lx^2 + \frac{x^3}{3}\right) \tag{8.46}$$

임의의 점에서 처짐각

이 되고, 이 식 (8.46)은 보의 임의의 점에서 처짐각을 구하는 식이 된다. 만약 $x = L$이라면 위 식은 다음과 같이 되고 식 (8.44)와 동일하다.

$$\theta)_{x=L} = \theta_B = \frac{wL^3}{6EI} \tag{c}$$

(2) 단순보(simple beam)의 모멘트 면적법

단순보(simple beam)

1) 임의의 점에 집중하중이 작용하는 경우

임의의 점에 집중하중

[그림 8-15]와 같은 단순보 AB가 집중하중 P를 받고 있을 때 A점에서의 회전각 θ_A와 하중 P의 작용점에서의 처짐 δ 및 최대 처짐 $\delta_{\max}$를 구해보자. [그림 8-15]에서 보듯이 굽힘 모멘트 선도를 그려보면 3각형 모양이 되고, 높이는 Pab/L이다. 따라서 A/EI 선도의 면적(EI의 값이 상수이면 굽힘 모멘트 선도와 M/EI 선도는 같다)은

굽힘 모멘트 선도

$$A_M = \frac{1}{2}L\left(\frac{Pab}{L}\right) \tag{a}$$

이다. 또 이 면적의 도심 C는 B점으로부터 $(L+b)/3$에 있으므로 식 (8.39)에 적용할 경우 처짐 δ_{BA}는 B점에서 모어의 제2정리에 의해

모어의 제2정리

$$\begin{aligned}\delta_{BA} &= -\frac{1}{EI}\left(\frac{L+b}{3}\right)\frac{1}{2}Pab \\ &= -\frac{Pab}{6EI}(L+b)\end{aligned} \tag{8.47}$$

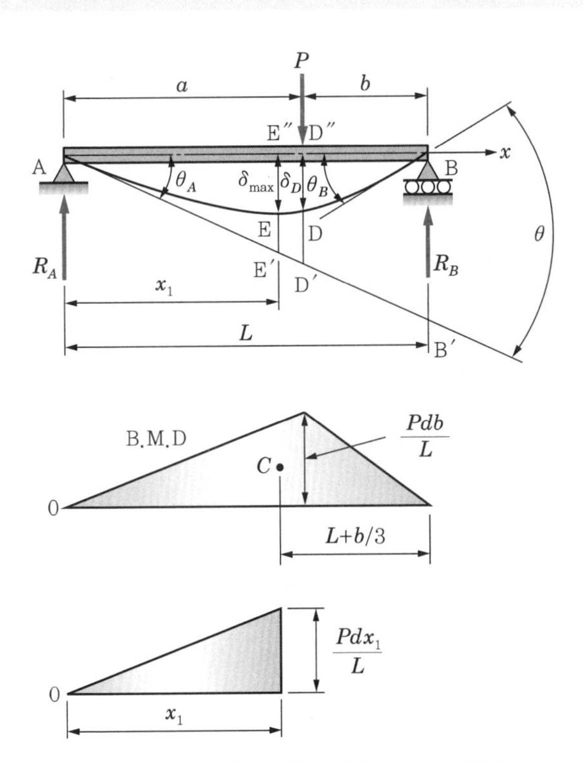

[그림 8-15] 단순보 집중하중의 모멘트 면적법

이다. 이 식에서 (−) 부호는 처짐이 $-y$방향(위 방향)임을 뜻한다. 결국 B점은 접선 위에 있고, 길이 BB'은 δ_{BA}값과 같으므로

$$BB' = \frac{Pab}{6EI}(L+b) \tag{b}$$

이다. 또한 그림에서 A점의 회전각 θ_A는 길이 BB'을 보의 길이로 나눈 값과 같음을 알 수 있다.

$$\theta_A = \frac{BB'}{L} = \frac{Pab}{6EIL}(L+b) \tag{8.48}$$

다음은 하중의 작용점에서의 처짐 δ_D를 알아보면 다음과 같다. [그림 8-15]에서 $D'D''$에서 $D'D$를 뺀 값과 같고, $D'D''$은 $a\theta_A$가 되므로 다음과 같이 모어의 제2정리를 이용하여 구한다(식 (8.39)). 즉 A와 D 사이에 있는 M/EI 선도의 면적에서 D점에 관한 면적을 구하여 1차 모멘트를 취하면

$$A_M = \frac{1}{2}a\left(\frac{Pab}{L}\right)$$

1차 모멘트

이고, 1차 모멘트 Q_1은

$$Q_1 = \bar{x}A_M = \left(\frac{a}{3}\right)\frac{P}{2}\left(\frac{a^2b}{L}\right)$$
$$= \frac{Pa^3b}{6L} \tag{c}$$

이다. 식 (c)를 식 (8.39)에 적용(EI가 상수이면 굽힘 모멘트 선도와 M/EI 선도는 같다)하면

$$\delta_{D'D} = -\frac{Pa^3b}{6EIL}$$

가 되고, 실제값 $D'D$는 위 식에서 (−)를 뺀 절대값과 같다. 결국 실제 D점에서의 처짐 δ_D는 다음과 같다.

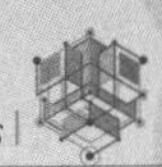

$$\begin{aligned}\delta_D = D'D'' - D'D &= a\theta_A - \frac{Pa^3b}{6EIL} \\ &= \frac{Pa^2b}{6EIL}(L+b) - \frac{Pa^3b}{6EIL} \\ &= -\frac{Pa^2b}{6EIL}(L-b) - \frac{Pa^3b}{6EIL} \\ &= -\frac{Pa^2b^2}{3EIL}\end{aligned} \tag{8.49}$$

이 식에서 음(−)은 처짐이 $-y$방향임을 뜻한다. 이때 $a \geq b$으로 가정하면 최대 처짐의 위치는 좌단에서 x_1만큼 떨어진 E점이 된다. 이 E점은 처짐곡선상의 접선이 수평이고, E점과 A점에서 그은 접선의 상대각 θ_{EA}는 모어의 제1정리를 사용하여 구한다. 즉 A점과 E점 사이의 M/EI 선도면적의 음(−)의 값과 같다.

최대 처짐의 위치

$$A_M = \frac{1}{2}x_1\left(\frac{Pbx_1}{L}\right) \tag{d}$$

따라서 식 (d)를 식 (8.38)에 적용하여 θ_{EA}를 구하면

$$\theta_{EA} = \theta_E - \theta_A = -\frac{1}{EI}\left(\frac{Pb{x_1}^2}{2L}\right) \tag{e}$$

이 된다. 여기서 E점의 기울기각 θ_E는 0이므로, 식 (e)는 $-\theta_A = \theta_{EA}$가 되며 식 (8.48)과 같이 놓고 x_1의 길이를 구할 수 있다.

$$\begin{aligned}&\frac{Pab}{6EIL}(L+b) = \frac{Pb{x_1}^2}{2EIL} \\ &\therefore\ x_1 = \sqrt{\frac{a(2L-a)}{3}} = \sqrt{\frac{L^2-b^2}{3}}\end{aligned} \tag{8.50}$$

식 (8.50)은 A점에서부터 최대 처짐까지의 거리가 된다. 그리고 최대 처짐량 $\delta_{\max}$은 $E'E''$에서 $E'E$를 뺀 값과 같으므로 $E'E''$은 $x_1\theta_A$의 식으로, $E'E$는 길이 $D'D$를 구한 것과 같이 모어의 제2정리를 사용하여 구한다. 여기서 $E'E = \frac{1}{EI}\left(\frac{x_1}{3}\right)\left(\frac{x_1}{2}\right)\left(\frac{Pbx_1}{L}\right)$이다.

최대 처짐량

$$\delta_{max} = x_1\theta_A - E'E$$

$$= x_1 \frac{Pab}{6EIL}(L+b) - \frac{Pbx_1^{\ 3}}{6EIL}\Bigg)_{x_1=\sqrt{\frac{L^2-b^2}{3}}}$$

$$= \frac{Pb}{9\sqrt{3}\,EIL}(L^2-b^2)^{\frac{3}{2}} \tag{8.51}$$

이번에는 B점에서의 처짐각 θ_B를 구해보자. [그림 8-15]에서 θ는 A점에 관한 B점의 회전각을 뜻하며, 따라서 $\theta_B = \theta_A - \theta$로 놓을 수 있다. 모어의 제1정리식 (8.38)을 사용하면 θ는 다음 식과 같이 된다.

$$\theta = \frac{Pab}{2EI} \tag{f}$$

그러므로

$$\theta_B = \theta_A - \theta = \frac{Pab}{6EIL}(L+b) - \frac{Pab}{2EI} = \frac{Pab(L+a)}{6EIL} \tag{8.52}$$

가 된다.

균일 분포하중

2) 균일 분포하중 w를 받는 경우

[그림 8-16]과 같은 단순보가 균일 분포하중 w를 받는 경우, 굽힘 모멘트 선도는 그림에서 보듯이 2차 포물선으로 나타난다. 이때 굽힘 모멘트의 중앙점 D에서 그 높이는 $wL^2/8$이다. 따라서 M/EI 선도의 D점까지의 면적(여기서 EI

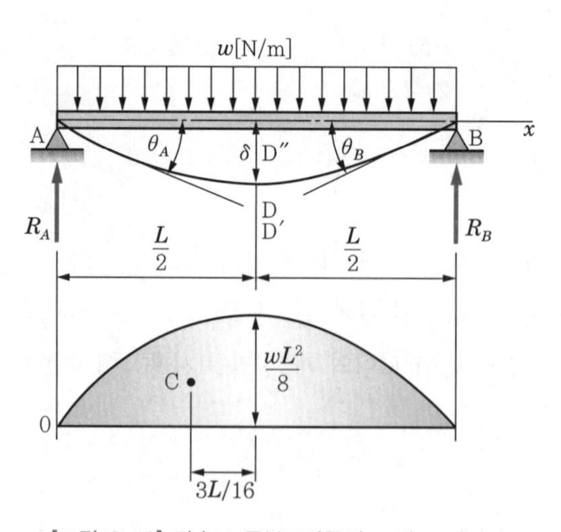

[그림 8-16] 단순보 등분포하중의 모멘트 면적법

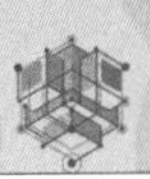

가 일정하면 굽힘 모멘트 선도의 면적과 M/EI 선도의 면적은 같다)은

$$A_M = \frac{2}{3}\frac{L}{2}\left(\frac{wL^2}{8}\right) = \frac{wL^3}{24} \quad \text{([그림 8-12(c)] 참조)} \tag{a}$$

이다. 그러므로 A점에서의 기울기각은 식 (8.38)에 적용하면 다음과 같다.

A점에서의 기울기각

$$\theta_{DA} = \theta_D - \theta_A = -\frac{1}{EI}\left(\frac{wL^3}{24}\right)$$
$$= -\frac{wL^3}{24EI} \quad \text{(모어의 제1정리 사용)} \tag{b}$$

여기서, θ_D는 수평선상에 있고 0이므로 결국 식 (b)는

$$\theta_A = \frac{wL^3}{24EI} \tag{8.53}$$

이 된다.

다음은 D점의 처짐량을 구해보자. 그림에서 A와 D 사이의 면적의 도심 C는 $(3/8)(L/2)$에 있고([그림 8.12(c)] 참조), 모어의 제2정리 식 (8.39)에 적용할 경우 처점 δ_{DA}는 D점으로부터 다음과 같이 쓸 수 있다.

D점의 처짐량

$$\delta_{DA} = -\frac{1}{EI}\left(\frac{3}{16}L\right)\left(-\frac{wL^3}{24}\right) = \frac{wL^4}{128EI} \tag{c}$$

따라서 DD'의 길이는 δ_{DA}와 같고, 실제 처짐 $D''D$는 다음과 같이 쓸 수 있다.

$$\delta_D = D''D' - DD' = \frac{L}{2}\theta_A - \frac{wL^4}{128EI} \tag{d}$$

이 식 (d)에 식 (8.53)을 대입할 경우 D점에서의 처짐량 δ를 구할 수 있다.

$$\delta = \frac{L}{2}\left(\frac{wL^3}{24EI}\right) - \frac{wL^4}{128EI} = \frac{5wL^4}{384EI} \tag{8.54}$$

그리고 B점에서의 기울기 각 θ_B는 식 (8.53)과 크기가 같고 부호는 반대이다.

예제 8.7

다음 그림과 같은 외팔보 AB의 C점에 집중하중 $P=680$kN이 작용할 때 자유단의 처짐과 처짐각을 구하라. 단, $E=15\times10^6$N/cm², $I=10^5$cm⁴이다.

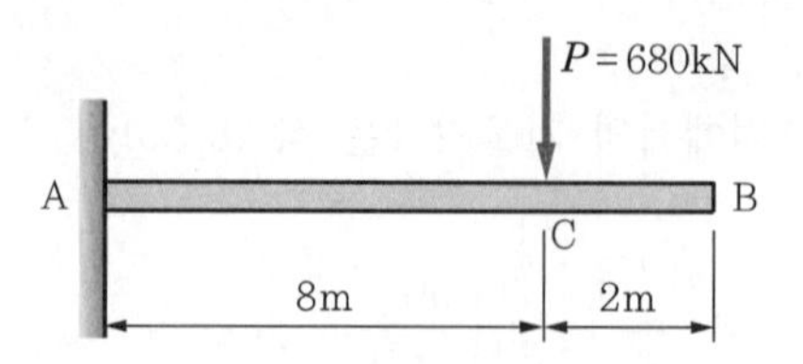

풀이 굽힘 모멘트 선도는 다음 그림과 같다(=공액보의 전단력).

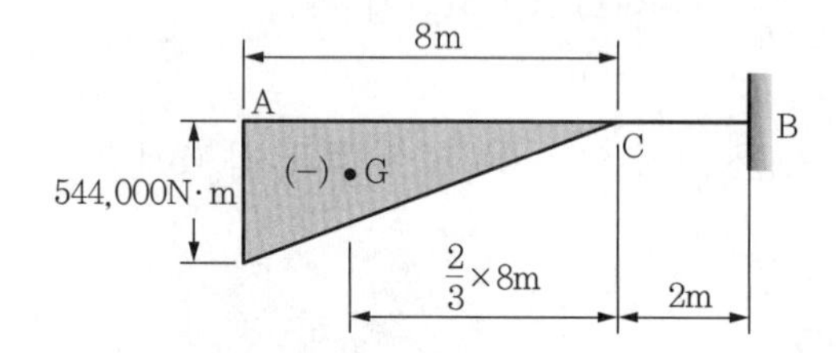

임의의 구간에서 $M_x=-Px$이므로

$$M_A=-680\times800=-54.4\times10^3\text{kN}\cdot\text{cm}$$
$$=-544\text{kN}\cdot\text{m}$$

$$A_M=\frac{1}{2}\times544,000\times8=2,176\times10^3\text{N}\cdot\text{m}$$
$$=2,176\times10^5\text{N}\cdot\text{cm}$$

$$\therefore\ \theta_B=\theta_C=\frac{A_M}{EI}=\frac{2,176\times10^5}{15\times10^6\times10^5}=1.45\times10^{-4}\text{rad}$$

$$\delta_B=\delta_{\max}=\frac{\bar{x}A_M}{EI}=\frac{\left(\frac{2}{3}\times8+2\right)\times100\times2,176\times10^5}{15\times10^6\times10^5}$$
$$=0.1063\text{cm}$$

예제 8.8

다음 그림과 같은 외팔보의 일부에 등분포하중이 작용할 경우, B점과 C점의 처짐각 및 처짐을 각각 구하여라. 단, $E=20\times10^6$N/cm², $I=10^5$cm⁴이다.

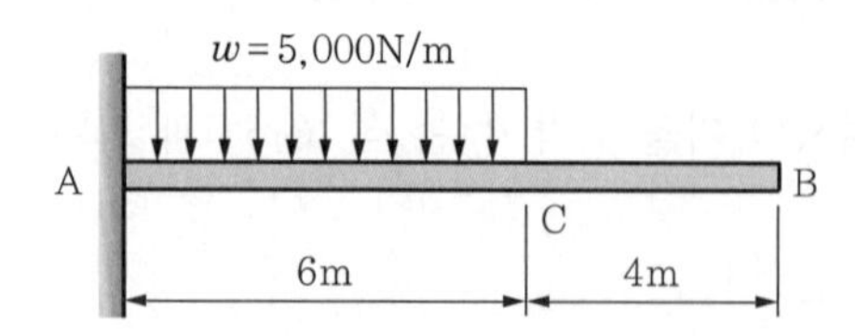

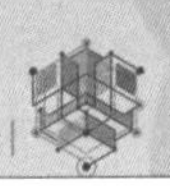

풀이 굽힘 모멘트 선도(공액보)는 다음과 같다.

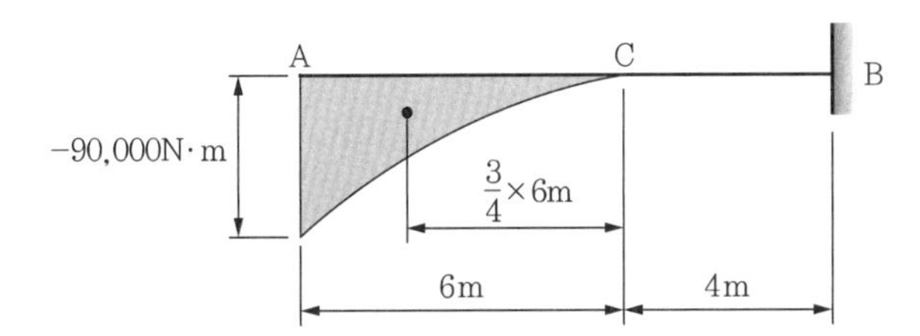

$$M_A = -\frac{wL^2}{2} = -\frac{5,000\times 6^2}{2} = -90,000\text{N}\cdot\text{m}$$

$$A_M = \frac{1}{3}M_A L = -\frac{1}{3}\times 90,000\times 6$$

$$= -180,000\text{N}\cdot\text{m}^2 = -18\times 10^8\text{N}\cdot\text{cm}^2$$

C점의 경우 $\theta_C = \theta_B = \dfrac{A_M}{EI} = \dfrac{18\times 10^8}{20\times 10^6\times 10^5} = 9.0\times 10^{-4}\text{rad}$

$$\delta_C = \frac{\overline{x}A_M}{EI} = \frac{450\times 18\times 10^8}{20\times 10^6\times 10^5} = 0.405\text{cm}$$

B점의 경우 $\theta_B = \theta_C = 9.0\times 10^{-4}\text{rad}$

$$\delta_B = \frac{\overline{x}A_M}{EI} = \frac{850\times 18\times 10^8}{20\times 10^6\times 10^5} = 0.765\text{cm}$$

단, $\overline{x_c} = \dfrac{3}{4}\times 600 = 450\text{cm}$, $\overline{x_B} = \dfrac{3}{4}\times 600 + 400 = 850\text{cm}$

예제 8.9

다음 그림과 같은 단순보에서 C점의 처짐은?

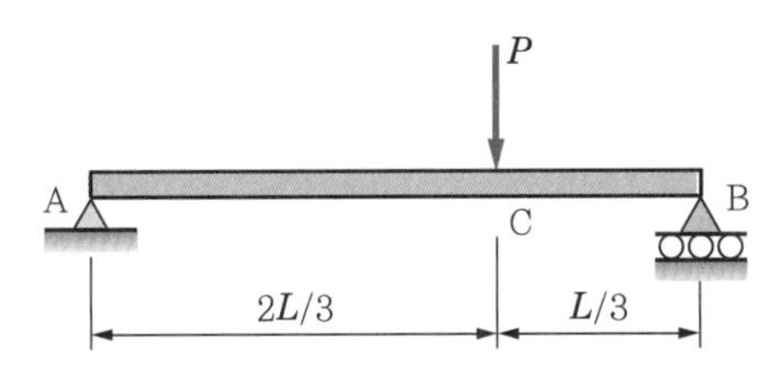

풀이 굽힘 모멘트 선도의 공액보는 다음과 같다.

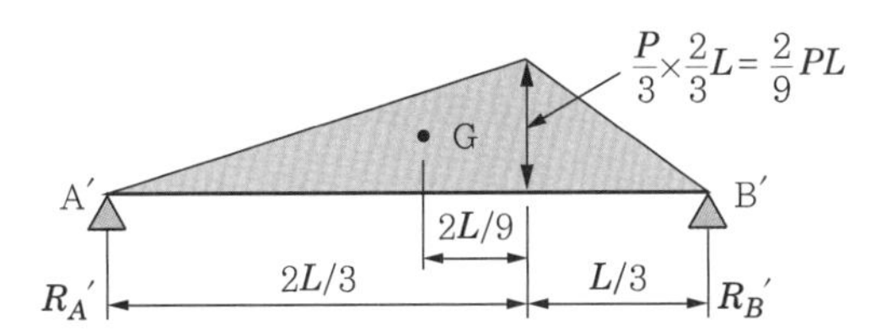

ΣM at $B' = 0$;

$$R_A{}' \times L - \left[\frac{2}{9}PL \times \frac{L}{3} \times \left(\frac{L}{3} + \frac{2}{3}L \times \frac{1}{3}\right) + \frac{PL}{9} \times \frac{L}{3} \times \frac{2}{9}L\right] = 0$$

$$R_A{}' = \frac{12}{243}PL^2 = \frac{4}{81}PL^2 = A_M$$

$$\therefore\ \delta_C = y_C = \frac{\bar{x}A_M}{EI}$$

$$= \frac{1}{EI}\left[\frac{4}{81}PL^2 \times \frac{2}{3}L - \frac{2}{9}PL \times \frac{2L}{3} \times \frac{1}{2} \times \frac{2}{9}L\right]$$

$$= \frac{4PL^3}{243EI}$$

예제 8.10

다음 그림과 같은 단순보에서 B지점에 모멘트 M_0이 작용할 때 AB의 보가 최대의 처짐을 갖는 곳은 A단으로부터 어디에 존재하는가?

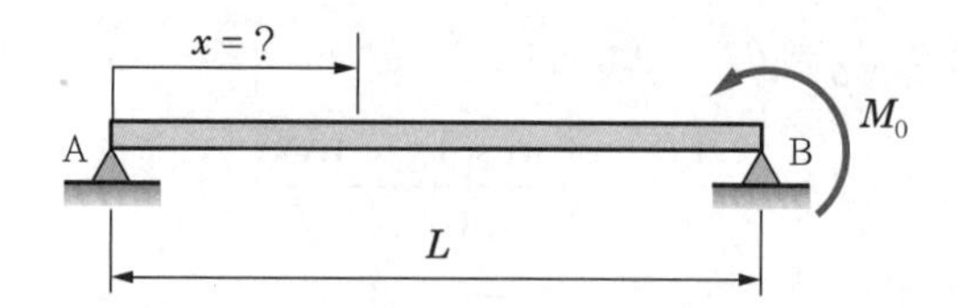

풀이 다음 공액보에서 최대 모멘트는 전단력이 0이 되므로 그 곳을 찾으면 된다.

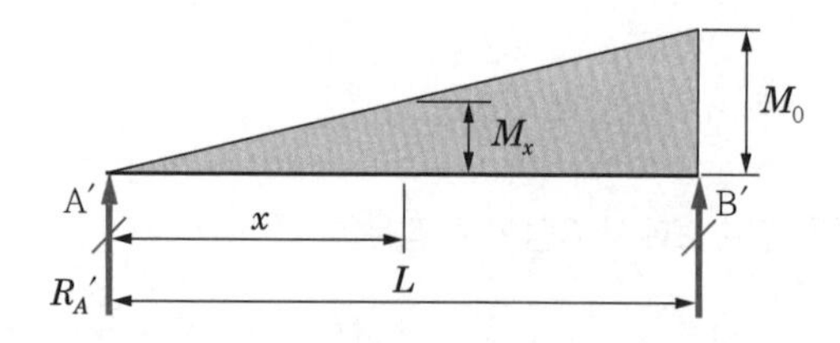

$$V = M_0\frac{x}{L} = Mx$$

$$R_A{}' = \frac{M_0L}{6}$$

$$V_x{}' = R_A{}' - M_x x\frac{1}{2} = \frac{M_0L}{6} - \frac{M_0x^2}{2L} = 0$$

$$\therefore\ x^2 = \frac{L^2}{3} \rightarrow x = 0.577L$$

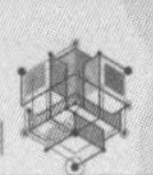

예제 8.11

다음 그림과 같은 단순보의 전 길이에 분포하중 $w=5{,}000\text{N/m}$가 작용할 때 최대 처짐각과 최대 처짐을 구하라. 단, $E=21\times10^6\text{N/cm}^2$, $I=5\times10^5\text{cm}^4$이다.

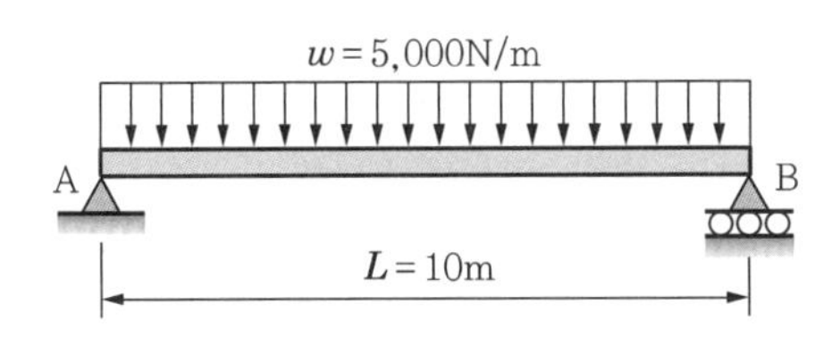

풀이 굽힘 모멘트 선도는 다음과 같다(공액보).

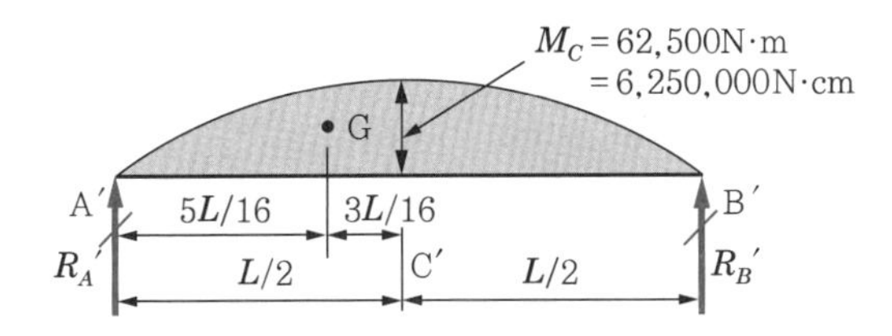

$$R_A{}' = \frac{2}{3}\times\frac{L}{2}\times6{,}250{,}000 = \frac{10}{3}\times6{,}250{,}000$$

$$= \frac{62.5\times10^6}{3}\,\text{N}\cdot\text{m}^2 = \frac{62.5\times10^6\times10^4}{3}\,\text{N}\cdot\text{cm}^2$$

$$= \theta_A = \theta_{\max} = \frac{A_M}{EI} = \frac{62.5\times10^{10}}{3EI}$$

$$= \frac{62.5\times10^{10}}{3\times21\times10^6\times5\times10^5} = 0.0198\,\text{rad}$$

$$\therefore\ \theta_A = 0.0198\times\frac{180}{\pi} = 1.135°$$

C점에서 $\bar{x}A_M = R_A{}'\dfrac{L}{2} - R_A{}'\dfrac{3L}{16}$

$$= \left(\frac{62.5\times10^{10}}{3}\times\frac{1{,}000}{2}\right) - \left(\frac{62.5\times10^{10}}{3}\times\frac{3\times1{,}000}{16}\right)$$

$$\therefore\ \delta_C = \frac{\bar{x}A_M}{EI} = \frac{6.504\times10^{13}}{21\times10^6\times5\times10^5} = 6.194\text{cm}$$

8.5 중첩법(method of superposition)

여러 가지 다른 하중들이 동시에 작용할 때의 보의 처짐은 각각의 하중이 따로따로 작용할 때의 처짐을 중첩하여 구할 수 있다. 이 방법은 보에 작용하는 하중이 이미 처짐을 알 수 있는 개별적인 하중상태로 분해될 수 있을 때에 매우 유용하다. 이러한 경우에 편리하게 사용할 수 있도록 처짐과 처짐각의 공식표가 [표 8-1]과 [표 8-2](417~421쪽)에 수록되어 있다.

이 표와 중첩법을 사용하여 여러 가지 종류의 하중을 받는 보의 처짐과 처짐각(또는 기울기각)을 구할 수 있는 방법을 중첩법(superposition method)이라고 한다.

중첩법

외팔보(cantilever beam)

(1) 외팔보(cantilever beam)의 경우

다수의 집중하중

1) 다수의 집중하중을 받는 경우

[그림 8-17]과 같이 집중하중 P_1과 P_2가 c점과 d점에 작용할 경우, 각각의 하중에 대한 처짐의 방정식을 구하여 합하면 B점에서의 처짐 δ_B를 구할 수 있다.

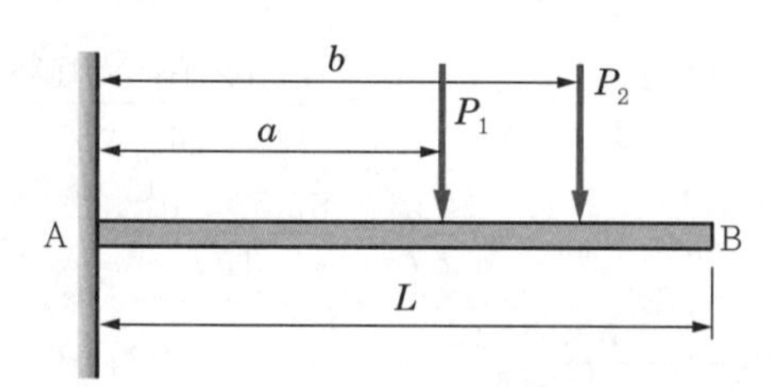

[그림 8-17] 외팔보 집중하중의 중첩법

즉 [표 8-1(4)]에서

$$\delta = \frac{Px^2}{6EI}(3L - x) \tag{a}$$

이다. 식 (a)에 P 대신 P_1과 P_2를 대입하고, x 대신 a와 b를 적용하여 합하면 다음과 같이 된다.

$$\left.\begin{aligned} \delta_a &= \frac{P_1a^2}{6EI}(3L - a) \\ \delta_b &= \frac{P_2b^2}{6EI}(3L - b) \end{aligned}\right\} \tag{b}$$

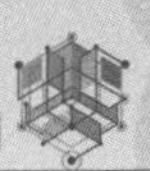

$$\therefore\ \delta = \delta_a + \delta_b = \frac{P_1 a^2}{6EI}(3L-a) + \frac{P_2 b^2}{6EI}(3L-b) \tag{8.55}$$

이와 같은 중첩법으로 기울기각 θ를 구해보면, [표 8-1(4)]에서

$$\theta = \frac{Px}{2EI}(2L-x) \tag{c}$$

가 되고, 식 (c)에 P 대신 P_1과 P_2를, x 대신 a와 b를 각각 대입하여 합하면 다음 식과 같다.

$$\theta_a = \frac{Pa}{2EI}(2L-a), \qquad \theta_b = \frac{Pb}{2EI}(2L-b) \tag{d}$$

$$\therefore\ \theta = \frac{Pa}{2EI}(2L-a) + \frac{Pb}{2EI}(2L-b) \tag{8.56}$$

2) 집중하중과 균일 분포하중을 받는 경우

[그림 8-18]의 외팔보에서 일부에 균일 분포하중 w가 작용하고, 자유단에는 집중하중 P가 있을 때 자유단에서의 처짐 δ를 구해보자.

자유단에서의 처짐

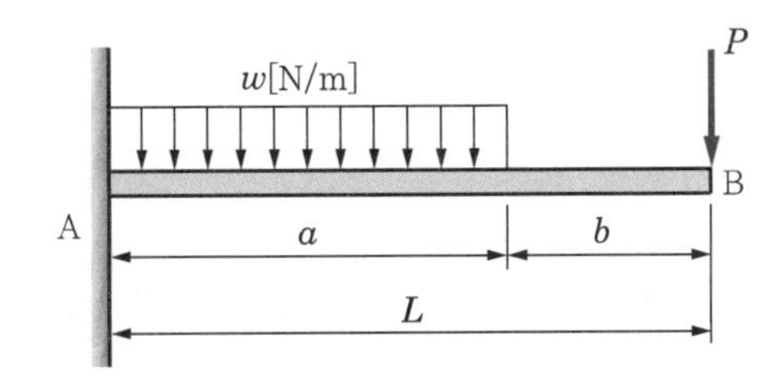

[그림 8-18] 외팔보 집중하중과 등분포하중의 중첩법

집중하중 P만 작용할 경우 앞 절에서 처짐은 식 (8.13)과 같다([표 8-1(4)]). 즉 B점에서의 처짐이 $PL^3/3EI$이다. 그리고 등분포하중만 작용한다면 [표 8-1(2)]에서와 같이 B점에서의 처짐은 $wa^3(4L-a)/24EI$이다.

따라서 조합하중에 의한 B점의 처짐량 δ는 다음 식과 같다.

조합하중

처짐량

$$\delta = \frac{PL^3}{3EI} + \frac{wa^3(4L-a)}{24EI} \tag{8.57}$$

같은 방법으로 B점의 기울기각 θ는 균일 분포하중 w에 의한 θ_a와 집중하중

기울기각

P에 의해서 발생한 θ_b를 합하면 된다. 즉,

$$\theta = \theta_a + \theta_b = \frac{wa^3}{6EI} + \frac{PL^2}{2EI} \tag{8.58}$$

과 같다. 만약 균일 분포하중 w가 보의 전 길이에 걸쳐 작용할 때는 식 (8.57)과 식 (8.58)에 a 대신 L을 대입하여 처짐 δ와 처짐각(또는 기울기각) θ를 찾을 수 있다.

단순보

(2) 단순보(simple beam)의 경우

1) 점변 분포하중을 받는 경우

[그림 8-19]와 같은 단순보 AB에 중앙점으로부터 좌단부에 삼각형 모양의 점변 분포하중이 있을 때 중앙에서의 처짐 δ를 구하려고 한다. 이 경우 분포하중의 요소를 집중하중처럼 취급하여 하중이 작용하는 전 영역에 걸쳐 적분하면 된다.

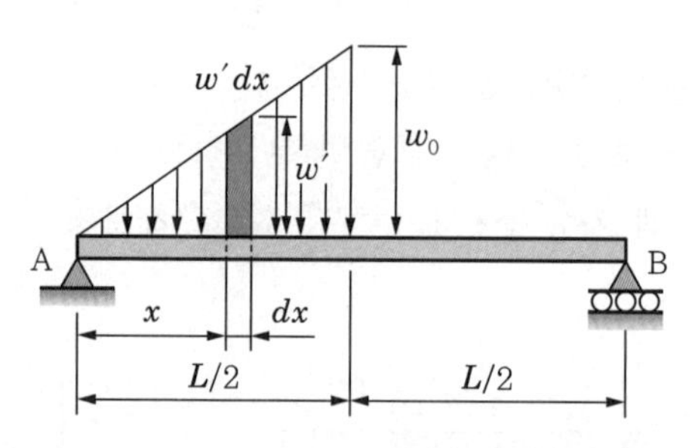

[그림 8-19] 단순보 점변 분포하중의 중첩법

중앙의 처짐

[그림 8-19]에서 분포하중의 요소인 $w'dx$를 집중하중으로 보고 좌단으로부터 x만큼 떨어진 곳에 작용하는 집중하중 P에 대한 중앙의 처짐은 [표 8-2(4)]로부터 다음과 같이 구할 수 있다.

$$\delta = \frac{Px}{48EI}(3L^2 - 4x^2) \tag{a}$$

식 (a)에 P 대신 $w'dx$를 대입하고, w'을 w의 함수로 풀어쓰면

$$\delta = \int_0^{L/2} \frac{w'xdx}{48EI}(3L^2 - 4x^2) = \frac{w_0}{24EIL}\int_0^{L/2}(3L^2 - 4x^2)x^2dx$$

$$= \frac{w_0L^4}{240EI} \tag{8.59}$$

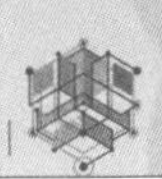

가 된다. 여기서, $\frac{L}{2} : w_0 = x : w'$ 이므로 $w' = \frac{2w_0 x}{L}$ 이다. 또한 분포하중의 요소를 중첩시키는 방법으로 좌단에서의 회전각 θ_A를 구할 수 있다. 즉 집중하중 P에 대한 회전각은 [표 8-2(5)]에 의해

회전각

$$\theta_A = \frac{Pab(L+b)}{6EIL} \tag{b}$$

가 되고, 식 (b)에 P 대신 $2w_0 x dx/L$, a 대신 x, b 대신 $(L-x)$를 대입하면

$$\begin{aligned} \theta_A &= \int_0^{L/2} \frac{w_0 x dx}{3EIL^2} x(L-x)(2L-x) \\ &= \frac{41 w_0 L^3}{2,880EI} \end{aligned} \tag{8.60}$$

이 된다.

2) 단순보의 양단에 우력 모멘트가 작용할 경우

단순보의 양단에 우력 모멘트

[그림 8-20]과 같이 A단에서 우력 M_0가 작용되고 B단에서 $2M_0$가 작용될 때, [표 8-2(7)]을 참고로 하여 A와 B점에서의 기울기각과 중앙에서의 처짐 δ를 구할 수 있다. 즉,

기울기각

처짐

$$\left.\begin{aligned} \theta_A &= \frac{M_0 L}{3EI} + \frac{2M_0 L}{6EI} = \frac{2M_0 L}{3EI} \\ \theta_B &= \frac{M_0 L}{6EI} + \frac{2M_0 L}{3EI} = \frac{5M_0 L}{6EI} \\ \delta &= \frac{M_0 L^2}{16EI} + \frac{2M_0 L^2}{16EI} = \frac{3M_0 L^2}{16EI} \end{aligned}\right\} \tag{8.61}$$

과 같다.

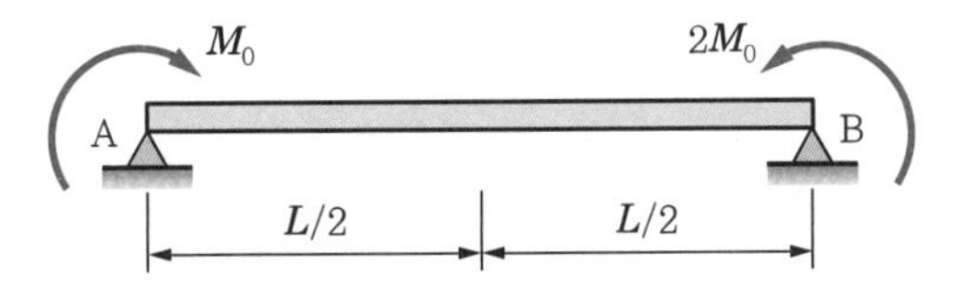

[그림 8-20] 단순보 우력 모멘트의 중첩법

돌출보가 분포하중

(3) 돌출보가 균일 분포하중 w를 받을 경우

[그림 8-21]과 같은 돌출보가 보의 전 길이에 걸쳐 균일 분포하중 w를 받을 때 C점에서의 처짐은 두 부분의 합으로 나타낼 수 있다. 첫 번째는 B지점에서 보의 축 회전으로 인한 처짐 δ_1이고, 두 번째는 외팔보와 같이 작용하는 BC 부분의 굽힘으로 인한 처짐 δ_2이다. 그러므로 보의 AB 부분은 [그림 8-21(b)]에 나타낸 바와 같이 등분포하중을 받고, 우단에 $\frac{wa^2}{2}$의 우력 모멘트 M_b와 전단하중 wa 크기를 받는 단순보로 생각할 수 있다. 따라서 B점에서의 회전각 θ_b는 [표 8-2(2), (7)]로부터

회전각

$$\theta_b = -\frac{wL^3}{24EI} + \frac{M_b L}{3EI} \tag{a}$$

이 되고, 식 (a)에 $M_b = \frac{wa^2}{2}$를 대입하여 정리하면 다음과 같이 된다.

$$\theta_b = \frac{wL(4a^2 - L^2)}{24EI} \tag{b}$$

처짐 δ_1

또한 B점에서 회전으로 인한 C점의 처짐 $\delta_1 = a\theta_b$이므로 식 (b)에 적용하면

$$\delta_1 = \frac{waL(4a^2 - L^2)}{24EI} \tag{c}$$

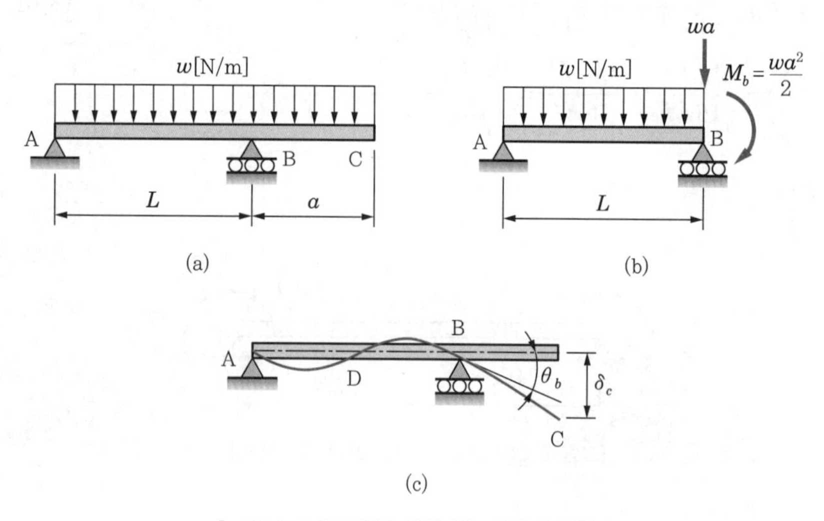

[그림 8-21] 돌출보 균일 분포하중의 중첩법

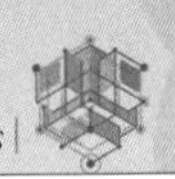

이다. 그리고 돌출부의 굽힘은 C점에 아래 방향의 처짐을 유발하는데, 이 처짐 δ_2는 길이가 a인 외팔보의 처짐과 같고 [표 8-1(1)]에서

처짐 δ_2

$$\delta_2 = \frac{wa^4}{8EI} \tag{d}$$

이 된다. 결국 C점의 전 처짐 δ_c는 식 (c)와 식 (d)를 합하면 된다. 즉,

전 처짐 δ_c

$$\delta_c = \delta_1 + \delta_2 = \frac{wa}{24EI}(3a^3 + 4a^2L - L^3) \tag{8.62}$$

과 같다. 식 (8.62)에서 a가 $(\sqrt{13}-1)L/6$보다 적으면 δ_c는 음(−)의 값을 가지게 되고 C점은 상방향으로 처지게 됨을 알 수 있다. 이러한 조건 하에서 보가 A점에서 D점까지 양(+)의 굽힘 모멘트를 가지게 되며, 이 부분은 아래로 오목하다. 반면 D점에서 C점까지는 음(−)의 굽힘 모멘트를 가지게 되며, 처짐 곡선은 위로 오목하게 된다([그림 8-21(c)]).

예제 8.12

다음 그림과 같은 외팔보가 자유단에 집중하중이 작용하고 임의의 C점에 굽힘 모멘트 M_0이 작용할 때 자유단의 처짐과 처짐각은? 단, EI는 일정하다.

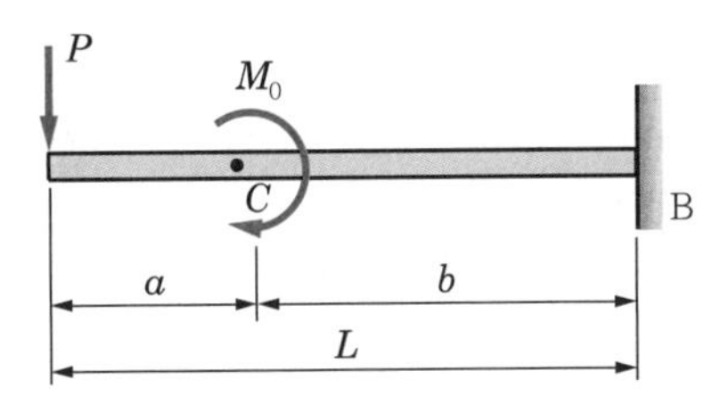

풀이 공액보(굽힘 모멘트 선도)를 그리면 다음과 같다.

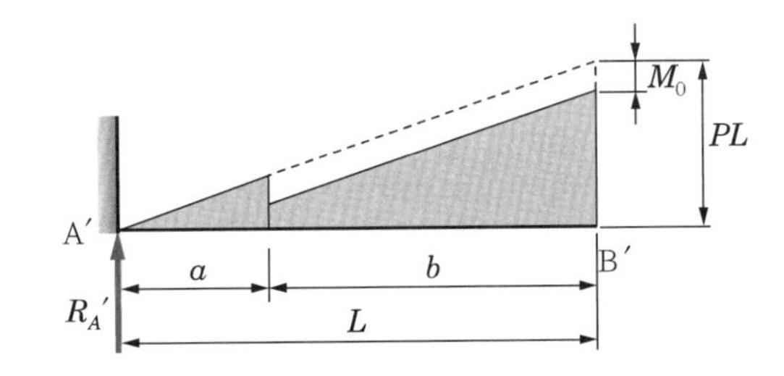

$$R_A{}' = A_M = PL\frac{L}{2} - M_0 b$$

$$\therefore\ \theta_A = \frac{A_M}{EI} = \frac{PL^2}{2EI} - \frac{M_0 b}{EI}$$

또 $\bar{x} R_A{}' = \bar{x} A_M = PL \times \frac{L}{2} \times \frac{2}{3}L - M \times b \times \left(a + \frac{b}{2}\right)$

$$= \frac{PL^3}{3} - Mb\left(a + \frac{b}{2}\right)$$

$$\therefore\ \delta_A = y_A = \frac{\bar{x} A_M}{EI} = \frac{PL^3}{3EI} - \frac{Mb}{EI}\left(a + \frac{b}{2}\right)$$

예제 8.13

다음 그림과 같은 단순보에 우력이 작용할 경우 최대 처짐이 생기는 위치를 구하고 그 때 처짐량은? 단, $E = 20 \times 10^6 \text{N/cm}^2$, $I = 4.5 \times 10^4 \text{cm}^4$이다.

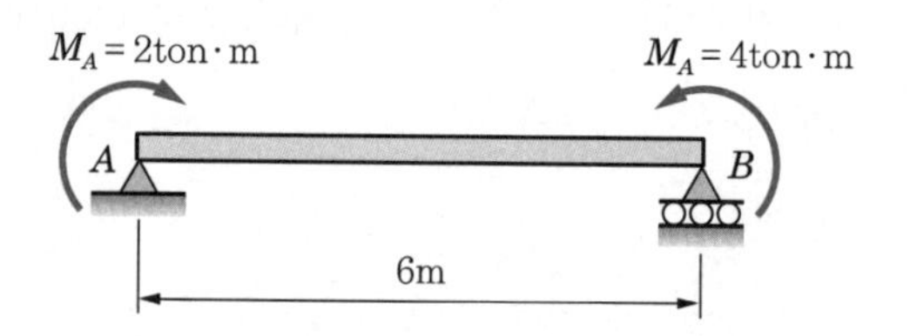

풀이 모멘트 선도를 그리면 다음과 같다(=공액보).

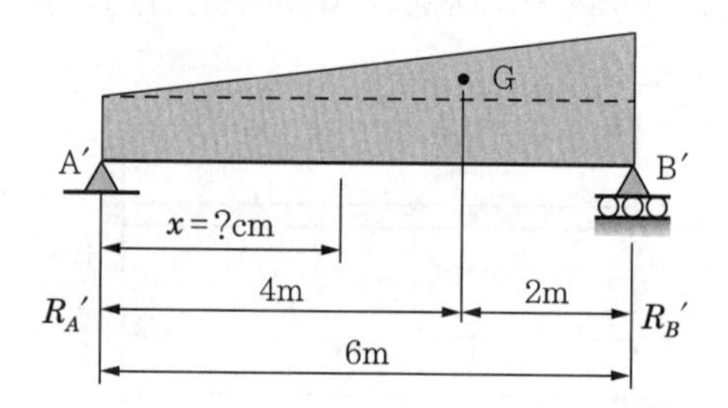

A점으로부터 x 거리에서는 경사각이 0이 된다. 따라서

$$R_A{}' = \frac{1}{6} \times \left[(2 \times 6 \times 3) + \left(\frac{1}{2} \times 2 \times 6 \times 2\right)\right] = 8\text{ton} \cdot \text{m}^2$$

$$\therefore\ \theta_x = 8 - \frac{2x + \frac{1}{2} \times x \times \frac{x}{3}}{EI} = \frac{1}{6EI}(48 - 12x - x^2) = 0$$

$$\rightarrow x^2 + 12x - 48 = 0$$

$$\rightarrow x = \frac{-12 \pm \sqrt{12^2 - 4 \times 1 \times (-48)}}{2}$$

$$= -6 \pm 9.15 = 3.15(\text{최대 처짐})$$

따라서 최대 처짐은 $x = 3.15\text{m}$ 인 곳에서 발생한다. 이때의 처짐은

$$\delta_{\max} = \frac{8}{EI} \times 3.15 - \frac{2}{EI} \times 3.15 \times \frac{3.15}{2}$$

$$- \frac{1}{2} \times 3.15 \times \frac{3.15}{3EI} \times \frac{3.15}{2}$$

$$= \frac{13.54}{EI} = \frac{13.54 \times 10^{10}}{20 \times 10^6 \times 4.5 \times 10^4} = 0.15\text{cm}$$

예제 8.14

다음 그림과 같은 돌출보의 하중상태에서 C점과 D점의 처짐각은?

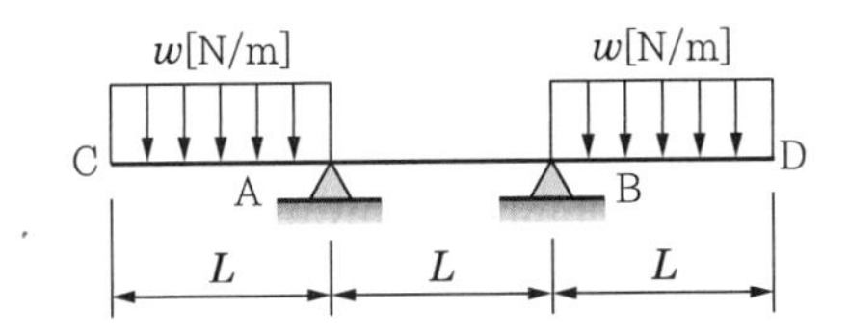

풀이 공액보(conjugate beam)를 그려보면 다음과 같다.

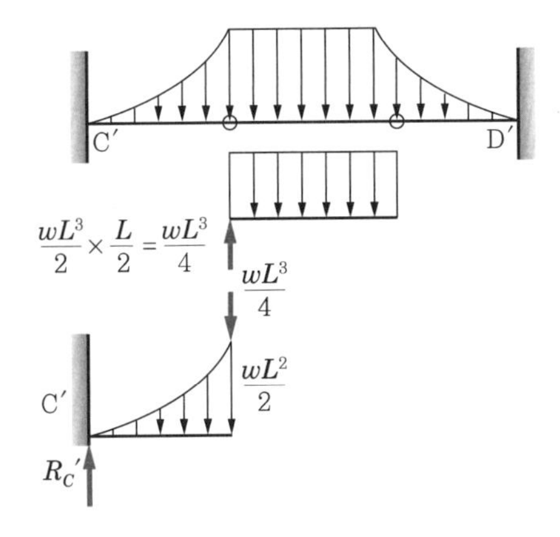

$$R_C{}' = -\left(\frac{wL^2}{2} \times L \times \frac{1}{3} + \frac{wL^3}{4}\right) = -\frac{5}{12} wL^3$$

$$\therefore \ \theta_C = -\frac{5wL^3}{12EI} = \theta_D = \frac{5wL^3}{12EI}$$

예제 8.15

길이 L인 양단 고정보에 집중하중 P=2,000N이 중앙에 작용할 때 처짐 δ_C= 2mm 이하로 제한하려면 보의 길이 L은 몇 m인가? 단, $E=20\times10^6$N/cm^2, $I=10^4$cm^{4}이다.

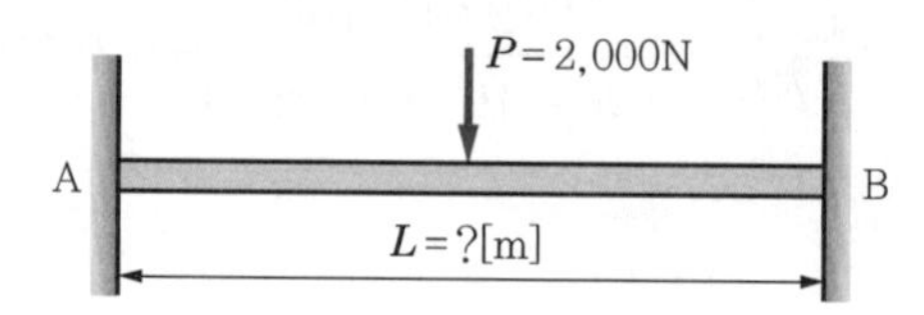

풀이 양단 고정보는 다음과 같은 겹침보로 생각하여 그 처심식을 구하면 간단하다.

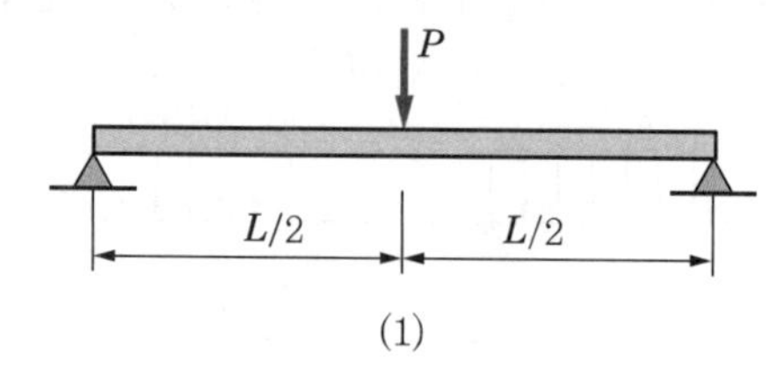

(1)

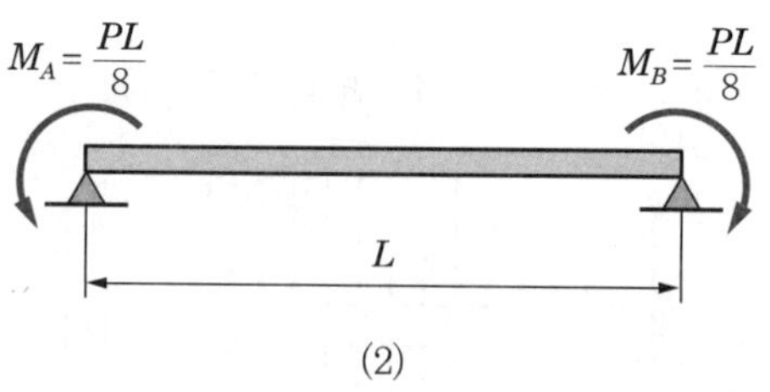

(2)

(1)에서 처짐 $\delta_1=\dfrac{PL^3}{48EI}$

(2)에서 처짐 $\delta_2=\dfrac{-PL^3}{64EI}$

$$\rightarrow \delta_{\max}=\frac{PL^3}{EI}\left(\frac{1}{48}-\frac{1}{64}\right)=\frac{PL^3}{192EI}$$

$$0.2=\frac{PL^3}{192EI}$$

$$\therefore\ L=\sqrt[3]{\frac{0.2\times192\times20\times10^6\times10^4}{2,000}}$$

$$=1,554.46\text{cm}\fallingdotseq15.54\text{m}$$

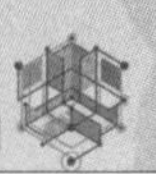

[표 8-1] 외팔보의 처짐과 처짐각

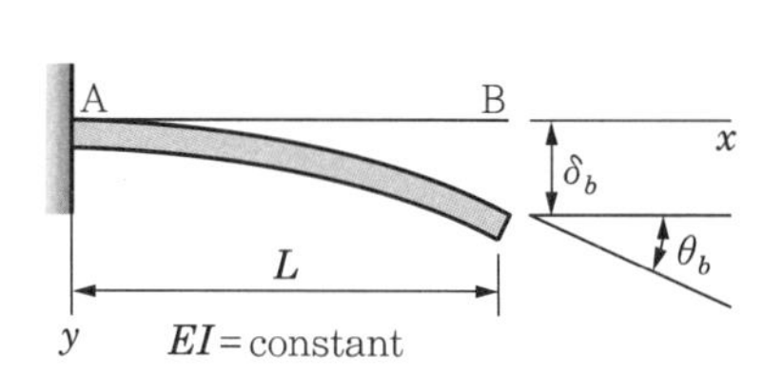

$y =$ 처짐

$y' = dy/dx =$ 처짐곡선의 기울기각

$\delta_b = y(L) =$ 보의 오른쪽 끝의 처짐

$\theta_b = y'(L) =$ 보의 오른쪽 끝의 처짐각

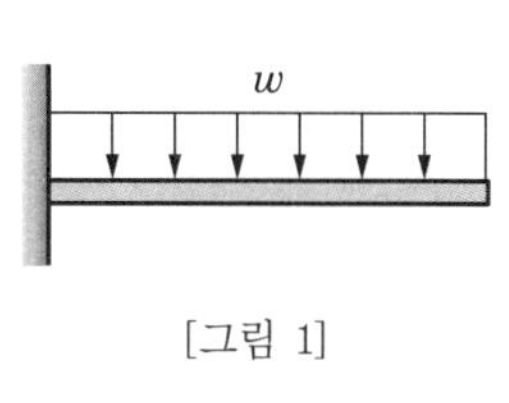

[그림 1]

$$y = \frac{wx^2}{24EI}(6L^2 - 4Lx + x^2)$$

$$y' = \frac{wx}{6EI}(3L^2 - 3Lx + x^2)$$

$$\delta_b = \frac{wL^4}{8EI}, \quad \theta_b = \frac{wL^3}{6EI}$$

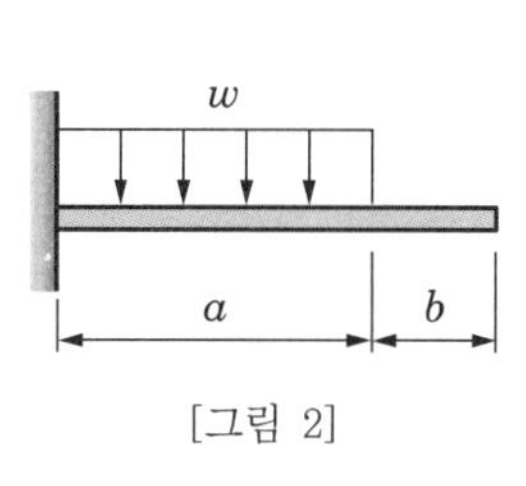

[그림 2]

$$y = \frac{wx^2}{24EI}(6a^2 - 4ax + x^2) \ (0 \le x \le a)$$

$$y' = \frac{wx}{6EI}(3a^2 - 3ax + x^2) \ (0 \le x \le a)$$

$$y = \frac{wa^3}{24EI}(4x - a), \quad y' = \frac{wa^3}{6EI} \ (a \le x \le L)$$

at $x = a$: $y = \dfrac{wa^4}{8EI}, \quad y' = \dfrac{wa^3}{6EI}$

$$\delta_b = \frac{wa^3}{24EI}(4L - a), \quad \theta_b = \frac{wa^3}{6EI}$$

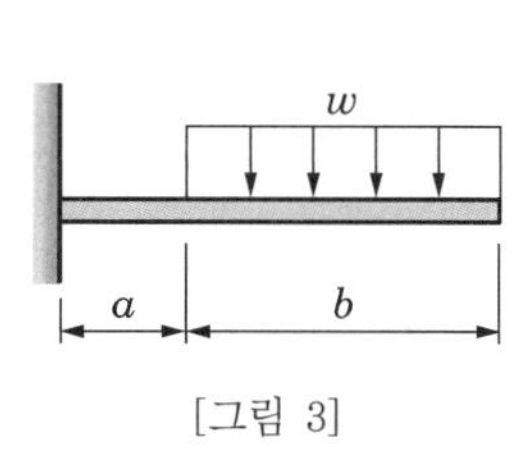

[그림 3]

$$y = \frac{wbx^2}{12EI}(3L + 3a - 2x) \ (0 \le x \le a)$$

$$y' = \frac{wbx}{2EI}(L + a - x) \ (0 \le x \le a)$$

$$y = \frac{w}{24EI}(x^4 - 4Lx^3 + 6L^2x^2 - 4a^3x + a^4),$$

$$(a \le x \le L)$$

$$y' = \frac{w}{6EI}(x^3 - 3Lx^3 + 3L^2x - a^3) \ (a \le x \le L)$$

at $x = a$: $y = \dfrac{wa^2b}{12EI}(3L + a), \quad y' = \dfrac{wabL}{2EI}$

$$\delta_b = \frac{w}{24EI}(3L^4 - 4a^3 + a^4), \quad \theta_b = \frac{w}{6EI}(L^3 - a^3)$$

[표 8-1] 외팔보의 처짐과 처짐각(계속)

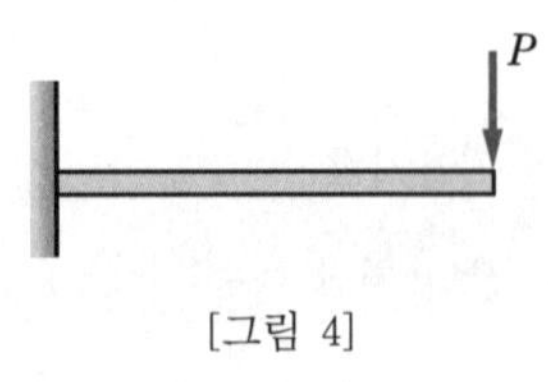

[그림 4]

$$y = \frac{Px^2}{6EI}(3L - x), \quad y' = \frac{Px}{2EI}(2L - x)$$

$$\delta_b = \frac{PL^3}{3EI}, \quad \theta_b = \frac{PL^2}{2EI}$$

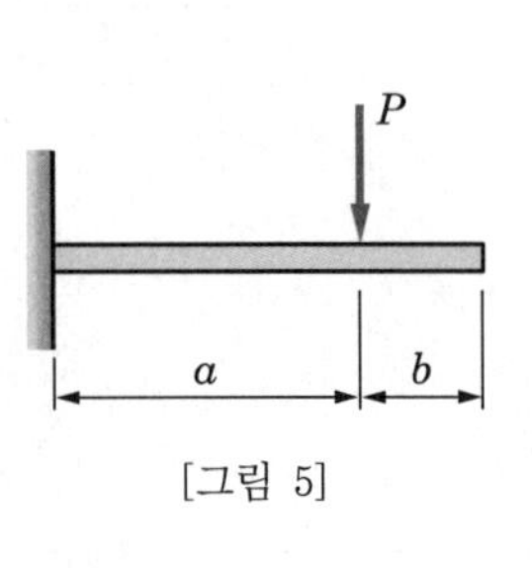

[그림 5]

$$y = \frac{Px^2}{6EI}(3a - x), \quad y' = \frac{Px}{2EI}(2a - x) \ (0 \le x \le a)$$

$$y = \frac{Pa^2}{6EI}(3x - a), \quad y' = \frac{Pa^2}{2EI} \ (a \le x \le L)$$

$$\text{at } x = a: \ y = \frac{Pa^3}{3EI}, \quad y' = \frac{Pa^2}{2EI}$$

$$\delta_b = \frac{Pa^2}{6EI}(3L - a), \quad \theta_b = \frac{Pa^2}{2EI}$$

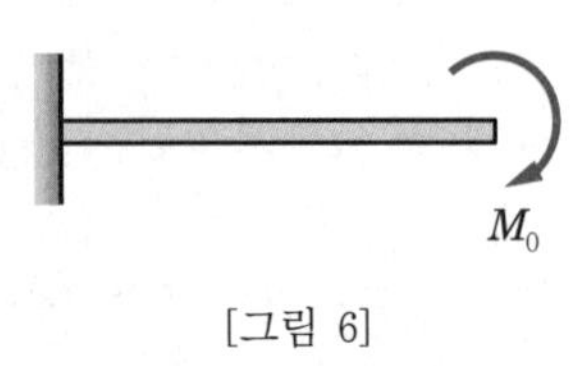

[그림 6]

$$y = \frac{M_0x^2}{2EI}, \quad y' = \frac{M_0x}{EI}$$

$$\delta_b = \frac{M_0L^2}{2EI}, \quad \theta_b = \frac{M_0L}{EI}$$

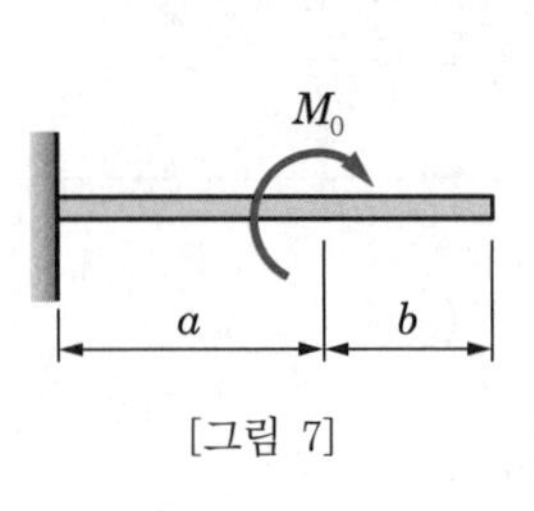

[그림 7]

$$y = \frac{M_0x^2}{2EI}, \quad y' = \frac{M_0x}{EI} \ (0 \le x \le a)$$

$$y = \frac{M_0a}{2EI}(2x - a), \quad y' = \frac{M_0a}{EI} \ (a \le x \le L)$$

$$\text{at } x = a: \ y = \frac{M_0a^2}{2EI}, \quad y' = \frac{M_0a}{EI}$$

$$\delta_b = \frac{M_0a}{2EI}(2L - a), \quad \theta_b = \frac{M_0a}{EI}$$

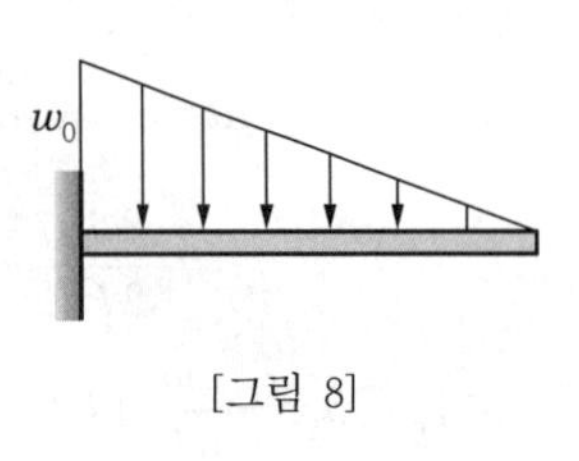

[그림 8]

$$y = \frac{w_0x^2}{120LEI}(10L^3 - 10L^2x + 5Lx^2 - x^3)$$

$$y = \frac{w_0x}{24LEI}(4L^3 - 6L^2x + 4Lx^2 - x^3)$$

$$\delta_b = \frac{w_0L^4}{30LEI}, \quad \theta_b = \frac{w_0L^3}{24EI}$$

[표 8-2] 단순보의 처짐과 처짐각

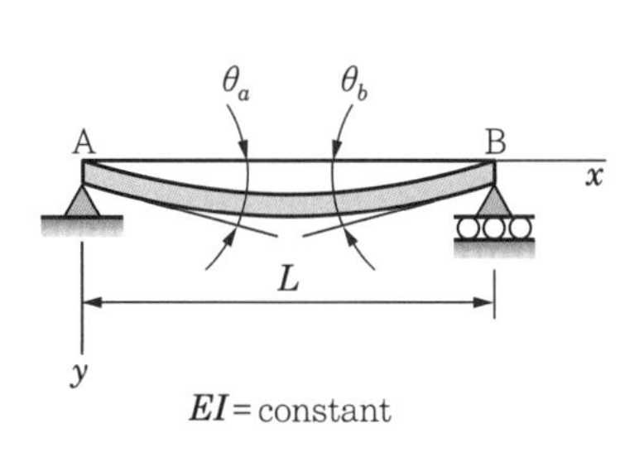

$y=$ 처짐

$y' = dy/dx =$ 처짐곡선의 경사각

$\delta_c = y(L/2) =$ 보의 중앙에서의 처짐

$x_1 =$ A지점으로부터 최대 처짐까지의 거리

$\delta_{max} = y_{max} =$ 최대 처짐

$\theta_a = y'(0) =$ 보의 왼쪽 끝의 경사각

$\theta_b = -y'(L) =$ 보의 오른쪽 끝의 경사각

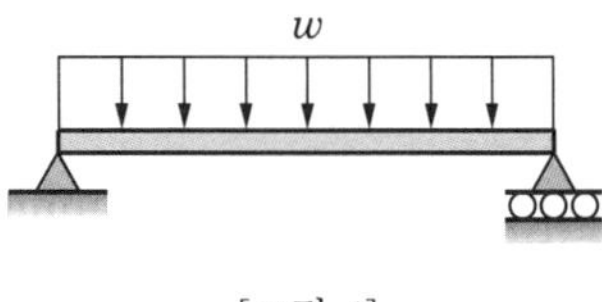

[그림 1]

$$y = \frac{wx}{24EI}(L^3 - 2Lx^2 + x^3)$$

$$y' = \frac{w}{24EI}(L^3 - 6Lx^2 + 4x^3)$$

$$\delta_c = \delta_{max} = \frac{5wL^4}{384EI}, \quad \theta_a = \theta_b = \frac{wL^3}{24EI}$$

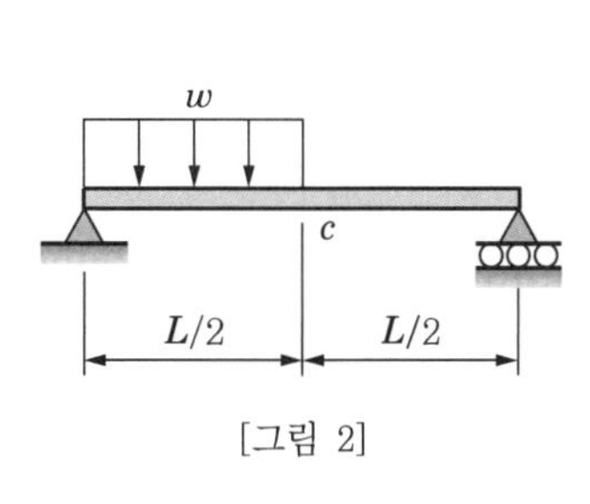

[그림 2]

$$y = \frac{wx}{384EI}(9L^3 - 24Lx^2 + 16x^3) \ \left(0 \le x \le \frac{L}{2}\right)$$

$$y' = \frac{w}{384EI}(9L^3 - 72Lx^2 + 64x^3) \ \left(0 \le x \le \frac{L}{2}\right)$$

$$y = \frac{wL}{384EI}(8x^3 - 24Lx^2 + 17L^2x - L^3) \ \left(\frac{L}{2} \le x \le L\right)$$

$$y' = \frac{wL}{384EI}(24x^2 - 48Lx + 17L^2) \ \left(\frac{L}{2} \le x \le L\right)$$

$$\delta_c = \frac{5wL^4}{768EI}, \quad \theta_a = \frac{3wL^3}{128EI}, \quad \theta_b = \frac{7wL^3}{384EI}$$

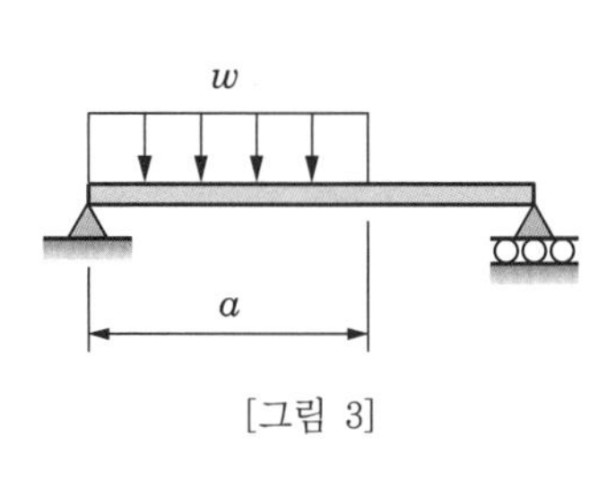

[그림 3]

$$y = \frac{wx}{24LEI}(a^4 - 4a^3L + 4a^2L^2 + 2a^2x^2 - 4aLx^2 + Lx^3)$$
$$(0 \le x \le a)$$

$$y' = \frac{wx}{24LEI}(a^4 - 4a^3L + 4a^2L^2 + 6a^2x^2 - 12aLx^2 + 4Lx^3)$$
$$(0 \le x \le a)$$

$$y = \frac{wa^2}{24LEI}(-a^2L + 4L^2x + a^2x - 6Lx^2 + 2x^3)$$
$$(a \le x \le L)$$

$$y' = \frac{wa^2}{24LEI}(4L^2 + a^2 - 12Lx + 6x^2) \ (a \le x \le L)$$

$$\theta_a = \frac{wa^2}{24LEI}(2L - a)^2, \quad \theta_b = \frac{wa^2}{24LEI}(2L^2 - a^2)$$

[표 8-2] 단순보의 처짐과 처짐각(계속)

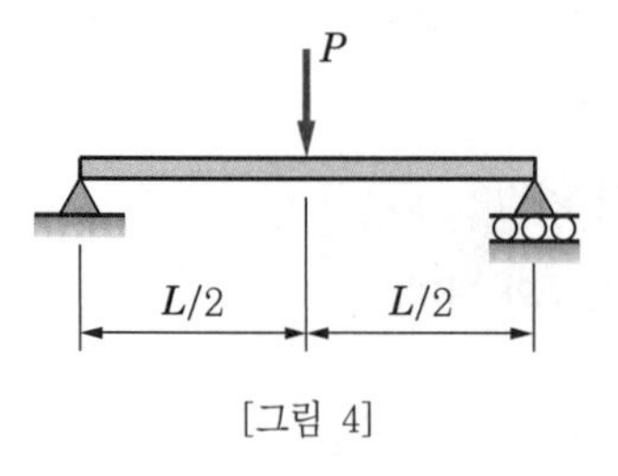

[그림 4]

$$y = \frac{Px}{48EI}(3L^2 - 4x^2)\ \left(0 \le x \le \frac{L}{2}\right)$$

$$y' = \frac{P}{16EI}(L^2 - 4x^2)\ \left(0 \le x \le \frac{L}{2}\right)$$

$$\delta_c = \delta_{\max} = \frac{PL^3}{48EI},\quad \theta_a = \theta_b = \frac{PL^2}{16EI}$$

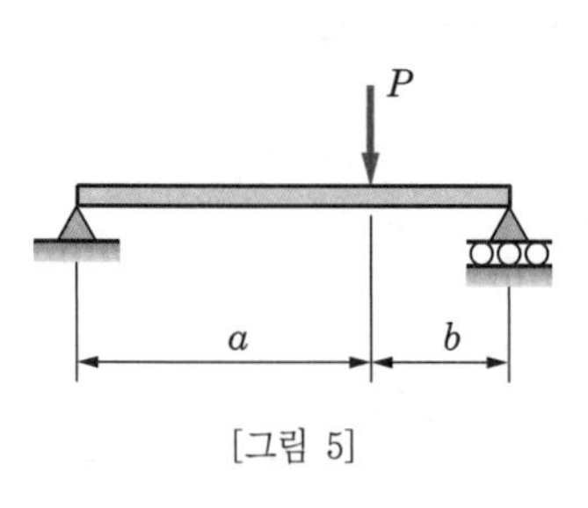

[그림 5]

$$y = \frac{Pbx}{6LEI}(L^2 - b^2 - x^2)\ (0 \le x \le a)$$

$$y' = \frac{Pb}{6LEI}(L^2 - b^2 - 3x^2)\ (0 \le x \le a)$$

$$\theta_a = \frac{Pab(L+b)}{6LEI},\quad \theta_b = \frac{Pab(L+a)}{6LEI}$$

If $a \ge b$, $\delta_c = \dfrac{Pb(3L^2 - 4b^2)}{48EI}$

If $a \ge b$, $x_1 = \sqrt{\dfrac{L^2 - b^2}{3}}$ 그리고 $\delta_{\max} = \dfrac{Pb(L^2 - b^2)^{3/2}}{9\sqrt{3}\,LEI}$

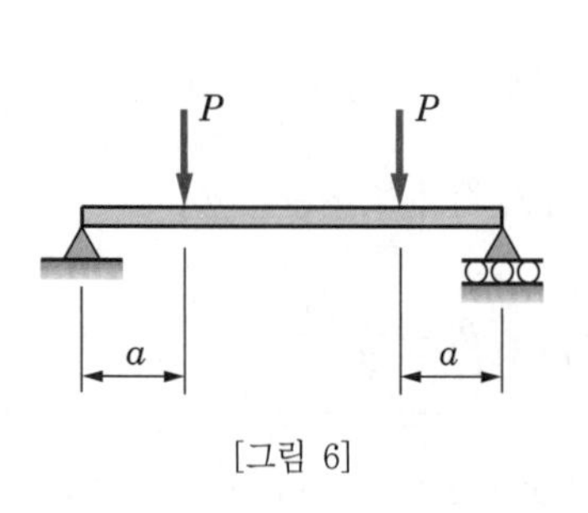

[그림 6]

$$y = \frac{Px}{6EI}(3aL - 3a^2 - x^2)\ (0 \le x \le a)$$

$$y' = \frac{P}{2EI}(aL - a^2 - x^2)\ (0 \le x \le a)$$

$$y = \frac{Pa}{6EI}(3Lx - 3x^2 - a^2)\ (a \le x \le L - a)$$

$$y' = \frac{Pa}{2EI}(L - 2x)\ (a \le x \le L - a)$$

$$\theta_a = \theta_b = \frac{Pa(L-a)}{2EI},\quad \delta_c = \delta_{\max} = \frac{Pa}{24EI}(3L^2 - 4a^2)$$

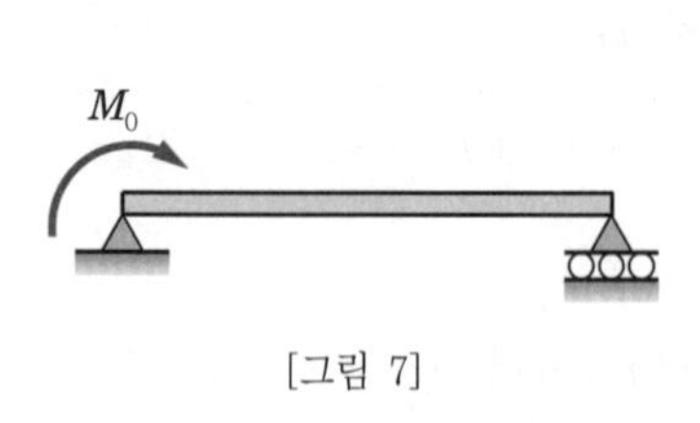

[그림 7]

$$y = \frac{M_0 x}{6LEI}(2L^2 - 3Lx + x^2)$$

$$y' = \frac{M_0}{6LEI}(2L^2 - 6Lx + 3x^2)$$

$$\delta_c = \frac{M_0 L^2}{16EI},\quad \theta_a = \frac{M_0 L}{3EI},\quad \theta_b = \frac{M_0 L}{6EI}$$

$x_1 = L\left(1 - \dfrac{\sqrt{3}}{3}\right)$ 그리고 $\delta_{\max} = \dfrac{M_0 L^2}{9\sqrt{3}\,EI}$

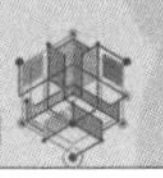

[표 8-2] 단순보의 처짐과 처짐각(계속)

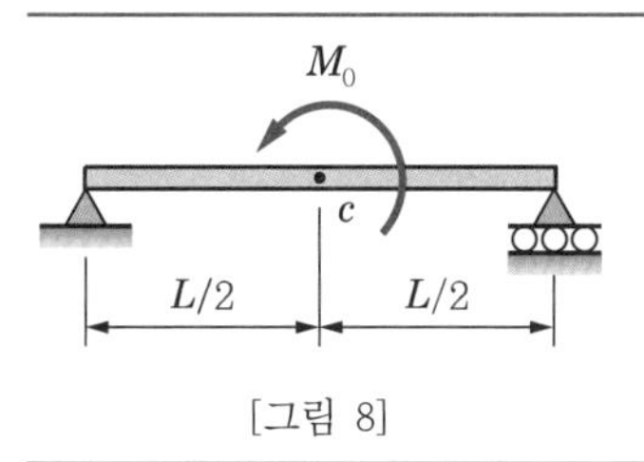

[그림 8]

$$y = \frac{M_0 x}{24LEI}(L^2 - 4x^2) \left(0 \le x \le \frac{L}{2}\right)$$

$$y' = \frac{M_0}{24LEI}(L^2 - 12x^2) \left(0 \le x \le \frac{L}{2}\right)$$

$$\delta_c = 0, \quad \theta_a = \frac{M_0 L}{24EI}, \quad \theta_b = -\frac{M_0 L}{24EI}$$

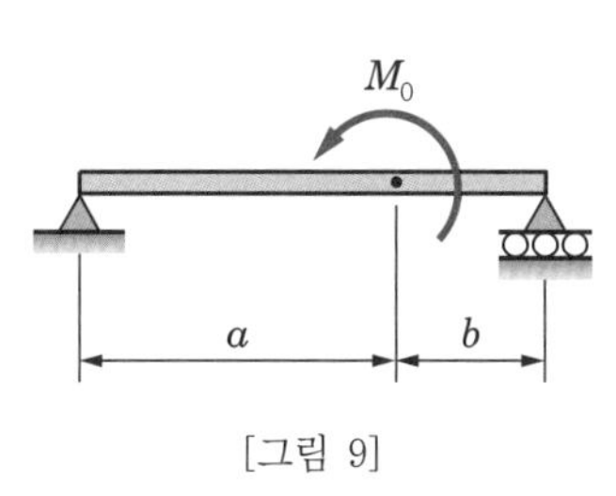

[그림 9]

$$y = \frac{M_0 x}{6LEI}(6aL - 3a^2 - 2L^2 - x^2) \ (0 \le x \le a)$$

$$y' = \frac{M_0}{6LEI}(6aL - 3a^2 - 2L^2 - 3x^2) \ (0 \le x \le a)$$

$$\text{at } x = a: \quad y = \frac{M_0 ab}{3LEI}(2a - L)$$

$$\text{at } x = a: \quad y' = \frac{M_0}{3LEI}(3aL - 3a^2 - L^2)$$

$$\theta_a = \frac{M_0}{6LEI}(6aL - 3a^2 - 2L^2), \ \theta_b = \frac{M_0}{6LEI}(3a^2 - L^2)$$

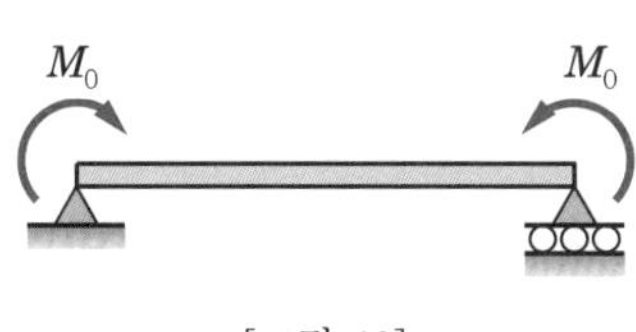

[그림 10]

$$y = \frac{M_0 x}{2EI}(L - x)$$

$$y' = \frac{M_0}{2EI}(L - 2x)$$

$$\delta_c = \delta_{\max} = \frac{M_0 L^2}{8EI}, \quad \theta_a = \theta_b = \frac{M_0 L}{2EI}$$

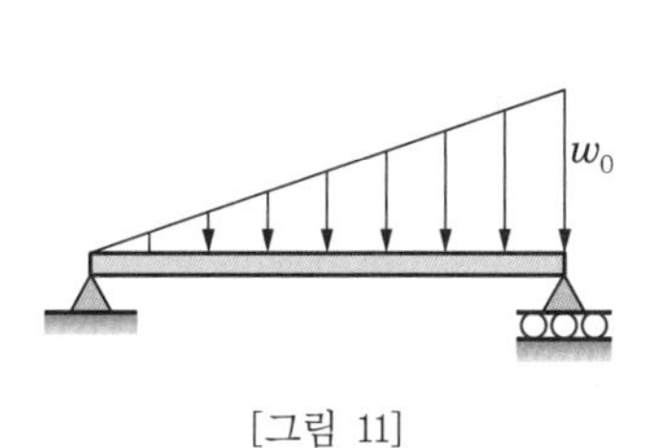

[그림 11]

$$y = \frac{w_0 x}{360LEI}(7L^4 - 10L^2x^2 + 3x^4)$$

$$y' = \frac{w_0}{360LEI}(7L^4 - 30L^2x^2 + 15x^4)$$

$$\delta_c = \frac{5w_0 L^4}{768EI}, \quad \theta_a = \frac{7w_0 L^3}{360EI}, \quad \theta_b = \frac{w_0 L^3}{45EI}$$

$$x_1 = 0.5193L, \quad \delta_{\max} = 0.00652\frac{w_0 L^4}{EI}$$

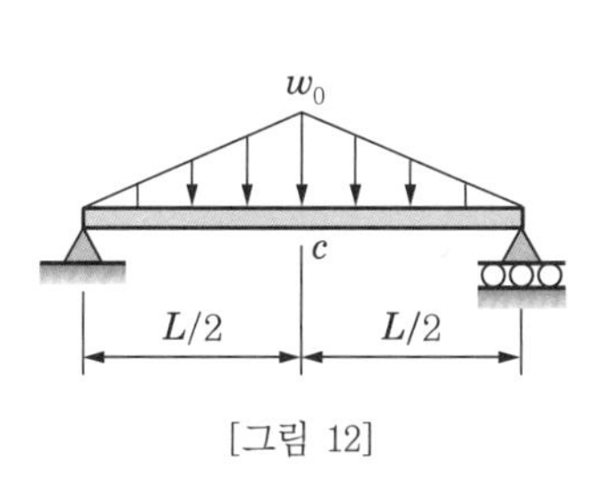

[그림 12]

$$y = \frac{w_0 x}{960LEI}(5L^2 - 4x^2)^2 \left(0 \le x \le \frac{L}{2}\right)$$

$$y' = \frac{w_0}{192LEI}(5L^2 - 4x^2)(L^2 - 4x^2) \left(0 \le x \le \frac{L}{2}\right)$$

$$\delta_c = \delta_{\max} = \frac{w_0 L^4}{120EI}$$

$$\theta_a = \theta_b = \frac{5w_0 L^3}{192EI}$$

8.6 굽힘의 탄성 변형에너지

탄성에너지에 대한 개념은 2.6절과 4.3절에서 이미 설명하였다. 이 절에서는 앞서의 개념을 보의 굽힘에 적용시키려고 한다. 선형탄성적으로 거동하는 보만을 고려할 때 재료는 훅의 법칙을 따르며 처짐과 회전은 매우 작아야 한다.

순수굽힘을 받는 보의 처짐곡선

[그림 8-22]와 같이 우력 모멘트 M에 의해 순수굽힘을 받는 보의 처짐곡선은 일정한 곡률 $k=-M/EI$를 갖는 원호(circular arc)이다. 이 호에 대한 보의 길이는 $\rho\theta$이고, 각은 L/ρ이므로 절대값을 취하면 다음과 같다.

$$\theta=\frac{L}{\rho}=kL=\frac{ML}{EI} \tag{8.63}$$

여기서, 곡률 $k=\dfrac{1}{\rho}$, L : 보의 길이, ρ : 곡률반경

우력 M과 각 θ와의 선형 관계는 [그림 8-23]에 나타낸 모멘트 회전각 선도의 선분 OA로 나타나 있다.

그림에서 굽힘우력 M이 0에서부터 최대값 M에 이르기까지 점차적으로 증가함에 따라 선분 OA 밑의 빗금 친 면적으로 표시된 일 W를 하게 된다. 따라서 이 일은 보에 저장된 탄성에너지(또는 변형에너지)와 같다.

탄성에너지

$$U=W=\frac{M\theta}{2} \tag{8.64}$$

변형에너지

식 (8.63)과 식 (8.64)를 합하면 순수굽힘을 받는 보에 저장된 변형에너지를 두 가지 형태로 나타낼 수 있다.

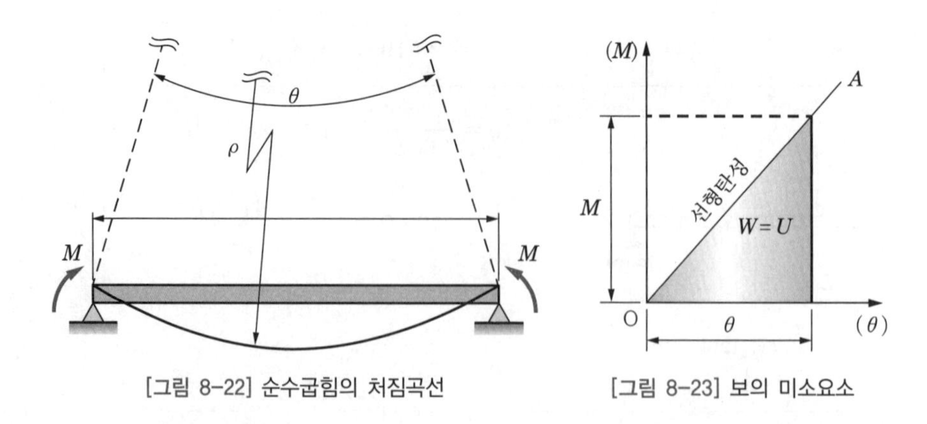

[그림 8-22] 순수굽힘의 처짐곡선

[그림 8-23] 보의 미소요소

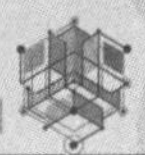

$$\left.\begin{aligned} U &= \frac{M}{2}\left(\frac{ML}{EI}\right) = \frac{M^2 L}{2EI} \quad \cdots\cdots \text{(a)} \\ U &= \frac{\theta}{2}\left(\frac{\theta EI}{L}\right) = \frac{EI\theta^2}{2L} \quad \cdots\cdots \text{(b)} \end{aligned}\right\} \qquad (8.65)$$

만약 굽힘 모멘트 M이 보의 전 구간에 걸쳐 변하는 경우, 식 (8.65)를 보의 요소에 적용하여 전 구간에 걸쳐 적분하면 변형에너지를 얻을 수 있다. 즉 모멘트 M을 받는 [그림 8-24]에서 길이 dx의 미소요소의 양 변 사이의 각 $d\theta$는 식 (8.4)의 절대값만을 고려할 때,

$$d\theta = \frac{d^2y}{dx^2}dx = \frac{M}{EI}dx \qquad \text{(c)}$$

가 되고, 따라서 요소에 저장된 변형에너지 dU는 식 (8.65)로부터

저장된 변형에너지

$$dU = \frac{M^2 dx}{2EI} \qquad \text{(d)}$$

$$dU = \frac{EI}{2}\left(\frac{d^2y}{dx^2}\right)^2 dx \qquad \text{(e)}$$

로 쓸 수 있고, 식 (d), (e)를 적분하면 보에 저장된 전 탄성에너지(또는 변형에너지)는 다음과 같다.

저장된 전 탄성에너지

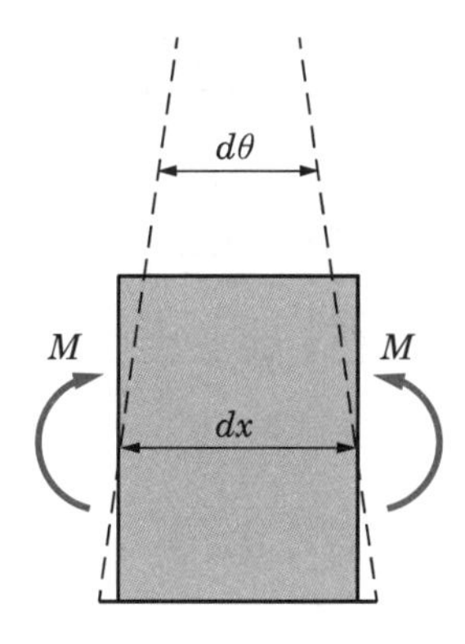

[그림 8-24] M에 의한 미소요소의 양변 사이의 각

$$\left.\begin{aligned} U &= \int_0^L \frac{M^2 dx}{2EI} \qquad \cdots\cdots (\mathrm{f}) \\ U &= \int_0^L \frac{EI}{2}\left(\frac{d^2y}{dx^2}\right)^2 dx \ \cdots\cdots (\mathrm{g}) \end{aligned}\right\} \qquad (8.66)$$

식 (8.66)은 굽힘 모멘트 결과만을 고려할 때 보의 변형에너지를 나타낸다. 보의 경우, 이에 추가하여 전단 변형에너지도 요소에 저장된다. 보의 길이가 폭보다 월등히 긴 경우($L/d \gg b$)에 대해서는 전단 변형에너지가 굽힘 변형에너지에 비해 대단히 작기 때문에 무시할 수 있다. 따라서 식 (8.66)은 보의 변형에너지를 구하고, 이 에너지를 이용하여 간단한 처짐이나 충격문제를 해결하는 데 있어 중요점을 두기에 충분한 식이다.

전단 변형에너지

보의 변형에너지

예제 8.16

다음 그림과 같은 외팔보의 경우 보에 저장되는 탄성에너지를 구하라. 단, 균일 분포하중은 보의 전 길이에 걸쳐 작용하고 모멘트는 자유단에 작용한다.

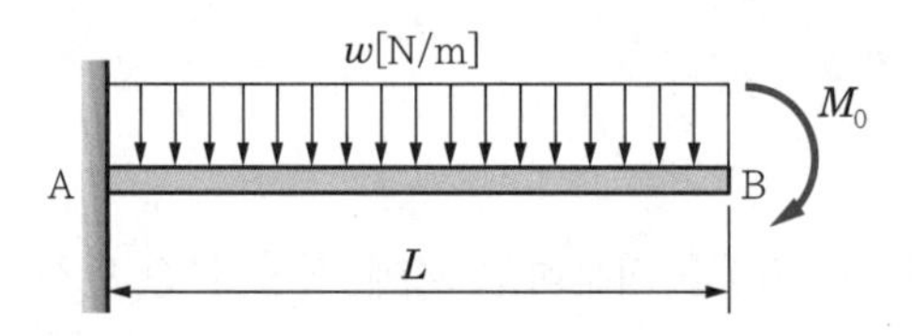

풀이 탄성에너지 $U = \int \frac{{M_x}^2}{2EI}$ 이므로 균일(등) 분포하중에 의한 탄성에너지와 모멘트(우력)에 의한 탄성에너지 값을 합하면 된다.

$$\begin{aligned} U &= \int_0^L \frac{{M_x}^2}{2EI} dx + \int_0^L \frac{{M_0}^2}{2EI} dx \\ &= \frac{1}{2EI}\int_0^L \left[\frac{wx^2}{2}\right]^2 dx + \frac{{M_0}^2}{2EI} L \\ &= \frac{1}{2EI}\left[\frac{w^2x^5}{4\times 5}\right]_0^L + \frac{{M_0}^2 L}{2EI} = \frac{w^2 L^5}{20\times 2EI} + \frac{{M_0}^2 L}{2EI} \end{aligned}$$

예제 8.17

다음 그림과 같은 원호상의 외팔보가 B단에서 고정되어 있다. 자유단 A에 집중하중 P를 가할 때 하중 방향의 연직처짐을 구하라. 단, 원호의 반경은 R이고, 1/4 원호이다.

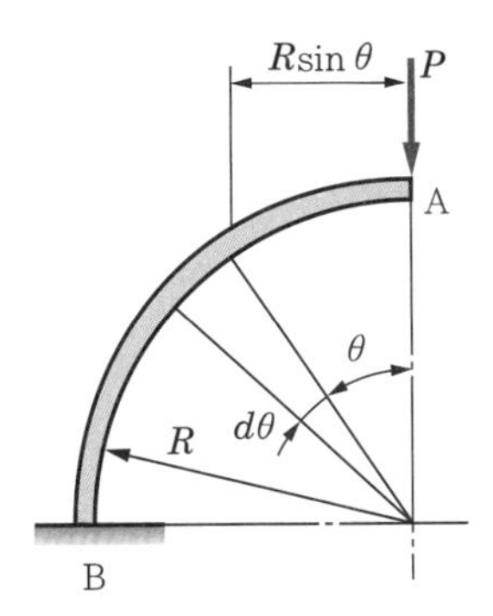

풀이 원호상의 θ만큼에 발생하는 모멘트는

$$M_\theta = PR\sin\theta \rightarrow dU = \frac{{M_\theta}^2 R d\theta}{2EI} = \frac{P^2R^3\sin^2\theta d\theta}{2EI}$$

$$U = \int_0^{\pi/2} \frac{P^2R^3\sin^2\theta d\theta}{2EI}$$

$$\therefore \ \delta = \frac{\partial U}{\partial P} = \frac{PR^3}{EI}\int_0^{\frac{\pi}{2}} \frac{1-\cos 2\theta}{2} d\theta$$

$$= \frac{PR^3}{2EI}\left[\theta - \frac{1}{2}\sin 2\theta\right]_0^{\pi/2} = \frac{\pi PR^3}{4EI}$$

예제 8.18

다음 그림과 같은 돌출된 단순 지지보가 C단에 집중하중 P를 받고 있을 때 카스틸리아노 정리를 이용하여 C점의 처짐을 구하라.

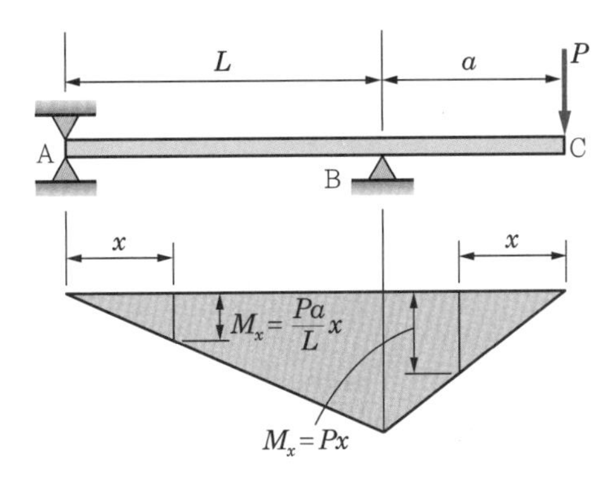

풀이 굽힘 모멘트는 그림의 AB 구간에서 $M_x = -\dfrac{Pa}{L}x$, BC 구간은 $M_x = -Px$ 이므로

$$U = \int \frac{{M_x}^2}{2EI}dx = \int_0^L \frac{P^2a^2x^2}{2EIL^2} + \int_0^a \frac{P^2x^2}{2EI} \fallingdotseq \frac{P^2a^2}{6EI}(L+a)$$

$$\therefore \ \delta_c = \frac{\partial U}{\partial P} = \frac{2Pa^2}{6EI}(L+a) = \frac{Pa^2}{3EI}(L+a)$$

예제 8.19

그림과 같은 구조물의 C단에 집중하중 P가 작용할 때 B단의 처짐각 θ_B와 하중점에서 수직처짐 δ_V, 수평처짐 δ_H를 구하라. 단, 구조물의 EI는 균일하다.

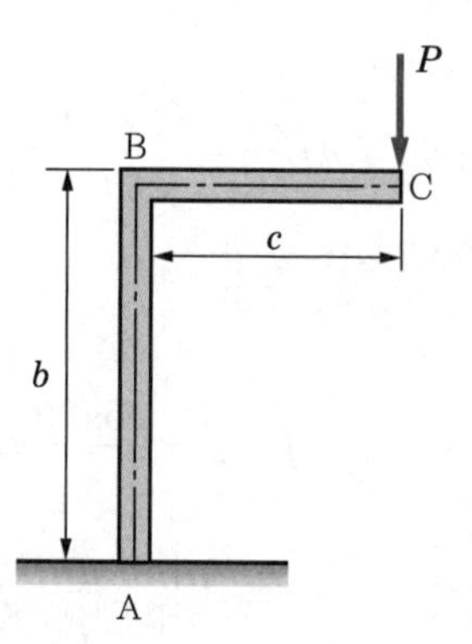

풀이 P에 의해 굽힘의 모양은 다음 그림과 같다.

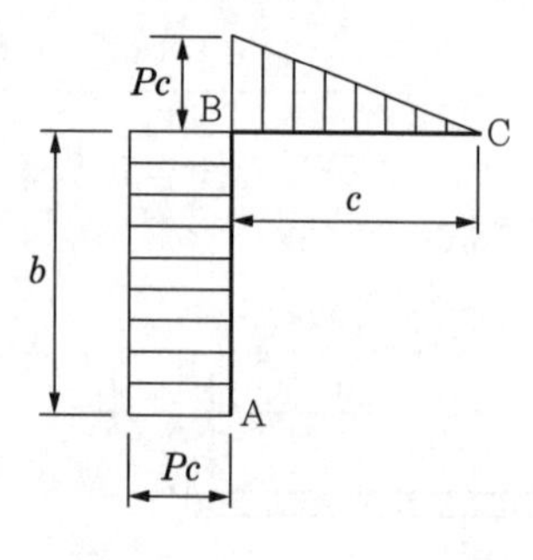

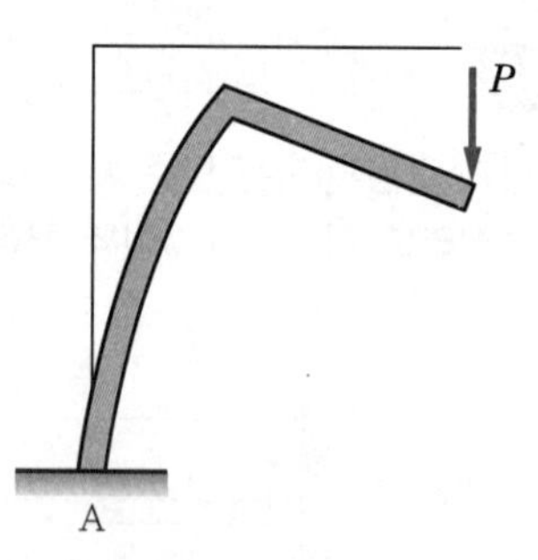

$$\theta_B = \frac{Pcb}{EI}, \quad \delta_H = \frac{1}{EI}Pcb \times \frac{b}{2} = \frac{Pc}{2}b^2$$

$$\text{또 } \delta_V = c\theta_B + \frac{Pc^3}{3EI} = \frac{cPcb}{EI} + \frac{Pc^3}{3EI} = \frac{Pc^2(c+3b)}{3EI}$$

예제 8.20

다음 그림과 같은 외팔보가 $w_x = w_0\left(\dfrac{x}{L}\right)^2$의 분포하중을 받고 있을 때 자유단의 처짐각을 구하라.

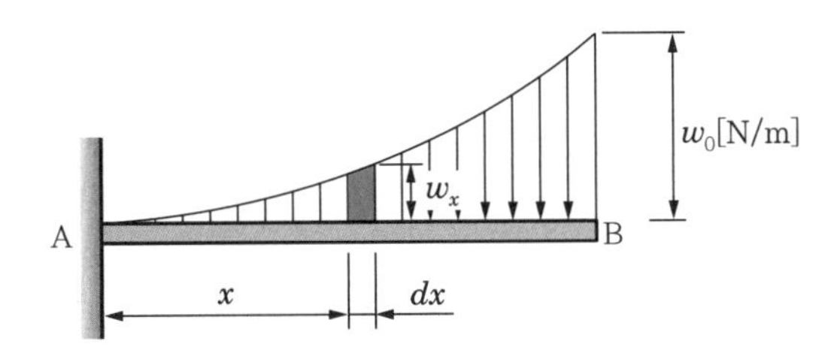

풀이 $w_x = w_0\left(\dfrac{x}{L}\right)^2 \rightarrow P = w_0\left(\dfrac{x}{L}\right)^2 dx$

$$d\theta = \frac{Px^2}{2EI} = \frac{w_0 x^2}{2L^2EI}dx$$

$$\therefore\ \theta_B = \int_0^L \frac{w_0 x^4}{2L^2EI}dx = \frac{w_0}{2L^2EI}\left[\frac{x^5}{5}\right]_0^L = \frac{w_0 L^3}{10EI}$$

예제 8.21

다음 그림과 같은 단순보가 집중하중 P를 받을 때 보에 저장된 탄성에너지와 최대 처짐을 구하라. 단, EI는 일정하고 $E=21\times10^6$N/cm^2, $I=10^5$cm^{4}이다.

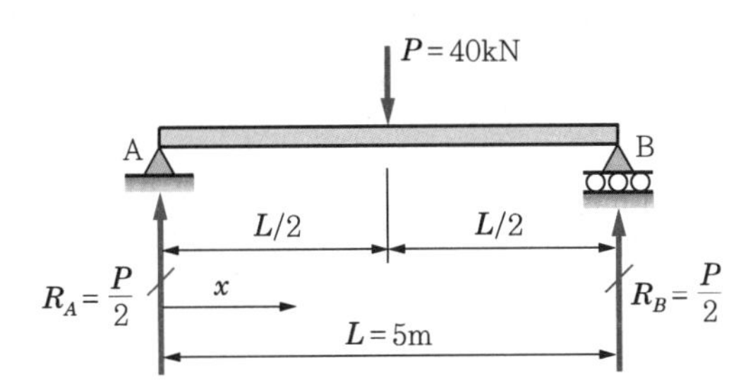

풀이 임의의 x 구간의 모멘트 $M_x = \dfrac{P}{2}x$

$$dU = \frac{{M_x}^2 dx}{2EI} = \frac{P^2x^2}{8EI}dx$$

$$\therefore\ U = 2\int_0^{L/2}\frac{P^2x^2}{8EI}dx = \frac{2P^2}{8EI}\left[\frac{1}{3}x^3\right]_0^{L/2} = \frac{P^2L^3}{96EI} \quad \cdots\cdots ①$$

또 최대 처짐은 $\delta_c = \dfrac{\partial U}{\partial P} = \dfrac{2PL^3}{96EI} = \dfrac{PL^3}{48EI}$ ·································· ②

∴ 식 ①과 식 ②에 대입 정리하면

$$U = \frac{40,000^2 \times 500^3}{96 \times 21 \times 10^6 \times 10^5} = 992.06\text{N} \cdot \text{cm}$$

$$\delta_c = \delta_{\max} = \frac{40,000 \times 500^3}{48 \times 21 \times 10^6 \times 10^5} = 4.96 \times 10^2\text{cm}$$

예제 8.22

다음 그림과 같은 구조물의 C점에 20kN의 하중을 가할 때 AC의 길이가 $L = 3$m 라면 C점의 하중 방향의 처짐은? 단, $E = 21 \times 10^6$N/cm^2, 구조물의 단면적 $A =$ 8cm이다.

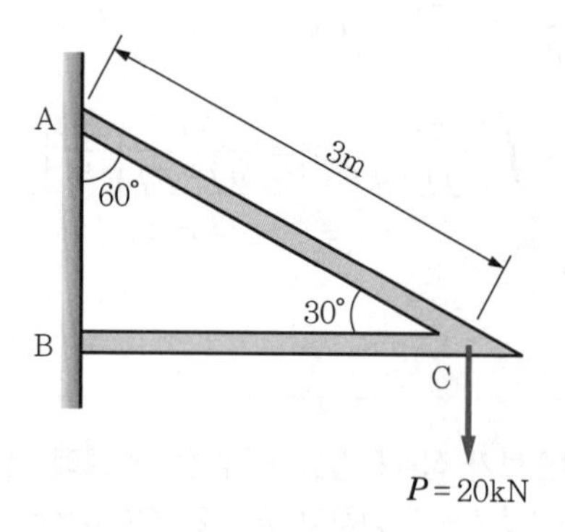

풀이 하중 P로 인하여 AC와 BC 부재에 가해지는 힘이 다음 그림과 같다.

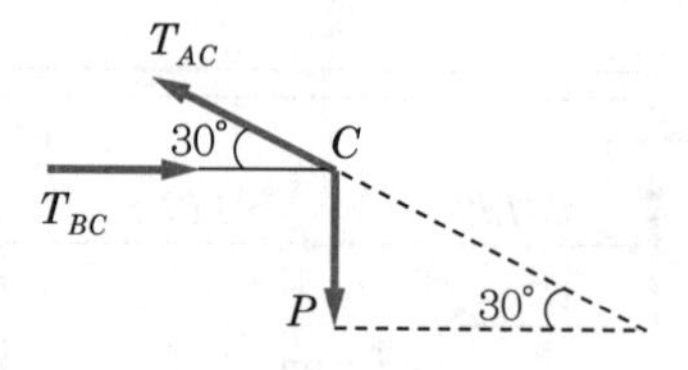

$$T_{AC} = 2P, \quad T_{BC} = \sqrt{3}\,P$$

∴ 부재의 축적된 탄성에너지

$$U = \frac{(2P)^2 L}{2AE} + \frac{(\sqrt{3}\,P)^2 \times L\cos 30°}{2AE} = \frac{4 + \dfrac{3\sqrt{3}}{2}}{2AE} P^2 L$$

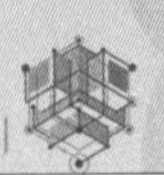

따라서 카스틸리아노 정리를 이용하여 처짐을 구하면

$$\delta = \frac{\partial U}{\partial P} = \frac{2\left(4 + \dfrac{3\sqrt{3}}{2}\right)PL}{2AE}$$

$$= \frac{4 + \dfrac{3\sqrt{3}}{2}}{AE} PL = \frac{\left(4 + \dfrac{3\sqrt{3}}{2}\right) \times 20 \times 10^3 \times 300}{8 \times 21 \times 10^6}$$

$$= 0.235\text{cm}$$

기초연습문제

01 최대 굽힘 모멘트 $M=4\times10^4$N·m인 단순보에서 단면의 $b\times h=20$cm$\times$30cm일 때 최대 곡률반경은 몇 m인가? 단, $E=10\times10^5$N/cm^{2}이다.

02 지름 30cm의 원형단면의 강봉이 최대 굽힘응력 $\sigma_a=18\times10^3$N/cm^{2}일 때 원형단면의 보가 휘기 시작하는 최소 반지름은? 단, $E=21\times10^6$N/cm^{2}이다.

03 균일 분포하중 w[N/m]를 받는 단순보의 길이 $L=2$m가 있다. 최대 처짐이 1.5cm로 제한할 때 힘의 세기 w[N/m]는 얼마인가? 단, 단면은 한 변이 10cm인 정사각 단면이고, $E=21\times10^6$N/cm^{2}이다.

04 그림과 같은 하중상태 (1), (2)의 외팔보에서 최대 처짐의 비를 구하라.

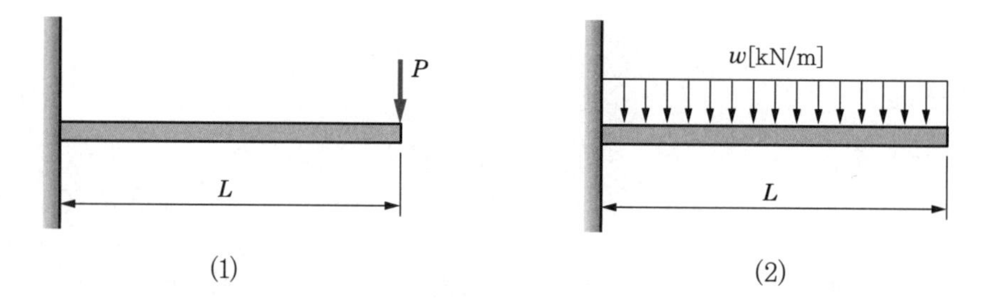

05 다음 그림 (1), (2)와 같은 양단 지지보에서 최대 처짐량의 비를 구하라.

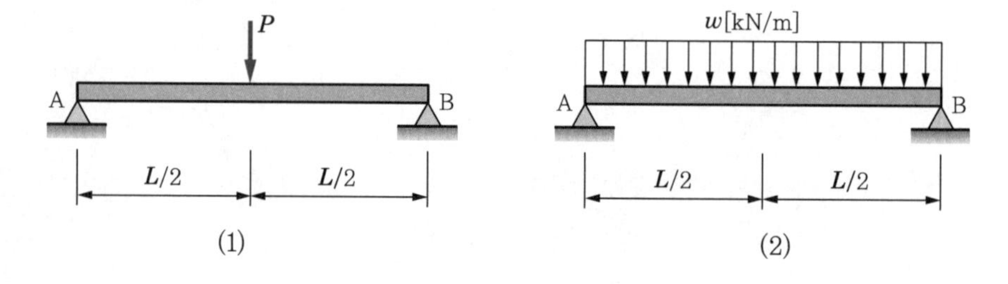

06 다음 그림과 같이 단순보에 집중하중과 등분포하중이 동시에 작용할 때 이 보의 최대 처짐은? 단, $E=20\times10^6$N/cm^2, $I=10,000$cm^{4}이다.

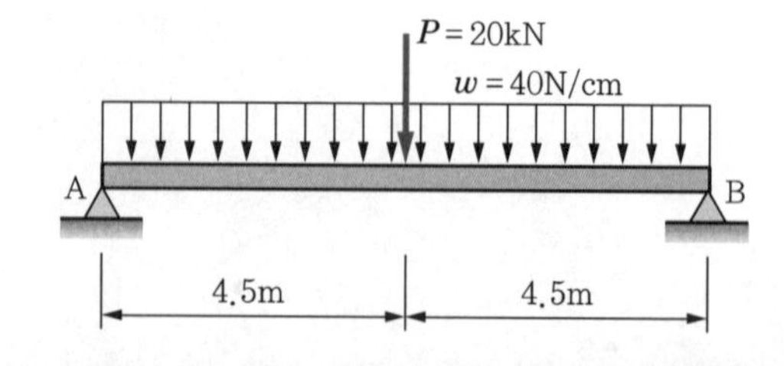

07 다음의 단순보에서 A 지점의 경사각 θ_A는? 단, EI는 일정하다.

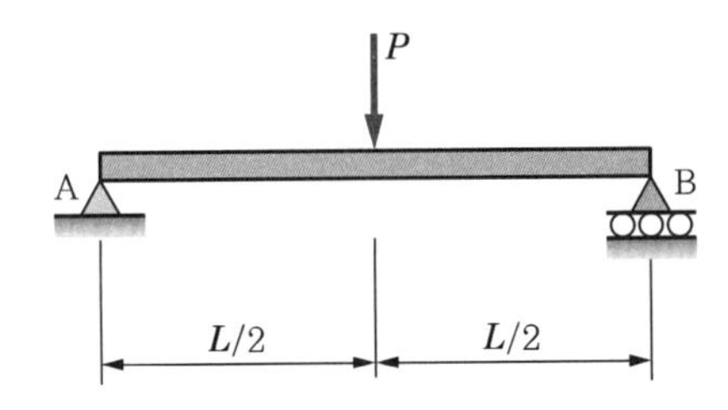

08 다음 그림과 같은 단순보에서 중앙에 집중하중 $P=30\text{kN}$을 가할 때 최대 처짐은? 단, $E=21\times10^6\text{N/cm}^2$, $b\times h=10\text{cm}\times15\text{cm}$이다.

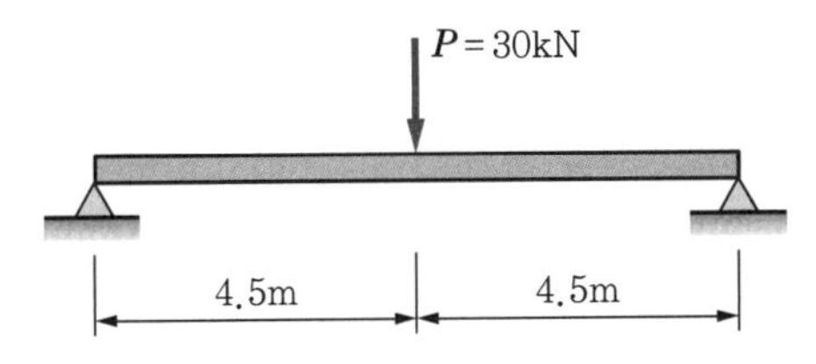

09 다음 그림과 같은 외팔보의 자유단에서 처짐 δ_B는? 단, EI는 일정하다.

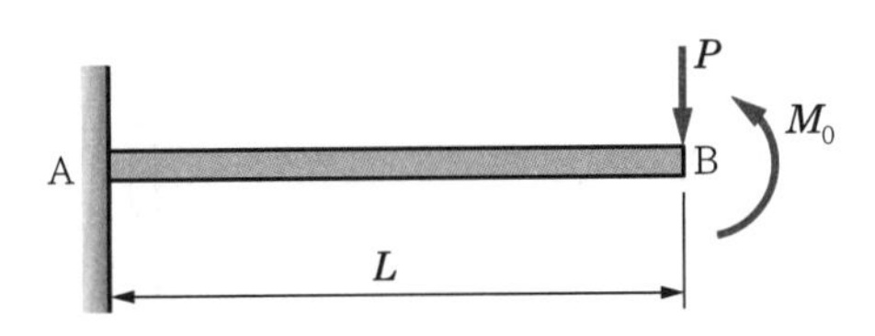

10 단순보의 지점 A에 우력 M_0가 작용할 경우 A 지점의 처짐각 θ_A와 B 지점의 처짐각 θ_B를 구하라. 단, EI는 일정하다.

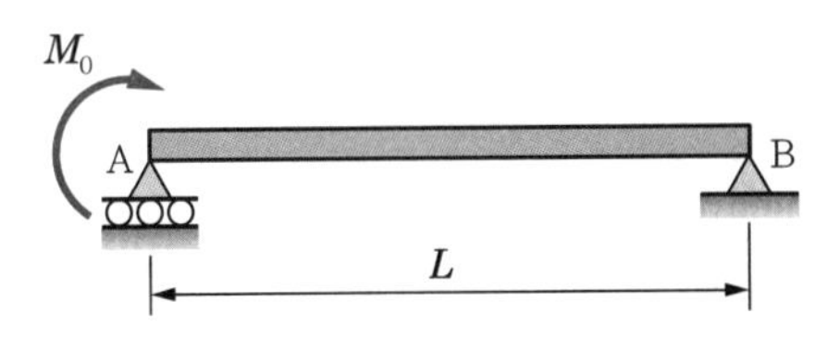

11 다음 그림과 같은 외팔보의 자유단에 우력 $M_1 = Pa$를 가할 때 자유단의 처짐과 처짐각을 구하는 식은?

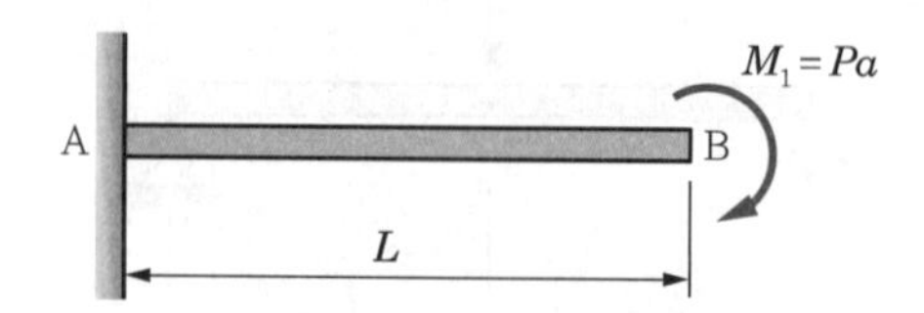

12 다음 그림과 같은 단순보의 지점 B에서 M_0의 우력이 작용할 때 중앙점 C에서의 처짐 δ_c는? 단, EI는 일정하다.

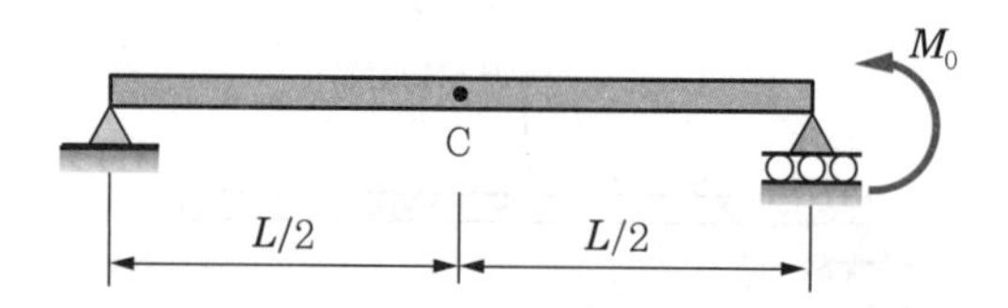

13 다음 그림과 같은 고정보의 중앙에 집중하중 $P=10\text{kN}$이 작용할 때 최대 처짐은 얼마인가? 단, $E=21\times10^6\text{N/cm}^2$, $b\times h=8\text{cm}\times16\text{cm}$, $L=6\text{m}$이다.

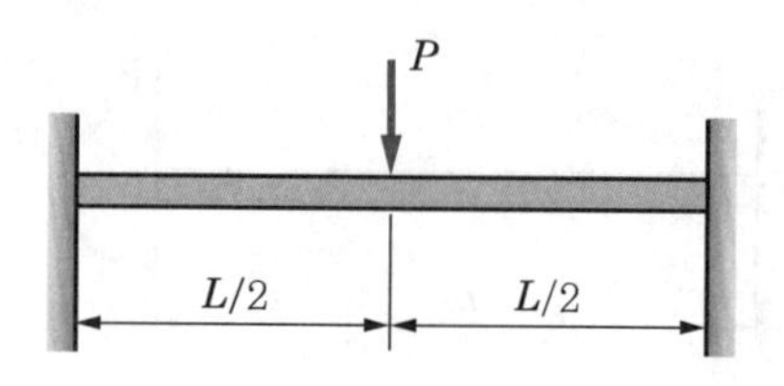

14 그림과 같은 외팔보가 임의의 구간 C점에 우력 $M_0=100\text{kN}\cdot\text{m}$가 작용할 때 C점의 처짐 δ_C는? 단, $E=10\times10^5\text{N/cm}^2$, $I=10^6\text{cm}^4$이다.

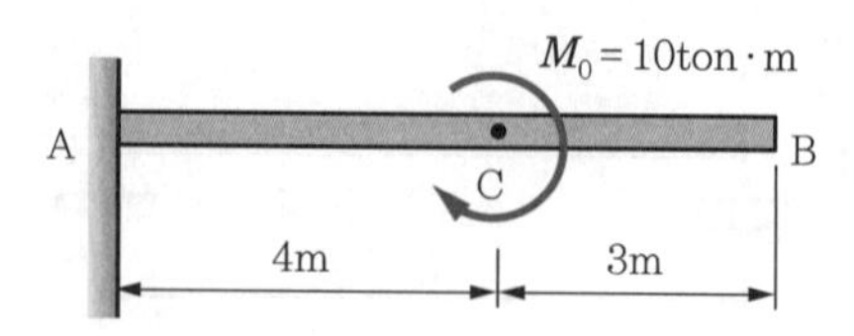

15 다음 그림과 같은 외팔보의 하중상태에서 자유단 B점의 처짐각과 처짐은? 단, $E=10^5\text{N/cm}^2$, $I=10^6\text{cm}^4$이다.

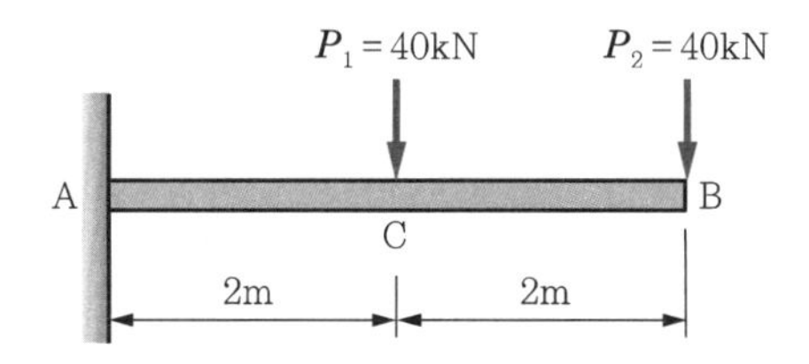

16 다음 그림과 같은 내다지보에서 C단에 우력 M_0가 작용할 때 C점의 처짐각 θ_C는? 단, EI는 균일하다.

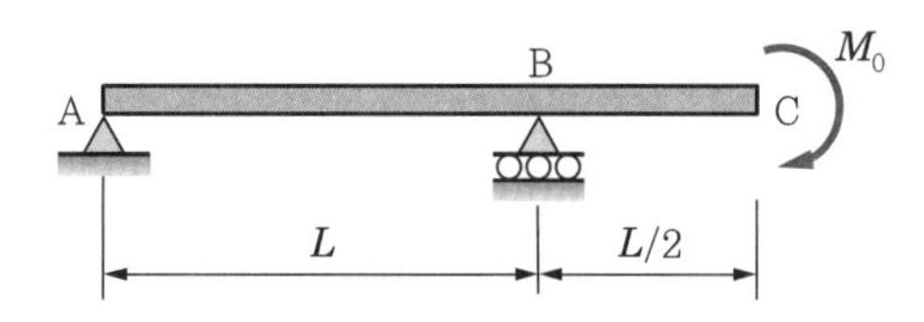

17 다음 그림과 같은 삼각 구조물이 A점에서 집중하중 P를 받을 때 수직 방향의 처짐량을 구하라. 단, 구조물 최초의 길이는 L, 단면적은 A이다.

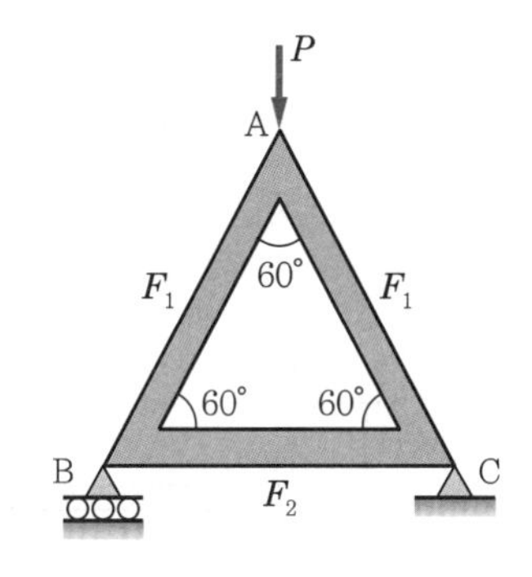

18 다음과 같은 구조물의 경우 자유단의 처짐이 0이 되기 위해서는 $L:a$의 비는?

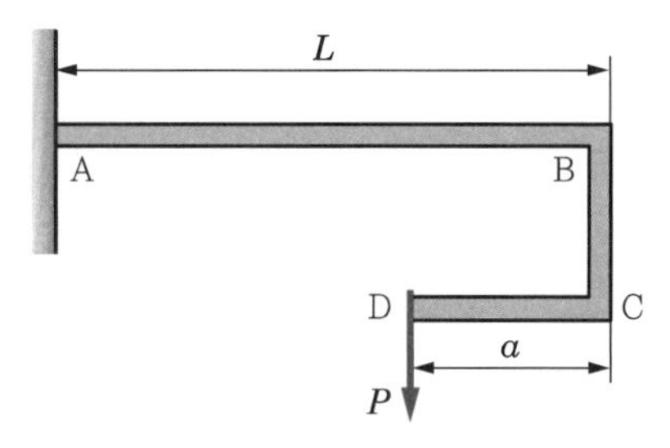

19 다음 그림과 같이 지점 B에 $M=40\text{kN}\cdot\text{m}$의 모멘트를 가할 때 A지점의 처짐각 θ_A [rad]와 중앙점 C에서의 처짐 δ_C를 구하라. 단, $E=51\times10^5\text{N/cm}^2$, $b\times h=20\text{cm}\times 30\text{cm}$의 사각형단면이다.

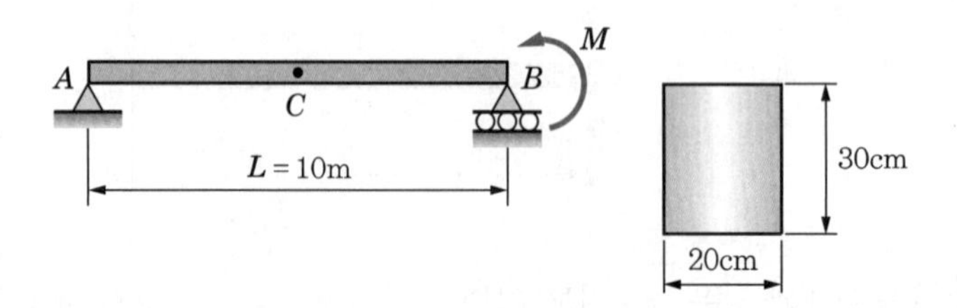

20 다음 그림과 같은 단순보의 중앙에 집중하중 P가 작용할 때 보에 발생되는 최대 탄성 에너지와 중앙점의 처짐을 구하라. 단, EI는 일정하다.

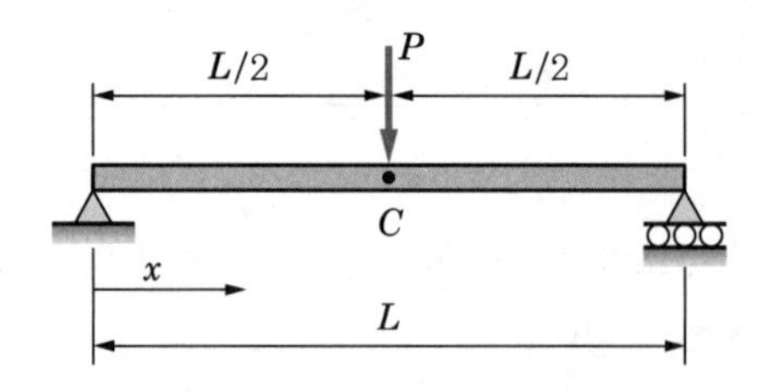

21 다음 그림과 같은 단순보의 중앙에 높이 30cm에서 무게 $W=200\text{N}$인 추를 낙하하였을 때 처짐 δ를 구하는 식은? 단, $b\times h=16\text{cm}\times25\text{cm}$, $L=10\text{m}$, $E=21\times10^6\text{N/cm}^2$이다.

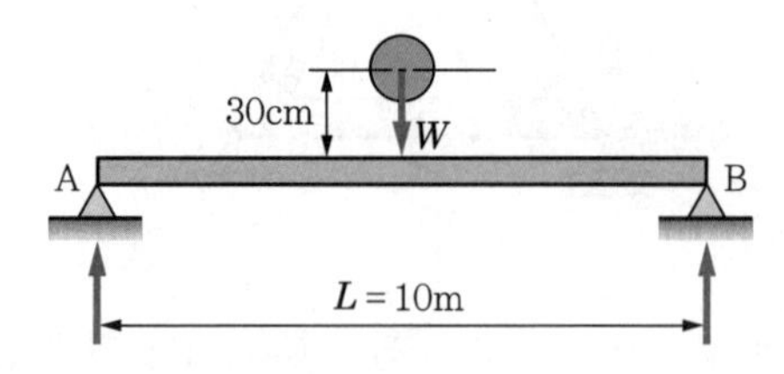

응용연습문제

01 다음 그림과 같은 단순보의 C점에 있어서 곡률반경은? 단, 자중은 무시하고 $E=10\times10^5 \mathrm{N/cm^2}$이다.

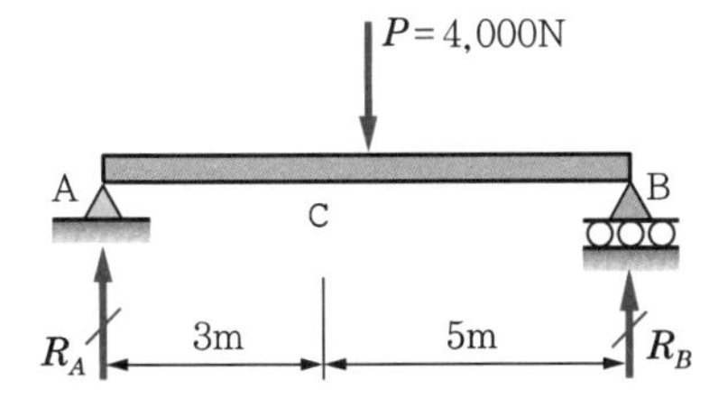

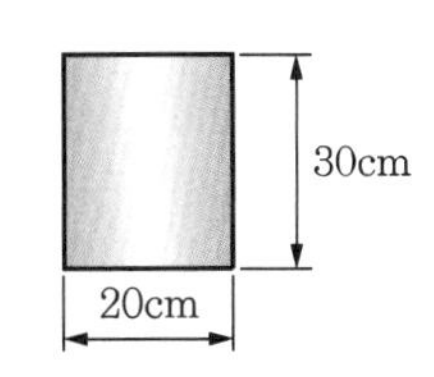

02 다음 그림과 같은 보에서 순수굽힘 상태인 CD 구간에서 탄성곡선의 곡률반경은 몇 m인가? 단, $EI=20\times10^9 \mathrm{N\cdot cm}$이다.

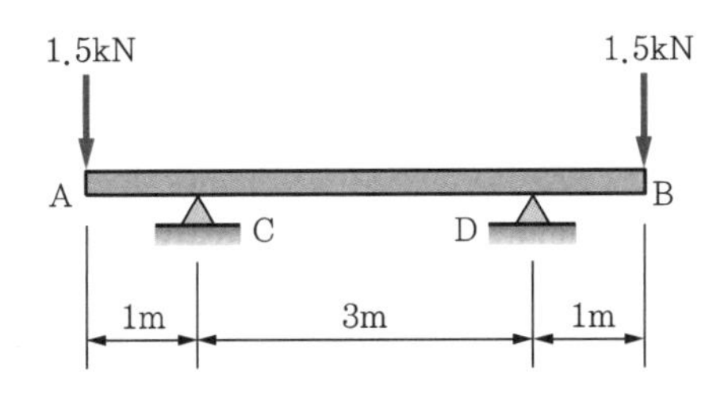

03 단순보의 중앙에 집중하중 P가 작용할 때 단면의 높이를 2배로 높게 할 경우 최대 처짐량은 처음의 몇 배인가? 단, 보의 단면은 사각단면($b\times h$)형이다.

04 다음 그림과 같은 외팔보가 중앙점에 집중하중 P를 받을 경우 중앙점 C와 자유단 B점의 처짐은? 단, 면적-모멘트법을 이용하여 구하라. 단, EI는 일정하다.

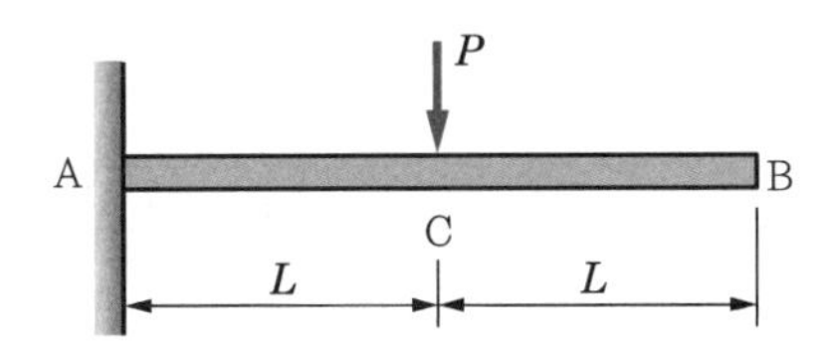

05 다음 그림과 같이 외팔보의 자유단에 집중하중 P가 작용할 경우 자유단의 처짐과 자유단의 처짐각을 구하라. 단, EI는 균일하다.

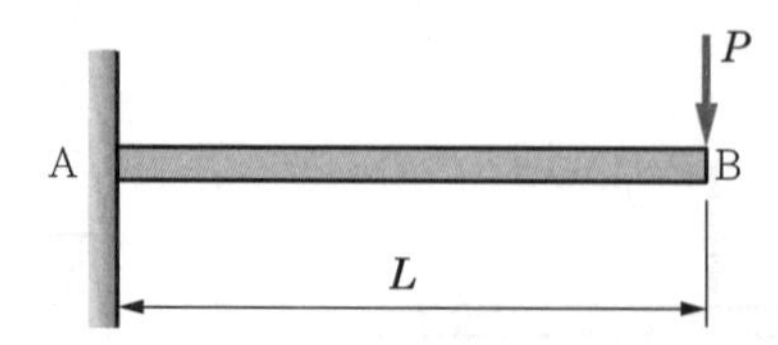

06 양단 고정보에 균일 분포하중 w[N/m]가 보의 전 길이에 걸쳐 작용할 때 최대 처짐은? 단, $E=21\times10^6\text{N/cm}^2$, $L=12\text{m}$, 직경 $d=10\text{cm}$이다.

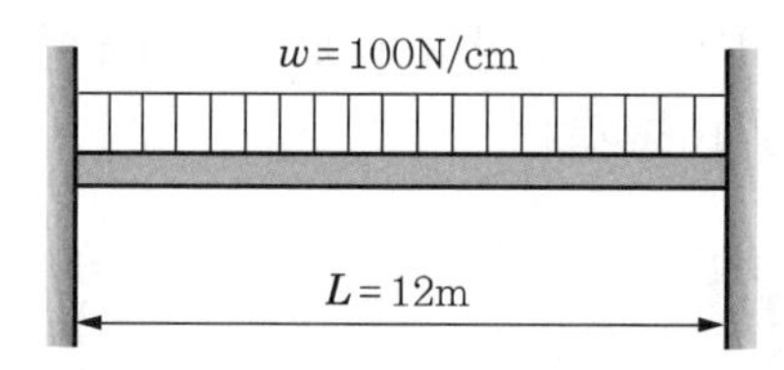

07 다음 그림과 같이 단순보의 C점에 $M_0=80\text{kN}\cdot\text{m}$의 우력이 발생할 때 D점에서의 처짐각 θ_D와 처짐 δ_D를 구하라. 단, $E=10\times10^5\text{N/cm}^2$, $I=10^6\text{cm}^4$이다.

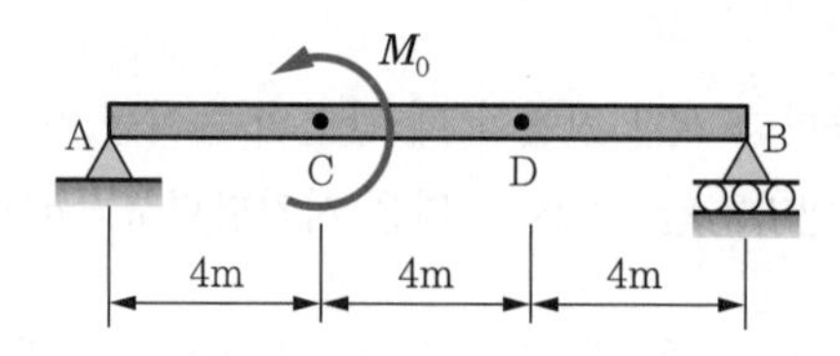

08 다음 그림과 같은 돌출보의 균일 분포하중상태에서 A 지점의 처짐각 θ_A[rad]는?

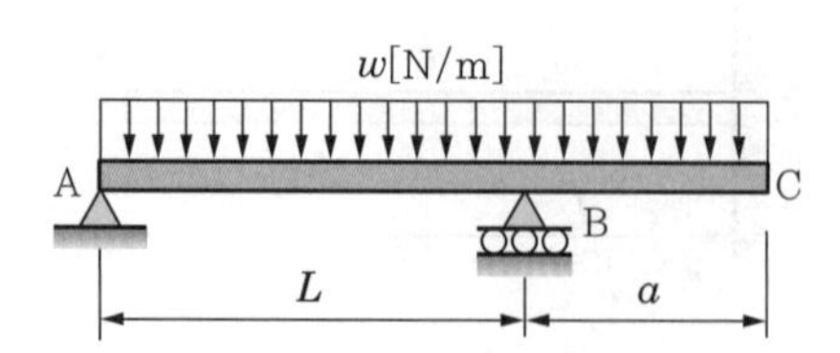

09 다음 그림과 같은 외팔보에 집중하중 P가 자유단에 작용할 경우 B점의 자유단에서 처짐은? 단, I_1은 (1) 단면의 단면 2차 모멘트이고, I_2는 (2) 단면의 2차 모멘트이다.

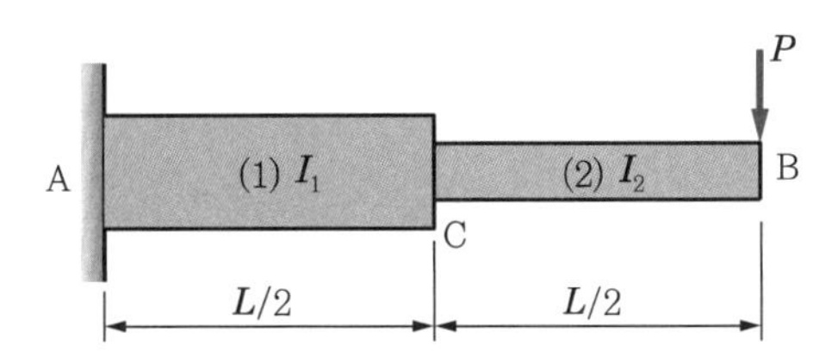

10 다음 그림과 같은 단순보가 A지점에 우력 모멘트 M_0를 받을 때 최대 처짐의 위치와 그 때 최대 처짐량은?

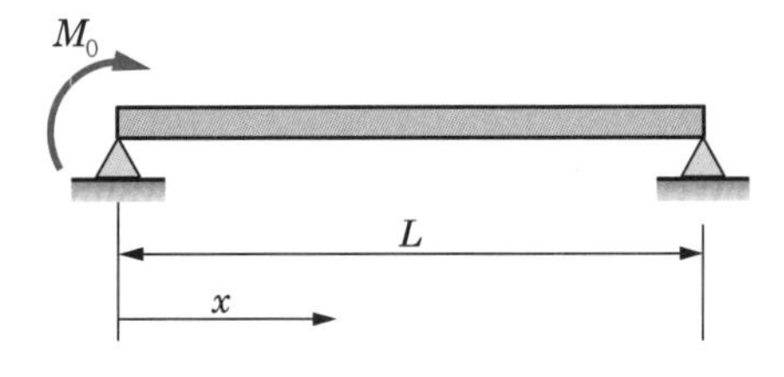

제 9 장

Mechanics of Materials

부정정보

9.1 부정정보(statically indeterminate beam)

제8장까지는 정정보(statically determinate beam)만을 다루었는데, 정정보의 반력은 정역학적 평형방정식만 풀면 쉽게 구할 수 있다. 그러나 보가 부정정(不靜定, statically indeterminate)이면 평형의 원리만으로는 해석할 수 없으므로 보의 처짐을 고려하여 평형방정식을 보완할 수 있는 적합방정식을 세워야 한다. 따라서 이 장에서는 정역학적 평형방정식의 수보다 더 많은 수의 반력을 가지고 있는 부정정보에 대하여 살펴보고자 한다.

부정정보

1 지점의 종류

가동 힌지 지점

(1) 가동 힌지 지점(movable hinged support)

[그림 9-1(a)]와 같이 롤러가 놓여 있는 평면 mn에 힌지(hinge)와 롤러(roller)의 마찰을 무시할 때, 지점에서 일어나는 반력은 힌지의 중심을 지나게 되어 반력의 크기만이 미지수로 남는다. 이와 같이 작용점과 방향을 자동으로 알게 되는 지점을 가동 힌지 지점이라 한다.

부동 힌지 지점

(2) 부동 힌지 지점(immovable hinged support)

[그림 9-1(b)]와 같이 힌지 지점에서 고정되어 있어 반력은 힌지의 중점을 지나며 평면에서 임의의 방향을 가질 수 있게 되는 지점을 부동 힌지 지점이라 한다. 따라서 여기서는 2개의 반력의 크기와 방향이 미지수로 남게 된다.

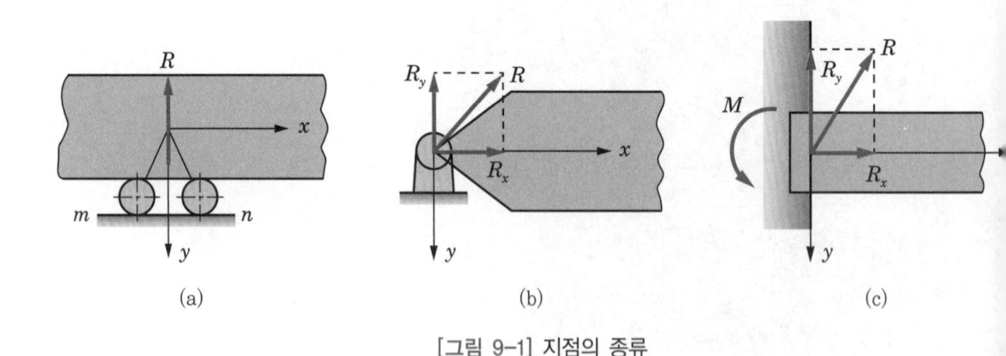

[그림 9-1] 지점의 종류

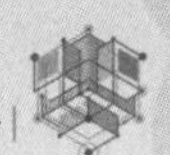

(3) 고정 지점(built-in support)

고정 지점

[그림 9-1(c)]와 같은 지점을 말하며, 이 경우 반력의 크기와 방향뿐 아니라 작용점도 미지수이다. 이때 고정단면에 분포되는 반작용력들은 그 단면의 도심에 작용하는 힘 R과 우력 모멘트 M으로 대치할 수 있으므로 미지수는 3개이다. 즉 R에 의한 분력 2개 성분과 우력 M의 크기가 미지수로 남는다.

2 부정정보의 종류

(1) 버팀 캔틸레버보(propped cantilever beam)

버팀 캔틸레버보

[그림 9-2(a)]와 같이 지점 A에 고정되어 있고 지점 B에서는 단순 지지로 되어 있는 보를 버팀 캔틸레버보 혹은 단순 고정보(fixed-simple beam)라고 부른다. 이 보에 그림과 같이 수직력만이 작용할 때 발생할 수 있는 반력은 A점의 수직반력 R_A와 모멘트 M_A, 그리고 B점의 수직반력 R_B 등이 있다. 따라서 이 보에 적용시킬 수 있는 방정식은 2개의 독립된 정역학적 평형방정식($\Sigma F_y = 0$, $\Sigma M = 0$)뿐이므로 3개의 미지반력(未知反力)을 다 구할 수 없다. 이와 같이 평형방정식의 수를 초과하는 반력의 수를 부정정 차수(degree of statical indeterminacy)라 부른다. 그러므로 [그림 9-2(a)]의 경우는 1차 부정정보가 된다.

단순 고정보 (fixed-simple beam)

정역학적 평형방정식

미지반력

부정정 차수(degree of statical indeterminacy)

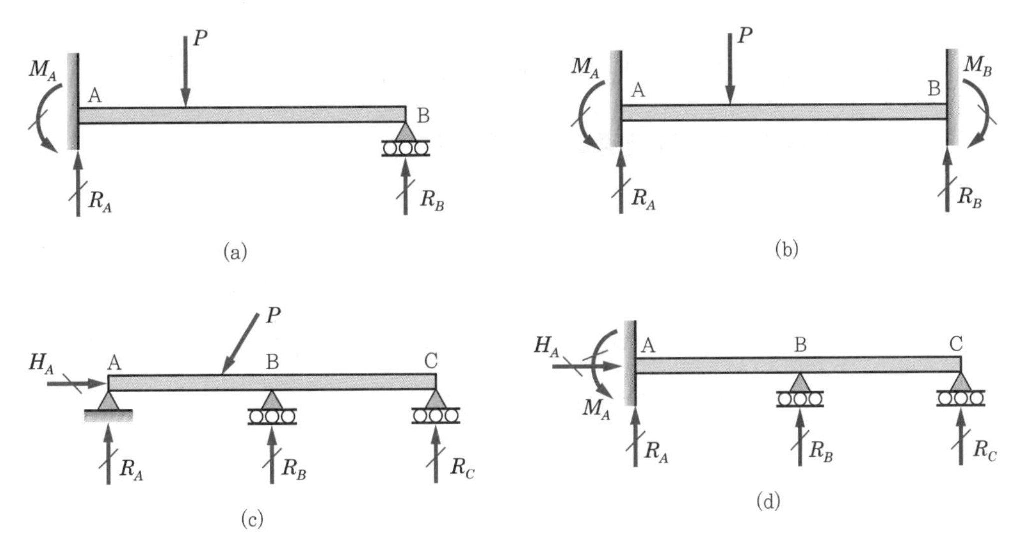

[그림 9-2] 부정정보의 종류

양단 고정보

(2) 양단 고정보(fixed-fixed beam or clamped beam)

[그림 9-2(b)]와 같이 수직력만이 작용하는 경우 반력은 양단 지점에 2개씩, 즉 전체 4개가 된다. 이 보의 평형방정식의 수($\Sigma F_y = 0$, $\Sigma M = 0$)는 2개가 되므로 2차 부정정보가 되며, 이와 같은 구조물을 양단 고정보라 한다.

연속보

(3) 연속보(continuous beam)

1차 부정정

정역학적 여분력 (statical redundants)

2차 부정정

[그림 9-2(c), (d)]와 같이 2개 이상의 연속된 지간(支間) 위에 지지된 보를 연속보라 한다. [그림 9-2(c)]의 보는 4개의 반력과 3개의 평형방정식($\Sigma F_x = 0$, $\Sigma F_y = 0$, $M = 0$)이 성립되므로 1차 부정정이다. 이때 하나의 구조물을 정정으로 지지하는 데 필요한 수 이상의 반력수를 정역학적 여분력(statical redundants)이라 할 때 R_b는 여분력으로 취하고, 그 보로부터 R_b를 제거하면 정정 단순보 AC만이 남는다. 또한 R_c를 여분력으로 취하면 BC 부분을 돌출시킨 돌출보 ABC가 된다. 그리고 [그림 9-2(d)]의 경우 보는 2차 부정정이다. 만약 이 보에서 R_b와 R_c를 여분력으로 취하면 이 보는 캔틸레버보가 된다.

9.2 부정정보의 해석

1 버팀 캔틸레버보(일단 고정 타단 지지보)

(1) 임의점에 한 개의 집중하중 P를 받는 경우

면적 모멘트법

1) 면적 모멘트법에 의한 방법

[그림 9-3(a)]와 같이 A단에 고정되어 있고, B지점에 지지되어 있는 보 AB의 임의점에 집중하중 P가 작용할 때 앞의 정의에 의해 1차 부정정이 되고, 반력 R_A와 R_B 중 한 반력을 여분력으로 선정하여 구한다. 만약 R_B를 여분력으로 취하면 이 이완구조물에서는 [그림 9-3(b)]와 같은 A점에 지지된 캔틸레버보가 된다. 따라서 이 보 위에 하중 P와 R_B가 작용하므로 굽힘 모멘트 선도는 [그림 9-3(c)]와 같다. 이 보의 강도 EI가 일정한 값이면 M/EI 선도는 굽힘 모멘트 선도와 같은 모양이 된다.

면적 모멘트 정리

면적 모멘트 정리를 사용하면 지점 A에 있어서 처짐곡선의 기울기는 0이므로 A점에서 이 곡선의 접선은 B점을 통과한다. 바꾸어 말하면 A에서의 접선으로부터 B점까지의 벗어난 차이 δ_{BA}는 0이다. 그러므로 A와 B 사이의 M/EI 선도의

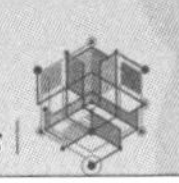

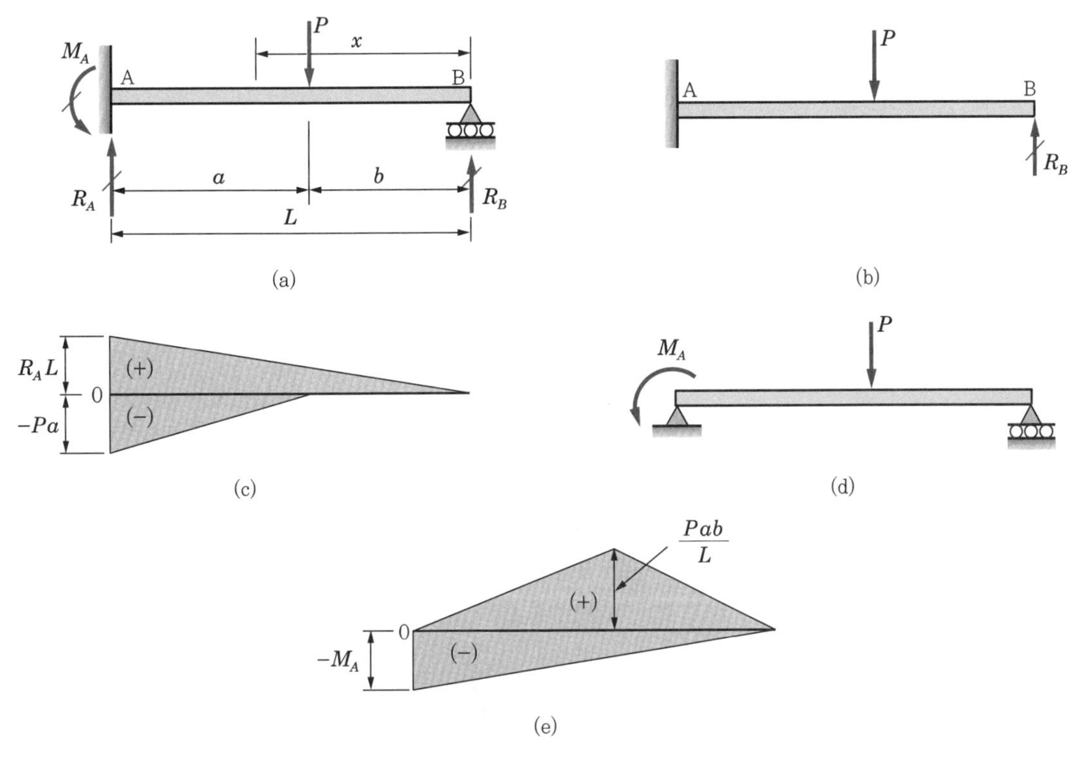

[그림 9-3] 일단 고정 타단 지지보

면적 B점에 대하여 취한 1차 모멘트가 0이어야 한다는 모어(Mohr)의 제2정리로부터 추정된다. 이 관계식(식 (8.39))으로부터

$$\frac{L}{2}\left(\frac{R_B L}{EI}\right)\left(\frac{2L}{3}\right) - \frac{a}{2}\left(\frac{Pa}{EI}\right)\left(L - \frac{a}{3}\right) = 0$$

이고, 이 식을 이항정리하면

$$R_B = \frac{Pa^3}{2L^3}(3L - a) \qquad (9.1)$$

가 된다. 이 여분력 R_B로부터 나머지 반력과 모멘트를 정역학적 평형조건식에 의해 구할 수 있다.

정역학적 평형조건식

$$\Sigma F_y = 0\ ;\uparrow_+,\ \ R_A + R_B - P = 0$$

따라서

$$R_A = P - P_B$$

$$\therefore \; R_A = \frac{Pb}{2L^3}(3L^2 - b^2) \tag{9.2}$$

$$\Sigma M_B = 0 \; ; \oplus, \quad M_A - R_A L + Pb = 0$$

$$\therefore \; M_A = R_A L - Fb = \frac{Pb}{2L^3}(3L^2 - b^2)L - Pb$$

$$= \frac{Pab}{2L^2}(L+b) = \frac{Pb}{2L^2}(L^2 - b^2) \tag{9.3}$$

이다. 다른 방법으로 여분력을 M_A로 취하여 문제를 풀 수도 있다. 그렇게 되면 [그림 9-3(d)]와 같은 이완구조물의 단순보가 되고 P와 M_A에 의한 대응된 굽힘 모멘트 선도는 [그림 9-3(e)]와 같다. 이때 강도 EI가 일정하다면 모어(Mohr)의 제2정리를 사용할 경우 B점에 대한 M/EI 선도의 면적이 굽힘 모멘트 선도와 같게 되고, 면적의 1차 모멘트를 취하면 다음과 같다.

굽힘 모멘트 선도

$$\frac{L}{2}\left(\frac{Pab}{EIL}\right)\left(\frac{L+b}{3}\right) - \frac{L}{2}\left(\frac{M_A}{EI}\right)\left(\frac{2}{3}L\right) = 0$$

이 식을 이항정리하면

$$M_A = \frac{Pb}{2L^2}(L^2 - b^2)$$

이 되고, 앞의 식 (9.3)과 같음을 알 수 있다. 이 결과로부터 중앙에 집중하중을 받는 보의 반력과 모멘트를 구해보자. 식 (9.1), (9.2), (9.3)에 $a = b = L/2$를 대입하면

반력과 모멘트

$$\left.\begin{aligned} R_A &= \frac{11}{16}P \; \cdots\cdots\cdots\cdots (a) \\ R_B &= \frac{5}{16}P \; \cdots\cdots\cdots\cdots (b) \\ M_A &= \frac{3}{16}PL \; \cdots\cdots\cdots (c) \end{aligned}\right\} \tag{9.4}$$

가 된다.

또한 이 경우 임의 점에서 보의 처짐량은 하중 P 및 우력 M_A에 의한 그 점의 처짐량을 각각 구하고 그 값을 합하면 된다. 만약 중앙점의 처짐을 알고자 할 때, P에 의한 처짐 y는 식 (8.24)에 의해 $x = L/2$을 대입하고, M_A에 의해 처짐 y

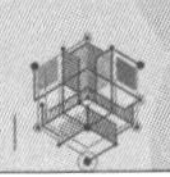

는 식 (8.35)에서 $x = L/2$을 대입하여 구한다. 즉,

$$y)_{x=\frac{L}{2}} = \frac{Pb}{48EI}(3L^2 - 4b^2) \tag{d}$$

$$y)_{x=\frac{L}{2}} = \frac{M_A L^2}{16EI} \tag{e}$$

이다. 따라서 중앙점의 전 처짐량 δ는 식 (d)와 식 (e)를 합하면 된다.

중앙점의 전 처짐량

$$\delta)_{x=\frac{L}{2}} = \frac{Pb}{48EI}(3L^2 - 4b^2) + \frac{M_A L^2}{16EI} = \frac{Pb}{96EI}(3L^2 - 5b^2) \tag{9.5}$$

여기서, M_A는 식 (9.3)을 적용

하중 P가 중앙에 작용할 경우 중앙점에서의 처짐은 식 (9.5)에 $b = L/2$를 대입하여 다음과 같이 구할 수 있다.

$$\delta = \frac{7PL^3}{768EI} \tag{9.6}$$

(2) 균일 분포하중 w가 작용할 경우

균일 분포하중

1) 처짐곡선의 미분방정식에 의한 방법

처짐곡선의 미분방정식

[그림 9-4]와 같은 버팀 캔틸레버보(일단 고정 타단 지지) AB가 강도하중 w를 받을 때 이 보의 반력 R_A, R_B와 M_A를 결정해보자.

처짐곡선의 2개 미분방정식을 가지고 생각해보면, 이 보의 임의단면에 대한 굽힘 모멘트 식은 하중뿐 아니라 여분반력항으로 표현된다. 반력 R_B를 여분력으로 하여 정역학적 평형방정식을 적용하면 R_B의 항으로 표시된 A점의 반력은 다음과 같다.

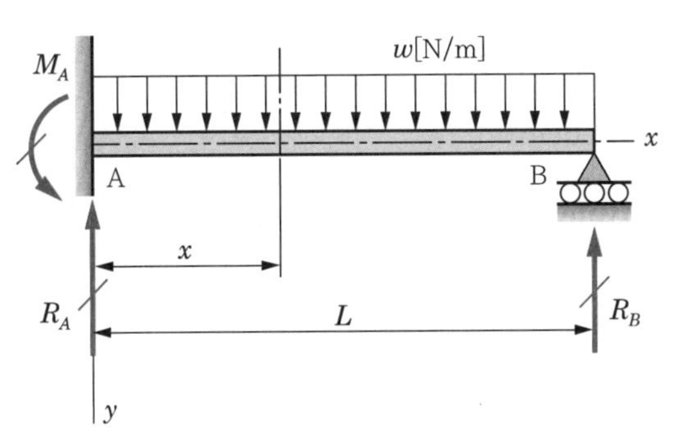

[그림 9-4] 일단 고정 타단 지지의 부정정보

$$\sum F_y = 0\ ;\uparrow+,\quad R_A + R_B - wL = 0$$

$$\therefore\ R_A = wL - R_B \tag{a}$$

$$\sum M_B = 0\ ;\oplus,\quad M_A - R_A L + wL\frac{L}{2} = 0$$

$$\therefore\ M_A = \frac{wL^2}{2} - R_B L \tag{b}$$

굽힘 모멘트의 일반식

이번에는 R_B의 여분력항으로 임의 x 단면에서 굽힘 모멘트의 일반식을 찾으면

$$M = R_A x - M_A - \frac{wx^2}{2} \tag{c}$$

이 되고, 식 (c)에 식 (a), (b)를 대입하면

$$M = (wL - R_B)x - \left(\frac{wL^2}{2} - R_B L\right) - \frac{wx^2}{2} \tag{d}$$

이 된다. 따라서 처짐곡선의 2개 미분방정식은 식 (8.7) (c)에 의해 식 (d)를 적용할 경우

$$EIy'' = -M = -wLx + R_B x + \frac{wL^2}{2} - R_B L + \frac{w}{2}x^2$$

이 되고, 이 식을 계속 적분하면

$$EIy' = -\frac{wL}{2}x^2 + \frac{R_B}{2}x^2 + \frac{wL^2}{2}x - R_B L x + \frac{wx^3}{6} + C_1 \tag{e}$$

$$EIy = -\frac{wL}{6}x^3 + \frac{R_B}{6}x^3 + \frac{wL^2}{4}x^2 - \frac{R_B L}{2}x^2 + \frac{wx^4}{24} + C_1 x + C_2 \tag{f}$$

가 된다. 식 (e)와 (f)에서 적분상수 C_1, C_2, 그리고 R_B를 구하기 위해 다음의 경계조건(boundary condition)을 적용해 보자. 즉 $x = 0$에서 $y(0) = 0$, $y'(0) = 0$이므로 결국 식 (e), (f)에서 $C_1 = 0$, $C_2 = 0$이 됨을 알 수 있다. 다음은 $x = L$에서 $y(L) = 0$이 되므로 반력 R_B는 식 (f)에서 찾으면 다음 식과 같다.

$$0 = -\frac{w}{6}L^4 + \frac{R_B}{6}L^3 + \frac{w}{4}L^4 - \frac{R_B}{2}L^3 + \frac{w}{24}L^4$$

따라서

$$\frac{1}{3}R_BL^3 = \frac{wL^4}{8} \qquad \therefore\ R_B = \frac{3}{8}wL \tag{9.7}$$

이 여분력 R_B를 식 (a)와 (b)에 대입하면 나머지 반력을 다음과 같이 쉽게 구할 수 있다. 즉,

$$R_A = wL - R_B = wL - \frac{3wL}{8} = \frac{5}{8}wL \tag{9.8}$$

$$M_A = \frac{wL^2}{2} - R_BL = \frac{wL^2}{2} - \frac{3}{8}wLL = \frac{wL^2}{8} \tag{9.9}$$

이 된다. 또한 이 R_A와 R_B, M_A의 값을 처짐 y와 기울기각 y' 및 굽힘 모멘트 M의 식에 대입함으로써 이 보를 완전히 해석할 수 있다. 그러므로 임의의 점 x에서의 처짐각 y'과 처짐 y는 식 (e)와 (f)로부터 다음과 같이 구할 수 있다.

$$y' = \frac{1}{EI}\left(-\frac{wL}{2}x^2 + \frac{3}{16}wLx^2 + \frac{wL^2}{2}x - \frac{3}{8}wL^2x + \frac{w}{6}x^3\right) \tag{g}$$

$$y = \frac{1}{EI}\left(-\frac{wL}{6}x^3 + \frac{3}{48}wLx^3 + \frac{w}{4}L^2x^2 - \frac{3}{16}wLx^2 + \frac{w}{24}x^4\right) \tag{h}$$

최대 처짐각은 지점 B에서 발생하고 그 크기는 식 (g)에 $x = L$을 대입하여 다음과 같이 얻는다.

최대 처짐각

$$\theta_{\max} = y')_{x=L} = -\frac{wL^3}{48EI} \tag{9.10}$$

예제 9.1

다음 그림과 같은 일단 고정 타단 지지보의 경우 임의의 점에 집중하중 P=40kN이 작용할 때 반력과 굽힘 모멘트를 구하고, 전단력 선도 및 굽힘 모멘트 선도를 그려라. 단, EI는 일정하다.

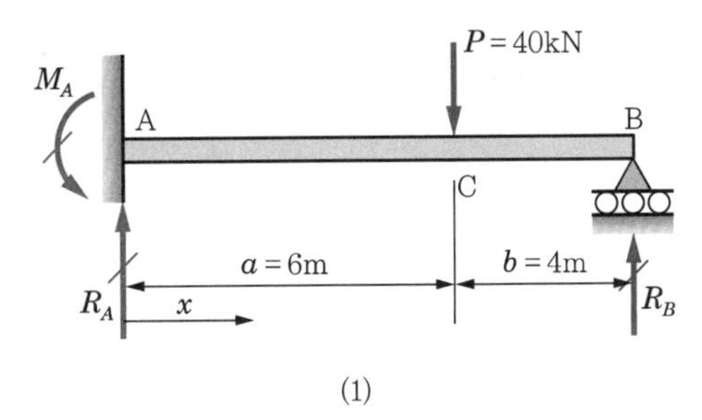

(1)

풀이 그림 (1)과 같은 하중상태는 이와 관계된 식 (9.3)을 이용하여 먼저 A점에 작용하는 M_A 모멘트는 $M_A = \dfrac{Pb}{2L^2}(L^2 - b^2)$으로부터 구한다.

$$\therefore\ M_A = \frac{13.44 \times 10^6}{200} = 67{,}200\text{N}\cdot\text{m} \quad \cdots\cdots ①$$

i) 반력 결정

$\sum M$ at $B = 0$: ⊕, $-R_A \times 10 + M_A + 4{,}000 \times 4 = 0$

$$\rightarrow R_A = \frac{67{,}200 + 40{,}000 \times 4}{10} = 22{,}720\text{N}$$

$\sum M$ at $A = 0$; ⊕, $M_A = 40{,}000 \times 6 + R_B \times 10 = 0$

$$\rightarrow R_B = \frac{40{,}000 \times 6 - M_A}{10} = \frac{240{,}000 - 67{,}200}{10}$$

$$= 17{,}280\text{N} \quad \cdots\cdots ②$$

ii) 구간 해석

그림 (1)에서 $\sum F_y = 0$; ↑+, $R_A - V = 0$

$\rightarrow V = R_A$(일정) $= 22{,}720\text{N}$

그림 (2)에서 $\sum F_y = 0$; ↑+, $R_A - V - 40{,}000 = 0$

$\rightarrow V = 40{,}000 - R_A = -R_B$(일정)

$= -17{,}280\text{N} \quad \cdots\cdots ③$

$M_A = 67{,}200\text{N}\cdot\text{m}$ (위 ①에서)

$M_B = 0$이므로 임의의 x 구간의 굽힘 모멘트 M_x는 그림 (3)으로부터

$M_x = R_A x - M_A$

$= 22{,}720x - 67{,}200$ (x의 1차 함수)

$\therefore\ x = 0$일 때

$M_b)_{x=0} = -M_A = -67{,}200\text{N}\cdot\text{m}$

$x = 6\text{m}$일 때

$M_b)_{x=6\text{m}} = M_b)_{\max} = 22{,}720 \times 6 - 67{,}200$

$= 69{,}120\text{N}\cdot\text{m} \quad \cdots\cdots ④$

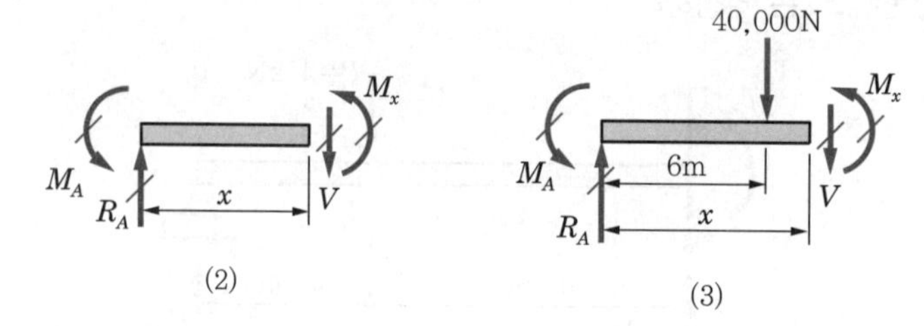

(2) (3)

$M_x = R_A x - 40,000(x-6) - M_A$

$= 22,720 \times x - 40,000 \times x + 40,000 \times 6 - 67,200$

$= -17,280x + 172,800$ (x의 1차 함수)

$\therefore$ $x = 6\text{m}$일 때 $M_b)_{x=6\text{m}} = -17,280 \times 6 + 172,800$

$= 69,120\text{N} \cdot \text{m}$

따라서 전단력 선도(S.F.D)와 굽힘 모멘트 선도(B.M.D)는 다음 그림과 같다.

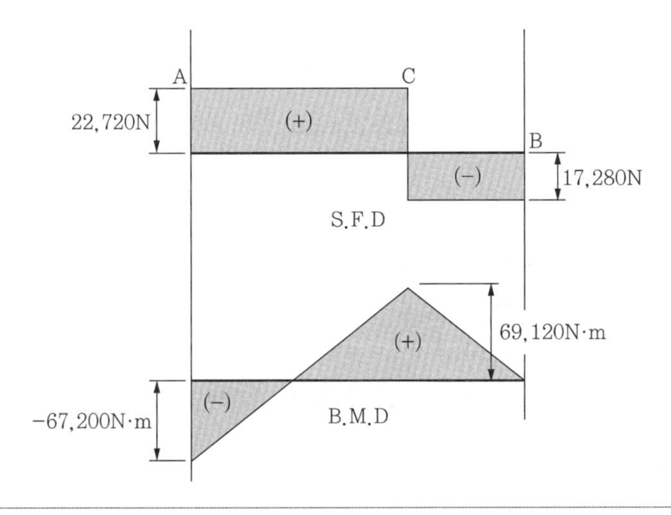

예제 9.2

다음 그림과 같이 일단 고정 타단 지지보의 경우 전 길이에 균일 분포하중이 작용할 때 보의 단면력과 굽힘 모멘트를 구하고, 전단력 선도(S.F.D)와 굽힘 모멘트 선도를 그려라.

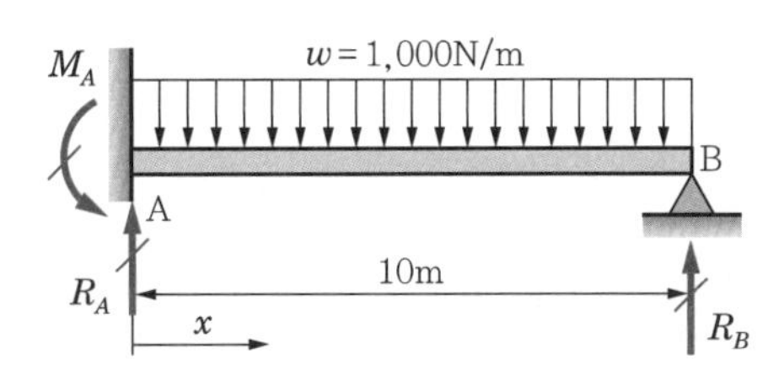

풀이 강도 EI가 일정하다면 3연 모멘트정리(Mohr의 제2정리)에 의해

$$2M_A \frac{L}{I} = -6E\left(-\frac{wL^3}{24EI}\right) \Rightarrow 2M_A \times 10 = \frac{wL^3}{4}$$

$$\rightarrow M_A = \frac{1,000 \times 10^3}{20 \times 4} = 12,500\text{N} \cdot \text{m}$$

i) 반력 결정

$$\sum M \text{ at B} = 0\,; \oplus, \; -R_A \times 10 + M_A + \frac{wL^2}{2} = 0$$

$$\rightarrow R_A = \frac{M_A + wL^2/2}{10} = \frac{12,500 + 1,000 \times 10^2/2}{10} = 6,250\text{N}$$

또 $\sum F_y = 0$; $\uparrow +$, $R_A + R_B - wL = 0$

$$\rightarrow R_B = wL - R_A = 1,000 \times 10 - 6,250 = 3,750\text{N}$$

ii) 구간 해석 : 구간 $0 < x < L$

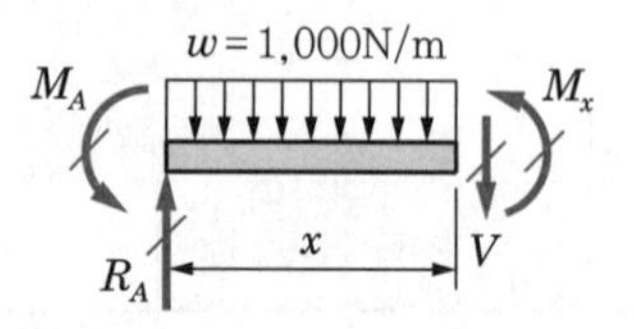

$\sum F_y = 0$ $\uparrow +$, $R_A - wx - V = 0$

$\rightarrow V = R_A - wx$ (x의 1차 함수)

$\therefore$ $x = 0$일 때 $V)_{x=0} = R_A = 6,250\text{N}$

$x = L/2$일 때 $V)_{x=5} = 6,250 - 1,000 \times 5 = 1,250\text{N}$

$x = L$일 때 $V)_{x=10} = 6,250 - 1,000 \times 10 = -3,750\text{N}$

$\sum M$ at $x = 0$; $\oplus$, $M_x + M_A - R_A x + wx\frac{x}{2} = 0$

$\rightarrow M_x = R_A x - M_A - \frac{wx^2}{2}$ (x의 2차 함수)

$\therefore$ $x = 0$일 때 $M_b)_{x=0} = -M_A = -12,500\text{N}$

$x = L$일 때 $M_b)_{x=10} = 6,250 \times 10 - 12,500 - \frac{1,000 \times (10)^2}{2}$

$= 0$

굽힘 모멘트가 최대인 곳을 찾으면 그곳에서 전단력이 0이므로 전단력 식으로부터

$$\therefore \; V = 0 = R_A - wx \rightarrow x = \frac{R_A}{2} = \frac{6,250}{1,000} = 6.250\text{m}$$

이때 굽힘 모멘트의 크기는 최대가 된다. 그 크기는

$$M_b)_{x=6.25\text{m}} = M_b)_{\max} = 6,250 \times 10 - 12,500 - \frac{1000 \times (6.25)^2}{2}$$

$$= 30,468.75\text{N} \cdot \text{m}$$

따라서 S.F.D와 B.M.D를 그리면 다음 그림과 같다.

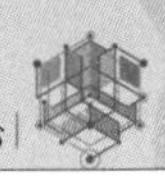

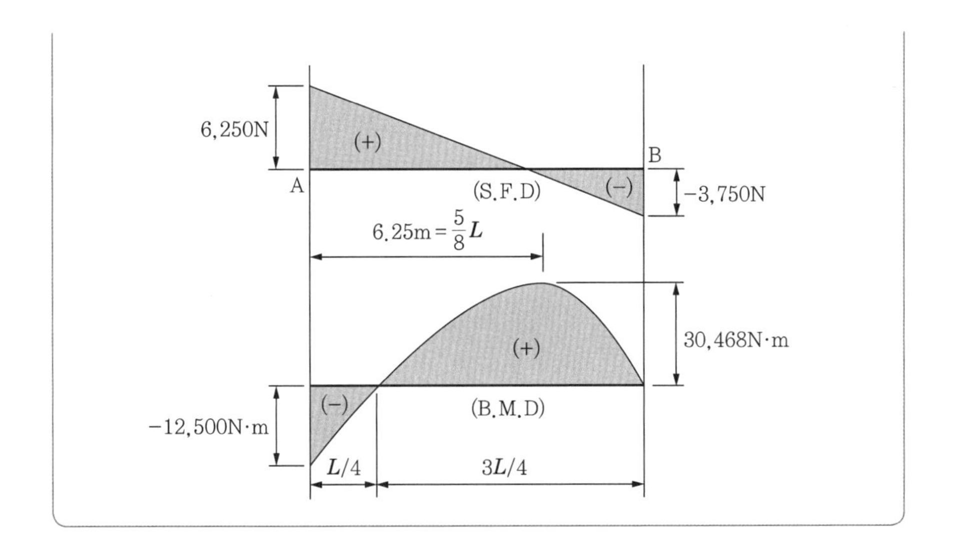

2 양단 고정보

양단 고정보

(1) 임의점에 1개의 집중하중 P를 받는 경우

1) 중첩법의 원리를 이용

중첩법의 원리를 이용

[그림 9-5(a)]에 보인 양단 고정보의 C점에 집중하중 P가 작용할 때 양단에서의 반력과 우력 모멘트를 구하면 다음과 같다. 먼저 우력 M_A와 M_B를 여분력(餘分力)으로 택하면 [그림 9-5(b)]와 같이 단순보 형태인 이완구조물이 됨을 알 수 있다. 이 그림에서 하중 P가 일으킨 양단에서의 각은 식 (8.37)을 사용([표 8-2(5)] 참조)하면

이완구조물

$$\theta_A{}' = \frac{Pab(L+b)}{6EIL}, \qquad \theta_B{}' = \frac{Pab(L+a)}{6EIL} \tag{a}$$

가 된다. 다음은 여분 모멘트 M_A와 M_B가 이완구조물에 [그림 9-5(c), (d)]와 같이 작용하는 것처럼 부과할 경우, [표 8-2(7)]에서 M_A에 의한 양단의 각([그림 9-5(c)])은

여분 모멘트

$$\theta_A{}'' = \frac{M_A L}{3EI}, \qquad \theta_B{}'' = \frac{M_A L}{6EI} \tag{b}$$

이 되고, M_B에 의한 양단의 각([그림 9-5(d)])은

$$\theta_A{}''' = \frac{M_B L}{6EI}, \qquad \theta_B{}''' = \frac{M_B L}{3EI} \tag{c}$$

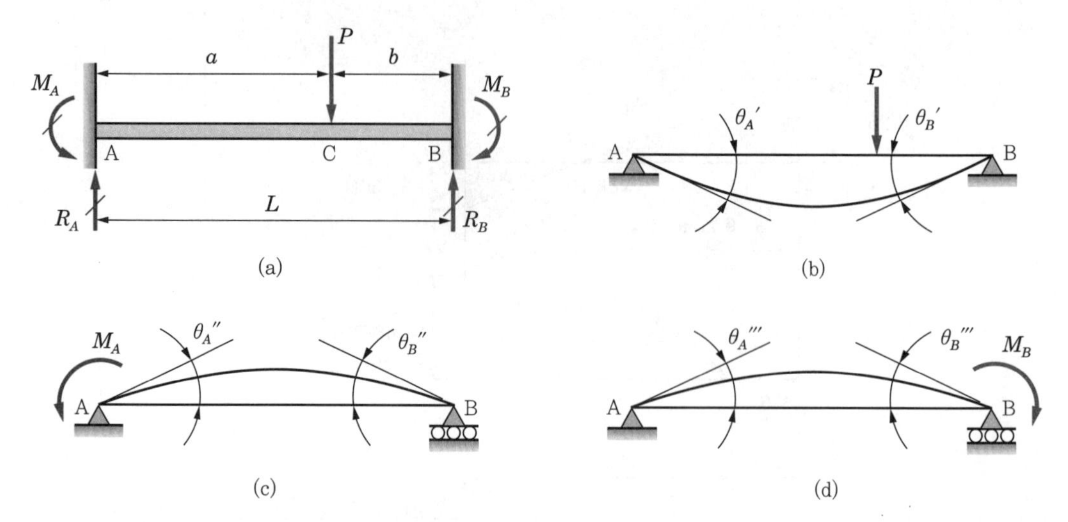

[그림 9-5] 양단 고정보

두 개의 적합방정식

이 된다. 원래 양단 지점에서는 회전각이 0이므로 두 개의 적합방정식이 다음과 같이 성립한다.

$$\theta_A = \theta_A{}' - \theta_A{}'' - \theta_A{}''' = 0 \tag{d}$$

$$\theta_B = \theta_B{}' - \theta_B{}'' - \theta_B{}''' = 0 \tag{e}$$

이 식 (d)와 (e)에 앞서 구한 식 (a), (b), (c)를 대입시켜 이항정리하면

$$\frac{M_A L}{3EI} + \frac{M_B L}{6EI} = \frac{Pab(L+b)}{6EIL} \tag{f}$$

$$\frac{M_A L}{6EI} + \frac{M_B L}{3EI} = \frac{Pab(L+a)}{6EIL} \tag{g}$$

가 된다. 식 (f)와 (g)를 연립으로 풀어 M_A와 M_B에 대하여 해석한 결과는

$$M_A = \frac{Pab^2}{L^2}, \qquad M_B = \frac{Pa^2 b}{L^2} \tag{9.11}$$

이다. 이 결과를 힘과 모멘트 평형식에 적용하여 나머지 미지반력 R_A와 R_B를 구할 수 있다. 즉,

$$\sum F_y = 0 \; ; \uparrow+, \quad R_A + R_B - P = 0 \qquad \therefore \; R_B = P - R_A \tag{h}$$

$$\sum M_B = 0 \; ; \circlearrowleft+, \quad M_A - R_A L + Pb - M_b = 0$$

$$\therefore \; R_A = \frac{1}{L}(M_B - M_A - Pb) \tag{i}$$

가 되고, 식 (h), (i)에 식 (9.11)을 대입시켜 계산하면

$$R_A = \frac{Pb^2}{L^3}(L+2a), \qquad R_B = \frac{Pa^2}{L^3}(L+2b) \tag{9.12}$$

가 된다.

하중이 부과된 C점의 처짐을 구하기 위해 하중 P의 작용하에 있는 이완구조물은 [그림 9-5(a)]에서 처짐이 식 (8.29)에 의해([표 8-2(5)])

처짐

$$\delta_c{}' = \frac{Pa^2b^2}{3EIL} \tag{j}$$

이 되고, 또 이완구조물의 같은 점에서의 우력 모멘트 M_A와 M_B에 의한 상당 처짐은 [그림 9-5(a)]로부터([표 8-2(7)]) 식 (8.35)를 적용시켜

상당 처짐

$$\delta_c{}'' = \frac{M_A ab}{6EIL}(L+b), \qquad \delta_c{}''' = \frac{M_A ab}{6EIL}(L+a)$$

를 얻을 수 있다. 여기에 $M_A = Pab^2/L^2$, $M_B = Pa^2b/L^2$를 대입시켜 다시 쓰면 다음과 같다.

$$\delta_c{}'' = \frac{Pa^2b^3}{6EIL^3}(L+3) \tag{k}$$

$$\delta_c = \frac{Pa^3b^2}{6EIL^3}(L+a) \tag{l}$$

따라서 C점에서의 전 처짐은 $\delta_c = \delta_c{}' - \delta_c{}'' - \delta_c{}'''$이 되고, 식 (j), (k), (l)을 대입하여 정리할 경우 다음 식을 얻을 수 있다.

C점에서의 전 처짐

$$\delta_c = \frac{Pa^3b^3}{3EIL^3} \tag{9.13}$$

중앙점에서 처짐

이번에는 하중 P가 보의 중앙에 작용할 때 중앙점에서 처짐에 대하여 알아보면 다음과 같다. 즉 식 (9.13)에 $a=b=L/2$을 적용시켜 처짐 δ_c를 찾을 경우

$$\delta_c = \frac{PL^3}{192EI} \tag{9.14}$$

양 지점의 여분 모멘트

이다. 또 이 경우에 양 지점의 여분 모멘트는 식 (9.11)로부터 다음과 같이 된다 $(a=b=L/2)$.

$$M_A = M_B = \frac{PL}{8} \tag{9.15}$$

양지점의 반력

식 (9.12)로부터 양지점의 반력은

$$R_A = R_B = \frac{P}{2} \tag{9.16}$$

이다.

(2) 균일 분포하중이 양단 고정보에 작용할 경우

1) 중첩의 원리를 이용

[그림 9-6(a)]와 같이 보의 AB에 걸쳐 강도하중 w[N/m]가 균일하게 작용할 때 보의 반력과 우력 모멘트를 구해보자. 우선 우력 모멘트 M_A와 M_B를 여분력(餘分力)으로 택하면 [그림 9-6(b)]와 같이 강도하중 w만 받는 이완구조물의 단순보 상태가 된다. 따라서 양단의 기울기각은 대칭으로 같은 값을 가지게 되고, 식 (8.22)에 의해 다음과 같이 쓸 수 있다.

이완구조물의 단순보 상태

$$\theta_A{}' = \theta_B{}' = \frac{wL^3}{24EI} \tag{a}$$

여분 모멘트

또한 여분 모멘트 M_A와 M_B가 이완구조물에 [그림 9-6(c)]와 같이 작용하는 것처럼 부과할 경우 대칭으로 $M_A = M_B$가 같게 되어 그 기울기각은 [표 8-2(10)]을 참고로 하면

$$\theta_A{}'' = \theta_B{}'' = \frac{M_A L}{2EI} = \frac{M_B L}{2EI} \tag{b}$$

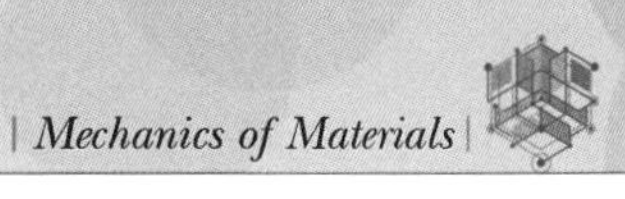

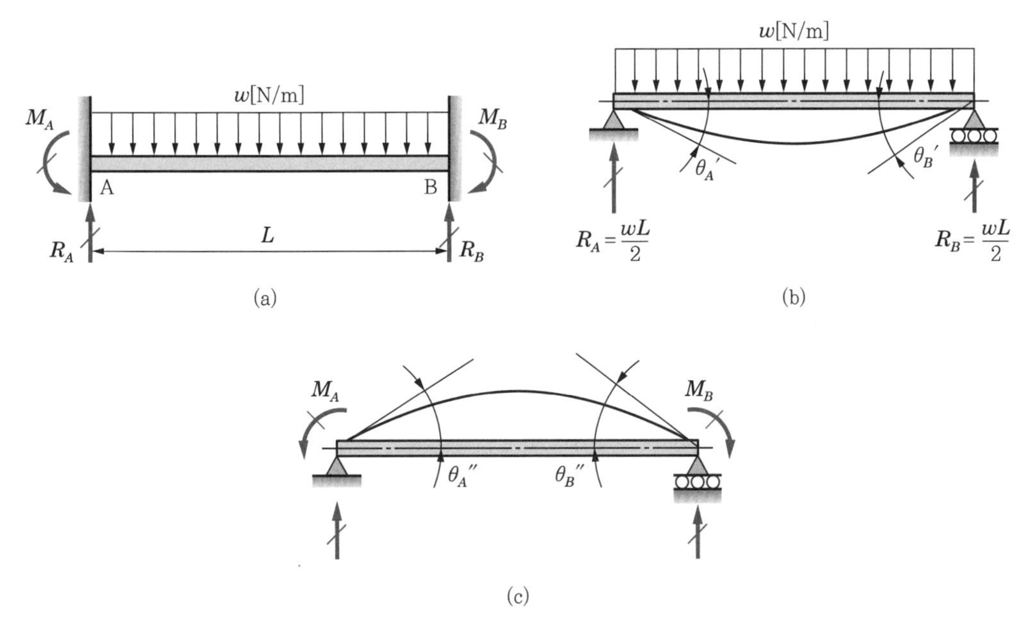

[그림 9-6] 양단 고정보의 분포하중

이다. 원래 양단 지점에서는 기울기각이 0이므로 $\theta_A' = \theta_A''$, $\theta_B' = \theta_B''$가 되어야 한다. 그러므로 식 (a), (b)로부터 우력 M_A는

$$\frac{wL^3}{24EI} = \frac{M_A L}{2EI}$$

$$\therefore\ M_A = \frac{wL^2}{12} = M_B \tag{9.17}$$

가 된다.

이제 보의 중앙점에서 일어나는 처짐을 구해보자. [그림 9-6(b)]에 식 (8.22)를 적용하여 중앙점의 처짐을 구해보면 다음 식과 같이 쓸 수 있다.

중앙점의 처짐

$$y = \delta = \frac{5wL^4}{384EI} \tag{c}$$

또 [그림 9-6(c)]에서와 같은 우력 모멘트를 받는 이완구조물에서는 처짐의 식이 다음과 같다([표 8-2(10)] 참고).

$$y = \delta = \frac{M_A x}{2EI}(x - L) \tag{d}$$

식 (d)에 $M_A = M_B = wL^2/12$을 대입하고, $x = L/2$을 적용시키면 중앙점의 우력에 의한 처짐을 얻을 수 있다. 즉,

$$y = \delta = -\frac{wL^4}{96EI} \tag{e}$$

이고, 여기서 (−)는 처짐이 위로 발생됨을 의미한다. 따라서 양단 고정보에 있어서 등분포하중 w가 작용할 때 중앙점의 전 처짐은 식 (c)와 (e)를 합하면 된다.

중앙점의 전 처짐

$$y = \delta = \frac{5wL^4}{384EI} - \frac{wL^4}{96EI} = \frac{wL^4}{384EI} \tag{9.18}$$

다음은 보의 임의점 x에서의 기울기각을 구해보자. 이 경우 [그림 9-6(b)]에 식 (8.20)을 적용시키면

$$y' = \frac{w}{24EI}(4x^3 - 6Lx^2 + L^3) \tag{f}$$

이 되고, [그림 9-6(c)]에 [표 8-2(10)]을 사용하면

$$y' = -\frac{M_A}{2EI}(L-2x) = -\frac{wL^2}{24EI}(L-2x) \tag{g}$$

가 된다. 여기서 (−)는 M_A와 M_B에 의하여 기울기각이 시계 반대방향임을 뜻한다. 따라서 양단 고정보가 균일강도하중 w[N/m]를 받을 때는 임의의 점에서 기울기각은 식 (f)와 (g)를 합하면 구할 수 있다.

임의의 점에서 기울기각

$$\begin{aligned} y' &= \frac{w}{24EI}(4x^3 - 6Lx^2 + L^3) - \frac{wL^2}{24EI}(L-2x) \\ &= \frac{w}{24EI}(4x^3 - 6Lx^2 + 2L^2x) \end{aligned} \tag{9.19}$$

중앙점의 모멘트 크기

또한 양단 고정보에 분포하중 w가 전 길이에 작용될 때, 중앙점의 모멘트 크기는 [그림 9-6(b), (c)]를 중첩시켜 구하면 된다. 따라서 식 (6.13)을 사용하면

$$M_c = \frac{wL^2}{8} - \frac{wL^2}{12} = \frac{wL^2}{24} \tag{9.20}$$

이 된다.

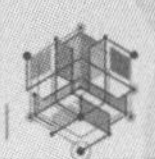

(3) 우력 M_0를 받는 양단 고정보의 경우

우력 M_0를 받는 양단 고정보

[그림 9-7(a)]와 같이 보의 임의점에 우력 모멘트 M_0가 작용할 때, 고정단에서 반력과 처짐을 알아보면 다음과 같다.

여분력

이 경우 그림에서 보듯이 2차 부정정이며 따라서 두 여분력(餘分力)이 선정되어야 한다. 그러므로 R_A와 M_A를 여분력으로 택하면 [그림 9-7(b)]와 같은 캔틸레버보의 이완구조물이 된다. 이렇게 되면 전단력을 쉽게 이완구조물로부터 구할 수 있고, 그 굽힘 모멘트 선도는 [그림 9-7(c)]와 같이 그릴 수 있다. 이때 EI가 일정한 보라고 가정할 때 M/EI 선도와 굽힘 모멘트 선도는 같게 된다.

먼저 두 여분력의 크기를 구하기 위하여 보의 처짐과 관계된 두 개의 조건식이 필요하다. 첫째는 보의 양단에서의 기울기가 0이라는 것이다. 다시 말해 A와 B 사이의 기울기의 변화량이 0, 즉 면적 모멘트의 제1정리(모어의 제1정리)에 의하여 A와 B 사이의 M/EI 선도의 면적이 0이어야 한다는 것이다. 그러므로 [그림 9-7(b)]에서 M/EI 선도의 면적을 구해 0으로 놓으면,

$$\frac{L}{2}-\frac{R_A L}{EI}-\frac{M_A}{EI}L-\frac{M_0}{EI}b=0$$

이 된다. 이 식을 이항정리할 경우

$$R_A L^2-2M_A L=2M_0 b \quad \text{(a)}$$

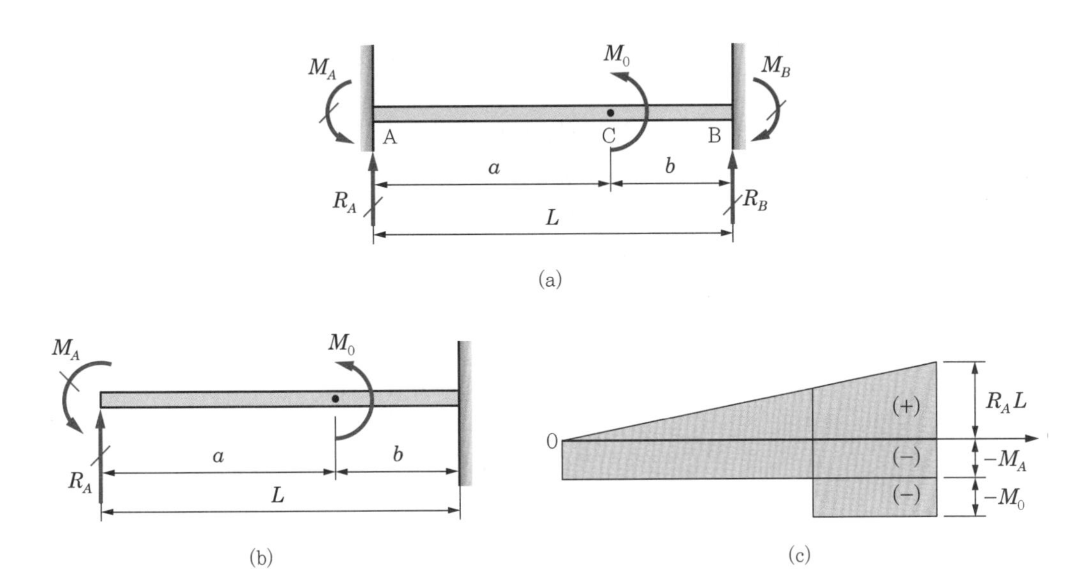

[그림 9-7] 우력이 작용하는 양단 고정보

가 된다.

두 번째는 처짐곡선 A점의 접선이 B점을 통과한다는 것이다. 즉 M/EI 선도의 면적의 B점에 대한 1차 모멘트가 0이어야 한다는 것이다. 그 결과를 [그림 8-12]를 참고로 하여 구하면 다음과 같다.

$$\frac{L}{2}\left(\frac{R_AL}{EI}\right)\frac{L}{3}-L\left(\frac{M_A}{EI}\right)\frac{L}{2}-b\left(\frac{M_0}{EI}\right)\frac{b}{2}=0$$

이항정리하면

$$R_AL^3-3M_AL^2=3M_0b^2 \qquad \text{(b)}$$

이 되고, 식 (a), (b)를 연립으로 식 (a)×3, 식 (b)×2하여 합하면

$$R_A=\frac{6M_0ab}{L^3} \qquad (9.21)$$

미지반력 모멘트

가 되고, 식 (9.21)을 식 (a)나 (b)에 대입할 경우, 나머지 미지반력 모멘트 M_A를 찾을 수 있다.

$$M_A=\frac{M_0b}{L^2}(2a-b) \qquad (9.22)$$

정역학적 힘과 모멘트 평형식으로부터 나머지 반력을 구하면 다음과 같다.

$$\Sigma F_y=0\ ;\uparrow+,\quad R_A+R_B=0$$

$$\therefore\ R_B=-R_A=-\frac{6M_0ab}{L^3} \qquad (9.23)$$

미지반력 모멘트

B점에 모멘트 평형을 적용하면 미지반력 모멘트 M_B는

$$\Sigma M_B=0\ ;\oplus,\quad M_A-M_B+M_0-R_AL=0$$

$$\therefore\ M_B=M_A+M_0-R_AL=\frac{M_0a}{L^2}(a-2b) \qquad (9.24)$$

가 된다. 하중의 작용점에서의 처짐량 δ_c는 면적 모멘트의 제2정리(모어의 제2정리)를 사용하여 구할 수 있다. 즉, A점에서의 접선이 수평이면 δ_c의 처짐은 A점

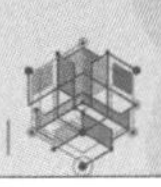

에서의 접선과 C점에서의 접선의 벌어진 차이가 된다. 따라서 C점의 처짐 δ_c는 A와 C 사이의 M/EI 선도의 면적에 C점에 대하여 1차 모멘트를 취한 것과 같다. 그러므로

$$\delta_c = \frac{a}{2}\left(\frac{a}{L}\right)\left(\frac{R_A L}{EI}\right)\left(\frac{a}{3}\right) - a\left(\frac{M_A}{EI}\right)\left(\frac{a}{2}\right) = \frac{R_A a^3}{6EI} - \frac{M_0 a^2}{2EI}$$

이다. 이 식에서 식 (9.21)을 대입하여 정리하면 M_0가 작용하는 점에서의 처짐 δ_c를 다음과 같이 구할 수 있다.

M_0가 작용하는 점에서의 처짐

$$\delta_c = \frac{M_0 a^2 b^2 (b-a)}{2EIL^3} \tag{9.25}$$

만약 우력 M_0가 보의 중앙에 작용한다면 앞서의 양단에서 반력식에 $a=b=L/2$을 적용시켜 여분 모멘트와 반력을 구하면 되므로 그 크기는 다음과 같다.

여분 모멘트와 반력

$$M_A = -M_B = \frac{M_0}{4} \tag{9.26}$$

또

$$R_A = -R_B = \frac{3M_0}{2L} \tag{9.27}$$

을 얻을 수 있다. 이 경우에 중앙점의 처짐량은 식 (9.25)에 $a=b=L/2$을 대입하여 δ_c를 구할 때 0이 됨을 알 수 있다.

예제 9.3

다음 그림과 같이 보가 양단이 고정되어 있고 임의의 C점에 집중하중 P가 작용할 때 지점반력과 모멘트를 구하고, 전단력 선도(S.F.D)와 굽힘 모멘트 선도(B.M.D)를 그려라.

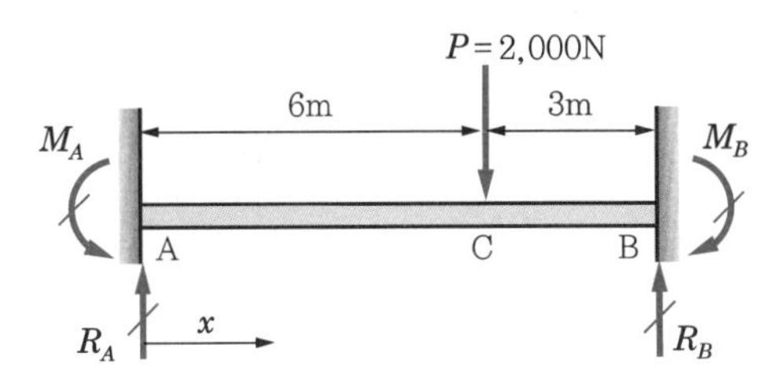

풀이 i) 반력 결정[식 (9.12) 이용]

$$R_A = \frac{Pb^2}{L^3}(L+2a) = \frac{2{,}000\times 3^2}{9^3}\times(9+2\times 6) = 518.52\text{N}$$

또는 $R_A = \dfrac{Pb^2(3a+b)}{L^3} = \dfrac{2{,}000 \times 3^2 \times (3 \times 6 + 3)}{9^3} \fallingdotseq 518.52\text{N}$

$\sum F_y = 0$; ↑+, $R_A + R_B - 2{,}000 = 0$

→ $R_B = 2{,}000 - R_A = 2{,}000 - 518.52 = 1{,}481.48\text{N}$

지점 모멘트의 크기는

$$M_A = \frac{Pab^2}{L^2} = \frac{2{,}000 \times 6 \times 3^2}{9^2} = 1{,}333.33\text{N}\cdot\text{m}$$

$$M_B = \frac{Pa^2b}{L^2} = \frac{2{,}000 \times 6^2 \times 3}{9^2} = 2{,}666.67\text{N}\cdot\text{m}$$

ii) 구간 해석

① $0 < x < 6\text{m}$ 구간

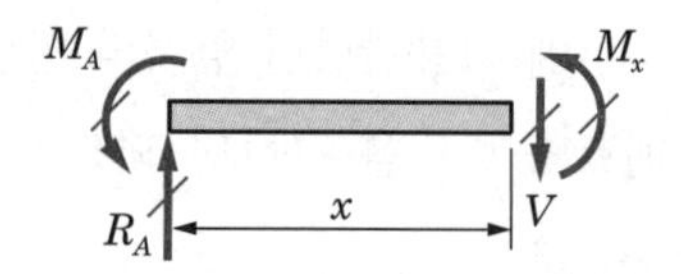

$\sum F_y = 0$; ↑+, $R_A - V = 0$

→ $V = R_A$(일정)$= 518.52\text{N}$

$\sum M$ at $x = 0$; ⊕, $M_x + M_A - R_A x = 0$

→ $M_x = R_A x - M_A$ (x의 1차 함수)

∴ $x = 0$일 때

$M_b)_{x=0} = -M_A = -1{,}333.33\text{N}\cdot\text{m}$

$x = 6$일 때

$M_b)_{x=6\text{m}} = R_A \times 6 - 1{,}333.33$

$= 518.52 \times 6 - 1{,}333.33$

$= 1{,}777.73\text{N}\cdot\text{m}$

② $6 < x < 9\text{m}$ 구간

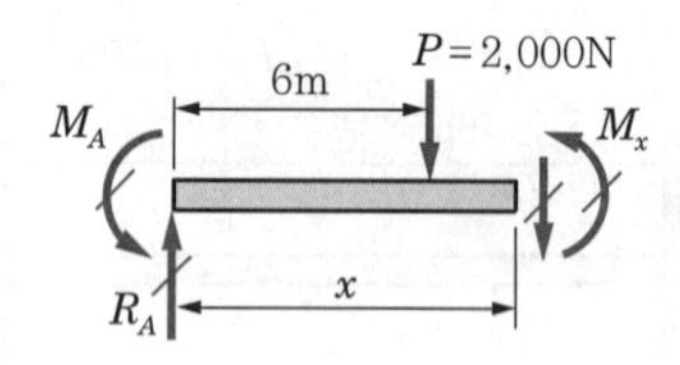

$\sum F_y = 0$; ↑+, $R_A - 2{,}000 - V = 0$

→ $V = R_A - 2{,}000 = 518.52 - 2{,}000 = -1{,}481.49\text{N}$

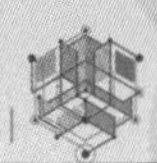

$\sum M$ at $x=0$; ⊕, $-R_A x + P(x-6) + M_x + M_A = 0$

$\rightarrow M_x = R_A x - P(x-6) - M_A$ (x의 1차 함수)

$\therefore$ $x = 6\text{m}$일 때

$$M_b)_{x=6\text{m}} = R_A \times 6 - M_A$$
$$= 518.52 \times 6 - 1,333.33$$
$$= 1,777.73\text{N}\cdot\text{m}$$

$x = 9\text{m}$일 때

$$M_b)_{x=9\text{m}} = 518.52 \times 9 - 2,000 \times (9-6) - 1,333.33$$
$$= -2666.74\text{N}\cdot\text{m}$$

이상의 값을 가지고 S.F.D와 B.M.D를 그리면 다음과 같다.

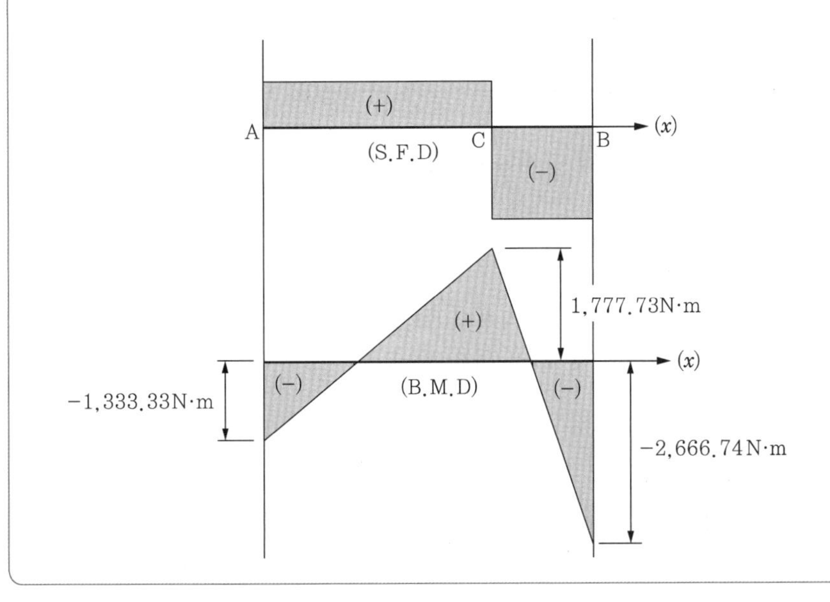

예제 9.4

다음 그림과 같이 강제의 외팔보 AB의 일단 A를 고정시키고 자유단 B를 연직강 부재 BC로 매달았다. 이때 평형상태에 있는 구조물의 B점에 하중 P가 가해졌을 때 BC 부재가 받는 인장력을 계산하여라. 단, EI는 AB 부재에서 균일, AE는 BC 부재에서 균일하다.

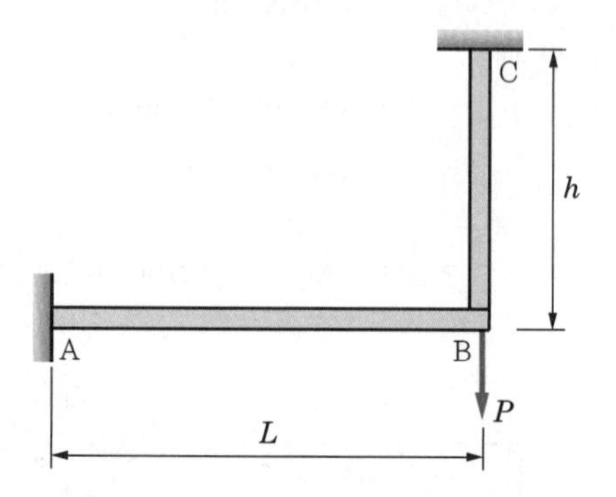

풀이 하중 P에 의한 AB 부재의 B단의 처짐 δ_1은

$$\delta_1 = \frac{PL^3}{3EI}$$

P에 의해 BC 부재는 수직력이 상향으로 작용([예제 9.8] 참조)하고 이 수직력을 V_t라 할 때 V_t에 의한 AB 부재의 상향처짐 δ_2는

$$\delta_2 = \frac{V_t L^3}{3EI}$$

수직력 V_t에 의한 BC 부재의 신장량은 훅의 법칙(Hooke's law)에서

$\delta_3 = \dfrac{V_t h}{AE}$가 된다. 따라서 기하학적 평형조건으로부터

$$\delta_2 = \delta_1 - \delta_2 \rightarrow \frac{V_t h}{AE} = \frac{PL^3}{3EI} - \frac{V_t L^3}{3EI} \quad (E\text{는 같은 재료로 같다.})$$

$$\therefore\ V_t = \frac{P}{1 + \dfrac{3hI}{AL^3}}$$

(단, I : AB 부재의 단면 2차 모멘트, A : BC 부재의 단면적)

예제 9.5

다음 그림과 같이 양단 고정보에 삼각형 분포하중이 작용할 때 양 지점반력과 모멘트를 구하고, 전단력 선도(S.F.D) 및 굽힘 모멘트 선도(B.M.D)를 그려라.

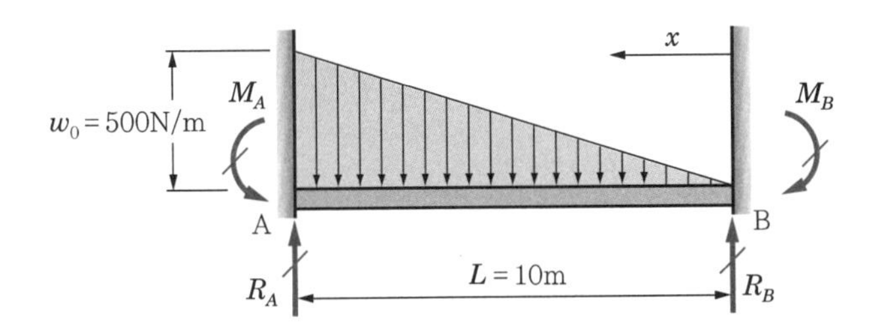

풀이 i) 반력 결정

다음과 같이 양 지점반력 R_A와 R_B는 미소면적 요소의 하중

$dW = \dfrac{w_0 b db}{L}$를 대입하여 적분하면 구해진다.

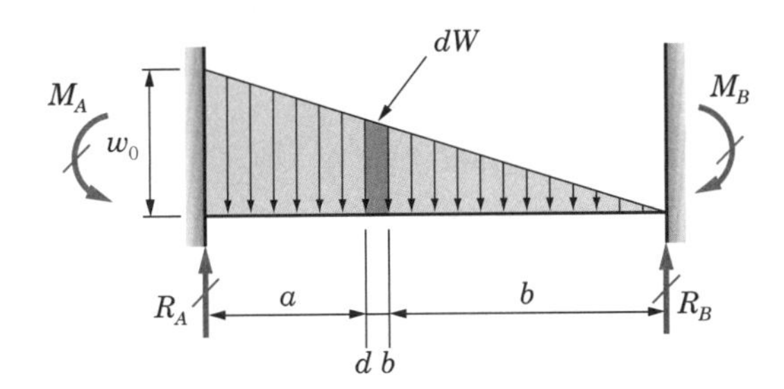

$$dR_A = \frac{w_0 b db b^2(b+3a)}{L^4}, \quad dR_B = \frac{w_0 b db a^2(a+3b)}{L^4}$$

$$\therefore \ R_A = \int dR_A = \int_0^L \frac{w_0\{b^4 + 3b^3(L-b)\}}{L^4} db$$

$$= \frac{w_0}{L^4}\int_0^L (3Lb^3 - 2b^4)db = \frac{w_0}{L^4}\left[\frac{3Lb^4}{4} - \frac{2b^5}{5}\right]_0^L$$

$$= \frac{7w_0L}{20} = \frac{7\times500\times10}{20} = 1,750\text{N}$$

따라서 $R_B = \dfrac{w_0L}{2} - R_A = \dfrac{w_0L}{2} - \dfrac{7w_0L}{20}$

$$= \frac{3w_0L}{20} = \frac{3\times500\times10}{20} = 750\text{N}$$

다음은 지점 모멘트를 구해보자.

앞서 미소면적 요소의 하중이 $dW = \dfrac{w_0 bdb}{L}$ 이었으므로 이 하중에 의한 미소 굽힘 모멘트의 크기 dM_A는

$$dM_A = \frac{w_0 bdbab^2}{L^3}, \quad dM_B = \frac{w_0 bdba^2 b}{L^3}$$ 이다.

그러므로 이것을 적분하면 구할 수 있다. 즉,

$$M_A = \int dM_A = \int_0^L \left(\frac{w_0 ab^3}{L^3} \right) ab$$

$$= \frac{w_0}{L^3} \int_0^L (L-b) b^3 db = \frac{w_0}{L} \left[\frac{Lb^4}{4} - \frac{b^5}{5} \right]_0^L = \frac{w_0 L^2}{20}$$

$$\rightarrow M_A = \frac{500 \times 10^2}{20} = 2,500\text{N} \cdot \text{m}$$

$$M_B = \int dM_B = \int_0^L \left(\frac{w_0 (L-b)^2 b^2}{L^3} \right) db$$

$$= \frac{w_0}{L^3} \left[\frac{L^2 b^3}{3} - \frac{2Lb^4}{4} + \frac{b^5}{5} \right]_0^L = \frac{w_0 L^2}{30}$$

$$\rightarrow M_B = \frac{500 \times 10^2}{30} = 1,666.67\text{N} \cdot \text{m}$$

ii) 구간 해석

① $0 < x < L$ 구간

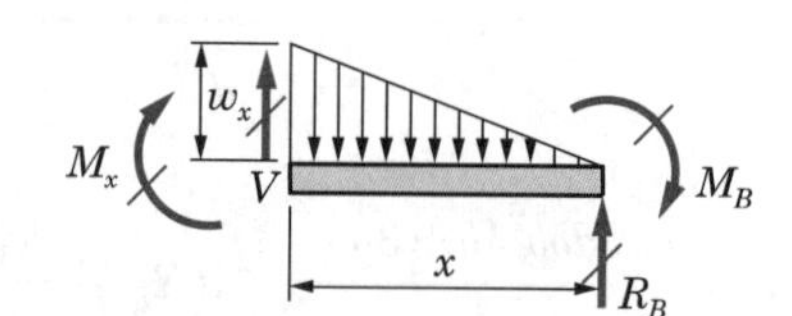

$$\Sigma F_y = 0 \ ; \ V = -R_B + \frac{w_0 x^2}{2L} \quad (x\text{의 2차 함수})$$

$$\therefore \ x = 0\text{일 때 } V)_{x=0} = -R_B = -750\text{N}$$

$$x = L\text{일 때 } V)_{x=L} = -750 + \frac{500 \times 10^2}{2 \times 10} = 1,750\text{N}$$

전단력이 0인 곳에서 최대 굽힘 모멘트가 발생하므로 그 구간을 찾으면

$$V = 0 = -R_B + \frac{w_0 x^2}{2L}$$

$$\rightarrow x = \sqrt{\frac{2LR_B}{w_0}} = \sqrt{\frac{2 \times 10 \times 750}{500}} \fallingdotseq 5.48\text{m}$$

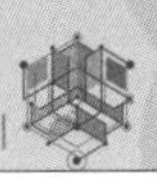

다음 $\sum M$ at $x=0$; ⊕,

$$-M_x - M_B + R_B x - \frac{w_0 x^2}{2L}\frac{x}{3} = 0$$

$$\rightarrow M_x = R_B x - M_B - \frac{w_0 x^3}{6L}$$ (x의 3차 함수)

$\therefore$ $x=0$일 때 $M_b)_{x=0} = -M_B = -1{,}666.67\text{N}\cdot\text{m}$

$x=L$일 때 $M_b)_{x=L} = 750\times10 - 1{,}666.67 - \dfrac{500\times10^3}{6\times10}$

$= -2{,}500\text{N}\cdot\text{m}$

$x \fallingdotseq 5.48\text{m}$일 때 $M_b)_{x=5.48\text{m}} = M_b)_{\max}$

$= 750\times5.48 - 1{,}666.67 - \dfrac{500\times5.48^3}{6\times10}$

$= 1{,}071.94\text{N}\cdot\text{m}$

이상의 값으로 S.F.D와 B.M.D를 그리면 다음과 같다.

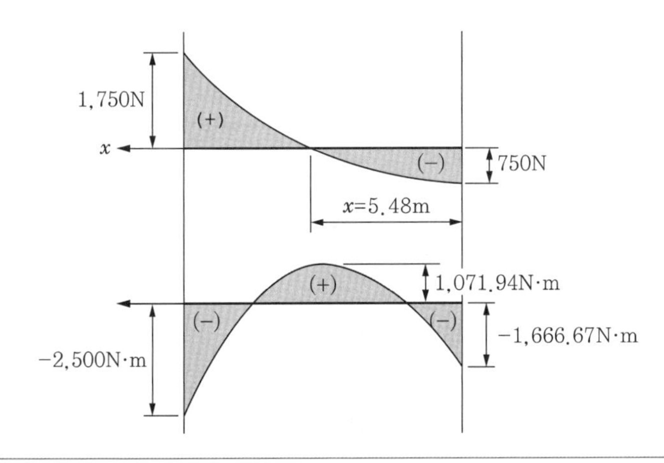

예제 9.6

다음 그림과 같은 구조물에서 외팔보 DC의 한 끝이 단순보 AB의 중앙점에 얹혀져 있다. 서로 직교상태로 있을 때 C점에 집중하중 P가 작용할 경우 이 두 보의 접촉점 C에서 처짐 δ_C는 얼마인가?

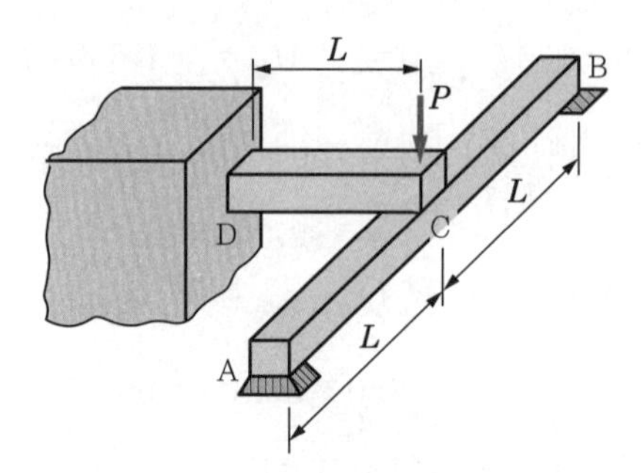

풀이 다음과 같은 보의 하중상태로 볼 수 있고, 이때 두 보의 접촉점에서 주고 받는 힘을 P_Y라 할 때 DC의 자유단에 걸리는 하중은 $P-P_Y$가 된다.

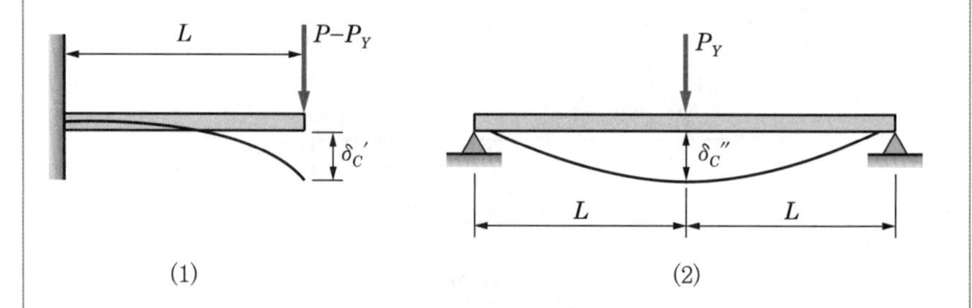

따라서 그림 (1)에서 처짐 $\delta_C{}'$은

$$\delta_C{}' = \frac{(P-P_Y)L^3}{3EI} \quad \text{(외팔보의 처짐식)} \cdots\cdots ①$$

그림 (2)의 경우, 처점 $\delta_C{}'' = \dfrac{P_Y(2L)^3}{48EI}$ (단순보의 처짐식) $\cdots\cdots$ ②

이 두 보의 경우 접촉점에서 처짐은 같다.

그러므로 ①=② $\rightarrow \dfrac{(P-P_Y)L^3}{3EI} = \dfrac{P_Y(2L)^3}{48EI}$

$$\rightarrow \frac{P-P_Y}{3} = \frac{P_Y}{6} \rightarrow P_Y = \frac{2P}{3} \text{가 된다.}$$

$$\therefore \ \delta_C = \delta_C{}' = \delta_C{}'' = \frac{\left(P-\frac{2}{3}P\right)L^3}{3EI} = \frac{PL^3}{9EI}$$

3 연속보

(1) 3지점의 보(beam on three supports)

여러 개의 지점 위에 연속적으로 놓여 있는 보를 연속보(continuous beams)라 한다. 보통 건축물, 관수로, 교량 및 여러 가지 특수 구조물에서 볼 수 있다.

연속보(continuous beams)

특수 구조물

여기서 [그림 9-8(a)]와 같이 지점이 3개만 있다면 고정보에서와 같은 중첩의 원리로 반력과 모멘트를 쉽게 구할 수 있다. 그림의 동일 수평선상에서 3개의 지점을 갖는 연속보의 경우 2개의 집중하중이 작용할 때 하나는 과잉구속으로 존재하게 된다. 따라서 중간지점의 반력 R_C를 과잉구속으로 보면 [그림 9-8(a)]를 그림 (b)와 (c), (d)로 분해하여 중첩시켜 구하면 된다. 이때 중간지점의 반력 R_C는 하중 P로 인하여 C점에 일어나는 처짐 δ_1과 중간 반력 R_C로 인한 처짐 δ_2가 서로 같다는 평형조건으로부터 구한다. 즉 [그림 9-8(b), (c)]에서 $a < b$일 경우 처짐 δ_1은 식 8.33)의 (a)를 사용하여 다음과 같이 나타낼 수 있다.

$$\delta_1 = \frac{Pa}{48EI}(3L^2 - 4a^2) \qquad \text{(a)}$$

그림 (d)에서 반력 R_C가 작용할 때, 처짐 δ_2는 식 (8.33)의 (b)를 사용하여 다음과 같이 나타낼 수 있다.

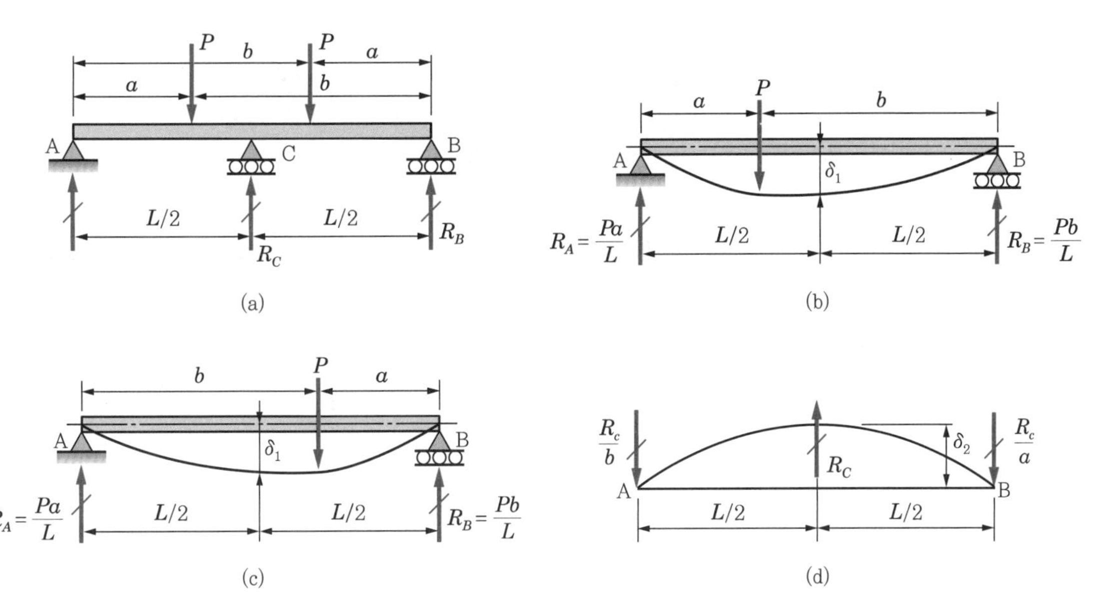

[그림 9-8] 3지점의 연속보와 처짐에 의한 해석

$$\delta_2 = \frac{P_C L^3}{48EI} \tag{b}$$

C지점의 반력

이 세 경우를 중첩하여 합성된 처짐이 0이 되어야 하므로 $2\delta_1 - \delta_2 = 0$, 따라서 $2\delta_1 = \delta_2$로 하여 식 (a), (b)를 적용시켜 C지점의 반력 R_C를 찾으면 다음과 같다.

$$2\frac{Pa}{48EI}(3L^2 - 4a^2) = \frac{R_C L^3}{48EI}$$

$$\therefore\ R_C = \frac{2Pa}{L^3}(3L^2 - 4a^2) \tag{9.28}$$

양단의 반력 R_A와 R_B는 대칭으로 같고, 정역학적 평형식으로부터

$$R_A + R_B = R_C = 2P$$

가 되고, 여기서 $R_A = R_B$이므로

$$2R_A = 2P - R_C \quad \therefore\ R_A = P - \frac{R_C}{2} \tag{c}$$

A와 B지점의 반력

가 된다. 식 (c)에 식 (9.28)을 대입하여 정리하면 A와 B지점의 반력은

$$R_A = P - \frac{2Pa}{2L^3}(3L^3 - 4a^2) = \frac{P}{L^3}(L^3 - 3aL^2 - 4a^3)$$

$$\therefore\ R_A = R_B = \frac{P}{L^3}(L+a)(L-2a)^2 \tag{9.29}$$

중심에서의 굽힘 모멘트

이 된다. 또한 중심에서의 굽힘 모멘트 M_C는 [그림 9-8(b) 또는 (c)]에 모멘트 평형조건식을 적용하면(B점에서 모멘트를 취하면)

$$\therefore\ M_C = R_A\frac{L}{2} - P\left(\frac{L}{2} - a\right) = -\frac{Pa}{2L^2}(L^2 - 4a^2) \tag{9.30}$$

이 된다.

3모멘트 방정식

(2) 3모멘트 방정식(three moment equation)

[그림 9-9(a)]와 같은 연속보를 생각해보자. 세 개의 연속된 지점을 A, B, C

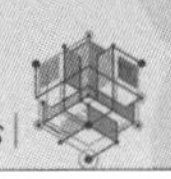

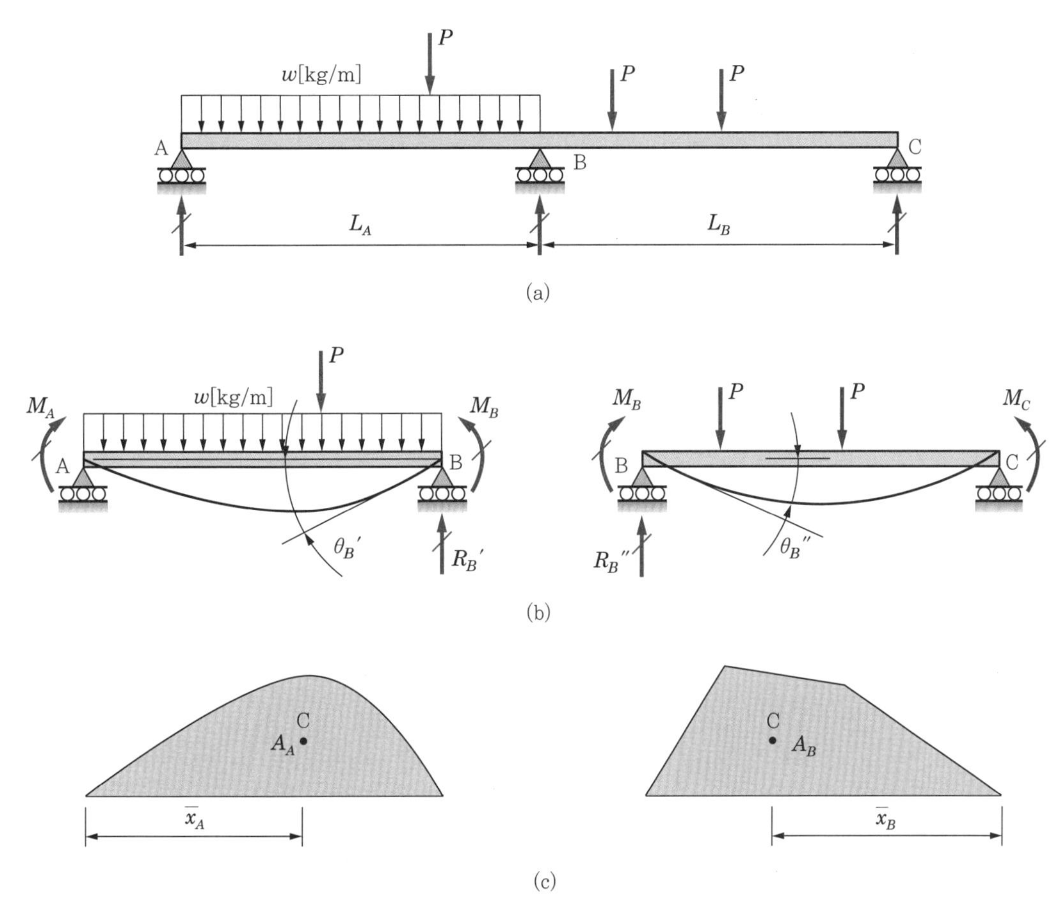

[그림 9-9] 3지점의 연속보와 굽힘 모멘트에 의한 해석

라 하고, 두 인접지간의 길이와 단면 2차 모멘트를 각각 L_A, I_A 및 L_B, I_B로, 각 3지점에서의 굽힘 모멘트를 M_A, M_B, M_C라 하자. 이때 모멘트의 방향은 보의 상부에 압축응력을 일으키는 방향으로 가정한다. 단순보로 된 이완구조물은 두 인접지간에 대하여 [그림 9-9(b)]와 같이 표시된다. 각 지간은 작용외력과 여분력 굽힘 모멘트를 동시에 받고 있다. 따라서 이들 하중은 두 개의 단순보의 처짐과 회전을 발생시킨다.

B지점의 좌측보의 회전각을 $\theta_B{}'$으로 하고, 우측보의 같은 지점의 회전각은 $\theta_B{}''$으로 표시할 때, 실제로 보의 축은 지점 B를 지나 연속된 것이므로 적합 방정식은

$$\theta_B{}' = -\theta_B{}'' \tag{9.31}$$

이 된다.

다음은 각 θ_B'과 θ_B''에 대한 적당한 식을 세워 식 (9.31)에 대입시키면 된다. 이완구조물인 [그림 9-9(b)]에 작용하는 외부하중으로 인한 굽힘 모멘트 선도는 [그림 9-9(c)]와 같다. 이 선도의 면적을 각각 A_A, A_B로 표시하고, 또 지점 A로부터 A_A 선도의 도심을 $\bar{x}_A$로, C로부터 A_B 선도의 도심을 $\bar{x}_B$로 표시하자. 각 θ_B'과 θ_B''을 계산하기 위해 면적 모멘트법의 제2정리를 사용하면 AB상의 보에서 외력에 의한 처짐각은

외력에 의한 처짐각

$$\frac{A_A \bar{x}_A}{EI_A L_A}$$

가 되고, M_A와 M_B에 의한 처짐각은

$$\frac{M_A L_A}{6EI_A}, \quad \frac{M_B L_A}{3EI_A}$$

가 된다. 따라서 각 θ_B'은

$$\theta_B' = \frac{M_A L_A}{6EI_A} + \frac{M_B L_A}{3EI_A} + \frac{A_A \bar{x}_A}{EI_A L_A} \tag{a}$$

이다. 또 우측보 BC에서도 위와 같은 방법으로 θ_B''을 구하면

$$\theta_B'' = \frac{M_B L_B}{3EI_B} + \frac{M_C L_B}{6EI_B} + \frac{A_B \bar{x}_B}{EI_A L_B} \tag{b}$$

적합방정식

이다. 결국 식 (a)와 (b)를 적합방정식 (9.31)에 대입하여 정리하면 다음과 같다.

$$M_A\left(\frac{L_A}{I_A}\right) + 2M_B\left(\frac{L_A}{I_A} + \frac{L_B}{I_B}\right) + M_C\left(\frac{L_B}{I_B}\right) = -\frac{6A_A \bar{x}_A}{I_A L_A} - \frac{6A_B \bar{x}_B}{I_B L_B} \tag{9.32}$$

3모멘트 방정식

이 식 (9.32)를 3모멘트 방정식(three-moment equation)이라고 하며, 보의 모든 지간에서 관성 모멘트 I가 같으면 3모멘트식은 다음과 같이 간단히 쓸 수 있다.

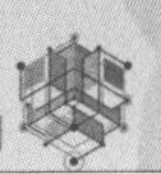

$$M_A L_A + 2M_B(L_A + L_B) + M_C L_B = -\frac{6A_A\bar{x}_A}{L_A} - \frac{6A_B\bar{x}_B}{L_B} \quad (9.33)$$

또 모든 지간이 같은 길이 L을 가지면 위 식은 더 간단히 쓸 수 있다.

$$M_A + 4M_B + M_C = -\frac{6}{L^2}(A_A\bar{x}_A - A_B\bar{x}_B) \quad (9.34)$$

이러한 3모멘트 방정식을 사용하기 위해서는 여분 모멘트 수만큼 식을 세워 연립방정식으로 풀면 된다. 만약 지점이 A, B, C이고 스팬의 길이가 L_A, L_B, L_C일 때, 중앙에 집중하중 P가 작용할 경우와 균일 분포하중 w가 작용할 경우 식 (9.33)을 [그림 8-12]에 적용하여 풀면 다음과 같다.

1) 중앙에 집중하중 P가 작용할 때

중앙에 집중하중 P가 작용할 때

$$A_A = \frac{P_1 L_A}{4} \times \frac{L_A}{2} = \frac{P_1 {L_A}^2}{8} \quad \text{(a)}$$

이 되므로

$$\frac{6A_A\bar{x}_A}{L_A} = \frac{6 \times \frac{P_1 {L_A}^2}{3} \times \frac{L_A}{2}}{L_A} = \frac{3}{8}P_1 {L_A}^2 \quad \text{(b)}$$

이 된다. 따라서 식 (9.33)에 적용하면

$$M_A L_A + 2M_B(L_A + L_B) + M_C L_B = -\frac{3P_1 {L_A}^2}{8} - \frac{3P_2 {L_B}^2}{8} \quad (9.35)$$

이 된다. 이때 $L_A = L_B = L$로 같고, $P_1 = P_2 = P$라면 위 식은 다음과 같이 나타낼 수 있다.

$$M_A + 4M_B + M_C = -\frac{3}{4}PL \quad (9.36)$$

균일(등)분포하중 w가 작용할 때

2) 균일(등)분포하중 w가 작용할 때

$$A_A = \frac{2}{3}bh \times 2 = \frac{2}{3} \times \frac{L_A}{2} \times \frac{w_1 {L_A}^2}{8} \times 2 = \frac{w_1 {L_A}^2}{12} \quad \text{(c)}$$

이므로

$$\frac{6A_A \bar{x}_A}{L_A} = \frac{6 \times \frac{w_1 {L_A}^3}{12} \times \frac{L_A}{2}}{L_A} = \frac{w_1 {L_A}^3}{4} \quad \text{(d)}$$

에 적용할 경우

$$M_A L_A + 2M_B(L_A + L_B) + M_C L_B = -\frac{w_1 {L_A}^3}{4} - \frac{w_2 {L_A}^3}{4} \quad (9.37)$$

이다. 만약 $L_A = L_B = L$이고 $w_1 = w_2 = w$로 할 때, 위 식은 식 (9.34)로부터

$$M_A + 4M_B + M_C = -\frac{1}{2}wL^2 \quad (9.38)$$

이 된다.

중앙에 집중하중 P와 균일 분포하중 w가 동시에 작용할 때

3) 중앙에 집중하중 P와 균일 분포하중 w가 동시에 작용할 때

앞서 구한 식 (a), (b), (c), (d)를 식 (9.33)에 대입하면 다음 식이 된다.

$$M_A L_A + 2M_B(L_A + L_B) + M_C L_B$$
$$= \frac{3P_1 {L_A}^2}{8} - \frac{3P_2 {L_B}^2}{8} - \frac{w_1 {L_A}^3}{4} - \frac{w^2 {L_B}^3}{4} \quad (9.39)$$

식 (9.39)에서 $L_A = L_B = L$이고, $P_1 = P_2 = P$, $w_1 = w_2 = w$로 할 때 다음과 같이 쓸 수 있다.

$$M_A + 4M_B + M_C = -\frac{3}{4}PL - \frac{1}{2}wL^2 \quad (9.40)$$

다음은 인접한 두 지간의 반력을 생각해보자. 연속보의 각 지점의 굽힘 모멘트를 구한 다음, 정역학적 평형식으로 쉽게 반력을 구할 수 있다. [그림 9-9(b)]

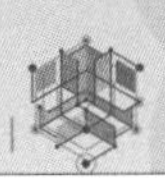

의 두 단순보 AB와 BC에 대한 B점의 반력을 $R_B{'}$과 $R_B{''}$이라 할 때 이 반력의 합이 B지점에서의 총반력 R_B가 된다([그림 9-9(a)]의 B점 반력). 이때 반력 $R_B{'}$은 외부하중으로 인한 단순보의 반력과 M_A에 의한 반력, 그리고 M_B에 의한 반력의 3가지로 구성된다. 마찬가지로 $R_B{''}$의 반력도 외부하중에 의한 단순보 반력과 M_C/L_B와 $-M_B/L_B$에 의한 반력이 있다. 따라서 이 항들을 합하면 B점의 전 반력 R_B를 얻을 수 있다.

만약 연속보의 일단 또는 양단이 고정되어 있다면 과잉구속은 증가하게 되고, 여분력 모멘트 수도 증가한다. 이때에는 보의 고정단에서는 처짐각이 반드시 0이라는 조건으로 방정식을 세워 추가시킴으로써 구할 수 있다. [그림 9-9(a)]에서 최좌단이 고정되어 있다면 좌단의 처짐각 θ_A는

좌단의 처짐각

$$\theta_A = \frac{M_A L_A}{3EI_A} + \frac{M_B L_A}{6EI_A} + \frac{A_A \bar{x}_A}{EI_A L_A} \tag{e}$$

가 된다. 이때 θ_A가 0이므로 식 (e)로부터 M_A는

$$M_A = -\frac{M_B}{2} - \frac{3A_A \bar{x}_A}{L_A{}^2} \tag{9.41}$$

이다. 이와 같이 연속보의 모든 지점의 굽힘 모멘트가 결정되면 모든 지점의 반력도 쉽게 구할 수 있다. 이 경우 반력을 구하려면 A, B, C 지점에 작용하는 하중상태를 고려해야 한다. 만약 외부하중에 인한 단순보의 B점에 일어나는 반력을 $R_B{'}$ 및 $R_B{''}$으로 표시한다면, 나머지 양단의 굽힘 모멘트 M_A, M_B, M_C로 인한 B점의 반력은 다음과 같이 정역학적 평형방정식으로부터 구할 수 있다.

연속보

$$-M_A + M_B + R_{B1}L_A = 0 \qquad \therefore\ R_{B1} = \frac{M_A - M_B}{L_A} \tag{f}$$

$$-M_B + M_C - R_{B2}L_B = 0 \qquad \therefore\ R_{B2} = -\frac{M_B + M_C}{L_B} \tag{g}$$

결국 지점 B에서의 전체 반력은 이들을 합하면 구할 수 있다.

$$\begin{aligned} R_B &= R_{B1}{'} + R_{B2}{'} + R_{B1} + R_{B2} \\ &= R_{B1}{'} + R_{B2}{''} + \frac{M_A - M_B}{L_A} + \frac{-M_B + M_C}{L_B} \end{aligned} \tag{9.42}$$

이와 같이 반력과 굽힘 모멘트를 구할 수 있다.

예제 9.7

다음 그림과 같은 연속보의 단면력(=전단력) 및 굽힘 모멘트를 구하고, 전단력 선도(S.F.D)와 굽힘 모멘트 선도(B.M.D)를 그려라. 단, EI는 균일하다.

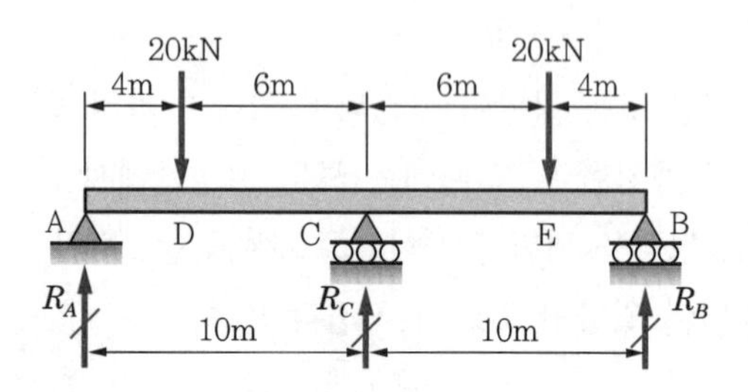

풀이 i) 반력 결정

문제에 주어진 연속보는 다음과 같은 하중 상태로 볼 수 있다. 3연 모멘트 방정식을 사용하면

$$M_A\frac{L_1}{I_1}+2M_C\left(\frac{L_1}{I_1}+\frac{L_2}{I_2}\right)+M_B\frac{L_2}{I_2}=6EI(\theta_{CA}-\theta_{CB})$$

여기서 A와 B 지점은 굽힘 모멘트가 0, $I_1=I_2$, $L_1=L_2=L$이고 $\theta_{CA}=-\frac{Pab}{6EI}\left(1+\frac{a}{L}\right)$, $\theta_{CB}=\frac{Pab}{6EI}\left(1+\frac{b}{L}\right)$이므로 위 식은 다음과 같다.

$$2M_C(10+10)=6EI\left\{-\frac{Pab}{6EI}\left(1+\frac{a}{L}\right)-\frac{Pab}{6EI}\left(1+\frac{b}{L}\right)\right\}$$

$$\rightarrow 40M_C=-Pab\left(1+\frac{a}{L}\right)-Pab\left(1+\frac{b}{L}\right)$$

$$40M_C=-672{,}000-672{,}000=-1{,}344{,}000$$

$$\therefore\ M_C=-\frac{1{,}344{,}000}{40}=-33{,}600\text{N}\cdot\text{cm}$$

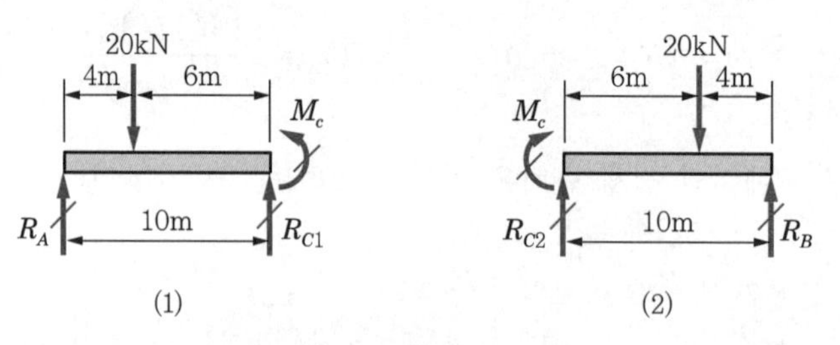

그림 (1), (2)로부터 반력과 모멘트를 구하면

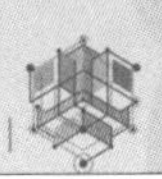

$$\sum M \text{ at } C=0\,;\ \circlearrowleft\!\!+,\ -R_A \times 10 + 20{,}000 \times 6 + M_C = 0$$

$$\rightarrow R_A = \frac{20{,}000 \times 6 - 33{,}600}{10} = 8{,}640\text{N}$$

또 $\sum M \text{ at } A=0\,;\ \circlearrowleft\!\!+,\ R_{C_1} \times 10 - 20{,}000 \times 4 + M_C = 0$

$$\rightarrow R_{C_1} = \frac{20{,}000 \times 4 - M_C}{10} = \frac{80{,}000 + 33{,}600}{10} = 1{,}1360\text{N}$$

$\sum M \text{ at } B=0\,;\ \circlearrowleft\!\!+,\ -R_{C_2} \times 10 + 20{,}000 \times 4 - M_C = 0$

$$\rightarrow R_{C_2} = \frac{20{,}000 \times 4 - M_C}{10}$$

$$= \frac{80{,}000 + 33{,}600}{10} = 11{,}360\text{N}$$

따라서 $R_C = R_{C_1} + R_{C_2} = 11{,}360 + 11{,}360 = 22{,}720\text{N}$

$\sum M \text{ at } C=0\,;\ \circlearrowleft\!\!+,\ R_B \times 10 - 20{,}000 \times 6 - M_C = 0$

$$\rightarrow R_B = \frac{20{,}000 \times 6 + M_C}{10} = \frac{120{,}000 - 33{,}600}{10} = 8{,}640\text{N}$$

ii) 구간 해석

① AD 구간

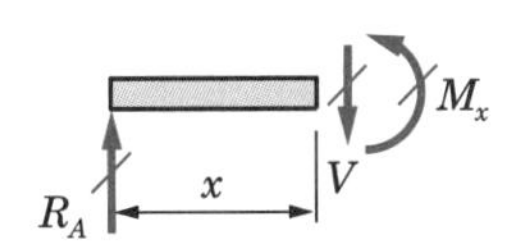

$\sum F_y = 0\,;\uparrow+,\ R_A - V = 0$

$\rightarrow V = R_A = 8{,}640\text{N}$ (일정)

$\sum M \text{ at } x=0\,;\ \circlearrowleft\!\!+,\ -R_A x + M_x = 0$

$\rightarrow M_x = R_A x$ (x의 1차 함수)

② DC 구간

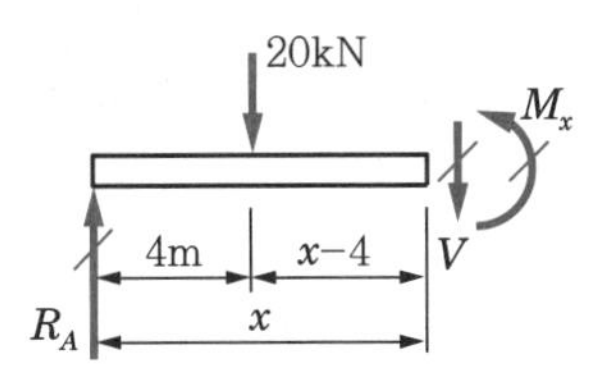

$\sum F_y = 0\,;\uparrow+,\ R_A - 20{,}000 - V = 0$

$\rightarrow V = R_A - 20{,}000$ (일정)

$= 8{,}640 - 20{,}000 = -11{,}360\text{N}$

$\sum M \text{ at } x=0\,;\ \circlearrowleft\!\!+,\ -R_A x + 20{,}000(x-4) + M_x = 0$

$\rightarrow M_x = R_A x - 20{,}000(x-4)$ (x의 1차 함수)

$$\therefore\ x=4\text{m 일 때 } M_b)_{x=4\text{m}} = R_A x = 8{,}640\times 4 = 34{,}560\text{N}\cdot\text{m}$$

나머지 CE 구간과 EB 구간은 그림 (1)과 대칭이 된다. 따라서 다음과 같다.

즉, 전단력은 CE 구간 : $V=+11{,}360\text{N}$

EB 구간 : $V=-8{,}640\text{N}$

굽힘 모멘트는 CE 구간 : $M_b)_c = -33{,}600\text{N}\cdot\text{m}$

$M_b)_E = 34{,}560\text{N}\cdot\text{m}$

EB 구간 : $M_b)_B = 0$

이상의 값을 가지고 전단력 선도(S.F.D)와 굽힘 모멘트 선도(B.M.D)를 그리면 다음과 같다.

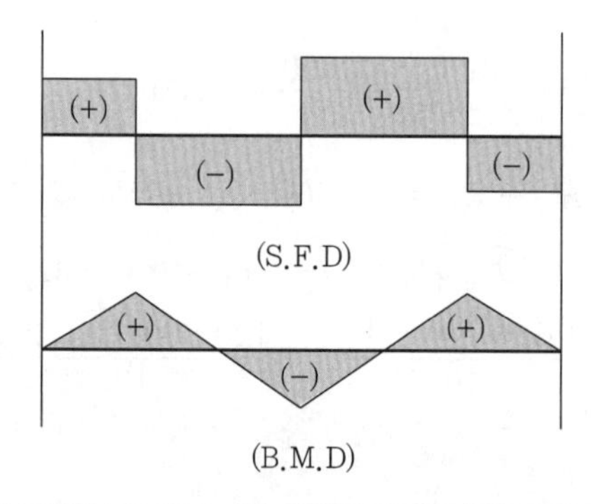

예제 9.8

다음 그림과 같이 등분포하중이 작용하는 외팔보의 자유단 B점이 강봉으로 C지점에 연결되어 있다. 이때 BC 강봉에 발생하는 인장력 T의 값을 구하여라.

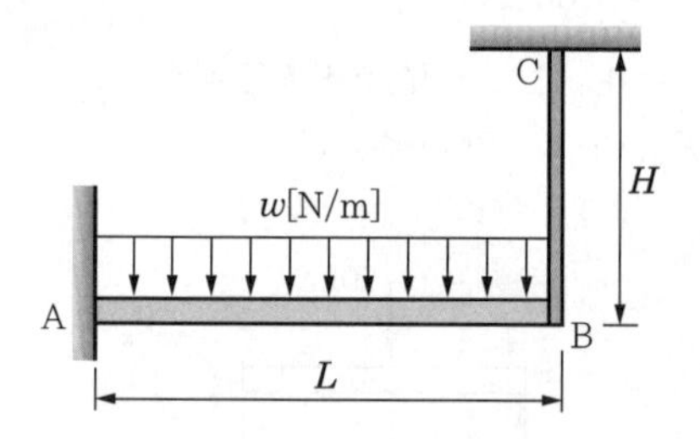

풀이 AB의 하중상태를 다음 그림 (1), (2)로 생각할 수 있다.

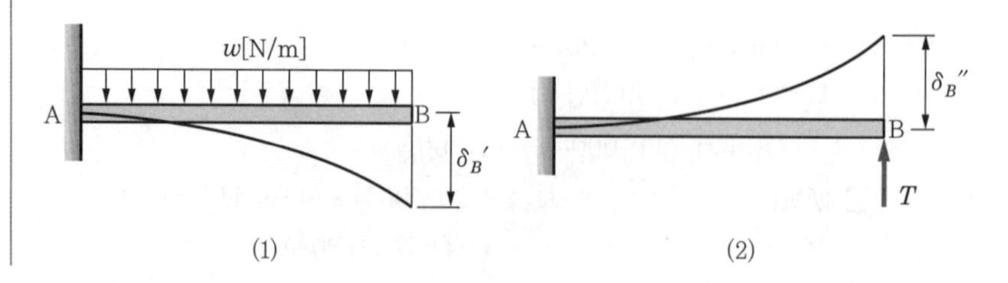

따라서 $\delta_B''' = \delta_B' - \delta_B''$ ············ ①

$$\delta_B' = \frac{wL^4}{8EI},\quad \delta_B'' = \frac{TL^3}{3EI},\quad \delta_B''' = \frac{TH}{AE} \quad \cdots\cdots ②$$

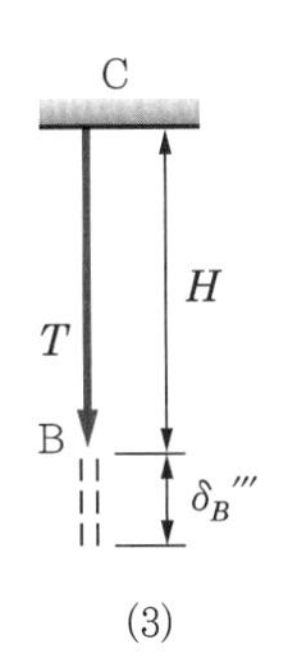

여기서 A는 BC봉의 단면적, I는 AB보의 단면 2차 모멘트이고, E는 서로 같다(같은 재료이므로).
식 ②를 식 ①에 대입하면

$$\frac{wL^4}{8EI} - \frac{TL^3}{3EI} = \frac{TH}{AE}$$

가 된다. 따라서 이항하여 T를 구하면 다음과 같다.

$$T = \frac{3wAL^4}{8AL^3 + 24HI}$$

예제 9.9

다음 그림과 같은 3지점의 연속보에서 중앙에 집중하중 $P = 200$N이고, 일부 구간에서 균일 분포하중 $w = 1{,}000$N/m일 때 각 지점의 반력과 B지점의 굽힘 모멘트를 구하라.

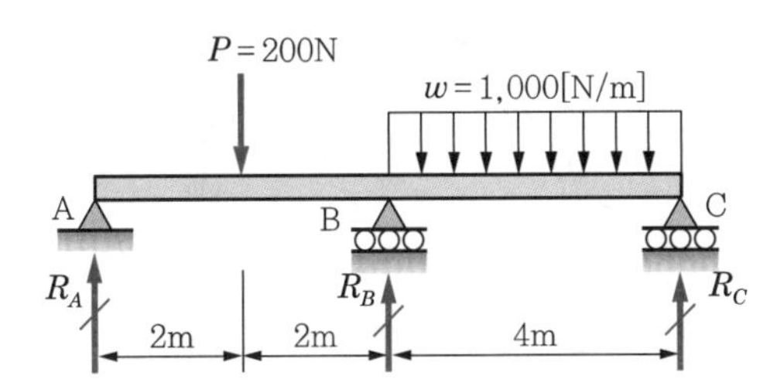

풀이 3연 모멘트정리에 의해

$$M_A L_1 + 2M_B(L_1 + L_2) + M_C L_2 = -\frac{3PL^2}{8} - \frac{wL^3}{4}$$

여기서, $M_A = M_C = 0$(양 지점의 모멘트는 없다.)
따라서 위의 식은

$$0 + 2M_B(4+4) + 0 = -\frac{3 \times 200 \times 4^2}{8} - \frac{1{,}000 \times 4^3}{4}$$

$$\rightarrow 16M_B = -1{,}200 - 16{,}000 = -17{,}200$$

$$\therefore\ M_B = \frac{-17{,}200}{16} = -1{,}075\text{N}\cdot\text{m}$$

다음으로 반력을 구하면

$$R_n = R_n{}' + R_n{}'' + \frac{M_{n-1} - M_n}{L_n} + \frac{-M_n + M_{n+1}}{L_{n+1}}$$

이 된다. 식에 적용하면

$$\therefore\ R_B = \frac{200}{2} + \frac{1,000\times 4}{2} + \frac{0+1,075}{4} + \frac{1,075+0}{4} = 2,637.5\text{N}$$

$$\therefore\ R_A = 0 + \frac{200}{2} + 0 + \frac{0-1,075}{4} = -168.75\text{N}$$

(현재의 미지방향과 반대)

$$\therefore\ R_C = \frac{1,000\times 4}{2} + 0 + \frac{-1,075+0}{4} + 0 = 1,731.25\text{N}$$

예제 9.10

다음 그림과 같은 아치의 C점에 하중 P가 작용할 때 굽힘변형만을 고려하여 A점과 B점에서의 수평반력 H_x를 구하여라.

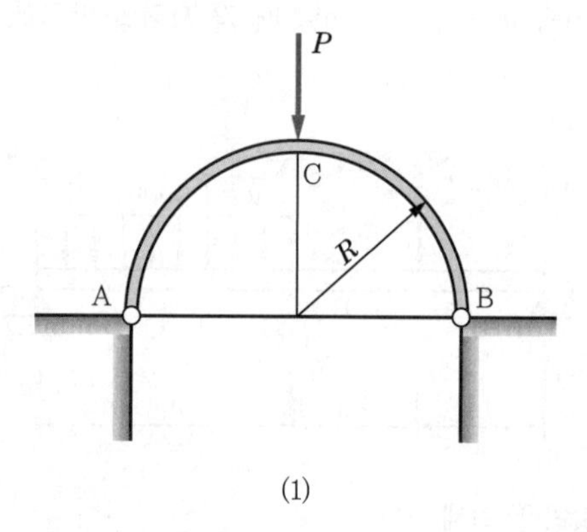

(1)

풀이 다음 그림 (2)와 같이 각 θ만큼 이동한 면에 작용하는 굽힘 모멘트 M_x는

$M_x = \dfrac{P}{2}(R - R\cos\theta) - H_x R\sin\theta$ 이다.

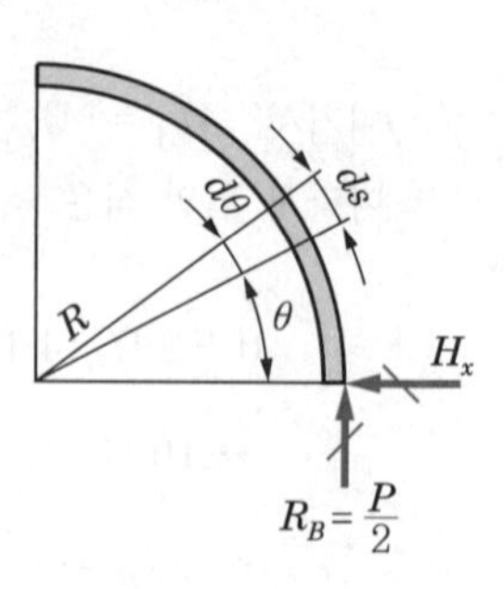

(2)

따라서 $\dfrac{\partial M_x}{\partial H_x} = -R\sin\theta$

그러므로 $U = 2\displaystyle\int_0^{\pi/2} \frac{M_x{}^2}{2EI} dx$

A와 B지점은 처짐이 0이며 처짐식을 이용하여 H_x를 구한다.

단, $dx = ds = Rd\theta$ 이다.

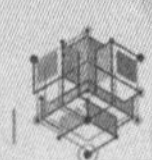

$$\therefore\ \delta = \frac{\partial U}{\partial H_x}$$

$$= \frac{2}{EI}\int_0^{\pi/2}\left\{\frac{PR}{2}(1-\cos\theta) - H_x R\sin\theta\right\}(-R\sin\theta)Rd\theta$$

$$= \frac{2}{EI}\int_0^{\pi/2}\left\{-\frac{PR^3}{2}(1-\cos\theta) - H_x R^3\sin^2\theta\right\}d\theta$$

$$= \frac{2R^3}{EI}\left[\frac{P\cos\theta}{2} - \frac{P\cos 2\theta}{8} + \frac{H_x\theta}{2} - \frac{H_x\sin 2\theta}{4}\right]_0^{\pi/2}$$

$$= \frac{2R^3}{EI}\left(\frac{\pi H_x}{4} - \frac{P}{4}\right) = 0$$

$$\rightarrow \frac{\pi H_x}{4} = \frac{P}{4} \qquad \therefore\ H_x = \frac{P}{\pi}$$

예제 9.11

다음 그림과 같이 L자형 부정정보에서 지점 A에 발생하는 과잉반력 R_A의 크기를 구하라. 단 EI는 균일하다.

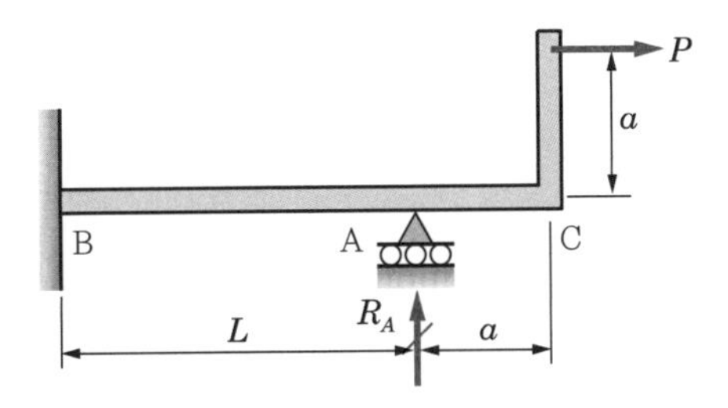

풀이 우력 Pa에 의한 A점의 하향처짐 δ_1은

$$\delta_1 = \frac{PaL^2}{2EI}$$

미지반력 R_A에 의한 A점의 상향처짐 δ_2는

$$\delta_2 = \frac{R_A L^3}{3EI}$$

기하학적으로 A점의 처짐은 0이므로

$$\delta_1 = \delta_2$$

$$\rightarrow \frac{PaL^2}{2EI} = \frac{R_A L^3}{3EI}$$

$$\therefore\ R_A = \frac{3PaL^2}{2L^3} = \frac{3Pa}{2L}$$

기초연습문제

01 다음 그림과 같은 하중상태에서 최대 굽힘 모멘트를 구하라.

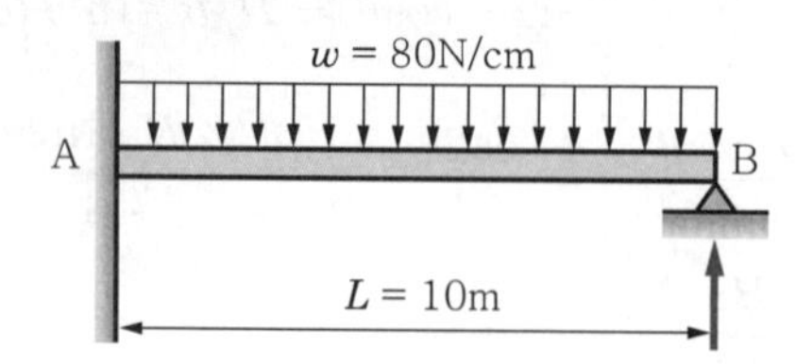

02 다음 그림과 같은 일단 고정 타단 지지보의 경우 단면의 허용응력 $\sigma_a = 6,000\text{N/cm}^2$일 때 보의 중앙에 가할 수 있는 하중 P는 몇 N인가? 단, $b \times h = 10\text{cm} \times 15\text{cm}$의 사각형 단면이다.

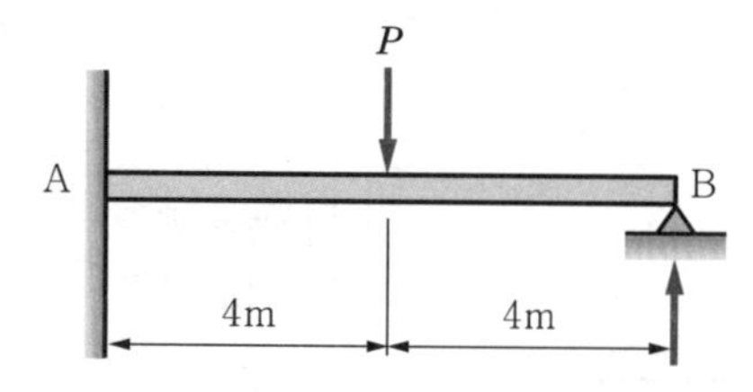

03 다음 그림과 같은 등분포하중을 받는 보의 최대 굽힘 모멘트가 발생하는 위치는 A지점으로부터 어느 곳에 있는가?

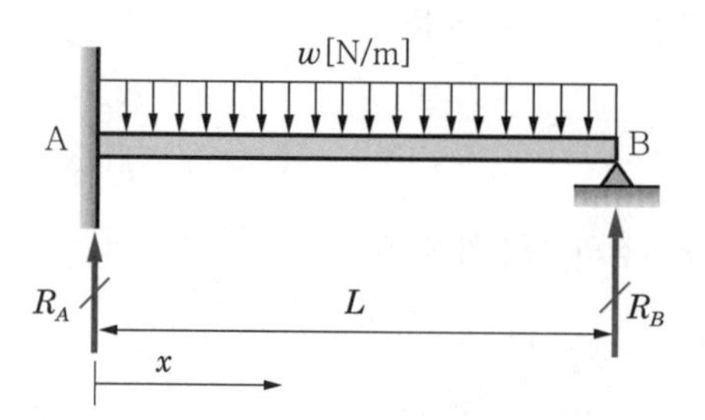

04 다음 그림과 같은 부정정보의 하중상태에서 지점 B의 반력은?

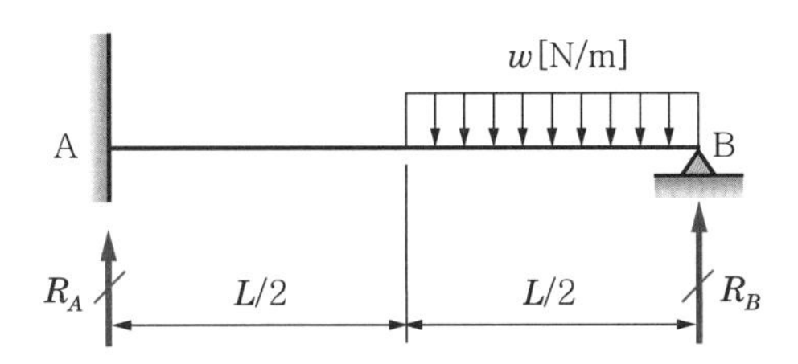

05 단면계수 $Z=400\text{cm}^3$의 사각형단면의 양단 고정보가 중앙에 집중하중 P를 받고 있다. 허용응력 $\sigma_a=6{,}000\text{N/cm}^2$으로 할 때 이 보에 가할 수 있는 하중 P는 몇 kN인가? 단, $L=1.5\text{m}$이다.

06 양단 고정보가 다음과 같이 집중하중 $P=20\text{kN}$을 받고 있을 때 중앙점의 처짐을 구하라. 단, $E=20\times10^6\text{N/cm}^2$, $b\times h=20\text{cm}\times30\text{cm}$이다.

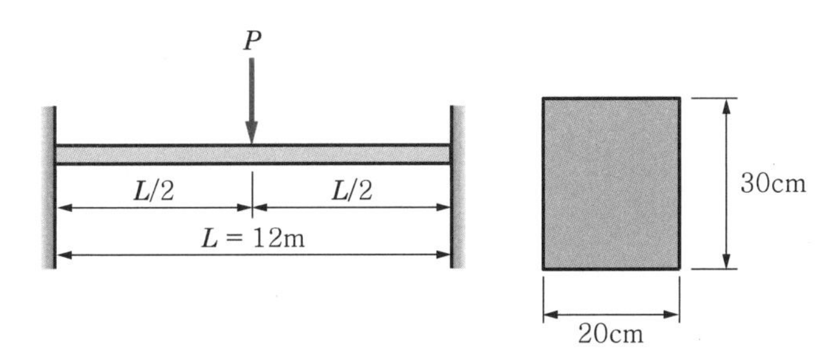

07 재료와 단면이 같고 길이가 같은 양단 고정보와 단순보의 경우 굽힘 저항 모멘트에 견딜 수 있는 균일 분포하중 $w_1 : w_2$의 비는?

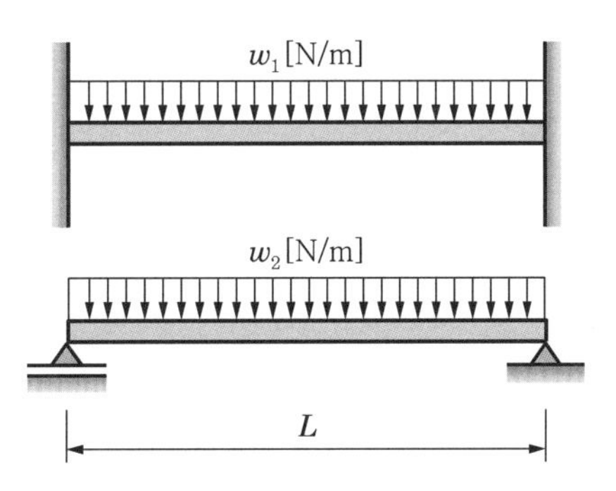

08 다음 그림과 같은 양단고정 연속보의 구간별 굽힘 모멘트 M_{BC}, M_{BA}의 크기는?

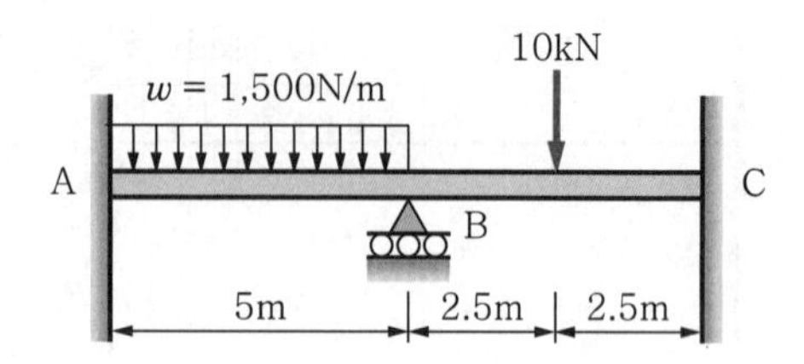

09 일단 고정 타단 힌지의 부정정보에서 집중하중 P가 임의의 점에 작용할 때 부정정 차수는?

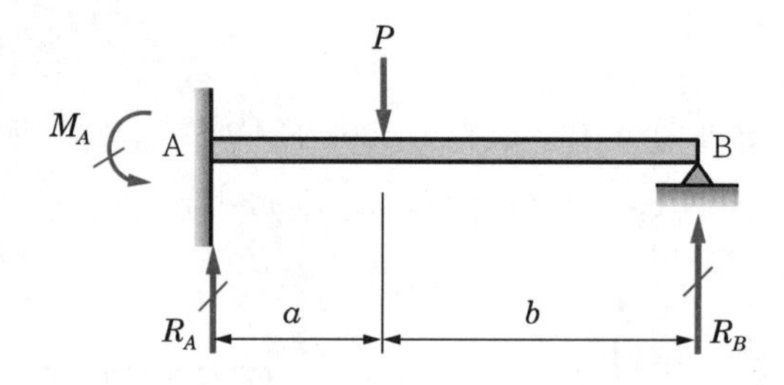

응용연습문제

01 다음 그림과 같이 고정 받침보가 중앙점에서 $M_0 = 40\text{kN}\cdot\text{m}$를 받고 있을 때 고정단 A에 발생하는 힘 모멘트는?

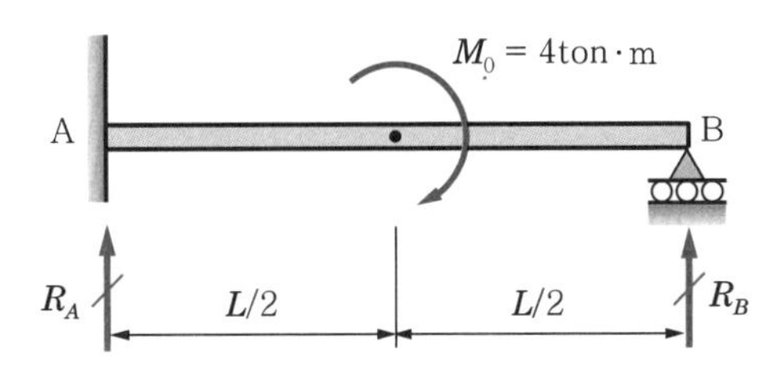

02 다음 그림과 같은 연속보에 균일 분포하중 w[N/m]가 보의 전 길이에 걸쳐 작용할 때 중앙지점의 반력 R_B는?

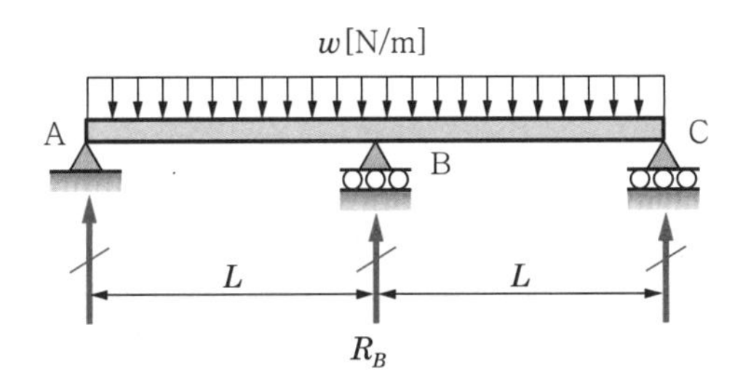

03 다음 그림과 같은 부정정 구조물에서 B지점의 반력 R_B는?

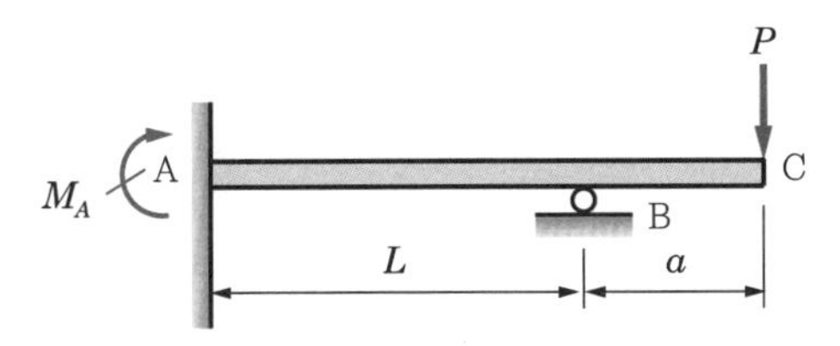

04 일단 고정 타단 지지보의 중앙에 집중하중 $P = 20\text{kN}$이 작용할 때 이 보의 단면계수 Z는 몇 cm^3인가? 단, 보의 길이 $L = 2\text{m}$, 허용응력 $\sigma_a = 8{,}000\text{N/cm}^2$이다.

Mechanics of Materials

제 10 장

균일강도의 보

10.1 균일강도의 보

1 개요

제6장에서는 단면이 일정한 보의 굽힘 모멘트 크기를 알아보았다. 굽힘 모멘트 선도(B.M.D)에서 보듯이 그 크기는 길이에 따라 일정하지 않은 경우가 많다. 이 경우에 단면이 일정한 보라면 최대 굽힘 모멘트가 발생하는 단면이 위험단면이 되고 그곳에서부터 파괴가 일어나기 시작한다. 따라서 위험단면의 크기에 맞추어 설계된 균일단면의 경우, 위험단면 이외의 단면은 굽힘에 대하여 과다한 치수를 갖게 된다. 이와 같이 비경제적 단면형상을 없애고 각 단면의 인장 및 압축의 외주 굽힘응력(skin bending stress)이 축방향에 대하여 일정한 값을 갖도록 설계된 보를 균일강도의 보(beam of uniform strength)라 한다.

이 균일강도의 보가 굽힘에 대하여 균일한 강도를 갖도록 설계하려면 축방향 응력 σ_b를

$$\sigma_b = \frac{M}{Z} = \frac{Me}{I} = c(\text{일정}) \tag{a}$$

가 되도록 설계하면 된다. 그러므로 이 보의 탄성곡선의 미분방정식은 식 (8.4)에 의해 다음과 같이 놓을 수 있다.

$$\frac{d^2y}{dx^2} = \frac{1}{\rho} = -\frac{M}{EI} = -\frac{1}{e}\frac{\sigma_b}{E} = -\frac{1}{e}c \tag{10.1}$$

여기서 e는 중심축으로부터 단면의 최외단까지의 거리이고, $1/\rho$은 곡률이다.

2 균일강도의 외팔보(cantilever beam)

집중하중 P가 자유단에 작용하는 경우

(1) 집중하중 P가 자유단에 작용하는 경우

[그림 10-1]에서 보는 바와 같이 외팔보의 자유단에 집중하중 P가 작용할 때 임의의 단면 x의 굽힘 모멘트 M은

$$M = Px \tag{b}$$

가 되고, 앞서 $M = \sigma_b z$이므로 식 (b)는

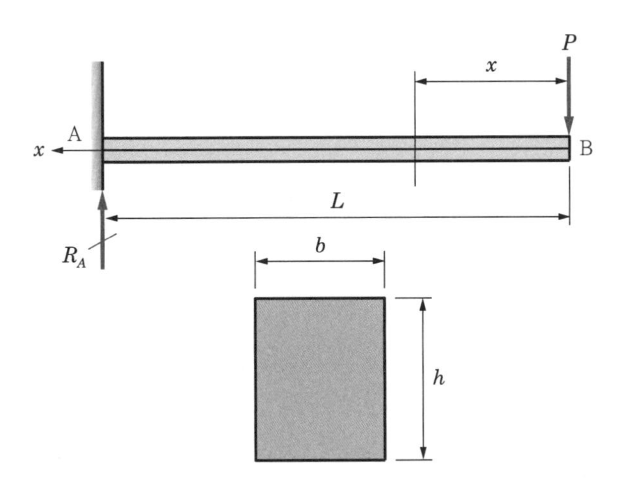

[그림 10-1] 집중하중이 작용하는 외팔보

$$Px = \sigma_b z \qquad \text{(c)}$$

가 된다. 여기서 σ_b는 굽힘응력, z는 보의 단면계수이다. 임의 x 단면의 모양이 [그림 10-1]과 같이 사각단면이라 할 때 단면계수 $z = bh^2/6$이 되므로 식 (c)는 다음과 같다.

$$Px = \sigma_b \frac{bh^2}{6} \qquad \text{(d)}$$

여기서 b와 h는 임의의 x 단면의 폭과 높이이다. 식 (d)를 임의의 단면식으로 고쳐 쓰면

$$b_x {h_x}^2 = \frac{6Px}{\sigma_b} \qquad (10.2)$$

이다. 이 식에서 하중 P와 응력 σ_b가 일정한 값이라면 보의 위치 x에 따르는 보의 단면 b_x와 h_x를 선택할 수 있고, 결국 균일강도의 사각형 단면보를 얻을 수 있다.

균일강도의 사각형 단면보

1) 폭 b가 일정한 사각형단면일 때

[그림 10-2(a), (b)]와 같은 보에서 고정단의 경우 $x = l$이 되므로 그 지점의 단면치수를 $b_0 h_0$라 할 때 식 (d)는

$$PL = \sigma_b \frac{b_0 {h_0}^2}{6} \tag{e}$$

으로 쓸 수 있다. 그리고 식 (10.2)와 식 (e)로부터 다음과 같은 식을 얻을 수 있다.

$$\frac{{h_x}^2}{{h_0}^2} = \frac{x}{L} \tag{f}$$

임의의 단면 x에서의 높이

여기서 $b_x = b_0 = c$(일정)인 보이므로 서로 약분된다. 따라서 임의의 단면 x에서의 높이 h_x는

$$h_x = h_0 \sqrt{\frac{x}{L}} \tag{10.3}$$

가 된다. 결국 식 (10.3)은 보의 높이가 변수인 x의 제곱근에 비례하여 변화하는 형태가 되므로 그 모습은 [그림 10-2(a), (b)]에 나타낸 바와 같다.

다음은 이 보에 있어서 처짐량에 대하여 알아보자. 앞서 구한 임의의 단면 x에서 굽힘 모멘트 M과 단면 2차 모멘트 I, 그리고 식 (10.3)을 다시 쓰면 그 값은

$$M = -Px, \quad I = \frac{b_x {h_x}^3}{12}, \quad h_x = h_0 \sqrt{\frac{x}{L}}$$

자유단에서의 처짐

이므로 식 (8.66)에 의해 자유단에서의 처짐 $\delta_{\max}$를 구하면 다음과 같다.

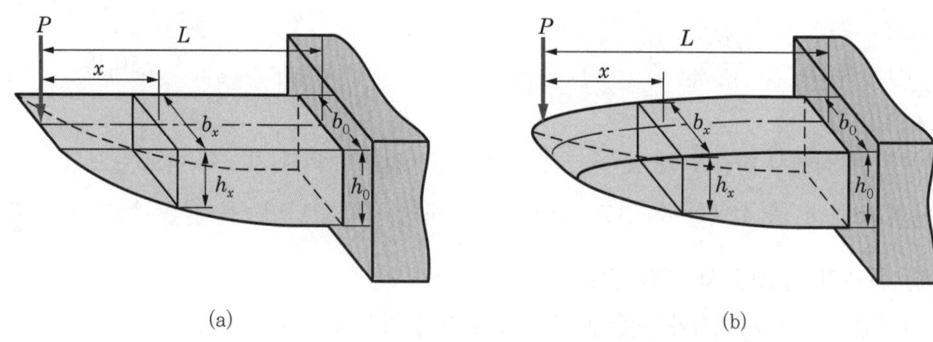

폭이 일정한 균일강도의 외팔보

[그림 10-2] 폭이 일정한 균일강도의 외팔보

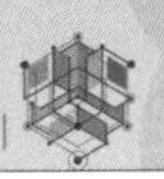

$$\delta_{max} = \int_0^L \frac{Mx}{EI} dx = \int_0^L \frac{(Px)x}{E\frac{b_0 {h_0}^3}{12}\left(\frac{x}{L}\right)^{\frac{3}{2}}} dx = \frac{PL^{\frac{3}{2}}}{EI_0}\int_0^L x^2 dx$$

$$= \frac{2PL^3}{3EI_0} \qquad (10.4)$$

여기서 $I_0 = b_0 {h_0}^3/12$이다. 제8장에서 살펴보았듯이 균일단면을 갖는 외팔보의 자유단의 처짐이 $\delta_{max} = PL^3/3EI$이므로 식 (10.4)는 이것과 비교할 경우 2배의 값을 나타낸다.

2) 높이 h가 일정한 사각형단면일 때

[그림 10-3]과 같이 높이가 일정한 구형단면의 외팔보에서 임의의 단면 x의 폭 b_x는 식 (10.2)에 의해 다음과 같다.

$$b_x = \frac{6Px}{\sigma_b {h_0}^2} \qquad (g)$$

따라서 식 (g)로부터 사각형단면의 폭 b_x는 x에 대하여 1차 변화함을 알 수 있다. 그리고 식 (g)에 $x = L$을 대입하면 고정단에서의 폭 b_0를 구할 수 있고, 그 크기를 찾으면

고정단에서의 폭

$$b_0 = \frac{6PL}{\sigma_b {h_0}^2} \qquad (10.5)$$

이 되며, $h_x = h_0 = c$(일정)가 된다.

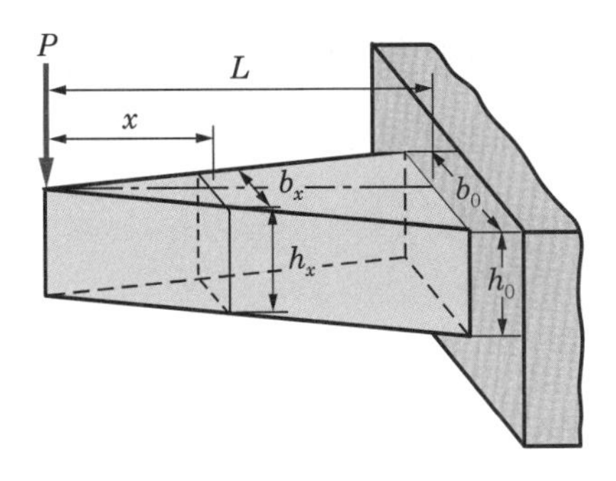

[그림 10-3] 높이가 일정한 균일강도의 외팔보

높이가 일정한 균일강도의 외팔보

임의의 x 단면에서의 폭 b_x

만약 식 (g)와 식 (10.5)를 서로 비교할 경우 임의의 x 단면에서의 폭 b_x는 다음과 같다.

$$b_x = b_0 \frac{x}{L} \tag{10.6}$$

자유단에서 최대처짐

그러므로 임의의 점에서 구형단면의 폭 b_x는 x에 대하여 1차 직선으로 변화하고 그 모습은 [그림 10-3]에 나타낸 바와 같다. 또 이러한 사각형단면을 갖는 보의 처짐량을 구하면 다음과 같다. 즉 자유단에서 최대처짐 $\delta_{\max}$은 식 (8.66)에 의해

$$\delta_{\max} = \int \frac{Mx}{EI} dx = \int_0^L \frac{(Px)x}{E\frac{b_x {h_0}^3}{12}} dx = \int_0^L \frac{Px^2}{E\frac{b_0 {h_0}^3}{12}\left(\frac{x}{L}\right)} dx$$

$$= \frac{PL}{EI_0}\int_0^L x dx = \frac{PL^3}{2EI_0} \tag{10.7}$$

여기서, $I_0 = \frac{b_0 h_0^3}{12}$

을 얻을 수 있다. 따라서 식 (10.7)은 $\delta_{\max} = PL^3/3EI$에 비하여 1.5배 큰 값이 됨을 알 수 있다.

3) 원형단면을 갖는 외팔보의 경우

[그림 10-4]와 같은 균일강도의 외팔보가 원형단면을 갖는 경우 자유단에 집중하중 P가 작용할 때 임의의 단면 x에서의 굽힘 모멘트 M은

$$M = Px \tag{h}$$

이다. 따라서 $M = \sigma_b z$를 적용할 때 식 (h)는 $Px = \sigma_b Z$가 된다. 여기서 임의의 x 단면에서 $z = \pi {d_x}^3/32$이므로 결국 식 (h)는

$$Px = \sigma_b \frac{\pi {d_x}^3}{32} \tag{i}$$

로 쓸 수 있다. 식 (i)에서 임의의 단면의 d_x를 찾으면 다음 식이 된다.

$$d_x{}^3 = \frac{32Px}{\pi\sigma_b} \tag{j}$$

만약 $x = L$을 대입한다면 고정단에서 지름 d_0를 구할 수 있다. 즉,

고정단에서 지름

$$d_0 = \sqrt[3]{\frac{32PL}{\pi\sigma_b}} \tag{10.8}$$

이다. 그리고 식 (j)와 식 (10.8)을 비교할 경우 임의의 단면 x의 지름 d_x는

$$d_x = d_0 \sqrt[3]{\frac{x}{L}} \tag{10.9}$$

가 된다. 따라서 균일강도를 갖는 외팔보의 지름은 $\sqrt[3]{x}$의 세제곱근에 비례하고 그 모습은 [그림 10-4]와 같이 포물선이 된다.

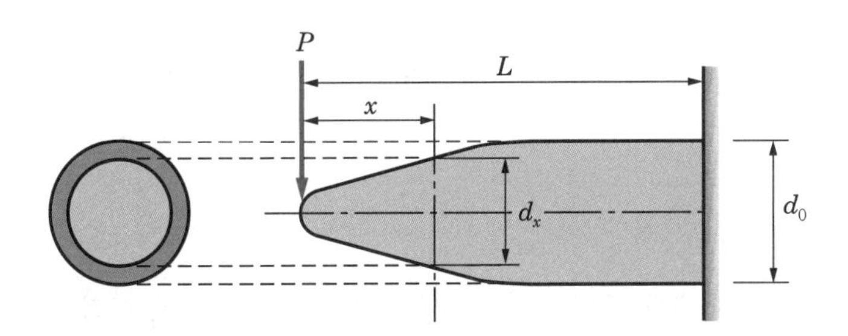

[그림 10-4] 균일강도를 갖는 원형단면의 외팔보

다음은 이러한 원형단면에서의 최대 처짐 δ_{max}를 구해보면, 식 (8.66)에 적용할 경우 다음과 같이 된다.

원형단면에서의 최대 처짐

$$\delta_{max} = \int_0^L \frac{Mx}{EI}dx = \int_0^L \frac{(Px)x}{E\frac{\pi d_x{}^4}{64}}dx = \int_0^L \frac{Px^2}{E\frac{\pi d_0{}^4}{64}\left(\frac{x}{L}\right)^{\frac{4}{3}}}dx$$

$$= \frac{PL^{\frac{4}{3}}}{EI_0}\int_0^L x^{\frac{2}{3}}dx = \frac{3PL^3}{5EI_0} \tag{10.10}$$

여기서, $I_0 = \frac{\pi d_0{}^4}{64}$

역시 식 (10.10)은 $\delta_{max} = PL^3/3EI$의 균일단면보의 처짐식과 비교할 때 1.8 배 큰 값이 됨을 알 수 있다.

(2) 균일 분포하중 w가 작용하는 경우

[그림 10-5]에서와 같이 균일 분포하중을 받는 외팔보에서 임의의 단면 x의 굽힘 모멘트 M은 다음과 같다.

$$M = \frac{wx^2}{2} \tag{a}$$

$M = \sigma_b z$를 적용하고 사각형단면의 $z = bh^2/6$을 대입할 때 식 (a)는 다음과 같다.

$$\frac{wx^2}{2} = \sigma_b z = \sigma_b \frac{bh^2}{6} \tag{b}$$

b와 h는 임의의 단면 x에서의 폭과 높이가 되므로, 식 (b)를 고쳐 쓰면

$$b_x {h_x}^2 = \frac{3wx^2}{\sigma_b} \tag{10.11}$$

이 된다. 식 (10.11)에서 σ_b와 w가 일정하다면 단면위치 x에 따라서 b_x와 h_x를 구할 수 있다.

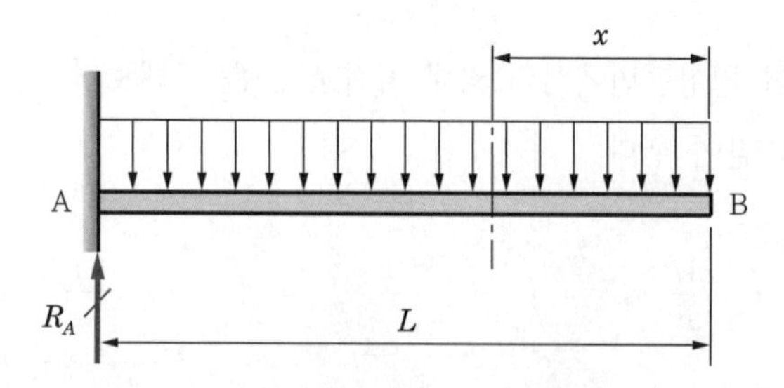

[그림 10-5] 균일 분포하중을 받는 균일강도의 외팔보

1) 폭 b가 일정한 사각형단면일 때

[그림 10-6]과 같이 폭 b가 일정한 외팔보에서 균일 분포하중 w[N/m]가 보의 전 길이에 걸쳐 작용될 때 임의의 단면 x에서의 높이 h_x는 식 (10.11)에 의해 [$b_x = b_0 = c$(일정)] 다음과 같이 쓸 수 있다.

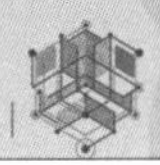

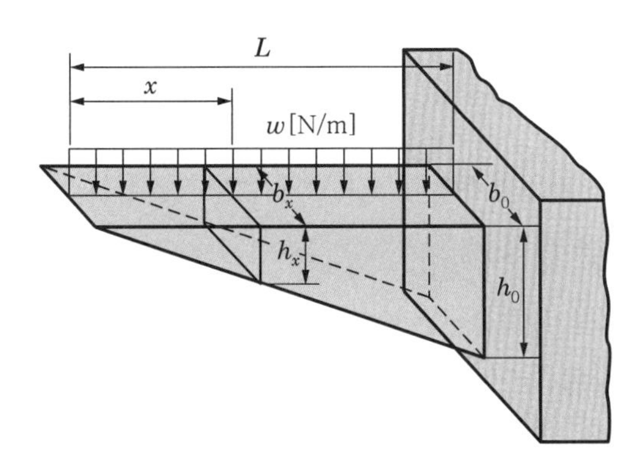

[그림 10-6] 폭이 일정한 균일강도의 외팔보

폭이 일정한 균일강도의 외팔보

$$h_x = x\sqrt{\frac{3w}{\sigma_b b_0}} \qquad \text{(c)}$$

고정단의 높이

따라서 $x = L$인 고정단의 높이 h_0를 구해보면 식 (c)로부터 다음과 같은 식이 된다.

$$h_0 = L\sqrt{\frac{3w}{\sigma_b b_0}} \qquad (10.12)$$

또 식 (c)와 식 (10.12)로부터 다음의 관계식을 얻을 수 있다($\sigma_b = c$, $b_0 = c$이므로).

$$h_x = h_0 \frac{x}{L} \qquad \text{(d)}$$

그러므로 보의 높이는 x에 직선적으로 비례하여 증가함을 알 수 있고[식 (d)], 그 형상은 [그림 10-6]과 같은 모습이 된다.

자유단의 최대처짐

이러한 보의 처짐에 대하여 알아보면 다음과 같다. 자유단의 최대처짐 $\delta_{\max}$은 식 (8.66)에 의해 다음과 같이 쓸 수 있다.

$$\delta_{\max} = \int_0^L \frac{Mx}{EI}dx = \int_0^L \frac{\left(\frac{w}{2}x^2\right)x}{E\frac{b_0 {h_x}^3}{12}}dx = \int_0^L \frac{wx^3/2}{E\frac{b_0 {h_0}^3}{12}\left(\frac{x}{L}\right)^3}dx$$

$$= \frac{wL^4}{2EI_0}\int_0^L dx = \frac{wL^4}{2EI_0} \qquad (10.13)$$

여기서, $I_0 = \dfrac{b_0 {h_0}^3}{12}$

역시 식 (10.13)은 균일단면보의 자유단에서의 처짐식 $\delta_{\max} = wL^4/8EI_0$과 비교할 때 4배 큰 값을 갖게 됨을 알 수 있다([그림 6-11] 참고).

2) 높이 h가 일정한 사각형단면일 때

[그림 10-7]과 같이 높이 h가 일정한 외팔보에 균일 분포하중 w[N/m]가 작용할 때 임의의 단면 x에서의 폭 b_x는 식 (10.11)에 의해($h_x = h_0 = c$(일정)),

$$b_x = \frac{3wx^2}{\sigma_b {h_0}^2} \tag{e}$$

고정단의 폭

이 된다. 따라서 $x = L$인 고정단의 폭 b_0는 식 (e)로부터 다음 식과 같다.

$$b_0 = \frac{3wL^2}{\sigma_b {h_0}^2} \tag{10.14}$$

또 식 (e)와 식 (10.14)를 비교할 경우 $\sigma_b = c$, $h_0 = c$이므로 다음 식으로 쓸 수 있다.

$$b_x = b_0\left(\frac{x}{L}\right)^2 \tag{f}$$

그러므로 단면의 높이가 일정한 보에서 폭은 x^2에 비례하여 증가한다. 따라서 그 형상은 [그림 10-7]과 같다.

높이가 일정한 균일강도의 외팔보

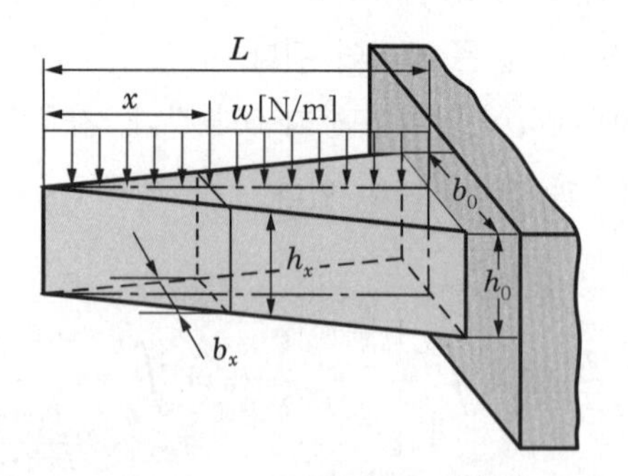

[그림 10-7] 높이가 일정한 균일강도의 외팔보

다음은 이러한 보의 처짐량에 대하여 알아보자. 앞서의 방법과 같이 식 (8.66) 적용하면 자유단에서의 최대 처짐 δ_{max}은 다음과 같이 된다.

최대 처짐

$$\delta_{max} = \int_0^L \frac{Mx}{EI} dx = \int_0^L \frac{\left(\frac{w}{2}x^2\right)x}{E\frac{b_x h_0^{\ 2}}{12}} dx$$

$$= \int_0^L \frac{\frac{w}{2}x^3}{E\frac{b_0 h_0^{\ 3}}{12}\left(\frac{x}{L}\right)^2} dx = \frac{wL^2}{2EI_0}\int_0^L x\,dx = \frac{wL^4}{4EI_0} \qquad (10.15)$$

여기서, $I_0 = \frac{b_0 h_0^{\ 3}}{12}$

결국 식 (10.5)에서 균일단면보의 자유단의 처짐 $\delta_{max} = wL^4/8EI_0$과 비교할 경우 2배 값이 됨을 알 수 있다([그림 6-11]).

3) 원형단면에 균일 분포하중이 작용하는 경우

[그림 10-8]과 같이 보의 전 길이에 걸쳐 균일 분포하중 w가 작용할 때 임의의 x점에서의 굽힘 모멘트 식은 식 (a)에서 $M = \frac{w}{2}x^2$이 되고, 앞서의 $M = \sigma_b z$와 $z = \frac{\pi d_x^{\ 3}}{32}$을 적용할 경우

$$\frac{w}{2}x^2 = \sigma_b z = \sigma_b \frac{\pi d_x^{\ 3}}{32}$$

이 된다. 따라서 임의의 단면에서 지름 d_x는

$$d_x^{\ 3} = \frac{16wx^2}{\pi\sigma_b} \qquad (g)$$

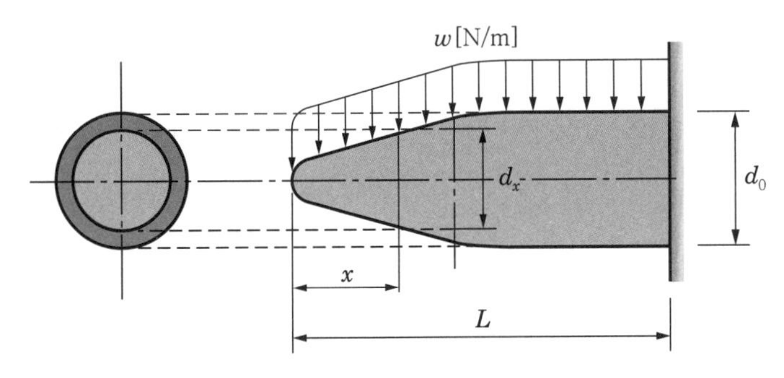

[그림 10-8] 원형단면에 균일 분포하중이 작용하는 외팔보

고정단의 지름

이다. 식 (g)에 $x = L$을 대입할 때 고정단의 지름 d_0가 되고, 그 크기는

$$d_0^{\ 3} = \frac{16wL^2}{\pi\sigma_b} \tag{10.16}$$

을 얻을 수 있다. 그러므로 식 (g)와 식 (10.16)을 비교할 경우($\sigma_b = c$, $w = c$)

$$d_x = d_0\sqrt[3]{\frac{x^2}{L^2}} \tag{h}$$

이 된다.

결국 식 (h)로부터 지름 d의 크기는 $\sqrt[3]{x^2}$에 비례하고 그 형태는 [그림 10-8]과 같은 포물선이 된다.

자유단의 최대 처짐량

또한 이러한 보에 있어서 자유단의 최대 처짐량 δ_{max}는 앞서의 방법과 같이 식 (8.66)에 적용할 경우 다음과 같이 된다.

$$\begin{aligned}\delta_{max} &= \int_0^L \frac{Mx}{EI}dx = \int_0^L \frac{\left(\frac{w}{2}x^2\right)x}{E\frac{\pi d_x^{\ 4}}{64}}dx \\ &= \int_0^L \frac{\frac{w}{2}x^3}{E\frac{\pi d_0^{\ 4}}{64}\left(\frac{x^2}{L^2}\right)^{\frac{4}{3}}}dx = \frac{\frac{w}{2}L^{\frac{8}{3}}}{EI_0}\int_0^L x^{\frac{1}{3}}dx \\ &= \frac{wL^{\frac{8}{3}}}{2EI_0}\left[\frac{3x^{\frac{4}{3}}}{4}\right]_0^L = \frac{3wL^4}{8EI_0}\end{aligned} \tag{10.17}$$

여기서, $I_0 = \frac{\pi d_0^{\ 4}}{64}$

따라서 식 (10.17)의 처짐량은 균일단면을 갖는 외팔보의 처짐량 $\delta_{max} = \frac{wL^4}{8EI_0}$의 3배 크기가 됨을 알 수 있다.

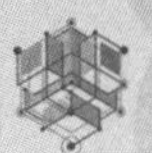

예제 10.1

원형단면을 갖는 균일강도의 외팔보에서 $L=80$cm, $\sigma_a=6{,}000$N/cm^{2}이다. 자유단에 집중하중 $P=800$N을 가할 경우 자유단에서 20cm 되는 곳의 직경과 고정단의 직경을 구하라.

풀이 $M_b=\sigma z=\sigma_a\dfrac{\pi d^3}{32}\rightarrow d=\sqrt[3]{\dfrac{32M_b}{\pi\sigma_a}}$ 가 된다. 따라서 임의의 단면에 발생하는 굽힘 모멘트 $M_b=Px$이므로 $x=20\text{cm}$와 고정단 $x=80\text{cm}$에서의 직경은 다음과 같다.

$$d)_{x=20}=\sqrt[3]{\frac{32\times 800\times 20}{\pi\times 6{,}000}}\fallingdotseq 3.0\text{cm}$$

$$d)_{x=80}=\sqrt[3]{\frac{32\times 800\times 80}{\pi\times 6{,}000}}\fallingdotseq 4.76\text{cm}$$

예제 10.2

사각형단면을 갖는 균일강도의 외팔보에서 단면의 높이가 15cm일 때 자유단에 집중하중 20,000N을 가할 경우 단면의 폭 b를 하중점으로부터의 거리 x의 함수로 표시하고, 자유단에서 50cm인 곳, 100cm인 곳, 고정단에서 각각의 폭을 결정하라. 단, $\sigma_a=1{,}000$N/cm^2, $L=200$cm로 한다.

풀이 외팔보의 경우 자유단에 집중하중이 작용할 때 임의의 점에서 굽힘 모멘트는 $M_b=Rx$가 된다.

$$M_b=\sigma_b Z\rightarrow Px=\sigma_a\frac{b_x{h_0}^2}{6}$$

$$\rightarrow b_x=\frac{6Px}{\sigma_a{h_0}^2}=\frac{6\times 20{,}000\times x}{1{,}000\times 15^2}=0.5x$$

$\therefore$ $x=50\text{cm}$인 곳의 폭 $b)_{x=50}=0.5\times 50=25\text{cm}$

$x=100\text{cm}$인 곳의 폭 $b)_{x=100}=0.5\times 100=50\text{cm}$

$x=200\text{cm}$인 곳의 폭 $b)_{x=200}=0.5\times 200=100\text{cm}$ (고정단)

예제 10.3

폭 75mm, 두께 10mm의 사각단면형 스프링강에 최대 하중 2,000N을 가할 때 최대 처짐량이 65mm였다면 스프링의 길이와 판의 장수를 구하라. 단, 외팔보형 겹판스프링으로 허용응력 $\sigma_a=500\text{N/mm}^2$이고 $E=21\times10^4\text{N/mm}^2$이다.

풀이 $\delta=\dfrac{\sigma_b L^2}{nE} \rightarrow L=\sqrt{\dfrac{h\delta E}{\sigma_a}}=\sqrt{\dfrac{10\times65\times21\times10^4}{500}}=522.49\text{mm}$

$$\sigma_b=\frac{6PL}{nbh^2} \rightarrow n=\frac{6PL}{bh^2\sigma_a}=\frac{6\times2{,}000\times522.49}{75\times10^2\times500}=1.672 \fallingdotseq 2\text{장}$$

예제 10.4

한 끝이 고정된 겹판스프링이 있다. 7장의 합성된 스프링으로써 고정단의 폭 $b=10\text{cm}$이고, 두께가 4cm일 때 하중 $P=800\text{N}$을 가하는 경우의 최대 응력과 최대 처짐을 구하라. 단, $L=5\text{m}$, $E=20\times10^6\text{N/cm}^2$이다.

풀이 겹판스프링이므로 사각단면형에서 다음과 같다.

$$\sigma_a=\frac{6PL}{nbh^2}=\frac{6\times800\times500}{7\times10\times4^2}=2{,}142.86\text{N/cm}^2=\sigma_{\max}$$

$$\delta=\frac{6PL^3}{nbh^3E}=\frac{6\times800\times500^3}{7\times10\times4^3\times20\times10^6}\fallingdotseq 6.70\text{cm}=\delta_{\max}$$

3 균일강도의 단순보

(1) 집중하중이 작용하는 단순보의 경우

[그림 10-9]에서 보듯이 C점에 집중하중 P가 작용할 때 임의의 x구간에 대한 굽힘 모멘트 M은([그림 6-7] 참조)

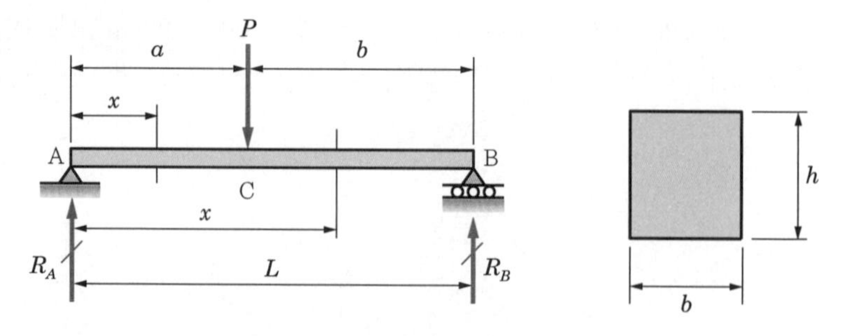

[그림 10-9] 집중하중이 작용하는 단순보

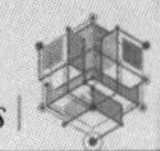

$$0 < x < a \text{ 구간 [AC 구간]} : M = \frac{Pb}{L}x \qquad \text{(a)}$$

$$a < x < L \text{ 구간 [BC 구간]} : M = \frac{Pb}{L}x - P(x-a) \qquad \text{(b)}$$

이다. 식 (7.9)의 $M = \sigma_b z$를 위 식 (a), (b)에 적용하면 다음과 같이 된다. 즉 사각형단면의 경우 $z = bh^2/6$이므로,

$$\left.\begin{aligned}
&\text{식 (a)는} \quad \frac{bh^2}{6}\sigma_b = \frac{Pb}{L}x \\
&\text{식 (b)는} \quad \frac{bh^2}{6}\sigma_b = \frac{Pb}{L}x - P(x-a) \\
&\qquad\qquad\qquad = \left(\frac{b}{L} - 1\right)Px + Pa \\
&\qquad\qquad\qquad = -\frac{a}{L}Px + Pa = Pa\left(\frac{L-x}{L}\right)
\end{aligned}\right\} \qquad (10.18)$$

가 된다. 따라서 식 (10.18)로부터 임의의 단면 x에서의 치수를 결정하면

$$\left.\begin{aligned}
&b_x {b_x}^2 = \frac{6PL}{\sigma_b L}x \text{ [AC 구간]} \\
&b_x {h_x}^2 = \frac{6Pa}{\sigma_b L}(L-x) \text{ [BC 구간]}
\end{aligned}\right. \qquad (10.19)$$

이다. 만약 하중이 작용하는 단면의 치수(C점)를 b_0, h_0라 할 때 식 (10.19)로부터

$$b_0 {h_0}^2 = \frac{6Pab}{\sigma_b L} \qquad \text{(c)}$$

가 된다. 결국 식 (10.19)를 사용하여 임의의 구간 x에서 구형단면의 폭과 넓이를 구할 수 있다.

1) 폭 b가 일정한 사각형단면일 때

[그림 10-10]과 같이 집중하중이 작용하는 단순보에서 폭 b가 일정할 경우 식 (10.19)와 식 (c)로부터 다음의 결과를 얻을 수 있다($b_x = b_0 = c$(일정)).

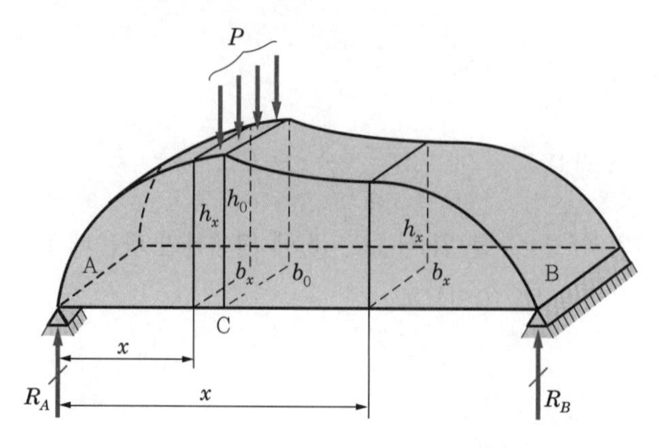

[그림 10-10] 폭이 일정한 균일강도의 단순보

$$\left.\begin{aligned} &0 < x < a \text{ 구간 [AC 구간]} : {h_x}^2 = \frac{{h_0}^2}{a}x \\ &\quad \therefore\ h_x = h_0\sqrt{\frac{x}{a}} \\ &a < x < L \text{ 구간 [BC 구간]} : {h_x}^2 = \frac{{h_0}^2}{b}(L-x) \\ &\quad \therefore\ h_x = h_0\sqrt{\frac{(L-x)}{b}} \end{aligned}\right\} \tag{10.20}$$

따라서 식 (10.20)으로부터 사각형단면의 형태는 [그림 10-10]과 같이 하중이 작용하는 C점을 기준으로 높이가 다른 모습이 됨을 알 수 있다. 따라서 하중점 C점에서의 높이 h_0는 식 (10.19)에서

하중점 C점에서의 높이

$$h_0 = \frac{\sqrt{6Pab}}{\sigma_b L b_0} \tag{d}$$

이다. 여기서 a와 b는 양 지점으로부터 C점까지의 보의 길이이고, b_0는 하중점의 단면의 폭이다.

2) 높이 h가 일정한 사각형단면일 때

[그림 10-11]과 같이 집중하중이 작용하는 사각형단면을 갖는 단순보에서 높이 h가 일정할 경우, 식 (10.19)와 식 (c)로부터 다음과 같은 식을 얻게 된다[$h_x = h_0 = c$ (일정)].

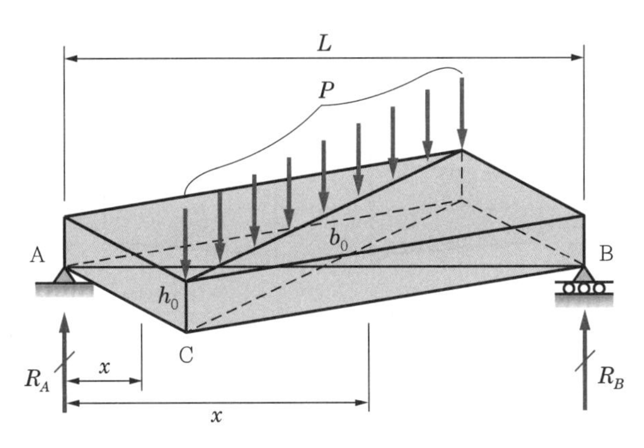

[그림 10-11] 높이가 일정한 균일강도의 단순보

$$\left.\begin{aligned} &0 < x < a \text{ 구간 [AC 구간]}: \\ &\quad b_x = b_0 \frac{x}{a} \\ &a < x < L \text{ 구간 [BC 구간]}: \\ &\quad b_x = \frac{b_0}{b}(L-x) \end{aligned}\right\} \tag{10.21}$$

그러므로 식 (10.21)로부터 단면형태는 [그림 10-11]과 같이 하중이 작용하는 C점을 기준으로 x에 대하여 폭이 1차 직선으로 됨을 알 수 있다. 따라서 하중이 작용하는 C점에서의 폭 b_0는 식 (10.19)로부터

하중이 작용하는 C점에서의 폭

$$b_0 = \frac{6Pab}{\sigma_b L {h_0}^2} \tag{e}$$

가 된다. 역시 여기서 a와 b는 양 지점으로부터 C점까지의 보의 길이이고, h_0는 하중점의 단면 높이이다.

3) 원형단면을 갖는 단순보의 경우

[그림 10-12]와 같이 보의 단면이 원형인 균일강도의 단순보가 집중하중 P를 받을 때 임의의 x점의 굽힘 모멘트 M은 앞서의 식 (a), (b)와 같고, 식 (10.18)에서 단면계수 z를 원형단면의 값으로 바꾸어 쓰면 된다. 즉 $z = \pi d^3/32$을 적용시킬 경우

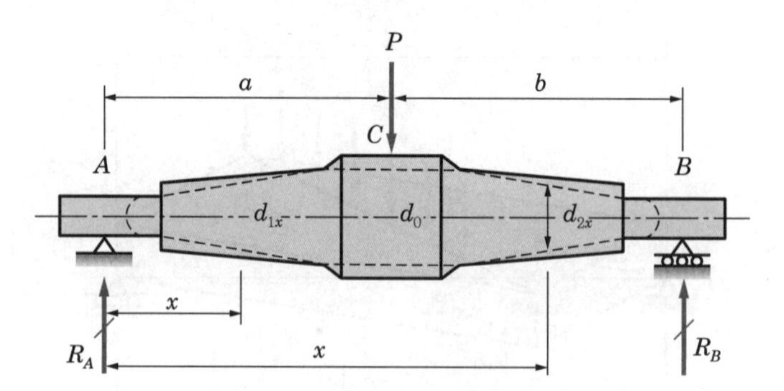

[그림 10-12] 원형단면을 갖는 균일강도의 단순보

구간 $0 < x < a$에서 [AC 구간] :

$$M = \frac{Pb}{L}x = \frac{\pi {d_{1x}}^3}{32}\sigma_b$$

구간 $a < x < L$에서 [BC 구간] :

$$M = \frac{Pb}{L}x - P(x-a) = Pa\left(\frac{L-x}{L}\right) = \frac{\pi {d_{2x}}^3}{32}\sigma_b \qquad (10.22)$$

이다. 따라서 원형단면을 갖는 균일강도의 단순보에서 임의의 x점의 지름은 식 (10.22)로부터

$0 < x < a$ 구간 :

$$d_{1x} = \sqrt{\frac{32Pb}{\pi L \sigma_b}x}$$

$a < x < L$ 구간 :

$$d_{2x} = \sqrt{\frac{32Pa}{\pi L \sigma_b}(L-x)} \qquad (10.23)$$

하중이 작용하는 지점의 지름

가 구해진다. 만약 하중이 작용하는 지점의 지름을 d_0라고 하는 경우, 식 (10.23)을 사용하여 $x = a$를 대입시키면 그 크기가 다음 식과 같다.

$$d_0 = \sqrt{\frac{32Pab}{\pi L \sigma_b}} \qquad \text{(f)}$$

또 식 (10.23)과 식 (f)를 비교하여 임의의 x점에서 단면의 지름 d_{1x}와 d_{2x}를 찾아보면 그 비례식은 다음과 같이 나타낼 수 있다.

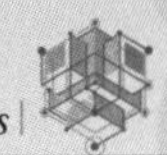

$$
\left.
\begin{array}{l}
0 < x < a \text{ 구간 [AC 구간] :} \\
\quad d_{1x} = d_0 \sqrt[3]{\dfrac{x}{a}} \\
a < x < L \text{ 구간 [BC 구간] :} \\
\quad d_{2x} = d_0 \sqrt[3]{\dfrac{L-x}{b}}
\end{array}
\right\} \qquad (10.24)
$$

결국 균일강도를 갖는 원형단면보의 형태는 식 (10.24)에 의해 [그림 10-12]와 같이 점선으로 표시된 양쪽이 3차 곡선으로 되고, 실제로 사용된 실형(實形)은 실선으로 그려진 원추와 원주의 합성된 모양과 같다.

(2) 균일 분포하중 w가 작용하는 단순보의 경우

[그림 10-13]과 같이 단순보에 균일 분포하중 w[N/m]가 보의 전 길이에 걸쳐 작용할 때, 임의의 단면 x에서의 굽힘 모멘트 M은

$$M = \frac{wL}{2}x - \frac{w}{2}x^2 = \frac{w}{2}(Lx - x^2) \qquad \text{(a)}$$

이 된다. 이 보가 균일강도를 갖는다면 앞서의 식 $M = \sigma_b z$를 적용할 경우 사각형단면일 때 식 (a)는 다음과 같이 놓을 수 있다.

$$M = \frac{w}{2}(Lx - x^2) = \sigma_b z = \sigma_b \frac{bh^2}{6} \qquad \text{(b)}$$

따라서 임의의 구간 x 단면에서의 폭과 높이를 구할 수 있고, 결국 식 (b)는

$$b_x {h_x}^2 = \frac{3w}{\sigma_b}(Lx - x^2) \qquad (10.25)$$

이다. 그러므로 식 (10.25)를 사용하면 임의의 x구간에서 사각형단면의 높이와 폭을 구할 수 있다.

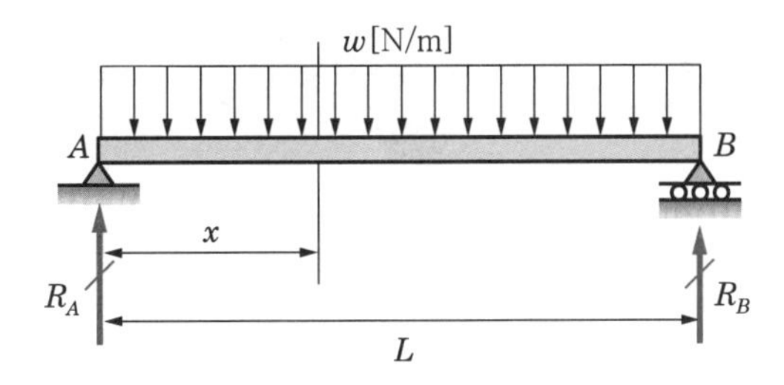

[그림 10-13] 균일 분포하중을 받는 단순보

1) 폭 b가 일정한 단순보의 경우

[그림 10-14]와 등분포하중 w가 보의 전길이에 작용하는 단순보에서 사각형단면의 폭이 일정할 때, 임의의 x에서 높이 h_x는 식 (10.25)로부터 다음 식과 같다[$b_x = b_0 = c$(일정)].

$$h_x^{\,2} = \frac{3w}{\sigma_b b_0}(Lx - x^2) \tag{10.26}$$

여기서, b_0 : 사각형단면의 폭

중앙점에서 높이

$x = L/2$인 중앙점에서 높이 h_0를 찾는다면 식 (10.26)에서 그 크기는

$$h_0^{\,2} = \frac{3wL^2}{4\sigma_b b_0} \tag{c}$$

이 된다. 따라서 식 (10.26)과 식 (c)를 비교할 때 다음의 비율이 된다.

$$h_x = \frac{2h_0}{L}\sqrt{Lx - x^2} \tag{d}$$

그러므로 식 (d)로부터 폭이 일정한 사각형단면의 높이는 x^2에 제곱근을 한 값이 되고, 그 형태는 [그림 10-14]와 같은 타원이 된다.

2) 높이 h가 일정한 단순보의 경우

[그림 10-15]와 같이 등분포하중 w[N/m]가 작용하는 단순보에서 균일강도를 갖는 사각형단면의 높이가 일정하다면 임의의 x에서 폭 b_x는 식 (10.25)로부터 다음 식과 같이 된다[$h_x = h_0 = c$(일정)].

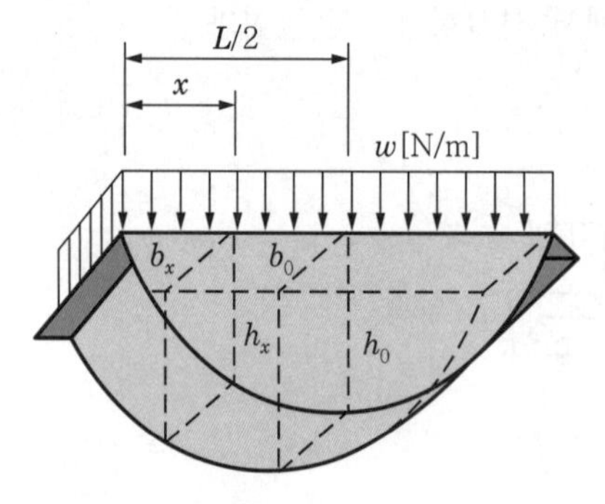

[그림 10-14] 균일 분포하중이 작용하는 균일강도의 단순보

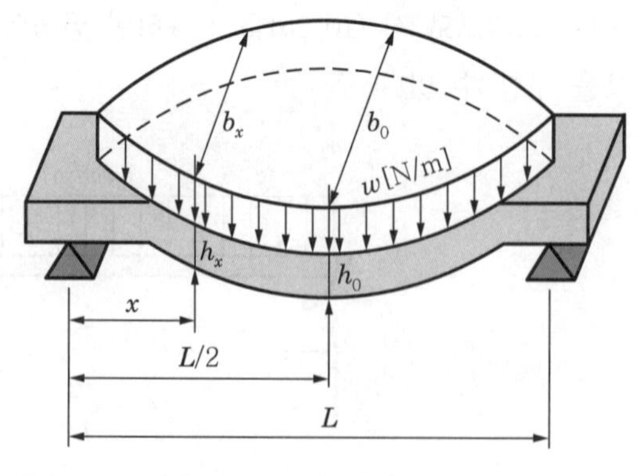

[그림 10-15] 높이가 일정한 균일강도의 단순보

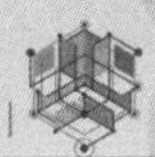

$$b_x = \frac{3w}{\sigma_b {h_0}^2}(Lx - x^2) \qquad (10.27)$$

만약 중앙점의 폭 b_0를 구할 경우, 식 (10.27)에 $x = L/2$을 대입하면 그 크기는 다음과 같다.

중앙점의 폭

$$b_0 = \frac{3wL^2}{4\sigma_b {h_0}^2} \qquad (e)$$

따라서 식 (10.27)과 식 (e)를 비교할 때 다음의 비례식을 얻을 수 있다.

$$b_x = \frac{4b_0}{L^2}(Lx - x^2) \qquad (f)$$

그러므로 식 (f)로부터 사각형단면의 높이가 일정한 단순보의 형태는 [그림 10-14]와 같이 단면의 폭이 x^2에 비례함을 알 수 있다.

(3) 균일강도를 갖는 단순보의 처짐

균일강도의 단순보에 있어서 각 단면의 굽힘응력은 일정하므로 단면이 사각형단면 $(b \times h)$를 갖는 경우 곡률 $1/\rho$은

$$\frac{1}{\rho} = \frac{M}{EI}$$

이므로, 이 식에 $M = \sigma_b z$, $z = \frac{I}{e} = \frac{I}{h/2}$를 적용시킬 경우

$$\frac{1}{\rho} = \frac{\sigma_b z}{EI} = \frac{2\sigma_b}{Eh} = c(\text{일정}) \qquad (a)$$

가 된다.

σ_b, E, h가 일정하므로 곡률반경 ρ가 일정한 값을 갖는 처짐곡선의 원둘레이다. 따라서 처짐은 간단히 구할 수 있다. 즉 [그림 10-16]과 같이 AB 양단이 지지된 길이 L인 단순보에서 처짐곡선 ABC는 중심 O′으로 하는 반경 ρ인 탄성곡선이다. D점을 보의 중앙이라 할 때 이곳에서 처짐은 최대이고 CD의 크기가 처짐량이다. 그 크기를 δ라고 할 때

$$\rho^2 = \left(\frac{L}{2}\right)^2 + (\rho - \delta)^2 = \frac{L^2}{4} + \rho^2 - 2\rho\delta + \delta^2$$

이다. 이 식의 양변을 살펴보면 ρ^2은 같고 δ^2은 무시할 수 있는 값이므로 결국

$$\frac{L^2}{4} = 2\rho\delta \quad \rightarrow \quad \delta = \frac{L^2}{8\rho} \tag{b}$$

이 된다. 따라서 식 (b)에 식 (a)를 대입하여 정리하면 다음 식을 얻게 된다.

$$\left.\begin{aligned} \delta &= \frac{ML^2}{8EI} \\ \text{또한} \quad \delta &= \frac{\sigma_b L^2}{8Ee} \end{aligned}\right\} \tag{10.28}$$

여기서, $\rho = EI/M$

$M = \sigma_b (I/e)$

e : 단면의 중심축으로부터 외피까지의 거리

최대 처짐

만약 식 (10.28)에 중앙점의 최대 모멘트 $M = P(L/4)$과 사각형단면의 단면 2차 모멘트(관성 모멘트)를 적용할 경우 최대 처짐 δ_{max}는

$$\delta_{max} = \frac{PL^3}{32EI} = \frac{3PL^3}{8Ebh^3} \tag{10.29}$$

이다. 이 식 (10.29)는 균일강도의 단순보에서 최대 처짐식이 되고, 균일단면에서의 처짐식 $\delta_{max} = PL^3/48EI$과 비교할 때 1.5배 큰 값임을 알 수 있다.

이번에는 위와 같은 방법으로 균일강도의 외팔보의 처짐량을 구해보면 다음과 같다. 이 크기는 앞서 구했던 적분방법(에너지식)에서 구한 값과 같다(식 (10.7)). 즉 [그림 10-16]의 균일강도의 단순보에서 C점을 외팔보의 고정단으로 하고 A와 B단을 자유단으로 할 때, $\frac{L}{2}$ 대신에 L을 대입하면

$$\rho^2 = L^2 + (\rho - \delta)^2 = L^2 + \rho^2 - 2\rho\delta + \delta^2$$

이 된다. 여기서 ρ^2은 소거되고 δ^2은 무시되므로

$$L^2 = 2\rho\delta \quad \rightarrow \quad \delta = \frac{L^2}{2\rho}$$

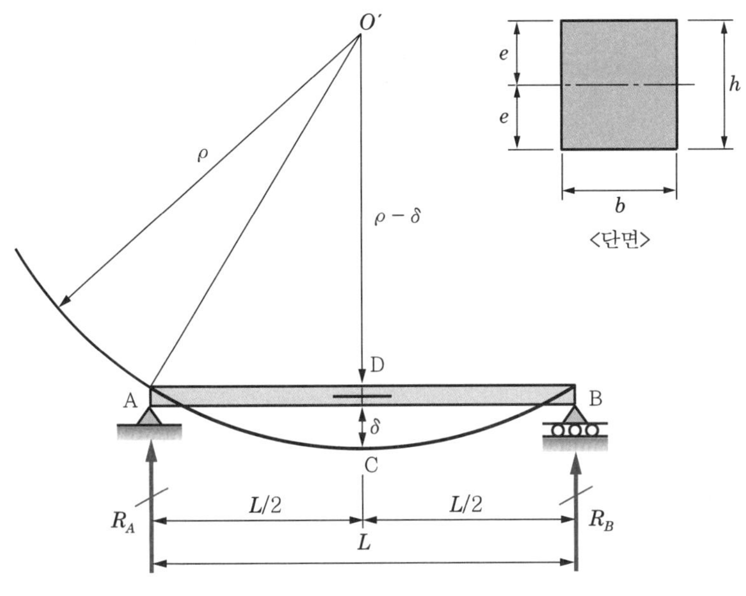

[그림 10-16] 균일강도를 갖는 단순보의 처짐

을 얻는다. 이 식에 식 (a)를 대입하면

$$\delta = \frac{ML^2}{2EI} \tag{c}$$

이다. $M = PL$을 적용할 경우 균일강도의 외팔보의 최대 처짐 $\delta_{\max}$은

최대 처짐

$$\delta_{\max} = \frac{PL^3}{2EI} \tag{d}$$

이 된다. 따라서 식 (d)는 균일단면보에서 처짐식 $\delta_{\max} = \dfrac{PL^3}{3EI}$과 비교할 때[식 (8.13)] 1.5배 큰 값이 됨을 알 수 있다.

이상에서 일반적으로 균일강도를 갖는 보의 처짐은 균일단면을 갖는 보의 처짐보다 몇 배가 크다. 이렇게 균일강도의 보가 일정하중에 대해서 처짐이 크고 체적이 작은 것은 단위체적당 탄성에너지가 크고 탄성에너지가 큰 보 형태인 겹판 스프링이 우수한 성질을 갖는 것으로 이해할 수 있다.

10.2 균일강도보의 실례

1 겹판 스프링(leaf spring)

3각판 스프링

(1) 3각판 스프링

앞 절에서 균일강도보의 단면형상과 처짐에 대하여 알아보았다. 이번에는 이러한 보의 처짐과 균일강도의 보를 응용한 판(板) 스프링에 대하여 알아보자.

사각형단면을 갖는 보가 탄성한도가 높은 재료라면 스프링으로서 유효하고, [그림 10-17]과 같이 여러 장 겹쳐 쓰면 균일강도의 보를 만들 수 있다. 모양에 있어서는 [그림 10-17(a)]와 같이 만들 경우, 고정단에서 폭이 넓어져 사용하는데 불편하므로 실제는 [그림 10-17(b)]와 같이 만들어 쓰는 것이 고정단의 폭이 좁아 편리하다.

만약 고정단의 3각판 두께 h를 일정하게 하고 폭이 자유단으로부터 증가하여 고정단에서 b_0가 된다면 $b_0 = nb$이다([그림 10-17(a)]). 따라서 [그림 10-17]의 (a)는 (b)로 대치된 균일강도의 보가 된다. [그림 10-17(a)]에서 판의 자유단에 집중하중 P가 작용할 경우 임의의 x 단면의 굽힘응력 σ_b는 균일강도의 스프링이므로 다음 식으로 쓸 수 있다.

$$\sigma_b = \frac{M}{Z} = \frac{6PL}{b_0 h^2} = c(\text{일정}) \qquad (10.30)$$

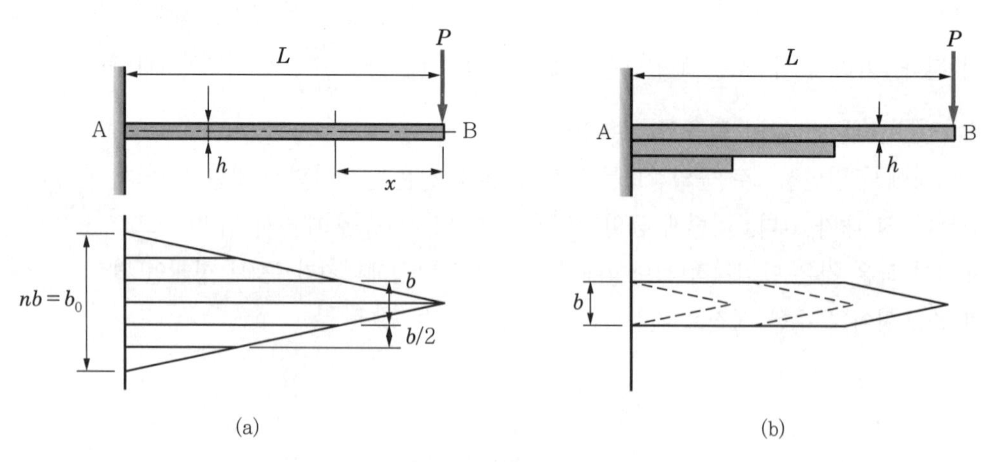

[그림 10-17] 3각판 스프링의 예

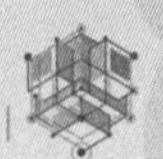

또 처짐의 미분식은 식 (8.7)에 의해 다음과 같다.

$$\frac{d^2y}{dx^2} = -\frac{M}{EI} = \frac{12PL}{Eb_0h^3} \tag{a}$$

여기서, $I = \dfrac{b_0h^3}{12}$

식 (a)의 양변에 dx를 곱하고 두 번 적분한 후 경계조건을 이용하여 적분상수를 찾으면 다음과 같다.

$$\frac{dy}{dx} = \frac{12PL}{Eb_0h^3}x + C_1 \tag{b}$$

$$y = \frac{6PL}{Eb_0h^3}x^2 + C_1x + C_2 \tag{c}$$

경계조건은 $x = L$인 고정단에서 처짐각 $dy/dx = 0$이고, 처짐 $y(L) = 0$이므로 식 (b), (c)에서 적분상수 C_1, C_2는

$$C_1 = -\frac{12PL^2}{Eb_0h^3}, \quad C_2 = \frac{6PL^3}{Eb_0h^3}$$

이 된다. 결국 처짐 y는 적분상수를 식 (c)에 대입하여

$$y = \frac{6PL^2}{Eb_0h^3}(x^2 - 2Lx + L^2) \tag{d}$$

을 얻을 수 있다. 최대 처짐 $\delta_{\max}$는 $x = 0$인 자유단에서 발생하고, 식 (d)로부터

최대 처짐

$$\delta_{\max} = y_{\max} = \frac{6PL^3}{Eb_0h^3} \tag{10.31}$$

이다. 다음은 식 (10.30)과 식 (10.31)을 $b_0 = nb$로 놓아 각 판에 발생하는 응력 σ_1과 처짐량 δ_1을 구하면

각 판에 발생하는 응력

처짐량

$$\sigma_1 = \frac{6PL}{nbh^2} \tag{10.32}$$

$$\delta_1 = \frac{6PL^3}{nEbh^3} \tag{10.33}$$

이 된다. 여기서 n은 겹판 스프링 매수이다.

(2) 양단 지지의 겹판 스프링

[그림 10-18(a)]는 실제로 사용되고 있는 3각 겹침판 스프링을 대칭으로 하여 중앙에서 체결된 모습이다. 이러한 겹판 스프링의 경우, 중앙에서 지지(支持)되고 양단의 끝에 집중하중이 작용하게 된다. 이때 각 판은 각각 굽힘을 발생하게 되고, 그 하중상태는 [그림 10-18(b)]와 같다. 그러므로 CD 사이의 임의의 x단면에서 굽힘 모멘트 M_{CD}는

$$M_{CD} = -\frac{P}{2}x + \frac{P}{2}(x - L_1) = \frac{PL_1}{2} = c(\text{일정}) \tag{e}$$

가 된다. 따라서 CD 구간에서 굽힘 모멘트는 일정한 값을 갖게 되고, 판 전체 L을 균일강도의 3각판 스프링으로 할 경우, 중앙점에서 집중하중이 작용하는 단순보 형태가 되어 최대 굽힘 모멘트 $M_{\max}$은

최대 굽힘 모멘트

$$M_{\max} = \frac{PL}{4} \tag{f}$$

이다. 따라서 한 장의 판이 받는 최대 굽힘 모멘트는

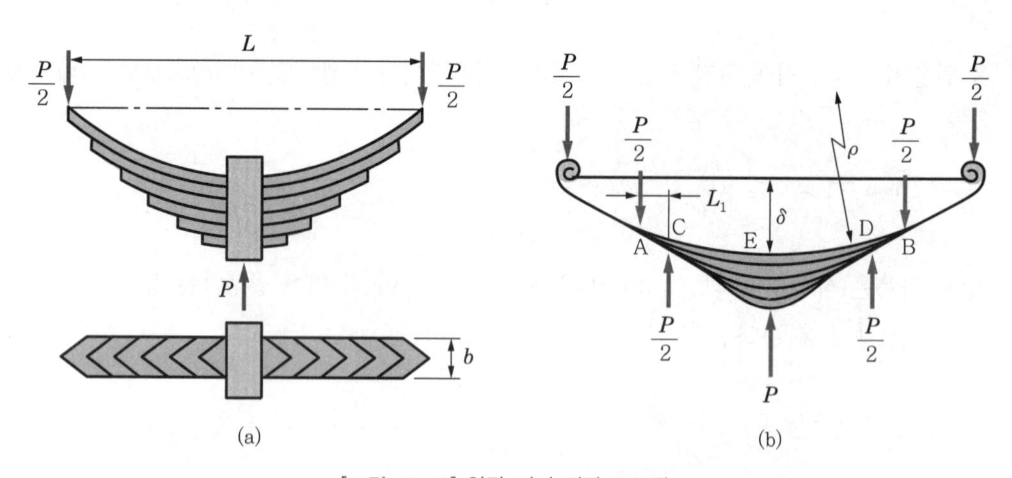

[그림 10-18] 양단 지지 겹판 스프링

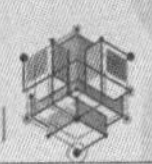

$$M_{max} = \frac{PL}{4n} \tag{g}$$

이 된다. 그러므로 굽힘응력은

굽힘응력

$$\sigma_b = \frac{M}{Z} = \frac{PL/4n}{bh^2/6} = \frac{3PL}{2nbh^2} \tag{10.34}$$

이 된다. 여기서 n은 판의 매수, b는 판의 폭, h는 판의 두께이다. 또 처짐량 δ는 식 (10.28)로부터

처짐량

$$\delta = \frac{ML^2}{8EI} = \frac{PL/4nL^2}{8Ebh^3/12} = \frac{3PL^3}{8nEbh^3} \tag{10.35}$$

이 된다. 여기서 스프링의 처짐곡선의 곡률반경을 ρ라 할 때 $\frac{1}{\rho} = \frac{M}{EI}$으로부터 $\rho = \frac{EI}{M}$가 되므로 ρ는 다음과 같이 쓸 수 있다.

처짐곡선의 곡률반경

$$\rho = \frac{Ebh^3/12}{PL/4n} = \frac{Enbh^3}{3PL} \tag{10.36}$$

예제 10.5

다음 그림과 같은 양단 지지형 겹판 스프링에서 스팬의 길이 2,000mm, 강판의 폭 b = 40mm, 두께 h = 10mm, 강판의 수 n = 7개, 허리조임의 폭 e = 120mm로 할 때 받칠 수 있는 최대 하중 P는 몇 N인가? 단, σ_a = 400N/cm², E = 2.1× 10⁴N/mm² 이다.

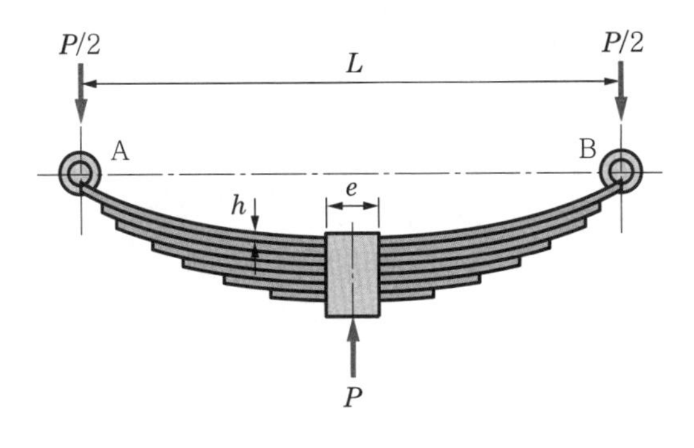

풀이 $\sigma_b = \dfrac{3PL}{2nbh^2} \rightarrow P = \dfrac{2nbh^2\sigma_a}{3L}$가 된다.

여기서 $L_1 = L - (0.5 \sim 0.6)e$ 이므로 L_1을 구하면

$$L_1 = 2{,}000 - 0.6 \times 120 = 1{,}928\text{mm} \ (L_1 : \text{유효길이})$$

$$\therefore \ P = \frac{2 \times 7 \times 40 \times 10^2 \times 400}{3 \times 1{,}928} \fallingdotseq 3{,}873\text{N}$$

예제 10.6

다음 그림과 같은 겹판 스프링에서 $2L$=100cm, 폭 b=12cm, 높이 h=1cm로 할 때 중앙의 집중하중 P=20kN을 가하여 최대 처짐이 δ=2cm 발생하였을 경우 판의 장수 n과 굽힘응력 σ_b를 구하라. 단, E=21×10^{6}N/cm^{2}이다.

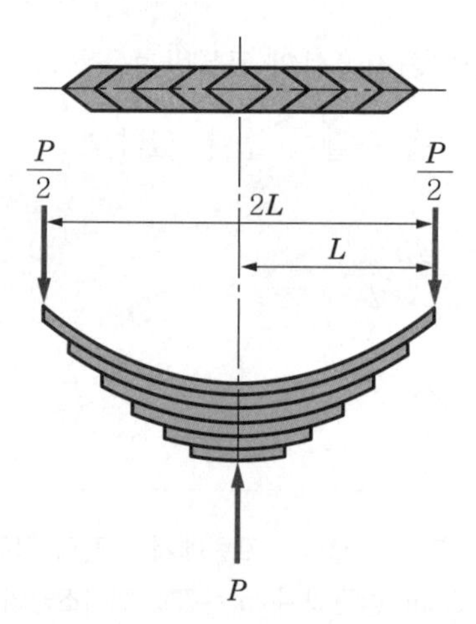

풀이 외팔보의 공식을 이용하여 계산한다.

$$\delta = \frac{6PL^3}{nbh^3E} \rightarrow n = \frac{6PL^3}{bh^3E\delta} = \frac{6 \times 20{,}000 \times 50^3}{12 \times 1^3 \times 21 \times 10^6 \times 2}$$
$$= 29.76 \fallingdotseq 30\text{장}$$

$$\text{응력} \ \sigma_b = \frac{6PL}{nbh^2} = \frac{6 \times 20{,}000 \times 50}{30 \times 12 \times 1^2} \fallingdotseq 16{,}666.7\text{N/cm}^2$$

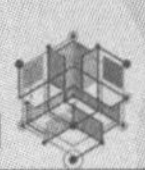

예제 10.7

스팬의 전 길이 $L=1{,}000\text{mm}$, 하중 $P=12{,}000\text{N}$, $n=10$장, $b=100\text{mm}$, $h=8\text{mm}$, 밴드의 폭 $e=50\text{mm}$의 겹판 스프링에서 처짐량과 굽힘응력을 구하여라. 단, $E=20\times10^4\text{N/mm}^2$이다.

풀이 중앙에서 스프링이 움직이지 않게 밴드로 조이는 경우 유효길이 L_1은

$$L_1 ≒ L-0.5e = 1{,}000-(0.5\times 50) = 975\text{mm}$$

$$\therefore\ \delta = \frac{3PL_1^{\ 3}}{8nbh^3E} = \frac{3\times 12{,}000\times 975^3}{8\times 10\times 100\times 8^3\times 20\times 10^4} = 40.73\text{mm}$$

$$\sigma_b = \frac{3PL_1}{2nbh^2} = \frac{3\times 12{,}000\times 975}{2\times 10\times 100\times 8^2} = 274.2\text{N/mm}^2$$

예제 10.8

길이 $L=2\text{m}$, 너비 100mm, 중앙부 밴드의 너비 $e=80\text{mm}$, 판두께 10mm로 된 겹판 스프링이 있다. 겹침 수 $n=6$장으로 하여 중앙에 5,000N의 집중하중을 가할 때 마찰을 고려한 처짐 δ_1과 허용 굽힘응력 σ_a를 구하라. 단, 판과 판의 마찰계수 $\mu=0.3$, $E=20\times10^4\text{N/mm}^2$이다.

풀이 밴드가 채워져 있는 경우 유효길이 $L_1 = L-(0.5\sim 0.6)e$

$$\therefore\ L_1 = 2{,}000-(0.5\times 80) = 1{,}960\text{mm}$$

단순보로 생각할 때 굽힘응력 $\sigma_b = \dfrac{3PL_1}{2nbh^2} = \sigma_a$

$$\therefore\ \sigma_a = \frac{3\times 5{,}000\times 1{,}960}{2\times 6\times 100\times 10^2} ≒ 245\text{N/mm}^2$$

마찰이 없는 경우 처짐 $\delta = \dfrac{3PL_1^{\ 3}}{8nbh^3E}$이 된다.

$$\therefore\ \delta = \frac{3\times 5{,}000\times 1{,}960^3}{8\times 6\times 100\times 10^3\times 20\times 10^4} ≒ 117.65\text{mm} ≒ 11.76\text{cm}$$

따라서 마찰이 있는 경우 처짐 δ_1은 다음과 같다.

$$\delta_1 = \frac{5(1-\mu)}{5+\mu}\delta = \frac{5\times(1-0.3)}{5+0.3}\times 117.65 ≒ 77.69\text{mm} ≒ 7.77\text{cm}$$

기초연습문제

01 균일강도의 보는 균일단면의 보에 비하여 몇 배의 탄성에너지를 저장할 수 있는가?

02 폭 b_0가 일정한 균일강도의 외팔보에서 길이 $L=150\text{cm}$, 고정단의 폭 $b_0=5\text{cm}$, 최대 하중 $P=3{,}000\text{N}$, 최대 굽힘응력 $\sigma=10{,}000\text{N/cm}^2$로 하려면 고정단의 두께(높이) h_0는?

03 3각판 스프링에서 판의 길이 $L=1.5\text{m}$, 고정단의 폭 $b_0=40\text{cm}$, 두께 $h=4\text{cm}$일 때 스프링의 자유단에 집중하중 $P=4{,}000\text{N}$을 작용시킬 경우 굽힘응력 σ_b는 몇 N/cm^2인가?

04 3각판 스프링의 경우 하중 $P=2{,}000\text{N}$을 자유단에 가할 때 폭 b를 결정하여라. 단, $L=100\text{cm}$, $h=1\text{cm}$, $n=7$장, $\sigma_a=8{,}000\text{N/cm}^2$이다.

05 3각판 스프링에서 자유단의 처짐을 10mm로 제한하려고 한다. 이때 두께는 4mm, 고정판의 폭 $b_0=60\text{mm}$, 보의 길이 $L=100\text{cm}$일 경우 가할 수 있는 하중 P는 몇 N인가? 단, $E=21\times10^6\text{N/cm}^2$이다.

06 양단 지지의 겹판 스프링에 있어서 중앙에 집중하중 $P=10\text{kN}$을 가할 때 보의 길이 $L=100\text{cm}$, 폭 $b=10\text{cm}$, $h=1\text{cm}$인 경우 스프링의 겹침수 n는? 단, 허용응력 $\sigma_a=20{,}000\text{N/cm}^2$이다.

07 차량용 겹판 스프링의 길이가 $L=100\text{cm}$, 폭 $b=6\text{cm}$, 높이 $h=0.8\text{cm}$, 판수 $n=7$매, 스프링의 허용응력 $\sigma_a=30{,}000\text{N/cm}^2$로 할 때 스프링에 올릴 수 있는 하중은? 단, 재료의 $E=20\times10^6\text{N/cm}^2$이다.

08 길이가 400mm이고 두께가 4mm인 3각판 스프링의 자유단에 200N의 하중을 가하여 30mm의 처짐이 발생하였다면 고정단에서 스프링의 폭을 얼마로 한 것인가? 단, $E=21\times10^4\text{N/mm}^2$이다.

09 3각판 스프링에서 판의 길이 80cm, 고정단의 폭 4cm, 허용응력 $8{,}000\text{N/cm}^2$일 때 최대 하중 2,000N을 가할 수 있는 판의 두께를 결정하라.

응용연습문제

Mechanics of Materials

01 원형단면을 갖는 균일강도의 외팔보가 자유단에서 집중하중 $P=5,000\text{N}$이 작용할 경우 고정단에서 20cm 떨어진 곳의 직경 d는 몇 cm인가? 단, 보의 허용응력 $\sigma_a=8,000\text{N/cm}^2$, 보의 전 길이 $L=80\text{cm}$이다.

02 사각형단면을 갖는 균일강도의 외팔보에서 폭 $b=10\text{cm}$로 일정하고 길이 $L=4\text{m}$일 때 자유단에 집중하중 $P=10\text{kN}$이 작용할 경우 자유단에서 40cm 되는 곳의 두께 h를 구하라. 단, 보의 허용 굽힘응력 $\sigma_a=4,000\text{N/cm}^2$이다.

03 양단 지지의 겹판 스프링에서 $L=100\text{cm}$, 높이 $h=1\text{cm}$, 장수 $n=10$, 허용 굽힘응력 $\sigma_a=10,000\text{N/cm}^2$으로 할 때 집중하중 $P=2,000\text{N}$을 중앙에 가할 경우 스프링의 폭 b는?

04 스팬의 길이가 100cm인 양단 지지 겹판 스프링의 중앙에 10kN의 집중하중을 가하였을 때 최대 처짐을 구하라. 단, 판두께 10mm, 판의 수 7장, 스프링의 폭 50mm, $E=21\times10^4\text{N/mm}^2$으로 한다.

Mechanics of Materials

제 11 장

기둥

11.1 기둥의 좌굴(buckling of column)

지금까지는 부재들이 재료, 하중의 종류 및 지점조건에 따라서 여러 가지 형태로 파괴됨을 알아보았다. 이러한 파괴는 부재를 최대 응력과 최대 처짐에 견딜 수 있는 한도 내에서 설계함으로써 방지할 수 있다. 이렇듯 부재의 파괴를 방지하기 위해서는 강도(strength)와 강성(stiffness)이 설계상 중요한 기준이 된다.

강도(strength)와 강성(stiffness)

이 장에서는 또 다른 형태의 파괴인 기둥의 좌굴에 대하여 살펴보자. [그림 11-1]과 같이 가늘고 긴 구조용 부재에 의하여 파괴가 일어나는 경우가 있다. 이 때 이 기둥을 좌굴되었다고 한다. 물론 이러한 좌굴은 다른 여러 종류의 구조물에서도 발생할 수 있고 그 양상도 다양하게 나타난다.

좌굴의 기본 현상

좌굴의 기본 현상을 설명하는 방법으로 [그림 11-2]와 같은 이상구조물에 대하여 알아보자. 이때 부재의 하부는 핀(pin)으로 연결되어 있고, 상부는 스프링 상수 k[N/m]인 스프링으로 지지된 강봉 AB로 되어 있다. 이 강봉은 축방향으로 하중 P에 의해 초기에는 스프링에 힘을 갖지 않는 상태이고, 이 봉에 약간의 하중이 증가함으로써 측면처짐이 발생하여 그림과 같이 지점 A로부터 각 θ만큼 회전되었다고 가정하자.

그 힘이 계속 증가하여 결국 회전이 커지게 되면 이 구조물은 파괴될 것이며, 이 봉이 큰 회전을 하게 됨으로써 좌굴을 일으키게 된다. 만약 이 봉이 작은 각 θ만큼 회전하였다면 정역학적 평형을 고려할 때 스프링이 $L\theta$만큼 늘어나게 되고, 힘을 제거시키면 원래 봉의 위치로 회복될 것이다. 따라서 스프링 힘 F는

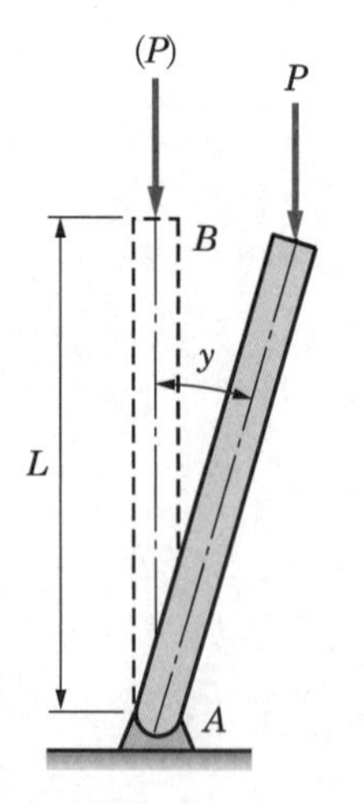

[그림 11-1] 축하중 P에 의한 좌굴

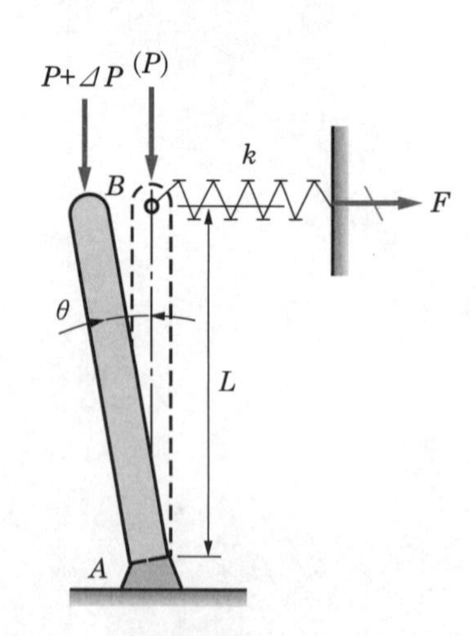

[그림 11-2] 축하중 P가 있는 이상구조물

$$F = kL\theta \quad (11.1)$$

가 된다. 이 힘은 A점에 대하여 FL의 크기로 시계방향 모멘트를 발생시킨다. 이 모멘트는 스프링의 탄성한도 내에서 봉이 원위치로 돌아갈 수 있도록 복원력을 주게 되고, 이러한 모멘트의 크기 $k\theta L^2$을 복원 모멘트(restoring moment)라 부른다. 그러나 하중 P가 증가하게 되면 이 봉은 A점에 대하여 반시계방향의 모멘트를 발생시키고, 이러한 모멘트의 크기 $PL\theta$를 전복 모멘트(overturing moment)라 한다. 이렇게 이 구조물은 $PL\theta < k\theta L^2$이거나 $P < kL$이면 안정(stable)되고, $PL\theta > k\theta L^2$이거나 $P > kL$이면 불안정(unstable)한 구조물이 된다. 그러므로 안정에서 불안정으로의 전환은 $P = kL$일 때 발생하며, 이 하중을 임계하중(critical load)이라 부른다. 따라서 임계하중은

복원 모멘트 (restoring moment)

전복 모멘트 (overturing moment)

임계하중(critical load)

$$P_{c.r} = kL \quad (11.2)$$

이다. 그러므로 P가 임계하중 $P_{c.r}$보다 작은 상태에 있는 한 이 구조물은 최초의 위치로 돌아가게 되고 안정한 상태가 된다.

11.2 기둥의 좌굴방정식(buckling equation of column)

1 양단이 핀으로 지지된 기둥의 경우

(1) 오일러의 공식(Euler's formula)

오일러의 공식 (Euler's formula)

[그림 11-3(a)]와 같이 양단이 핀으로 지지된 기둥의 거동에 대하여 살펴보자. 이 기둥은 하중 P가 기둥 단면의 도심을 통과하고 축선과 일직선상에 작용한다. 또 이 기둥은 훅의 법칙에 따르는 완전 선형탄성체이다. [그림 11-3(a)]에서 x, y평면은 대칭 평면으로서 기둥의 어떠한 굽힘도 이 평면 내에서 발생한다고 가정한다. 임계하중과 좌굴된 모양의 처짐을 결정하기 위해 [그림 11-3(b)]와 같은 처짐곡선의 한 부분을 생각하여 미분방정식인 식 (8.7)을 적용해 보자. 왜냐하면 좌굴이 발생할 때 굽힘 모멘트 M_0가 기둥 안에 발생하며 마치 보와 같이 굽혀지기 때문이다. 따라서 식 (8.7)의 강도하중 w가 포함된 4계(階) 미분방정식이나 전단력 V가 추가된 3계 미분방정식이 기둥에 적합하게 이용될 수 있지만, 일반해가 간단한 굽힘 모멘트 M_b의 항(項)으로 된 2계 미분방정식을 사용하도록 한다.

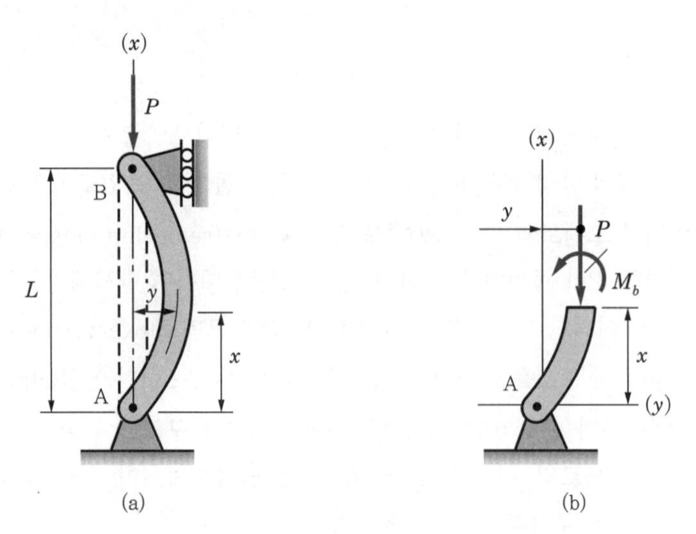

양단이 핀으로 지지된 기둥

[그림 11-3] 양단이 핀으로 지지된 기둥

$$EIy'' = -M_b \tag{11.3}$$

좌굴된 기둥의 A단으로부터 거리 x만큼 떨어진 지점의 굽힘 모멘트 M_b는 [그림 11-3(b)]의 자유물체도(F.B.D)로부터 얻을 수 있다. 이때 이 기둥의 지점 A에서 임의의 거리 x 단면에는 수직력 P와 굽힘 모멘트 M_b가 작용하게 되고, 전단면에 정역학적 평형식을 적용시키면 $M_b = Py$를 얻는다. 결국 식 (11.3)은 다음과 같이 놓을 수 있다.

$$EIy'' = -M_b = -Py$$

이항정리하면

$$EIy'' + Py = 0 \tag{11.4}$$

휨강도

이다. 여기서 휨강도 EI가 xy 좌굴 평면에서 일정한 값이므로 식 (11.4)는 2계 동차선형 미분방정식이 되고, x의 함수로서 처짐 y를 쉽게 얻을 수 있다. 이 방정식의 일반해를 구하기 위해 다음을 정의한다.

$$k^2 = \frac{P}{EI} \tag{11.5}$$

그러므로 식 (11.5)를 식 (11.4)에 적용하여 다시 쓰면 다음과 같다.

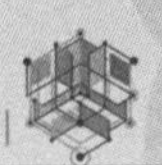

$$y'' + k^2 y = 0 \tag{11.6}$$

이 식의 일반해를 구하면 처짐 y에 대한 식이 된다.

여기서, $y = e^{\lambda x}$, $y' = \lambda e^{\lambda x}$, $y'' = \lambda^2 e^{\lambda x}$

식 (11.6)은 $(\lambda^2 + k^2)e^{\lambda x} = 0$이므로 $\lambda^2 + k^2 = 0$이 되어야 한다. 따라서 다음과 같이 허근을 갖는다.

$\lambda = \pm ki$(허근)

$$y = c_1 \sin kx + c_2 \cos kx \tag{11.7}$$

이때 c_1과 c_2는 기둥의 경계조건(boundary condition)으로부터 찾는다. 즉 $x = 0$, L에서 $y = 0$(처짐)이므로 첫째 경계조건을 사용하면 $c_2 = 0$이 되고, 둘째 경계조건으로부터는(식 (11.7)에 적용)

기둥의 경계조건 (boundary condition)

$$c_1 \sin kL = 0 \tag{a}$$

을 얻는다. 이 식 (a)에서 $c_1 = 0$으로 놓으면 식 (11.7)은 존재하지 못하게 되어 $\sin kL = 0$이 되어야 한다. 따라서 이러한 경우 kL에 대해서만 만족하게 된다.

$$\sin kL = 0 \tag{b}$$

이 식에서 $kL = 0 \rightarrow \pi,\ 2\pi,\ \cdots$일 때 0이 되므로 식 (b)가 성립한다. 그러나 $kL = 0$일 때는 $P = 0$라는 결과가 되므로 찾는 해는 아니다. 그러므로

$$kL = n\pi \text{ (단, } n = 1,\ 2,\ 3,\ \cdots) \tag{c}$$

에서만 만족한 결과를 얻을 수 있다. 앞서의 식 (11.5)를 사용하여 식 (c)를 고쳐 쓰면 다음 식과 같다.

$$P = \frac{n^2 \pi^2 EI}{L^2} \text{ (단, } n = 1,\ 2,\ 3,\ \cdots) \tag{d}$$

식 (d)는 식 (a)를 만족시키는 하중 P를 갖게 되고, 결국 처짐곡선의 식은

처짐곡선의 식

$$y = \delta = c_1 \sin kx = c_1 \sin \frac{n\pi}{L} x \ (n = 1,\ 2,\ 3,\ \cdots) \tag{11.8}$$

가 된다. 이때 식 (d)의 하중값은 처짐 식 (11.8)을 만족하며 기둥이 곧은 상태에 있을 때 성립한다. 따라서 식 (d)는 이 기둥의 임계하중이 된다. 만약 식 (d)에서 $n = 1$이라면 이 기둥의 가장 작은 임계하중 $P_{c.r}$을 얻을 수 있다.

기둥의 임계하중

$$P_{c.r} = \frac{\pi^2 EI}{L^2} \tag{11.9}$$

좌굴모양

이에 해당하는 좌굴모양은 [그림 11-4]와 같고 이때 처짐 y는 다음과 같이 나타낼 수 있다.

$$y = \delta = c_1 \sin \frac{\pi}{L} x \tag{11.10}$$

여기서 상수 c_1은 기둥의 중간지점에서의 처짐을 나타내고 그 값은 양(+)일 수도 음(−)일 수도 있다.

이와 같이 임계하중의 제1형식인 $n = 1$에서 양단에 핀으로 지지된 경우의 하중식은 기둥 좌굴의 기본식으로 알려져 있다.

기둥 좌굴의 기본식

오일러(Euler) 하중

이때 임계하중을 오일러(Euler) 하중이라고 부른다.

다음은 지점조건이 다른 경우에 대하여 알아보자. [그림 11-5(a)]는 바닥은 고정단이고 상단은 자유단인 기둥의 처짐을 보여주고 있다. 그림에서 고정단으로

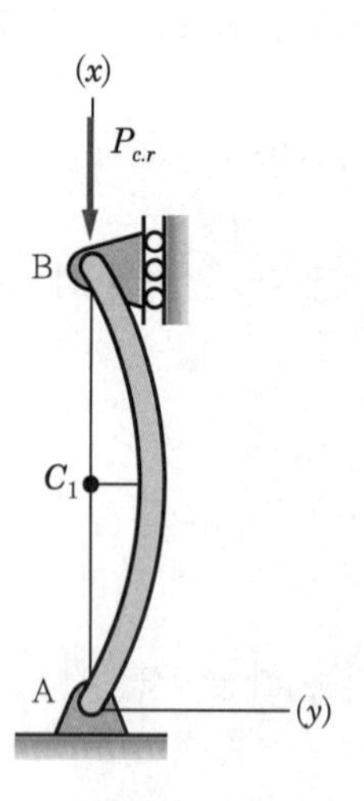

[그림 11-4] $n = 1$일 때 기둥의 좌굴에 의한 처짐

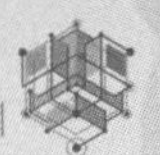

부터 임의의 거리에서의 굽힘 모멘트 M_b는

$$M_b = -P(\delta - y)$$

이다. 여기서 δ는 자유단에서의 처짐을 말한다. 따라서 이 경우 처짐곡선의 미분방정식(식 (8.7) 적용)은

$$EIy'' = -M_b = P(\delta - y) \quad \text{(e)}$$

이다. 앞서의 식 $k = P/EI$로부터 식 (e)는 다음과 같이 고쳐 쓸 수 있다.

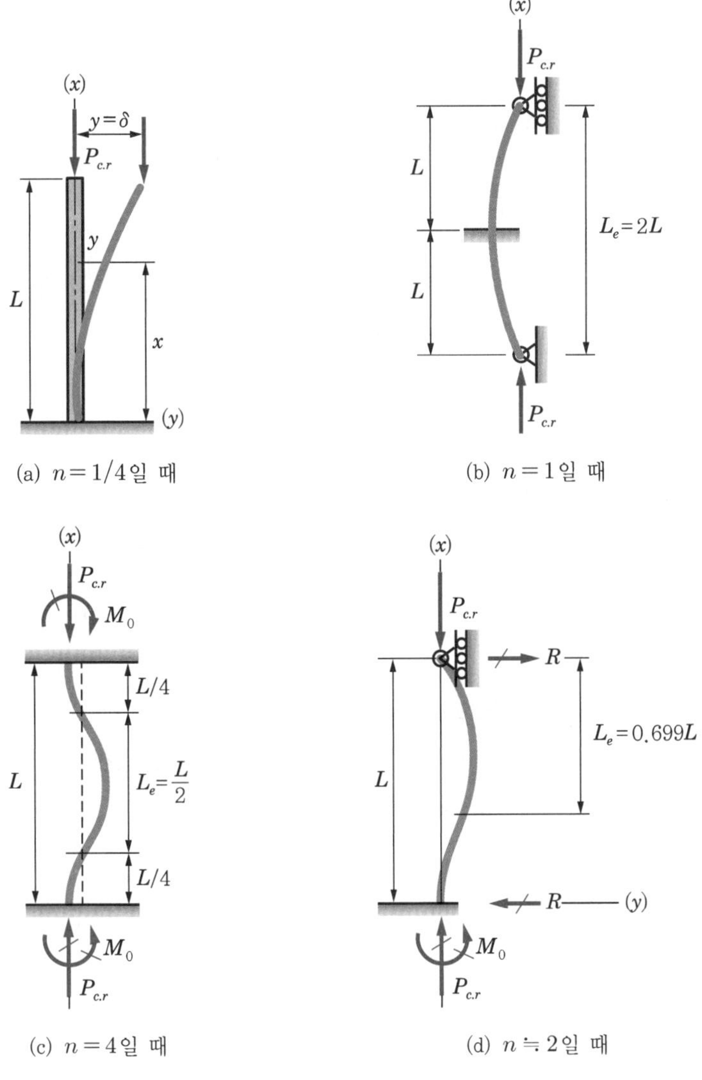

[그림 11-5] 각종 기둥의 처짐

$$y'' + k^2 y = k^2\delta \tag{f}$$

식 (f)는 상수계수를 가진 선형 2계 미분방정식이 되고 이 식의 해는 재차 일반해와 특이해의 합으로 이루어져 있다. 즉 제차해(homogeneous solution)의 경우는 변을 0으로 놓고 풀면

$$y_h = c_1 \sin kx + c_2 \cos kx \tag{g}$$

이다. 비제차의 특이해(particular solution)는

$$y_p = \delta \tag{h}$$

처짐에 대한 일반해

이다. 그러므로 이 식의 합이 처짐에 대한 일반해가 되므로 그 값은

$$y = y_h + y_P = c_1 \sin kx + c_2 \cos kx + \delta \tag{i}$$

가 된다. 이 식의 c_1, c_2는 경계조건 $x=0$에서 $y=0$, $y''=0$으로부터 구해진다. 즉 $c_2 = -\delta$, $c_1 = 0$을 얻게 된다.

$$\therefore\ y = \delta(1 - \cos kx) \tag{j}$$

이 식으로부터 처짐의 양상을 알 수 있으나 그 크기는 알 수 없다. 따라서 또 다른 경계조건을 도입하여야 한다. 즉, $x = L$에서 처짐 $y = \delta$가 되므로 식 (j)에서

$$\delta \cos kL = 0 \tag{k}$$

을 찾을 수 있다. 그러므로 식 (k)도 $\delta = 0$이거나, $\cos kL = 0$이어야 성립한다. 만약 $\delta = 0$일 경우는 처짐이 없는 결과가 되어 좌굴이 없게 되므로 $\cos kL = 0$만이 좌굴의 가능성을 제시해 준다. 즉,

$$kL = \frac{n\pi}{2} \ (\text{단},\ n = 1,\ 3,\ 5,\ \cdots) \tag{l}$$

임계하중

일 때 만족한다. 앞서의 정의된 식 $k^2 = P/EI$로부터 임계하중 $P_{c.r}$은

$$P_{c.r} = \frac{n^2\pi^2 EI}{4L^2} \ (\text{단},\ n = 1,\ 3,\ 5,\ \cdots) \tag{11.11}$$

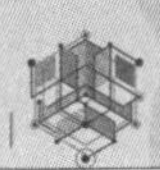

이다. 이때 가장 작은 임계하중 값은 $n=1$일 때 발생되므로, 그 크기는 다음과 같다.

$$P_{c.r}=\frac{\pi^2 EI}{4L^2} \tag{11.12}$$

좌굴의 모양은 식 (j)로부터 다음 식과 같이 된다.

$$y=\delta\left(1-\cos\frac{n\pi}{2L}x\right)\ (x=1,\ 3,\ 5,\ \cdots) \tag{11.13}$$

유효길이(effective length)의 개념

[그림 11-5]와 같이 여러 가지 지점조건을 가진 기둥의 임계하중 $P_{c.r}$은 유효길이(effective length)의 개념으로 양단 핀으로 된 기둥에서의 임계하중과 비교하여 찾을 수 있다. 그러므로 [그림 11-5(a)]와 같이 일단 고정 타단 자유에서는 기둥의 처짐곡선이 사인파의 1/2이 된다. 따라서 유효길이 L_e를 양단 핀 기둥과 동등한 길이, 즉 처짐곡선상의 변곡점 사이의 거리로 생각할 때 [그림 11-5(b)]와 같이 그려진다. 이때 유효길이 L_e는

$$L_e=2L \tag{m}$$

일단 고정 타단 자유인 기둥에서의 임계하중

이 된다. 결국 양단 회전의 임계하중식을 상당 길이의 일반식으로 고쳐 쓰고 여기에 식 (m)으로 대치하면 일단 고정 타단 자유인 기둥에서의 임계하중 $P_{c.r}$은 다음과 같다.

$$P_{c.r}=\frac{\pi^2 EI}{{L_e}^2}=\frac{\pi^2 EI}{4L^2} \tag{11.14}$$

또 양단 고정인 기둥에 대해서는 [그림 11-5(c)]에서 보듯이 유효길이 L_e가 변곡점 사이의 길이로서, 그 크기는

$$L_e=\frac{L}{2} \tag{n}$$

양단 고정의 기둥에서 임계하중

이라 할 수 있다. 역시 식 (n)을 $P_{c.r}=\pi^2 EI/{L_e}^2$에 대입하여 양단 고정의 기둥에서 임계하중을 구하면 다음 식과 같다.

$$P_{c.r} = \frac{4\pi^2 EI}{L^2} \tag{11.15}$$

다음은 [그림 11-5(d)]와 같이 하단고정이고 상단 핀으로 된 기둥에 대한 임계하중과 좌굴 형태에 대하여 경계조건을 적용하여 미분방정식을 풀면 임계하중 $P_{c.r}$은 다음과 같다.

$$P_{c.r} = \frac{20.19EI}{L^2} = \frac{2.046\pi^2 EI}{L^2} \tag{11.16}$$

따라서 이 기둥의 유효길이 L_e는

$$L_e = 0.699 \simeq 0.7L \tag{o}$$

이 된다. 이 유효길이 L_e는 [그림 11-5(d)]에서 보듯이 핀 절점으로부터 좌굴의 변곡점까지의 거리를 나타낸다.

이상에서 지점조건이 다른 경우의 좌굴하중에 대하여 알아보았다. 이 식들은 좌굴의 기본식 $n=1$인 양단 핀으로 된 좌굴하중의 식 (11.9)와 비교할 때, 일단고정 타단 자유의 경우 식 (11.14)에서 $n=1/4$, 양단 고정의 경우 식 (11.5)에서 $n=4$, 일단고정 타단 핀의 경우는 식 (11.6)에서 $n=2$가 됨을 알 수 있다. 여기서 n은 고정계수이고, 장주(長柱)의 양단 고정 상태에 따라 결정되는 상수로서 n이 클수록 강한 기둥이다. 이와 같이 지점의 양상에 따라 이상형 기둥에서의 최대 하중인 임계하중 $P_{c.r}$이 다르게 표현됨을 알 수 있다.

고정계수

다음으로 이상형 기둥에서 임계하중 $P_{c.r}$에 대응된 임계응력에 대하여 살펴보면 다음 식과 같다.

임계응력

$$\sigma_{c.r} = \frac{P_{c.r}}{A} = \frac{\pi^2 EI}{AL^2} = \frac{\pi^2 E}{\left(\frac{L}{k}\right)^2} \tag{11.17}$$

여기서 k는 회전반경$\left(k = \sqrt{\frac{I}{A}}\right)$이고, $\frac{L}{k} = \lambda$는 세장비(細長比)라 부른다. 특히 식 (11.17)은 $n=1$인 양단 핀으로 된 기둥에서의 좌굴응력식이 되고, 이것을 오일러의 좌굴응력이라 한다. 또한 이 식은 지점의 종류에 따라 값이 다르고, 고정계수 n으로 표현할 경우 다음과 같이 쓸 수 있다.

회전반경

세장비

오일러의 좌굴응력

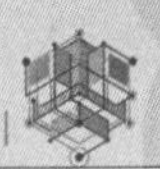

$$\sigma_{c.r} = \frac{P_{c.r}}{A} = \frac{n\pi^2 E}{\left(\frac{L}{k}\right)^2} \tag{11.18}$$

(2) 기타 기둥의 실험식

1) 고든 – 랭킨(Gordon – Rankine)식

고든 – 랭킨(Gordon – Rankine)식

앞서 언급된 오일러 공식(Euler's Formula)은 장주(長柱)에 적용되고, 이때는 기둥의 굽힘만을 고려하여 방정식을 세웠었다. 그러나 기둥이 단주(短柱)이면 압축을 받을 경우 오직 압축하중에 의하여 파괴된다. 이와 같이 압축에 의한 효과도 무시할 수 없으므로 고든(Gordon)과 랭킨(Rankine)은 이런 효과에 대하여 장주(長柱)인 기둥에 적용하여 실험식을 만들어 실용화하였다. 즉 좌굴하중 P_B에 대하여는

좌굴하중

$$P_B = \frac{\sigma_c A}{1 + \frac{a}{n}\left(\frac{L}{k}\right)^2} = \frac{\sigma_c A}{1 + \frac{a}{n}\lambda^2} \tag{11.19}$$

이고, 좌굴응력 σ_B에 대하여는

좌굴응력

$$\sigma_B = \frac{P_B}{A} = \frac{\sigma_c}{1 + \frac{a}{n}\lambda^2} \tag{11.20}$$

이다. 여기서 σ_c는 압축 파괴응력을, L은 기둥의 높이를, a는 기둥의 재료에 따른 실험상수 값을 의미한다. 이때 a의 값은 [표 11-1]로 나타나 있다.

세장비 λ가 [표 11-1]의 값의 범위 내에 있으면 고든 – 랭킨식이 유용하고, [표 11-1]보다 큰 범위일 때는 오일러식이 쓰인다.

[표 11-1] 고든 – 랭킨식에서의 실험상수(a)

재료 / 정수	주철	경강	연강	목재
σ_c[N/cm^2]	55,000	48,000	33,000	4,900
a	1/1,600	1/1,500	1/7,500	1/750
세장비(λ)	$< 80\sqrt{n}$	$< 85\sqrt{n}$	$< 90\sqrt{n}$	$< 60\sqrt{n}$

존슨(Johnson)과 테트마이어(Tetmajer)의 실험식

좌굴응력식

2) 존슨(Johnson)과 테트마이어(Tetmajer)의 실험식

존슨은 다음 식을 좌굴응력식으로 발표하여 실용화하였다.

$$\sigma_B = \frac{P_B}{A} = \sigma_c - \frac{{\sigma_c}^2}{4n\pi^2 E}\left(\frac{L}{k}\right)^2 \quad (11.21)$$

여기서 σ_c는 연성재료에서는 압축항복점이고, 주철과 같은 취성재료에서는 압축 파괴강도를 나타낸다. 존슨식의 적용범위를 [표 11-2]에 나타낸다.

[표 11-2] 존슨식의 적용범위에 대한 상수값

재료	σ_c[N/cm²]	양단이 핀	
		$\frac{{\sigma_c}^2}{4n\pi^2 E}$[N/cm²]	$\frac{L}{k}$
연강	2,900	0.43	<190
		0.67	<150
주철	4,140	1.55	<120
		4.3	<70

다음은 테트마이어 실험식에 대하여 알아보자. 이 경우는 양단 회전 받침의 장주(長柱)에 있어서 좌굴응력의 실험식을 다음과 같이 표시하였다.

$$\sigma_B = \frac{P_B}{A} = \sigma_b\left[1 - a\left(\frac{L}{k}\right) + b\left(\frac{L}{k}\right)^2\right] \text{[N/cm}^2\text{]} \quad (11.22)$$

여기서 σ_b는 장주의 압축에 의하여 발생하는 굽힘응력이고, a와 b는 [표 11-3]으로 주어지는 상수이다.

[표 11-3] 테트마이어식의 적용 상수값

재료	σ_b[N/cm²]	a	b	$\frac{L}{k}$
경강	328,600	0.00185	0	<90
주철	76,100	0.01546	0.00007	5 ~ 80
연강	30,400	0.00368	0	10 ~ 105
목재	2,870	0.00626	0	1.8 ~ 100

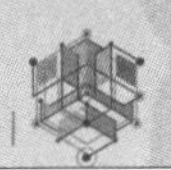

[표 11-3]에서 보는 바와 같이 정수 b는 대단히 작은 값이므로 주철 이외의 재료에서는 σ_B가 직선으로 나타난다.

예제 11.1

양단 회전받침의 목재로 된 중공단면이 내경 $d_1 = 16$cm, 외경 $d_2 = 20$cm이다. 양 끝단에서 압축하중 $P = 25{,}000$N을 받을 때 안전율 S를 구하라. 단, $L = 5$m 이다.

풀이 $I = \dfrac{\pi}{64}({d_2}^4 - {d_1}^4) = \dfrac{\pi}{64}(20^4 - 16^4) = 4{,}634.64\text{cm}^4$

$$A = \frac{\pi}{4}({d_2}^2 - {d_1}^4) = \frac{\pi}{4}(20^2 - 16^2) = 113.04\text{cm}^2$$

$$k = \sqrt{\frac{I}{A}} = \sqrt{\frac{4{,}634.64}{113.04}} = 6.40$$

$$\therefore\ \lambda = \frac{L}{k} = \frac{500}{6.4} = 78.12 < 1.8 \sim 100 : \text{목재([표 11-3] 참조)}$$

따라서 양단 회전의 경우 λ가 100 이하일 때 테트마이어 실험식을 사용하여 구한다. [표 11-3]에서 $\sigma_b = 2{,}870\text{N/cm}^2$, $a = 0.00626$, $b = 0$이므로

$$P_B = A\sigma_b\left[1 - a\left(\frac{L}{k}\right) + b\left(\frac{L}{k}\right)^2\right]$$
$$= 113.04 \times 2{,}870 \times (1 - 0.00626 \times 78.12 + 0)$$
$$= 169{,}236.50\text{N}$$

$$\therefore\ S = \frac{P_B}{P_S} = \frac{169{,}236.50}{25{,}000} = 6.76 \fallingdotseq 7$$

예제 11.2

다음과 같이 상·하단이 힌지인 원형단면의 기둥이 있다. 그림에서와 같이 축방향 하중이 작용할 때 이 기둥의 좌굴하중을 결정하는 미분방정식이 오일러에 의해 $\dfrac{d^2y}{dx^2} + P^2y = 0$로 주어진다면 이 식 중에서 P의 값은? 단, d : 기둥의 직경, E : 기둥재료의 탄성계수이다.

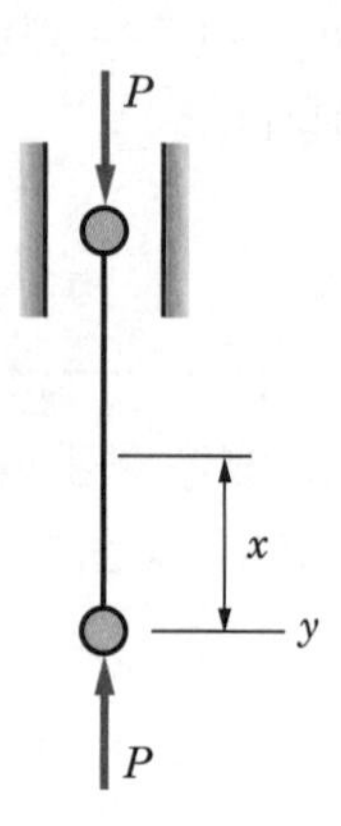

풀이 $\dfrac{d^2y}{dx^2}+\dfrac{P}{EI}y=0$이 오일러 공식이므로 위에서 $P^2=\dfrac{P}{EI}$이다.

$\therefore\ P=\sqrt{\dfrac{P}{EI}}=\sqrt{\dfrac{64P}{\pi d^4E}}=\dfrac{8}{d^2}\sqrt{\dfrac{P}{\pi E}}$

예제 11.3

다음 그림과 같이 양단이 힌지로 된 강철재 구형 각재가 있다. 길이 $L=5$m이고, $b\times h=20\text{mm}\times 50\text{mm}$일 때 축방향 압축력을 가할 경우 임계하중 P_B와 임계응력 σ_B를 구하라. 단, $E=21\times10^6\text{N/cm}^2$이다.

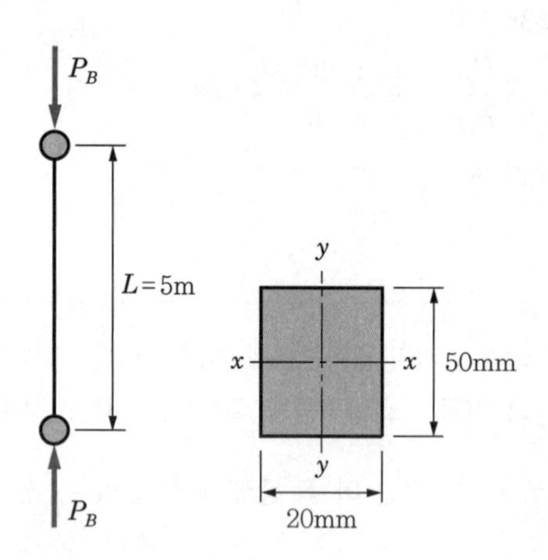

풀이 $P_B=P_{c,r}=n\pi^2\dfrac{EI}{L^2}$에 $n=1$(양단 힌지), $I_y=\dfrac{5\times2^3}{12}=3.33\text{cm}^4$,

$$I_x = \frac{2 \times 5^3}{12} = 20.833\text{cm}^4$$을 대입하면

P_B를 구할 수 있다(단, $I_x > I_y$이므로 I_x값을 대입).

$$\therefore\ P_B = \frac{1 \times \pi^2 \times 21 \times 10^6 \times 3.33}{500^2} \fallingdotseq 2{,}758\text{N}$$

$$\sigma_B = \frac{P_B}{A} = \frac{2{,}758}{5 \times 2} = 275.8\text{N/cm}^2$$

예제 11.4

다음 그림과 같이 양단이 힌지로 고정된 장주에서 단면이 (a), (b)일 때 세장비를 각각 구하라.

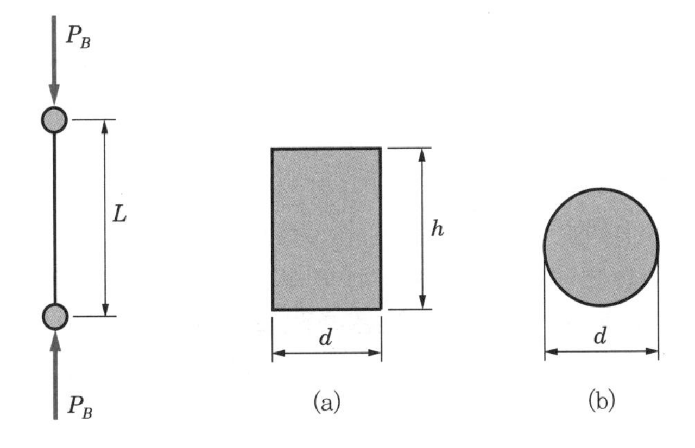

풀이 그림 (a) 단면의 경우

$$\lambda = \frac{L}{k} = \frac{L}{\sqrt{\frac{I}{A}}} = \frac{L}{\sqrt{\frac{\frac{dh^3}{12}}{dh}}} = \frac{L}{\frac{d}{\sqrt{12}}} = 3.46\frac{L}{d}$$

그림 (b) 단면의 경우

$$\lambda = \frac{L}{k} = \frac{L}{\sqrt{\frac{I}{A}}} = \frac{L}{\sqrt{\frac{\frac{\pi d^4}{64}}{\frac{\pi d^2}{4}}}} = \frac{L}{\frac{d}{4}} = 4\frac{L}{d}$$

예제 11.5

단면이 원형인 연강봉에 압축하중 20,000N이 작용하는 양단 고정의 장주에서 $L=2$m, 안전율 $S=6$으로 할 때 오일러(Euler)식을 사용하여 기둥의 직경 d를 구하라. 단, $E=21\times10^6$N/cm^{2}이다.

풀이 $S=\dfrac{P_B}{P_S}$ (P_S : 사용하중, P_B : 임계 좌굴하중, 양단 고정 시 : $n=4$)

$\rightarrow P_B = P_S S$ ············ ①

$P_B = \dfrac{n\pi^2 EI}{L^2}$ ············ ②

①=②로부터 d를 구할 수 있다.

$$P_S S = \frac{n\pi^2 EI}{L^2} = \frac{n\pi^2 E\pi d^4}{L^2 64}$$

$$\therefore\ d = \sqrt[4]{\frac{L^2\times64\times P_S\times S}{n\pi^3 E}} = \sqrt[4]{\frac{200^2\times64\times20{,}000\times6}{4\times\pi^3\times21\times10^6}} \fallingdotseq 3.3\text{cm}$$

예제 11.6

실린더에 걸리는 최고 압력이 80kN/cm^2(=800×10^{6}Pa=800×10^{3}kPa)이 있다. 길이 $L=1$m의 연강재 원형단면으로 된 케넥팅 로드의 직경을 구하라. 단, 안전율 $S=20$, $E=23\times10^6$N/cm^2, 양단은 회전단으로 본다.

풀이 $n=1$, $P_S=80{,}000\text{N/cm}^2$, $S=20$, $L=1\text{m}=100\text{cm}$ 이므로, 즉

$$S=\frac{P_B}{P_S} \rightarrow P_S=\frac{P_B}{S}=\frac{\frac{n\pi^2 EI}{L^2}}{S}=\frac{n\pi^2 E\pi d^4}{L^2\times S\times64}$$

$$\therefore\ d=\sqrt[4]{\frac{P_S\times L^2\times S\times64}{n\pi^3 E}}=\sqrt[4]{\frac{80{,}000\times100^2\times20\times64}{1\times\pi^3\times23\times10^6}}$$

$$=6.158\text{cm} \fallingdotseq 6.16\text{cm}$$

이때 $A=\dfrac{\pi}{4}\times6.16^2=29.78\text{cm}^2$, $I=\dfrac{\pi}{64}\times6.16^4=70.64\text{cm}^4$이므로 세장비 λ는

$$\lambda=\frac{L}{k}=\frac{L}{\sqrt{\frac{I}{A}}}=\frac{100}{\sqrt{\frac{70.64}{29.78}}}=64.93<103(\text{연강재 기준})$$

따라서 이 경우 오일러식은 적용할 수 없다.

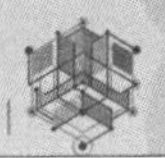

예제 11.7

$L=4$m인 양단 고정의 목재로 된 구형단면의 정사각형 장주에서 이 기둥이 허용할 수 있는 좌굴응력을 구하여라. 단, 단면의 한 변의 길이는 $a=30$cm이다.

풀이 세장비 $\lambda=\dfrac{L}{k}=\dfrac{L}{\sqrt{\dfrac{I}{A}}}=\dfrac{400}{\sqrt{\dfrac{30^4/12}{30^2}}}=46.18<100$이므로 랭킨식을 사용하여 구한다.

$\dfrac{L}{k}$이 $<60\sqrt{n}$에 있으므로([표 11-1])

$\sigma_c=4{,}900\text{N/cm}^2,\ n=4,\ a=\dfrac{1}{750}$이 된다.

$$\therefore\ \sigma_B=\frac{\sigma_c}{1+\dfrac{a}{n}\left(\dfrac{L}{k}\right)^2}=\frac{4{,}900}{1+\dfrac{1}{4\times750}\times46.18^2}$$

$$=2{,}910\text{N/cm}^2$$

2 편심 축하중이 작용하는 경우의 기둥

앞 절에서 우리는 축하중 P가 단면의 도심(centroid)에 작용하는 이상형 기둥을 해석하였다. 이제 [그림 11-6]과 같이 하중상태가 기둥의 축으로부터 작은 편심량(偏心量) e점에 작용한다고 가정하여 보자. 이때 편심 때문에 하중이 작은 경우에도 기둥에 굽힘이 발생된다. 그림은 이상적인 양단 핀의 기둥으로 나타나 있다. 이 경우 xy 평면은 대칭평면이며 기둥은 직선으로 선형적 탄성이다. 따라서 기둥의 하단으로부터 거리 x에서의 기둥의 굽힘 모멘트는

편심량

$$M_b=P(e+y) \tag{a}$$

이다. 그러므로 처짐곡선의 미분방정식인 식 (8.7)을 적용하면

$$EIy''=-M_b=-P(e+y) \tag{b}$$

가 된다. 이 식 (b)를 정리하면

$$y''+k^2y=-k^2e \tag{c}$$

가 된다. 여기서 $k=\sqrt{P/EI}$이고, 이 식의 일반해는 제차해와 비제차의 특수해

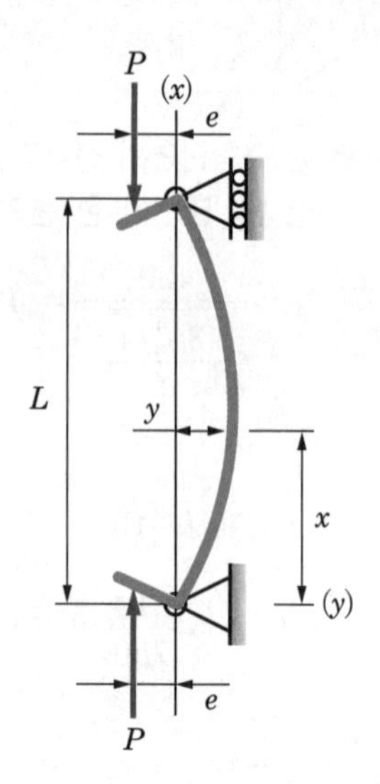

[그림 11-6] 편심하중 P가 작용하는 기둥의 처짐

의 합이고 다음과 같다.

$$y = c_1 \sin kx + c_2 \cos kx - e \tag{d}$$

여기서 적분상수 c_1과 c_2는 경계조건을 사용하여 구할 수 있다. 즉 $x = 0$, L에서 처짐 $y = 0$이므로 이 조건을 식 (d)에 대입하여 적용하면

$$c_1 = \frac{e(1 - \cos kL)}{\sin kL} = e \tan \frac{kL}{2}, \quad c_2 = e$$

가 된다. 따라서 이 기둥의 처짐곡선의 식은 적분상수를 식 (d)에 대입하면 얻을 수 있다.

$$y = e\left(\tan \frac{kL}{2} \sin kx + \cos kx - 1\right) \tag{11.23}$$

이 식 (11.23)은 미지하중 P가 편심의 위치 e에 작용하는 기둥의 처짐을 계산하는 식이다. 또 이 식으로부터 최대 처짐 δ_{max}을 구해보면 $x = L/2$에서 발생되며, 그 크기는

최대 처짐

$$\delta_{max} = y)_{x = L/2} = e\left(\sec \frac{kL}{2} - 1\right) \tag{11.24}$$

이다. 그리고 이 처짐곡선의 식에서 최초 부분의 식을 구하기 위해 시컨트(secant)

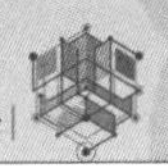

함수에 대한 급수를 전개하여 보자.

$$\sec x = 1 + \frac{x^2}{2!} + \frac{5x^4}{4!} + \cdots \tag{e}$$

식 (e)에 $x = kL/2$를 대응시켜 급수 내의 고차항을 무시하고 다시 쓰면

$$\sec\frac{kL}{2} = 1 + \frac{k^2L^2}{8} \tag{f}$$

이고, 이 식 (f)를 식 (11.24)에 대입하여 정리하면 다음 식과 같이 기둥의 최대 처짐 δ_{max}을 얻게 된다.

최대 처짐

$$\delta_{max} = y)_{x=L/2} = \frac{k^2L^2e}{8} = \frac{PeL^2}{8EI} \tag{g}$$

위 식의 결과에서 Pe는 우력을 발생시키므로 단순보에 있어서 처짐의 식과 같게 된다. 또 편심하중을 받는 기둥의 최대 굽힘 모멘트는 처짐이 최대인 중간점에서 발생되므로 다음과 같은 식을 얻을 수 있다(식 (11.24)로부터).

최대 굽힘 모멘트

$$M_{max} = P(e + \delta_{max}) = Pe\sec\frac{kL}{2} \tag{11.25}$$

다음으로 편심하중 P를 받는 기둥에서의 응력에 대하여 알아보면 다음과 같다. 즉 축하중에 의하여 발생된 균일분포 수직응력과 굽힘 모멘트에 의해 발생된 수직응력이다. 따라서 이 기둥의 최대 압축응력 σ_{max}은

최대 압축응력

$$\sigma_{max} = \frac{P}{A} + \frac{M_{max}}{z} \tag{h}$$

이 된다. 여기서 A는 단면의 넓이이고, z는 단면계수이다(단, 압축응력을 양으로 가정). 식 (h)에 식 (11.25)를 대입하여 정리하면

$$\sigma_{max} = \frac{P}{A} + \frac{Pe}{z}\sec\frac{kL}{2} \tag{i}$$

로 쓸 수 있다. 이 식에 단면계수 $z = I/e_1$로 대치하고, 굽힘 평면에서 단면의 회전반경(radius of gyration) k를 대입시켜 위 식을 간단히 고쳐 쓸 수 있다(단,

회전반경

e_1는 도심축으로부터 면 최외단부까지의 거리이고, $k=\sqrt{P/EI}$로 대치한다).

$$k=\sqrt{\frac{I}{A}}, \qquad k=\sqrt{\frac{P}{EI}} \tag{j}$$

그러므로

$$\sigma_{\max}=\frac{P}{A}\left[1+\frac{ee_1}{k^2}\sec\left(\frac{L}{2k}\sqrt{\frac{P}{AE}}\right)\right] \tag{11.26}$$

시컨트 공식 (secant formula)

가 된다. 식 (11.26)을 편심하중을 받는 기둥에 대한 시컨트 공식(secant formula)이라고 한다. 이 식에서 기둥의 최대 압축응력은 평균 압축응력 P/A의 함수이고, 편심비$\left(\frac{ee_1}{k^2}\right)$와 세장비$\left(\lambda=\frac{L}{k}\right)$의 함수임을 보여준다.

예제 11.8

다음 그림과 같이 사각단면의 단주에 편심하중 $P=300$kN이 작용할 때 단면에 발생하는 최대 응력을 구하시오. 단, 편심거리 $e=7$cm이다.

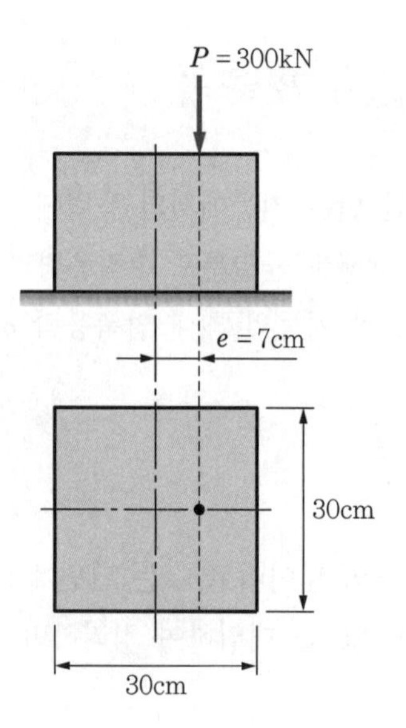

풀이 $\sigma_{\max}=-\frac{P}{A}-\frac{M}{Z}=-\frac{P}{A}-\frac{Pe}{Z}$

단, $A=30\times30=900\text{cm}^2, \quad z=\frac{h^3}{6}=\frac{30^3}{6}=4{,}500\text{cm}^3$

$Pe=300\times10^3\text{N}\times7\text{cm}=21\times10^5\text{N}\cdot\text{cm}$

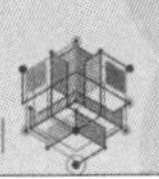

$$\therefore\ \sigma_{max} = -\frac{300\times10^3}{900} - \frac{21\times10^5\text{N}\cdot\text{cm}}{4,500} = -799.99$$

$$\fallingdotseq -800\text{N/cm}^2(\text{압축응력})$$

예제 11.9

다음 그림과 같이 정사각형 단면을 갖는 짧은 기둥의 측면에 홈이 파여 있다. 만약 도심에 하중 P를 가할 경우 단면 mn에 발생하는 최대 압축응력은? 또 이때 최대 압축응력은 홈이 없을 때 응력의 몇 배인가?

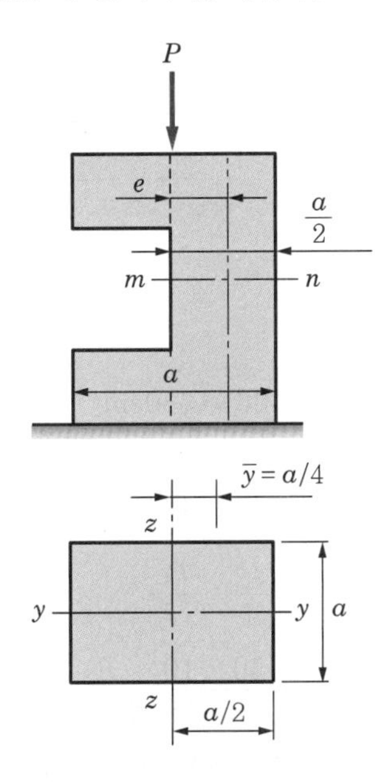

풀이 mn 단면의 도심으로부터 하중점까지 거리 e는

$$e = \frac{a}{4},\ C_1 = \frac{a}{4},\ I_z = \frac{bh^3}{12} = \frac{a\left(\frac{a}{2}\right)^3}{12} = \frac{a^4}{96}$$

$$\therefore\ \sigma = \sigma_1 + \sigma_2 = \frac{P}{A} + \frac{M}{A} = \frac{P}{A} + \frac{Pe}{I}\bar{y}\ \left(\text{단},\ z = \frac{I}{\bar{y}}\right)$$

따라서 위의 값을 대입하면

$$\therefore\ \sigma_{max} = \frac{P}{a^2/2} + \frac{P\times\frac{a}{4}\times\frac{a}{4}}{a^4/96} = \frac{8P}{a^2}$$

그리고 이 값은 홈이 없는 경우의 8배이다.

예제 11.10

다음 그림과 같은 이등변삼각형 단면을 갖는 단주의 중앙에 집중하중 $P = 150 \times 10^3$N이 작용할 때 A와 B점의 응력을 구하여라.

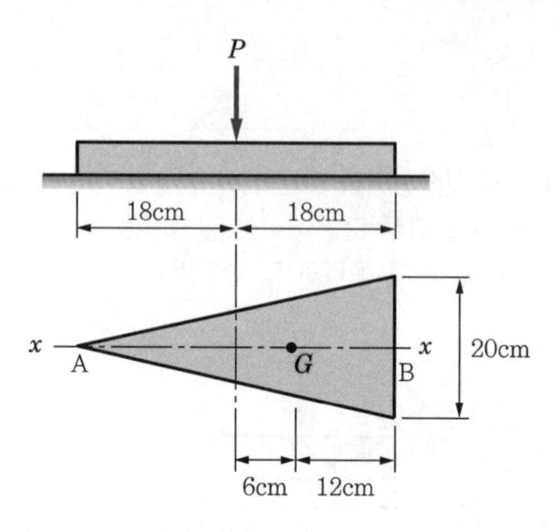

풀이 $\sigma = -\dfrac{P}{A} \pm \dfrac{M}{Z}$

단, $A = \dfrac{1}{2}bh = \dfrac{1}{2} \times 20 \times 36 = 360\text{cm}^2$

$$I = \frac{bh^3}{36} = \frac{20 \times 36^3}{36} = 25{,}920\text{cm}^4$$

$$\therefore \sigma_A = -\frac{P}{A} - \frac{M}{Z} = -\frac{P}{A} - \frac{Pe}{I}\bar{y}_1$$

$$= -\frac{150 \times 10^3}{360} - \frac{150 \times 10^3 \times 6 \times 24}{25{,}920}$$

$$= -1{,}249.5 \fallingdotseq -1{,}250\text{N/cm}^2 \text{(압축응력)}$$

$$\sigma_B = -\frac{P}{A} + \frac{Pe}{I}\bar{y}_2$$

$$= -\frac{150 \times 10^3}{360} + \frac{150 \times 10^3 \times 6 \times 12}{25{,}920} = 0$$

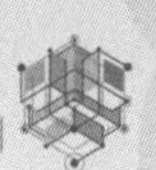

예제 11.11

다음 그림과 같이 클램프(clamp)에 3,000N의 압축력이 가해지고 있다. mn 단면은 $b \times h = $30mm×15mm일 때 이 단면에 발생하는 최대 인장응력과 압축응력을 구하여라. 단, 편심거리 $e = $18cm이다.

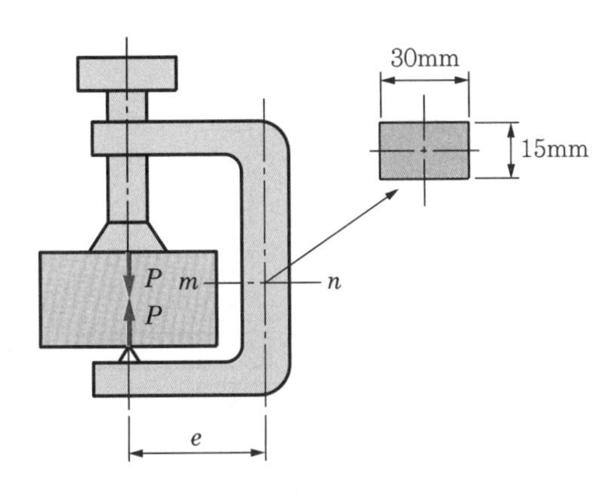

풀이 $\sigma = \sigma_1 \pm \sigma_2 = \dfrac{P}{A} \pm \dfrac{M}{I} = \dfrac{P}{A} \pm \dfrac{Pe}{I}\bar{y}$ $\left(\text{단, } z = \dfrac{I}{\bar{y}}\right)$

따라서, 최대 인장응력은 $\sigma_t)_{\max} = \dfrac{P}{A} + \dfrac{Pe}{I}\bar{y}$

최대 압축응력은 $\sigma_c)_{\max} = \dfrac{P}{A} - \dfrac{Pe}{I}\bar{y}$

$$\therefore\ \sigma_t)_{\max} = \frac{3,000}{3 \times 1.5} + \frac{3,000 \times 18 \times \dfrac{3}{2}}{1.5 \times \dfrac{3^3}{12}}$$

$$= 666.67 + 24,000 = 24,666.67\text{N/cm}^2$$

$$\sigma_c)_{\max} = 666.67 - 24,000 = -23,333.33\text{N/cm}^2$$

예제 11.12

다음 그림과 같이 클램프에 $P=5,000$N의 압축력이 가해지고 있다. 이 클램프의 몸체 $m-n$ 단면은 사각단면형이고 $b=12$mm일 때 단면의 높이 h는 몇 mm인가? 단, 편심거리 $e=7$cm, 클램프 재료의 허용응력 $\sigma_a=18,000\text{N/cm}^2$이다.

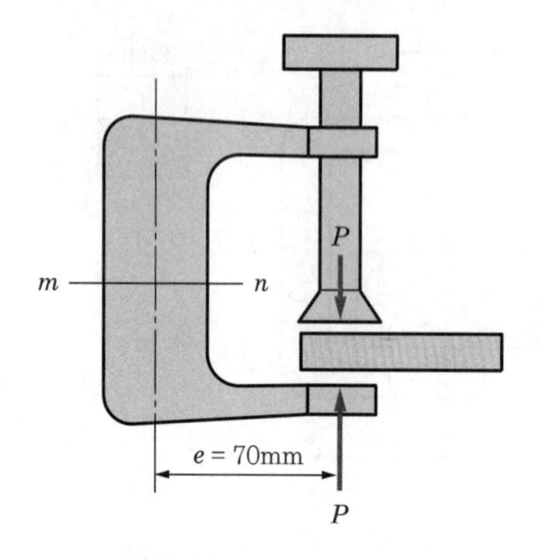

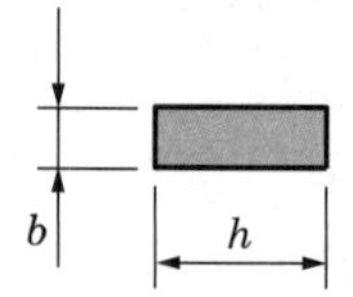

풀이 [예제 11.10]에서와 같은 식으로부터 h를 찾으면

$$\sigma_{max}=\frac{P}{A}+\frac{M}{Z}=\frac{P}{A}+\frac{Pe}{I}\bar{y}$$

단, $A=bh$, $I=\dfrac{bh^3}{12}$, $\bar{y}=\dfrac{h}{2}$

$$\therefore\ \sigma_a=\frac{P}{bh}+\frac{12\times Pe\times h}{bh^3\times 2}$$

$$\Rightarrow 18,000=\frac{5,000}{1.2\times h}+\frac{12\times 5,000\times 7}{1.2\times 2\times h^2}$$

$$\rightarrow 175,000\frac{1}{h^2}+4,166.67\frac{1}{h}-18,000=0$$

$$\rightarrow 4.32h^2-h-42=0$$

$$\therefore\ h=\frac{1\pm\sqrt{1+4\times 4.32\times 42}}{2\times 4.32}=3.24\text{cm}$$

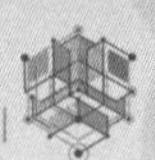

예제 11.13

다음 그림과 같은 원형단면의 단주의 경우 핵심의 반경 e을 구하라.

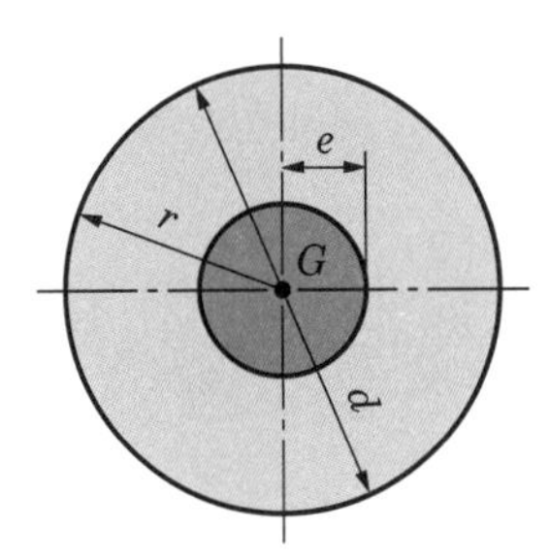

풀이 $I=\dfrac{\pi d^4}{64}=\dfrac{\pi r^4}{4}$, $A=\pi r^2$

회전반경 $k=\sqrt{\dfrac{I}{A}}=\sqrt{\dfrac{\pi r^4}{\pi r^4\times 4}}=\dfrac{r}{2}$

$$\sigma=-\frac{P}{A}+\frac{Per}{I}=-\frac{P}{A}\left(1-\frac{er}{k^2}\right)=0\text{에서}$$

$$1-\frac{er}{k^2}=0\rightarrow e=\frac{k^2}{r}=\frac{(r/2)^2}{r}=\frac{r}{4}$$

∴ 핵심은 도심 G에서 반경 $\dfrac{r}{4}$로 둘러싸인 원이다.

또는 $e=\dfrac{r}{4}=\dfrac{d}{8}$가 된다.

예제 11.14

다음 그림과 같이 한 변의 길이가 a_1인 정삼각형의 핵심을 구하라.

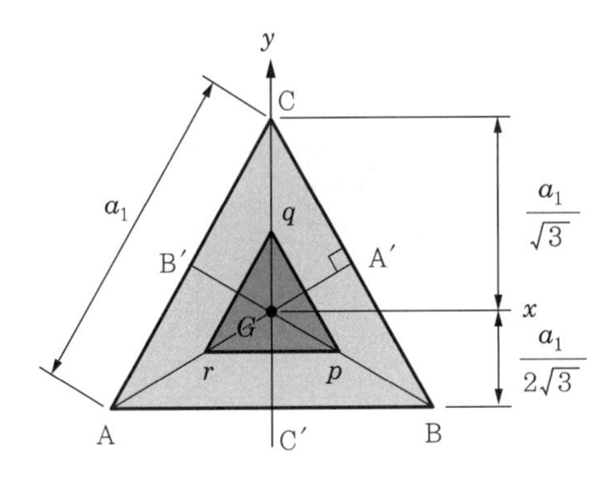

풀이 핵심의 $\sigma = -\dfrac{P}{A}\left(1-\dfrac{ae}{k^2}\right)=0$에서 $\dfrac{P}{A}\neq 0$이므로 $1-\dfrac{ae}{k^2}=0$이어야 한다. 따라서 $e=\dfrac{k^2}{a}$이 된다.

즉 핵심에서는 $\sigma=0$이므로 궤적은 $e=\overline{Gq}$를 구하면 된다.

$$I_x = \frac{bh^3}{36} = \frac{\left(\dfrac{\sqrt{3}}{2}a^1\right)^3}{36} = \frac{\sqrt{3}}{96}{a_1}^4$$

$$A = \frac{bh}{2} = \frac{a_1\left(\dfrac{\sqrt{3}}{2}a_1\right)}{2} = \frac{\sqrt{3}}{4}{a_1}^2$$

여기서 $a=\dfrac{a_1}{2\sqrt{3}}$이므로

$$\therefore\ e=\overline{Gq}=\frac{k^2}{a}=\frac{{a_1}^2/24}{a_1/2\sqrt{3}}=\frac{a_1}{12\sqrt{3}}$$

같은 방법으로 $e=\overline{Gp}$를 구해도 된다.

예제 11.15

다음 그림과 같은 단면 mn에서 y축의 좌우 핵심의 위치 e와 e'을 구하라.

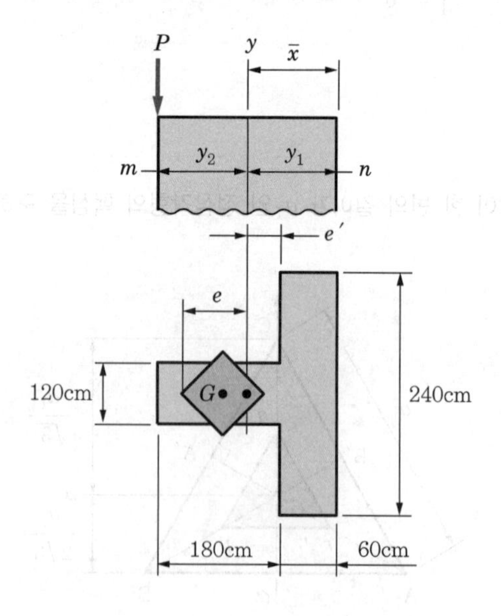

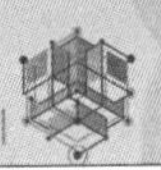

풀이 $\bar{x} = \sum_{i=1}^{n} \frac{A_i x_i}{A_i} = \frac{(2.16 \times 1.5) + (1.44 \times 0.3)}{(1.2 \times 1.8) + (2.4 \times 0.6)} = 1.02\text{m}$

$$I_y = \left[\frac{2.4 \times 0.6^3}{12} + 2.4 \times 0.6 \times (1.02 - 0.3)^2 \right]$$
$$+ \left[\frac{1.2 \times 1.8^3}{12} + 2.16 \times (0.9 + 0.5 - 1.02)^2 \right]$$
$$= 1.68\text{m}^4$$

∴ 회전반경 $k^2 = \frac{I_y}{A} = \frac{1.68}{3.6} = 0.467\text{m}^2$

따라서 $e = \frac{k^2}{y_1} = \frac{0.467}{1.02} = 0.46\text{m}$

$$e' = \frac{k^2}{y^2} = \frac{0.467}{1.38} = 0.338\text{m}$$

기초연습문제

01 원형단면의 직경 $d=20\text{cm}$, 길이 $L=500\text{cm}$인 장주에서 회전반경과 세장비는?

02 내경 $d_1=6\text{cm}$, 외경 $d_2=7\text{cm}$, 길이 $L=4\text{m}$의 연강재 중공(中空) 기둥에서 세장비를 구하면?

03 원형단면의 직경이 d일 때 핵면적을 구하라.

04 다음 그림과 같은 정사각형의 한 변 $a=12\text{cm}$인 단면 xx 부분이 $\frac{a}{2}\times a$로 감소되었을 때 축방향 하중 $P=50,000\text{N}$에 의해 mn 단면에 발생하는 최대 응력을 구하라.

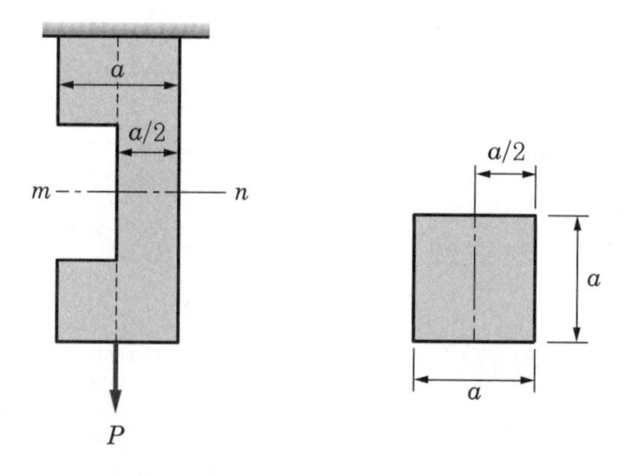

05 다음 그림과 같이 A점에 1,000kN의 하중이 작용할 때 이 기둥에 발생하는 최대 응력은?

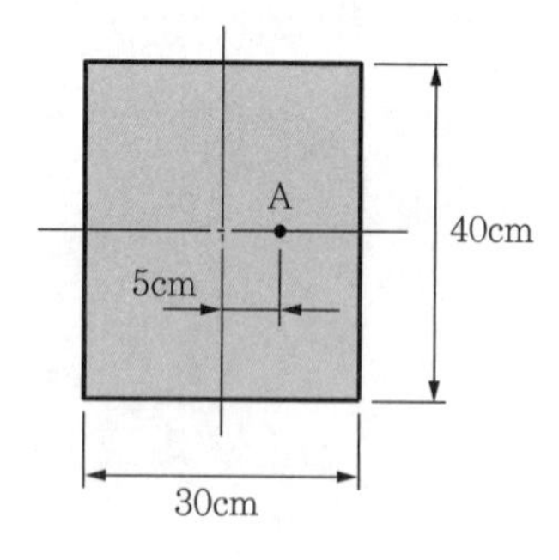

06 기둥의 세장비를 구한 값이 120이다. 이 강재 기둥에서 오일러(Euler)의 좌굴응력은? 단, $E=21\times10^6\text{N/cm}^2$이고, 양단은 힌지로 고정되어 있다.

07 단면적 $A=190\text{cm}^2$인 연강재 장주의 경우 좌굴응력 $\sigma_B=9,300\text{N/cm}^2$라 할 때 이 기둥의 안전한 좌굴하중 P_S의 크기는? 단, 안전율 $S=5$로 한다.

08 폭 12cm인 직사각형단면의 기둥이 $L=4.5\text{m}$이다. 양단 고정의 경우 $P_S=50\text{kN}$의 압축하중을 받고 있을 때 이 기둥의 높이 h는 몇 cm인가? 단, 안전율 $S=7$, $E=20\times10^6\text{N/cm}^2$이다.

09 다음 그림과 같은 단주에 $P_c=60\text{kN}$, $M=1,500\text{N}\cdot\text{m}$가 작용할 때 이 기둥에 발생하는 최대 및 최소 응력은?

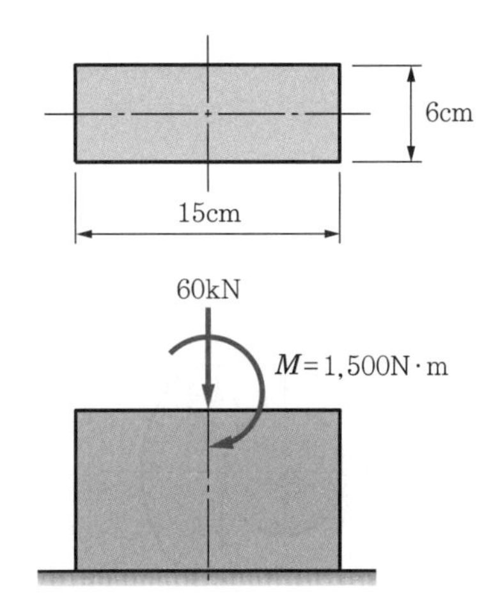

10 편심 압축하중이 $P=14,000\text{N}$, 모멘트 $M=185\text{N}\cdot\text{m}$가 작용하는 단주의 경우 편심거리 e의 값은?

11 다음 그림과 같은 단주에 편심거리 e에 하중 30kN이 작용할 때 인장력이 발생하지 않기 위한 편심의 한계 x는?

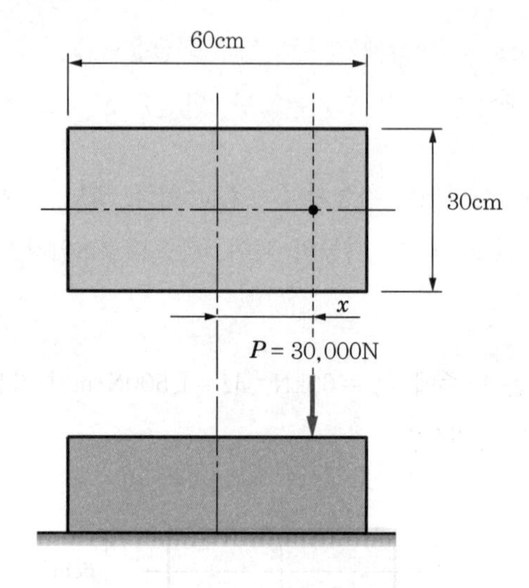

12 원형단면의 직경이 d일 때 핵반경 e는?

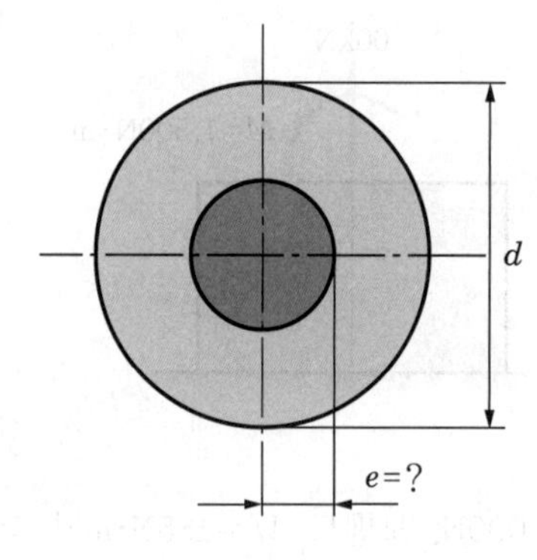

응용연습문제

01 정사각형의 목재 기둥에서 길이가 6m라면 세장비가 100이 되기 위한 기둥 단면의 한 변의 길이 a는?

02 다음 그림과 같은 원형단면에서 편심하중을 받고 있을 때 A점의 응력 σ_A는?

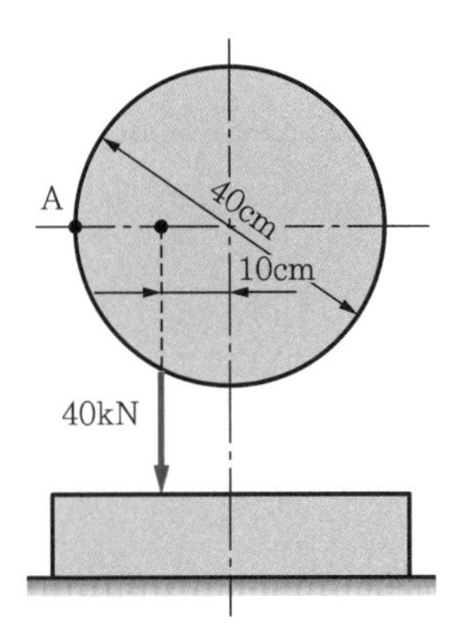

03 폭 12cm, 높이 6cm의 직사각형단면의 길이 3m인 일단 고정 타단 자유의 나무기둥이 있다. 안전율을 10으로 취하면 자유단에 가할 수 있는 안전하중은? 단, 나무의 $E=10\times10^6\text{N/cm}^2$이다.

04 다음 그림과 같이 일단 고정 타단 자유인 기둥의 상단에 100kN의 하중이 작용한다면 좌굴상당길이 L_e는 몇 m인가? 단, 단면은 $b\times h=10\text{cm}\times4\text{cm}$이고, $E=21\times10^6\text{N/cm}^2$이다.

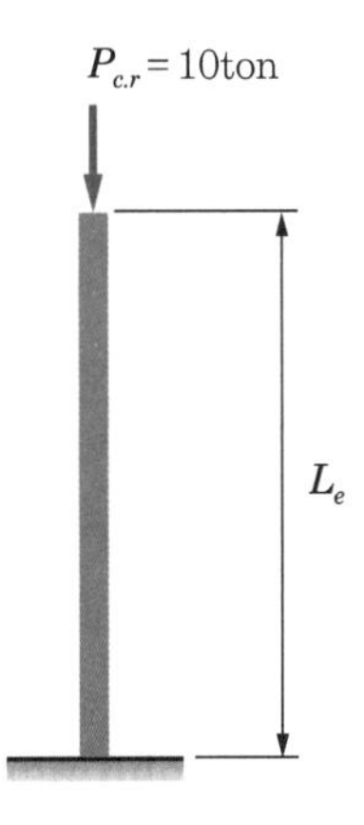

05 다음 그림과 같은 사각형단면의 단주에서 핵심은 마름모꼴로 나타난다. 핵거리 e는?

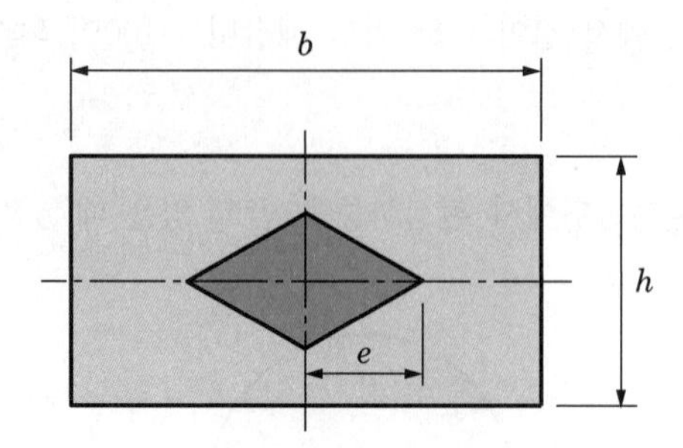

Mechanics of Materials

부록

A 주요 수학 상수 및 도형의 면적과 둘레길이

1 그리스(희랍) 문자

명칭	그리스 문자		명칭	그리스 문자	
	소문자	대문자		소문자	대문자
Alpha	α	A	Nu	ν	N
Beta	β	B	Xi	ξ	Ξ
Gamma	γ	Γ	Omicron	o	O
Delta	δ	Δ	Pi	π	Π
Epsilon	ε	E	Rho	ρ	P
Zeta	ζ	Z	Sigma	σ	Σ
Eta	η	H	Tau	τ	T
Theta	θ	Θ	Upsilon	υ	Y
Iota	ι	I	Phi	ϕ	Φ
Kappa	κ	K	Chi	χ	X
Lambda	λ	Λ	Psi	ψ	Ψ
Mu	μ	M	Omega	ω	Ω

2 주요 특이 상수

$\pi = 3.14159\ 26535\ 89793\ 23846\ 2643 \cdots$

$e = 2.71828\ 18284\ 59045\ 23536\ 0287 \cdots = \lim_{n\to\infty}\left(1+\frac{1}{n}\right)^n$

$=$natural base of logarithms

$\sqrt{2} = 1.41421\ 35623\ 73095\ 0488 \cdots$

$\sqrt{3} = 1.73205\ 08075\ 68877\ 2935 \cdots$

$\sqrt{5} = 2.23606\ 79774\ 99789\ 6964 \cdots$

$\sqrt[3]{2} = 1.25992\ 1050 \cdots$

$\sqrt[3]{3} = 1.44224\ 9570 \cdots$

$\sqrt[5]{2} = 1.14869\ 8355 \cdots$

$\sqrt[5]{3} = 1.24573\ 0940 \cdots$

$e^{\pi} = 23.14069\ 26327\ 79269\ 006 \cdots$

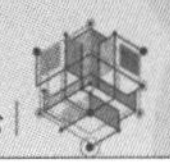

$\pi^e = 22.45915\ 77183\ 61045\ 47342\ 715\cdots$

$e^e = 15.15426\ 22414\ 79264\ 190\cdots$

$\log 2 = 0.30102\ 99956\ 63981\ 19521\ 37389\cdots$

$\log 3 = 0.47712\ 12547\ 19662\ 43729\ 50279\cdots$

$\log e = 0.43429\ 44819\ 03251\ 82765\cdots$

$\log \pi = 0.49714\ 98726\ 94133\ 85435\ 12683\cdots$

$\log_e 10 = \ln 10 = 2.30258\ 50929\ 94045\ 68401\ 7991\cdots$

$\log_e 2 = \ln 2 = 0.69314\ 71805\ 59945\ 30941\ 7232\cdots$

$\log_e 3 = \ln 3 = 1.09861\ 22886\ 68109\ 69139\ 5245\cdots$

$\gamma = 0.57721\ 56649\ 01532\ 86060\ 6512\cdots$ (오일러의 상수)

$= \lim_{n\to\infty}\left(1+\frac{1}{2}+\frac{1}{3}+\cdots+\frac{1}{n}-\ln n\right)$

$e^r = 1.78107\ 24179\ 90197\ 9852\cdots$

$\sqrt{e} = 1.64872\ 12707\ 00128\ 1468\cdots$

$\sqrt{\pi} = \Gamma\left(\frac{1}{2}\right) = 1.77245\ 38509\ 05516\ 02729\ 8167\cdots$

여기서, Γ는 감마 함수(gamma function)

$\Gamma\left(\frac{1}{3}\right) = 2.67893\ 85347\ 07748\cdots$

$\Gamma\left(\frac{1}{4}\right) = 3.62560\ 99082\ 21908\cdots$

$1\text{rad} = \frac{180}{\pi}[°] = 57.29577\ 95130\ 8232\cdots[°]$

$1° = \frac{\pi}{180}[\text{rad}] = 0.01745\ 32925\ 19943\ 29576\ 92\cdots\ [\text{rad}]$

3 주요 도형의 면적과 둘레길이

(area : 면적, perimeter : 둘레길이)

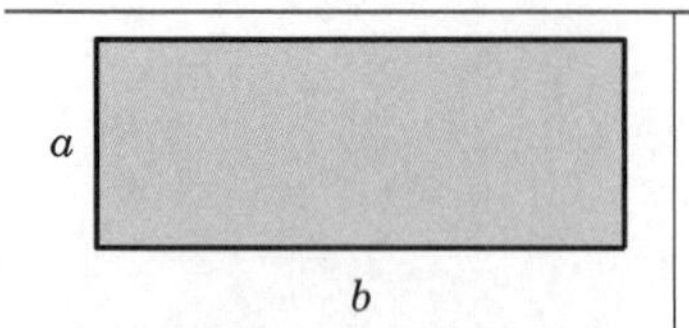	area $= ab$ perimeter $= 2a + 2b$
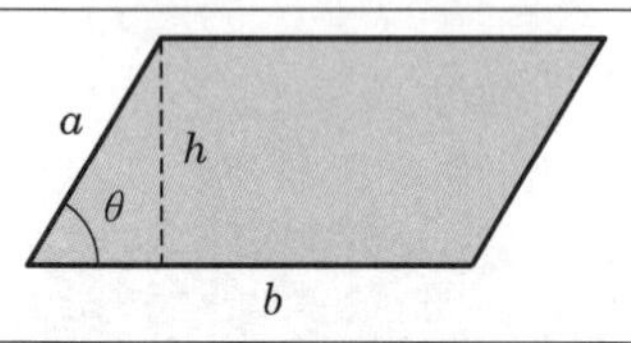	area $= bh = ab\sin\theta$ perimeter $= 2a + 2b$
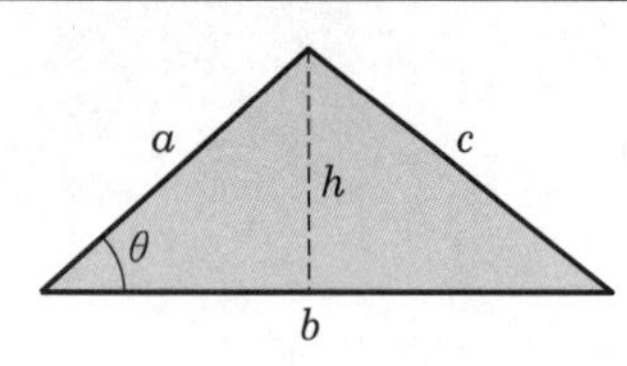	area $= \frac{1}{2}bh = \frac{1}{2}ab\sin\theta = \sqrt{s(s-a)(s-b)(s-c)}$ 여기서, $s = \frac{1}{2}(a+b+c) =$ semiperimeter perimeter $= a + b + c$
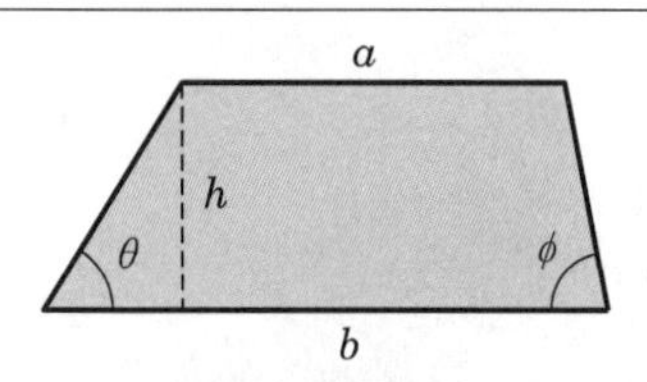	area $= \frac{1}{2}h(a+b)$ perimeter $= a + b + h\left(\frac{1}{\sin\theta} + \frac{1}{\sin\phi}\right)$ $= a + b + h(\csc\theta + \cos\phi)$
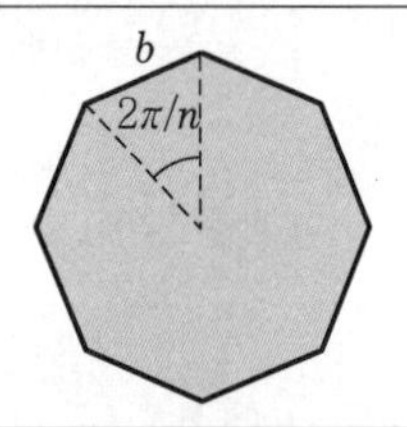	area $= \frac{1}{4}nb^2\cot\frac{\pi}{n} = \frac{1}{4}nb^2\frac{\cos(\pi/n)}{\sin(\pi/n)}$ perimeter $= nb$
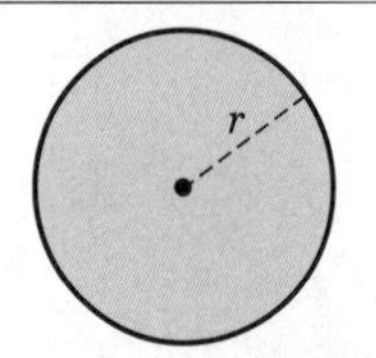	area $= \pi r^2$ perimeter $= 2\pi r$
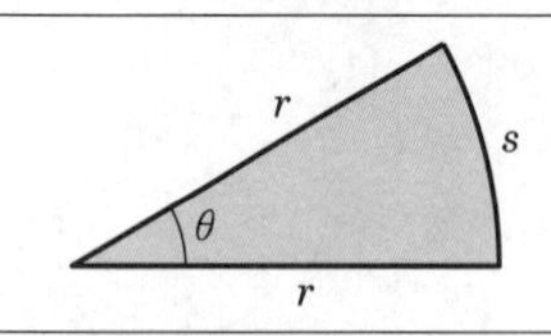	area $= \frac{1}{2}r^2\theta$ [θ는 radians] arc length $s = r\theta$
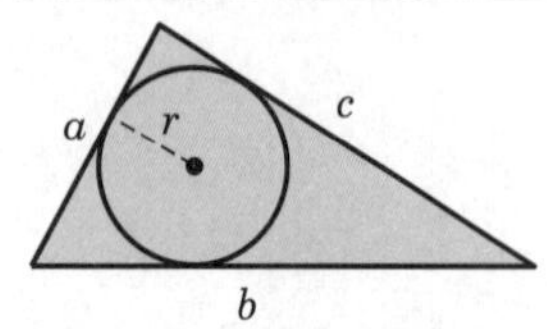	$r = \frac{\sqrt{s(s-a)(s-b)(s-c)}}{s}$ 여기서, $s = \frac{1}{2}(a+b+c) =$ semiperimeter

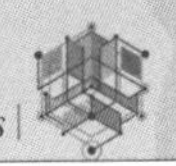

$$R = 4\frac{abc}{\sqrt{s(s-a)(s-b)(s-c)}}$$

여기서, $s = \frac{1}{2}(a+b+c)$ = semiperimeter

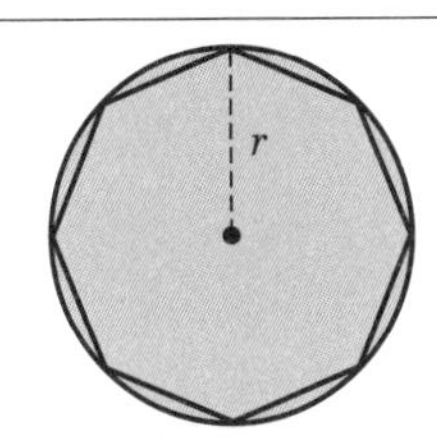

$$\text{area} = \frac{1}{2}nr^2 \sin\frac{2\pi}{n} = 2nr^2 \sin\frac{360°}{n}$$

$$\text{perimeter} = 2nr \sin\frac{\pi}{n} = 2nr \sin\frac{180°}{n}$$

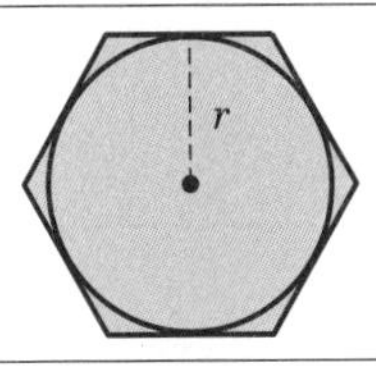

$$\text{area} = nr^2 \tan\frac{\pi}{n} = nr^2 \tan\frac{180°}{n}$$

$$\text{perimeter} = 2nr \tan\frac{\pi}{n} = 2nr \tan\frac{180°}{n}$$

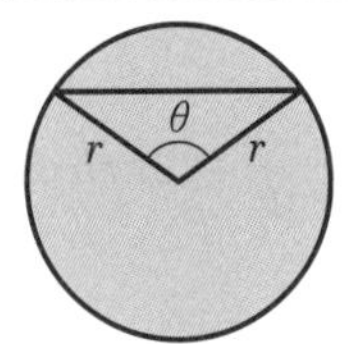

$$\text{area of shaded part} = \frac{1}{2}r^2(\theta - \sin\theta)$$

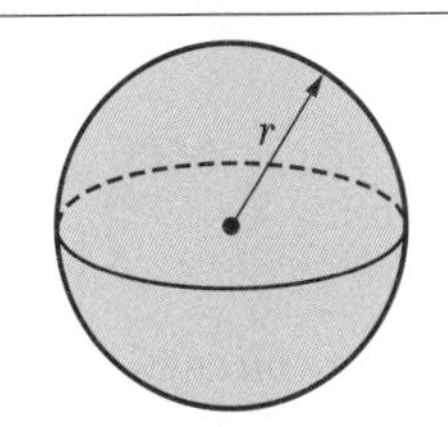

$$\text{volume} = \frac{4}{3}\pi r^3$$

$$\text{surface area} = 4\pi r^2$$

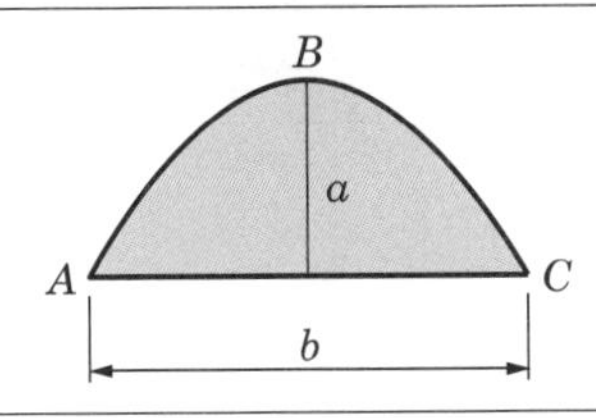

$$\text{area} = \frac{2}{3}ab$$

arc length ABC

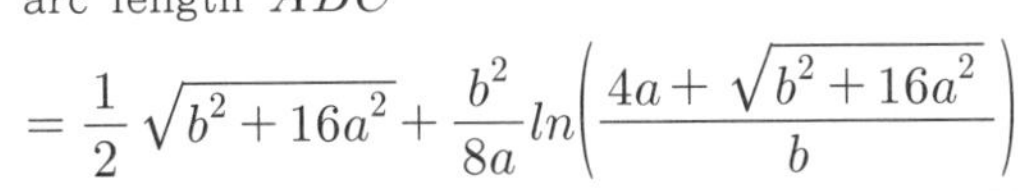

$$= \frac{1}{2}\sqrt{b^2+16a^2} + \frac{b^2}{8a} ln\left(\frac{4a+\sqrt{b^2+16a^2}}{b}\right)$$

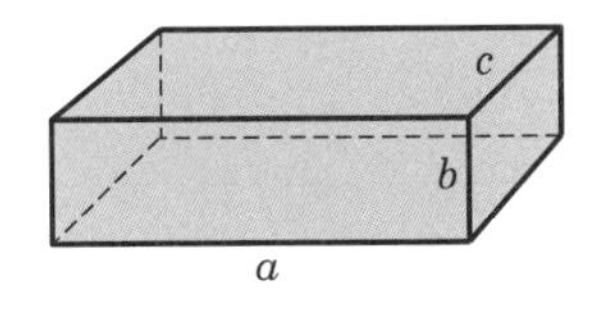

$$\text{volume} = abc$$

$$\text{surface area} = 2(ab+ac+bc)$$

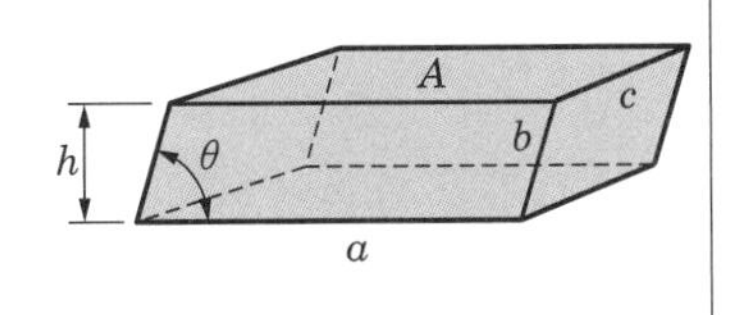

$$\text{volume} = Ah = abc \sin\theta$$

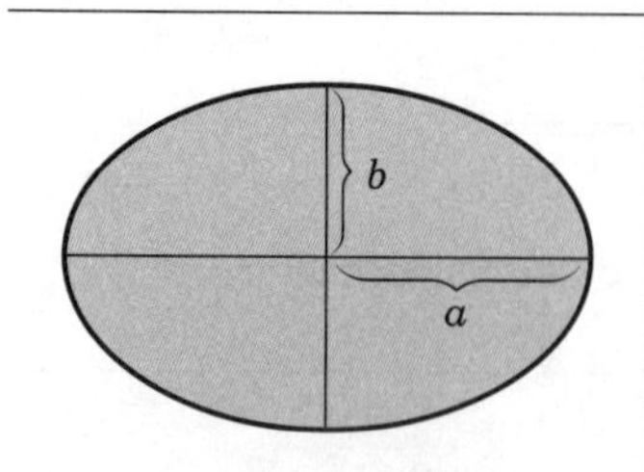

area $= \pi ab$

$$\text{perimeter} = 4a\int_0^{\pi/2}\sqrt{1-k^2\sin^2\theta}\,d\theta$$

$$= 2\pi\sqrt{\frac{1}{2}(a^2+b^2)} \quad \text{[approximately]}$$

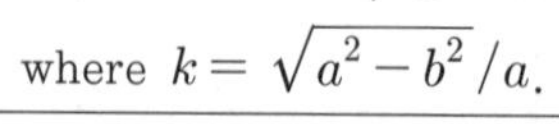

where $k = \sqrt{a^2-b^2}/a.$

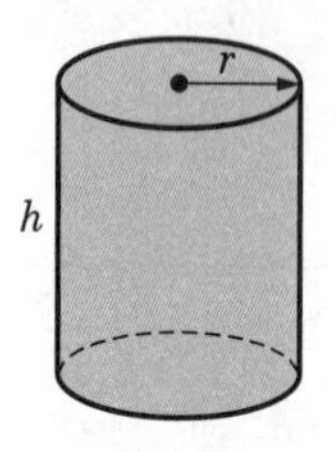

volume $= \pi r^2 h$

lateral surface area $= 2\pi rh$

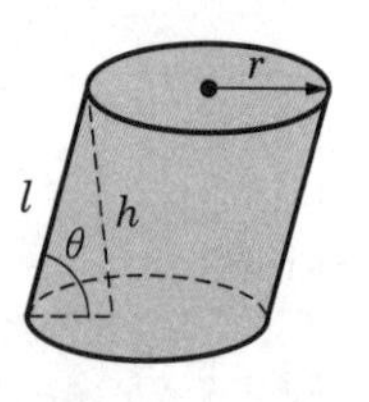

volume $= \pi r^2/h = \pi r^2 l\sin\theta$

lateral surface area $= 2\pi rl = \dfrac{2\pi rh}{\sin\theta} = 2\pi rh\csc\theta$

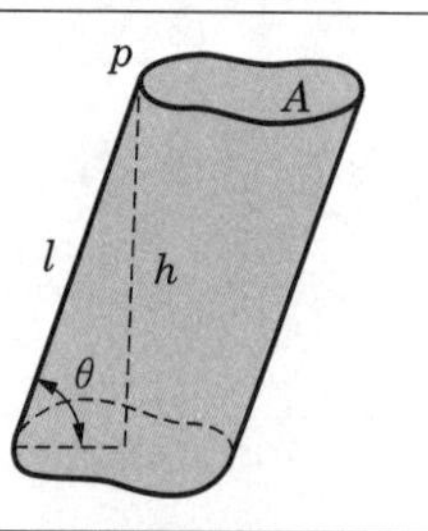

volume $= Al = \dfrac{Ah}{\sin\theta} = Ah\csc\theta$

lateral surface area $= pl = \dfrac{ph}{\sin\theta} = ph\csc\theta$

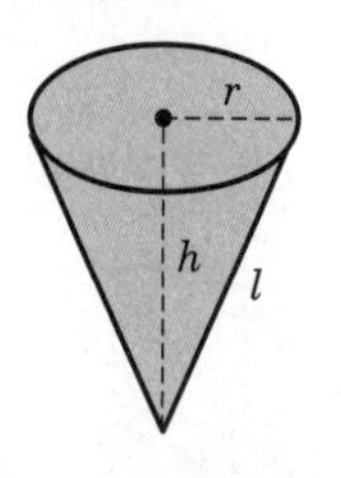

volume $= \dfrac{1}{3}\pi r^2 h$

lateral surface area $= \pi r\sqrt{r^2+h^2} = \pi rl$

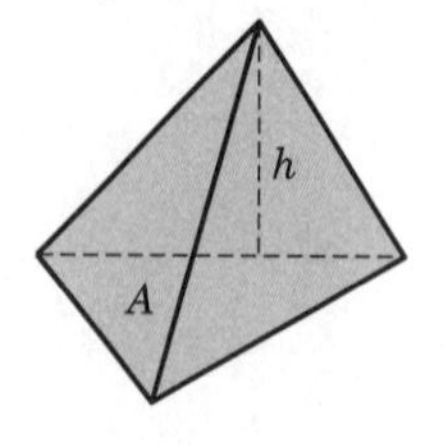

volume $= \dfrac{1}{3}Ah$

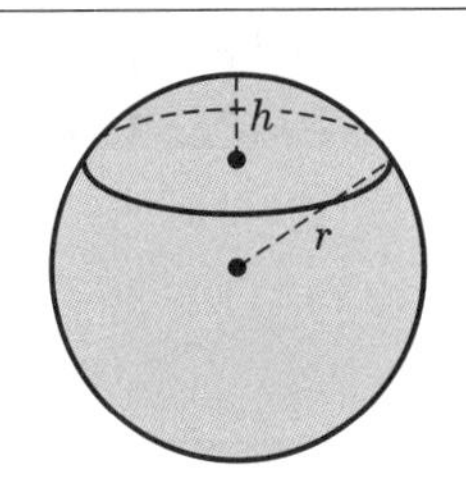	volume(shaded in figure) $= \dfrac{1}{3}\pi h^2(3r-h)$ surface area $= 2\pi rh$
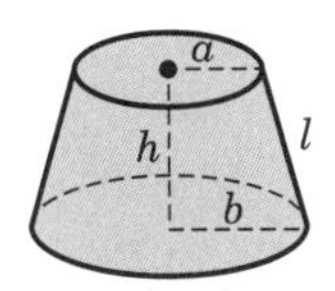	volume $= \dfrac{1}{3}\pi h(a^2+ab+b^2)$ lateral surface area $= \pi(a+b)\sqrt{h^2+(b-a)^2}$ $= \pi(a+b)l$
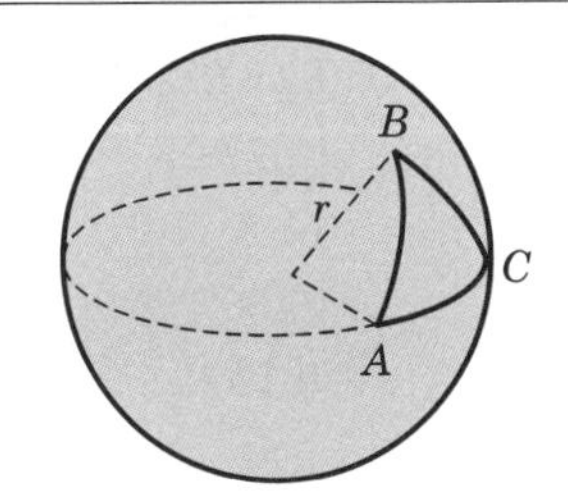	area of triangle $ABC = (A+B+C-\pi)r^2$
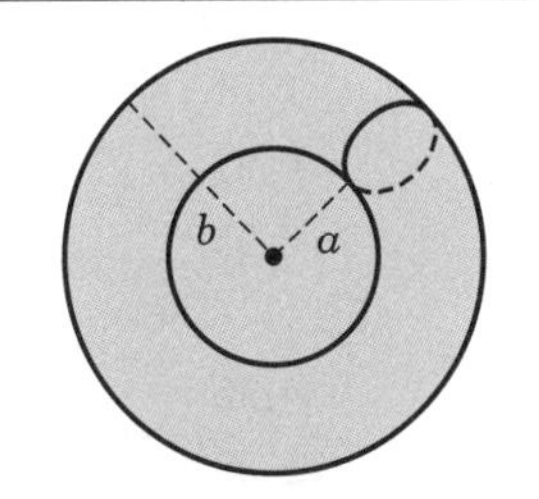	volume $= \dfrac{1}{4}\pi^2(a+b)(b-a)^2$ surface area $= \pi^2(b^2-a^2)$
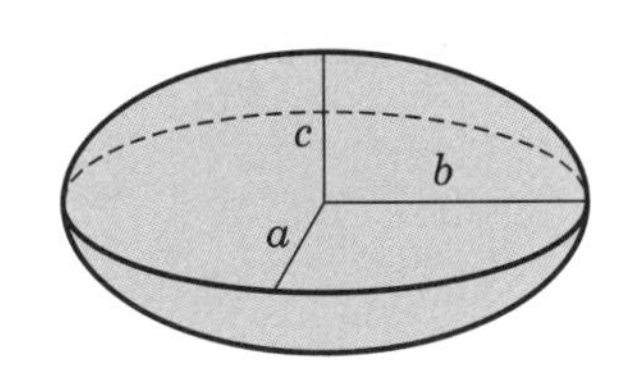	volume $= \dfrac{4}{3}\pi abc$
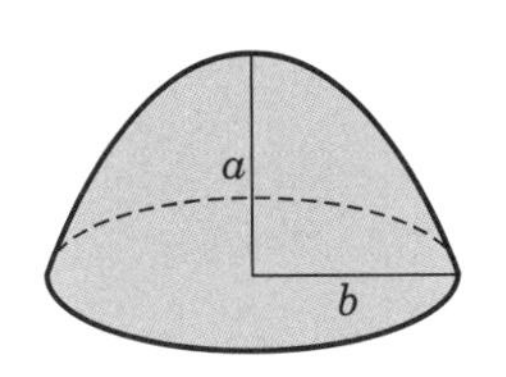	volume $= \dfrac{1}{2}\pi b^2 a$

B 공업재료의 기계적 성질

1 공업재료의 선팽창계수 1℃와 1℉

재료	$\alpha \times 10^{-5}$(20 ~ 40℃)	$\alpha \times 10^{-6}$(68 ~ 104℉)
아연	3.97	22.07
납(lead)	2.93(20 ~ 100℃)	16.29(68 ~ 212°F)
주석	2.703	15.03
알루미늄	2.39	13.23
두랄루민	2.26	12.57
Y 합금	2.2	12.23
Al, Cu, Ni 합금	2.2	12.23
은	1.97(0 ~ 100℃)	10.95(32 ~ 212°F)
황동	1.84(100℃)	10.223
포금(gun metal)	1.83	10.17
청동	1.79	10.00
구리(동)	1.65	9.17
금(金)	1.42	7.89
니켈	1.33(0 ~ 100℃)	7.39(32 ~ 212°F)
순철	1.17	6.51
연강(C 0.12~0.20)	1.07	6.23
경강(C 0.4~0.5)	1.07	5.95
주철	0.92 ~ 1.18	5.12 ~ 6.56
백금	0.89	4.95
텅스텐	0.43	2.39
인바(invar)	0.12	0.667
초인바	−0.001	0.00556

2 각종 금속재료의 탄성계수(N/cm²)

재료	E (N/cm²×10⁶)	G (N/cm²×10⁶)	K (N/cm²×10⁶)	$1/m=\nu$
철	21	8.14	17.16	0.28 ~ 0.3
연강(C 0.12 ~ 0.2%)	20.79	8.24	14.51	
경강(C 0.4 ~ 0.5%)	20.5	8.24	13.33	
주강	21	8.14	17.16	
주철	7.35 ~ 12.75	2.84 ~ 3.92	5.88 ~ 16.96	0.2 ~ 0.3
니켈강(Ni 2 ~ 3%)	20.1	8.24	13.73	0.3
니켈	20.1	7.16	15.1	0.31
텅스텐	36.3	15.69	32.65	0.17
구리	12.26	4.60	11.96	0.34
청동	11.37			
인청동	13.14	4.22	37.65	
포금	9.32	3.92	5.00	0.187
황동(7·3)	9.61	3.92	4.80	
알루미늄	7.06	2.65	7.06	0.34
두랄루민	6.86	2.65	5.59	0.34
주석	5.40	2.75	1.77	0.33
납	1.67	0.765	0.686	0.45
아연	9.81	2.94	9.81	0.2 ~ 0.3
금	7.94	2.75	24.71	0.42
은	7.94	2.84	12.85	0.48
백금	16.67	6.08	21.57	0.39

3 각종 금속재료의 기계적 성질(N/cm²)

재료	파괴응력(N/cm²)		
	인장	압축	전단
연철	32,300 ~ 39,200	32,300 ~ 39,200	25,500 ~ 32,300
연강	33,300 ~ 44,100	33,300 ~ 44,100	28,400 ~ 39,200
주강	34,300 ~ 68,600	34,300 ~ 68,600	
니켈강	49,000 ~ 72,500	49,000 ~ 72,500	
주철	11,700 ~ 23,500	68,600 ~ 83,300	12,700 ~ 25,500
구리	13,700 ~ 31,300	31,300	
황동(7·3)	12,700	7,640	13,700
포금(砲金)	21,500 ~ 26,400		23,500

4 각종 비금속재료의 기계적 성질(N/cm²)

재료	파괴응력(N/cm²)			종탄성계수(E) $E\times10^5$(N/cm²)
	인장	압축	전단	
미송, 소나무	9,800	4,900	765	8.80
이깔나무(赤)	4,900	2,740	549	6.86
전나무(樅)	8,800	4,100	686	7.90
밤나무(栗)	9,800	5,490	765	6.86
떡갈나무(樫)	9,800	6,860	157	12.26
대(竹)	34,300	6,370		12.26 ~ 30.40
유리(硝子)	2,450	14,700		7.35
화강암		5,880 ~ 8,330		13.70
사암		1,960 ~ 2,940		9.80
석회암		2,940 ~ 4,900		12.26
시멘트		980 ~ 1,180		13.70
콘크리트		1,770 ~ 2,450		8.23
벽돌		590 ~ 1,180		8.23
가죽벨트	3,730			

C 각종 평면도형의 성질

I : 단면 2차 모멘트, $\bar{x}$, $\bar{y}$: x와 y축으로부터의 도심, I_p : 단면 극 관성 모멘트
I_{xy} : 단면 상승 모멘트, A : 단면적

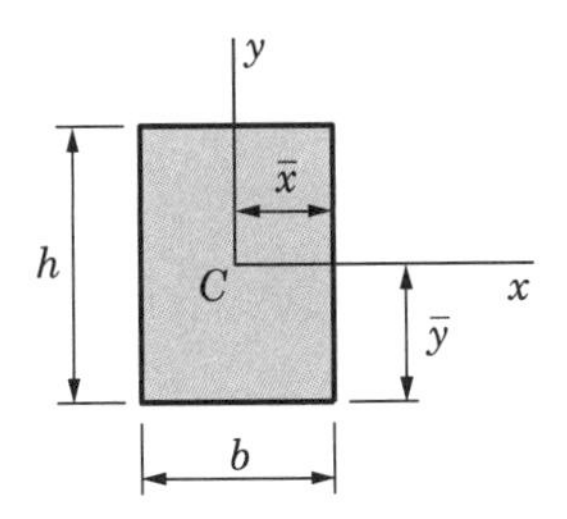

Rectangle(origin of axes at centroid)

$$A = bh \qquad \bar{x} = \frac{b}{2} \qquad \bar{y} = \frac{h}{2}$$

$$I_x = \frac{bh^3}{12} \qquad I_y = \frac{hb^3}{12}$$

$$I_{xy} = 0 \qquad I_p = \frac{bh}{12}(h^2 + b^2)$$

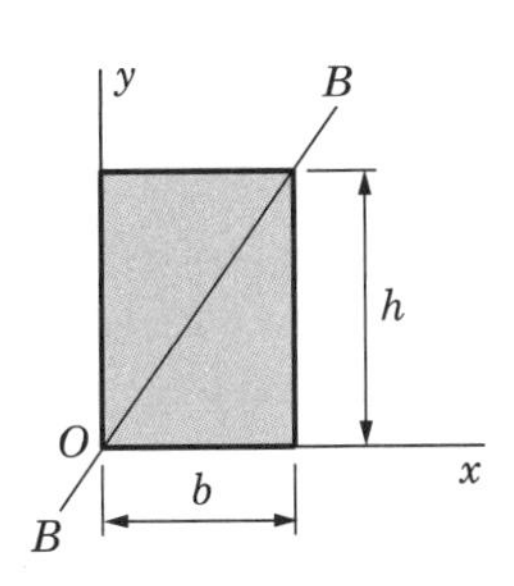

Rectangle(origin of axes at corner)

$$I_x = \frac{bh^3}{3} \qquad I_y = \frac{hb^3}{3}$$

$$I_{xy} = \frac{b^2h^2}{4} \qquad I_p = \frac{bh}{3}(h^2 + b^2)$$

$$I_{BB} = \frac{b^3h^3}{6(b^2 + h^2)}$$

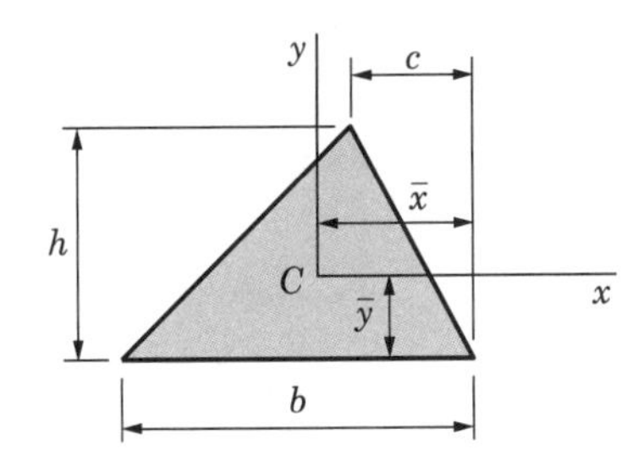

Triangle(origin of axes at centroid)

$$A = \frac{bh}{2} \qquad \bar{x} = \frac{b+c}{3} \qquad \bar{y} = \frac{h}{2}$$

$$I_x = \frac{bh^3}{36} \qquad I_y = \frac{bh}{36}(b^2 - bc + c^2)$$

$$I_{xy} = \frac{bh^2}{72}(b - 2c) \qquad I_p = \frac{bh}{36}(h^2 + b^2 - bc + c^2)$$

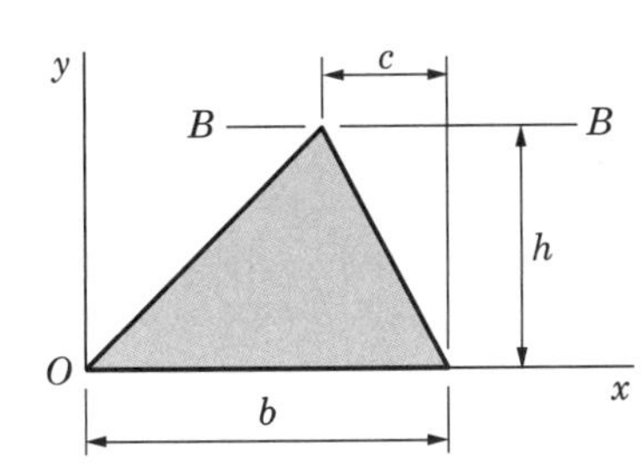

Triangle(origin of axes at vertex)

$$I_x = \frac{bh^3}{12} \qquad I_y \frac{bh}{12}(3b^2 - 3bc + c^2)$$

$$I_{xy} = \frac{bh^2}{24}(3b - 2c) \qquad I_{BB} = \frac{bh^3}{4}$$

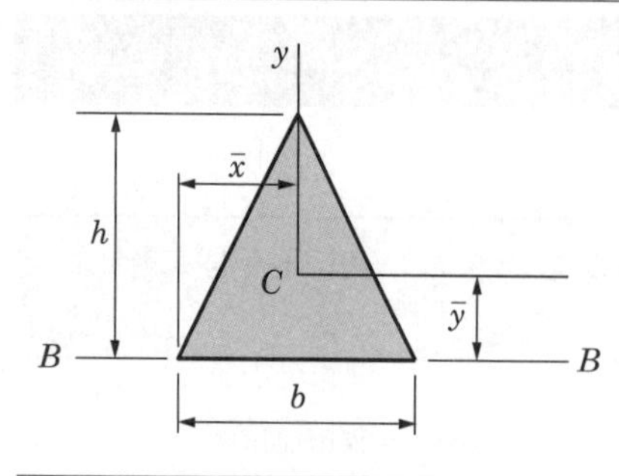

Isosceles triangle(origin of axes at centroid)

$A = \frac{bh}{2}$ $\bar{x} = \frac{b}{2}$ $\bar{y} = \frac{h}{3}$

$I_x = \frac{bh^3}{36}$ $I_y = \frac{hb^3}{48}$ $I_{xy} = 0$

$I_p = \frac{bh}{144}(4h^2 + 3b^2)$ $I_{BB} = \frac{bh^3}{12}$

(Note : For an equilateral triangle, $h = \sqrt{3}\,b/2$)

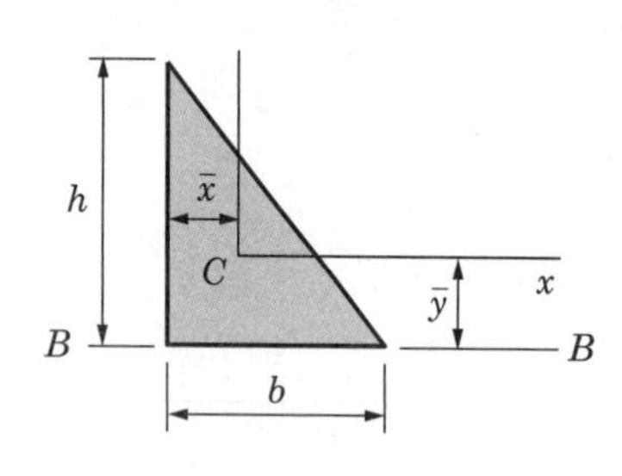

Right triangle(origin of axes at centroid)

$A = \frac{bh}{2}$ $\bar{x} = \frac{b}{3}$ $\bar{y} = \frac{h}{3}$

$I_x = \frac{bh^3}{36}$ $I_y = \frac{hb^3}{36}$ $I_{xy} = -\frac{b^2h^2}{72}$

$I_p = \frac{bh}{36}(h^2 + b^2)$ $I_{BB} = \frac{bh^3}{12}$

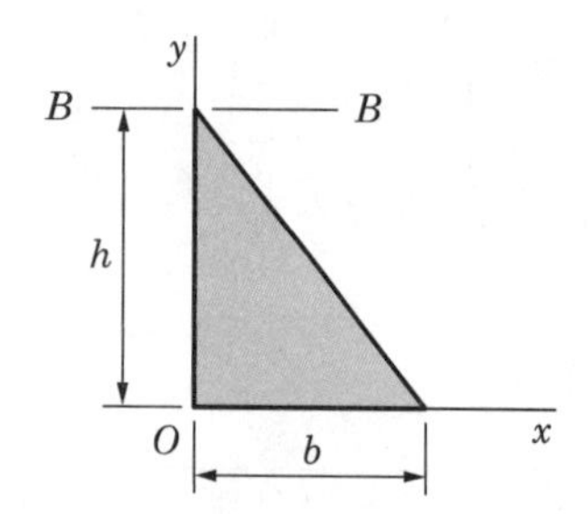

Right triangle(origin of axes at vertex)

$I_x = \frac{bh^3}{12}$ $I_y = \frac{hb^3}{12}$ $I_{xy} = \frac{b^2h^2}{24}$

$I_p = \frac{bh}{12}(h^2 + b^2)$ $I_{BB} = \frac{bh^3}{4}$

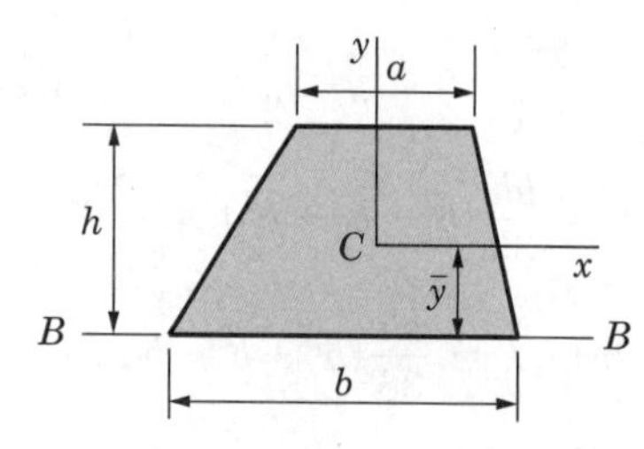

Trapezoid(origin of axes at centroid)

$A = \frac{h(a+b)}{2}$ $\bar{y} = \frac{h(2a+b)}{3(a+b)}$

$I_x = \frac{h^3(a^2 + 4ab + b^2)}{36(a+b)}$ $I_{BB} = \frac{h^3(3a+b)}{12}$

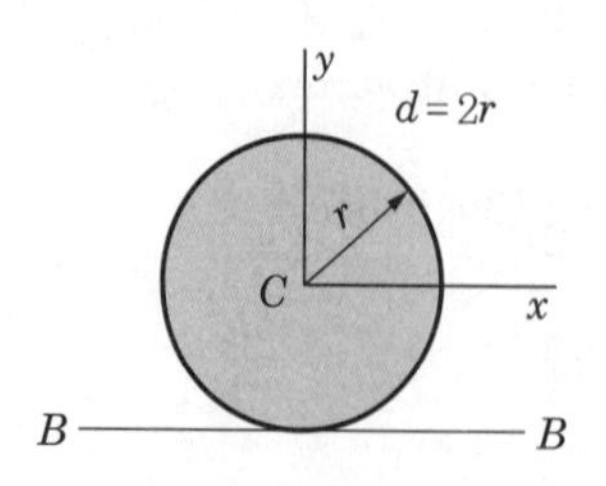

Circle(origin of axes at center)

$A = \pi r^2 = \frac{\pi d^2}{4}$ $I_x = I_y = \frac{\pi r^4}{4} = \frac{\pi d^4}{64}$

$I_{xy} = 0$ $I_p = \frac{\pi r^4}{2} = \frac{\pi d^4}{32}$

$I_{BB} = \frac{5\pi r^4}{4} = \frac{5\pi d^4}{64}$

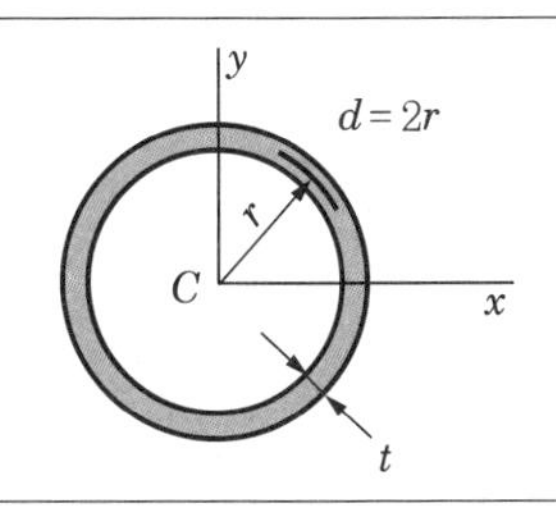

Circular ring(origin of axes at center)

Approximate formulas for case when t is small

$$A = 2\pi r t = \pi d t \qquad I_x = I_y = \pi r^3 t = \frac{\pi d^3 t}{8}$$

$$I_{xy} = 0 \qquad I_p = 2\pi r^3 t = \frac{\pi d^3 t}{4}$$

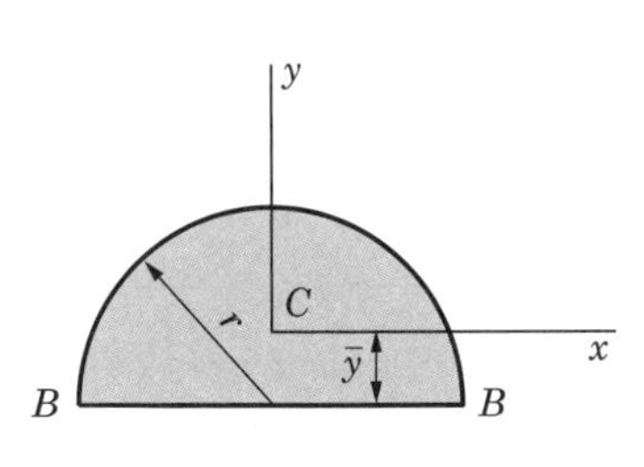

Semicircle(origin of axes at centroid)

$$A = \frac{\pi r^2}{2} \qquad \bar{y} = \frac{4r}{3\pi}$$

$$I_x = \frac{(9\pi^2 - 64)r^4}{72\pi} \approx 0.1098 r^4$$

$$I_y = \frac{\pi r^4}{8} \qquad I_{xy} = 0 \qquad I_{BB} = \frac{\pi r^4}{8}$$

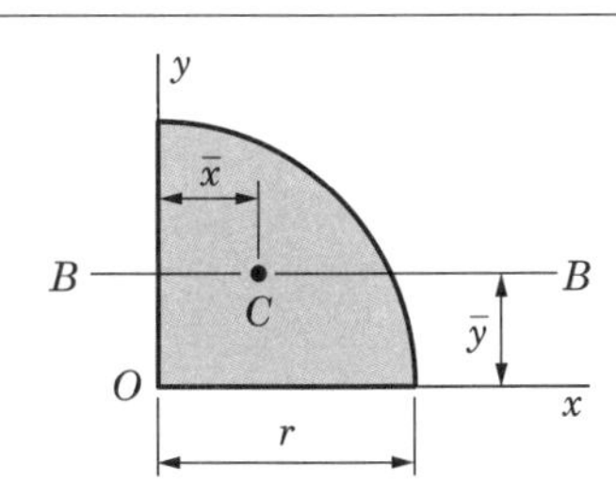

Quarter circle(origin of axes at center of circle)

$$A = \frac{\pi r^2}{4} \qquad \bar{x} = \bar{y} = \frac{4r}{3\pi} \qquad I_x = I_y = \frac{\pi r^4}{16}$$

$$I_{xy} = \frac{r^4}{8} \qquad I_{BB} = \frac{(9\pi^2 - 64)r^4}{144\pi} \approx 0.05488 r^4$$

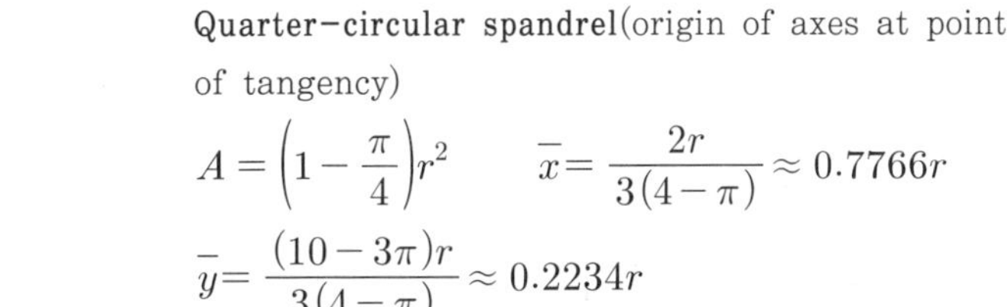

Quarter-circular spandrel(origin of axes at point of tangency)

$$A = \left(1 - \frac{\pi}{4}\right) r^2 \qquad \bar{x} = \frac{2r}{3(4 - \pi)} \approx 0.7766 r$$

$$\bar{y} = \frac{(10 - 3\pi) r}{3(4 - \pi)} \approx 0.2234 r$$

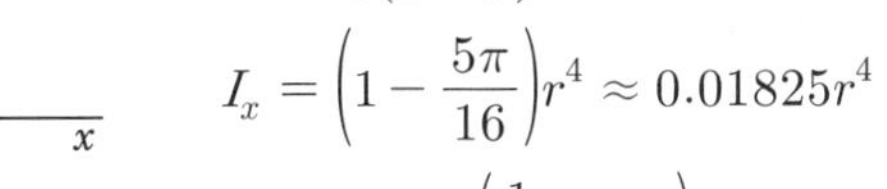

$$I_x = \left(1 - \frac{5\pi}{16}\right) r^4 \approx 0.01825 r^4$$

$$I_y = I_{BB} = \left(\frac{1}{3} - \frac{\pi}{16}\right) r^4 \approx 0.1370 r^4$$

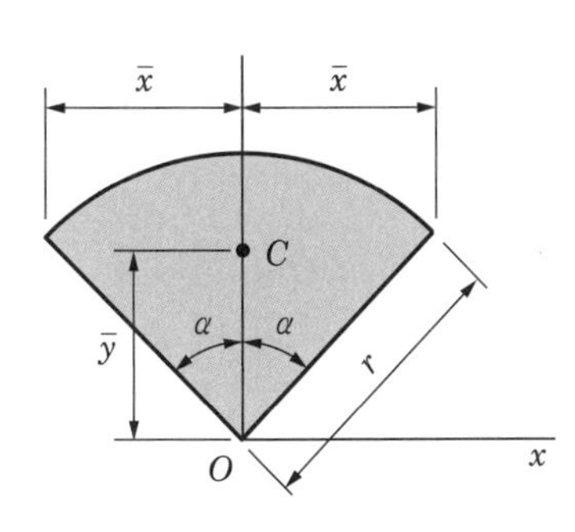

Circular sector(origin of axes at center of circle)

α =angle in radians ($\alpha \geq \pi/2$)

$$A = \alpha r^2 \qquad \bar{x} = r \sin \alpha \qquad \bar{y} = \frac{2 r \sin \alpha}{3\alpha}$$

$$I_x = \frac{r^4}{4}(\alpha + \sin\alpha \cos\alpha)$$

$$I_y = \frac{r^4}{4}(\alpha - \sin\alpha \cos\alpha)$$

$$I_{xy} = 0 \qquad I_p = \frac{\alpha r^4}{2}$$

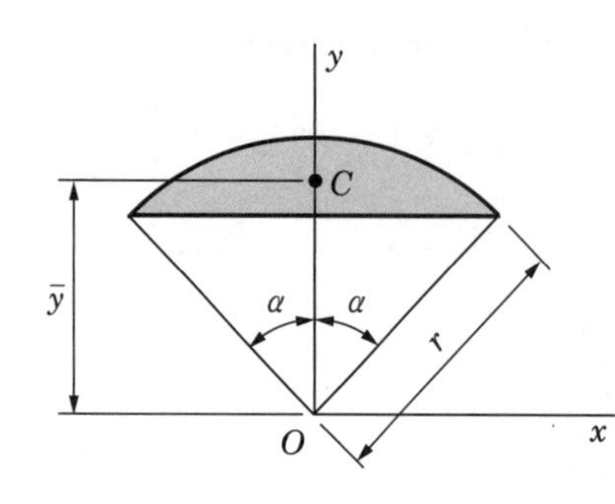

Circular segment(origin of axes at center of circle)

α =angle in radians $(\alpha \leq \pi/2)$

$A = r^2(\alpha - \sin\alpha\cos\alpha)$

$\bar{y} = \frac{2r}{3}\left(\frac{\sin^3\alpha}{\alpha - \sin\alpha\cos\alpha}\right)$

$I_x = \frac{r^4}{4}(\alpha - \sin\alpha\cos\alpha + 2\sin^3\alpha\cos\alpha)$

$I_{xy} = 0$

$I_y = \frac{r^4}{12}(3\alpha - 3\sin\alpha\cos\alpha - 2\sin^3\alpha\cos\alpha)$

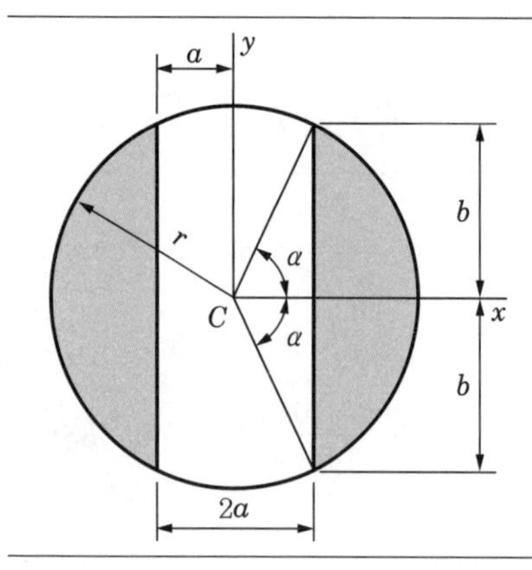

Circle with core removed(origin of axes at center of circle)

α =angle in radians $(\alpha \leq \pi/2)$

$\alpha = \arccos\frac{a}{r} \quad b = \sqrt{r^2 - a^2} \quad A = 2r^2\left(a - \frac{ab}{r^2}\right)$

$I_x = \frac{r^4}{6}\left(3\alpha\frac{2ab}{r^2} - \frac{2ab^3}{r^4}\right)$

$I_y = \frac{r^4}{2}\left(\alpha - \frac{ab}{r^2} + \frac{2ab^3}{r^4}\right) \qquad I_{xy} = 0$

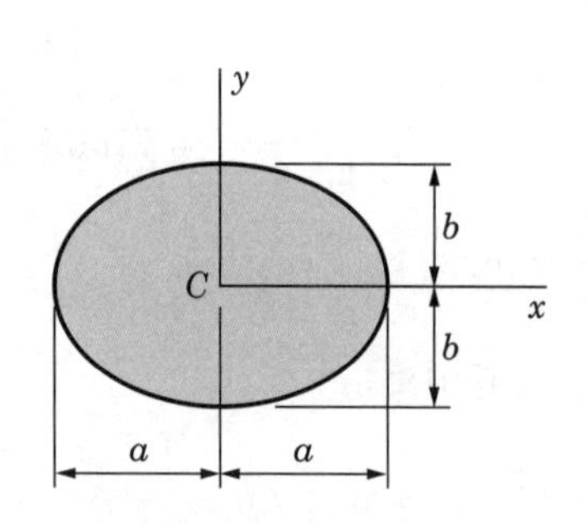

Ellipse(origin of axes at centroid)

$A = \pi ab \qquad I_x = \frac{\pi ab^3}{4} \qquad I_y = \frac{\pi ba^3}{4}$

$I_{xy} = 0 \qquad I_p = \frac{\pi ab}{4}(b^2 + a^2)$

circumference $\approx \pi\left[1.5(a+b) - \sqrt{ab}\,\right]$

$(a/3 \leq b \leq a)$

$\approx 4.17b^2/a + 4a$

$(0 \leq b \leq a/3)$

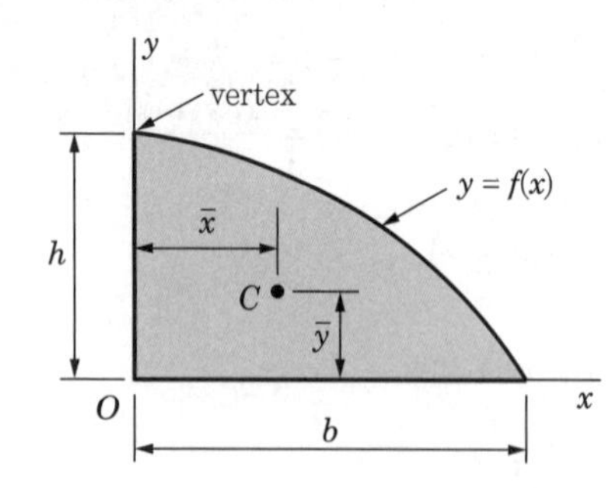

Parabolic semisegment(origin of axes at corner)

$y = f(x) = h\left(1 - \frac{x^2}{b^2}\right)$

$A = \frac{2bh}{3} \qquad \bar{x} = \frac{3b}{8} \qquad \bar{y} = \frac{2h}{5}$

$I_x = \frac{16bh^3}{105} \qquad I_y = \frac{2hb^3}{15} \qquad I_{xy} = \frac{b^2h^2}{12}$

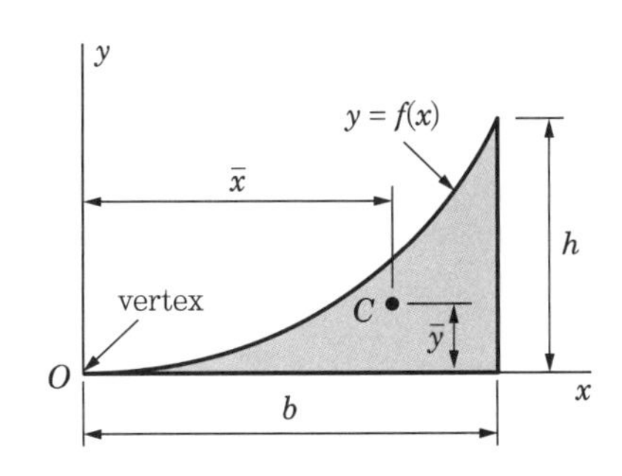

Parabolic spandrel(origin os axes at vertex)

$$y = f(x) = \frac{hx^2}{b^2}$$

$$A = \frac{bh}{33} \qquad \bar{x} = \frac{3b}{4} \qquad \bar{y} = \frac{3h}{10}$$

$$I_x = \frac{bh^3}{21} \qquad I_y = \frac{hb^3}{4} \qquad I_{xy} = \frac{b^2h^2}{12}$$

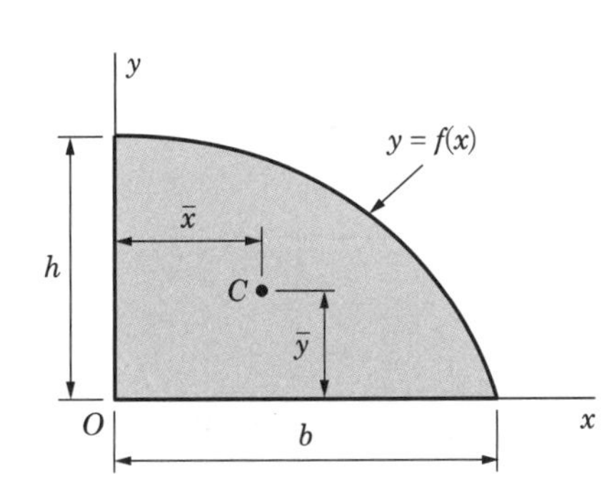

Semisegment of nth degree(origin of axes at corner)

$$y = f(x) = h\left(1 - \frac{x^n}{b^n}\right) \quad (n > 0)$$

$$A = bh\left(\frac{n}{n+1}\right) \qquad \bar{x} = \frac{b(n+1)}{2(n+2)} \qquad \bar{y} = \frac{hn}{2n+1}$$

$$I_x = \frac{2bh^3n^3}{(n+1)(2n+1)(3n+1)}$$

$$I_y = \frac{hb^3n}{3(n+3)} \qquad I_{xy} = \frac{b^2h^2n^2}{4(n+1)(n+2)}$$

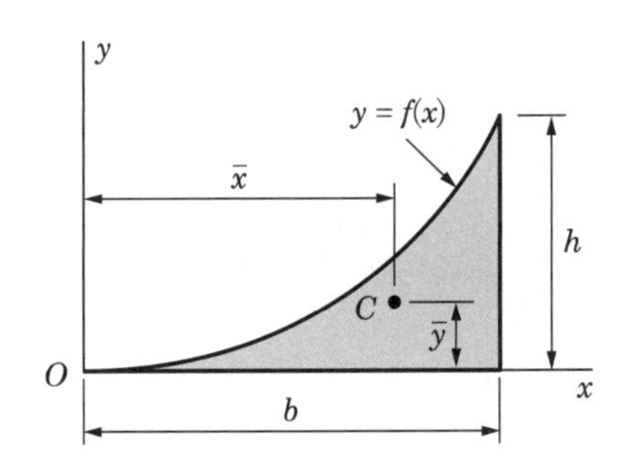

Spandrel of nth degree(origin of axes at point tangency)

$$y = f(x) = \frac{hx^n}{b^n} \quad (n > 0)$$

$$A = \frac{bh}{n+1} \qquad \bar{x} = \frac{b(n+1)}{n+2} \qquad \bar{y} = \frac{h(n+1)}{2(2n+1)}$$

$$I_x = \frac{bh^3}{3(3n+1)} \qquad I_y = \frac{hb^3}{n+3} \qquad I_{xy} = \frac{b^2h^2}{4(n+1)}$$

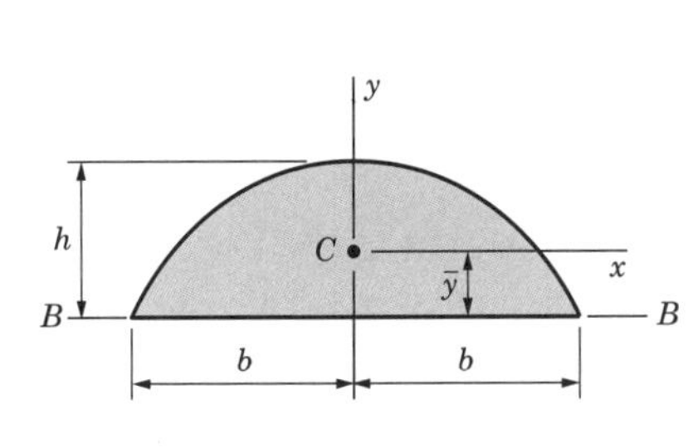

Sine wave(origin of axes at centroid)

$$A = \frac{bhh}{\pi} \qquad \bar{y} = \frac{\pi h}{8}$$

$$I_x = \left(\frac{8}{9\pi} - \frac{\pi}{16}\right)bh^3 \approx 0.08659bh^3$$

$$I_y\left(\frac{4}{\pi} - \frac{32}{\pi^3}\right)hb^3 \approx 0.2412hb^3$$

$$I_{xy} = 0 \qquad I_{BB} = \frac{8bh^3}{9\pi}$$

D 각종 형강(形鋼)의 규격표

1 I 형강의 치수표 (A)

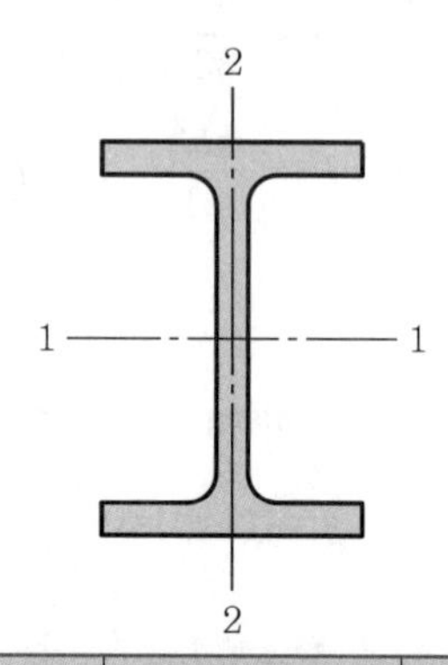

Designation	Weight per foot	area	Depth	Web thickness	Flange		Axis 1–1			Axis 2–2		
					Width	Thickness	I	S	r	I	S	r
	lb	in.^{2}	in.	in.	in.	in.	in.^{4}	in.^{3}	in.	in.^{4}	in.^{3}	in.
W30×211	211	62.0	30.94	0.775	15.105	1.315	10300	663	12.9	757	100	3.49
W30×132	132	38.9	30.31	0.615	10.545	1.000	5770	380	12.2	196	37.2	2.25
W24×162	162	47.7	25.00	0.705	12.955	1.220	5170	414	10.4	443	68.4	3.05
W24×94	94	27.7	24.31	0.515	9.065	0.875	2700	222	9.87	109	24.0	1.98
W18×119	119	35.1	18.97	0.655	11.265	1.060	2190	231	7.90	253	44.9	2.69
W18×71	71	20.8	18.47	0.495	7.635	0.810	1170	127	7.50	60.3	15.8	1.70
W16×100	100	29.4	16.97	0.585	10.425	0.985	1490	175	7.10	186	35.7	2.51
W16×77	77	22.6	16.52	0.455	10.295	0.760	1110	134	7.00	138	26.9	2.47
W16×57	57	16.8	16.43	0.430	7.120	0.715	758	92.2	6.72	43.1	12.1	1.60
W16×31	31	9.12	15.88	0.275	5.525	0.440	375	47.2	6.41	12.4	4.49	1.17
W14×120	120	35.3	14.48	0.590	14.670	0.940	1380	190	6.24	495	67.5	3.74
W14×82	82	24.1	14.31	0.510	10.130	0.885	882	123	6.05	148	29.3	2.48
W14×53	53	15.6	13.92	0.370	8.060	0.660	541	77.8	5.89	57.7	14.3	1.92
W14×26	26	7.69	13.91	0.255	5.025	0.420	245	35.3	5.65	8.91	3.54	1.08
W12×87	87	25.6	12.53	0.515	12.125	0.810	740	118	5.38	241	39.7	3.07
W12×50	50	14.7	12.19	0.370	8.080	0.640	394	64.7	5.18	56.3	13.9	1.96
W12×35	35	10.3	12.50	0.300	6.560	0.520	285	45.6	5.25	24.5	7.47	1.54
W12×14	14	4.16	11.91	0.200	3.970	0.225	88.6	14.9	4.62	2.36	1.19	0.753
W10×60	60	17.6	10.22	0.420	10.080	0.680	341	66.7	4.39	116	23.0	2.57
W10×45	45	13.3	10.10	0.350	8.020	0.620	248	49.1	4.32	53.4	13.3	2.01
W10×30	30	8.84	10.47	0.300	5.810	0.510	170	32.4	4.38	16.7	5.75	1.37
W10×12	12	3.54	9.87	0.190	3.960	0.210	53.8	10.9	3.90	2.18	1.10	0.785
W8×35	35	10.3	8.12	0.310	8.020	0.495	127	31.2	3.51	42.6	10.6	2.03
W8×28	28	8.25	8.06	0.285	6.535	0.465	98.0	24.3	3.45	21.7	6.63	1.62
W8×21	21	6.16	8.28	0.250	5.270	0.400	75.3	18.2	3.49	9.77	3.71	1.26
W8×15	15	4.44	8.11	0.245	4.015	0.315	48.0	11.8	3.29	3.41	1.70	0.876

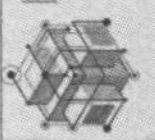

2 I 형강의 치수표(B)

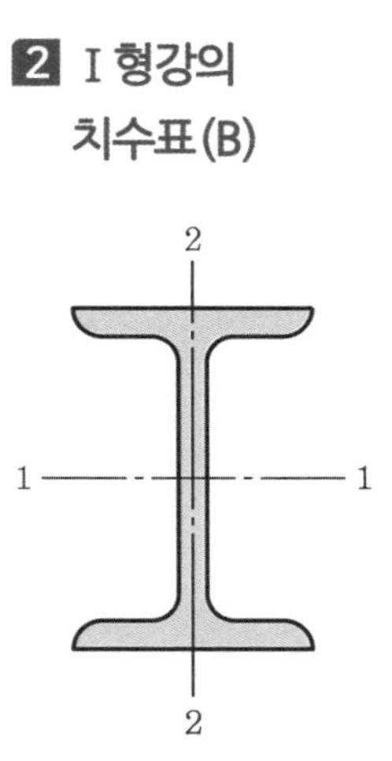

Designation	Weight per foot	Area	Depth	Web thickness	Flange		Axis 1–1			Axis 2–2		
					Width	Thickness	I	S	r	I	S	r
	lb	$in.^2$	in.	in.	in.	in.	$in.^4$	$in.^3$	in.	$in.^4$	$in.^3$	in.
S24×100	100	29.3	24.00	0.745	7.245	0.870	2390	199	9.02	47.7	13.2	1.27
S24×80	80	23.5	24.00	0.500	7.000	0.870	2100	175	9.47	42.2	12.1	1.34
S20×96	96	28.2	30.30	0.800	7.200	0.920	1670	165	7.71	50.2	13.9	1.33
S20×75	75	22.0	20.00	0.635	6.385	0.795	1280	128	7.62	29.8	9.32	1.16
S18×70	70	20.6	18.00	0.711	6.251	0.691	926	103	6.71	24.1	7.72	1.08
S18×54.7	54.7	16.1	18.00	0.461	6.001	0.691	804	89.4	7.07	20.8	6.94	1.14
S15×50	50	14.7	15.00	0.550	5.640	0.622	486	64.8	5.75	15.7	5.57	1.03
S15×42.9	42.9	12.6	15.00	0.411	5.501	0.622	447	59.6	5.95	14.4	5.23	1.07
S12×50	50	14.7	12.00	0.687	5.477	0.659	305	50.8	4.55	15.7	5.74	1.03
S12×35	35	10.3	12.00	0.428	5.078	0.544	229	38.2	4.72	14.4	3.89	0.980
S10×35	35	10.3	10.00	0.594	4.944	0.491	147	29.4	3.78	15.7	3.38	0.901
S20×25.4	25.4	7.46	10.00	0.311	4.661	0.491	124	24.7	4.07	9.87	2.91	0.954
S8×23	23	6.77	8.00	0.441	4.171	0.426	64.9	16.2	3.10	8.36	2.07	0.798
S8×18.4	18.4	5.41	8.00	0.271	4.001	0.426	57.6	14.4	3.26	6.79	1.86	0.831
S6×17.25	17.25	5.07	6.00	0.465	3.565	0.359	26.3	8.77	2.28	4.31	1.30	0.675
S6×12.5	12.5	3.67	6.00	0.232	3.332	0.359	22.1	7.37	2.45	3.73	1.09	0.705
S4×9.5	9.5	2.79	4.00	0.326	2.796	0.293	6.79	3.39	1.56	2.31	0.646	0.569
S4×7.7	7.7	2.29	4.00	0.193	2.663	0.293	6.08	3.04	1.64	1.82	0.574	0.581

3 채널(channel) 형강의 치수표 (A)

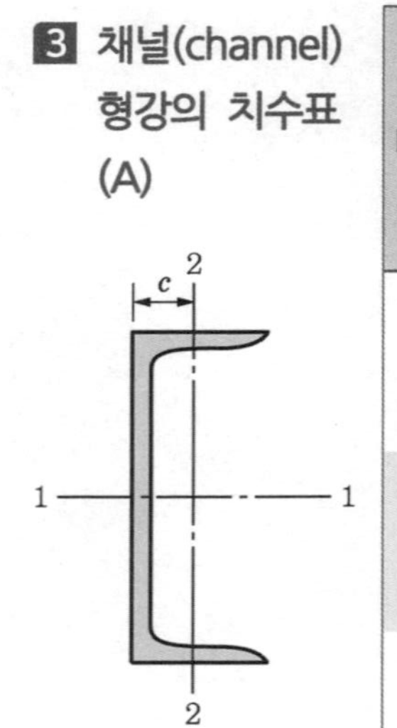

Designation	Weight per foot	Area	Depth	Web thickness	Flange		Axis 1-1			Axis 2-2		
					Width	Thickness	I	S	r	I	S	r
	lb	in.^{2}	in.	in.	in.	in.	in.^{4}	in.^{3}	in.	in.^{4}	in.^{3}	in.
C15×50	50.0	14.7	15.00	0.716	3.716	0.650	404	53.8	5.24	11.0	3.78	0.867
C15×40	40.0	11.8	15.00	0.520	3.520	0.650	349	46.5	5.44	9.23	3.37	0.886
C15×33.9	33.9	9.96	15.00	0.400	3.400	0.650	315	42.0	5.62	8.13	3.11	0.904
C12×30	30.0	8.82	12.00	0.510	3.170	0.501	162	27.0	4.29	5.14	2.06	0.763
C12×25	25	7.35	12.00	0.387	3.047	0.501	144	24.1	4.43	4.47	1.88	0.780
C12×20.7	20.7	6.09	12.00	0.282	2.942	0.501	129	21.5	4.61	3.88	1.73	0.799
C10×30	30.0	8.82	10.00	0.673	3.033	0.436	103	20.7	3.42	3.94	1.65	0.669
C10×25	25	7.35	10.00	0.526	2.886	0.436	91.2	18.2	3.52	3.36	1.48	0.676
C10×20	20.0	5.88	10.00	0.379	2.739	0.436	78.9	15.8	3.66	2.81	1.32	0.692
C10×15.3	15.3	4.49	10.00	0.240	2.600	0.436	67.4	13.5	3.87	2.28	1.16	0.713
C ×18.75	18.75	5.51	8.00	0.487	2.527	0.390	44.0	11.0	2.82	1.98	1.아	0.599
C ×13.75	13.75	4.04	8.00	0.303	2.343	0.390	36.1	9.03	2.99	1.53	0.854	0.615
C 8×11.5	11.5	3.38	8.00	0.220	2.260	0.390	32.6	8.14	3.11	1.32	0.781	0.625
C 6×13	13.0	3.83	6.00	0.437	2.157	0.343	17.4	5.80	2.13	1.05	0.642	0.525
C 6×10.5	10.5	3.09	6.00	0.314	2.034	0.343	15.2	5.06	2.22	0.866	0.564	0.529
C 6×8.2	8.2	2.40	6.00	0.200	1.920	0.343	13.1	4.38	2.34	0.693	0.492	0.537
C 4×7.25	7.25	2.13	4.00	0.321	1.721	0.296	4.59	2.29	1.47	0.433	0.343	0.450
C 4×5.4	5.4	1.59	4.00	0.184	1.584	0.296	3.85	1.93	1.56	0.319	0.283	0.449

4 앵글(angle) 형강의 치수표 (A)

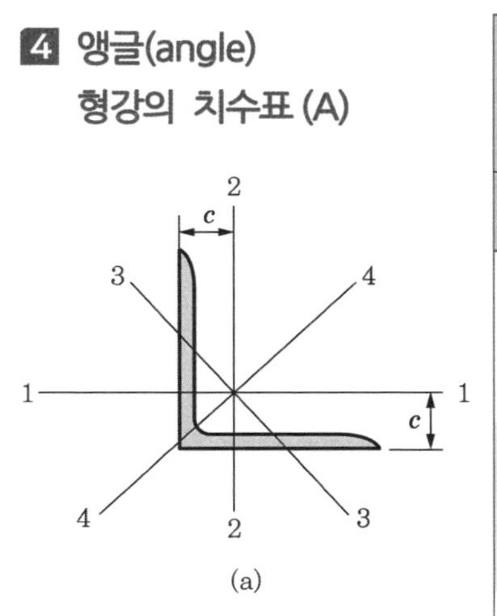

(a)

Designation	Weight per foot	Area	Axis 1–1 and Axis 2–2				Axis 3–3
			I	S	r	C	r_{min}
in.	lb	in.^{2}	in.^{4}	in.^{3}	in.	in	in
L8 ×8 ×1	51.0	11.0	89.0	15.9	2.44	2.37	1.56
L8 ×8 ×$\frac{3}{4}$	38.9	11.4	69.7	12.2	2.47	2.28	1.58
L8 ×8 ×$\frac{1}{2}$	26.4	7.75	48.6	8.36	2.50	2.19	1.59
L6 ×6 ×1	37.4	11.0	35.5	8.57	1.80	1.86	1.17
L6 ×6 ×$\frac{3}{4}$	28.7	8.44	28.2	6.66	1.83	1.78	1.17
L6 ×6 ×$\frac{1}{2}$	19.6	5.75	19.9	4.61	1.86	1.68	1.18
L5 ×5 ×$\frac{7}{8}$	27.2	7.98	17.8	5.17	1.49	1.57	0.973
L5 ×5 ×$\frac{1}{2}$	16.2	4.75	11.3	3.16	1.54	1.43	0.983
L5 ×5 ×$\frac{3}{8}$	12.3	3.61	8.74	2.42	1.56	1.39	0.990
L4 ×4 ×$\frac{3}{4}$	18.5	5.44	7.67	2.81	1.19	1.27	0.778
L4 ×4 ×$\frac{1}{2}$	12.8	3.75	5.56	1.97	1.22	1.18	0.782
L4 ×4 ×$\frac{3}{8}$	9.8	2.86	4.36	1.52	1.23	1.14	0.788
L3$\frac{1}{2}$ ×3$\frac{1}{2}$ ×$\frac{7}{8}$	8.5	2.48	2.87	1.15	1.07	1.01	0.687
L3$\frac{1}{2}$ ×3$\frac{1}{2}$ ×$\frac{3}{8}$	5.8	1.69	2.01	0.794	1.09	0.968	0.694
L3 ×3 ×$\frac{1}{2}$	9.4	2.75	2.22	1.07	0.898	0.932	0.584
L3 ×3 ×$\frac{1}{2}$	4.9	1.44	1.24	0.577	0.842	0.842	0.592

5 앵글 형강의 치수표 (B)

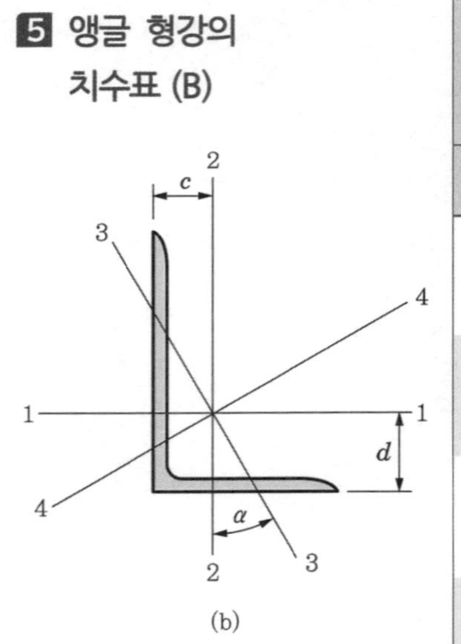

(b)

Designation	Weight per foot	Area	Axis 1-1				Axis 2-2				Axis 3-3	
			I	S	r	d	I	S	r	C	r_{min}	$\tan\alpha$
in.	lb	in.^{2}	in.^{4}	in.^{3}	in.	in.	in.^{4}	in.^{3}	in.	in.	in.	
L8×6 ×1	44.2	13.00	80.8	15.1	2.49	2.65	38.8	8.92	1.73	1.65	1.28	0.543
L8×6 ×$\frac{1}{2}$	23.0	6.75	44.3	8.02	2.56	2.47	21.7	4.79	1.79	1.47	1.30	0.558
L7×4 ×$\frac{3}{4}$	26.2	7.69	37.8	8.42	2.22	2.51	9.05	3.03	1.09	1.01	0.860	0.324
L7×4 ×$\frac{1}{2}$	17.9	5.25	26.7	5.81	2.25	2.42	6.53	2.12	1.11	0.917	0.872	0.335
L6×4 ×$\frac{3}{4}$	23.6	6.94	24.5	6.25	1.88	2.08	8.68	2.97	1.12	1.08	0.860	0.428
L6×4 ×$\frac{1}{2}$	16.2	4.75	17.4	4.33	1.91	1.99	6.27	2.08	1.15	0.987	0.870	0.440
L5×3$\frac{1}{2}$×$\frac{3}{4}$	19.8	5.81	13.9	4.28	1.55	1.75	5.55	2.22	0.977	0.996	0.748	0.464
L5×3$\frac{1}{2}$×$\frac{1}{4}$	13.6	4.00	9.99	2.99	1.58	1.66	4.05	1.56	1.01	0.906	0.755	0.479
L5×3 ×$\frac{1}{2}$	12.8	3.75	9.45	2.91	1.59	1.75	2.58	1.15	0.829	0.750	0.648	0.357
L5×3 ×$\frac{1}{4}$	6.6	1.94	5.11	1.53	1.62	1.66	1.44	0.614	0.861	0.657	0.663	0.371
L4×3$\frac{1}{2}$×$\frac{1}{2}$	11.9	3.50	5.32	1.94	1.23	1.25	3.79	1.52	1.04	1.00	0.722	0.750
L4×3$\frac{1}{2}$×$\frac{1}{4}$	6.2	1.81	2.91	1.03	1.27	1.16	2.09	0.808	1.07	0.909	0.734	0.759
L4×3 ×$\frac{1}{2}$	11.1	3.25	5.05	1.89	1.25	1.33	2.42	1.12	0.864	0.827	0.639	0.543
L4×3 ×$\frac{3}{8}$	8.5	2.48	3.96	1.46	1.26	1.28	1.92	0.866	0.879	0.782	0.644	0.551
L4×3 ×$\frac{1}{4}$	5.8	1.69	2.77	1.00	1.28	1.24	1.36	0.599	0.896	0.736	0.651	0.558

참고문헌

1. Ferdinand P. Beer, E. Russell Johnston, and David F. Mazurek, *Vector Mechanics for Engineers: Statics*, 10th ed., McGraw-Hill, 2013.
2. Michael E. Plesha, Gary L. Gray, and Francesco Costanzo, *Engineering Mechanics: Statics*, 2nd ed., McGraw-Hill, 2013.
3. Andrew Pytel and Jaan Kiusalaas, *Engineering Mechanics: Statics*, 4th ed., Cengage Learning, 2017.
4. Russell C. Hibbeler, *Engineering Mechanics: Statics*, 14th ed.
5. Ferdinand Beer and E. Johnston, John DeWolf, and David Mazurek, *Mechanics of Materials*, 8th ed., McGraw-Hill.
6. Russell C. Hibbeler, *Mechanics of Materials*, 8th ed. Prentice Hall, 2011.
7. Andrew Pytel and Jaan Kiusalaas, *Mechanics of Materials*, 2nd ed., Cengage Learning, 2012.
8. James M. Gere and Barry J. Goodno, *Mechanics of Materials*, 9th ed., Cengage Learning, 2018.
9. Barry J. Goodno and Tames M. Gere, *Mechanics of Materials*, 9th ed., Cengage Learning, 2017.
10. R. C. Hibbeler, *Statics and Mechanics of Materials*, 5th ed., Russell C., 2014.
11. Gere & Timoshenko, *Mechanics of Materials*, 3nd ed., Thomson I.P. Group.
12. J. L. Meriam & Kraige, *Engineering Mechanics-Statics*, 7th ed., Wiley.
13. 장태익, 일반기계기사, 성안당, 2018.
14. 장태익, 표준 열역학, 성안당, 2018.
15. 장태익, 표준 유체역학, 성안당, 2019.
16. 김철 외 2인, 기계설계, 성안당, 2000.

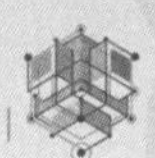

연습문제 해답

제0장 정역학 개론

[기초 연습문제]

01. $|P| = 500,\ \theta = 53.13°$

02. $50\hat{i} + 50\sqrt{3}\,\hat{j}$

03. (1)

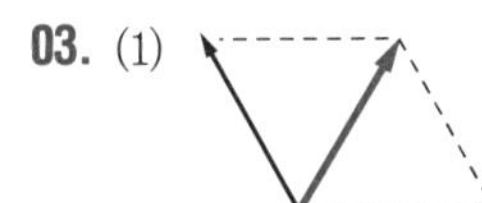

(2)

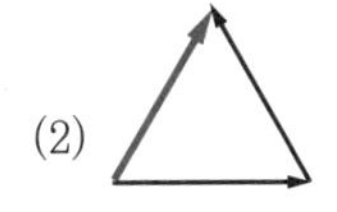

(3) $2{,}000\text{N}\,\hat{i} + 2{,}000\sqrt{3}\,\text{N}\,\hat{j}$

(4) 4,000N, 60°

04. (1) $2,\ 2\sqrt{3}$

(2) 6, 30°

(3) $-2\sqrt{3}\,\hat{k}$, 30°

(4) 30°

05. 30N

06. $M_B = 500\sqrt{2}\,\text{N}\cdot\text{m}\,\hat{k}$

07. (1) 움직인다.

(2) 5.72m/s^2

08.

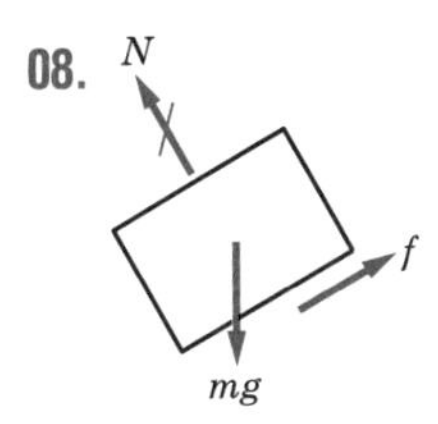

09 ~ 20. 자유물체도임. 생략

21. $R = P_1 + P_2 + P_3$

22. (1) $R_A = 20\text{kN}$

23. (1) $R_A = P_1 + P_2 + P_3$

24. (2) $T_{AC} = T_{BC} = 100\text{N}$

25. $R_A = 30,\ R_B = 20$

26. $R_A = P\dfrac{b}{a+b}$

$R_B = P\dfrac{a}{a+b}$

27. $R_A = P,\ M_A = PL$

28. $M_A = 5{,}440\text{kN}\cdot\text{m}$
$R_A = 680\text{kN}$

29. (2) $R_A = 980\text{N}$

30. (2) $T = 250\text{N}$

31. (2) $T = 490\text{N}$

32. (2) $A_x = 0,\ A_y = \dfrac{-Pb}{a},\ B_y = \dfrac{PL}{a}$

33. (2) $B_y = -1.6P$, 부정정

34. (2) $B_y = -400$, 부정정

35. (2) $A_x = -917\text{N},\ A_y = 1{,}408\text{N}$

(3) $T = 1{,}012\text{N}$

[응용 연습문제]

01. (1)

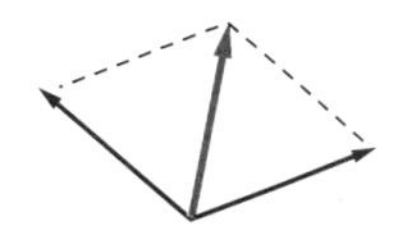

(2)

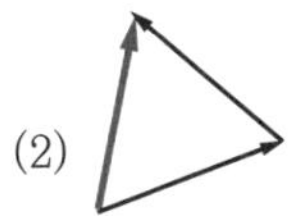

(3) $134.3\text{N}\,\hat{i} + 412.1\text{N}\,\hat{j}$

(4) 433.4N, 71.95°

02. $M_B = -141{,}500\text{N}\cdot\text{m}\,\hat{k}$

03.

04 ~ 13. 자유물체도 문제이므로 생략

14. (1) $R_A = 20\text{kN}$

15. $R_A = \dfrac{P_1(L-a)+P_2(L-b)}{L}$

$R_B = \dfrac{P_1 a + P_2 b}{L}$

16. (2) $T = 500\text{N}$

17. (2) $A_x = -2{,}000\text{N},\ A_y = -1{,}000\text{N}$

$B_x = 2{,}000\text{N},\ B_y = 2{,}000\text{N}$

(3) $F_{BC} = 2{,}828\text{N}$

18. (2) $A_x = -34.64\text{N},\ A_y = 20\text{N}$

$B_x = 34.64\text{N},\ B_y = 0$

제1장 인장, 압축 및 전단

[기초 연습문제]

01. $\sigma_t = 8280.25\text{N/cm}^2$
$\varepsilon = 0.017$

02. $P_t = 9{,}420\text{N}$

03. $\sigma_c = 11.11\text{N/mm}^2$

04. $\varepsilon_c = -6.8 \times 10^{-4}$($-$: 압축)

05. $\varepsilon' = 1.0 \times 10^{-4}$

06. $\delta = 17\text{mm},\ \sigma_t = 41\text{N/mm}^2$

07. $d = 29.4\text{mm}$

08. $A' = 0.0378\text{cm}^2$

09. $\sigma_a = 7{,}429\text{N/cm}^2$

10. $h = \dfrac{5}{14} d_0$

11. $d = 10.3\text{mm}$

12. $\sigma_a = 125\text{N/mm}^2$
$s = 3.6$

13. $t = 1.39\text{cm}$

14. $P_t = 22{,}932\text{N}$이고 $P_s = 7{,}477.6\text{N}$이므로 안전을 고려하여 7477.6N으로 한다.

15. $\tau = 93.75\text{N/cm}^2$

16. $P = 1{,}800\text{N}$

17. $T_{AC} = 8{,}486.8\text{N} \fallingdotseq 8.487\text{kN}$

18. $R = 2{,}449.5\text{N}$

[응용 연습문제]

01. $\sigma_t = 1{,}990\text{N/cm}^2$

02. $\sigma_c = 907.93\text{N/cm}^2$

03. $L \fallingdotseq 12.08\text{mm}$

04. $\sigma_1 : \sigma_2 = 9 : 1$

05. $a = 6.20\text{cm}$
$\sigma_c = 6{,}500\text{N/cm}^2$

06. $\nu = 0.11304$
$m = 8.846$

07. $\alpha_k = 1.90$

08. $P_t = 500 \times 10^3\text{N}$이고 $P_s = 164{,}850\text{N}$이므로 안전을 고려하여 164,850N으로 한다.

09. $T = 200\text{N}(= T_1)$
$T_1 = 200\text{N}$

제2장 축하중을 받는 부재의 인장, 압축, 전단

[기초 연습문제]

01. $\delta_1 = 0.01258\text{cm}$
$\delta_2 = 0.0199\text{cm}$
$\therefore\ \delta = \delta_1 + \delta_2 = 0.03248\text{cm}$

02. $\delta_A = 0.02667\text{cm}$
$\delta_B = 0.01\text{cm}$
$\delta_c = 0.00833\text{cm}$
$\therefore\ \delta = \delta_A + \delta_B + \delta_c \fallingdotseq 0.045\text{cm} = 0.45\text{mm}$

03. $P = 2{,}575{,}636.875\text{N} \fallingdotseq 2{,}575.64\text{kN}$

04. $\alpha = 1.3889 \times 10^{-7}$

05. $P = 60{,}956.5\text{N}$

06. $\sigma_h = -11{,}000\text{N}$($-$: 수축)
$R = 462{,}000\text{N}$(지지력)

07. $\sigma_h = 3 \times 10^5\text{N/cm}^2$

08. $U = 19{,}353.6\text{N}\cdot\text{cm}$

09. $U = 1{,}600\text{N}\cdot\text{cm}$

10. $u = 11.025\text{N}\cdot\text{cm}/\text{cm}^3$

11. $\sigma = 67{,}300.6\text{N}/\text{cm}^2$

$\rightarrow \sigma_a = 16{,}000\text{N}/\text{cm}^2 < \sigma$

∴ 절단된다.

12. $U = 15{,}302.8\text{N}\cdot\text{cm}$
$u = 185.13\text{N}\cdot\text{cm}/\text{N}$

13. $\delta = 0.5126\text{cm} = 5.126\text{mm}$

14. $\text{N} = 1{,}583.9\text{rpm} \fallingdotseq 1{,}584\text{rpm}$

15. $\sigma_t = 4{,}500\text{N}/\text{cm}^2$
$\sigma_z = 2{,}250\text{N}/\text{cm}^2$

16. $P = 32\text{N}/\text{cm}^2$

17. $t \fallingdotseq 2.22\text{cm}$

18. $\sigma_t = 38{,}250\text{N}/\text{cm}^2$

[응용 연습문제]

01. $A = 1.884\text{cm}^2$

$\delta \fallingdotseq 0.199\text{cm}$

02. $\delta = \dfrac{\gamma L^2}{2E}$ 또는 $\delta = \dfrac{PL}{2EA}$ (단, P : 자중)

03. $U = 265.4\text{N}\cdot\text{cm}$

04. $R = 528{,}000\text{N} = 528\text{kN}$

05. $\sigma = 8{,}571.43\text{N}/\text{cm}^2$

06. $\delta = 3.94\text{cm} \fallingdotseq 4\text{cm}$

07. $F = 40.8\text{N}$

08. $t \fallingdotseq 12\text{cm}$

09. $P = 1{,}538\text{N}/\text{cm}^2$

제3장 평면도형의 성질

[기초 연습문제]

01. $y_c = 5.74\text{cm}$

02. $G_x = 48{,}500\text{cm}^3$
$y_c = 37.308\text{cm}$

03. $G_Z = \pi r^3$
$e = r$

04. $x_c = \dfrac{5}{6}r$

05. $I_{x-x} = 3{,}708\text{cm}^4$

06. $I_{X-X} = 583{,}333.33\text{cm}^4$

07. $I_X = 2{,}304\text{cm}^4$

08. $I_X = 20\pi\text{cm}^4$

09. $I_x = 3.19\text{cm}^4$

10. $I_p = \dfrac{3}{2}\pi r^4 = \dfrac{3\pi d^4}{32}$

11. $Z = \dfrac{\pi d^3}{32}$ 또는 $Z = \dfrac{\pi r^3}{4}$

12. $I_p = \dfrac{\pi d^4}{32}$

13. $Z_x = \dfrac{hb^2}{6}$, $Z_y = \dfrac{hb^2}{6}$

14. $K = \dfrac{h}{\sqrt{18}}$

15. $K_X = 7.165\text{cm}$

16. $I_{XY} = 256\text{cm}^4$

17. $I_{XY} = 68\text{cm}^4$

[응용 연습문제]

01. $y_c = 13.33\text{cm}$

02. $I_g = \dfrac{bh^3}{36}$, $I_X = \dfrac{bh^3}{12}$

03. $I_X = 632\text{cm}^4$

04. $b : h = 1 : \sqrt{2}$
$b : d = 1 : \sqrt{3}$

05. $I_{XY} = \dfrac{1}{4}b^2h^2$

제4장 비틀림

[기초 연습문제]

01. $Z_p = 148.13\text{cm}^3$

02. $\tau = 1{,}610.44\text{N}/\text{cm}^2$

03. $d \fallingdotseq 5.2\text{cm}$

04. $\phi = 0.047°$

05. $\tau = 3{,}538.57\text{N/cm}^2$

06. $\dfrac{L}{d} = 205.94$

07. $\text{N} \fallingdotseq 138\text{rpm}$

08. $\tau_{\max} = 3{,}620.98\text{N/cm}^2$

09. $H_{PS} = 5.47(\text{PS})$

10. $H_{kW} = 58.53(\text{kW})$

11. $U = 746\text{N}\cdot\text{cm}$

12. $\tau_{\max} = 3{,}875.97\text{N/cm}^2$

13. $d = 69.85\text{mm} \fallingdotseq 70\text{mm}$

14. $T = 1{,}456.96\text{N}\cdot\text{cm}$

15. $k = 16.3\text{N/cm}$

[응용 연습문제]

01. $\tau = 35.88\text{N/mm}^2$

02. $d_1 \fallingdotseq 7.88\text{cm}$

03. $\dfrac{H_2}{H_1} = 1.443$(중공축이 44% 더 큰 동력 전달)

04. $d \fallingdotseq 2.468\text{cm}$

05. $T_1 : T_2 = 1 : 8$

06. $\dfrac{U_{\text{I}}}{U_{\text{II}}} = \dfrac{1}{2}$

07. $P = 458.81\text{N}$

제5장 조합응력과 모어의 응력원

[기초 연습문제]

01. $\sigma_n = -5{,}000\text{N/cm}^2$
$\tau = +5{,}000\text{N/cm}^2$

02. $\sigma_n = 2{,}000\text{N/cm}^2$

03. $\sigma_n = 10{,}615.71\text{N/cm}^2$
$\tau = -10{,}615.71\text{N/cm}^2$

04. $\tau_{\max} = 6{,}726.81\text{N/cm}^2 \fallingdotseq 6.727\text{kN/cm}^2$

05. $\theta = 45°$, $\tau_{\max} = -500\text{N/cm}^2$

06. $\sigma_n = -5{,}750\text{N/cm}^2$

07. $\nu = 0.25$
$K = 13.33 \times 10^6\text{N/cm}^2$

08. $\tau_{\max} = \dfrac{3}{4}\sigma_x$

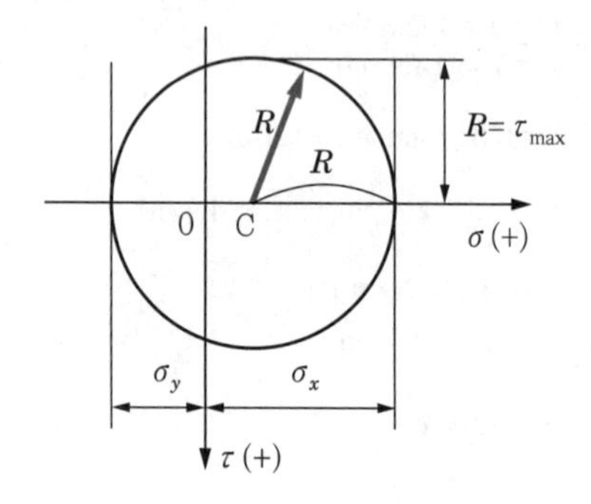

09. $\tau_{\max} = R = \sigma_x$

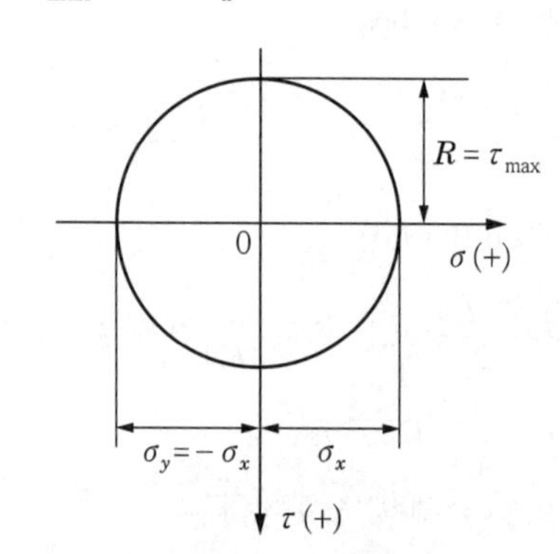

10. $\tau_{\max})_{\theta=45°} = 1{,}000\text{N/cm}^2$

11. $\tan 2\theta = \dfrac{2\tau_{xy}}{\sigma_x - \sigma_y}$

12. $\theta_p = 22.5°$

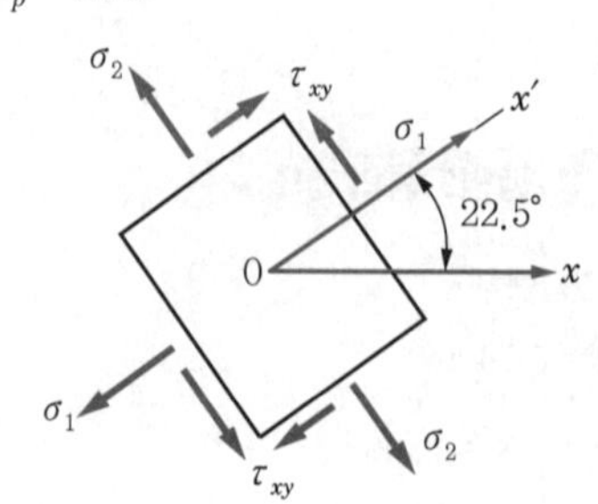

13. $\sigma_1 = 230.2\text{N/cm}^2$
$\theta = -16.84°$

14. $\sigma_{max} = \sigma_1 = \sigma_x = 6{,}000\text{N/cm}^2$
$\tau_{max} = 1{,}500\text{N/cm}^2$

15. $\tau_{max} = 1{,}500\text{N/cm}^2$

[응용 연습문제]

01. $\sigma_x = 3{,}000\text{N/cm}^2$
$\sigma_n = 15{,}000\text{N/cm}^2$
$\therefore \delta = 1.05 \times 10^{-3}\text{cm}$

02. $G = 7.4 \times 10^6\text{N/cm}^2$

03. $\varepsilon_x = 4.25 \times 10^{-4}$
$\varepsilon_y = -4.25 \times 10^{-4}$

04. $\theta = \dfrac{\pi}{4}$와 $\theta = \dfrac{3}{4}\pi$

05. $\sigma_n = -1{,}000\text{N/cm}^2$
$\tau = -5{,}196\text{N/cm}^2$

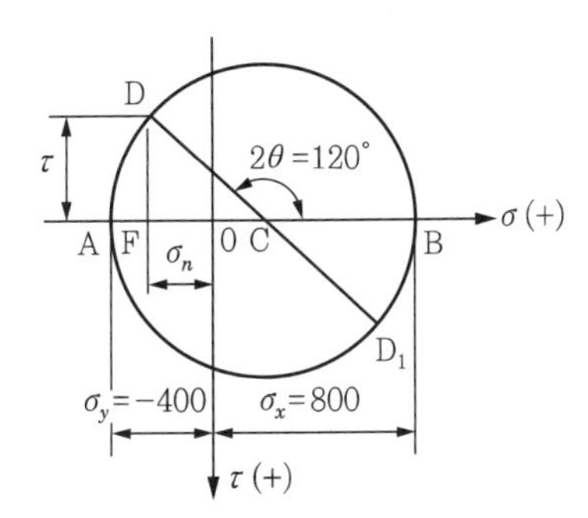

06. $\sigma_1 = 4{,}250\text{N/cm}^2$
$\sigma_2 = 1{,}750\text{N/cm}^2$

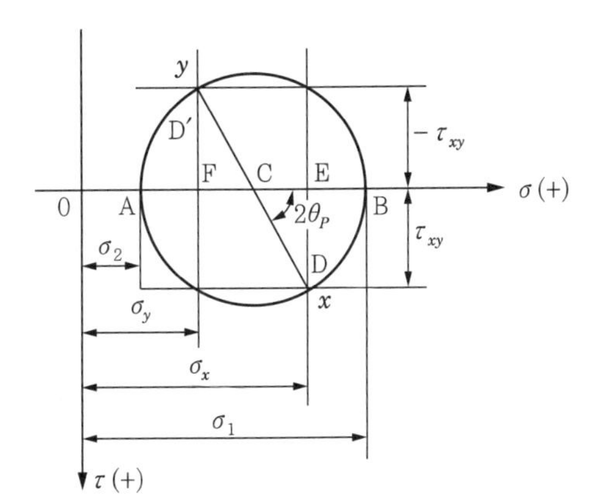

제6장 보의 전단력과 굽힘 모멘트

[기초 연습문제]

01. $R_A = 60\text{N}$
$R_B = 140\text{N}$

02. $H_A = -86.6\text{kN}(\leftarrow)$

03. $M_{max} = 50\text{kN} \cdot \text{m}$

04. $x = 4\text{m}$

05. $w = 266.67\text{N/m}$

06. $R_A = wL$

07. $R_A = \dfrac{wL}{6}$
$R_B = \dfrac{wL}{3}$

08. $R_B = 4{,}000\text{N}$

09. $R_A = -P(- : \downarrow)$

10. $R_A = 13.57\text{kN}$

11. $R_A = 50\text{kN}$

12. $R_B = 33.33\text{kN}$
$V_B = 28.865\text{kN}$

13. $V_m = 50\text{kN}$

14. $F_m = F_s = 60{,}000\text{N} = 60\text{kN}$

15. $M_B = 32{,}000\text{N} \cdot \text{m}$

16. $R_A = 7{,}500\text{N}$
$H_A = 12{,}990.38\text{N}$

17. $R_A = -55\text{kN}(- : \downarrow)$

18. $M_A = 105\text{kN} \cdot \text{m}$

19. $R_A = P = \dfrac{wL}{3}$

20. $V_C = -5\text{kN}$

21. $V_c = 0$ (A−B 구간은 순수 굽힘모멘트만 존재)

22. $0 < x < L$에서

$V = wx,\ M_x = -\dfrac{wx^2}{2}$

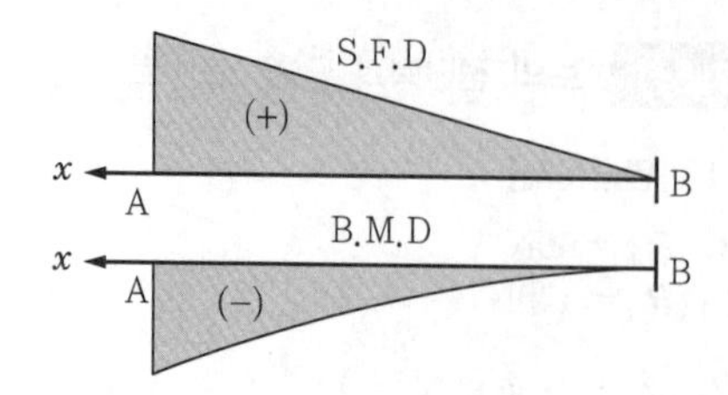

23. $\frac{a}{b}=2$

24. $H_A=\frac{wL^2}{8h}$

25. $F_{AC}=-28.284\text{kN}$(－ : ↙압축)

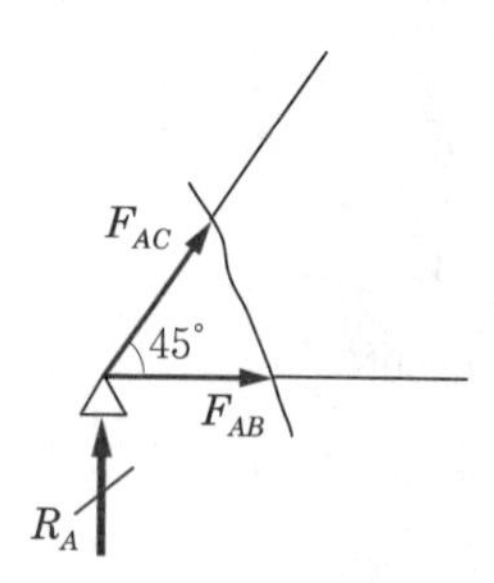

26. $w=25\text{kN/m}$

27. $R_A=-\frac{M_0}{L},\ M_C=-M_0\left(1+\frac{a}{L}\right)$

28. • 구간 $0<x<3$:

$V=-22.22\text{kN},\ M_C=-66.66\text{kN}\cdot\text{m}$

• 구간 $3<x<9$:

$V=-22.22\text{kN},\ M_B=M_C=133.34\text{kN}$

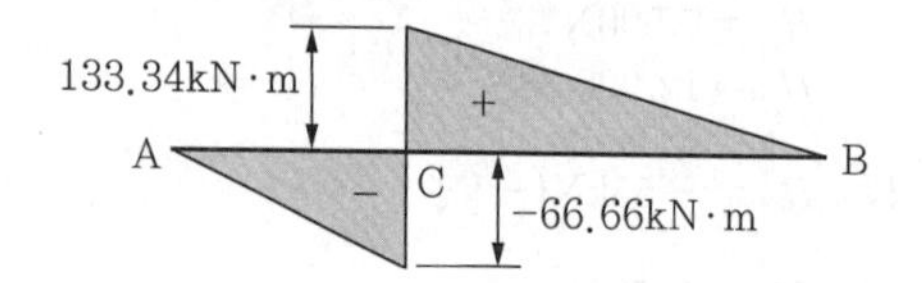

29. $R_A=R_B=20\text{kN}$
$M_C=10\text{kN}\cdot\text{m}$

30. $R_G=\frac{wL}{6}$

$M_B=-\frac{wL^2}{6}$

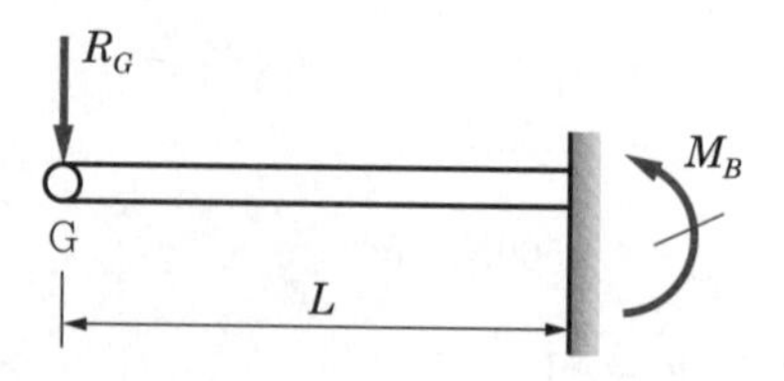

31. $x=\frac{15}{\sqrt{3}}=8.66\text{m}$

32. $R_A=2{,}165\text{N}$
$H_A=2{,}500\text{N}$

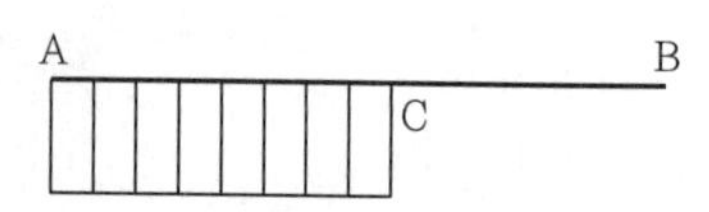

33. $R_A=5\text{kN}$
$M_{A-C}=M_C=16\text{kN}\cdot\text{m}$

[응용 연습문제]

01. $T_{AC}=3{,}333.33\text{N}$
$T_{BD}=6{,}666.67\text{N}$

02. $R_A=90.91\text{N}$

03. $R_A=\frac{M_B-M_A}{L}$

$R_B=\frac{M_A-M_B}{L}$

04. $M_m=\frac{wL^2}{4}$

05. $M_b)_{\max}=250\text{kN}\cdot\text{m}$

06. $M_b=PR\sin\theta$
$V=P\cos\theta$
$N=P\sin\theta$

07. $x=\frac{L}{6}$

08. $H_A=30\text{kN}$

09. $F_{CD}=-20\text{kN}$(－ : ←)

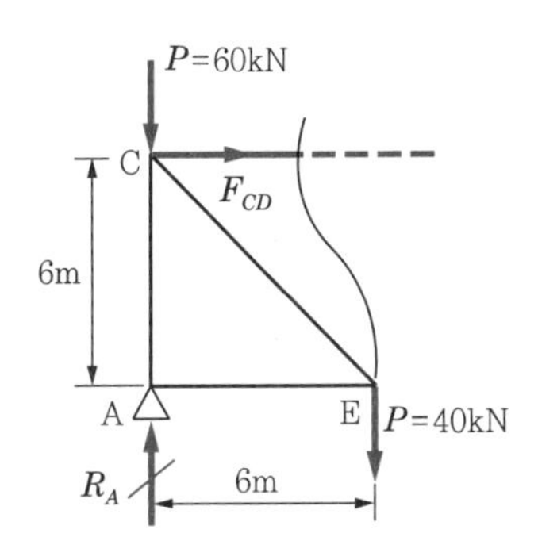

10. • 구간 $0 < x < L_1$:

$$V = R_A = -\frac{Ph}{L},\ M_b = -\frac{Ph}{L}L_1$$

• 구간 $L_1 < x < L$:

$$V = R_A = -R_B = -\frac{Ph}{L},\ M_b = \frac{Ph}{L}L_2$$

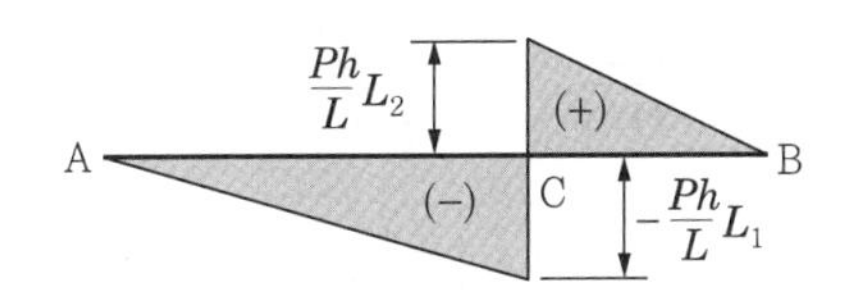

제7장 보의 응력

[기초 연습문제]

01. $Z_A = \frac{4}{6}a^2,\ Z_B = \frac{2}{6}a^2$이므로

A가 B보다 2배 강하다.

02. $M_R = 312{,}000\text{N}\cdot\text{cm}$

03. $\sigma_b)_{\max} = 1.333\times 10^4\text{MPa}$

04. $\sigma_b)_{\max} = \frac{6PL}{bh^2}$

05. $\sigma_c = 2000\text{N/cm}^2$이므로

$\sigma_a < \sigma_c$ 관계로 인하여 보는 파괴된다.

06. $\sigma_b)_{\max} = 16.438\text{kN/cm}^2 = 164.38\text{MPa}$

07. $\sigma_b)_{\max} = 187.50\text{N/cm}^2$

08. $M_b)_{\max} = 20\times 10^5\text{N}\cdot\text{cm}$

$\sigma_b)_{\max} = 754.90\text{N/cm}^2$

09. $\sigma_b = 800\times 10^3\text{N/cm}^2$

10. $P = 83.73\text{kN}$

11. $\sigma_E = 22{,}650\text{N/cm}^2$

12. $w = 15.7\text{N/cm} = 1{,}570\text{N/m}$

13. $\sigma_b)_{\max} = 381{,}287.88\text{kN/m}^2$

$= 38.13\text{kN/cm}^2$

14. $\tau_{\text{mean}} = 41.33\text{N/cm}^2$

15. $\tau = 6{,}206.36\text{N/cm}^2$

16. $\tau = \frac{9}{8}\frac{V}{bh} = \frac{9}{8}\frac{V}{A}$

17. $\tau = \frac{4}{3}\frac{V}{A}$

18. $\tau_{\max} = 182.046\text{N/cm}^2$

19. $\sigma_1 = 17{,}866.06\text{N/cm}^2 = 17.866\text{kN/cm}^2$

20. $d = 4.5\text{cm}$ (상당 굽힘모멘트 기준)

$d = 4.4\text{cm}$ (상당 비틀림모멘트 기준)

∴ 설계 시는 큰 쪽인 $d = 45\text{cm}$로 한다.

21. $H_{\text{kW}} = 125.58\text{kW}$

22. $d = 3.088\text{cm}$

[응용 연습문제]

01. $Z_A : Z_B = \sqrt{2} : 1$이므로

Z_A가 $\sqrt{2}$배 크다.

02. $\sigma_b)_{\max} = 40{,}000\text{N/cm}^2$

03. $\sigma_b)_{\max} = 480\text{N/cm}^2$

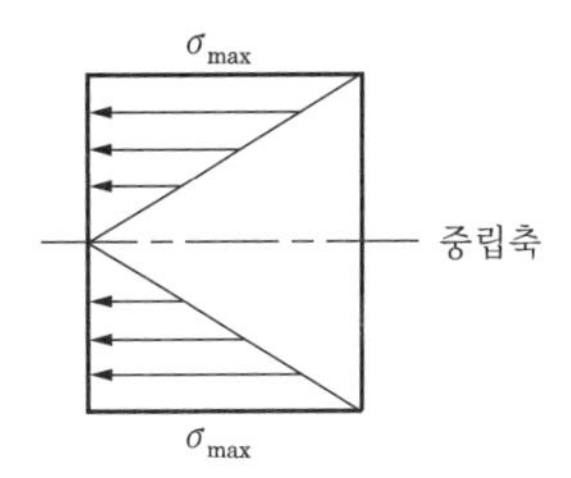

04. $L = 13.50\text{m}$

05. $P = 416.67\text{N}$

06. $\tau_{\max} = 37.5\text{N/cm}^2$

07. $\tau = \frac{3}{2}\frac{V}{A}$

08. $\frac{\tau_2}{\tau_1} = \frac{9}{8}$배

09. $\tau_{max} = 638.21\text{N/cm}^2$
$\sigma_{max} = 1239.41\text{N/cm}^2$

10. $\tau_{max} = 1{,}106.10\text{N/cm}^2$

제8장 보의 처짐

[기초 연습문제]

01. $\rho = 11{,}250\text{cm} = 112.5\text{m}$

02. $R = \rho = 17{,}500\text{cm} = 175\text{m}$

03. $w = 126{,}000\text{N/m} = 1{,}260\text{N/cm}$

04. $\frac{\delta_{max_2}}{\delta_{max_1}} = \frac{3}{8}$

05. $\frac{\delta_{max_1}}{\delta_{max_2}} = \frac{8}{5}$

06. $\delta = 3.227\text{cm}$

07. $\theta_A = \frac{PL^2}{16EI}$, $\theta_B = -\frac{PL^2}{16EI}$

08. $\delta_{max} = 7.714\text{cm}$

09. $\delta_B = \frac{PL^3}{3EI} - \frac{M_0L^2}{2EI}$

10. $\theta_A = \frac{M_0L}{3EI}$, $\theta_B = \frac{M_0L}{6EI}$

11. $\theta_B = \frac{PaL}{EI}$, $\delta_B = \frac{PaL^2}{2EI}$

12. $\delta_C = \frac{M_0L^2}{16EI}$

13. $\delta_{max} = 0.196\text{cm}$

14. $\delta_C = 0.8\text{cm}$

15. $\theta_B = 0.04\text{rad}$, $\delta_B = 11.2\text{cm}$

16. $\theta_C = \frac{5M_0L}{6EI}$

17. $\delta_A = \frac{3}{4}\frac{PL}{AE}$

18. $\frac{a}{L} = \frac{2}{3} \rightarrow L : a = 3 : 2$

19. $\theta_A = 2.90 \times 10^{-3}\text{rad}$
$\delta_C = 1.089\text{cm}$

20. $U = \frac{P^2L^3}{192EI}$
$\delta_C = \frac{PL^3}{96EI}$

21. $\delta = 0.756\text{cm}$

[응용 연습문제]

01. $\rho = 36{,}000\text{cm} = 360\text{m}$

02. $\rho = 1{,}333.33\text{cm} = 133.3\text{m}$

03. I는 처음의 $\frac{1}{8}$배

04. $\delta_C = \frac{PL^3}{24EI}$, $\delta_B = \frac{5PL^3}{48EI}$

05. $\theta_B = \frac{PL^2}{2EI}$, $\delta_B = \frac{PL^3}{3EI}$

06. $\delta_{max} = 52.41\text{cm}$

07. $\theta_D = 5.33 \times 10^{-4}\text{rad}$
$\delta_D = -1.635\text{cm}\ (- : \uparrow)$

08. $\theta_A = \frac{wL}{24EI}(L^2 - 2a^2)$

09. $\delta_B = \frac{PL^3}{24E}\left(\frac{7}{I_2} + \frac{1}{I_1}\right)$

10. $x = \left(\frac{3-\sqrt{3}}{3}\right)L$

$\delta_{max} = \frac{\sqrt{3}}{24EI}M_0L^2$

제9장 부정정보

[기초 연습문제]

01. $M_{max} = 5.625 \times 10^6\text{N}\cdot\text{m}$

02. $P = 15{,}000\text{N}$

03. $x = \frac{5}{8}L$

04. $R_B = \dfrac{41wL}{128}$

05. $P = 128{,}000\text{N} = 128\text{kN}$

06. $\delta_{max} = 0.2\text{cm}$

07. $w_1 : w_2 = 3 : 2$

08. $M_{BC} = -6{,}250\text{N}\cdot\text{m}$
$M_{BA} = 3{,}125\text{N}\cdot\text{m}$

09. 부정정 차수는 1이다.

[응용 연습문제]

01. $M_A = 5\text{kN}\cdot\text{m}$

02. $R_B = \dfrac{5}{4}wL$

03. $R_B = P\left(1 + \dfrac{3a}{2L}\right)$

04. $Z_1 = 93.75\text{cm}^3$ (고정단 관점)

$Z_2 = 78.125\text{cm}^3$ (하중점 관점)

$\therefore$ 안전을 고려하여 $Z_1 = 93.75\text{cm}^3$로 한다.

제10장 균일강도의 보

[기초 연습문제]

01. 3배

02. $h_0 = 7.3485\text{cm} \fallingdotseq 73.49\text{mm}$

03. $\sigma_b = 5{,}625\text{N/cm}^2$

04. $b = 21.43\text{cm}$

05. $P = 302.4\text{N}$

06. $n = 7.5$장 $\fallingdotseq 8$장

07. $P = 5{,}376\text{N}$

08. $b = 190.5\text{mm}$

09. $h_0 = 5.477\text{cm} = 54.77\text{mm}$

[응용 연습문제]

01. $d = 5.024\text{cm}$

02. $h = 7.75\text{cm}$

03. $b = 3\text{cm} = 30\text{mm}$

04. $\delta_{max} = 51.02\text{mm} \fallingdotseq 5.10\text{cm}$

제11장 기둥

[기초 연습문제]

01. $k = 5\text{cm},\ \lambda = 100$

02. $\lambda \fallingdotseq 174$

03. $A = \dfrac{\pi r^2}{16} = \dfrac{\pi d^2}{64}$

04. $\sigma_{max} = 2{,}777.78\text{N/cm}^2$

05. $\sigma_{max} = 861.11\text{N/cm}^2$

06. $\sigma_B = 14{,}378.58\text{N/cm}^2$

07. $P_S = 353{,}400\text{N} = 353.4\text{kN}$

08. $h \fallingdotseq 4.48\text{cm}$

09. $\sigma_{min} = 622.22\text{N/cm}^2$
$\sigma_{max} = 711.11\text{N/cm}^2$

10. $e = 1.32\text{cm}$

11. $x = 10\text{cm}$

12. $e = \dfrac{d}{8}$

[응용 연습문제]

01. $a = 20.78\text{cm}$

02. $\sigma_{max} = 95.54\text{N/cm}^2$

03. $P_S = 5{,}915.76\text{N}$

04. $L_e \fallingdotseq 5.25\text{m}$

05. $e = \dfrac{b}{6}$

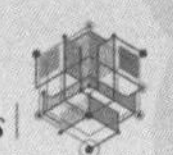

찾아보기

ㄱ

ㄴ

ㄷ

ㄹ

ㅁ

ㅂ

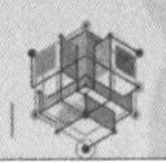

ㅈ

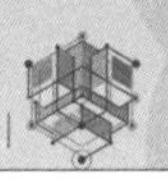

ㅊ

ㅋ

ㅌ

ㅍ

ㅎ

기타

표준 재료역학

2020. 2. 19. 초 판 1쇄 인쇄
2020. 2. 26. 초 판 1쇄 발행

지은이 | 이재학, 장태익
펴낸이 | 이종춘
펴낸곳 | BM (주)도서출판 **성안당**
주소 | 04032 서울시 마포구 양화로 127 첨단빌딩 3층(출판기획 R&D 센터)
10881 경기도 파주시 문발로 112 출판문화정보산업단지(제작 및 물류)
전화 | 02) 3142-0036
031) 950-6300
팩스 | 031) 955-0510
등록 | 1973. 2. 1. 제406-2005-000046호
출판사 홈페이지 | **www.cyber.co.kr**
ISBN | 978-89-315-3883-0 (93550)
정가 | 30,000원

이 책을 만든 사람들
기획 | 최옥현
진행 | 이희영
교정·교열 | 송소정
전산편집 | 김우진
표지 디자인 | 박현정
홍보 | 김계향
국제부 | 이선민, 조혜란, 김혜숙
마케팅 | 구본철, 차정욱, 나진호, 이동후, 강호묵
제작 | 김유석

※ 잘못된 책은 바꾸어 드립니다.